DEUTSCHE AKADEMIE DER WISSENSCHAFTEN
ZU BERLIN

AKADEMIE DER WISSENSCHAFTEN DER UdSSR

ГЕРМАНСКАЯ АКАДЕМИЯ НАУК В БЕРЛИНЕ

АКАДЕМИЯ НАУК СССР

ЛЕОНАРД ЭЙЛЕР

СБОРНИК СТАТЕЙ

В ЧЕСТЬ 250-ЛЕТИЯ СО ДНЯ РОЖДЕНИЯ

ПРЕДСТАВЛЕННЫХ

ГЕРМАНСКОЙ АКАДЕМИИ НАУК

В БЕРЛИНЕ

ПОД РЕДАКЦИЕЙ

КУРТА ШРЕДЕРА

БЕРЛИН 1959

SAMMELBAND

DER ZU EHREN DES

250. GEBURTSTAGES

LEONHARD EULERs

DER DEUTSCHEN AKADEMIE DER WISSENSCHAFTEN

ZU BERLIN

VORGELEGTEN ABHANDLUNGEN

UNTER VERANTWORTLICHER REDAKTION VON

KURT SCHRÖDER

AKADEMIE-VERLAG · BERLIN

1959

Erschienen im Akademie-Verlag GmbH, Berlin W 1, Leipziger Str. 3—4
Lizenz-Nr. 202 · 100/566/59

Satz und Druck: Druckhaus „Maxim Gorki“, Altenburg
Bestell- und Verlagsnummer: 5521
Printed in Germany
ES 19 B 1

LEONHARD EULER

nach J. Fr. A. Darbes

INHALTSVERZEICHNIS

VORWORT

Am 15. April 1957 jährte sich zum 250. Male der Geburtstag Leonhard Eulers. Dieser Tag rief die Gelehrten dazu auf, des genialen Mannes zu gedenken, der die mathematischen Wissenschaften wie nur wenige außer ihm bereichert und erweitert hat.

In Berlin hat Euler von 1741 bis 1766 25 Jahre fruchtbarsten Schaffens verlebt; die Berliner Akademie der Wissenschaften verdankt ihm zahlreiche wertvollste Abhandlungen, die ihr zur unvergänglichen Zierde gereichen. 31 Jahre verbrachte Euler im damaligen Petersburg — dem heutigen Leningrad —, von 1727 bis 1741 und von 1766 bis 1783, und widmete der dortigen Akademie der Wissenschaften den größten Teil seines unsterblichen Werkes. In seinen Berliner Jahren nahm Euler weiterhin aktiven Anteil an der Arbeit der Petersburger Akademie der Wissenschaften; nach seiner Rückkehr nach Rußland behielt er engen Kontakt mit der Berliner Akademie. Euler hat also zu seiner Zeit eine bedeutende Rolle in den wissenschaftlichen Beziehungen Deutschlands und Rußlands gespielt; heute ist mit seinem Namen die freunschaftliche Zusammenarbeit zwischen den deutschen und den sowjetischen Gelehrten verbunden.

Der Deutschen Akademie der Wissenschaften zu Berlin und der Akademie der Wissenschaften der Union der Sozialistischen Sowjetrepubliken war es eine besondere Verpflichtung, das Andenken dieses Geistesheroen durch zwei feierliche Tagungen (vom 21. bis 23. 3. 1957 in Berlin und vom 15. bis 18. 4. 1957 in Leningrad) sowie durch die gemeinsame Herausgabe einer Festschrift in zwei Bänden zu würdigen, von denen der eine von der Deutschen Akademie der Wissenschaften zu Berlin, der andere von der Akademie der Wissenschaften der UdSSR besorgt wird.

Die Beiträge der Festschrift vertiefen und ergänzen unsere Kenntnisse vom Leben und Schaffen Eulers, zeigen die Ausstrahlungen seines Wirkens bis in die Gegenwart oder behandeln aktuelle wissenschaftliche Probleme. Die Veröffentlichungen stellen entweder den Text von auf den Jubiläums-Tagungen gehaltenen Vorträgen oder eigens für die Festschrift eingereichte Abhandlungen dar. Jedem Beitrag wurde ein russischer bzw. ein deutscher Auszug angefügt.

Der Einladung, einen Beitrag zu Ehren Eulers zur Verfügung zu stellen, folgten nicht nur Mitglieder und Mitarbeiter der Deutschen Akademie der Wissenschaften zu Berlin bzw. der Akademie der Wissenschaften der UdSSR, sondern auch deutsche und sowjetische Wissenschaftler, die nicht unmittelbar mit den Akademien verbunden sind, sowie Gelehrte aus anderen Ländern; — allen Autoren sei für ihren Anteil am Gelingen der Festschrift auch an dieser Stelle unser Dank gesagt.

Berlin und Moskau, Dezember 1957.

Der Vorsitzende der Euler-Kommission der Deutschen Akademie der Wissenschaften zu Berlin	Der Vorsitzende des Euler-Jubiläums-Komitees der Akademie der Wissenschaften der UdSSR
K. Schröder	M. A. Lavrentiev

Ein Analogon des Diskriminantensatzes in inseparablen Erweiterungen *)

Von D. BARBILIAN, Bukarest

I. Die Begriffsbildung

1. Die Weiterentwicklung der auf den Verband der Ideale mit endlicher Norm beschränkten Resultate, die ich hier bringe, erweist sich aufs innigste mit den Fragen nach der Klassenzahl und der Verteilung der Primideale verknüpft. Auf diese Weise werden die ζ- und L-Funktionen stark in Anspruch genommen und gewinnen mithin ein neues Feld von Anwendungen.

Dem Wesen nach steht also auch unsere Mitteilung unter dem Zeichen der ζ- und L-Funktionen und wird dem Andenken EULERs gewidmet.

Ich möchte aber, daß sie zugleich dem Andenken eines der hervorragendsten Männer der großen Tradition diene, dessen Gedenktag, fürchte ich, ganz unbeachtet vorübergegangen ist: Voriges Jahr, gerade in den Tagen des Bukarester Kongresses, waren genau 40 Jahre seit dem Tode von Richard DEDEKIND verflossen.

Was ich Ihnen zu erzählen habe, stellt sich ganz ins Zentrum des DEDEKINDschen Ideenkreises, mehr noch: in den wahren Kern seiner Methoden, die ich, was die hier besprochene Frage betrifft, der NOETHERschen für überlegen halte.

2. Im Jahre 1927 erschien die NOETHERsche Arbeit über den Diskriminantensatz [1]).

Sie ist ein meisterhafter Bau des abstrakten Denkens, der weit über sein Vorbild, die DEDEKINDsche Abhandlung [2]) aus dem Jahre 1882, hinausgeht.

DEDEKIND beschränkt sich auf die Hauptordnungen aus den Zahlkörpern.

Emmy NOETHER dehnt den Diskriminantensatz auf alle separablen Erweiterungen über dem Quotientenkörper eines Multiplikations-Integritätsbereichs [3]) aus. Und das ist nicht alles: der Diskriminantensatz erreicht bei Emmy NOETHER eine ungeahnte Allgemeinheit, mit der sogenannten „Erweiterung des Funktionalbereichs". Jedoch bleibt der Rahmen: der der sepa-

---

*) Beitrag, eingereicht am 18. 3. 1957. Eine erweiterte Fassung erscheint demnächst in Studii şi Cercetări Mat. 11, Heft 1.

[1]) Der Diskriminantensatz für die Ordnungen eines algebraischen Zahl- oder Funktionenkörpers. Journ. f. reine u. ang. Math. **157**, 82—104 (1926). — Jubiläumsband I.

[2]) Über die Diskriminanten endlicher Körper. Abh. der königl. Ges. der Wiss. in Göttingen **29** (1882).

[3]) A. a. O. Multiplikationsring heißt bei KRULL ein Integritätsbereich mit klassischer Idealtheorie. Nach K. MATUSITA [Japan. Journ. Math. **19**, 97—110 (1944)] gleichbedeutend mit Integritätsbereich mit Einselement und Primidealfaktorzerlegung.

rablen Erweiterungen. Der Koeffizientenbereich: ein Ring mit klassischer Idealtheorie.

Die NOETHERsche Methode ordnet sich in die abstrakte lineare Algebra ein und zeichnet sich durch die Heranziehung folgender Begriffe aus: der Ringe endlichen Ranges und der vollständig-reduziblen Ringe. Sie ist, wie das Studium dieser Arbeit leicht durchblicken läßt, auf den Fall der separablen Erweiterungen und der Ausgangsintegritätsbereiche mit klassischer Idealtheorie zugeschnitten[4]).

3. Und jetzt tritt etwas sehr Merkwürdiges ein.

Die unmoderne, weniger schöne, stark atomistisch geprägte Methode von DEDEKIND aus dem Jahre 1882 ist, passend verallgemeinert, geeignet, die Antwort auf ein umfassenderes Problem als das von Emmy NOETHER zu bringen: *die Übertragung des Diskriminantensatzes auf die* (eventuell inseparablen) *endlichen Erweiterungen, deren Ausgangsring nur mit eingeschränkter Minimalbedingung ausgestattet wird*[5]).

So ist es, wenn eine Theorie nach langjähriger einsamer Arbeit aus den Händen eines Meisters entspringt. Sie erweist sich als mit unerschöpflicher geistiger Energie geladen, die früher oder später die von dem heuristischen Moment künstlich vorgeschriebenen Grenzen sprengt und neue Ausblicke eröffnet.

4. DEDEKIND setzte sich als erstes Ziel des Diskriminantensatzes die Beantwortung der Frage nach der Bauart der Diskriminante, als nächstes aber die Gewinnung einer allerdings unvollkommenen Auskunft über die Verzweigung der rationalen Primzahlen.

Den Zusammenhang mit seiner anderen großartigen Schöpfung, der Führertheorie[6]), scheint er nicht bemerkt zu haben, und das, weil er seine Betrachtungen auf die Hauptordnung beschränkte.

Die innere Verbindung zwischen dem Diskriminantensatz und der Führertheorie ist eine viel spätere Entdeckung. Dies geschah, nach der Anregung Emmy NOETHERS, im Jahre 1927 mit der GRELLschen Arbeit „Beziehungen zwischen den Idealen verschiedener Ringe“ [7]). Es gelang ihm, unter der Voraussetzung eines echten Führers, die umfassendste Idealhalbgruppe mit klassischer Idealtheorie aus einer Ordnung auch mittels der Diskriminante zu charakterisieren.

Aber die Existenz einer maximalen Idealhalbgruppe mit klassischer Idealtheorie kann in jedem Ring mit Einselement und eingeschränkter Minimalbedingung abstrakt festgestellt werden. Der Diskriminantensatz liefert ebenso wie der echte Führer nur ein Werkzeug für die Konstruktion dieser Halbgruppe.

Folglich: Da Diskriminantensatz und echter Führer ganz unabhängige Erscheinungen sind, so liegt für uns die Brauchbarkeit des Diskriminantensatzes

---

[4]) Das tritt besonders S. 102, im vierten Absatz von oben, zutage.

[5]) Es handelt sich ersichtlich um eine Verallgemeinerung der NOETHERschen Diskriminantentheorie, die der KRULLschen (1939) komplementär gegenüber steht, die die Ganzabgeschlossenheit in den Vordergrund stellt.

[6]) Über die Anzahl der Idealklassen in den verschiedenen Ordnungen eines endlichen Körpers. — Festschrift der Techn. Hochschule in Braunschweig zur Säkularfeier des Geburtstages von C. F. Gauß, Braunschweig 1877.

[7]) Math. Ann. 97, 490—523 (1927).

in den Ringen mit eingeschränkter Minimalbedingung, wo der echte Führer nicht vorhanden ist, gerade in jener Beschreibung der umfassendsten Idealhalbgruppe mit klassischer Idealtheorie.

5. Wir erinnern hier kurz daran, worin die umfassendste klassische Idealtheorie in einem Integritätsbereich $\mathfrak{H}$ mit Einselement und eingeschränkter Minimalbedingung besteht. Es sei $\mathfrak{K}$ der zugehörige Quotientenkörper.

Wir betrachten die Menge $\mathcal{A}$ aller Ideale $\mathfrak{A}$ aus $\mathfrak{H}$, die durch die zwei folgenden Axiome definiert werden[8]):

1) Ist $\mathfrak{A} \in \mathcal{A}$ und $\mathfrak{B} \supset \mathfrak{A}$, dann auch $\mathfrak{B} \in \mathcal{A}$.

2) Ist $\mathfrak{A} \in \mathcal{A}$, dann ist $\mathfrak{A}$ (im Sinne von DEDEKIND) eigentlicher Modul[9]):

$$\mathfrak{A}^{-1}\mathfrak{A} = \mathfrak{H}.$$

Wir können noch die Bedingung hinzufügen, daß $\mathcal{A}$ nicht trivial realisiert wird ($\mathcal{A}$ besteht nicht aus $\mathfrak{H}$ allein).

Dann ersieht man leicht, daß $\mathcal{A}$ eine Idealhalbgruppe bildet, deren Primfaktoren die und nur die (nach GRELL genannten) *singulären Primideale* sind.

Man beweist der Reihe nach:

1. Die Ideale $\mathfrak{A} \in \mathcal{A}$ besitzen einen Fundamentalsatz (d. h. eindeutige Darstellung als Produkt von Primidealen). – Beweis nach dem Schema von KRULL. –

2. Ist $\mathfrak{B}$ in $\mathfrak{H}$ ein beliebiges (nicht verschwindendes) Ideal und $\mathfrak{A} \supset \mathfrak{B}$ mit $\mathfrak{A} \in \mathcal{A}$, dann folgt die Produktdarstellung[10])

$$\mathfrak{B} = \mathfrak{A}\mathfrak{C},$$

$\mathfrak{C}$ Ideal in $\mathfrak{H}$.

3. Gilt (mit derselben Bezeichnung) $\mathfrak{A} \supset \mathfrak{B}$, dann auch $\mathfrak{A} = \mathfrak{B} \cup (b)$, $b \in \mathfrak{H}$.

4. Ist $\mathfrak{A} \in \mathcal{A}$ und $\mathfrak{B}$ ein beliebiges (nicht verschwindendes) Ideal in $\mathfrak{H}$, dann ergibt sich $\mathfrak{A}\mathfrak{C} = (c)$ mit $c \in \mathfrak{H}$ und $\mathfrak{C}$ Ideal in $\mathfrak{H}$ so, daß $\mathfrak{B} \cup \mathfrak{C} = \mathfrak{H}$.

Ist $\mathfrak{K}$ der Quotientenkörper von $\mathfrak{H}$, $\mathfrak{X}$ aber der Ring aller ganzen Größen aus $\mathfrak{K}$ bezüglich $\mathfrak{H}$ (d.h. *die ganze Abschließung*[11]) von $\mathfrak{H}$ in $\mathfrak{K}$) und existiert überdies ein echter Führer $\mathfrak{F}$ der Verkettung $\mathfrak{H} \subset \mathfrak{X}$, dann geschieht nach GRELL eine Konstruktion von $\mathcal{A}$ durch die Forderung

$$\mathfrak{A} \cup \mathfrak{F} = \mathfrak{H}.$$

---

[8]) Wir schließen uns im folgenden an die OREsche Bezeichnungsweise an: $\subset$ bzw. $<$ für Enthaltensein bzw. echtes Enthaltensein.

[9]) Unter $\mathfrak{A}^{-1}$ wird wie üblich die Menge aller a aus $\mathfrak{K}$ mit $a\mathfrak{A} \subset \mathfrak{H}$ verstanden.

[10]) Erweist sich, so wie im Falle eines Führers $\mathfrak{F} > (0)$, daß jedes $\mathfrak{A}$ aus $\mathcal{A}$ ein $a \in \mathfrak{H}$ mit lauter singulären Primidealteilern dividiert, so kann man zeigen, daß 1., 2. die Halbgruppe $\mathcal{A}$ charakterisiert. (Beweis in unserem rumänischen Buch „Teoria Aritmetica a Idealelor in necomutativ", Editura Academiei R.P.R., 1956.)

[11]) Die Bezeichnung ist im allgemeinen nicht stichhaltig, aber kurz. Im vorliegenden Fall ist sie jedoch vollständig gerechtfertigt, da $\mathfrak{X}$ wegen der Endlichkeit des Grades (genau 1) des Quotientenkörpers von $\mathfrak{X}$ in bezug auf den Quotientenkörper von $\mathfrak{H}$ und auf Grund des Grell-Akizukischen Satzes [s. I. S. COHEN, Duke math. Journ. 17, 27–42 (1950)] die Maximalbedingung für die Ideale erfüllt. Bekanntlich erweist sich dann $\mathfrak{X}$ als in $\mathfrak{K}$ ganz abgeschlossen. Folglich herrscht in $\mathfrak{X}$ auf Grund des erwähnten Satzes die klassische Idealtheorie.

Wir wollen darauf hinweisen, daß die Existenz von $\mathfrak{A}$ unabhängig von der Existenz des Führers ist.

Man ersieht leicht, daß mit der Führerhypothese (indem wir $\mathfrak{F}\mathfrak{B}$ statt $\mathfrak{B}$ setzen) in 4. die Ideale $\mathfrak{C}$ und (c) in $\mathfrak{A}$ gedacht werden können.

Es sei noch bemerkt, daß wir die Sätze 2., 3., 4. in der Literatur nicht angetroffen haben, aber sie werden in unserem Seminar häufig gebraucht. Übrigens erfordert ihr Beweis nur das Axiom 2).

6. Als Vorbereitung unserer Sätze müssen wir bei der *neuen Ideenbildung* etwas verweilen.

Es sei in der NOETHERschen üblichen Bezeichnungsweise $\mathfrak{L} \supset \mathfrak{K}$ eine endliche Körpererweiterung vom Grad n, $\mathfrak{H}$ ein Integritätsbereich mit Einselement, $\mathfrak{S}$ der Ring aller ganzen Größen aus $\mathfrak{L}$ bezüglich $\mathfrak{H}$ und schließlich $\mathfrak{T}$ ein Ring mit

$$\mathfrak{S} \supset \mathfrak{T} \supset \mathfrak{H},$$

dessen Quotientenkörper gleich $\mathfrak{L}$ ist (ein primitiver Ring ganzer Größen).

$\mathfrak{H}$ wird immer mit Einselement und eingeschränkter Minimalbedingung vorausgesetzt. (Axiom 1.)

Es sei dann $\mathfrak{t} = (\tau_1, \ldots, \tau_n)$ eine Basis von $\mathfrak{L}$ aus $\mathfrak{T}$. Es ergibt sich

$$\tau = \frac{h_i}{h} \tau_i, \quad \tau \in \mathfrak{T}, \quad h, h_i \in \mathfrak{H} \quad (i = 1, 2, \ldots, n).$$

Das *singuläre Primideal* $\mathfrak{P}$ aus $\mathfrak{H}$ heißt *zu der Basis* $\mathfrak{t}$ *nichtmeromorph*, wenn der Exponent von $\mathfrak{P}$ in der einartigen Zerlegung[12]) von h_i größer oder mindestens gleich dem Exponenten von $\mathfrak{P}$ in der entsprechenden Zerlegung von h ist: und das für jedes i und jedes $\tau \neq 0$.

Gibt es aber ein $\tau_0 \neq 0$, wo der Exponent von $\mathfrak{P}$ in einem einzigen h_{i_0} kleiner als in h_0 vorkommt, dann heißt $\mathfrak{P}$ *meromorph zu der Basis* $\mathfrak{t}$.

Ist $\mathfrak{P}$ zu allen Basen $\mathfrak{t}$ aus $\mathfrak{T}$ meromorph, so heißt es *meromorph in* $\mathfrak{T}$.

Ist $\mathfrak{P}$ zu mindestens einer Basis $\mathfrak{t}$ aus $\mathfrak{T}$ nichtmeromorph, dann heißt es *nichtmeromorph in* $\mathfrak{T}$.

Unsere Sätze werden nicht belanglos, wenn die Menge der zu $\mathfrak{T}$ (*a fortiori* zu einer Basis $\mathfrak{t}$) nichtmeromorphen singulären Primideale nicht leer (sogar unendlich) ist.

Dieser Fall tritt immer ein, wenn die entsprechende Menge der meromorphen singulären Primideale endlich ist, aber die Menge aller singulären Primideale unendlich.

Darüber unterrichtet uns der Satz:

Ist $\mathfrak{T}$ endlicher $\mathfrak{H}$-Modul, so ist die Menge der zu einer beliebigen Basis $\mathfrak{t}$ meromorphen singulären Primideale $\mathfrak{P}$ endlich oder leer.

Ist $\mathfrak{L} \supset \mathfrak{K}$ eine endliche separable Erweiterung und besitzt die Verkettung $\mathfrak{H} \subset \mathfrak{X}$ von $\mathfrak{H}$ in ihrer ganzen Abschließung einen echten Führer, so ist die Menge der zu einer beliebigen Basis $\mathfrak{t}$ meromorphen singulären Primideale endlich.

Unabhängig davon erweist sich diese Menge in jedem endlichen $\mathfrak{H}$-Modul $\mathfrak{T}$ aus einer beliebigen Erweiterung $\mathfrak{L} \supset \mathfrak{K}$ (z. B. in den Ordnungen einer separablen

---

12) So heißt die Zerlegung in maximale einartige Komponenten.

Erweiterung mit ganz abgeschlossenem, die Maximalbedingung erfüllendem $\mathfrak{H}$) auf triviale Weise als endlich oder leer.

Von größerer Anwendungsfähigkeit für unsere Untersuchung ist nun der *Satz über die Nennernormierung*:

Besitzt die Verkettung $\mathfrak{H} \subset \mathfrak{T}$ einen echten Führer und ist das singuläre Primideal $\mathfrak{P}$ zu der Basis $\mathfrak{t}$ nichtmeromorph, dann kann man in

$$\tau = \frac{h_i}{h}\,\tau_i, \qquad \tau \in (\mathfrak{T} - 0), \qquad i = 1, 2, \ldots, n,$$

den (von $\mathfrak{t}$ abhängigen) Nenner h zu $\mathfrak{P}$ teilerfremd annehmen.

Der Beweis liegt nicht gerade auf der Hand und bedarf der in **5.** kurz gefaßten klassischen Idealtheorie in $\mathfrak{K}$.

Ein neuer Begriff ist *die bezüglich eines singulären Primideals $\mathfrak{P}$ zulässige komplexe*[13]) *Basis* $(\mathfrak{t}_{[h]})$ von $\mathfrak{T}$.

Es sei n bzw. n_0 der Grad bzw. der reduzierte Grad der Erweiterung $\mathfrak{L} \supset \mathfrak{K}$:

$$n = n_0 p^l.$$

Wir betrachten genau p^l endliche Erweiterungen über $\mathfrak{K}$

$$\mathfrak{L}_{[h]} \supset \mathfrak{K}, \qquad (h = 0, 1, \ldots, p^l - 1),$$

wobei $\mathfrak{L}_{[0]}$ für $\mathfrak{L}$ gesetzt werde. Falls $p = 0, l = 0$, so ist p^l gleich 1 anzunehmen. Die *Zahlen n und n_0 bleiben für jedes $\mathfrak{L}_{[h]} \supset \mathfrak{K}$ dieselben.*

Aus diesen Erweiterungen $\mathfrak{L}_{[h]} \supset \mathfrak{K}$ wählen wir ebensoviele primitive Ringe $\mathfrak{T}_{[h]}$:

$$\mathfrak{S}_{[h]} \supset \mathfrak{T}_{[h]} \supset \mathfrak{H} \qquad (h = 0, 1, \ldots, p^l - 1)$$

aus und führen die Rechnungen in einem gemeinsamen, abstrakt konstruierten Zerfällungskörper aus.

Die $\mathfrak{T}_{[h]}$ (und folglich die $\mathfrak{L}_{[h]}$) sind nicht unbedingt voneinander verschieden. Wir verfügen über die Indizes so, daß

$$\begin{aligned} \mathfrak{T}_{[0]} &= \mathfrak{T}_{[1]} = \cdots = \mathfrak{T}_{[h_1 - 1]}, \\ \mathfrak{T}_{[h_1]} &= \mathfrak{T}_{[h_1 + 1]} = \cdots = \mathfrak{T}_{[h_2 - 1]}, \qquad \mathfrak{T}_{[h_i]} \neq \mathfrak{T}_{[h_j]}, \qquad i \neq j, \\ \mathfrak{T}_{[h_s]} &= \mathfrak{T}_{[h_s + 1]} = \cdots = \mathfrak{T}_{[p^l - 1]}, \end{aligned}$$

wobei $[h_i] = [h_i + m]$ für $m < h_{i+1} - h_i$ gemeint ist.

Dann lautet die in Frage kommende

Definition:

Die komplexe Basis $(\mathfrak{t}_{[h]})$ *heißt* bezüglich des Primideals $\mathfrak{P}$ aus $\mathfrak{H}$ *zulässig*, wenn:

1. $\mathfrak{P}$ singulär und zu jeder Basis $\mathfrak{t}_{[h_i]}$ $(i = 0, 1, \ldots, s)$ nichtmeromorph ist;
2. eine von $\mathfrak{P}$ abhängige natürliche Zahl r und eine von $\mathfrak{P}$ abhängige n-reihige Quadratmatrix M über $\mathfrak{H}$ existieren, so daß

$$\mathfrak{t}_{[h]}^{p^r} \equiv M\,\mathfrak{t}_{[h]} \bmod \mathfrak{T}_{[h]}\mathfrak{P}, \qquad h = 0, 1, \ldots, p^l - 1.$$

Wir bemerken, daß die erste dieser Kongruenzen auf Grund des Nennernormierungssatzes immer statthat, falls $\mathfrak{T} \cap \mathfrak{K} = \mathfrak{H}$ gilt.

---

[13]) Selbstverständlich hat „komplex" hier nichts zu tun mit seinem üblichen Sinn in der Theorie der imaginären Zahlen.

Unter der Hypothese $\mathfrak{T} \cap \mathfrak{K} = \mathfrak{H}$ folgt also:

Ist $\mathfrak{L} \supset \mathfrak{K}$ separabel und $\mathfrak{P}$ singulär und zu der Basis $\mathfrak{t}$ nichtmeromorph, dann ist $\mathfrak{t}$ bezüglich $\mathfrak{P}$ zulässig.

Unter derselben Hypothese läßt sich noch zeigen:

Ist $\mathfrak{P}$ singulär, in $\mathfrak{T}$ nichtmeromorph und gehört $\mathfrak{P}$ dem Verband der Ideale endlicher Norm aus $\mathfrak{H}$ an, dann existiert mindestens eine bezüglich $\mathfrak{P}$ zulässige Basis.

Definition:

Wir nennen *Diskriminante der komplexen Basis* $(\mathfrak{t}_{[h]})$ die folgende Potenz einer n-reihigen Determinante

$$D\left((\mathfrak{t}_{[h]})\right) = \left|\tau^{(k)}_{[h]a}\right|^{2p^{f^*}},$$

$$h = 0, 1, \dots p^l - 1; \qquad k = 0, 1, \dots, n_0 - 1; \qquad a = 1, 2, \dots, n,$$

wobei $\tau_{[h]a}$ die Komponenten von $\mathfrak{t}_{[h]}$, die oberen Indizes (k) aber die Konjugierten in $\mathfrak{L}_{[h]}$ bedeuten. Hier ist f^* das Maximum der Exponenten der im allgemeinen inseparablen Galoisschen Erweiterungen $\mathfrak{L}^*_{[h]} \supset \mathfrak{L}_{[h]} \supset \mathfrak{K}$.

Ersichtlich fällt die obige Diskriminante für eine separable Erweiterung mit dem üblichen Diskriminantenbegriff zusammen.

Wegen

$$D\left((\mathfrak{t}_{[h]})\right) = \left|\sum_{h=0}^{p^l-1} S^{p^{f^*}} \tau_{[h]a}\, \tau_{[h]b}\right|$$

erweist sich $D\left((\mathfrak{t}_{[h]})\right)$ nach einer kleinen Überlegung *als Element aus* $\mathfrak{X}$ (der ganzen Abschließung von $\mathfrak{H}$ in $\mathfrak{K}$).

Hier heißt $S\,\tau_{[h]a}\,\tau_{[h]b}$ die Spur von $(\tau_{[h]a}\,\tau_{[h]b})$ in $\mathfrak{L}_{[h]}$.

II. Der erste Diskriminantensatz

7. Wir gehen jetzt zu dem ersten Diskriminantensatz über.

Wir übernehmen die NOETHERsche Definition der Verzweigung[14]) aus den (primitiven) Ordnungen der Zahlkörper und beschränken sie auf die singulären Primideale $\mathfrak{P}$ aus $\mathfrak{H}$. [In $\mathfrak{T}$ herrscht die einartige Idealtheorie, wegen Axiom 1. Der Satz wurde von GRELL formuliert. Für den Beweis siehe I. S. COHEN, Duke math. Journ. 17, 27—42 (1950)].

Wir erklären noch, daß im Falle der Charakteristik $p = 0$ nur die singulären Primideale $\mathfrak{P}$, die eine natürliche Zahl teilen, in Frage kommen.

Die Axiome, die wir hier gebrauchen, lauten:

1. $\mathfrak{H}$ *ist Integritätsbereich mit Einselement und eingeschränkter Minimalbedingung.* $\mathfrak{K}$ *ist sein Quotientenkörper.*

2. *Die Verkettung* $\mathfrak{H} \subset \mathfrak{X}$ *von* $\mathfrak{H}$ *in seiner ganzen Abschließung aus* $\mathfrak{K}$ *besitzt einen echten Führer.*

---

[14]) Und zwar die schärfste, wobei das Auftreten eines Primidealfaktors zweiter Art nicht gefordert wird. Demzufolge heißt $\mathfrak{P}$ verzweigt, wenn $\mathfrak{T}\mathfrak{P}$ mindestens ein einartiges Ideal $\tilde{\mathfrak{P}} < \mathfrak{T}$ als Faktor enthält.

3. *$\mathfrak{L} \supset \mathfrak{K}$ ist eine endliche Erweiterung über $\mathfrak{K}$ von dem Grade bzw. reduzierten Grade n bzw. n_0. $\mathfrak{T}$ ist ein primitiver Ring mit $\mathfrak{S} \supset \mathfrak{T} \supset \mathfrak{H}$. Das singuläre Ideal $\mathfrak{P}$ ist im Ringe $\mathfrak{T}$ nichtmeromorph.*

4. *Es gibt p^l endliche Körpererweiterungen $\mathfrak{L}_{[h]} \supset \mathfrak{K}$ mit denselben Graden n, n_0, die eine bezüglich $\mathfrak{P}$ zulässige komplexe Basis $(\mathfrak{t}_{[h]})$, $h = 0, 1, \ldots, p^l - 1$, aufweisen. Hier ist $\mathfrak{L}_{[0]} = \mathfrak{L}$, $\mathfrak{t}_{[0]} = \mathfrak{t}$.*

5. *Es gibt bei festem $(\mathfrak{L}_{[0]}^{[0]} \supset \mathfrak{K}) = (\mathfrak{L} \supset \mathfrak{K})$ und bei festem $\mathfrak{t}_{[0]}^{[0]} = \mathfrak{t}$ eine Anzahl von $N \geq \binom{n}{n_0}$ Erweiterungen $\mathfrak{L}_{[h]}^{[m]} \supset \mathfrak{K}$, die N bezüglich $\mathfrak{P}$ zulässige komplexe Basen*

$$\left(\mathfrak{t}_{[h]}^{[m]}\right), \qquad m = 0, 1, \ldots, N-1,$$

liefern, so daß sich aus den N Kongruenzen

$$D\left(\left(\mathfrak{t}_{[h]}^{[0]}\right)\right) \equiv 0 \bmod \mathfrak{X}\,\mathfrak{P}, \quad \ldots, \quad D\left(\left(\mathfrak{t}^{[N-1]}_{[h]}\right)\right) \equiv 0 \bmod \mathfrak{X}\,\mathfrak{P}$$

und auf Grund der Entwicklung der Determinanten nach der Laplaceschen Regel (nämlich nach der ersten Schicht von der Dimension n_0) das Verschwinden modulo $\mathfrak{X}\,\mathfrak{P}$ aller $\binom{n}{n_0}$ zur p^{f^*}-ten Potenz erhobenen Diskriminanten aus der Matrix

$$\begin{pmatrix} \tau_1 & \tau_2 & \ldots & \tau_n \\ \tau_1' & \tau_2' & \ldots & \tau_n' \\ \cdot & \cdot & \cdot & \cdot \\ \tau_1^{(n_0-1)} & \tau_2^{(n_0-1)} & \ldots & \tau_n^{(n_0-1)} \end{pmatrix}$$

ergibt.

Dann lautet

Der erste Diskriminantensatz $\boxed{1+2+3+4}$ (schwache Formulierung):

Ist $\mathfrak{P}$ singuläres Primideal aus $\mathfrak{H}$ und in $\mathfrak{T}$ verzweigt, dann teilt $\mathfrak{X}\,\mathfrak{P}$ die Diskriminante jeder bezüglich $\mathfrak{P}$ zulässigen komplexen Basis:

$$D\left((\mathfrak{t}_{[h]})\right) \equiv 0 \bmod \mathfrak{X}\,\mathfrak{P}.$$

Nach Heranziehung des Axiomes 5 ergibt sich unmittelbar der vielsagende Satz:

Der erste Diskriminantensatz $\boxed{1+2+3+4+5}$ (starke Formulierung):

Ist $\mathfrak{P}$ singuläres Primideal aus $\mathfrak{H}$ und in $\mathfrak{T}$ verzweigt, dann teilt $\mathfrak{X}\,\mathfrak{P}$ alle $\binom{n}{n_0}$ mit p^{f^*} potenzierten Matrixdiskriminanten,

$$\begin{vmatrix} \tau_{i_1} & \tau_{i_2} & \ldots & \tau_{i_{n_0}} \\ \cdot & \cdot & \cdot & \cdot \\ \tau_{i_1}^{(n_0-1)} & \tau_{i_2}^{(n_0-1)} & \ldots & \tau_{i_{n_0}}^{(n_0-1)} \end{vmatrix}^{2p^{f^*}} \equiv 0 \bmod \mathfrak{X}\,\mathfrak{P},$$

einer Basis $\mathfrak{t}$, die, im Einklang mit Axiom 5, als erste Komponente in $N \geq \binom{n}{n_0}$ zulässigen komplexen Basen vorkommt.

Der *Beweis* ist dem DEDEKINDschen nachgebildet und hat als Hauptmomente die Erkenntnisse:

1. Für die Charakteristik $p > 1$ teilt jedes Primideal $\mathfrak{P}$ eine natürliche Primzahl p auf triviale Weise.

2. Ein einartiges Ideal $\tilde{\mathfrak{C}}$ aus $\mathfrak{T}$, das von seinem Primideal $\tilde{\mathfrak{P}}$ abweicht, ist in einem Intervall

$$\tilde{\mathfrak{P}}^m > \tilde{\mathfrak{C}} \supset \tilde{\mathfrak{P}}^{m'} \quad (1)$$

enthalten, wo für eine genügend große natürliche Zahl s

$$m p^{rs} \geq m' \quad (2)$$

angenommen werden darf.

Hier ist p^r die Potenz, die in der Definition der zulässigen komplexen Basis $(\mathfrak{t}_{[h]})$ auftritt.

3. Ist $\mathfrak{T}\mathfrak{P} = \tilde{\mathfrak{C}}\tilde{\mathfrak{C}}_1 \cdots \tilde{\mathfrak{C}}_{h-1}$ die Zerlegung von $\mathfrak{T}\mathfrak{P}$ in maximale einartige Komponenten, so ergibt sich, wegen (1) und der Eindeutigkeit der Zerlegung, nach Multiplikation mit $\tilde{\mathfrak{C}}_1 \tilde{\mathfrak{C}}_2 \cdots \tilde{\mathfrak{C}}_{h-1}$

$$\tilde{\mathfrak{P}}^m \tilde{\mathfrak{C}}_1 \tilde{\mathfrak{C}}_2 \cdots \tilde{\mathfrak{C}}_{h-1} > \mathfrak{T}\mathfrak{P} \supset \tilde{\mathfrak{P}}^{m'} \tilde{\mathfrak{C}}_1 \tilde{\mathfrak{C}}_2 \cdots \tilde{\mathfrak{C}}_{h-1}. \quad (3)$$

Wir lesen an (2), (3) die Existenz eines Elementes α ab mit

$$\alpha \not\equiv 0 \bmod \mathfrak{T}\mathfrak{P}, \qquad \alpha^{p^{rs}} \equiv 0 \bmod \mathfrak{T}\mathfrak{P}. \quad (4)$$

4. Aus (4) und Punkt 2. der Definition in **6.** erhalten wir nach Einführung der Basis $\mathfrak{t}$ und Anwendung des Nennernormierungssatzes

$$|M|^{\omega} \equiv 0 \bmod \mathfrak{X}\mathfrak{P}, \qquad \omega = \frac{p^{rs} - 1}{p^r - 1}, \quad (5)$$

wobei M die in der zulässigen komplexen Basis $(\mathfrak{t}_{[h]})$ auftretende Matrix ist.

5. Auf der anderen Seite liefert die Rechnung mit den Spuren und mit der Charakteristik

$$D\left(\left(\mathfrak{t}_{[h]}^{p^{rs}}\right)\right) \equiv |M|^{2\omega p^{f^*}} D\left(\left(\mathfrak{t}_{[h]}\right)\right) \bmod \mathfrak{X}\mathfrak{P}$$

und wegen (5)

$$D\left(\left(\mathfrak{t}_{[h]}^{p^{rs}}\right)\right) \equiv 0 \bmod \mathfrak{X}\mathfrak{P},$$

$$\therefore D\left(\left(\mathfrak{t}_{[h]}\right)\right)^{p^{rs}} \equiv 0 \bmod \mathfrak{X}\mathfrak{P}\,^{15)}.$$

Da aber in $\mathfrak{H} \subset \mathfrak{X}$ die Führertheorie gilt, so ist $\mathfrak{X}\mathfrak{P}$ in $\mathfrak{X}$ prim. Wir schließen

$$D\left((\mathfrak{t})_{[h]}\right) \equiv 0 \bmod \mathfrak{X}\mathfrak{P},$$

womit der Satz bewiesen ist.

Gilt auch $\mathfrak{T} \cap \mathfrak{K} = \mathfrak{H}$, dann ist in der Formuliernng $\mathfrak{X}\mathfrak{P}$ durch $\mathfrak{P}$ zu ersetzen. Siehe **12.**, 2.

8. Wir geben jetzt einige Anwendungen des ersten Diskriminantensatzes:

Ist $\mathfrak{L} \supset \mathfrak{K}$ inseparabel mit Primitivelement und $\mathfrak{P}$ singulär von endlicher Norm in $\mathfrak{H}$, ist weiter ϑ ein in $\mathfrak{T}$ enthaltenes Primitivelement von $\mathfrak{L}$, dann

1. *verschwindet die Diskriminante $D\left((\mathfrak{t}_{[h]})\right)$ der komplexen Basis $(\mathfrak{t}_{[h]})$:*

$$\mathfrak{t}_{[h]} = (1, \vartheta, \vartheta^2, \ldots, \vartheta^{n-1})^{p^{N!+h}}, \qquad h = 0, 1, \ldots, p^l - 1,$$

sicher nicht;

[15]) Das Zeichen $\therefore$ ist zu lesen als „daraus folgt".

2. *gilt für $\mathfrak{P}$ singulär, nichtmeromorph zu* $(1, \vartheta, \vartheta^2, \ldots, \vartheta^{n-1})$ *und in $\mathfrak{T}$ verzweigt und für hinreichend großes N*

$$D\big((\mathfrak{t}_{[h]})\big) \equiv 0 \bmod \mathfrak{X}\mathfrak{P}.$$

9. Es ist der Nachteil der DEDEKINDschen Methode, daß das Ergebnis von E. NOETHER im Falle der separablen Erweiterungen von der Charakteristik $p = 0$ und für ein $\mathfrak{H}$ mit klassischer Idealtheorie verloren geht.

Wir können den NOETHERschen Satz ($p = 0$) auf Grund unserer Verfeinerung der DEDEKINDschen Beweisführung nur für jene Primideale $\mathfrak{P}$ formulieren, die eine natürliche Zahl teilen. Das ist der Fall in relativen Zahlkörpern. Doch geht der NOETHERsche Satz noch viel weiter.

Die NOETHERschen Ergebnisse für $p > 1$ bleiben aber erhalten.

Mehr noch, sie erfahren eine beträchtliche Verallgemeinerung und Vereinfachung.

Zuerst kann man nach Heranziehung der Führertheorie den Hilfssatz beweisen:

a) *Ist $\mathfrak{L} \supset \mathfrak{K}$ separabel, $\mathfrak{H}$ Integritätsbereich mit Einselement und eingeschränkter Minimalbedingung, und teilt ein singuläres Primideal $\mathfrak{P}$ aus $\mathfrak{H}$ die Diskriminante einer Basis* $\mathfrak{t}$ *nicht*: $D(\mathfrak{t}) \not\equiv 0 \bmod \mathfrak{X}\mathfrak{P}$, *dann ist $\mathfrak{P}$ nichtmeromorph zu* $\mathfrak{t}$.

b) *Ist $\mathfrak{L} \supset \mathfrak{K}$ separabel und $\mathfrak{H}$ Integritätsbereich mit Einselement und eingeschränkter Minimalbedingung, und gilt auch $\mathfrak{T} \cap \mathfrak{K} = \mathfrak{H}$, dann ist jede Basis* $\mathfrak{t}$ *in bezug auf jedes singuläre zu* $\mathfrak{t}$ *nichtmeromorphe Primideal $\mathfrak{P}$ zulässig.*

Weiter ergeben sich folgende Formen des ersten Diskriminantensatzes für die endlichen separablen Erweiterungen:

Satz $\boxed{1 + 2 + 3}$:

In der separablen Erweiterung $\mathfrak{L} \supset \mathfrak{K}$ teilt jedes singuläre in $\mathfrak{T}$ verzweigte Primideal $\mathfrak{P}$ die Diskriminante jeder bezüglich $\mathfrak{P}$ zulässigen Basis $\mathfrak{t}$. *D.h. aus*

$$\mathfrak{t}^{p^r} \equiv M\mathfrak{t} \bmod \mathfrak{T}\mathfrak{P}$$

folgt

$$D(\mathfrak{t}) \equiv 0 \bmod \mathfrak{X}\mathfrak{P}.$$

Diese Eigenschaft kommt auch den singulären zu $\mathfrak{t}$ *meromorphen Idealen zu.*

Satz $\boxed{1 + 2 + 3 + \mathfrak{T} \cap \mathfrak{K} = \mathfrak{H}}$:

In der separablen Erweiterung $\mathfrak{L} \supset \mathfrak{K}$ teilt jedes singuläre, in $\mathfrak{T}$ verzweigte Primideal $\mathfrak{P}$ die Diskriminanten aller Basen (oder, was auf dasselbe hinauskommt, die Idealdiskriminante von $\mathfrak{T}$):

$$D(\mathfrak{t}) \equiv 0 \bmod \mathfrak{X}\mathfrak{P}.$$

Ist $p = 0$, so bleiben die vorigen Sätze erhalten, wenn wir $\mathfrak{P}$ nur unter den Teilern der natürlichen Zahlen auswählen.

III. Der zweite Diskriminantensatz

10. Die Aufstellung eines zweiten Diskriminantensatzes für die eventuell inseparablen Erweiterungen und für einen nur mit eingeschränkter Minimalbedingung versehenen Ausgangsring $\mathfrak{H}$ geschieht immer nach dem Schema von DEDEKIND, aber viel einfacher.

Die ersten drei Axiome des neuen Rahmens übernehmen wir aus dem älteren. Dann lautet der neue Rahmen:

1., 2., 3. wie oben.

4*. *Es gilt* $\mathfrak{T} \cap \mathfrak{K} = \mathfrak{H}$.

5*. $\mathfrak{T}$ *enthält den Wurzelring* $\mathfrak{H}^{1/p^{f^*}}$ (falls $p > 1$, sonst ist die Behauptung trivial) *aus* $\mathfrak{L}$, *wobei* f^* *der Exponent der Galoisschen Erweiterung ist.*

Im Gegensatz zu der Beweisführung des ersten Satzes bedarf die des zweiten Satzes keiner Unterscheidung zwischen den Fällen $p = 0$ und $p > 1$.

Ich erwähne hier die Hauptmomente des Beweises, um die Abweichungen von dem DEDEKINDschen Schema besser zu erfassen[16]).

11. *Die Basissätze über* $\dfrac{\mathfrak{T}}{\mathfrak{T}\mathfrak{P}}$.

1. Zuerst zeigt man, daß $\mathfrak{T} > \mathfrak{T}\mathfrak{P}$, $\mathfrak{T}\mathfrak{P} \cap \mathfrak{H} = \mathfrak{P}$ gilt.

2. Wir beweisen unter Heranziehung des Nennernormierungssatzes, daß der Ring $\dfrac{\mathfrak{T}}{\mathfrak{T}\mathfrak{P}}$ über dem Körper $\dfrac{\mathfrak{H}}{\mathfrak{P}}$ eine Minimalbasis vom Grade n besitzt und daß der Vektor

$$\mathfrak{s} = (\sigma_1, \sigma_2, \ldots, \sigma_n)$$

dann und nur dann eine Minimalbasis von $\dfrac{\mathfrak{T}}{\mathfrak{T}\mathfrak{P}}$ über $\dfrac{\mathfrak{H}}{\mathfrak{P}}$ darstellt, wenn in

$$m\mathfrak{s} = \mathsf{M}\mathfrak{t}, \qquad m \in \mathfrak{H}, \quad m_{ij} \in \mathfrak{H}, \qquad m \not\equiv 0 \bmod \mathfrak{P},$$

für die n-reihige Matrix M

$$|\,\mathsf{M}\,| \not\equiv 0 \bmod \mathfrak{P}$$

gilt.

12. *Die Spursätze.*

Definition:

Eine Einteilung der konjugierten Matrix der Minimalbasis $\mathfrak{t}$

$$\begin{pmatrix} \tau_1 \cdot \cdot \cdot \cdot \cdot \cdot \cdot \tau_n \\ \cdot \quad \cdot \quad \cdot \quad \cdot \quad \cdot \quad \cdot \\ \tau_1^{(n_0-1)} \ldots \tau_n^{(n_0-1)} \end{pmatrix} = M_1 + M_2 + \cdots + M_{p^l}$$

in Quadratmatrizen heißt eine Haupteinteilung, wenn mindestens ein M_i nichtsingulär ist.

Die Existenz einer Haupteinteilung für jede Basis $\mathfrak{t}$ wird nach Heranziehung der umfassendsten separablen Erweiterung $\Sigma \supset \mathfrak{K}$ bewiesen.

1. *Der erste Dedekindsche Spursatz* erfährt eine Umformung:

Behauptung:

Ist $\omega \in \mathfrak{T}$ und

$$\omega\,\mathfrak{t} = \frac{\mathsf{N}}{c}\,\mathfrak{t}, \qquad n_{ij} \in \mathfrak{H}, \quad c \in \mathfrak{H}, \quad c \neq 0,$$

[16]) Es sei ausdrücklich betont, daß im folgenden stets, wenn in demselben Satz von einem singulären Primideal $\mathfrak{P}$ und einer Basis $\mathfrak{t}$ die Rede ist, $\mathfrak{P}$ als zu $\mathfrak{t}$ nichtmeromorph vorausgesetzt wird.

so ergibt sich

$$cS(\omega) = \sum_{i=1}^{p^l} S(N_{1i}),$$

wobei N_{1i} eine Einteilung der ersten Schicht der Dimension n_0 aus N ist, die einer Haupteinteilung der konjugierten Matrix nachgebildet wird.

Hier bedeutet S die Spur eines Elementes bzw. einer Matrix, je nach dem Argument.

2. *Der zweite Dedekindsche Spursatz*[17]) erfährt eine entsprechende Umformung:

Behauptung:

Ist $\mathfrak{s}$ eine Minimalbasis von $\frac{\mathfrak{T}}{\mathfrak{T}\mathfrak{P}}$ über $\frac{\mathfrak{H}}{\mathfrak{P}}$, dann gilt

$$\omega\mathfrak{s} \equiv \mathbf{\Omega}\mathfrak{s} \bmod \mathfrak{T}\mathfrak{P}, \qquad \omega_{ij} \in \mathfrak{H},$$

und

$$S^{p^{f^*}}(\omega) \equiv \sum_{1}^{p^l} S^{p^{f^*}}(\Omega_{1i}) \bmod \mathfrak{P},$$

wobei die Ω_{1i} dieselbe Bedeutung wie oben die N_{1i} haben, mit dem einzigen Unterschied, daß die Matrix N durch die Matrix $\mathbf{\Omega}$ ersetzt wurde.

Hier heißt f^*, wie überall weiter unten, der Exponent der Galoisschen Erweiterung $\mathfrak{L}^* \supset \mathfrak{L} \supset \mathfrak{K}$. Übrigens ist p^{f^*} für $p = 0$ gleich 1 zu setzen.

Die *Beweise* dieser Sätze weichen in manchen Punkten von den DEDEKINDschen ab; sie sind eine Frage der Technik und bedürfen des Rahmens $\boxed{1+2+3+4^*}$.

Aus dem zweiten DEDEKINDschen Spursatz ergibt sich der wichtige Schluß ($\mathfrak{H}$ in $\mathfrak{K}$ nicht notwendig ganz abgeschlossen!):

Die *potenzierte Spur $S^{p^{f^*}}(\omega)$ ist in $\mathfrak{H}$ bewertet.*

13. *Die Teilbarkeit nach $\mathfrak{P}$ der Matrixdiskriminanten* (erste Folgerungen).

Definition:

Es sei

$$\begin{pmatrix} \tau_1 & \tau_2 & \ldots \tau_n \\ \tau_1' & \tau_2' & \ldots \tau_n' \\ \ldots & \ldots & \ldots \\ \tau_1^{(n_0-1)} & \tau_2^{(n_0-1)} & \ldots \tau_n^{(n_0-1)} \end{pmatrix} \qquad (1)$$

die konjugierte Matrix der Basis $\mathfrak{t}$. Wir bezeichnen als Matrixdiskriminanten die $\binom{n}{n_0}$ Determinantenpotenzen

$$\Delta_{ij} = |M_i M_j|^{p^{f^*}},$$

unter M_i, M_j irgend zwei n_0-reihige Quadratmatrizen aus (1) verstanden.

$|M_i M_j|$ ist eine Spurdeterminante, daher ist Δ_{ij} Element aus $\mathfrak{H}$.

Man erkennt nach Übergang von Δ_{ij} zu Δ_{ij}^2 leicht, daß aus

$$\Delta_{ij} \equiv 0 \bmod \mathfrak{P}$$

[17]) Weiter unten auch als der *homomorphe Spursatz* bezeichnet.

folgt

$$\Delta_{ii} \equiv 0 \bmod \mathfrak{P} \qquad \text{bzw.} \qquad \Delta_{jj} \equiv 0 \bmod \mathfrak{P},$$

und umgekehrt.

1. *Die Lösung der Systeme mit Spurkoeffizienten.*

Satz:

Teilt das singuläre Primideal $\mathfrak{P}$ eine einzige nicht verschwindende Matrixdiskriminante Δ_{ij}, dann lassen sich n Zahlen $x_i \in \mathfrak{H}^{1/p^{f^*}}$ $(i = 1, 2, \ldots, n)$ derart bestimmen, daß die letzten $n - n_0$ Null sind, die ersten n_0 aber so, daß nicht alle $x_i^{p^{f^*}}$ Null mod $\mathfrak{P}$ sind, und es gilt

$$x_h^{p^{f^*}} S^{p^{f^*}} \tau_h \tau_k \equiv 0 \bmod \mathfrak{P},$$

$$h = 1, 2, \ldots, n_0, \ldots, n, \quad k = 1, 2, \ldots, n_0.$$

2. *Das Ideal* $\tilde{\mathfrak{N}} > \mathfrak{T}\mathfrak{P}$ *mit lauter verschwindenden Spuren* mod $\mathfrak{P}$.

Satz:

Setzt man

$$\mu = x_i \tau_i, \qquad \tilde{\mathfrak{N}} = \mathfrak{T}\mu \cup \mathfrak{T}\mathfrak{P},$$

wobei x_i die vorstehend unter denselben Voraussetzungen festgelegten Zahlen sind, dann erweist sich, daß

$$\tilde{\mathfrak{N}} > \mathfrak{T}\mathfrak{P}$$

und außerdem

$$S^{p^{f^*}}(\nu) \equiv 0 \bmod \mathfrak{P}, \qquad \nu \in \tilde{\mathfrak{N}}.$$

Der *Beweis* geschieht durch Heranziehung des Isomorphismus

$$\mathfrak{L} \rightleftarrows \mathfrak{L}^{p^{f^*}}$$

und Gebrauch des Axioms 5*.

14. *Die direkte Zerlegung von* $\dfrac{\mathfrak{T}}{\mathfrak{T}\mathfrak{P}}$ *und die von ihr induzierte Basis- und Spurzerlegung.*

1. *Der Satz über die Basiszerlegung:*

Es sei $\mathfrak{T}\mathfrak{P} = \tilde{\mathfrak{P}}\tilde{\mathfrak{Q}}$ mit $\tilde{\mathfrak{P}}$ prim in $\mathfrak{T}$ und $\tilde{\mathfrak{P}} \cup \tilde{\mathfrak{Q}} = \mathfrak{T}$. Bekanntlich gilt

$$\frac{\mathfrak{T}}{\mathfrak{T}\mathfrak{P}} = \frac{\tilde{\mathfrak{P}}}{\mathfrak{T}\mathfrak{P}} + \frac{\tilde{\mathfrak{Q}}}{\mathfrak{T}\mathfrak{P}}, \qquad \frac{\tilde{\mathfrak{P}}}{\mathfrak{T}\mathfrak{P}} \times \frac{\tilde{\mathfrak{Q}}}{\mathfrak{T}\mathfrak{P}} = 0,$$

$$\frac{\mathfrak{T}}{\tilde{\mathfrak{Q}}} \rightleftarrows \frac{\tilde{\mathfrak{P}}}{\mathfrak{T}\mathfrak{P}}, \qquad \frac{\mathfrak{T}}{\tilde{\mathfrak{P}}} \rightleftarrows \frac{\tilde{\mathfrak{Q}}}{\mathfrak{T}\mathfrak{P}}.$$

Dann bildet die Verbindung $(\pi_0, \ldots, \pi_{u-1}, \chi_0, \ldots, \chi_{v-1})$ der Basen von $\dfrac{\tilde{\mathfrak{P}}}{\mathfrak{T}\mathfrak{P}}, \dfrac{\tilde{\mathfrak{Q}}}{\mathfrak{T}\mathfrak{P}}$ über $\dfrac{\mathfrak{H}}{\mathfrak{P}}$ eine Basis von $\dfrac{\mathfrak{T}}{\mathfrak{T}\mathfrak{P}}$ über $\dfrac{\mathfrak{H}}{\mathfrak{P}}$.

Folglich haben wir nach **11.**, 1:

$$u + v = n.$$

2. *Der Satz über die Erzeugung der Basis von* $\frac{\tilde{\mathfrak{O}}}{\mathfrak{T}\mathfrak{P}}$:

Ist $\bar{\mathfrak{x}} = \bar{\chi}_0, \ldots, \bar{\chi}_{v-1})$ eine Basis der Körpererweiterung $\frac{\mathfrak{T}}{\tilde{\mathfrak{P}}} \supset \frac{\mathfrak{H}}{\mathfrak{P}}$ und χ^* die von DEDEKIND eingeführte Zahl ($\chi^* \equiv 0 \bmod \tilde{\mathfrak{O}}$, $\chi^* \equiv 1 \bmod \tilde{\mathfrak{P}}$, $\chi^{*2} \equiv \chi^* \bmod \mathfrak{T}\mathfrak{P}$), dann stellt

$$\mathfrak{x} = \chi^* \bar{\mathfrak{x}}$$

eine Basis von $\frac{\tilde{\mathfrak{O}}}{\mathfrak{T}\mathfrak{P}}$ über $\frac{\mathfrak{H}}{\mathfrak{P}}$ dar.

3. *Der Satz über die Spurzerlegung*:

Setzt man

$$\mu \mathfrak{x} \equiv \mathsf{M} \mathfrak{x} \bmod \mathfrak{T}\mathfrak{P}, \qquad \mu \in \tilde{\mathfrak{O}}, \quad m_{ij} \in \mathfrak{H},$$

— unter $\mathfrak{x}$ die vorstehend konstruierte Basis von $\frac{\tilde{\mathfrak{O}}}{\mathfrak{T}\mathfrak{P}}$ verstanden — dann gilt

$$S^{p^{f^*}}(\mu) \equiv \sum_{i=1}^{p^l} S^{p^{f^*}}(M_{1i}) \bmod \mathfrak{P},$$

wobei M eine Matrix von der Ordnung n ist, die aus der Matrix M von der Ordnung $v \leq n$ nach Null-Ergänzungen entsteht.

M_{1i} ($i = 1, \ldots, p^l$) heißt die erste Schicht der Dimension n_0 der als Obermatrix von der Ordnung p^l gedeuteten Matrix M.

Der *Beweis* stützt sich hauptsächlich auf den homomorphen Spursatz aus **12.**

15. *Das Nichtverschwinden der Spurdeterminante der normierten Basis von* $\frac{\tilde{\mathfrak{O}}}{\mathfrak{T}\mathfrak{P}}$.

Es sei v_0 der reduzierte Grad der endlichen Körpererweiterung $\frac{\mathfrak{T}}{\tilde{\mathfrak{P}}} \supset \frac{\mathfrak{H}}{\mathfrak{P}}$ und es sei ϑ Primitivelement der in $\frac{\mathfrak{T}}{\tilde{\mathfrak{P}}} \supset \frac{\mathfrak{H}}{\mathfrak{P}}$ enthaltenen normalen separablen Erweiterung.

Wir wählen für $\frac{\mathfrak{T}}{\tilde{\mathfrak{P}}}$ eine Basis von der Beschaffenheit

$$\chi_i = \vartheta^i, \qquad i = 0, 1, \ldots, v_0 - 1,$$

die eventuell mit passenden $\bar{\chi}_i$ ($i \geq v_0$) ergänzt wird.
Dann setzen wir (χ^* die in **14.** eingeführte Dedekindsche Zahl)

$$\mathfrak{x} = \chi^* \bar{\mathfrak{x}}$$

und bezeichnen $\mathfrak{x} = (\chi_0, \ldots, \chi_{v-1})$ als *die normierte Basis von* $\frac{\tilde{\mathfrak{O}}}{\mathfrak{T}\mathfrak{P}}$.

Die Determinante von der Ordnung v_0

$$H = |S(\chi_i \chi_j)|, \qquad i, j < v_0,$$

heißt die Spurdeterminante der normierten Basis von $\frac{\tilde{\mathfrak{O}}}{\mathfrak{T}\mathfrak{P}}$.

1. *Der Satz über die Anordnung der reduzierten Grade von* $\mathfrak{L} \supset \mathfrak{K}$ und $\frac{\tilde{\mathfrak{O}}}{\mathfrak{T}\,\mathfrak{P}} \supset \frac{\mathfrak{H}}{\mathfrak{P}}$:

Es ergibt sich

$$v_0 \leq n_0.$$

Wir *beweisen* zuerst (mit der klassischen Idealtheorie aus der Halbgruppe $\mathfrak{A}$ in 5.), daß jedes über $\frac{\mathfrak{H}}{\mathfrak{P}}$ irreduzible Polynom $F(x)$ auch über $\mathfrak{H}$ irreduzibel ist (ein Satz, der auch bei DEDEKIND, in einem anderen Zusammenhang und auf die Hauptidealringe $\mathfrak{H}$ beschränkt, auftritt).

Wendet man dies Ergebnis auf die separablen Polynome aus $\mathfrak{L} \supset \mathfrak{K}$ und $\frac{\tilde{\mathfrak{O}}}{\mathfrak{T}\,\mathfrak{P}} \supset \frac{\mathfrak{H}}{\mathfrak{P}}$ an, so erhalten wir die Ungleichung $v_0 \leq n_0$.

2. *Der Satz über die Darstellung von H durch Matrixspuren*:

Es gilt

$$H^{p^{f^*}} \equiv \left| \sum_{k=1}^{p^l} S\left(H_{1,k}^{i,j}\right) \right|^{p^{f^*}} \bmod \mathfrak{P}, \qquad i < v_0, j < v_0, \tag{1}$$

wobei $H^{i,j}$ die nach Null-Ergänzungen aus der Matrix $\mathsf{H}^{i,j}$ von der Ordnung v entstandene Matrix von der Ordnung n bedeutet.

Die Matrix $\mathsf{H}^{i,j}$ ist mittels

$$\chi^* \bar{\chi}_i \bar{\chi}_j \mathfrak{x} \equiv \mathsf{H}^{i,j} \mathfrak{x} \bmod \mathfrak{T}\mathfrak{P}, \qquad h_{ij} \in \mathfrak{H},$$

zu definieren.

Der *Beweis* ergibt sich durch Anwendung des homomorphen Spursatzes.

3. *Satz über die Vereinfachung obiger Formel*:

Es gilt sogar in (1)

$$H^{p^{f^*}} \equiv \left|S(\mathsf{H}^{i,j})\right|^{p^{f^*}} \bmod \mathfrak{P}, \qquad i, j < v_0. \tag{2}$$

Zum *Beweis* bemerken wir, daß wegen der Normierung der Basis $\mathfrak{x}$ und für $i, j < v_0$ die Matrix $\mathsf{H}^{i,j}$ zu einer Matrix von der Ordnung v_0 wird, die freilich, mittels Null-Ergänzungen, als Matrix von der Ordnung v erscheint.

Nach dem obigen Satz über die Anordnung der reduzierten Grade haben wir $v_0 \leq n_0$. Wir sehen gleich ein:

$$\sum_{k=1}^{p^l} S\left(H_{1,k}^{i,j}\right) = S\left(\mathsf{H}^{i,j}\right) \qquad (i, j < v_0).$$

Die Reduktion von (1) auf (2) ist also gerechtfertigt.

4. *Der Satz über das Nichtverschwinden von* $H^{p^{f^*}}$ mod $\mathfrak{P}$:

Es erweist sich $H^{p^{f^*}} \not\equiv 0 \bmod \mathfrak{P}$.

Es sei, zum *Beweis*, $\mathfrak{x}$ die normierte Basis von $\frac{\tilde{\mathfrak{O}}}{\mathfrak{T}\,\mathfrak{P}}$. Setzen wir $\mathfrak{z} = (\chi_0, \ldots, \chi_{v_0-1})$ für die normierte Basis der maximalen separablen Erweiterung $\frac{\Sigma}{\mathfrak{T}\,\mathfrak{P}}$ aus

$\frac{\tilde{\mathfrak{O}}}{\mathfrak{T}\,\mathfrak{P}} \supset \frac{\mathfrak{H}}{\mathfrak{P}}$ und zieht man die Definition von $\mathsf{H}^{i,j}$ in Betracht, so gilt ersichtlich

$$\chi_i \chi_j \mathfrak{s} \equiv \mathsf{H}^{i,j} \mathfrak{s} \bmod \mathfrak{T}\,\mathfrak{P}, \qquad i, j < v_0. \tag{3}$$

Wendet man auf (3) und auf die Körpererweiterung $\frac{\Sigma}{\mathfrak{T}\,\mathfrak{P}} \supset \frac{\mathfrak{H}}{\mathfrak{P}}$ den ersten DEDEKINDschen Spursatz an, so erhält man

$$s(\chi_i \chi_j) \equiv S(\mathsf{H}^{i,j}) \bmod \mathfrak{T}\,\mathfrak{P},$$

wobei s die Spur in $\frac{\Sigma}{\mathfrak{T}\,\mathfrak{P}}$ bedeutet. Folglich ist

$$|S(\mathsf{H}^{i,j})| \equiv |s(\chi_i \chi_j)| \bmod \mathfrak{T}\mathfrak{P}, \qquad i, j < v_0,$$

d. h. wegen $\mathfrak{T}\mathfrak{P} \cap \mathfrak{H} = \mathfrak{P}$:

$$|S(\mathsf{H}^{i,j})| \equiv |s(\chi_i \chi_j)| \bmod \mathfrak{P}. \tag{4}$$

Andererseits ist $|s(\chi_i \chi_j)|$ die Diskriminante der separablen Erweiterung $\frac{\Sigma}{\mathfrak{T}\,\mathfrak{P}}$. Daher gilt $|s(\chi_i \chi_j)| \not\equiv 0 \bmod \mathfrak{T}\,\mathfrak{P}$ und, wegen $|s(\chi_i \chi_j)| \in \mathfrak{H}$, auch

$$|s(\chi_i \chi_j)| \not\equiv 0 \bmod \mathfrak{P}. \tag{5}$$

Da $\mathfrak{P}$ in $\mathfrak{H}$ prim ist, so schließen wir aus (2), (4), (5):

$$H^{p^{f^*}} \not\equiv 0 \bmod \mathfrak{P}.$$

16. *Der zweite Diskriminantensatz:*

Ist $\mathfrak{P}$ ein singuläres Primideal aus $\mathfrak{H}$ und zu der Basis $\mathfrak{t}$ *von $\mathfrak{L}$ in $\mathfrak{T}$ nichtmeromorph, teilt weiter $\mathfrak{P}$ eine zu* $\mathfrak{t}$ *gehörige Matrixdeterminante Δ_{ij}, so erweist sich $\mathfrak{P}$ als in $\mathfrak{T}$ verzweigt.*

Der *Beweis* geschieht genau nach dem DEDEKINDschen Schema.

Man nimmt das Gegenteil an. Es sei also $\mathfrak{P}$ ein Teiler von Δ_{ij},

$$\Delta_{ij} \equiv 0 \bmod \mathfrak{P} \tag{1}$$

und doch in $\mathfrak{T}$ unverzweigt,

$$\mathfrak{T}\,\mathfrak{P} = \tilde{\mathfrak{P}}_0 \tilde{\mathfrak{P}}_1 \cdots \tilde{\mathfrak{P}}_{n-1} = \tilde{\mathfrak{P}} \tilde{\mathfrak{O}}, \tag{2}$$

$$\tilde{\mathfrak{P}}_i \neq \tilde{\mathfrak{P}}_j, \quad i \neq j,$$

wo $\tilde{\mathfrak{P}}$ irgend eines von den Primidealen $\tilde{\mathfrak{P}}_i$ $(i = 0, 1, \ldots, r-1)$ ist.

Aus (1) und (2) und auf Grund des zweiten Satzes in **13.** folgt das Vorhandensein eines Ideals $\tilde{\mathfrak{R}}$ mit

$$\mathfrak{T} \supset \tilde{\mathfrak{R}} > \mathfrak{T}\,\mathfrak{P}, \tag{3}$$

so daß

$$S^{p^{f^*}}(\nu) \equiv 0 \bmod \mathfrak{P}, \qquad \nu \in \tilde{\mathfrak{R}}. \tag{3'}$$

Wir können nicht für alle i

$$\tilde{\mathfrak{P}}_i \supset \tilde{\mathfrak{R}} \qquad (i = 0, 1, \ldots, n-1)$$

haben, sonst ergäbe sich ($\tilde{\mathfrak{P}}_i$ teilerlos, folglich $\tilde{\mathfrak{P}}_i$, $\tilde{\mathfrak{P}}_j$ teilerfremd!)

$$\mathfrak{T}\,\mathfrak{P} = \Pi\,\tilde{\mathfrak{P}}_i = \cap\,\tilde{\mathfrak{P}}_i \supset \tilde{\mathfrak{R}},$$

was zu (3) im Widerspruch steht. Daher gibt es sicher ein $\tilde{\mathfrak{P}}_i$ [das wir gleich dem willkürlichen $\tilde{\mathfrak{P}}$ aus (2) setzen können], mit

$$\tilde{\mathfrak{P}} \not\supset \tilde{\mathfrak{N}}. \tag{4}$$

Der Ring $\mathfrak{T}$ ist aber ein Ring mit eingeschränkter Minimalbedingung, folglich ist $\tilde{\mathfrak{P}}$ teilerlos. Daher gilt wegen (4)

$$\tilde{\mathfrak{P}} \cup \tilde{\mathfrak{N}} = \mathfrak{T}. \tag{5}$$

Aus (2), (3) haben wir

$$\tilde{\mathfrak{N}} \supset \tilde{\mathfrak{P}}\tilde{\mathfrak{Q}}, \tag{5'}$$

und aus (5), (5′) auf Grund eines bekannten allgemeinen Satzes

$$\tilde{\mathfrak{N}} \supset \tilde{\mathfrak{Q}}. \tag{6}$$

Es sei $\mathfrak{x}$ die normierte Basis von $\dfrac{\tilde{\mathfrak{Q}}}{\mathfrak{T}\,\mathfrak{P}}$. Ersichtlich gilt $\chi_i\chi_j \in \tilde{\mathfrak{Q}}$ und nach Vergleich mit (6)

$$\chi_i\chi_j \in \tilde{\mathfrak{N}}.$$

Vermöge (3′) folgt dann

$$S^{p^{f*}}(\chi_i\chi_j) \equiv 0 \bmod \mathfrak{P},$$

$$\therefore H^{p^{f*}} \equiv 0 \bmod \mathfrak{P},$$

was dem letzten Satz widerspricht.

IV. Der vollständige Diskriminantensatz

17. *Der Diskriminantensatz.*

Nach Vergleich des ersten und zweiten Diskriminantensatzes und nach Ausgleichung des axiomatischen Rahmens erhalten wir folgendes notwendige und hinreichende Kennzeichen:

Satz $\boxed{1 + 2 + 3 + 4 + 4^* + 5 + 5^*}$:

Ist $\mathfrak{L} \supset \mathfrak{K}$ eine endliche, im allgemeinen inseparable Erweiterung und $\mathfrak{t}$ eine Basis von $\mathfrak{T}$, die die Axiome 4 und 5 erfüllt, dann decken sich alle singulären, in $\mathfrak{T}$ verzweigten Primideale aus $\mathfrak{H}$, die zu $\mathfrak{t}$ nichtmeromorph sind, mit denjenigen, die jede Matrixdiskriminante von $\mathfrak{t}$ teilen.

Hieraus können wir einen anderen Satz ableiten, der mehr an den Noetherschen erinnert.

Wir erkennen mittels der klassischen Idealtheorie[18]) in der Halbgruppe $\mathcal{A}$ aus $\mathfrak{H}$, daß ein singuläres meromorphes Primideal $\mathfrak{P}$ mindestens eine Matrixdiskriminante von $\mathfrak{t}$ teilt. Folglich sind die singulären Primideale $\mathfrak{P}$, die keine Matrixdiskriminante teilen, sicher nichtmeromorph.

Wir gelangen also zu folgendem

Satz $\boxed{1 + 2 + 3 + 4 + 4^* + 5 + 5^*}$:

---

[18]) und des Dedekindschen Verfahrens bei der Ermittlung einer Minimalbasis.

Ist $\mathfrak{D}$ das von den Matrixdiskriminanten aller Basen aus $\mathfrak{T}$, die noch die Axiome 4 und 5 erfüllen, erzeugte Ideal, so deckt sich die Menge aller nichtmeromorphen singulären, in $\mathfrak{T}$ unverzweigten Primideale aus $\mathfrak{H}$ mit der Menge aller singulären Primideale aus $\mathfrak{H}$, die $\mathfrak{D}$ nicht teilen.

Anmerkung.

Im Falle $p = 0$ müssen wir uns, in den beiden obigen Sätzen wie auch überall in diesem Abschnitt, auf die Ideale $\mathfrak{P}$, die Teiler einer natürlichen Zahl sind, beschränken.

Die Umkehrung des zweiten Satzes gilt erst, wenn jede Basis $\mathfrak{t}$ eine einzige Matrixdiskriminante besitzt, d. h. wenn die Erweiterung $\mathfrak{L} \supset \mathfrak{K}$ separabel ist. Wir bemerken, daß die Axiome $4 + 5 + 5^*$ für diese Erweiterungen entbehrlich sind (entweder inhaltslos oder auf triviale Weise erfüllt). Zieht man auch die beiden Hilfssätze aus **9.** in Betracht, so erhält man einen Diskriminantensatz, den man als die eigentliche Verallgemeinerung des NOETHERschen ansehen darf:

Satz $\boxed{1 + 2 + 3 + 4^*}$:

Es sei $\mathfrak{L} \supset \mathfrak{K}$ eine separable Erweiterung.

Die notwendige und hinreichende Bedingung, daß sich ein singuläres Primideal $\mathfrak{P}$ aus $\mathfrak{H}$ in $\mathfrak{T}$ entweder als verzweigt oder in bezug auf eine Basis $\mathfrak{t}$ als meromorph erweist[19]*), ist, daß $\mathfrak{P}$ das Diskriminantenideal $\mathfrak{D}$ teilt.*

Die Erwähnung der (universal-)meromorphen, unverzweigten $\mathfrak{P}$ kann wahrscheinlich im allgemeinen Fall nicht beiseite gelassen werden. Das Verschwinden dieser Menge von Idealen im NOETHERschen Fall ist aber von prinzipieller Bedeutung. Daher werden wir es hier kurz erklären.

18. *Der Noethersche Fall.*

Wir setzen also voraus, daß in $\mathfrak{H}$ die klassische Idealtheorie gilt.

Da $\mathfrak{T}$ endlicher $\mathfrak{H}$-Modul ist, so ist die Anzahl der zu einer Basis meromorphen Primideale endlich. Es sei $\mathfrak{M}$ deren Produkt.

Wir bezeichnen mit $\frac{a}{b}$ den Koeffizienten der ersten Basiskomponente in der Darstellung des Elementes $\tau \in \mathfrak{T}$ durch $\mathfrak{t}$ und mit $\frac{\mathfrak{A}}{\mathfrak{B}}$ die idealtheoretische Simplifizierung von $\frac{a}{b}$.

Wir setzen $\mathfrak{B} < \mathfrak{H}$ voraus. Es ergibt sich dann ein Ideal $\mathfrak{C}$ mit $\mathfrak{C} \cup \mathfrak{M}\mathfrak{B} = \mathfrak{H}$ und $\mathfrak{C}\mathfrak{B} = (b_0)$. Dann folgt $\mathfrak{C}\mathfrak{A} = (a_0)$, $(a_0, b_0 \in \mathfrak{H})$. Aus $\mathfrak{C} \cup \mathfrak{M}\mathfrak{B} = \mathfrak{H}$ entnehmen wir $c_0 + e_0 = 1$, $\therefore (c_0) + (e_0) = \mathfrak{H}$ mit $c_0 \in \mathfrak{C}$ und $e_0 \in \mathfrak{M}\mathfrak{B}$, d. h.:

$$(c_0) \cup \mathfrak{M} = \mathfrak{H}, \qquad (c_0) \cup \mathfrak{B} = \mathfrak{H}.$$

Daher ist $(c_0) = \mathfrak{C}\mathfrak{E}$, wobei

$$\mathfrak{E} \cup \mathfrak{M} = \mathfrak{H}, \qquad \mathfrak{E} \cup \mathfrak{B} = \mathfrak{H}.$$

Andererseits gilt

$$(a_0) \cup (b_0) = \mathfrak{C},$$

$$\therefore\ \alpha_0 a_0 + \beta_0 b_0 = c_0.$$

[19]) und dann in bezug auf alle Basen.

Nun können wir ein DEDEKINDsches Verfahren anwenden. Wir erhalten eine Zahl $\vartheta \in \mathfrak{T}$, deren erste Komponente, in der Darstellung durch $\mathfrak{t}$, den Koeffizienten $\frac{c_0}{b_0}$ besitzt. Es ergibt sich folgende Relation zwischen den Diskriminanten

$$D(\vartheta, \tau_2, \tau_3, \ldots, \tau_n) = \frac{c_0^2}{b_0^2} D(\tau_1, \tau_2, \tau_3, \ldots, \tau_n),$$

$$\therefore D(\vartheta, \tau_2, \ldots, \tau_n) = \frac{\mathfrak{C}^2}{\mathfrak{B}^2} D(\tau_1, \ldots, \tau_n),$$

$$\mathfrak{C} \cup \mathfrak{B} = \mathfrak{H}.$$

Folglich geht $\mathfrak{B}^2$ in $D(\tau_1, \tau_2, \ldots, \tau_n)$ auf. Andererseits hat $\mathfrak{C}$ nach Konstruktion keine meromorphen Primteiler, während $\mathfrak{B}$ mindestens einen meromorphen Primteiler besitzt. Wir sehen ein, daß $D(\vartheta, \tau_2, \ldots \tau_n)$ weniger meromorphe Primteiler als $D(\tau_1, \tau_2, \ldots, \tau_n)$ aufweist.

Nach Wiederholung dieses Verfahrens gelangt man zu einer Basis $\mathfrak{t}^*$, deren Diskriminante $D\big((\mathfrak{t}^*)\big)$ frei von meromorphen Primteilern erscheint. Folglich ist jedes (singuläre) $\mathfrak{P}$ zu $\mathfrak{t}^*$ nichtmeromorph. Wäre es zu einer bestimmten Basis meromorph und unverzweigt, so erwiese es sich, nach dem letzten Satz in **17.**, als universal meromorph, was einen Widerspruch ergibt.

Daher sind die Primteiler des Diskriminantenideals alle verzweigt und umgekehrt.

Anmerkung.

Ist $\mathfrak{L} \supset \mathfrak{K}$ inseparabel, gilt in $\mathfrak{H}$ die klassische Idealtheorie und erweist sich die Anzahl der in $\mathfrak{T}$ meromorphen Primideale $\mathfrak{P}$ als endlich, so kann man das obige Verfahren anwenden. Es ergibt sich das Vorhandensein einer Matrixdiskriminante ohne meromorphe Primteiler. Inwiefern der Diskriminantensatz dadurch vereinfacht wird, wollen wir hier nicht weiter untersuchen.

19. *Die Konstruktion mittels des Diskriminantensatzes einer Halbgruppe mit klassischer Idealtheorie.*

Es leuchtet ein, daß der zweite Satz aus **17.** zur Konstruktion einer Halbgruppe von Idealen mit klassischer Idealtheorie in $\mathfrak{T}$ dient, ohne daß die Verkettung $\mathfrak{T} \subset \Xi$ (unter Ξ die ganze Abschließung von $\mathfrak{T}$ in $\mathfrak{L}$ verstanden) unbedingt einen echten Führer besitzt.

Zuerst bemerken wir, daß aus der einartigen Zerlegung in $\mathfrak{H}$ eines durch das singuläre $\mathfrak{P}$ geteilten Elementes h:

$$\mathfrak{P}\mathfrak{Q}^* = (h), \qquad h \in \mathfrak{H},$$

und aus der einartigen Zerlegung in $\mathfrak{T}$ der Erweiterung $\mathfrak{T}\mathfrak{P}$:

$$\mathfrak{T}\mathfrak{P} = \tilde{\mathfrak{R}}_1 \tilde{\mathfrak{R}}_2 \ldots \tilde{\mathfrak{R}}_n$$

folgt:

$$\mathfrak{T} = \frac{\mathfrak{Q}^*}{h} \tilde{\mathfrak{R}}_1 \tilde{\mathfrak{R}}_2 \ldots \tilde{\mathfrak{R}}_n.$$

Daher ist jedes $\bar{\mathfrak{P}}_i$ mit $\bar{\mathfrak{R}}_i = \bar{\mathfrak{P}}_i^{m_i}$ in $\mathfrak{T}$ singulär (d. h. $\bar{\mathfrak{P}}_i$ eigentlicher Modul), während die $\bar{\mathfrak{P}}_j$, die je zu einem echten einartigen Ideal gehören, „allgemein" im Sinne von GRELL sind.

Es sei dann $\mathfrak{M}'$ das größte gemeinschaftliche Vielfache (eventuell die unendliche Signatur der Primteiler) aller reineinartigen Komponenten der Matrixdiskriminanten, die das Ideal $\mathfrak{D}$ erzeugen.

Dann können wir den Satz formulieren:

Die Halbgruppe aller Ideale aus $\mathfrak{T}$, die mindestens ein singuläres Element s aus $\mathfrak{H}$ enthalten (d. h. ein zu dem Führer der Verkettung $\mathfrak{H} \subset \mathfrak{X}$ teilerfremdes Element s) *und noch zu $\mathfrak{M}'$ teilerfremd sind, besitzt klassische Idealtheorie* (die Halbgruppe ist maximal auf der Menge aller Ideale in $\mathfrak{T}$, die ein singuläres s in $\mathfrak{H}$ enthalten).

20. *Vergleich mit der Krullschen Verallgemeinerung des Diskriminantensatzes.*

Im Jahre 1939 erschien eine Abhandlung von KRULL[20]), in der die NOETHERsche Diskriminantentheorie auf scharfsinnige Weise verallgemeinert wurde.

Wir machen darauf aufmerksam, daß *die Grundsätze der Krullschen Theorie zu den Grundsätzen der unserigen komplementär sind.*

Bei KRULL ist für $\mathfrak{H}$ die ganze Abgeschlossenheit in $\mathfrak{K}$, bei uns aber die eingeschränkte Minimalbedingung vorausgesetzt.

Der KRULLsche Begriff der Verzweigung verallgemeinert den zweiten Begriff der Verzweigung (den schwächeren) von Emmy NOETHER: die Zerlegungen von $\mathfrak{T}\mathfrak{P}$, bei denen mindestens ein einartiges Ideal $\bar{\mathfrak{R}} < \bar{\mathfrak{P}}$ oder ein Primideal zweiter Art als Faktor auftritt.

Bei uns tritt der erste NOETHERsche Begriff der Verzweigung (der scharfe) auf, wo die Primidealfaktoren zweiter Art nicht als für die Verzweigung charakteristisch angesehen werden.

Die besprochenen Theorien sind demnach nicht auseinander ableitbar.

Аналог теоремы о дискриминанте в несепарабельных расширениях

Д. БАРБИЛЯН, Бухарест

Резюме

Автор статьи дает обобщение теоремы о дискриминанте НЁТЕР, получаемое им при помощи методов ДЕДЕКИНДа.

Предполагая в исходной области целостности $\mathfrak{H}$ существование единичного элемента и ограниченное условие минимальности для идеалов, автор рассматривает конечные (возможно несепарабельные) расширения $\mathfrak{L} \supset \mathfrak{K}$ над полем частных $\mathfrak{K}$ от $\mathfrak{H}$. Поэтому, обобщение оказывается дополнительным

[20]) W. KRULL, Beiträge zur Arithmetik kommutativer Integritätsbereiche VI. Der allgemeine Diskriminantensatz. Unverzweigte Ringerweiterungen. Math. Zeitschr. 45, 1—19 (1939).

к обобщению КРУЛЛя [Math. Zeitschr. 45, 1—19 (1939)], у которого целозамкнутость $\mathfrak{H}$ стоит на первом плане.

Предметом исследования является разветвление сингулярных (в смысле ГРЕЛЛя) простых идеалов $\mathfrak{P}$ из $\mathfrak{H}$ в примитивном кольце целых величин $\mathfrak{T} \supset \mathfrak{H}$ из $\mathfrak{L}$, т. е. появление единичного идеального множителя $\tilde{\mathfrak{R}} < \tilde{\mathfrak{P}}$ в единообразном разложении $\mathfrak{T}\mathfrak{P}$ в $\mathfrak{T}$.

Для прямой теоремы о дискриминанте необходимо понятие $\mathfrak{P}$, немероморфного к базису $\mathfrak{t}$ кольца $\mathfrak{T}$ (т. е. $\mathfrak{P}$, не делящего знаменателей коэффициентов, которые представлены в виде отношений взаимно простых идеалов) и введение „допустимого комплексного базиса" относительно $\mathfrak{P}$. В случае характеристики $p = 0$ доказательство сохраняет силу лишь для $\mathfrak{P}$, делящих натуральное число.

Обратная теорема о дискриминанте верна далее, для базисов, к которым $\mathfrak{P}$ является немероморфным, однако она не зависит от гипотезы допустимого комплексного базиса, а доказательство в случае $p = 0$ не нуждается в ограничении.

В тех случаях, когда 1. $\mathfrak{T}$ — конечный $\mathfrak{H}$-модуль (тривиальный случай) и соотв. 2. $\mathfrak{L} \supset \mathfrak{R}$ — сепарабельное расширение и $\mathfrak{H}$ обладает относительно своего целого замыкания $\mathfrak{X}$ правильным ведущим модулем (нетривиальный случай), множество сингулярных $\mathfrak{P}$, мероморфных относительно некоторого определенного базиса $\mathfrak{t}$, оказывается конечным или пустым.

Обе выше приведенные теоремы сливаются в единую теорему о дискриминанте, имеющую в случае сепарабельного расширения ($\mathfrak{H} \leq \mathfrak{X}$) особенно простой вид. В таком случае комплексные допустимые базисы оказываются простыми, а мероморфные $\mathfrak{P}$ либо исчезают ($\mathfrak{H} = \mathfrak{X}$), либо образуют род разветвленных простых идеалов, и характеризуются совместно с последними тем, что являются делителями дискриминантного идеала ($\mathfrak{H} < \mathfrak{X}$).

Einige Euleriana aus dem Archiv der Deutschen Akademie der Wissenschaften zu Berlin *)

Von Kurt-R. BIERMANN, Berlin

Disposition:

1

Bei der Durchsicht der Akten des Archivs der Deutschen Akademie der Wissenschaften zu Berlin zum Zwecke der Aufstellung eines Verzeichnisses der Briefe von und an Leonhard EULER wurden einige interessante Aktenstücke gefunden[1]), [2]).

---

*) Beitrag, eingereicht am 10. 11. 1956.

[1]) Es wurden vom Leiter des Akademiearchivs, Herrn Fritz G. LANGE, dem ich für die Zugänglichmachung der im folgenden behandelten Stücke zu großem Dank verpflichtet bin, und seinen Mitarbeitern rund 275 Briefe, Gutachten, Notizen usw. aufgenommen, die fast ausschließlich dienstliche Angelegenheiten, und hier in erster Linie Fragen des Kalender-Vertriebs und -Privilegs betreffen.

[2]) Im folgenden werden nachstehende Abkürzungen verwendet:

Archiv der Deutschen Akademie der Wissenschaften zu Berlin	Arch. Bln.
Briefwechsel zwischen C. G. J. Jacobi und P. H. v. Fuß, herausgegeben von Paul STÄCKEL und Wilhelm AHRENS, Leipzig 1908	BJF
Briefwechsel zwischen C. G. J. Jacobi und M. H. Jacobi, herausgegeben von Wilhelm AHRENS, Leipzig 1907	BJJ
Sammelbände von Akademievorträgen aus der Manuskript-Sammlung Arch. Bln.:	
1747; Sign. Ms. C 5	Ms. 1
1748; Sign. Ms. C 6	Ms. 2
1751–1754; Sign. Ms. C 7	Ms. 3

Fortsetzung der Fußnote auf der nächsten Seite.

2.1

Zunächst handelt es sich um die „drei dicken Foliobände Msc., in welchen sich von fremder Hand copirt Abh. befinden, die in der Berl. Akademie gelesen sind“[3]). Die Titel der in ihnen enthaltenen EULERschen Arbeiten waren von Carl Gustav Jacob JACOBI (1804—1851) dem Ständigen Sekretär der Petersburger Akademie, Paul Heinrich von FUSS (1798—1855), einem Urenkel EULERs, im Rahmen ihres Briefwechsels über die Herausgabe der Werke Leonhard EULERs mitgeteilt worden. JACOBIs Bemühungen um die Edition von EULERs Arbeiten sind bekannt. P. H. von FUSS sagte: „Cl. Jacobius, qui inter viros Germaniae mathematicos incepto nostro singulari favebat studio, ultro in se suscepit laborem diaria Academiae Berolinensis deinceps perscrutandi“[4]).

Bei der Einsichtnahme in die drei fraglichen Manuskriptbände stellte es sich heraus, daß auf 6 nachträglich vorgehefteten Blättern des Bandes Ms. 1 Eintragungen vorgenommen sind, deren Autor C. G. J. JACOBI ist. Darauf wird am Ende dieser Niederschrift besonders hingewiesen, heißt es doch dort:

„Die obige Nachweisung ist von dem Herrn Akademiker Professor C. G. J. Jacobi im Jahre 1847 angefertigt worden.

Ulrici

Archivar der K. Akademie d. W.“[5])

Ein Vergleich der betreffenden Briefe JACOBIs[6]) ergibt die fast vollständige Übereinstimmung mit der augenscheinlich zum großen Teil von JACOBIs eigener Hand stammenden Eintragung im Manuskriptband. Während aber in den Briefen neben dem Inhalt der genannten und anderer Archivalien in der Regel nur die Abhandlungen, die EULER ab 1746 in Berlin gelesen hat, aufgeführt und lediglich in einigen Fällen darüber hinausgehende Bemerkungen hinzugefügt sind (z. B. in der Angelegenheit KOENIG), werden in der Übersicht in Ms. 1 noch die Sitzungen angegeben, auf denen Leonhard EULER vorgetragen hat,

---

Gustaf ENESTRÖM, Verzeichnis der Schriften Leonhard Eulers; in: J.-Ber. DMV, IV. Erg.-Bd., 1. Liefrg., Leipzig 1910, 2. Liefrg., Leipzig 1913 — EB

Leonhardi EULERi Opera omnia, Sub auspiciis Societatis Scientiarum Naturalium Helveticae — EO

Adolf HARNACK, Geschichte der Kgl. Pr. Akademie d. Wissenschaften zu Berlin, Berlin 1900, Bd. I, 1; I, 2; II; III — HG

Sitzungsprotokolle der Akademie (Arch. Bln.): Registres de l'Académie Royale des Sciences et des Belles Lettres de Berlin (2. 6. 1746—11. 7. 1766), Arch. Bln., I: IV, 31 — Prot. 31

[3]) BJF, S. 58. Der Inhalt der drei Manuskriptbände wird auf den Seiten 25/7 und 58/64 wiedergegeben.

[4]) P. H. FUSS im Prooemium zu Leonhardi Euleri Commentationes arithmeticae collectae, Petersburg 1849, S. XX, vgl. BJJ, S. 148, Fußnote 4.

Zu den damaligen Bemühungen, die Herausgabe der Werke EULERs zu erreichen, siehe auch F. RUDIO im Vorwort zu EO I, 1, S. XI/XVI, und K. I. KOSTRJUKOW, Über einen Versuch, die Werke Leonhard Eulers herauszugeben; (russisch) in: Historisch-mathematische Untersuchungen (Историко-математические исследования), Band VII, Moskau 1954, S. 630/40.

[5]) Karl Heinrich ULRICI (1789—1862), Archivar der Akademie 1824—1854.

[6]) BJF, S. 25/40 u. 57.

bzw. in denen seiner Erwähnung getan wurde oder die auch sonst von Interesse sind, wie etwa folgende Eintragung zeigt:

„1758, 5. Oct. On a présenté à l'Ac. plusieurs papiers trouvés sous l'Escalier de l'Observatoire, la plupart écrits de la propre main de Mr. de Leibnitz, et concernant en grande partie la fondation de l'Ac. Ces papiers ont été remis à Mr. le Prof. Sulzer, qui s'est chargé de les ranger. (12. u. 19. Oct. macht Sulzer den Bericht darüber.)"[7])

JACOBIS Überblick in Ms. 1 über die fraglichen Sitzungen beruht auf den Sitzungsprotokollen der Akademie. Ihm ist ein Nachtrag hinzugefügt, dessen weder vollständig noch auszugsweise in den Briefen an FUSS Erwähnung getan wird. Er hat weitere Angaben über indirekt auf EULER Bezug habende Archivalien zum Inhalt und bringt außerdem einen Auszug aus dem Protokoll der außerordentlichen Sitzung vom 5. 10. 1746[8]). Da dieser Auszug mit einem EULERschen Promemoria in Verbindung steht, das wir später wiedergeben wollen, werden wir auch ihn weiter unten zum Abdruck bringen[9]). Wir tun dies um so lieber, als wir auch dadurch die Gelegenheit erhalten, der Verdienste JACOBIS um die EULER-Forschung besonders zu gedenken. JACOBI, dessen geniale Arbeiten ja vor allem auf den Untersuchungen EULERS (neben denen LAGRANGES, GAUSS' und LEGENDRES) beruhen, maß jedem „noch so geringfügig scheinenden Umstand, welcher Euler betrifft", eine große Bedeutung bei[10]).

Die von JACOBI entdeckten und jetzt wieder aufgefundenen Manuskript-Bände enthalten Abschriften folgender Arbeiten Leonhard EULERS und seines Sohnes Johann Albrecht[11]):

Lfd. Nr.	Blätter im Manuskript-Band	Nr. lt. EB	EO Serie, Band u. Seiten
Ms. 1 1	7v — 11 r*)	153	I, 6; 20 — 30
Ms. 1 2	68v — 81 r	798	I, 5; 353 — 365
Ms. 1 3	82v — 91 r	164	I, 2; 194 — 222
Ms. 1 4	119v — 142 r	112	II, 25**)
Ms. 1 5	143v — 149 r	175	I, 2; 241 — 253

[7]) Text nach der erwähnten Übersicht JACOBIS, nur in den Abkürzungen unwesentlich abweichend von Prot. 31, S. 335.

[8]) Prot. 31, S. 13.

[9]) Siehe Seite 27 der vorliegenden Abhandlung.

[10]) BJF, S. 23. — Zu JACOBIS sonstigen mathematikhistorischen Interessen und Arbeiten siehe z. B. K. BRUHNS, Alexander von Humboldt, eine wissenschaftliche Biographie, III, Leipzig 1872, S. 12; BJJ, S. 143, 228/9 und bei Leo KOENIGSBERGER, C. G. J. Jacobi, Leipzig 1904.

[11]) Da JACOBI bereits die Titel der Arbeiten angegeben hat (BJF, S. 58/64), genügt eine Aufstellung, die die Nrn. nach EB und den Ort der Veröffentlichung in den EO der Stelle ihres Auftretens in den Ms. 1—3 gegenüberstellt.

*) NB. v = vorder-, r = rückseitig.

**) Geplant lt. A. SPEISER, Einteilung d. sämtl. Werke Leonh. Eulers; in: Commentari Mathematici Helvetici, 20, fasc. 3 (1947), S. 288/318. — EB 145 (EO II, 5) erscheint 1958 (ed. Fleckenstein).

Den Herren Dr. J. O. FLECKENSTEIN, Basel, Prof. Dr. J. E. HOFMANN, Ichenhausen, und Prof. Dr. A. P. JUSCHKEWITSCH, Moskau, habe ich für freundliche Hinweise hinsichtlich der Einteilung mir nicht zugänglicher Bände der EO außerordentlich zu danken.

Lfd. Nr.	Blätter im Manuskript-Band	Nr. lt. EB	EO Serie, Band u. Seiten
Ms. 1 6	166 v — 181 v	166	I, 27; 200 — 235
Ms. 1 7	182 v — 191 v	807	I, 19; 417 — 438
Ms. 1 8	212 v — 227 v	113	II, 30 **)
Ms. 1 9	228 v — 235 v	147	I, 26; 33 — 45
Ms. 1 10	240 v — 247 r	169	I, 27; 236 — 252
Ms. 1 11	256 v — 273 v	116	II, 20 **)
Ms. 1 12	274 v — 280 v	172	II, 30 **)
Ms. 2 1	14 v — 21 r	148	I, 26; 46 — 59
Ms. 2 2	22 v — 27 r	149	III, 2; 376 — 383
Ms. 2 3	39 v — 46 v	119	II, 10; 50 — 62
Ms. 2 4	61 v — 67 v	143	II, 8 **)
Ms. 2 5	94 v — 105 v	118	III, 6 **)
Ms. 2 6	114 v — 120 v	141	II, 30 **)
Ms. 2 7	147 v — 159 v	839	II, 31 **)
Ms. 2 8	166 v — 187 v	145	II, 5 **)
Ms. 3 1	23 v — 45 r	245	I, 22; 237 — 294
Ms. 3 2	46 v — 49 r	241	I, 2; 328 — 337
Ms. 3 3	59 v — 66 v	332	II, 12; 272 — 288
Ms. 3 4	67 v — 78 r	250	I, 25; 98 — 122
Ms. 3 5	87 v — 101 v	178	III, 5 **)
Ms. 3 6	102 v — 111 r	209	III, 5 **)
Ms. 3 7	127 v — 155 r	846	III, 9 **)
Ms. 3 8	166 v — 187 v	222	II, 16 **)
Ms. 3 9	191 v — 198 v	252	I, 20; 80 — 107
Ms. 3 10	199 v — 209 r	258	II, 12; 133 — 168
Ms. 3 11	210 v — 221 v	246	I, 14; 542 — 584
Ms. 3 12	222 v — 229 v	282	I, 6; 170 — 196
Ms. 3 13	230 v — 247 v	833	II, 17 **)
Ms. 3 14	258 v — 264 v	231	I, 26; 94 — 108
Ms. 3 15	265 v — 267 r	244	I, 2; 390 — 398
Ms. 3 16	268 v — 272 r	243	I, 2; 373 — 389
Ms. 3 17	273 v — 283 r	242	I, 2; 338 — 372
Ms. 3 18	290 v — 294 r	310	I, 6; 197 — 211
Ms. 3 19	295 v — 305 v	248	II, 17 **)
Ms. 3 20	306 v — 320 v	336	II, 8 **)
Ms. 3 21	321 v — 326 v	249	II, 17 **)
Ms. 3 22	336 v — 346 v	219	III, 5 **)
Ms. 3 23	387 v — 398 v	A_1	—

Von besonderem Interesse ist die Kopie in Ms. 1, Lfd. Nr. 2 (EB 798). JACOBI sagte von dieser Variante der Abhandlung „De numeris amicabilibus", sie böte „ein schönes Beispiel, wie Euler seine Abh. oft umgearbeitet hat, ehe er sie zum Druck bestimmt"[12], eine Feststellung, der FUSS auf Grund seiner Kenntnisse

**) Siehe Note auf S. 23.

[12]) BJF, S. 25/26; gleichlautend in seiner dem Band Ms. 1 vorgehefteten Übersicht.

beipflichtete[13]). JACOBI ließ von dieser Studie und den Abhandlungen Ms. 1, Lfd. Nr. 5 und 7; Ms. 2, Lfd. Nr. 7; Ms. 3, Lfd. Nr. 7 und 13, Kopien anfertigen und sandte sie an FUSS[14]). Der Druck der Abh. EB 798 in den EO erfolgte nach einem Manuskript, das der Petersburger Akademie hinterlassen wurde und in dem die §§ 3 bis 7 fehlen. „Die Urenkel Eulers[15]) haben in der ersten Ausgabe des Manuskriptes diese Paragraphen offenbar von sich aus durch folgende Ausarbeitungen ergänzt" schreibt der Herausgeber R. FUETER und bringt dann die fehlenden Paragraphen im Vorwort[16]). Es liegt auf der Hand, daß FUSS seinerzeit auf die von JACOBI übersandte Kopie zurückgegriffen hat. Ein Vergleich der Fassung, wie sie in den EO vorliegt, mit Ms. 1, Lfd. Nr. 2, zeigt, von einigen Flüchtigkeiten und Schreibfehlern im Berliner Manuskript abgesehen, völlige Übereinstimmung einschließlich der §§ 3—7, bei denen nur die beiden folgenden Abweichungen zu verzeichnen sind:

EO; I, 5		Ms. 1, Lfd. Nr. 2	
S. XXXII, 6. Zeile v. u.	... ipso illo numero excepto, qui, etsi ...	S. 70, 12. Zeile v. ob.	... ipso illo numero, qui etsi ...
S. XXXIII 2. Zeile v. u.	... omnis numerus in huiusmodi forma ...	S. 71, 13. Zeile v. ob.	... omnis numerus semper in huiusmodi forma ...

Dieser Vergleich war FUETER z. Z. der Herausgabe (1944) naturgemäß nicht möglich. Nicht abgedruckt ist in den EO die dem Berliner Manuskript angehängte Tabelle. Die Vermutung FUETERS[17]), die Tabelle stimme mit derjenigen überein, die in der Fassung der Abh. „De numeris amicabilibus" EB 152[18]) enthalten ist, hat sich bewahrheitet. Der Herausgeber jener Studie EB 152, F. RUDIO, bemerkt[19]), daß er Fehler bei den Summae divisorum der Zahlen 5^5, 37^3, 41^3, 149^3, 173^2, 283^3, 461^3, 523^3, 563^3, 571^3, 613^2, 769^3, 811, 827, die in der ersten[20]) sowie in der von FUSS besorgten Ausgabe[21]) enthalten waren, korrigiert hat. Die Berliner Tabelle weist bei 5^5, 41^3, 283^3, 461^3, 523^3, 563^3, 769^3, 811 und 827 keine Fehler auf; hingegen fehlen die von RUDIO ergänzten 79, 79^2 und 79^3, sowie ihre Summae divisorum ebenso wie in den beiden ersten Ausgaben von EB 152. Warum beim Druck von EB 798 FUSS nicht die Berliner Tabelle benutzt hat, ist nicht festzustellen, möglicherweise wurde sie bei der Anfertigung der Abschrift in Berlin übersehen? Als richtig erweist sich die Ansicht FUETERS, daß JACOBIS Ausführung in seinem Brief an FUSS, dem

[13]) BJF, S. 43. — Vgl. auch G. ENESTRÖM, Bericht an die Eulerkommission der Schweizerischen Naturforschenden Gesellschaft über die Eulerschen Manuskripte der Petersburger Akademie; in: J.-Ber. DMV, 22, Leipzig 1913, 2. Abt., S. 191/205, insbes. S. 192.

[14]) BJF, S. VI und 74.

[15]) P. H. von FUSS und sein Bruder Nikolaus, der ihm zur Seite stand (BJF, S. 42/43).

[16]) EO, I, 5; S. XXXI—XXXIV.

[17]) EO, I, 5; S. XXXIV.

[18]) EO, I, 2; S. 90/95.

[19]) EO, I, 2; S. 89.

[20]) Opuscula varii argumenti, 2, 1750, S. 23/107.

[21]) Commentat. arithm. 1, 1849, S. 102/145.

Berliner Manuskript von EB 798 sei eine Tabelle angefügt, „wo die Factoren von $1 + p^n$ angegeben sind, wenn p eine Primzahl ist“[22]), auf einem Irrtum beruht[23]).

2.2

Weiterhin wurden einige Dokumente gefunden, die mit EULERs Tätigkeit als Direktor der mathematischen Klasse bzw. als Leiter der Sternwarte zusammenhängen und seine Verpflichtungen sowohl als auch die frühzeitig beginnenden Verdrießlichkeiten illustrieren.

2.21

In einem eigenhändigen Promemoria, dessen Text wir folgen lassen, empfiehlt EULER der neuen Akademie, einen noch von der alten Sozietät abgeschlossenen Vertrag zu bestätigen[24]).

„Pro Memoria

Es ist im Monath Sept. des vorigen Jahres von Seiten der Societät mit C. Sigmund Schumacher einem habilen Calculatore ein Accord geschloßen worden, kraft welches er sich verbunden die Manfredischen Ephemerides zu continuiren, und noch verschiedene nützliche von mir vorgeschlagene Punkte beyzufügen, wie solches aus beyligender Specification zu ersehen, und auch öffentlich durch die Zeitungen bekannt gemacht worden. Und in Ansehung dieser mühsamen Arbeit ist ihm für einen Jahrgang 250 Gulden versprochen worden.

Da nun dieser Accord von dem vorigen Concilio schon würklich confirmirt und protocollirt worden; so bittet oben gemeldter C. S. Schumacher unterthänigst um völlige Bestätigung dieses Accords; und weilen er mit der Bezahlung nicht so lang warten kan, biß ein gantzer Jahrgang vollendet, so bittet er, daß ihm, wie bißher geschehen, von Zeit zu Zeit geringe Portionen der ihm versprochenen Bezahlung gereichet werden möchten.

Es hat ihn bißher sehr viel Zeit und Mühe gekostet zu seinem Gebrauch verschiedene nützliche Tabellen auszurechnen, welche nicht ohne großen Nutzen den Ephemeridibus beygedrucket werden könnten, und dieses ist die Ursach, daß der erste Jahrgang sobald noch nicht fertig seyn kan: da aber diese Tabellen ihm bey den folgenden Jahren wohl zu statten kommen, so wird er ins künftige mit dieser Arbeit desto beßer avanciren.

D. 31. Jan. 1744. Leonhard Euler.“

---

22) BJF, S. 26; gleichlautend in der erwähnten Übersicht in Ms. 1.

23) Der Berichtigung bedürfen indessen zwei andere Feststellungen FUETERs (EO, I, 5; S. XXXIV).

JACOBI hat FUSS nicht mitgeteilt, daß das Berliner Manuskript ein solches von EULERs eigener Hand sei. JACOBI hat FUSS auch nicht geschrieben, daß die Übersetzung dieser Abhandlung ins Französische vorgesehen gewesen sei. Offensichtlich beruhen die Ausführungen FUETERs auf einem Mißverständnis (vgl. BJF, S. 25 und 64).

24) Arch. Bln., Acta betr. das Observatorium und den Astronomum, 1713—1746, I: XIV, 26; Fol. 201.

Diese Empfehlung fand die Befürwortung des amtierenden (aber nicht als solcher bestätigten) Präsidenten, des Generalfeldmarschalls Samuel GRAF VON SCHMETTAU (1684–1751)[25]). Von eben dem „habilen Calculator“ SCHUMACHER ist in dem Protokollauszug die Rede, den C. G. J. JACOBI im genannten Nachtrag zu seinen Eulernotizen festgehalten hat:

“5 Oct. 1746. Paroissant par les Comptes que le nommé Schumacher a reçu plusieurs payemens du Tresorier de l'Académie pour les calculs des Ephémérides, Mr. le Président a remarqué qu'il ne convenoit point à l'Académie de faire à l'avenir aucune dépense à ce sujet, d'autant plus qu'on travalloit à Paris aux Ephémérides, dont l'Académie du dit lieu a bien plus de besoin que celle-ci, vu la différence infinie qu'il y a entre leurs Observatoires; qu'ainsi il estimoit que dès que le dit Schumacher auroit fini la seconde année de ses Ephémérides, qu'il a beaucoup avancée au rapport de Mr. Euler, il seroit expédient de lui faire discontinuer ce travail, pour exercer son habileté dans le calcul à quelque autre ouvrage plus intéressant, tel que seroit les Ephémérides de la Lune suivant la nouvelle Théorie de Mr. Euler comparée avec les autres Théories. La proposition de Mr. de Maupertuis ayant été applaudie, Mr. Euler en sa qualité de Directeur de la Classe Mathématique s'est chargé de régler le tout en tems et lieu, et de donner les directions nécessaires au Calculateur“[25a]).

Noch ein Schriftstück hat sich gefunden, das die Kalenderangelegenheit betrifft, die später mit eine Ursache geworden ist, daß EULER schließlich Berlin verließ und nach Petersburg zurückkehrte[26]). Wir wollen auch diesen Text nach dem erhaltenen Konzept hier einfügen:

„An

die mathematische Classe.

Nachdem dem Directorio der Königl. Academie der Wissenschaften bekant gemacht worden, daß sich in den dießjährigen Calender, was den astronomischen Theil desselben und sonderlich die Sezung der Evangelien betrift, verschiedene Fehler eingeschlichen:
Als wird der mathematischen Classe und in specie dem Directori derselben dem Herrn Prof. Euler hierdurch aufgetragen, hierauf künftig alle mögliche Aufmerksamkeit zu haben, damit dergleichen Mängel verhütet und der Abgang der Calender dadurch nicht gehindert werde.

Berlin den 23. September 1744.

Directorium der Königl. Academie der Wissenschaften.

Viereck C W Borke“[27])

---

[25]) HG, I, 1, S. 292.

[25a]) Vgl. Prot. 31, S. 13.

[26]) Vgl. die Darstellungen, die HARNACK (HG, I, 1, S. 363/5) und Wilhelm STIEDA geben; letzterer in: Die Übersiedlung Leonhard Eulers von Berlin nach St. Petersburg, Leipzig 1931, Berichte über d. Verhandl. d. Sächs. Ak. d. Wiss., philolog.-hist. Kl., 83, 3.

[27]) Arch. Bln., I: XIV, 26; Fol. 203.

Wenn die Akademie auch streng darauf achten mußte, daß keinerlei Schmälerungen ihrer Haupteinkünfte aus dem Kalenderprivileg eintraten, so können wir doch wohl annehmen, daß der Grund für den nicht sehr angenehmen schriftlichen Hinweis in der Abneigung des „Arcanisten" Adam Otto von Viereck (1684—1758), des Protektors der alten Sozietät und Kurators der neuen Akademie, gegen Leonhard Euler, das frühere Mitglied der Societé Littéraire, der den König wiederholt an die nötige Reorganisation der alten Sozietät erinnert hatte, zu suchen ist. Viereck mag wohl den konzilianteren Caspar Wilhelm von Borcke (1704—1747) zu der scharfen Form des Verweisens auf Eulers Aufsichtspflicht beredet haben, zumal Borcke sich schwer dem gewichtigen finanziellen Argument verschließen konnte. Immerhin können wir in diesem Vorfall einen solchen erblicken, der wohl für Euler ärgerlich gewesen sein mag.

2.22

Das von Euler unterzeichnete, gleichfalls jetzt aufgefundene Protokoll einer Sitzung, die sich mit dem Zustand des Observatoriums beschäftigte, spricht für sich. Es stellt eine wertvolle Quelle für die Geschichte der Astronomie dar, wie es andererseits Eulers Obliegenheiten zu beleuchten geeignet ist. Mutmaßlich stammen die Randbemerkungen, deren Orthographie bemerkenswert ist, vom Grafen Schmettau[28]). Wir lassen den Wortlaut des Protokolls folgen[29]):

"29 Jan: 44

Actum

in Congreg: particulari
Classis Mathemat:

Praes:

HH Euler,
Naude,
Humbert,
Wagner,
Grischau
Kies
Faber Secr:

29. Jan. 1744.

H. Astron. Kies stellt gleich anfängl[ich] den schlechten Zustand des Observatorii vor; dabey die HH: Naude, Grischau und Wagner gedachten, daß schon lange dißfalls die pia desideria gehörigen Orts angebracht worden seyen. Hierauf wurde ad specialia geschritten: und zwar

1.) Das Gebäu überhaupt betrachtet: so wird solches, wie es ist nicht vor geschickt gehalten: es hat Riße, von welchen ungewiß ist, ob davon der Fehler im Fundament bestehet, oder ob er von der plate

muß erstlich bey dem König angefragt werden ob man aldahr bauen kan oder er eine academi und

[28]) Vgl. HG, I, 1, S. 291/2.

[29]) Arch. Bln., I: XIV, 26; Fol. 194 u. 198.
Für die Hilfe bei der Lesung dieses schwierig zu entziffernden Protokolls habe ich Fräulein Margot Faak (Leibniz-Kommission der Deutschen Akademie der Wissenschaften zu Berlin) sehr zu danken, wie ich in gleicher Weise Herrn Fritz G. Lange, Leiter des Akademie-Archivs, dafür meinen Dank sagen möchte, daß er alle Abschriften durchsah und mich mit mancherlei wertvollen Hinweisen unterstützte.

observ. bauen oder auff dem Schloß zu bauen erlaube. Diese untersuchung muß abgewartet werden

Davon müßte der H. Maj. Humber einen riß und profil, nebst einem überschlag der Kosten mit Zuzihung eines Zimmer pallirs machen

Diese instrumente wehren durch H. Wagner Liverkin Kies und Naude zu examiniren, nachhero zu specificiren und was davon brauchbahr ist, oder mit was Kosten es brauchbahr könte gemacht werden angezeiget und in denen mathematischen Zusammenkünften oder in einer in 4 Tagen id est den nachkünftigen Montag bey mir zusammen zu kommenden particulair assamble darvon raport zu thun damit man darüber weiter mesures nehmen konte

Queritur? ob man nicht alhier die abgehenden machen laßen könte, oder doch einige davon und denn müßte man auch einen überschlag der Kosten geben was die jenigen so man auß england muß verschreiben zu stehen kommen könten.

forme kommt. H. Maj. Humbert hat auf sich genommen dieses sobald es thunlich zu untersuchen, welches wegen Schnees nicht geschehen kan.
Allenfalls wenn der Fehler nicht aus dem Fundament kommt, so könnte solchen abgeholfen werden, wenn auf der plate forme noch ein leichtes Gebäu aufgeführt würde, welches ein mäßiges octogonum seyn müßte; dieses könnte auf eine Art Estrich gesetzt werden, so künftig anzugeben seyn würde.

2.) Die Instrumenten betr., so sind deren weder genugsam noch bequeme oder accurate vorhanden.
H: Pr: Wagner producirt ein promemoria von dem Krosigkischen Erben nach welchem verschiedene mathematische Instrumenten, welche schon würkl[ich] auf dem Observatorio befindl[ich] sind, zum Kauf vorgeschlagen werden: sie sollen nach dem Zeugniß H. Prof. Wagners und Grischau zwar nicht im brauchbaren stand; es käme aber darauf an, ob solche nicht durch einen mechanicum in brauchbaren stand sollte gesetzt werden, damit man sie probiren könnte, weilen, wenn sie können genutzet werden, man nicht nöthig hat neue mit vielen Kosten anzukauffen. Herr Prof: Wagner hat würcklich mit einigen schon gearbeitet, und für gut gefunden.

Sonsten hätte man nach H: Astron: Kies vorstellung höchst nöthig

2 gute Quadranten

1 Sextanten
2 gute pendul Uhren

3 biß 4 von den besten tubis von verschiedener Länge mit micrometris.

Auf dem Observatorio sind noch ein und ander Instrumenten, welche nicht viel nuzen, in ansehung welcher man trachten müßte, solche zu verkaufen; überhaupt aber sollte von allen Instrumenten und vorräthigen Sachen ein Inventarium ge-

Der Herr Bibliotecarius H. Wagner solte solches inventarium und catalogum der bücher wohl haben widrigenfalß muß ihm von der accademi auff gegeben werden a dato in 8 Tagen mit zuzihung 2 H Deputirten so zu wehlen sind solches zu thun. und der accademi über 8 Tage vor zu legen. au Mr. Jarige muß wohl gefragt werden was davon vorhanden ist.

macht werden, so nicht vorhanden und könnte dabey annotirt werden ob sie brauchbar sind.
Die Instrumenten, welche sollten angeschafft werden, müßten aus Engelland und zwar von der der Societaet approbirt seyn. Graham in London macht solche.
Wann auf die plate forme des Observ. noch etwas kan gesetzet werden, so könnte das Gebäude nach Art des Petersb. Oservatorii eingerichtet werden, und ist solches um somehr nöthig, als man vor jetzo nicht in alle plagas sehen kan; die Fenster nicht hoch genug sind, der Boden nicht horizontal ist, und man keine retirade im winter hat.
Der bisherige Abgang der nöthigen Instrumenten und die schlechte Einrichtung des Gebäudes ist neben anderen schuld gewesen daß man hisigen Orts den Cometen lezthin nicht hat gehörig observiren können.

Leonh. Euler."

Bei den Gelehrten, die außer EULER an der Sitzung teilnahmen, handelt es sich um folgende: Philipp NAUDÉ (1684—1745), Abraham DE HUMBERT (1689 bis 1761), Johann Wilhelm WAGNER (1681—1745), Augustin GRISCHOW (1683 bis 1749), Johannes KIES (1713—1781), Johann Friedrich FABER (?—1745). „Liverkin", der zusammen mit WAGNER, KIES und NAUDÉ die Instrumente prüfen soll, ist Johann Nathanael LIEBERKÜHN (1711—1756). Mit Mr. Jarige, der befragt werden soll, was an Inventar vorhanden ist, ist Philippe Joseph DE JARIGE gemeint (1706—1770), seit 1733, also schon zu Zeiten der alten Sozietät, bis 1748 Beständiger Sekretar, vom Grafen SCHMETTAU erbittert angefeindet.

Nähere Einzelheiten über diese Akademiker sind von HARNACK mitgeteilt worden[30]).

Das Observatorium, ein fünfstöckiger Turm von rechteckigem Querschnitt, auf dessen oberer Plattform die Instrumente aufgestellt wurden, stand an der Stelle des heutigen Einganges der Universitätsbibliothek. Wie das Observatorium gegründet wurde, seine Ausstattung mit Instrumenten, die damaligen Aufgaben der Astronomen und andere historische Fakten haben uns HARNACK und LUDENDORFF mitgeteilt[31]). Wir wissen daher auch, was es mit der „Krosigkischen" Erbschaft für eine Bewandtnis hat: Die Anfänge des Observa-

[30]) HG, I, 1. Vgl. außerdem Erik AMBURGER, Die Mitglieder der Deutschen Akademie der Wissenschaften zu Berlin 1700—1950, Berlin 1950.

[31]) HG, I, 1 und II; Hans LUDENDORFF, Zur Frühgeschichte der Astronomie in Berlin, Berlin 1942; in: Pr. Akademie d. Wissenschaften, Vorträge u. Schriften, Heft 9.

toriums und die Kalenderherausgabe sind aufs engste mit dem Astronomenehepaar Gottfried und Maria Margarete KIRCH (1639—1710, bzw. 1670—1720), ihrem Sohn, dem Astronomen Christfried (1694—1740) und ihrer Tochter, der in der Kalenderarbeit aufgehenden Christine (1696—1782), verknüpft. Als das Ehepaar KIRCH 1700 nach Berlin kam, mußte sich Gottfried KIRCH in erster Linie den Kalendern widmen, denn der im Bau befindliche Sternwartenturm wurde erst nach 1709 benutzbar. Astronomisch betätigte sich das Ehepaar aber in diesen Jahren eifrig auf der Privatsternwarte des Freiherrn Bernhard Friedrich VON KROSIGK (?—1714), der in der Geschichte der Astronomie auch dadurch bekannt ist, daß er auf seine Kosten den Astronomen KOLB nach Kapstadt zur mit Berliner Messungen korrespondierenden Bestimmung der Mondentfernung entsandte. Um die von KROSIGK hinterlassenen Instrumente geht es also hier.

Das Ergebnis der Sitzung vom 29. 1. 1744 war übrigens nicht das, was sich EULER, zumal im Zeichen der gerade erfolgten Gründung der neuen Akademie, sicherlich davon versprochen hat. Erst im Jahre 1800 wurde eine wirkliche Verbesserung der Beobachtungsmöglichkeiten herbeigeführt, die neue Sternwarte aber erst 1835 fertiggestellt.

2.3

Einen besonders wertvollen Fund stellt das eigenhändige Gutachten Leonhard EULERS über eine Erfindung eines Schlossers SCHRÖDER dar, mit dem wir unsere Mitteilung beschließen wollen und das wir wegen des Interesses, das es beanspruchen kann, auch in Reproduktion beifügen. Das Gutachten war vom Generaldirektorium angefordert worden. EULER, der bereits erwähnte KIES und Christian Friedrich LUDOLFF (1707—1763) haben in der Sitzung vom 22. 7. 1751 den Prüfungsbericht erstattet[32]). Es wurde daraufhin beschlossen, eine Kopie ihres Urteils an das Generaldirektorium zu senden. Über den Verbleib der Modelle, mit denen SCHRÖDER seine Verbesserungsvorschläge zur Lagerung von Achsen auf Rollen veranschaulicht hat, war nichts festzustellen.
Das Gutachten hat diesen Wortlaut[33]):

„Zu Folg der von der Königl. Academie der Wissenschaften aufgetragenen Commission haben wir die von dem Hof-Schlösser H. Schröder verfertigten Modelle untersuchet, und befunden.

I. Eine gantz neue Erfindung die Friction in der Bewegung aller horizontal ligenden Axen zu vermindern. Dann obgleich der Grund davon schon seit geraumer Zeit bekannt, indem die Axen auf bewegliche Rollen gelegt zu werden pflegen, da dann die gantze Friction auf die kleinen Axen dieser Rollen gebracht, und folglich gantz ungemein vermindert wird: so ist doch die Schröderische Erfindung davon gantz verschieden, indem um die Axen Ringe gelegt werden, so in ihrem Umkreiße mit Rollen versehen sind, dergestalt daß die Axen in diesen Ringen auf der Pfanne herumlauffen. Weil nun die Axen immer auf den Rollen dieser Ringe aufligen, so wird dadurch der gröste

[32]) Prot. 31, S. 157/58.
[33]) Arch. Bln., Acta betr. das Urthel der Academie über eine von dem Schlosser Schroeder erfundene Machine; I: V, 30.

Theil der Friction gehoben, und die übergebenen Modelle weisen auch gantz klar aus, daß die Bewegung einen weit geringeren Wiederstand leidet, als wann man die Axen unmittelbar in den Pfannen lauffen läßt: dahero diese Art bei Mühlen und Fuhrwerken, wo ein sehr großer Theil der bewegenden Krafft zu Überwindung der Friction angewandt werden muß, mit um so viel größerem Vortheil wird angebracht werden können, da dazu weder eine Veränderung in den Maschinen selbst, noch große Unkosten erfordert werden.

II. Hiebey aber ist gleichwohl in Erwägung zu ziehen, daß auf diese Art die Axen eine gewisse hüpfende Bewegung erhalten, und nicht so ruhig lauffen, als entweder nach der gemeinen Art, oder wann dieselben auf Rollen deren Axen unbeweglich sind, aufligen. Dann da auf diese Art die Axe immer zwischen zwey Rollen aufligt, diese Rollen aber mit dem Ring herumgehen, so wird die Axe auch mit denselben erhoben, biß dieselbe von der aufliegenden Last auf zwey andere Rollen gedrungen wird, dahero die Axe so wohl seitwerts als auf- und ab- werts hüpfen muß. Diese hüpfende Bewegung wird aber um so viel kleiner und unmerklicher seyn, je kleiner die Rollen des Rings gemacht werden, inzwischen wird es doch nicht rathsam seyn diese Art bey solchen Maschinen anzubringen, wo eine solche hüpfende Bewegung schädlich seyn könnte, und in solchen Fällen wird es vielmehr dienlich seyn sich solcher Rollen, deren Axen in der Pfanne befestiget sind, zu bedienen. Bey dem Fuhrwerk aber und insonderheit bey l'affuiten[33a]) wird diese Schröderische Invention herrliche Dienste leisten können.

III. Ferner hat H. Schröder eine besondere Art die Friction in der Bewegung aufrecht stehender Axen zu vermindern, welchen allen Beyfall verdienet, und da dieselbe keine hüpfende oder erschütternde Bewegung verursachet, bey allen Maschinen wo dergleichen Axen befindlich sind, mit dem größten Vortheil wird angebracht werden können. Und da auf diese Art die Friction gar merklich vermindert wird, so kan man auch gewiß versichert seyn, daß dergleichen Maschinen weit größere Dienste leisten werden.

IV. Die übrigen Modelle betreffen den Mühlenbau, und unter denselben verdienet insonderheit die vorgeschlagene Feld-Mühle alle Aufmerksamkeit, indem dabey das horizontal Rad auf eine sinnreiche Art ohne Axe dergestalt angebracht ist, daß fast alle Friction gehoben wird: dahero man sich davon zu Feld einen weit größeren Vortheil versprechen kan, als von den gewöhnlichen Hand oder Pferd Mühlen: als wo ein großer Theil der Krafft bloß allein um die Friction zu überwinden, verbraucht werden muß.

V. Was ferner bey den Mühlen die Art anlanget, beyde Steine zugleich in Bewegung zu setzen, so ist dieselbe sehr wohl ausgedacht, und wird das Getreyde solcher Gestalt mit weit größerer Gewalt zermalmet. Hiebey ist aber zu erwägen, daß auf solche Weise eine so große Geschwindigkeit das Getreyde allzu stark erhitzen, und dem Meel schädlich seyn könnte. Allein in diesem Fall darf man nur die Maschine um so viel langsamer laufen lassen und dazu wird auch eine weit kleinere Krafft hinlänglich seyn als nach der gewöhnlichen Art.

[33a]) Lafetten.

Zufolg der von der Königl. Academie der Wissenschaften aufgetragenen Commission haben wir die von dem Hof-schlosser Zl. Schröder verfertigten Modelle untersucht und befunden

1. Eine gäntzliche Aufhebung der Friction in der Zubewegung aller horizontalliegenden Axen zu vermindern, ist ob-gleich der Schmid dabey schon seit geraumer Zeit bekannt, in-dem die Axen auf bewegliche Rollen gelegt zu werden pfle-gen. Da denn die gantze Friction auf die kleinen Axen die-ser Rollen gebracht und folglich gantz ungemein vermindert wird, so ist doch die Schröderische Erfindung dabey gantz ver-schieden, indem um die Axen Ringe gelegt werden, welche am Umkreise mit Rollen versehen sind, dergestalt dass die Axen in diesen Ringen auf den [illegible] herumlauffen. Weil nun die Axen immer auf den Rollen dieser Ringe aufliegen, so wird dadurch der grösste Theil der Friction aufgehoben, so wie die übergebenen Modelle weisen auch gantz gehoben, und die übergebenen [illegible] bei geringerem [illegible] aus, dass die Zubewegung [illegible] Wider-stand leidet, als wenn man die Axen [illegible] lauffen lässt. Daher diese Art bei in den [illegible] lauffen, wo ein sehr grosser Theil bey Mühlen und [illegible] die Friction der bewegenden Kraft zu Überwindung der [illegible] angewandt werden muss, mit [illegible] grössern Vortheil wird angebracht werden können, da dazu wenig Veränderung in den Maschinen selbst, und grosse Unkosten erfordert werden.

II. Zubey aber ist gleichfalls in Absicht zu [illegible], dass auf diese Art die Axen eine gewisse [illegible] lauffen, als wenn sie nach der gemeinen Art, oder wenn dieselben auf Rollen gäntzlich aufliegen, [illegible] die auf deren Axen [illegible] Rollen aufliegt, diese Art die Axen [illegible] Rollen aufliegt.

diese Rollen aber mit dem Ring herumgehen, so wird die Axe auch
mit denselben erhoben, bis dieselbe von der aufsteigenden Last
auf [illegible] anderen Rollen gedrungen wird. daher die Axe so
[illegible] seitwärts als auf- und abwärts hüpfen muß. Diese hüp-
fende Bewegung wird aber um so viel kleiner und unmerklicher
[illegible] die Rollen des Rings gemacht werden. [illegible]
seyn, so können die Rollen [illegible] bey solchen Maschinen an-
[illegible] doch nicht nöthig seyn diese Art bey [illegible] [illegible]
zu bringen, wo eine solche hüpfende Bewegung schädlich seyn [illegible]
und in solchen Fällen wird [illegible] [illegible] [illegible] zu [illegible]
Rollen, deren Axe in der [illegible] befestiget sind, zu [illegible] wird
[illegible] [illegible] aber [illegible] [illegible] bey [illegible] [illegible]
diese Schrödersche Invention [illegible] [illegible] leisten können.
III. Ferner hat H. Schröder eine besondere Art die Friction in
der Bewegung aufrecht stehender Axen zu vermindern, welche
allen Beyfall verdienet, und da dieselbe keine [illegible]
oder [illegible] Bewegung verursachet, bey allen Maschinen
[illegible] [illegible] befindlich sind, mit dem größten Vor-
theil wird angebracht werden können. Und da auf diese Art
die Friction gar merklich vermindert wird, so kan man auch
gewiß versichert seyn, daß dergleichen Maschinen weit grö-
ßere Dienste leisten werden.
IV. Die übrigen Modelle betreffen den Mühlenbau, und unter
denselben verdienet insonderheit die [illegible] Feld-
Mühle alle Aufmerksamkeit, in dem dabey das horizon-
tal Rad auf eine [illegible] Art ohne Axe dergestalt an-
gebracht ist, daß fast alle Friction gehoben wird. daher
man sich davon zu Felde einen weit größeren Vortheil
versprechen kan, als von den gewöhnlichen [illegible] oder
Pferd Mühlen, als wo ein großer Theil der Kraft bloß
allein um die Friction zu überwinden, verwandt werden
muß.

V. Was ferner bey den Mühlen die Art anlanget, beyde Steine zugleich in Bewegung zu setzen, so ist dieselbe sehr wohl ausgedacht, und wird das Getreid durch solche Anstalt mit weit grösserer Gewalt zermalmet. Hierbey ist aber zu erwegen, daß auf solche Weise eine so grosse Geschwindigkeit dem Getrayde allzu stark ertheilen, und dem Mehl schädlich seyn könnte. Allein in diesem Fall darf man nur die Maschine um so viel langsamer laufen lassen, und dazu wird auch eine viel kleinere Kraft hinlänglich seyn, als nach der gebräuchlichen Art.

VI. Überhaupt aber ist hier zu bemerken, daß alle Verbesserung, welche bey den meisten Maschinen noch zu erwarten steht, bloß allein in der Verminderung der Friction zu suchen ist. Daher alle Vorschläge, welche dahin abzielen, nicht nur alle Aufmerksamkeit verdienen, sondern es wäre auch zu wünschen, daß darüber wirkliche Proben im grossen angestellet würden, weil es alsdann um so viel leichter fallen würde, die Fehler, so noch mit denselben verknüpft seyn möchten, zu verbessern, als welches das einzige und sicherste Mittel zu seyn scheinet, die Maschinen zum höchsten Grad der Vollkommenheit zu bringen.

L. Euler. Kies. Ludolff

Berlin d. 22t Julii
1751.

VI. Überhaupt aber ist hier zu bemerken, daß alle Verbesserung, welche bey den meisten Maschinen noch zu erwarten stehet, bloß allein in der Verminderung der Friction zu suchen ist. Dahero alle Vorschläge, welche dahin abzielen, nicht nur alle Aufmerksamkeit verdienen, sondern es wäre auch zu wünschen, daß darüber würkliche Proben im großen angestellet würden, weil es alsdann um so viel leichter fallen würde, die Fehler, so noch mit denselben verknüpft seyn möchten, zu verbessern, als welches das einzige und sicherste Mittel zu seyn scheinet, die Maschinen zum höchsten Grad der Vollkommenheit zu bringen.

Berlin d. 22ten Julii 1751 — L. Euler. Kies. Ludolff"

EULER hat eine ganze Reihe technischer Gutachten abgegeben[34]). Sein Blick für die Anwendungen, manchmal der Entwicklung weit voraus eilend, hat sich oft gezeigt, so z. B. hinsichtlich des Phonographen[35]). Auch im vorliegenden Gutachten verbindet er die Beurteilung des speziellen Vorschlages mit einem allgemeinen Ausblick; in der Verminderung der Reibung sieht er mit Recht eine Hauptaufgabe zur Vervollkommnung von Maschinen. An neue Antriebsarten hat er allerdings nicht gedacht.

3.0

Die vorstehende Mitteilung sollte einen, wenn auch bescheidenen Beitrag zur weiteren Verfeinerung unserer Kenntnisse der Berliner Wirksamkeit Leonhard EULERS und ihrer Ergebnisse liefern, des Mannes, der, nach den Worten JACOBIS, „in den zwanzig Jahren, in denen er der mathematischen Classe der Berliner Akademie als Direktor vorstand, die gesammte Mathematik umgestaltet" hat[36]).

[34]) Vgl. z. B. BJF, S. 28.

[35]) Leonhard Eulers und Johann Heinrich Lamberts Briefwechsel, herausgegeben von Karl BOPP; in: Abh. d. Pr. Ak. d. Wiss., Berlin 1925, phys.-math. Kl. Nr. 2, S. 27.

[36]) C. G. J. Jacobi, Werke, herausgegeben von Karl WEIERSTRASS, VII, Berlin 1891, S. 373.

Anmerkung bei der Korrektur (Oktober 1958).

1. Seit der Einreichung vorstehender Abhandlung an die Euler-Kommission der Deutschen Akademie der Wissenschaften zu Berlin (10. November 1956) ist der hier mit „Prot. 31" bezeichnete Teil der Sitzungsprotokolle im Druck erschienen: Die Registres der Berliner Akademie der Wissenschaften 1746—1766. Dokumente für das Wirken Leonhard Eulers in Berlin. Zum 250. Geburtstag. Hrsg. in Verbindung mit Maria WINTER und eingeleitet von Eduard WINTER, Berlin 1957. Der dort (S. VII und S. 1/2) geäußerten Meinung, die Protokollführung sei wenige Sitzungen nach EULERS Weggang von Berlin eingestellt worden, kann der Verf. ebensowenig beipflichten, wie den aus dem vermeintlichen Aufhören der „Registres" gezogenen Schlußfolgerungen (gleichfalls S. VII und S. 1/2). Wie vorher führte nämlich auch nach dem Ausscheiden EULERS Jean-Henri Samuel FORMEY (1711—1797) die Protokolle in unveränderter Weise.

Die „Registres" erstrecken sich über den Zeitraum vom 2. 6. 1746 bis zum 18. 12. 1800, und zwar

Arch. Bln., I: IV, 31 = 2. 6. 1746 bis 11. 7. 1766 (ed. E. WINTER, s. o.);
Arch. Bln., I: IV, 32 = 21. 8. 1766 bis 17. 8. 1786;
Arch. Bln., I: IV, 33 = 24. 8. 1786 bis 18. 12. 1800.

2. Der in der Aufstellung auf S. 24 genannte Band EO II, 5 (= Principia mechanica) ist in der Zwischenzeit von Joachim Otto FLECKENSTEIN herausgegeben worden (1958).

Некоторые Эйлеровские материалы в Архиве Германской Академии наук в Берлине

К.-Р. БИРМАН, Берлин

Резюме

Архив Германской Академии наук в Берлине располагает лишь немногими Эйлеровскими материалами; большую часть документов о своей научной деятельности в Берлине ЭЙЛЕР увез с собой в Петербург. При составлении списка наличной в Берлине корреспонденции ЭЙЛЕРа для подготовляемого к печати в Академии наук СССР полного описания этой корреспонденции, было обнаружено около 275 дел почти сплошь служебного характера, прежде всего документов по вопросу об издании и распространении календарей Берлинской Академии наук, которое являлось во времена ЭЙЛЕРа главным источником ее доходов.

Автор сообщает о некоторых обнаруженных при просмотре архивных дел рукописных материалах, представляющих общий интерес и не относящихся к переписке ЭЙЛЕРа; частично приводится текст материалов.

1. Рассмотрено содержание трех томов рукописей, содержащих копии работ ЭЙЛЕРа и использованных К. Г. Я. ЯКОБИ в его известной переписке с П. Н. ФУСом (с 1826 г. непременным секретарем Петербургской Академии наук) об издании сочинений ЭЙЛЕРа. Подробнее анализируется копия мемуара De numeris amicabilibus. Вместе с тем сообщается о собственноручных записях ЯКОБИ в одном из томов.

2. Приведены документы о работе ЭЙЛЕРа как директора Математического класса и, соответственно, руководителя обсерватории, освещающие его обязанности и связанные с ними неприятности. В документах идет речь о календарях Академии и об одном заседании 29 января 1744 г., на котором обсуждалось состояние обсерватории.

3. Приведен (в копии и факсимиле) отзыв ЭЙЛЕРа об изобретении слесаря ШРЕДЕРа для уменьшения трения подшипников. Экспертиза представляет особый интерес потому, что ЭЙЛЕР оценку *частного* предложения связывает с изложением *общих* точек зрения.

Euler und die Kinematik*)

Von Wilhelm BLASCHKE, Hamburg

Es ist vielleicht wenig bekannt, daß die Quaternionen zuerst von L. EULER angegeben worden sind, und zwar in einem Brief an GOLDBACH vom 4. 5. 1748. Damit in Zusammenhang steht EULERS Parameterdarstellung der Bewegungen des Euklidischen Raumes. Von diesen Formeln ausgehend, möchte ich hier die differentialgeometrische Kinematik in ihren Grundzügen herleiten. Dabei ergibt sich naturgemäß die Verwendung eines „kanonischen Achsenkreuzes" und Zusammenhänge mit der elliptischen Geometrie, mit Untersuchungen von W. K. CLIFFORD, A. P. KOTJELNIKOFF, J. HJELMSLEV und E. STUDY.

§ 1. Sphärische Kinematik und elliptische Geometrie

Es seien e_j die Quaternioneneinheiten ($j = 0, 1, 2, 3$) mit $e_0 = 1$ und der Produkttafel

$$\begin{aligned} e_1e_1 &= e_2e_2 = e_3e_3 = -1; \\ e_2e_3 &= -e_3e_2 = e_1, \\ e_3e_1 &= -e_1e_3 = e_2, \\ e_1e_2 &= -e_2e_1 = e_3. \end{aligned} \tag{1}$$

Ist dann

$$\mathfrak{Q} = q_0 + e_1q_1 + e_2q_2 + e_3q_3 \tag{2}$$

eine Quaternion, so soll die „konjugierte" mit

$$\tilde{\mathfrak{Q}} = q_0 - e_1q_1 - e_2q_2 - e_3q_3 \tag{3}$$

bezeichnet werden. Dann wird

$$\mathfrak{Q}\tilde{\mathfrak{Q}} = q_0^2 + q_1^2 + q_2^2 + q_3^2 = \langle\mathfrak{Q}\mathfrak{Q}\rangle. \tag{4}$$

Bedeutet

$$\mathfrak{x} = e_1x_1 + e_2x_2 + e_3x_3 \tag{5}$$

eine „Vektorielle Quaternion" (d. h. $\mathfrak{x} + \tilde{\mathfrak{x}} = 0$), so können in den rechtwinkligen Zeigern x_j die Drehungen um den festen Ursprung im Euklidischen R_3 nach EULER so dargestellt werden:

$$\mathfrak{x} = \tilde{\mathfrak{Q}}\mathfrak{x}'\mathfrak{Q}, \qquad \mathfrak{Q}\tilde{\mathfrak{Q}} = 1. \tag{6}$$

*) Vortrag, gehalten auf der Vormittagssitzung am 23. 3. 1957.

Somit ist der Gruppenraum der Gruppe G_6 dieser Drehungen der elliptische Raum E_3 mit den homogenen Zeigern q_j und der absoluten Quadrik

$$q_0^2 + q_1^2 + q_2^2 + q_3^2 = 0. \tag{7}$$

Betrachten wir nun einen „*eingliedrigen Drehvorgang*“ V, indem wir die Drehung Q von der Zeit t abhängen lassen:

$$\mathfrak{x}(t) = \tilde{\mathfrak{Q}}(t)\,\mathfrak{x}'\,\mathfrak{Q}(t), \qquad \mathfrak{Q}\tilde{\mathfrak{Q}} = 1. \tag{8}$$

Diesem Drehvorgang V im R_3 entspricht dann im E_3 die Kurve C, die von dem Punkt $\mathfrak{Q}(t)$ beschrieben wird. Dazu ermitteln wir in der üblichen Weise einen C „begleitenden Polarvierling“ der Quadrik (7), d. h. vier Punkte $\mathfrak{Q}_j(t)$ $(j = 0, 1, 2, 3)$ mit $\mathfrak{Q}_0(t) = \mathfrak{Q}(t)$, die zu (7) paarweise konjugiert sind, derart also, daß

$$\langle \mathfrak{Q}_j \mathfrak{Q}_k \rangle = \tfrac{1}{2}(\mathfrak{Q}_j \tilde{\mathfrak{Q}}_k + \mathfrak{Q}_k \tilde{\mathfrak{Q}}_j) = \delta_{jk} \tag{9}$$

wird und daß der Punkt $\mathfrak{Q}_1$ auf der Tangente in $\mathfrak{Q}_0$ an C und der Punkt $\mathfrak{Q}_2$ auf die Schmiegebene von C in $\mathfrak{Q}_0$ zu liegen kommt. Dann gelten im E_3 Ableitungsgleichungen von der Gestalt

$$\begin{array}{rcccc} d\mathfrak{Q}_0 = & * & +\mathfrak{Q}_1\varrho & * & * \\ d\mathfrak{Q}_1 = & -\mathfrak{Q}_0\varrho & * & +\mathfrak{Q}_2\sigma & * \\ d\mathfrak{Q}_2 = & * & -\mathfrak{Q}_1\sigma & * & +\mathfrak{Q}_3\tau \\ d\mathfrak{Q}_3 = & * & * & -\mathfrak{Q}_2\tau & * \, . \end{array} \tag{10}$$

Dabei bedeutet ϱ die elliptische Entfernung „benachbarter“ Punkte auf C (das Bogenelement von C), σ den Winkel benachbarter Tangenten und τ den benachbarter Schmiegebenen. Aus den Quaternionen $\mathfrak{Q}_j$ bilde man nach den folgenden Tafeln die Produkte, wobei links der erste und oben der zweite Faktor steht:

	$\mathfrak{Q}_0$	$\mathfrak{Q}_1$	$\mathfrak{Q}_2$	$\mathfrak{Q}_3$
$\tilde{\mathfrak{Q}}_0$	1	$\mathfrak{p}_1$	$\mathfrak{p}_2$	$\mathfrak{p}_3$
$\tilde{\mathfrak{Q}}_1$	$-\mathfrak{p}_1$	1	$-\mathfrak{p}_3$	$\mathfrak{p}_2$
$\tilde{\mathfrak{Q}}_2$	$-\mathfrak{p}_2$	$\mathfrak{p}_3$	1	$-\mathfrak{p}_1$
$\tilde{\mathfrak{Q}}_3$	$-\mathfrak{p}_3$	$-\mathfrak{p}_2$	$\mathfrak{p}_1$	1

	$\tilde{\mathfrak{Q}}_0$	$\tilde{\mathfrak{Q}}_1$	$\tilde{\mathfrak{Q}}_2$	$\tilde{\mathfrak{Q}}_3$
$\mathfrak{Q}_0$	1	$-\mathfrak{p}_1'$	$-\mathfrak{p}_2'$	$-\mathfrak{p}_3'$
$\mathfrak{Q}_1$	$\mathfrak{p}_1'$	1	$-\mathfrak{p}_3'$	$\mathfrak{p}_2'$
$\mathfrak{Q}_2$	$\mathfrak{p}_2'$	$\mathfrak{p}_3'$	1	$-\mathfrak{p}_1'$
$\mathfrak{Q}_3$	$\mathfrak{p}_3'$	$\mathfrak{p}_2'$	$\mathfrak{p}_1'$	1

(11)

Es ist also zum Beispiel

$$\tilde{\mathfrak{Q}}_0 \mathfrak{Q}_1 = \mathfrak{p}_1 . \tag{12}$$

Auf diese Weise erhält man zwei rechtwinklige Tripel von Einheitsvektoren $\mathfrak{p}_1, \mathfrak{p}_2, \mathfrak{p}_3$ und $\mathfrak{p}_1', \mathfrak{p}_2', \mathfrak{p}_3'$ des R_3, wovon das erste Achsenkreuz der $\mathfrak{p}_j(t)$ im bewegten System der $\mathfrak{x}$ in (8) befestigt ist und das zweite der $\mathfrak{p}_j'$ im System der $\mathfrak{x}'$, also „ruht“.

Die Bedeutung dieser „*kanonischen Achsenkreuze*" ist die folgende: $\mathfrak{p}_1(t)$ ist die augenblickliche Drehachse im bewegten, $\mathfrak{p}_1'(t)$ im ruhenden System. $\mathfrak{p}_3$ und $\mathfrak{p}_3'$ sind die gemeinsamen Normalen benachbarter solcher Achsen $\mathfrak{p}_1$, $\mathfrak{p}_1 + d\mathfrak{p}_1$ und $\mathfrak{p}_1'$, $\mathfrak{p}_1' + d\mathfrak{p}_1'$.

Für diese kanonischen Achsenkreuze gelten Ableitungsgleichungen folgender Art:

$$\begin{array}{llll} d\mathfrak{p}_1 = & * & + \mathfrak{p}_2\lambda & * \\ d\mathfrak{p}_2 = & -\mathfrak{p}_1\lambda & * & + \mathfrak{p}_3\mu \\ d\mathfrak{p}_3 = & * & - \mathfrak{p}_2\mu & *, \end{array} \qquad \begin{array}{llll} d\mathfrak{p}_1' = & * & + \mathfrak{p}_2'\lambda' & * \\ d\mathfrak{p}_2' = & -\mathfrak{p}_1'\lambda' & * & + \mathfrak{p}_3'\mu' \\ d\mathfrak{p}_3' = & * & - \mathfrak{p}_2'\mu' & * . \end{array} \tag{13}$$

Dabei hängen die Differentiale λ, μ; λ', μ', deren Deutung einleuchtet, mit den ϱ, σ, τ von (10) so zusammen:

$$\begin{array}{ll} \lambda = \sigma, & \mu = \tau - \varrho, \\ \lambda' = \sigma, & \mu' = \tau + \varrho. \end{array} \tag{14}$$

$\mathfrak{p}_1(t)$ beschreibt im bewegten System den *Gangpolkegel* und $\mathfrak{p}_1'(t)$ beschreibt im ruhenden System den *Rastpolkegel* und unser Bewegungsvorgang wird durch das gleitungslose ($\lambda = \lambda'$) Abrollen des ersten Kegels auf dem zweiten erzeugt.

Bezieht man einen Punkt $\mathfrak{x}$ auf das kanonische Kreuz durch den Ansatz

$$\mathfrak{x} = \mathfrak{p}_1\xi_1 + \mathfrak{p}_2\xi_2 + \mathfrak{p}_3\xi_3, \tag{15}$$

so ist $\mathfrak{x}$ im bewegten System fest, wenn seine kanonischen Zeiger ξ_i folgenden *Führungsbedingungen* genügen:

$$\begin{array}{llll} d\xi_1 = & * & + \xi_2\lambda & * \\ d\xi_2 = & -\xi_1\lambda & * & + \xi_3\mu' \\ d\xi_3 = & * & - \xi_2\mu' & * . \end{array} \tag{16}$$

Für den Punkt $\mathfrak{x}'$ mit

$$\mathfrak{x}' = \mathfrak{p}_1'\xi_1' + \mathfrak{p}_2'\xi_2' + \mathfrak{p}_3'\xi_3' \tag{17}$$

ergeben sich entsprechend die *Rastbedingungen*

$$\begin{array}{llll} d\xi_1' = & * & + \xi_2'\lambda & * \\ d\xi_2' = & -\xi_1'\lambda & * & + \xi_3'\mu \\ d\xi_3' = & * & - \xi_2'\mu & * , \end{array} \tag{18}$$

die aussagen, daß $\mathfrak{x}'$ ruht. Aus diesen Formeln gewinnt man leicht und übersichtlich die bekannten Tatsachen der sphärischen Kinematik. Die Abbildung der Geraden wie $\mathfrak{Q}_0\mathfrak{Q}_1$ auf das Vektorpaar $\mathfrak{p}_1$, $\mathfrak{p}_1'$ ist die von Hjelmslev und Study untersuchte, die den Bewegungen des elliptischen E_3, angewandt auf die Geraden $\mathfrak{Q}_0\mathfrak{Q}_1$, die unabhängigen Drehungen der $\mathfrak{p}_1$, $\mathfrak{p}_1'$ entsprechen läßt. So ergibt sich die Gruppe G_6 der Bewegungen des E_3 als freies Produkt der Drehgruppen G_3, G_3' im R_3.

In Quaternionenformeln sieht das so aus: Eine Bewegung $\mathfrak{Q} \to \mathfrak{Q}^*$ des E_3 kann so in Quaternionen geschrieben werden:

$$\mathfrak{Q}^* = \bar{\mathfrak{R}}'\mathfrak{Q}\mathfrak{R}, \quad \mathfrak{R}\bar{\mathfrak{R}} = \mathfrak{R}'\bar{\mathfrak{R}}' = 1. \tag{19}$$

Die zugehörigen Drehungen im R_3 sind dann

$$\mathfrak{p}_1^* = \tilde{\mathfrak{R}}\mathfrak{p}_1\mathfrak{R}, \quad \mathfrak{p}_1'^* = \tilde{\mathfrak{R}}'\mathfrak{p}_1'\mathfrak{R}'. \tag{20}$$

Schneidet man die Polkegel mit der Einheitskugel um den Ursprung (die Kegelspitze), so erhält man die Pollinien. λ ist das gemeinsame Bogenelement dieser Linien,

$$g = \frac{\mu}{\lambda}, \quad g' = \frac{\mu'}{\lambda} \tag{21}$$

sind die geodätischen Krümmungen von Gangpollinie und Rastpollinie.

Durch Subtraktion von (16), (18) erhält man für das vektorielle Bahnelement des Punktes $\mathfrak{x}$ wegen (14)

$$\delta\xi_1 = 0, \quad \delta\xi_2 = 2\xi_3\varrho, \quad \delta\xi_3 = -2\xi_2\varrho. \tag{22}$$

Daraus geht aufs neue die Bedeutung des kanonischen Vektors $\mathfrak{p}_1$ als Drehachse und von 2ϱ als Drehwinkel hervor.

§ 2. Räumliche Bewegungen

Die vorhergehenden Formeln der sphärischen Kinematik lassen sich formal ohne Mühe auf die der räumlichen Kinematik übertragen unter Verwendung der „dualen Zahlen"

$$a + \varepsilon b = c, \qquad \varepsilon^2 = 0 \tag{1}$$

und eines „Übertragungsprinzips" von HJELMSLEV und STUDY. Sind nämlich x_j, y_j $(j = 0, 1, 2, 3)$ mit $x_0 = y_0 = 1$ rechtwinklige Zeiger zweier Punkte $\mathfrak{x}$, $\mathfrak{y}$ im Abstand 1 und

$$g_{jk} = x_j y_k - x_k y_j \tag{2}$$

die Zeiger ihrer Verbindungsgeraden, so führen wir die Vektoren ein

$$\begin{aligned} \mathfrak{g} &= e_1 g_{01} + e_2 g_{02} + e_3 g_{03}, \\ \bar{\mathfrak{g}} &= e_1 g_{23} + e_2 g_{31} + e_3 g_{12} \end{aligned} \tag{3}$$

und den „dualen Einheitsvektor"

$$\mathfrak{g} + \varepsilon\bar{\mathfrak{g}} = \underline{\mathfrak{g}}. \tag{4}$$

Dabei soll ε mit den e_j vertauschbar sein:

$$\varepsilon e_j = e_j \varepsilon. \tag{5}$$

$\underline{\mathfrak{g}}$ ist tatsächlich ein Einheitsvektor, denn wir haben

$$\begin{aligned} \langle\underline{\mathfrak{g}}\,\underline{\mathfrak{g}}\rangle = \underline{g}_1\underline{g}_1 + \underline{g}_2\underline{g}_2 + \underline{g}_3\underline{g}_3 &= (g_1g_1 + g_2g_2 + g_3g_3) + 2\varepsilon\,(g_1\bar{g}_1 + g_2\bar{g}_2 + g_3\bar{g}_3) \\ &= \langle\mathfrak{g}\,\mathfrak{g}\rangle + 2\varepsilon\,\langle\mathfrak{g}\,\bar{\mathfrak{g}}\rangle = 1 \end{aligned} \tag{6}$$

wegen

$$\langle\mathfrak{g}\,\mathfrak{g}\rangle = 1, \qquad \langle\mathfrak{g}\,\bar{\mathfrak{g}}\rangle = 0. \tag{7}$$

Durch (4) sind die (gerichteten) Geraden des R_3 auf die „dualen Punkte" $\underline{\mathfrak{g}}$ der Einheitskugel (6) abgebildet. Dabei entspricht der Gruppe G_6 der „dualen Drehungen" dieser Kugel

$$\underline{\mathfrak{g}} = \underline{\tilde{\mathfrak{Q}}}\,\underline{\mathfrak{g}}'\,\underline{\mathfrak{Q}}, \qquad \underline{\mathfrak{Q}}\,\underline{\tilde{\mathfrak{Q}}} = 1, \tag{8}$$

die Gruppe der Bewegungen im Euklidischen R_3 angewandt auf die Geraden des R_3. Hier bedeutet $\underline{\mathfrak{Q}}$ eine duale Quaternion

$$\underline{\mathfrak{Q}} = \mathfrak{Q} + \varepsilon\bar{\mathfrak{Q}}, \tag{9}$$

$$\mathfrak{Q} = \sum_0^3 e_j q_j, \qquad \bar{\mathfrak{Q}} = \sum_0^3 e_j \bar{q}_j, \tag{10}$$

mit der Normung

$$\underline{\mathfrak{Q}}\,\underline{\tilde{\mathfrak{Q}}} = \mathfrak{Q}\tilde{\mathfrak{Q}} + \varepsilon(\tilde{\mathfrak{Q}}\bar{\mathfrak{Q}} + \tilde{\bar{\mathfrak{Q}}}\mathfrak{Q}) = 1. \tag{11}$$

Dabei entsteht die konjugierte Quaternion $\tilde{\mathfrak{Q}}$ aus $\mathfrak{Q}$ wieder durch gleichzeitigen Zeichenwechsel von e_1, e_2, e_3. Somit braucht man die Formeln von § 1 nur von reellen Quaternionen auf duale Quaternionen zu erweitern, um die Formeln der räumlichen Kinematik zu erhalten.

Wir wollen den Zeichenwechsel von ε durch die Fußmarke andeuten, so daß also aus (9) folgt

$$\underline{\tilde{\mathfrak{Q}}}_\varepsilon = \mathfrak{Q} - \varepsilon\bar{\mathfrak{Q}}. \tag{12}$$

Einem Punkt

$$\mathfrak{x} = e_1x_1 + e_2x_2 + e_3x_3 \tag{13}$$

wollen wir die Quaternion

$$\underline{\mathfrak{X}} = 1 + \varepsilon\mathfrak{x} = 1 + \varepsilon(e_1x_1 + e_2x_2 + e_3x_3) \tag{14}$$

und einer (gerichteten) Ebene mit der Gleichung

$$u_0 + u_1x_1 + u_2x_2 + u_3x_3 = 0, \qquad u_1^2 + u_2^2 + u_3^2 = 1, \tag{15}$$

die Quaternion

$$\underline{\mathfrak{U}} = \mathfrak{u} + \varepsilon u_0, \qquad \mathfrak{u} = e_1u_1 + e_2u_2 + e_3u_3, \tag{16}$$

zuordnen. Dann ist

$$\begin{aligned} \underline{\mathfrak{X}}_\varepsilon - \underline{\tilde{\mathfrak{X}}} &= 0, \quad \underline{\mathfrak{X}}\,\underline{\tilde{\mathfrak{X}}} = 1,\\ \underline{\mathfrak{U}}_\varepsilon + \underline{\tilde{\mathfrak{U}}} &= 0, \quad \underline{\mathfrak{U}}\,\underline{\tilde{\mathfrak{U}}} = 1. \end{aligned} \tag{17}$$

Ferner ergeben sich als *Bedingungen für vereinte Lage*:

$$\underline{\mathfrak{g}}\,\underline{\mathfrak{X}} - \underline{\mathfrak{X}}\,\underline{\mathfrak{g}}_\varepsilon = 0, \tag{18}$$

$$\underline{\mathfrak{g}}\,\underline{\mathfrak{U}} + \underline{\mathfrak{U}}\,\underline{\mathfrak{g}}_\varepsilon = 0, \tag{19}$$

$$\underline{\mathfrak{X}}\,\underline{\mathfrak{U}} - \underline{\mathfrak{U}}_\varepsilon\underline{\mathfrak{X}}_\varepsilon = 0. \tag{20}$$

Die *Wirkung der Bewegung* (8) *auf Geraden, Punkte und Ebenen* stellt sich dann so dar:

$$\underline{\mathfrak{g}} = \underline{\tilde{\mathfrak{Q}}}\,\underline{\mathfrak{g}}'\,\underline{\mathfrak{Q}}, \tag{21}$$

$$\underline{\mathfrak{X}} = \underline{\tilde{\mathfrak{Q}}}\,\underline{\mathfrak{X}}'\,\underline{\mathfrak{Q}}_{\varepsilon}, \tag{22}$$

$$\underline{\mathfrak{U}} = \underline{\tilde{\mathfrak{Q}}}_{\varepsilon}\,\underline{\mathfrak{U}}'\,\underline{\mathfrak{Q}}. \tag{23}$$

Zum Nachweis genügt es, die Invarianz von (17) bis (20) zu bestätigen.

Die Zeiger q_j, $\bar{q}_j$ sind die von EULER eingeführten Bewegungsparameter.

Von den zahlreichen Formeln, die sich aus denen von § 1 durch die duale Erweiterung ergeben, seien im wesentlichen nur die Führungs- und Rastbedingungen für Punkte angegeben in bezug auf das kanonische Achsenkreuz der $\mathfrak{p}_j$, $\mathfrak{p}_j'$. Dabei benutzen wir die dualen Differentiale

$$\underline{\varrho} = \varrho + \varepsilon\bar{\varrho}, \qquad \underline{\sigma} = \sigma + \varepsilon\bar{\sigma}; \qquad \underline{\mu} = \mu + \varepsilon\bar{\mu}, \qquad \underline{\mu}' = \mu' + \varepsilon\bar{\mu}'. \tag{24}$$

Als *Führungsbedingung für Punkte* findet sich

$$\begin{array}{rllll} d\xi_1 = & -\bar{\mu}' & * & +\xi_2\sigma & *, \\ d\xi_2 = & * & -\xi_1\sigma & * & +\xi_3\mu', \\ d\xi_3 = & -\bar{\sigma} & * & -\xi_2\mu' & * \end{array} \tag{25}$$

und als *Rastbedingung*

$$\begin{array}{rllll} d\xi_1' = & -\bar{\mu} & * & +\xi_2'\sigma & *, \\ d\xi_2' = & * & -\xi_1'\sigma & * & +\xi_3'\mu, \\ d\xi_3' = & -\bar{\sigma} & * & -\xi_2'\mu & *. \end{array} \tag{26}$$

Daraus für das vektorielle Linienelement der Bahn

$$\begin{array}{rllll} \delta\xi_1 = & -2\bar{\varrho} & * & *, \\ \delta\xi_2 = & * & * & +2\xi_3\varrho, \\ \delta\xi_3 = & * & -2\xi_2\varrho & *. \end{array} \tag{27}$$

Dabei ist

$$\begin{array}{lll} \underline{\varrho} = \varrho + \varepsilon\bar{\varrho}, & \underline{\sigma} = \sigma + \varepsilon\bar{\sigma}, & \underline{\tau} = \tau + \varepsilon\bar{\tau}; \\ \mu = \tau - \varrho, & \bar{\mu} = \bar{\tau} - \bar{\varrho}, & \\ \mu' = \tau + \varrho, & \bar{\mu}' = \bar{\tau} + \bar{\varrho} & \end{array} \tag{28}$$

und

$$\begin{array}{rlllll} d\underline{\mathfrak{Q}}_0 = & * & +\underline{\mathfrak{Q}}_1\underline{\varrho} & * & * \\ d\underline{\mathfrak{Q}}_1 = & -\underline{\mathfrak{Q}}_0\underline{\varrho} & * & +\underline{\mathfrak{Q}}_2\underline{\sigma} & * \\ d\underline{\mathfrak{Q}}_2 = & * & -\underline{\mathfrak{Q}}_1\underline{\sigma} & * & +\underline{\mathfrak{Q}}_3\underline{\tau} \\ d\underline{\mathfrak{Q}}_3 = & * & * & -\underline{\mathfrak{Q}}_2\underline{\tau} & *. \end{array} \tag{29}$$

Die Deutung der kanonischen Achsen ist die folgende: $\underline{\mathfrak{p}}_1$ ist die Achse der infinitesimalen Schraubung im Gangsystem, $\underline{\mathfrak{p}}_3$ das Gemeinlot benachbarter solcher Achsen $\underline{\mathfrak{p}}_1$, $\underline{\mathfrak{p}}_1 + d\underline{\mathfrak{p}}_1$. Entsprechend ist die Bedeutung von $\underline{\mathfrak{p}}_1'$, $\underline{\mathfrak{p}}_3'$ im Rastsystem. Ich verzichte darauf, hier weitere Formeln anzugeben, insbesondere auch solche für mehrgliedrige Bewegungsvorgänge, und verweise deshalb auf das Buch von H. R. MÜLLER und mir über „Räumliche Kinematik", das nächstens erscheinen soll.

LITERATUR

W. BLASCHKE, Nichteuklidische Geometrie und Mechanik I, II, III, Leipzig, Berlin 1942

W. BLASCHKE, Analytische Geometrie, Basel 1954.

W. BLASCHKE und H. R. MÜLLER, Ebene Kinematik, München 1956.

W. BLASCHKE, Anwendung dualer Quaternionen auf Kinematik, Annales Academiae Scientiarum Fennicae A I 250/3 (1958).

L. EULER, Formulae generales pro translatione qualunque corporum rigidorum, Novi Comm. **20** (1776).

J. HJELMSLEV (= PETERSEN), Géométrie des droites dans l'espace non euclidien, Kopenhagen, Verhandlungen der Dänischen Akademie **1900**, S. 305—330.

R. v. MISES, Motorrechnung, ein neues Hilfsmittel der Mechanik, Zeitschrift für angewandte Math. u. Mech. **4** (1924), S. 155—181, 193—213.

E. STUDY, Geometrie der Dynamen, Leipzig 1903.

E. STUDY, Grundlagen und Ziele der analytischen Kinematik, Sitzungsberichte der Berliner Math. Gesellschaft **12** (1913), S. 36—60.

E. A. WEISS, Einführung in die Liniengeometrie und Kinematik, Leipzig und Berlin 1935.

Die erste Veröffentlichung über duale Zeiger in der Liniengeometrie soll von dem russischen Geometer A. P. KOTJELNIKOFF (1865—1944) 1895 stammen. Man vergleiche auch einen Vortrag des Verfassers vor dem Kongreß über Funktionentheorie in Helsinki von 1957, der in den Berichten der finnischen Akademie erscheint.

Эйлер и кинематика

В. БЛЯШКЕ, Гамбург

Резюме

Исходя из эйлерова параметрического представления вращений эвклидова пространства около точки, выводятся важнейшие соотношения между сферической кинематикой и эллиптической геометрией, причем используются кватернионы, впервые введенные Л. ЭЙЛЕРом. При этом получается естественным образом применение „канонической координатной системы“. Тогда при помощи принципа перенесения ХЬЕЛМСЛЕВа-ШТУДИ может быть легко осуществлено формальное распространение на пространственную кинематику.

Über affine Kinematik*)

Von Wilhelm BLASCHKE, Hamburg

Was man seit L. EULER (1765) für die Kinematik in der Ebene Euklids untersucht hat, soll hier in den Hauptzügen auf die *affine Ebene* übertragen werden. Dazu betrachten wir eine eingliedrige Schar flächentreuer affiner Abbildungen (also mit der Determinante Eins) in der (x_1, x_2)-Ebene:

$$x_j^* = a_j^* + \sum_{k=1}^{2} a_{jk} x_k; \qquad j = 1, 2; \quad \text{Det}\,(a_{jk}) = 1. \tag{1}$$

Wir denken uns die Ebene der x_1^*, x_2^* als ruhend (Rastebene) und die der x_1, x_2 als Gangebene[1]), indem die a von der Zeit t abhängen

$$a_j^* = a_j^*(t), \qquad a_{jk} = a_{jk}(t). \tag{2}$$

Wir führen die Vektoren ein

$$\begin{pmatrix} x_1^* \\ x_2^* \end{pmatrix} = \mathfrak{x}^*, \quad \begin{pmatrix} a_1^* \\ a_2^* \end{pmatrix} = \mathfrak{a}^*, \quad \begin{pmatrix} x_1 \\ x_2 \end{pmatrix} = \mathfrak{x} \tag{3}$$

und die Matrix

$$\begin{pmatrix} a_{11} & a_{12} \\ a_{21} & a_{22} \end{pmatrix} = \mathfrak{M} = \begin{pmatrix} \alpha & \beta \\ \gamma & \delta \end{pmatrix}. \tag{4}$$

Dann können wir (1) so abkürzen:

$$\mathfrak{x}^* = \mathfrak{a}^* + \mathfrak{M}\mathfrak{x}. \tag{5}$$

Ableitungen nach t sollen durch Punkte angedeutet werden.
Dann gilt für die Geschwindigkeiten

$$\dot{\mathfrak{x}}^* = \mathfrak{a}^* + \dot{\mathfrak{M}}\mathfrak{x} + \mathfrak{M}\dot{\mathfrak{x}}. \tag{6}$$

Wir haben darin die *Absolutgeschwindigkeit* $\mathfrak{v}_a$, die *Führungsgeschwindigkeit* $\mathfrak{v}_f$ und die *Relativgeschwindigkeit* $\mathfrak{v}_r$, nämlich

$$\mathfrak{v}_a^* = \dot{\mathfrak{x}}^*, \qquad \mathfrak{v}_f^* = \mathfrak{a}^* + \dot{\mathfrak{M}}\mathfrak{x}, \qquad \mathfrak{v}_r^* = \mathfrak{M}\dot{\mathfrak{x}}, \tag{7}$$

und es ist

$$\mathfrak{v}_a^* = \mathfrak{v}_f^* + \mathfrak{v}_r^*. \tag{8}$$

---

*) Beitrag, eingereicht am 12. 10. 1956.

[1]) Ausdrucksweise wie in dem Buch W. BLASCHKE, H. R. MÜLLER, Ebene Kinematik, München 1956.

Wir betrachten diese Vektoren auch in bezug auf das Gangkreuz:

$$\mathfrak{v}_a^* = \mathfrak{M}\,\mathfrak{v}_a, \qquad \mathfrak{v}_f^* = \mathfrak{M}\,\mathfrak{v}_f, \qquad \mathfrak{v}_r^* = \mathfrak{M}\,\mathfrak{v}_r. \tag{9}$$

Den *Drehpol* $\mathfrak{p}$ erklären wir dadurch, daß in ihm die Führungsgeschwindigkeit verschwindet, also nach (7) durch

$$\dot{\mathfrak{a}}^* + \dot{\mathfrak{M}}\,\mathfrak{p} = 0. \tag{10}$$

Wir werden stets die Determinante der Matrix $\dot{\mathfrak{M}}$

$$\operatorname{Det} \dot{\mathfrak{M}} \neq 0 \tag{11}$$

annehmen, ferner die Zeit t so normen, daß die Matrix

$$\mathfrak{N} = \mathfrak{M}^{-1}\dot{\mathfrak{M}} \tag{12}$$

die Determinante ± 1 bekommt:

$$\operatorname{Det} \mathfrak{N} = \operatorname{Det} \dot{\mathfrak{M}} = \begin{vmatrix} \dot\alpha & \dot\beta \\ \dot\gamma & \dot\delta \end{vmatrix} = \pm 1, \tag{13}$$

und zunächst insbesondere

$$\dot\alpha\dot\delta - \dot\beta\dot\gamma = -1 \tag{14}$$

annehmen. Daraus und wegen (1), nämlich

$$\alpha\delta - \beta\gamma = +1, \tag{15}$$

folgt dann durch Ableitung nach t

$$\begin{aligned} \alpha\dot\delta - \beta\dot\gamma + \delta\dot\alpha - \gamma\dot\beta &= 0, \\ \alpha\ddot\delta - \beta\ddot\gamma + \delta\ddot\alpha - \gamma\ddot\beta &= 2, \\ \dot\alpha\ddot\delta - \dot\beta\ddot\gamma + \dot\delta\ddot\alpha - \dot\gamma\ddot\beta &= 0. \end{aligned} \tag{16}$$

Führen wir auch den Vektor

$$\mathfrak{r} = \mathfrak{x} - \mathfrak{p} \tag{17}$$

ein, so läßt sich nach (7), (9), (10), (12) das Vektorfeld der Geschwindigkeitsverteilung in der Gangebene durch die einfache Formel beschreiben

$$\mathfrak{v}_f = \mathfrak{N}\,\mathfrak{r}. \tag{18}$$

Jetzt suchen wir die Richtungen $\mathfrak{z}$, $\mathfrak{z}'$ auf, für die $\mathfrak{v}_f$ und $\mathfrak{r}$ linear abhängen:

$$\mathfrak{v}_f = h\,\mathfrak{r}. \tag{19}$$

Dann wird, wenn $\mathfrak{E}$ die Einheitsmatrix bedeutet,

$$\operatorname{Det}(h\,\mathfrak{E} - \mathfrak{N}) = \operatorname{Det}(h\,\mathfrak{M} - \dot{\mathfrak{M}}) = h^2 - 1 = 0 \tag{20}$$

wegen (12), (14), (15), (16). Dehalb können wir die Richtungen unserer Vektoren $\mathfrak{z}$, $\mathfrak{z}'$ durch

$$(\mathfrak{M} - \dot{\mathfrak{M}})\,\mathfrak{z} = 0, \qquad (\mathfrak{M} + \dot{\mathfrak{M}})\,\mathfrak{z}' = 0 \tag{21}$$

erklären oder durch

$$\begin{aligned} (\gamma - \dot\gamma)\,z_1 + (\delta - \dot\delta)\,z_2 &= 0, \\ (\alpha + \dot\alpha)\,z_1' + (\beta + \dot\beta)\,z_2' &= 0. \end{aligned} \tag{22}$$

Wir setzen deshalb

$$\mathfrak{z} = \lambda \begin{pmatrix} +\delta - \dot{\delta} \\ -\gamma + \dot{\gamma} \end{pmatrix}, \qquad \mathfrak{z}' = \mu \begin{pmatrix} +\beta + \dot{\beta} \\ -\alpha - \dot{\alpha} \end{pmatrix}. \tag{23}$$

Für die Determinante der beiden Vektoren folgt daraus

$$[\mathfrak{z}\mathfrak{z}'] = \lambda\mu(\alpha\dot{\delta} - \delta\dot{\alpha} - \beta\dot{\gamma} + \gamma\dot{\beta} - 2). \tag{24}$$

Wir wollen annehmen, im Anfang, d. h. etwa für $t = 0$, sollen Rastkreuz und Gangkreuz den Ursprung $\mathfrak{p}$ und die Achsenrichtungen $\mathfrak{z}$, $\mathfrak{z}'$ besitzen. Dann wird für $t = 0$ wegen (23), (15), (16)

$$\begin{matrix} \alpha = 1, & \beta = 0, & \dot{\alpha} = 1, & \dot{\beta} = 0, & \ddot{\alpha} = 1, \\ \gamma = 0, & \delta = 1, & \dot{\gamma} = 0, & \dot{\delta} = -1, & \ddot{\delta} = 1, \end{matrix} \qquad \mathfrak{a}^* = \dot{\mathfrak{a}}^* = \mathfrak{p} = 0 \tag{25}$$

und

$$\mathfrak{z} = \lambda \begin{pmatrix} 2 \\ 0 \end{pmatrix}, \quad \mathfrak{z}' = \mu \begin{pmatrix} 0 \\ -2 \end{pmatrix}, \quad [\mathfrak{z}\mathfrak{z}'] = -4\lambda\mu. \tag{26}$$

Aus (23) folgt durch Ableitung

$$\dot{\mathfrak{z}} = \dot{\lambda} \begin{pmatrix} +\delta - \dot{\delta} \\ -\gamma + \dot{\gamma} \end{pmatrix} + \lambda \begin{pmatrix} +\dot{\delta} - \ddot{\delta} \\ -\dot{\gamma} + \ddot{\gamma} \end{pmatrix}, \quad \dot{\mathfrak{z}}' = \dot{\mu} \begin{pmatrix} +\beta + \dot{\beta} \\ -\alpha - \dot{\alpha} \end{pmatrix} + \mu \begin{pmatrix} +\dot{\beta} + \ddot{\beta} \\ -\dot{\alpha} - \ddot{\alpha} \end{pmatrix}, \tag{27}$$

also wegen (25) für $t = 0$

$$\dot{\mathfrak{z}} = \dot{\lambda} \begin{pmatrix} 2 \\ 0 \end{pmatrix} + \lambda \begin{pmatrix} -2 \\ \ddot{\gamma} \end{pmatrix}, \quad \dot{\mathfrak{z}}' = \dot{\mu} \begin{pmatrix} 0 \\ -2 \end{pmatrix} + \mu \begin{pmatrix} \ddot{\beta} \\ 2 \end{pmatrix}. \tag{28}$$

Für die Determinanten haben wir aus (26), (28)

$$\begin{aligned} [\mathfrak{z}\dot{\mathfrak{z}}] &= +2\lambda^2\ddot{\gamma}, & [\mathfrak{z}\dot{\mathfrak{z}}'] &= -4\lambda(\mu + \dot{\mu}), \\ [\mathfrak{z}'\dot{\mathfrak{z}}] &= -4\mu(\lambda - \dot{\lambda}), & [\mathfrak{z}'\dot{\mathfrak{z}}'] &= +2\mu^2\ddot{\beta}. \end{aligned} \tag{29}$$

Aus (26), (29) ist, immer für $t = 0$, somit

$$\begin{aligned} \dot{\mathfrak{z}} &= \frac{\lambda' - \lambda}{\lambda}\,\mathfrak{z} - \frac{\lambda\ddot{\gamma}}{2\mu}\,\mathfrak{z}', \\ \dot{\mathfrak{z}}' &= \frac{\mu\ddot{\beta}}{2\lambda}\,\mathfrak{z} + \frac{\mu + \dot{\mu}}{\mu}\,\mathfrak{z}'. \end{aligned} \tag{30}$$

Ferner folgt durch Ableitung aus (10)

$$\ddot{\mathfrak{a}} + \dot{\mathfrak{M}}\mathfrak{p} + \mathfrak{M}\dot{\mathfrak{p}} = 0 \tag{31}$$

und daraus für $t = 0$, wenn wir

$$\ddot{\mathfrak{a}}^* = \begin{pmatrix} \ddot{a}_1 \\ \ddot{a}_2 \end{pmatrix}, \quad \dot{\mathfrak{p}} = \begin{pmatrix} \dot{p}_1 \\ \dot{p}_2 \end{pmatrix} \tag{32}$$

setzen, wegen (25)

$$\ddot{a}_1 = -\dot{p}_1, \qquad \ddot{a}_2 = +\dot{p}_2 \tag{33}$$

und somit

$$\dot{\mathfrak{p}} = -\frac{\ddot{a}_1}{2\lambda}\,\mathfrak{z} - \frac{\ddot{a}_2}{2\mu}\,\mathfrak{z}'. \tag{34}$$

Nehmen wir jetzt für $t = 0$

$$\lambda = \tfrac{1}{2}, \qquad \dot{\lambda} = 0; \qquad \mu = -\tfrac{1}{2}, \qquad \dot{\mu} = 0, \tag{35}$$

so wird

$$\mathfrak{z} = \begin{pmatrix}1\\0\end{pmatrix}, \qquad \mathfrak{z}' = \begin{pmatrix}0\\1\end{pmatrix}; \qquad [\mathfrak{z}\mathfrak{z}'] = 1 \tag{36}$$

und

$$\dot{\mathfrak{p}} = R\mathfrak{z} + S\mathfrak{z}'; \qquad \dot{\mathfrak{z}} = -\mathfrak{z} + P\mathfrak{z}', \qquad \dot{\mathfrak{z}}' = Q\mathfrak{z} + \mathfrak{z}' \tag{37}$$

mit

$$R = -\ddot{a}_1, \qquad S = +\ddot{a}_2, \qquad P = +\ddot{\gamma}, \qquad Q = -\ddot{\beta}. \tag{38}$$

Stellen wir noch einmal unsere Formeln für $t = 0$ zusammen! Es war

$$\begin{aligned} &\mathfrak{a}^* = \dot{\mathfrak{a}}^* = \mathfrak{p} = 0, \quad \ddot{\mathfrak{a}}^* = \begin{pmatrix}-R\\+S\end{pmatrix}; \\ &\mathfrak{M} = \mathfrak{E}, \quad \dot{\mathfrak{M}} = \begin{pmatrix}1 & 0\\0 & -1\end{pmatrix}, \quad \ddot{\mathfrak{M}} = \begin{pmatrix}1 & -Q\\+P & 1\end{pmatrix}; \\ &\mathfrak{z} = \begin{pmatrix}1\\0\end{pmatrix}; \quad \mathfrak{z}' = \begin{pmatrix}0\\1\end{pmatrix}; \quad \mathfrak{p} = x\mathfrak{z} + x'\mathfrak{z}'. \end{aligned} \tag{39}$$

Wir hatten in (7) als *Führungsgeschwindigkeit* gefunden

$$\dot{\mathfrak{x}}_f^* = \mathfrak{v}_f^* = \dot{\mathfrak{a}}^* + \dot{\mathfrak{M}}\mathfrak{x}. \tag{40}$$

Daraus gewinnt man durch Ableitung die *Führungsbeschleunigung*

$$\ddot{\mathfrak{x}}_f^* = \ddot{\mathfrak{a}}^* + \ddot{\mathfrak{M}}\mathfrak{x}. \tag{41}$$

Wegen (39) folgt aus (40), (41) (zunächst für $t = 0$)

$$\begin{aligned} \dot{\mathfrak{x}}_f &= x\mathfrak{z} - x'\mathfrak{z}', \\ \ddot{\mathfrak{x}}_f &= (-R + x - Qx')\,\mathfrak{z} + (+S + Px + x')\,\mathfrak{z}'. \end{aligned} \tag{42}$$

Daraus ergibt sich die Determinante der beiden Vektoren zu

$$[\dot{\mathfrak{x}}^* \ddot{\mathfrak{x}}^*] = Px^2 + 2xx' - Qx'^2 + Sx - Rx'. \tag{43}$$

Insbesondere erfüllen die Punkte, in denen beide Vektoren linear abhängen (*Wendepunkte* der Bahnen), den „*Wende-Kegelschnitt*" $\mathfrak{K}$ mit der Gleichung

$$Px^2 + 2xx' - Qx'^2 + Sx - Rx' = 0 \tag{44}$$

und dem Mittelpunkt

$$m = + \frac{R - QS}{2\,(1 + PQ)}, \qquad m' = - \frac{S + PR}{2\,(1 + PQ)}. \tag{45}$$

Betrachten wir jetzt die „*Umkehr*" des Vorgangs (1), der durch Vertauschung von Gang- und Rastkreuz entsteht!

Aus (5) folgt

$$\mathfrak{x} = -\mathfrak{M}^{-1}\mathfrak{a}^* + \mathfrak{M}^{-1}\mathfrak{x}^*. \tag{46}$$

Setzen wir nun

$$\mathfrak{x} = \underline{\mathfrak{a}} + \underline{\mathfrak{M}}\,\mathfrak{x}^*, \tag{47}$$

so haben wir also

$$\mathfrak{a}^* = \mathfrak{M}\,\underline{\mathfrak{a}}, \qquad \underline{\mathfrak{M}}\,\mathfrak{M} = \mathfrak{E}. \tag{48}$$

Daraus durch Ableitung nach t

$$\begin{aligned} &\dot{\mathfrak{a}}^* + \dot{\mathfrak{M}}\,\underline{\mathfrak{a}} + \mathfrak{M}\,\underline{\dot{\mathfrak{a}}} = 0, \qquad &&\ddot{\mathfrak{a}} + \ddot{\mathfrak{M}}\,\underline{\mathfrak{a}} + 2\dot{\mathfrak{M}}\,\underline{\dot{\mathfrak{a}}} + \mathfrak{M}\,\underline{\ddot{\mathfrak{a}}} = 0,\\ &\underline{\dot{\mathfrak{M}}}\,\mathfrak{M} + \underline{\mathfrak{M}}\,\dot{\mathfrak{M}} = 0, \qquad &&\underline{\ddot{\mathfrak{M}}}\,\mathfrak{M} + 2\underline{\dot{\mathfrak{M}}}\,\dot{\mathfrak{M}} + \underline{\mathfrak{M}}\,\ddot{\mathfrak{M}} = 0. \end{aligned} \tag{49}$$

Insbesondere für $t = 0$ wegen (39)

$$\begin{aligned} &\underline{\mathfrak{a}} = 0, \qquad \underline{\dot{\mathfrak{a}}} = 0, \qquad \underline{\ddot{\mathfrak{a}}} = -\ddot{\mathfrak{a}}^*;\\ &\underline{\mathfrak{M}} = \mathfrak{E}, \qquad \underline{\dot{\mathfrak{M}}} = -\dot{\mathfrak{M}}, \qquad \underline{\ddot{\mathfrak{M}}} = 2\mathfrak{E} - \ddot{\mathfrak{M}}. \end{aligned} \tag{50}$$

Somit hat wegen (38), (39) die Umkehr den Zeichenwechsel unserer vier Invarianten zur Folge:

$$\underline{P} = -P, \quad \underline{Q} = -P, \quad \underline{Q} = -Q; \quad \underline{R} = -R, \quad \underline{S} = -S. \tag{51}$$

Anstelle des Wendekegelschnitts $\mathfrak{K}$ (44) tritt deshalb $\underline{\mathfrak{K}}$ mit der Gleichung

$$-Px^2 + 2xx' + Qx'^2 - Sx + Rx' = 0 \tag{52}$$

und dem Mittelpunkt

$$\underline{m} = -\frac{R + QS}{2(1 + PQ)}, \qquad \underline{m}' = +\frac{S - PR}{2(1 + PQ)}. \tag{53}$$

In (42), (44), (52) sind geometrische Deutungen unserer Invarianten P, Q, R, S enthalten.

Berechnen wir noch die *Elemente zweiter Ordnung der Polbahnen*! Durch Ableitung der ersten Gleichung (34) mittels der beiden anderen folgt

$$\ddot{\mathfrak{p}} = (\dot{R} - R + QS)\,\mathfrak{z} + (\dot{S} + S + PR)\,\mathfrak{z}'. \tag{54}$$

Aus (34), (54) ergibt sich für die Determinante

$$[\dot{p}\ddot{p}] = R\dot{S} - S\dot{R} + 2RS + (PR^2 - QS^2). \tag{55}$$

Für den umgekehrten Vorgang ist daraus wegen (51) für die Rastpolbahn

$$[\dot{\mathfrak{p}}^*\ddot{\mathfrak{p}}^*] = R\dot{S} - S\dot{R} + 2RS - (PR^2 - QS^2). \tag{56}$$

Wir setzen jetzt entsprechend zu (39) für beliebiges t

$$\mathfrak{x} = \mathfrak{p} + x\mathfrak{z} + x'\mathfrak{z}' \tag{57}$$

und stellen dazu die *Führungsbedingungen* für $x(t)$, $x'(t)$ auf, die aussagen, daß $\mathfrak{x}$ im Gangsystem festliegt. Wir haben nach (37) durch Ableitung von (54) wegen $\dot{\mathfrak{x}} = 0$

$$0 = (R\mathfrak{z} + S\mathfrak{z}') + x(-\mathfrak{z} + P\mathfrak{z}') + x'(Q\mathfrak{z} + \mathfrak{z}') + \dot{x}_f\mathfrak{z} + \dot{x}_f'\mathfrak{z}' \tag{58}$$

und daraus

$$\dot{x}_f = -R + x - Qx', \qquad \dot{x}_f' = -S - Px - x'. \tag{59}$$

Wegen (51) folgt daraus die *Rastbedingung*, die anzeigt, daß $\mathfrak{x}$ im Rastsystem ruht:

$$\dot{x}_r = +R + x + Qx', \qquad \dot{x}_r' = +S + Px - x'. \tag{60}$$

Aus (59) folgt weiter durch Ableitung

$$\begin{aligned} \ddot{x}_f &= (QS - R - \dot{R}) + (1 + PQ)\,x - \dot{Q}\,x', \\ \ddot{x}_f' &= (PR + S - \dot{S}) - \dot{P}x + (1 + PQ)\,x'. \end{aligned} \tag{61}$$

Leitet man die Gleichung (44) des Wendekegelschnitts mittels (59) ab, so erhält man den Kegelschnitt $\dot{\mathfrak{K}}_f$ mit der Gleichung

$$\dot{P}x^2 - \dot{Q}x'^2 + (\dot{S} - S - PR)\,x + (-\dot{R} - R + QS)\,x' = 0. \tag{62}$$

Die Schnittpunkte von $\mathfrak{K}$ und $\dot{\mathfrak{K}}_f$ außer $x = x' = 0$ ergeben die Punkte des Gangsystems mit 4-punktig berührender Tangente.

Nehmen wir etwa einschränkend an, unser Vorgang (1) sei analytisch, dann können wir aus den Gleichungen

$$\begin{aligned} x + \dot{x}_f t + \tfrac{1}{2}\ddot{x}_f t^2 + \cdots &= x_f(t), & x + \dot{x}_r t + \tfrac{1}{2}\ddot{x}_r t^2 + \cdots &= x_r(t), \\ x' + \dot{x}_f' t + \tfrac{1}{2}\ddot{x}_f' t^2 + \cdots &= x_f'(t), & x' + x_r' + \tfrac{1}{2}\ddot{x}_r t^2 + \cdots &= x_r'(t), \end{aligned} \tag{63}$$

wo links die Werte aus (59), (60), (61), ... für $t = 0$ einzusetzen sind, die x, x' entfernen und erhalten so Gleichungen $(x_r, x_r') \to (x_f, x_f')$ für unseren Vorgang, die mit (1) gleichwertig sind. *Somit ist unser Vorgang durch Angabe von $P(t)$, $Q(t)$, $R(t)$, $S(t)$ im wesentlichen eindeutig festgelegt.*

Suchen wir nun die Vorgänge auf, für die der Wendekegelschnitt $\mathfrak{K}$ (44) *im Gangsystem festliegt, seine Punkte also im Rastsystem geradlinige Bahnen beschreiben!* Dazu ist notwendig und hinreichend die lineare Abhängigkeit der Gleichungen (55), (62) von $\mathfrak{K}$, $\dot{\mathfrak{K}}_f$. Das gibt die Bedingungen

$$\dot{P} = \dot{Q} = 0, \qquad \dot{S} = S + PR, \qquad \dot{R} = QS - R. \tag{64}$$

Da P, Q fest sind, folgt dann durch Ableitung aus (57)

$$\ddot{\mathfrak{z}} = (1 + PQ)\,\mathfrak{z}, \qquad \ddot{\mathfrak{z}}' = (1 + PQ)\,z' \tag{65}$$

und ebenso aus (64)

$$\ddot{R} = (1 + PQ)\,R, \qquad \ddot{S} = (1 + PQ)\,S. \tag{66}$$

Es ist jetzt leicht, die Gleichungen (65), (66) und dann (37) zu integrieren.

Nebenbei ergibt sich hier eine affine Kennzeichnung der Kegelschnitte als einzige Kurven, die sich flächtentreu affin in nicht trivialer Art so verändern lassen, daß ihre Punkte Geraden beschreiben.

Es wäre jetzt noch an zweiter Stelle der Fall zu untersuchen, daß an Stelle der Annahme (14) die Annahme

$$\dot{\alpha}\dot{\delta} - \dot{\beta}\dot{\gamma} = +1 \tag{67}$$

tritt. Doch unterscheidet sich dieser elliptische Fall, der auch die gewöhnliche Kinematik der Bewegungen umfaßt, nur durch die Realitätsverhältnisse vom hyperbolischen Fall (14). Schließlich wäre noch drittens der parabolische Fall

$$\dot{\alpha}\dot{\delta} = \dot{\beta}\dot{\gamma} = 0 \tag{68}$$

zu erforschen.

Об аффинной кинематике

В. БЛЯШКЕ, Гамбург

Резюме

Многочисленные теоремы классической плоскостной кинематики распространяются на аффинную плоскость; при этом автор ограничивается однопараметрическими семействами эквиаффинных преобразований плоскости. Выкладки весьма упрощаются благодаря введению нормированной системы отнесения и нормированного параметра (нормированного времени). Для нормированной системы отнесения мгновенный полюс (точка с нулевой ведущей скоростью) принимается за начало, а проходящие через него направления прямых, самим себе соответствующих — за координатные направления. Для этих однопараметрических семейств эквиаффинных преобразований и их обратных преобразований выводятся уравнения поворотных конических сечений, а также дальнейшие уравнения, которым должны удовлетворять точки ходовой системы с соприкасающейся касательной (четырехточечное касание). Эти точки соответствуют, таким образом, точкам БОЛЛа (BALL) классической кинематики. В заключение рассматриваются преобразования, для которых поворотное коническое сечение в ходовой системе неподвижно и значит точки его в покоющейся системе описывают прямолинейные траектории. При этом получается аффинная характеристика конических сечений.

Geometria degli Elementi Differenziali *)

E. BOMPIANI, Roma

1. Il teorema d'Eulero e l'inizio della geometria degli elementi differenziali

Il famoso teorema di EULERO sulla curvatura delle sezioni normali di una superficie in un punto, pubblicato nelle Memorie dell'Accademia delle Scienze di Berlino (1760), è uno dei primi e più fondamentali risultati della Geometria Differenziale. Sembra quindi appropriato trarre da esso argomento di questa conferenza in occasione delle cerimonie che si svolgono nella stessa Accademia in onore di L. EULERO.

Esso è il primo teorema concernente la distribuzione degli *elementi differenziali del 2° ordine* di curve della superficie passanti per un suo punto: e si completa con il teorema altrettanto famoso di MEUSNIER, la cui scoperta (1776) fu provocata dalla lettura della memoria di EULERO.

Questa sta dunque alla base di quella Geometria degli elementi differenziali che è stata iniziata con esplicita consapevolezza in Germania da R. MEHMKE, [1]—[4][1]), E. WÖLFFING [1] e sopratutto da F. ENGEL [1] e da E. STUDY [1].

Nel passaggio dalla memoria di EULERO ai lavori di questi ultimi geometri c'è un cambiamento sostanziale sia dell'insieme degli elementi differenziali che si considerano, sia del gruppo rispetto a cui si considerano: infatti nella prima si prendono in esame gli elementi differenziali del 2° ordine, E_2, per un punto di una superficie rispetto al gruppo dei movimenti dello spazio; invece nei lavori degli ultimi AA. citati si prendono in esame gli elementi E_2 del piano proiettivo rispetto al gruppo proiettivo.

Ma il fatto più saliente da notare è che con STUDY ed ENGEL gli elementi differenziali E_2 (del piano proiettivo) vengono considerati come enti geometrici a sè (cioè indipendentemente da singole curve alle quali appartengono) e s'introducono coordinate atte a rappresentarli: con queste coordinate è possibile passare dallo studio *locale* di insiemi di elementi (com'è nel caso di EULERO) allo studio *globale* dell'insieme di elementi nel piano proiettivo.

I risultati ai quali si è alluso mostrano già la varietà dei problemi che si presentano nello studio degli elementi differenziali: essi dipendono dalla dimensione degli elementi differenziali (di curve, di superficie, di varietà), dall' ordine differenziale di essi (del 2°, 3°, . . ., ordine), dal gruppo rispetto a cui si studiano e dall'insieme di essi che si prende in esame.

---

*) Beitrag, eingereicht am 3. 3. 1958 in Erweiterung eines auf der Vormittagssitzung am 23. 3. 1957 gehaltenen Vortrages „Representations of plane differential elements“.

[1]) Indicazioni di questo tipo si riferiscono alla Bibliografia che chiude questo rapporto.

È mia intenzione riferire in questa conferenza sui risultati ottenuti da me e da miei collaboratori diretti nella Geometria degli elementi differenziali[2]).

2. Estensioni proiettive dei teoremi di Eulero e di Meusnier

La nozione di elemento differenziale è strettamente legata a quella di contatto di ordine assegnato di due varietà della stessa dimensione in un punto.

In una *varietà* (*supporto*) differenziabile di classe C^r ($r \geq 1$), data mediante un suo atlante, di dimensione n si consideri un punto $\mathring{x}$ (di coordinate locali $\mathring{x}^i$). Si considerino funzioni $\varphi^\alpha(x^i)$, $\alpha = 1, \ldots, n-k$, nella carta cui appartiene $\mathring{x}$, tali che $\varphi^\alpha(\mathring{x}^i) = 0$ e tali che la matrice jacobiana delle derivate delle $\varphi^\alpha(x^i)$ rispetto alle x^j, che s'indicheranno con $\varphi^\alpha_j(x)$, abbia in $\mathring{x}$ rango massimo, le funzioni $\varphi^\alpha(x^i)$ si supporranno, nella carta cui appartiene $\mathring{x}$, differenziabili di classe C^s, $s \leq r$.

Le relazioni $\varphi^\alpha(x^i) = 0$ definiscono nella carta una *varietà subordinata* di dimensione k passante per $\mathring{x}$ e *regolare* in $\mathring{x}$. Definita nel modo usuale la nozione di contatto di ordine s tra due tali varietà subordinate della stessa dimensione queste si diranno $\mathring{R}_s$-equivalenti se hanno in $\mathring{x}$ contatto d'ordine s (le condizioni di contatto essendo riflessive simmetriche e transitive). Dato l'insieme di tutte le varietà subordinate regolari in $\mathring{x}$ rispetto alla relazione di $\mathring{R}_s$-equivalenza, si consideri l'insieme quoziente dell'insieme precedente rispetto a questa relazione; una *classe di equivalenza* in quell'insieme, è un *elemento differenziale regolare di dimensione* k, *di ordine* s, *di centro* $\mathring{x}$.

Questo elemento differenziale s'indicherà con σ^s_k; solamente nel caso $k = 1$, cioè per *elementi curvilinei* d'ordine s, si adopererà la notazione E_s.

Nel caso dei teoremi di Eulero e di Meusnier la varietà supporto è una superficie (nello spazio euclideo a tre dimensioni); gli elementi differenziali sono quelli curvilinei del 2° ordine E_2 aventi lo stesso centro in un punto regolare della superficie (anzi nel teorema di Meusnier uno stesso E_1). Il gruppo rispetto al quale si considerano gli E_2 è quello dei movimenti rispetto allo spazio euclideo ambiente.

Il teorema di Eulero ci assicura che due E_2 con lo stesso centro, con tangenti ortogonali e con piani osculatori ortogonali individuano un *elemento superficiale*, o *calotta*, del 2° ordine σ^2_2 di cui quegli E_2 appartengono alle sezioni normali principali; mentre i due teoremi di Eulero e di Meusnier insieme implicano che tre E_2 con lo stesso centro, con tangenti complanari e con piani osculatori qualsiansi (purchè diversi dal piano delle tangenti) determinano una *calotta* σ^2_2 (rispetto al gruppo dei movimenti).

Gli ∞^1 E_2 aventi nel centro comune la stessa tangente (cioè $\supset E_1$) che figurano nel teorema di Meusnier formano una configurazione notevole che si dirà *pennello di* E_2 : il fatto per cui essa è notevole è che *ogni superficie che contenga gli* E_2 *del pennello ha nel loro centro comune un piano tangente ben determinato* (*non dipendente dalla superficie che si considera*). *E inversamente: dato un pennello di*

---

[2]) Si potrà consultare utilmente anche l'ottimo rapporto di E[a]. Bortolotti [1].
Per altre esposizioni d'insieme si vedano i miei lavori [25], [48], [54], [60], [68], [73], [77].

*E_2 sopra una superficie ogni superficie che abbia nel centro comune degli E_2 lo stesso piano tangente e che contenga **un** E_2 del pennello li contiene tutti*[3]).

Questo fatto (che ha, come vedremo, una portata molto più vasta) porta p. es. che le quadriche tangenti in un punto ad una superficie e contenenti un suo pennello di E_2 con centro nel punto formano un sistema ∞^5 (e non ∞^4 come parrebbe da un computo di costanti).

Una prima estensione possibile dei teoremi di Eulero e di Meusnier[4]) consiste nel sostituire all'ambiente euclideo uno spazio proiettivo pure a tre dimensioni e nell'indagare come si distribuiscano gli E_2 di una superficie passanti per un suo punto: si avrà l'analogo del teorema di Meusnier studiando la configurazione degli $E_2 \supset E_1$ fissato; e l'analogo del teorema di Eulero studiando gli E_2 per un punto i cui piani osculatori passino per una retta uscente dal punto ma *non* appartenente al piano tangente.

Poichè manca il cerchio osculatore per rappresentare in modo finito un E_2, bisogna servirsi del sistema omaloidico di coniche osculatrici (∞^2) determinato dall'E_2; ma vale ugualmente il risultato che tre E_2 con lo stesso centro e con tre tangenti complanari determinano una calotta superficiale σ_2^2 e si possono dare procedimenti in termini finiti per costruire tutti gli E_2 della calotta.

Il procedimento si estende alle calotte di ordini 3, 4 (considerando le sezioni con piani di un fascio il cui asse passa per il centro della calotta ed è tangente o non è tangente alla calotta); e si trova che una calotta σ_2^3 è determinata in generale da *quattro* suoi elementi E_2; e dati questi si hanno procedimenti finiti per la costruzione di ogni altro elemento E_3 di σ_2^3: l'estensione dei teoremi di Meusnier e di Eulero porta nel modo più naturale a ritrovare le tangenti di Darboux e di C. Segre e la polarità di Darboux. Analogamente una calotta σ_2^4 (sempre di uno spazio proiettivo a tre dimensioni) è determinata da cinque suoi elementi E_4; il procedimento stesso fornisce, oltre le quadriche di Moutard, i due invarianti di una tale calotta insieme con il loro significato geometrico e varie altre configurazioni legate a σ_2^4. Poichè questa determina completamente un riferimento proiettivo (e due invarianti; mentre σ_2^3 non lo determina che parzialmente) non ha interesse proseguire lo studio di calotte d'ordine >4. Con ciò è esaurito lo studio *locale* delle proprietà proiettive delle superficie in uno S_3 proiettivo.

Ha invece interesse estendere la ricerca alle calotte superficiali σ_2^3 di un S_n proiettivo con $n > 3$. È noto che possono per esse presentarsi vari casi secondo che lo spazio a cui appartiene la calotta è un S_4 o un S_5 (e non può mai avere dimensione superiore a cinque), e nel caso di $\sigma_2^2 \subset S_4$ si hanno due sottocasi essenzialmente distinti secondo che la calotta è *parabolica* o *non-parabolica* (nel primo sottocaso si ha *una* tangente asintotica, nel secondo una coppia di tangenti coniugate).

Orbene vale sempre il fatto che una calotta σ_2^2 è individuata da tre suoi elementi curvilinei E_2; ma le effettive costruzioni in termini finiti di tutti gli altri E_2 di σ_2^2 sono diverse nei vari casi e pongono in evidenza nuove proprietà dei coni di Del Pezzo relativi ad una superficie contenente la calotta[5]).

---

3) E. Bompiani [5], [30].

4) E. Bompiani [28], [29].

5) E. Bompiani [32].

I metodi e i risultati precedenti sono stati estesi[6]) alla costruzione di calotte a tre dimensioni del 2° ordine σ_3^2 a partire sia da elementi curvilinei sia da calotte superficiali (σ_2^2): e si ottiene naturalmente una varietà molto maggiore di casi.

Sono state anche studiate[7]) le calotte superficiali in uno spazio proiettivo (S_3, S_4 o S_5) in relazione ai piani per il loro centro che ne contengono elementi curvilinei di ordine quanto è possibile elevato; ed è anche stata introdotta una nozione di *prolungamento* di una calotta σ_2^2 rispetto ad una quadrica dell' ambiente giovandosi degli E_k ($k < 5$) delle coniche che passano per gli E_2 di σ_2^2 e che si appoggiano in due punti alla quadrica.

3. Estensioni topologiche dei teoremi di Eulero e di Meusnier

La nozione di contatto, che interviene nella definizione degli elementi differenziali (di qualsiasi dimensione ed ordine) è naturalmente invariante non solo per il gruppo dei movimenti o per il gruppo proiettivo ma per trasformazioni molto più generali; p. es. per trasformazioni puntuali regolari nel centro dell'elemento e di classe di differenziabilità non inferiore all'ordine dell'elemento differenziale in esame. Per brevità queste trasformazioni si diranno *trasformazioni topologiche* (in senso ristretto, in relazione al centro dell'elemento e alla classe di differenziabilità; e quindi da considerarsi sempre in una *carta* a cui l'elemento appartenga).

Naturalmente non ha senso ricorrere in questo caso a sezioni piane come nei teoremi di Eulero e Meusnier o nelle loro estensioni proiettive. Fissato un punto della varietà differenziabile di dimensione n si potranno considerare per esso calotte di dimensione $k \leq n$ e di ordine s ($s \leq r$, se la varietà è di classe C^r) che indicheremo con σ_k^s (soltanto per gli elementi curvilinei, $k = 1$, si scriverà invece E_s).

Il fatto che sta a base della possibilità di costruire una *topologia degli elementi differenziali* è il seguente[8]):

Dati $k \leq n$ elementi E_2 passanti per un E_1 fissato tutte le calotte σ_k^2 contenenti i k elementi E_2 hanno in comune una $\sigma_{k'}^1$ con $k' \leq k$; se $k' = k$ gli E_2 si diranno linearmente indipendenti e la calotta σ_k^1 da essi determinata si dirà k-giacitura principale relativa agli E_2.

Questa k-giacitura principale è la naturale estensione al caso topologico del *piano principale di Halphen* relativo a due curve tangenti in un punto di un ordinario spazio proiettivo[9]).

Di più k E_2 indipendenti $\supset E_1$ determinano un insieme ∞^{k-1} di $E_2 \supset E_1$ che si dirà *pennello* di E_2: *la giacitura principale e questo pennello sono comuni a tutte le σ_k^2 contenenti k qualsiansi degli E_2 del pennello.*

Con queste nozioni è possibile costruire numerosi invarianti di elementi differenziali aventi significato topologico (p. es. k E_2 indipendenti e fra loro tangenti e k E_1 appartenenti alla giacitura principale dei precedenti hanno un

---

[6]) C. Longo [9], [10].

[7]) G. Vaccaro [5], [6].

[8]) E. Bompiani [62], e per il seguito [63], [64], [65], [66], [68], [70].

[9]) Il fatto che il piano principale di Halphen abbia in realtà un contenuto topologico (piano tangente a tutte le superficie che contengono due E_2 tangenti) è già rilevato nel mio lavoro [5].

invariante infinitesimo): anzi data la grande arbitrarietà insita nel punto di vista adottato (sicchè la carta di cui trattasi può sempre pensarsi relativa ad una varietà di uno spazio proiettivo o euclideo) è facile trovare significati proiettivi e metrici degli invarianti così ottenuti.

La nozione di giacitura principale relativa ad E_2 tangenti nel loro centro può estendersi al caso di giaciture superficiali σ_2^2 tangenti nel loro centro: ma qui si ha un fatto nuovo perchè la dimensione della giacitura minima contenente le giaciture principali (a due dimensioni) relative a tutte le coppie di E_2 tangenti appartenenti all'una o all'altra σ_2^2 può avere i valori 3, 4, 5. Si riproducono cioè, nella topologia di due calotte tangenti, fatti analoghi a quelli che valgono nella geometria proiettiva di una sola calotta. E se quella dimensione vale 3 rimangono definiti due particolari E_1 comuni alle due calotte da dirsi *elementi asintotici* (analoghi alle tangenti asintotiche). Anche negli altri casi (dimensione 4 o 5) si estendono al caso topologico di due calotte superficiali tangenti i teoremi relativi ad una calotta σ_2^2 dello spazio proiettivo.

Un'applicazione interessante può farsi alle varietà tridimensionali dotate di un sistema di autoparallele (o paths) di una connessione (cioè dotate di un sistema di componenti $\Gamma^i_{hk}(x)$ di una connessione definite anche a meno di $\delta^i_h \psi_k(x) + \delta^i_k \psi_h(x)$ con $\psi_h(x)$ vettore arbitrario): diremo una tale varietà *spazio proiettivo curvo.*

Data una superficie in un tale spazio si consideri in un suo punto un suo E_1: esso definisce sulla superficie un pennello di E_2 e determina inoltre un E_2^* di autoparallela. È possibile che la giacitura principale relativa ad uno di quegli E_2 e ad E_2^* coincida con la giacitura σ_2^1 della superficie nel punto? La risposta è affermativa per *due* E_1 che (per analogia col caso proiettivo) sono da dirsi *asintotici*: le linee inviluppate da questi E_1 sulla superficie si diranno *asintotiche.*

Orbene è possibile, servendosi di queste asintotiche costruire un sistema di equazioni a derivate parziali soddisfatte dalle coordinate x^i dei punti della superficie (e in cui figurano i coefficienti Γ^i_{hk} della connessione) che estendono a questo caso le classiche equazioni di Fubini per una superficie nello spazio proiettivo ordinario. Di più le equazioni stesse mettono in evidenza due *forme differenziali invarianti* sulle quali si può fondare una teoria delle *applicabilità proiettive* delle superficie in uno spazio proiettivo curvo[10]).

Del tutto recentemente queste nozioni topologiche sono state estese[11]) al caso di calotte tridimensionali tangenti: qui si hanno da esaminare sia le coppie di elementi curvilinei sia le coppie di elementi superficiali contenuti nelle calotte date; la determinazione delle loro giaciture principali fornisce caratteri topologici della coppia di calotte (si noti che anche nel caso di un ambiente proiettivo i risultati non erano che parzialmente noti).

---

[10]) La teoria delle applicabilità proiettive nell'ordinario spazio proiettivo è dovuta a G. Fubini (si veda il trattato di G. Fubini ed E. Cech citato nel mio lavoro [10]). Una costruzione di essa basata sugli invarianti di elementi differenziali, e in cui per la prima volta appare il significato di forme differenziali o di invarianti infinitesimi nel gruppo proiettivo è data nei miei lavori [7], [10]. Per ulteriori notizie cfr. n. 6, *a*).

[11]) G. Vaccaro [7].

4. Rappresentazione di elementi differenziali

Quando, come accade nei teoremi di Eulero e di Meusnier, si vogliano studiare gli elementi differenziali aventi in comune il centro (ed eventualmente altri elementi di ordine inferiore) rispetto ad un dato gruppo, riesce particolarmente vantaggioso procurarsi una rappresentazione in cui ciascuno di tali elementi venga rappresentato come un „punto“ di uno spazio convenientemente ampio nel quale il gruppo dato dia luogo ad un gruppo possibilmente semplice di trasformazioni. Si può precisare l'esigenza relativa a questa rappresentazione chiedendo che gli elementi in esame si rappresentino in punti di uno spazio proiettivo e che il gruppo indotto in esso dal gruppo dato sia proiettivo: in questo caso gli invarianti relativi ad una configurazione di elementi sono quelli dei punti rappresentativi rispetto ad un sottogruppo del gruppo proiettivo quindi facilmente individuabili.

Bisogna quindi anzitutto dedurre dalla rappresentazione di un elemento σ_k^s dato in una carta della varietà in cui si considera (contenente il suo centro) mediante equazioni, o mediante una rappresentazione parametrica da esse deducibile, un sistema di „coordinate“ atte ad individuare l'elemento e tali che, comunque si alteri quella rappresentazione, subiscano una trasformazione lineare intera omogenea (in modo da potersi considerare come coordinate proiettive omogenee). Questa rappresentazione con coordinate omogenee non è in generale unica, ma (come vedremo su esempi) può farsi in diverso modo.

Scelta tale rappresentazione, cioè scelto un *modello* del sistema di elementi in esame, bisogna vedere come opera su di essi il gruppo dato: e accade che questo determina un gruppo operante sul modello che ha in generale un numero di parametri inferiore a quello del gruppo dato; precisamente il gruppo indotto relativo al modello si presenta come immagine di un gruppo quoziente di quello dato rispetto ad un suo sottogruppo (che opera sugli elementi dell'insieme in esame come l'identità).

Può accadere che il gruppo indotto sia un sottogruppo del gruppo proiettivo e in questo caso è soddisfatta l'esigenza massima sopra indicata. Se ciò non è si può in generale *ampliare* la rappresentazione, cioè servirsi di un maggior numero di coordinate, in modo che sul nuovo modello operi un sottogruppo del gruppo proiettivo.

Si riesce effettivamente a fare ciò in vari casi.

Il caso più semplice di tutti è quello degli E_2 di un piano proiettivo aventi in comune un E_1 (cioè il centro e una tangente). È noto già da Mehmke [1] e Wölffing [1] che due tali E_2 (formanti un pennello) considerati rispetto al gruppo proiettivo hanno un invariante di contatto; mentre occorrono rispettivamente tre o quattro di tali elementi per avere un invariante se il gruppo che si considera è quello delle trasformazioni puntuali o quello delle trasformazioni di contatto[12]).

Questi fatti appaiono immediati se, rappresentato un E_2 del pennello, come si può, con $y = a x^2 + \ldots$, si assumono come sue coordinate omogenee (1, a)

---

[12]) Si confrontino anche i lavori di R. Mehmke [2], [3], [4] ed E. Bompiani [4] e per analoghi invarianti di elementi curvilinei nello spazio [5], [18], [21], [27] e per calotte superficiali [19], [20].

e perciò si rappresentano quegli E_2 con i punti di una retta proiettiva *aperta* in un punto (quindi resa affine) perchè la prima coordinata non può assumere il valore zero; ad $a = 0$ corrisponde l'elemento E_2 di flesso. Il gruppo subordinato su questo modello del gruppo proiettivo, o delle trasformazioni puntuali, o di quelle di contatto è rispettivamente il gruppo G_1 delle proiettività sulla retta che lasciano fissi i due punti nominati (quello escluso e quello rappresentante l'E_2 di flesso) o quello G_2 per cui è fisso il primo punto o il G_3 di tutte le proiettività sulla retta: l'esistenza degli invarianti nei vari casi ne segue immediatamente.

Circostanze analoghe si presentano in altri casi meno ovvii: p. es.[13]) le calotte σ_2^2 di uno spazio proiettivo a tre dimensioni aventi in comune la calotta σ_2^1 (punto e piano tangente), considerate rispetto al gruppo proiettivo, si rappresentano in punti di uno spazio proiettivo S_3 da considerarsi rispetto al gruppo delle collineazioni G_4 che lascia invariante un cono quadrico (non spezzato) e una sua conica (non spezzata). La configurazione ora detta costituisce un *assoluto* dello spazio rappresentativo (ed è costituito dai punti rappresentativi delle calotte paraboliche, della calotta inflessionale rappresentata nel vertice del cono, e della classe di superficie per cui il punto dato non è regolare che si rappresentano nei punti della conica). È chiaro da questa rappresentazione che due calotte delle ∞^3 considerate hanno *due* invarianti proiettivi indipendenti (birapporti dei due punti rappresentativi e dei tre punti in cui la loro congiungente sega il cono e il piano della conica).

In generale si riesce ad ottenere una rappresentazione di questo tipo (in uno spazio proiettivo dotato di un assoluto) quando si considerino le σ_k^s contenenti una σ_k^{s-1} od anche una σ_k^{s-2}: e in tal caso riesce facile la determinazione di invarianti. Bisogna però aggiungere che già il passaggio da s ad $s - 2$ introduce alle volte complicazioni notevoli; per es.[14]) le ∞^7 calotte σ_2^3 di uno spazio proiettivo passanti per una σ_2^1 (centro e piano tangente comune) si possono rappresentare sui punti di uno spazio proiettivo a 7 dimensioni S_7 ma le collineazioni che lasciano fissa σ_2^1 si rappresentano in S_7 in un gruppo di trasformazioni quadratiche, d'indici (2, 2), che lasciano fisse le varietà rappresentanti le calotte non regolari (con punto doppio, S_6), le calotte paraboliche (cono quadrico di 2ª specie, con retta vertice che rappresenta le calotte inflessionali), le calotte flecnodali, cioè con una tangente asintotica quadripunta ($V_6^5 \subset S_7$). In questa rappresentazione si presenta un gruppo di trasformazioni quadratiche invece che di collineazioni: ciò ha l'inconveniente che gli invarianti di una data configurazione di calotte si presentano meno immediati.

Ma ciò si può evitare cambiando la rappresentazione. Per mostrarlo sopra un esempio si considerino gli ∞^2 E_3 di un piano proiettivo passanti per un E_1 rispetto al gruppo delle collineazioni. Essi si possono rappresentare nei punti di un piano con un gruppo di trasformazioni quadratiche i cui punti base appartengono ad un E_2[15]); oppure si possono rappresentare sui punti di un cono quadrico di un S_3 proiettivo sul quale opera un gruppo G_4 di

---

[13]) E. Bompiani [39] e per fatti più generali, anche nel caso di trasformazioni puntuali, [40], [45], [50].

[14]) C. Longo [5].

[15]) C. Longo [4].

omografie che lascia fisso il cono e un punto (diverso dal vertice) su di esso mentre gli altri due punti uniti delle omografie di G_4 variano su altre due generatrici del cono[16]).

5. Elementi differenziali non-regolari

Lo studio degli elementi differenziali fin qui trattati (e definiti al n. 2) che diremo *regolari* non può separarsi da quello di altri elementi differenziali che diremo *non-regolari* o *irregolari*. Ciò appare già nel caso più semplice in cui si consideri p.es. la totalità delle curve algebriche di ordine ≥ 3 del piano proiettivo passanti p.es. per un punto $\mathring{x}$.

Ogni curva che passi semplicemente per $\mathring{x}$ dà luogo ad un ramo *lineare* per il quale si può definire nel modo detto un elemento differenziale regolare di ordine assegnato. Se si ha invece una curva con punto multiplo in $\mathring{x}$, ma di cui tutt'i rami di origine $\mathring{x}$ siano lineari, su ciascuno di questi si può definire un elemento differenziale regolare di ordine assegnato e, dal punto di vista differenziale, fissato quest'ordine, la curva equivale all'aggregato di quegli elementi differenziali quindi non offre nulla di nuovo.

È chiaro che casi essenzialmente diversi si presentano per rami non-lineari (p.es. del tipo cuspidale) per i quali non vale la definizione data di elemento differenziale.

Riservandoci di ritornare fra un momento su questi casi mettiamo in evidenza la necessità di considerare elementi differenziali non regolari anche nello studio di insiemi di elementi differenziali regolari.

Già nel caso più semplice degli E_2 di un pennello si è dovuto scartare nella rappresentazione sulla retta proiettiva un punto non corrispondente ad un elemento regolare sicchè la varietà rappresentativa di quegli elementi è *aperta*. Lo stesso accade p.es. nella rappresentazione di calotte $\sigma_2^2 \supset \sigma_2^1$ che si rappresentano sui punti di un cono quadrico da cui si è dovuta togliere una conica ottenendo anche qui una varietà *aperta*. Questo è un fatto generale: cioè sempre gli elementi differenziali (regolari) con centro in un punto (ed aventi eventualmente in comune elementi d'ordine inferiore) si rappresentano su una *varietà algebrica* che però deve essere *aperta* togliendo da essa alcuni luoghi di punti che *non* rappresentano elementi regolari. Ciò perchè le stesse disuguaglianze che s'impongono alle derivate prime nella definizione di un elemento differenziale nel suo centro portano ad escludere dalla varietà algebrica (necessariamente chiusa) alcuni suoi punti che non rappresentano elementi differenziali.

È però naturale chiedersi se i punti che vanno scartati non possano interpretarsi come classi di curve o varietà *equivalenti* rispetto ad una relazione di equivalenza *diversa* da quella assunta per la definizione di elemento differenziale (regolare) e se queste classi non possano essere assunte a rappresentare nuovi elementi differenziali (non regolari) che costituiscano la *chiusura* dell'insieme considerato.

Ciò può effettivamente farsi: ma questa *chiusura* non è in generale determinata in modo unico e dalla scelta di questa chiusura dipende la determinazione del

---

[16]) E. Bompiani [71].

modello; questo rimane quindi in parte arbitrario (a meno che non concorrano altre esigenze a determinarlo)[17]).

Vediamo ora sull'esempio più semplice possibile come possano definirsi elementi non regolari.

Riferiamoci all'insieme di tutte le curve piane aventi in un punto una cuspide (di 1ª specie e *non* una singolarità più elevata) con tangente cuspidale assegnata. È chiaro che ci si può limitare a curve algebriche soddisfacenti alle condizioni volute.

Per due di queste curve il punto cuspide assorbe *almeno* 6 intersezioni. L'insieme di tutte le curve cuspidate tali che due qualsiansi di esse abbiano nel punto una molteplicità d'intersezione $\geq s + 1$ $(s \geq 5)$, ma per due almeno di esse tale molteplicità sia esattamente $s + 1$, si dirà *elemento cuspidale d'ordine s* (questa definizione è del tutto analoga a quella di un E_s regolare per cui due curve che lo contengano hanno nel centro molteplicità d'intersezione $\geq s + 1$, e ve ne sono almeno due per cui la molteplicità è esattamente $s + 1$).

Con questa definizione un punto e una tangente (per esso) determinano un elemento cuspidale d'ordine 5; mentre tutte le curve che possono rappresentarsi in un intorno dell'origine con $y^2 = a x^3 + \ldots$ con a fissato determinano un elemento del 6° ordine (la molteplicità d'intersezione nell'origine è 7); e così di seguito[18]).

Giova anche per gli elementi cuspidali ricorrere ad una rappresentazione in punti di uno spazio proiettivo. P.es.[19]) gli ∞^2 elementi cuspidali d'ordine 7 con cuspide e tangente cuspidale ivi assegnata quando si considerino rispetto al gruppo delle collineazioni si rappresentano sui punti di un piano proiettivo nel quale opera un gruppo G_3 di collineazioni che lasciano invariate due rette distinte e un punto di una di esse (diverso dal loro punto comune). Su questo modello si lasciano facilmente scorgere gli invarianti proiettivi. Se invece si considerano, sempre rispetto al gruppo delle collineazioni, gli ∞^3 elementi cuspidali del 7° ordine con centro assegnato e tangente variabile, la loro geometria è equivalente a quella di una V_3^3 di S_5 in cui siano assegnate due rette (incidenti tutti i piani di V_3^3) rispetto ad un gruppo G_4 di trasformazioni birazionali (6, 6) che lasciano invariate le due rette e mutano in sè le congruenze di rette appartenenti alla V_3^3 e incidenti quelle due.

Ma anche qui si ripresenta il problema della chiusura (che s'interpreta sui modelli nelle rette e nei punti invarianti che ne costituiscono l'assoluto e che caratterizzano il gruppo su di essi); questa si può pensare costituita da altri insiemi di curve (ciascuno da pensarsi come classe d'equivalenza cioè come un

---

17) Di ciò si era accorto già, nel caso degli E_2 di un piano proiettivo, E. Study [1] il quale a proposito della pluralità dei modelli si serve del motto latino: „Non esse minuendam entium varietatem".

18) Lo studio di singolarità di curve piane è stato da me iniziato in [6] e ripreso molto più ampiamente nel 1942 in un corso litografato sulla Geometria degli elementi differenziali. Da esso sono tratti i miei lavori [51] e [55] e l'ampio lavoro sugli elementi cuspidali di A. Maxia [1], pubblicati solo dal 1946 al 1948 a causa delle condizioni post-belliche. Intanto sono apparsi (1945/46) i lavori di E. Kasner e J. De Cicco [1], [2] sullo stesso argomento ma con minore contenuto geometrico.

19) E. Bompiani [61].

nuovo elemento) che *non* sono cuspidate; precisamente dall'insieme di curve con punto triplo nel punto fissato, eventualmente con una tangente assegnata (quella cuspidale; mentre le altre due non hanno influenza sulla classe) e dall' insieme delle curve tacnodali, eventualmente con tacnodo armonico (senza che i due E_2 che costituiscono il tacnodo abbiano influenza sulla classe).

Ciò spiega perchè se si considerano gli stessi insiemi ∞^2 e ∞^3 di elementi cuspidali rispetto alle trasformazioni puntuali (non più collineazioni) del loro piano si ottengano come modelli o un piano con un gruppo G_4 di collineazioni che lasciano fisse due rette, o una V_3^3 di S_5 in cui sia fissata una retta e due S_3 per essa (incidenti V_3^3 in quadriche) con un gruppo G_{10} di trasformazioni birazionali (6, 6) completamente individuato dalla configurazione detta.

Anche in questo caso, come già si è visto in casi precedenti, si può passare ad un modello, naturalmente in uno spazio più ampio, dell'insieme detto di elementi cuspidali su cui agisca un gruppo di collineazioni (invece che di trasformazioni birazionali).

Il metodo generale che serve in questo come in qualsiasi altro caso analogo è il seguente [20]).

Poichè un elemento differenziale di dato tipo (sia esso regolare o non-regolare) è definito come insieme di curve (nel caso che si tratti di un elemento curvilineo) rispetto ad una assegnata relazione di equivalenza (classe di equivalenza), si scelgano per individuare l'elemento, cioè la classe d'equivalenza, le curve *algebriche d'ordine minimo* appartenenti alla classe.

Questo sistema di curve è lineare; quindi nello spazio lineare rappresentante tutte le curve piane algebriche dell'ordine minimo fissato, le curve appartenenti ad una determinata classe d'equivalenza si rappresentano in uno spazio subordinato che ha, nello spazio precedente, certe coordinate di Grassmann: poichè queste coordinate, certamente sovrabbondanti, rappresentano la totalità delle curve appartenenti alla classe d'equivalenza, esse possono assumersi come *coordinate dell'elemento differenziale.*

Applicando questo metodo agli elementi cuspidali d'ordine 7 aventi centro in un punto, considerati rispetto al gruppo delle collineazioni, si trova [21]) che essi si rappresentano, in modo generalmente biunivoco, sui punti di una V_3^{10} di S_{10} che si costruisce nel modo seguente: siano date due curve razionali normali C^6 di S_6 e C^3 di S_3 (S_6 ed S_3 sghembi fra loro) e una proiettività fra esse; i piani congiungenti i punti di C^6 con le tangenti nei punti corrispondenti di C^3 riempiono la V_3^{10}. Il gruppo di collineazioni di S_{10} rispetto al quale va considerata la V_3^{10} è un G_4 che muta in sè C^6, C^3 e la rigata R_2^9 delle congiungenti coppie di punti corrispondenti di C^6, C^3.

Ed è chiaro a priori che la V_3^{10} così ottenuta è il *modello minimo* di quell' insieme di elementi (nel senso di F. SEVERI). Questo infatti è sempre il caso quando si adoperi il metodo generale indicato, cioè quando si operi con coordinate di Grassmann degli spazi rappresentanti elementi di un dato tipo perchè ogni altro sistema di coordinate introduce necessariamente eccezioni [22]).

---

20) E. BOMPIANI [75].

21) C. LONGO [14].

22) Questo fatto è mostrato direttamente, servendosi della teoria della base, nell'ultimo avoro citato.

6. Applicazioni dei risultati precedenti

Prima di passare ad esporre i pochi risultati che si conoscono di carattere globale conviene esporre varie applicazioni a cui già si prestano i risultati conseguiti benchè di carattere locale.

a) Geometria proiettivo-differenziale delle superficie

La prima applicazione da ricordare, e che in realtà ha costituito per me lo stimolo iniziale allo studio degli elementi differenziali[23]), è alla geometria proiettivo-differenziale delle superficie nell'ordinario spazio proiettivo.

Com'è ben noto, e com'è stato ricordato (n. 3), questa teoria (e quella delle applicabilità proiettive) è dovuta a G. FUBINI che l'ha basata sullo studio di forme differenziali invarianti per collineazioni (o per applicabilità proiettive) costruendo con ciò una teoria analoga a quella di GAUSS per le superficie dello spazio euclideo considerato rispetto ai movimenti (o alle applicabilità). Esisteva tuttavia una differenza essenziale, di carattere concettuale, nei fondamenti della teoria di GAUSS e in quella di FUBINI. Perchè mentre nella prima le forme differenziali risultavano da evidenti nozioni geometriche (distanze) di cui erano soltanto l'espressione analitica, nella seconda le analoghe forme differenziali erano semplicemente il risultato di calcoli che ne mostravano l'invarianza, ma erano del tutto sprovviste di significato geometrico.

Per avere di fatto una teoria parallela a quella di GAUSS bisogna anzitutto chiedersi che significato può avere (rispetto al gruppo delle collineazioni) una forma differenziale. La domanda stessa (se non ci fossero stati esempi di invarianza di tali forme) poteva sembrare senza speranza di risposta: perchè interpretati i parametri (o coordinate) figuranti nella forma come coordinate di due „punti infinitamente vicini" si capisce bene che a questi corrisponda un invariante (infinitesimo) nel gruppo dei movimenti, ma non si vede come ad essi possa associarsi un invariante proiettivo.

Anche in questo caso il linguaggio dei „punti infinitamente vicini" conduce fuori strada o nasconde la vera natura del problema, che acquista la sua posizione naturale nella geometria degli elementi differenziali.

I fatti dai quali dipende l'esistenza di forme differenziali invarianti sono i seguenti[24]). Due E_2 (regolari) uscenti da un punto del piano proiettivo con tangenti differenti determinano un *invariante infinitesimo* che è una forma quadratica differenziale; un E_2 e due rette per il suo centro determinano pure un invariante infinitesimo (di primo ordine e di primo grado); due E_2 per un punto e una retta per il loro centro hanno un invariante finito: a ciascun valore dell'invariante corrisponde una terna di rette e queste terne descrivono un' involuzione cubica.

Questi fatti sono sufficienti a trovare quanto è essenziale nella teoria di FUBINI: il primo invariante, costruito per gli E_2 di asintotiche della superficie in un punto, dà la *forma quadrica fondamentale*; il secondo, costruito per un E_2 di asintotica, per l'altra tangente asintotica e per una tangente ulteriore dà quelle che ho chiamato *forme elementari* e che equivalgono alle forme quadratica

---

[23]) E. BOMPIANI [1]—[12].

[24]) E. BOMPIANI [21], [25], [26].

e cubica di Fubini; l'involuzione cubica determinata in un punto dagli E_2 di asintotiche equivale alla conoscenza delle *tangenti di Darboux e di C. Segre.* Attraverso la considerazione delle estremali dell'elemento d'arco proiettivo (radice quadrata della forma quadratica invariante) si riesce a caratterizzare la *normale proiettiva* anch'essa invariante per applicabilità proiettive, nonchè le linee di curvatura proiettiva.

Come si è visto al n. 3 queste nozioni si estendono ad uno spazio proiettivo curvo.

b) Gli elementi differenziali nello studio di enti algebrici

Lo studio degli elementi differenziali fornisce risultati utili anche nello studio delle curve e superficie algebriche e di loro sistemi lineari.

Riferendosi anzitutto al piano conviene ricordare[25]) che due E_2 in posizione generica (cioè a centri distinti e tali che la tangente in uno non contenga mai l'altro) hanno un *invariante finito* (birapporto di due coniche bitangenti in un fascio). Se questo invariante vale -1 i due E_2 appartengono ad una conica e si diranno perciò *in relazione conica.* Una proprietà notevole di questo invariante è che esso conserva il suo valore se si applica ad uno dei due E_2 una qualsiasi omologia speciale con centro sulla congiungente i centri (per brevità diremo una tale omologia *traslazione proiettiva*; naturalmente si possono applicare a ciascuno dei due E_2 diverse traslazioni proiettive). Se quell'invariante vale $+1$ i due E_2 si possono portare a coincidere con traslazioni proiettive o, come diremo, sono identici per traslazioni proiettive; se vale -1 si possono portare con traslazioni proiettive ad avere lo stesso centro e la stessa tangente ed allora hanno contatto armonico. Più in breve due E_2 si diranno *pseudo-identici* o *pseudo-armonici* secondo che il loro invariante vale $+1$ o -1.

Facciamo qualche applicazione di questi fatti alle curve algebriche piane[26]).

Si consideri un E_5 (regolare) il cui E_2 *non* sia di flesso. Per esso passano ∞^3 cubiche e ciascuna di queste sega la tangente nel centro di E_5 in un altro punto centro di un $\overline{E}_2$ della cubica; *tutti gli* ∞^3 $\overline{E}_2$ *sono pseudoidentici.* O anche: un E_2^* che abbia centro sulla tangente ad E_5 e tangente arbitraria, diversa da quella di E_5, che sia pseudo-armonico con *uno* degli $\overline{E}_2$ è pseudo-armonico con *tutti* gli ∞^3 $\overline{E}_2$: e due tali E_2^* sono pseudo-identici. Diciamo uno qualsiasi degli ∞^2 E_2^* fra loro pseudo-identici *associato* ad E_5. Un E_2^* associato ad E_5 è di flesso se e solo se E_5 è sestattico (appartiene ad una conica).

Ne risulta incidentalmente la possibilità di costruire un'equazione differenziale del 2° ordine intrinsecamente (proiettivamente) legata ad una equazione differenziale del 1° ordine. Infatti considerate le curve integrali di questa e in un punto (non singolare) del piano l'E_5 della curva che vi passa si considerino gli ∞^1 E_2^* associati ad E_5; gli ∞^3 E_2^* così ottenuti definiscono un'equazione differenziale del 2° ordine alle cui curve integrali appartengono gli E_2^*.

---

[25]) E. Bompiani [21]. Di questo invariante mi ero già servito molti anni prima per trovare il significato geometrico dell'invariante assoluto rapporto di due invarianti relativi di Darboux relativi ad un'equazione a derivate parziali lineare del 2° ordine in due variabili indipendenti non parabolica (equazione di Laplace).

[26]) E. Bompiani [51], [55].

Se invece, caso finora escluso, l'E_5 ha un E_2 di flesso si ha un teorema analogo considerando un E_8 con E_2 di flesso: per un tale E_8 passano ∞^5 quartiche C^4 e le loro intersezioni con la tangente di flesso sono centri di ∞^2 $\bar{E}_2$ (delle C^4) fra loro pseudo-identici: un E_2^* pseudo-armonico con uno e quindi con tutti gli ∞^2 $\bar{E}_2$ si dirà *associato* all'E_8 (ed esistono ∞^2 tali E_2^*).

Si può estendere la nozione di elemento associato anche agli elementi cuspidali. Se per un elemento cuspidale del 7° ordine si dà una retta passante per il suo centro ma diversa dalla tangente le ∞^2 cubiche C^3 per tale elemento segano la retta in punti centri di $\bar{E}_2$ appartenenti alle C^3 che sono pseudo-identici; gli ∞^2 E_2^* con centri sulla retta e pseudo-armonici ad uno e quindi a tutti gli $\bar{E}_2$ si possono dire *associati* all'elemento cuspidale d'ordine 7. Per avere risultati analoghi relativi ad una cuspide e alla sua tangente cuspidale bisogna ricorrere ad un elemento cuspidale del 10° ordine: le ∞^4 quartiche C^4 per esso tagliano la tangente cuspidale in punti centri di $\bar{E}_2$ sulle C^4 fra loro pseudo-identici; e gli E_2^* con essi pseudo-armonici e aventi i centri sulla tangente possono dirsi *associati* all'elemento cuspidale del 10° ordine.

Con l'introduzione di questi elementi associati è possibile dare un'estensione del tutto generale del teorema di REISS [1] concernente le intersezioni di una curva algebrica piana con una retta del suo piano che in forma proiettiva si enuncia così:

Condizione necessaria e sufficiente affinchè n elementi E_2 regolari aventi i centri sopra una retta, ma non tangenti a questa, appartengano ad una curva algebrica C^n d'ordine n non spezzata è che la somma degli invarianti di $n - 1$ di essi al rimanente valga $- 1$.

L'estensione accennata è la seguente. Si consideri una retta alla quale appartengano i centri dei seguenti elementi differenziali: l E_2 non tangenti alla retta; h E_5 tangenti alla retta ma non di flesso; i E_8 di flesso tangenti alla retta; k elementi cuspidali d'ordine 7 non tangenti alla retta; k' elementi cuspidali d'ordine 10 tangenti alla retta.

Condizione necessaria e sufficiente affinchè i detti elementi appartengano ad una C^n non spezzata con $n = l + 2h + 3i + 2k + 3k'$ è che sostituito a ciascun elemento d'ordine > 2 un elemento associato E_2^*, gli elementi E_2 dati e gli E_2^* associati appartengano ad una curva $C^{n'}$ non spezzata con $n' = l + h + i + k + k'$ (cioè che valga per gli E_2 e per gli E_2^* associati il teorema di Reiss).

Si presenta naturale il desiderio di assegnare condizioni analoghe a quella ora trovata per superficie (o ipersuperficie) algebriche e per curve algebriche sghembe.

Per le superficie dello spazio ordinario, si trova [27]) che le calotte σ_2^2 di una superficie algebrica non spezzata che hanno i centri sopra una retta (non tangente alla superficie) debbono soddisfare a *tre* condizioni (in qualche modo analoghe all'unica condizione relativa alle curve algebriche piane): di queste condizioni è stato trovato recentemente anche il significato metrico [28]). Per le ipersuperficie si conosce soltanto un risultato relativo alle quadriche [29]).

---

27) E. BOMPIANI [35].
28) U. GASAPINA [1].
29) E. BOMPIANI [34].

Il problema di trovare legami fra elementi differenziali di una curva algebrica *sghemba* di S_3 aventi centri sopra un piano presenta difficoltà del tutto differenti[30]). Accade infatti che anche per curve dello stesso ordine le relazioni fra elementi differenziali con centri sopra un piano possono essere differenti sia per gli ordini degli elementi differenziali che involgono, sia per il loro numero. Risultati precisi in questo campo si hanno soltanto per la determinazione di curve, a partire da loro elementi differenziali, appartenenti a quadriche.

Ritornando alle curve algebriche piane offre interesse lo studio dei loro sistemi lineari: l'uso degli elementi differenziali permette di precisare i fenomeni che hanno luogo in un punto base secondo che è semplice o multiplo, oppure centro di un E_1 o di un E_2 (o di altro elemento base[31])). Per fare un esempio, già una rete con un punto base definisce in questo punto *due* invarianti proiettivi; e già questo fatto esclude che due reti di curve anche dello stesso ordine e anche con un solo punto base siano in generale proiettivamente equivalenti.

Le precisazioni consentite dall'uso di elementi differenziali trovano anche utile applicazione nella determinazione dei tipi cremonianamente distinti di fasci di Halphen (di curve d'ordine $3n$, $n > 1$, con nove punti base n-upli). Essa è dovuta ad F. Conforto [1], [2]; ma viene enormemente semplificata dall' esistenza di un invariante topologico relativo ad un elemento base del fascio[32]).

Possono ancora annoverarsi fra le applicazioni degli elementi differenziali allo studio di enti algebrici: 1. la distinzione dei vari tipi di superficie razionali del 4° ordine trovate da M. Noether[33]); 2. lo studio dell'intorno di una retta sopra una superficie algebrica F^n mediante una rigata dello stesso ordine di cui la retta sia direttrice $(n - 1)$-pla[34]); 3. una caratterizzazione dei coni di Veronese (basata sopra un fatto di natura topologico-differenziale) che alleggerisce di molto le condizioni date da G. Scorza per caratterizzare tali coni, nonchè determinazioni differenziali sulle superficie di Veronese[35]); 4. la determinazione dei sistemi di ipersuperficie che ammettono lo stesso sistema primo polare, problema la cui trattazione era stata iniziata dal Bertini ma la cui soluzione attendeva di esser completata sia con la caratterizzazione geometrica dei casi non chiariti dal Bertini sia con l'esame dei casi in cui l'omografia determinata da un tale sistema non è generale: e ciò richiedeva appunto l'uso di elementi differenziali per una sistemazione definitiva[36]); 5. lo studio di particolari singolarità di superficie e di ipersuperficie[37]).

c) *Equazioni differenziali*

La teoria degli elementi differenziali è stata largamente applicata nella interpretazione proiettiva[38]) di equazioni differenziali del 2° ordine del tipo di quella delle geodetiche (in cui la derivata seconda è un polinomio di 3° ordine nella

---

[30]) E. Bompiani [33].
[31]) E. Bompiani [51].
[32]) E. Bompiani [38].
[33]) E. Bompiani [36]; di esse si era già occupato F. Conforto [3].
[34]) E. Bompiani [44].
[35]) E. Bompiani [47], [49].
[36]) C. Longo [1], [2], [3].
[37]) E. Bompiani [37]; G. Vaccaro [1], [2], [3].
[38]) E. Bompiani [8], [9], [13], [14], [15]; per una esposizione d'insieme cfr. [48].

derivata prima) sia su superficie dello spazio ordinario che di qualsiasi dimensione e anche di equazioni di tipi notevolmente più generali, mettendone in evidenza i legami geometrici con la teoria delle autoparallele di una connessione affine o proiettiva. Di questi tipi più generali è anche possibile un'interpretazione topologica[39]).

Un'altra applicazione notevole è stata fatta[40]) alla normalizzazione delle equazioni differenziali lineari di ordine qualsiasi. Il loro interesse per la geometria proiettivo-differenziale sta nel fatto ormai classico (per i lavori di G. H. HALPHEN in S_3 e di L. BERZOLARI in uno spazio proiettivo S_n di dimensione n qualsiasi) che le curve integrali di una tale equazione sono fra loro proiettivamente identiche. D'altra parte era pure nota una forma canonica dovuta a LAGUERRE, BRIOSCHI e FORSYTH: il significato geometrico di essa era noto, per opera di E. J. WILCZYNSKI, solo nel caso dell'ordine 3 (curve piane). Giovandosi di quanto esposto si riesce non solo a caratterizzare geometricamente per qualsiasi dimensione n la riduzione a forma canonica di LAGUERRE e FORSYTH, ma si scopre un interessante legame con la teoria delle equazioni di Laplace nel senso che ogni curva integrale determina una succesione di Laplace di superficie con un doppio sistema coniugato chiusa da ambedue le parti sulla curva stessa (a prescindere da questa si hanno n superficie della successione; è già molto interessante il fatto che si abbia qui un modo naturale per costruire successioni di Laplace chiuse dalle due parti e sulla stessa curva). Di più le forme differenziali invarianti associate a curve della successione sono tutte a curvatura costante (differente per le varie superficie della successione soltanto per un valore numerico dipendente soltanto da n e dal numero d'ordine delle superficie nella successione).

Nella teoria dei sistemi di equazioni lineari a derivate parziali in due variabili indipendenti la loro classificazione proiettiva conduce a definire sopra una superficie integrale sistemi di elementi differenziali e quindi di curve che sono la naturale estensione dei sistemi di asintotiche e dei sistemi coniugati[41]). Invece le nozioni topologiche introdotte (n. 3) servono bene a chiarire i problemi d'integrazione che possono porsi relativamente a sistemi di equazioni a derivate parziali quasilineari[42]).

d) *Trasformazioni puntuali e varietà anolonome*

Rimane a riferire sulle applicazioni della geometria degli elementi differenziali alla teoria delle trasformazioni puntuali e alle varietà anolonome. Questi argomenti hanno preso poi tale sviluppo che mi sarebbe impossibile riferire su tutt'i risultati trovati e perciò dovrò strettamente limitarmi a quelli ottenuti da me e dai più immediati collaboratori.

Ho cominciato ad occuparmi di corrispondenze puntuali fra due superficie sia dello spazio ordinario[43]) (indottovi dal desiderio di chiarire le particolari circostanze relative alla rappresentazione conforme e all'applicabilità proiettiva) sia

---

[39]) E. BOMPIANI [72].
[40]) E. BOMPIANI [22], [23], [24].
[41]) E. BOMPIANI [16], [17].
[42]) E. BOMPIANI [68].
[43]) E. BOMPIANI [1], [2].

fra superficie di qualsiasi spazio dotate di un doppio sistema coniugato[44]) per riottenere alcuni risultati di carattere metrico di W. BLASCHKE sui sistemi ciclici di curve di una superficie; e a questo indirizzo possono collegarsi lo studio dei caratteri differenziali della trasformazione conforme nel piano o nello spazio e della isometria fra calotte. La sostanziale differenza fra la rappresentazione conforme nel piano e nello spazio, che è espressa dal teorema di Liouville, trova origine nel comportamento degli elementi differenziali: infatti nel piano il carattere conforme della trasformazione non pone condizioni agli elementi del 2° ordine E_2 uscenti da punti corrispondenti, mentre ne impone agli elementi del 3° ordine E_3 (pur esistendo trasformazioni non conformi, e più generali di queste per l'intorno del 3° ordine di una determinata coppia di punti corrispondenti, che soddisfano quelle condizioni); invece per lo spazio il carattere conforme già vincola le calotte del 2° ordine σ_2^2 corrispondenti. I caratteri differenziali della trasformazione conforme rilevati permettono di alleggerire le condizioni di un classico teorema di Lie sulle trasformazioni conformi nel piano e anche del teorema stesso di Liouville. Nello stesso indirizzo è una Nota di A. COSSU [1].

Nello studio della corrispondenza per isometria emerge ancora una volta la sostanziale differenza che passa fra elementi differenziali e varietà cui essi appartengono[45]). Il *Theorema egregium* di Gauss, che assegna come condizione *necessaria* affinchè una corrispondenza fra due superficie sia isometrica l'uguaglianza delle loro curvature totali o gaussiane in punti corrispondenti, non vale per le calotte: precisamente due calotte del 2° ordine σ_2^2 dello spazio ordinario (per le quali già si può calcolare la curvatura gaussiana) sono *sempre* riferibili isometricamente; invece affinchè lo siano due calotte σ_2^3 del 3° ordine è *necessaria* e *sufficiente* l'uguaglianza delle curvature delle loro calotte σ_2^2: anzi, soddisfatta questa condizione l'isometria è ancora possibile in ∞^1 modi.

Si vede anzi di più che l'isometria è estendibile alle calotte del 4° ordine σ_2^4 (isometria del 4° ordine) se nei loro centri si ha uguaglianza delle curvature gaussiane e delle loro derivate prime.

Il risultato si estende[46]) alle calotte σ_2^{h+1} (per h anche > 3) cioè alle *isometrie di ordine h*: per la loro esistenza occorre e basta che nei centri delle due calotte siano uguali le loro curvature gaussiane e le derivate di queste fino all'ordine $h-2$ (e queste condizioni involgono soltanto le calotte σ_2^h appartenenti alle σ_2^{h+1}).

Risultati analoghi valgono anche[47]) per l'isometria di calotte appartenenti a varietà (che non siano spazi euclidei a tre dimensioni).

L'argomento in cui la teoria degli elementi differenziali si rileva indispensabile, e che ha poi dato luogo al maggior numero di ricerche, è lo studio, da me proposto, dell'approssimazione delle trasformazioni puntuali (fra piani, spazî, ...) mediante trasformazioni algebriche negli intorni di punti corrispondenti.

Per cominciare dal caso più semplice, si supponga la trasformazione data fra due piani proiettivi e si esaminino gli intorni di due punti corrispondenti in cui la trasformazione operi in modo regolare (cioè a Jacobiano diverso da zero).

---

44) E. BOMPIANI [3].
45) E. BOMPIANI [57].
46) V. DALLA VOLTA [1], [2].
47) G. VACCARO [4], [5].

Si prova[48]) che è possibile costruire, in modo geometrico ben determinato, un riferimento in ciascuno dei due piani ricorrendo agli intorni del 3° ordine di una coppia di punti corrispondenti (mentre ciò non sarebbe possibile servendosi dei soli intorni del 2° ordine) e già in quest'intorno si presentano *sei* invarianti di cui è dato il significato geometrico (ogni intorno d'ordine $n > 3$ introduce invece $2n + 2$ invarianti); vi sono ∞^2 trasformazioni quadratiche che operano sopra gli E_2 uscenti dai due punti corrispondenti come una trasformazione data (cioè osculatrici alla data).

Già la ricerca delle trasformazioni cremoniane che equivalgono alla data fino all'intorno del 3° ordine incluso, o 3-osculatrici, della coppia data di punti porta anzitutto[49]) a risolvere un problema preliminare sui sistemi ∞^1 di E_k ($k > 2$) per un punto che appartengono a fasci di curve algebriche (e più in particolare razionali) passanti per un punto (*fasci di elementi differenziali*) e anche limitandosi ad E_3 a distinguere numerosi casi fra loro non proiettivamente equivalenti. Dall'esame di questi risulta l'effettiva costruzione di trasformazioni cremoniane 3-osculatrici ad una data di ordine ≤ 4[50]).

Com'era da prevedersi le cose vanno in modo differente nel caso in cui un punto appartenga alla Jacobiana della rete omaloidica nel suo piano[51]). Il fatto nuovo è che non si riesce *in generale* ad approssimare la trasformazione data nell'intorno di un tal punto nemmeno fino al 2° ordine mediante trasformazioni cremoniane, ma esistono in generale ∞^3 trasformazioni razionali d'indici (1, 2) che raggiungono lo scopo desiderato. Fra queste, e in relazione all'E_2 supposto esistente (regolare) della Jacobiana per il punto si riesce a determinarne *una* (che individua riferimenti proiettivi nei due piani) e in base ad essa si ha una rappresentazione canonica della trasformazione in cui ogni coefficiente ha significato invariante. Anche nell'ipotesi più particolare che la Jacobiana riesca tangente nel punto in esame ad un E_1 stazionario definito nel punto dalla trasformazione si riesce[52]) a trovare geometricamente una coppia di riferimenti invarianti e una forma canonica (la quale mette in evidenza che si hanno in questo caso 4 invarianti del 3° ordine, mentre se ne hanno 7 nel caso più generale precedente).

Gli stessi procedimenti si lasciano applicare alla teoria degli n-tessuti ($n \geq 2$) di curve piane, nel senso di W. BLASCHKE; e si trova[53]) p.es. che ogni tessuto determina una proiettività fra le rette del fascio per un punto e ciascuna delle punteggiate sulle tangenti alle curve del tessuto per il punto. Inversamente dalle proprietà relative ai 3-tessuti si può passare a proprietà di una trasformazione puntuale (che individua sempre un 3-tessuto eventualmente degenere): le proiettività precedenti danno luogo a proiettività (inflessionali) determinate

---

[48]) E. BOMPIANI [42].

[49]) E. BOMPIANI [55].

[50]) Il problema qualitativo (non costruttivo) della possibilità di approssimare fino ad un ordine prefissato qualsiasi finito una trasformazione puntuale analitica data nell'intorno di una coppia di punti corrispondenti mediante trasformazioni cremoniane è stato risolto da B. SEGRE [1] e in modo più rapido da F. MANARA [1].

[51]) E. BOMPIANI [43].

[52]) E. BOMPIANI [52].

[53]) E. BOMPIANI [58].

dall'intorno del 3° ordine di una coppia di punti corrispondenti e che viceversa servono ad individuare la trasformazione fino a quest'ordine.

Altri fatti notevoli in una corrispondenza fra due piani negli intorni di due punti corrispondenti sono i seguenti[54]).

Un E_2 e una retta uscenti da uno dei punti determinano una proiettività fra le punteggiate sulla tangente all'E_2 e sulla tangente all'E_2 trasformato; due rette per un punto determinano una collineazione fra i due piani (dipendente dalla corrispondenza data fino all'intorno del 2° ordine del punto). Questi fatti si estendono alle corrispondenze fra spazi proiettivi.

Strettamente legati ai lavori precedenti sono per il piano quelli di C. LONGO [5], [7], [12], di F. MANARA [2] e di U. SALINI [4]; per lo spazio quelli di A. COSSU [2] sulle trasformazioni osculabili con trasformazioni quadratiche (mentre in generale si può raggiungere tale osculazione solo con trasformazioni cubiche), e quelli di C. LONGO [11] e di U. SALINI [1], [2], [3] che esaminano tali trasformazioni nell'intorno di un punto della varietà Jacobiana in diverse ipotesi per la sua caratteristica.

Le ricerche sulle trasformazioni fra piani o spazi proiettivi si possono estendere, con gli stessi metodi, al caso di varietà differenziabili; in particolare alle trasformazioni di una varietà differenziabile in sè con un punto unito. Questo caso, limitatamente alle superficie, aveva interessato POINCARÉ e LATTÈS: si dove al primo la scoperta di due invarianti topologici, dipendenti soltanto dall'intorno del 1° ordine del punto unito, e al secondo la riduzione a forma canonica (almeno in ipotesi di generalità) di una tale trasformazione. Già l'esistenza dei due invarianti di Poincaré (dipendenti dal solo intorno del 1° ordine; mentre in una trasformazione fra piani bisogna arrivare a quello del 3° ordine per avere invarianti) pone in evidenza che esistono sostanziali differenze fra il caso in esame e quello di corrispondenze fra piani.

Servendosi delle nozioni da me elaborate di topologia differenziale è riuscito a C. LONGO [8] di dare una prima interpretazione geometrica degli invarianti di Poincaré, e la determinazione di forme canoniche (con significato geometrico) fino all'intorno del 2° ordine del punto unito.

Esaminando più a fondo la questione[55]) si trova che (limitando l'esame ad una σ_2^2) vi sono in generale *due* E_1 uniti per la trasformazione uscenti dal punto unito e che ciascuno dei due pennelli di E_2 definiti dagli E_1 si muta in sè: due E_2 (appartenenti ad un pennello) trasformati l'uno dell'altro hanno un invariante di contatto che *non* varia al variare della coppia di E_2 (trasformati l'uno dell'altro). I due invarianti così ottenuti sono proprio gli invarianti di POINCARÉ dei quali qui risulta il significato geometrico (come invarianti di contatto). Può accadere che questi invarianti valgano 1; ciò avviene se e solo se ciascuno degli E_2 dei due pennelli è unito. Le trasformazioni puntuali che hanno questa proprietà operano su σ_2^2 come le trasformazioni quadratiche del piano proiettivo aventi due punti fondamentali comuni e subordinanti l'identità nell'intorno del 1° ordine del punto unito.

Oltre a questo caso, che si riattacca alle ricerche di POINCARÉ e LATTÈS, si possono considerare vari altri casi; p.es. l'insieme delle trasformazioni puntuali

[54]) E. BOMPIANI [59].
[55]) E. BOMPIANI [70].

di una superficie che lascino fissi *tre* elementi E_2 per il punto unito. Questo insieme può identificarsi (su σ_2^2) col gruppo G_2 delle trasformazioni quadratiche di un piano proiettivo aventi due punti fondamentali fissi e uno (variabile) sopra una retta variabile per il punto unito (l'identificazione può farsi fino all'intorno del 2° ordine di questo).

Se invece si considerano le trasformazioni puntuali con *quattro* E_2 uniti per il punto unito il loro insieme può pensarsi come (cioè è isomorfo a) quello delle omotetie del piano affine con dato centro (fino all'intorno del 2° ordine di questo). E così via. Varrebbe la pena di estendere queste ricerche alle trasformazioni con un punto unito su varietà differenziabili di dimensione > 2.

Ricordiamo da ultimo un'applicazione alle varietà anolonome[56]) definite cioè entro una varietà differenziabile V_n da un sistema di Pfaff $\lambda_i^\alpha(x)\,dx^i = 0$ $(i = 1, \ldots, n; \alpha = m + 1, \ldots, n)$. Se si considerano gli elementi E_2 delle curve integrali del sistema di Pfaff uscenti da un punto questi individuano una *calotta olonoma* σ_m^2 che si dirà *calotta osculatrice* nel punto. L'esistenza di questa calotta in ogni punto (che non sembra fosse stata rilevata prima da altri) ha molta importanza perchè permette di trasportare senz'altro alle varietà anolonome proprietà delle varietà olonome concernenti l'intorno del 2° ordine di un loro punto.

Altre due nozioni essenziali relative a varietà anolonome sono: la *calotta anolonoma* che ha centro in un punto, definita dalla precedente calotta olonoma e dall'insieme delle giaciture che il sistema di Pfaff associa ai punti di questa calotta; la *cella anolonoma*, cioè l'insieme delle giaciture associate a tutti gli E_2 uscenti da un punto.

Nel caso che la V_n sia uno spazio proiettivo si danno effettive costruzioni della proiettività di calotta e della proiettività di cella che permettono di descrivere in modo finito la distribuzione delle giaciture nell'intorno di un punto; e nel caso che la V_n sia riemanniana si possono trasportare alla varietà anolonoma (riferendosi alle sue calotte) proprietà metriche della V_n.

7. Rappresentazioni di elementi differenziali del piano proiettivo

Passiamo ora a considerare proprietà in grande.

È merito di E. STUDY [1] e di F. ENGEL [1] di avere assegnato per primi coordinate per un elemento E_2 del piano proiettivo. Con i loro lavori si apre la possibilità di uno studio di carattere *globale* dell'insieme degli E_2 di tutto il piano. Indichiamo con $\{E_2\}$ questo insieme e con $\{\mathcal{E}_2\}$ l'insieme duale (cioè degli elementi $\mathcal{E}_2$ definiti attraverso le curve inviluppo, come classi di equivalenza).

Lo STUDY stesso, pur senza proporre un modello definito per la totalità ∞^4 degli E_2, aveva rilevato proprietà necessarie comuni a questi modelli, e si era accorto che la specificazione di uno di essi dipende dalla *chiusura* che si vuol assegnare all'insieme $\{E_2\}$, chiusura che è in buona parte arbitraria.

È riuscito a G. GHERARDELLI [1] dare il modello minimo degli insiemi $\{E_2\}$ ed $\{\mathcal{E}_2\}$ del piano. Si può oggi pervenire ad esso nel modo seguente[57]).

---

[56]) E. BOMPIANI [29], [30]; ivi si trovano numerose altre indicazioni bibliografiche.

[57]) Per tutto quanto segue cfr. E. BOMPIANI [74], [75], [76] e particolarmente [77]. Si veda anche G. ANCOCHEA [1], [2] e J. G. SEMPLE [1].

Si cominci dal rappresentare gli elementi E_1 del piano. Indicate, in un dato riferimento proiettivo, con x^i le coordinate di un punto x, con u_i le coordinate di una retta u, $i = 1, 2, 3$, e quindi la condizione di appartenenza fra punto e retta con $u_i x^i = 0$ si possono assumere come coordinate di un E_1 (punto e retta appartenentisi) le

$$\xi^i_{.j} = x^i u_j$$

con la condizione

$$\xi^i_{.i} = 0 .$$

Le equazioni scritte rappresentano una $V_3^6 \subset S_7$ (sezione iperpiana della $V_4^6 \subset S_8$ di C. SEGRE) di cui si sono occupati F. ENRIQUES [1], [2], G. SCORZA [1], [2], [3], F. SEVERI [1], [2], G. FANO [1]; per ogni punto ξ, rappresentante un E_1, passano due rette, una g_1 rappresentante tutti gli E_1 con lo stesso centro (e retta variabile), l'altra g_2 rappresentante tutti gli E_1 con la stessa retta (e centro variabile). Di più in ogni punto è individuato (oltre il piano g_1, g_2) uno S_3 (che contiene il piano $g_1 \cup g_2$) *congiunto* al punto ξ.

Il modello precedente degli E_1 del piano è il *minimo;* ma è chiaro (ed occorre poi in seguito) che si possono rappresentare gli E_1 sopra una qualsiasi varietà

$$\xi^{i_1 \cdots i_s}{}_{j_1 \cdots j_t} = x^{i_1} \ldots x^{i_s} u_{j_1} \ldots u_{j_t}, \quad \xi^{h i_2 \cdots i_s}{}_{h j_2 \cdots j_t} = 0$$

quali si siano s e t (interi positivi); e di tutte queste varietà si sanno trovare i caratteri proiettivi (ordine, spazio d'appartenenza). In particolare ci occorreranno le varietà corrispondenti a $s = t = 2$, e a $s = 4$, $t = 1$; $s = 1$, $t = 4$.

Ritorniamo alla $V_3^6 \subset S_7$. Si riconosce senza difficoltà (perchè la ricerca può farsi in un suo punto ξ fissato) che gli elementi $E_2 \supset E_1$ si rappresentano nel fascio di rette cui appartengono g_1 e g_2 passanti per il punto rappresentante l'E_1[58]). Precisamente l'insieme E_2 è *aperto* e gli E_2 passanti per un E_1 si rappresentano nel fascio detto ad esclusione della retta g_1. Se si passa agli $\mathscr{E}_2$ si trova che anche quelli passanti per E_1 si rappresentano nello stesso fascio ad esclusione della retta g_2. Sicchè la retta g_1 passante per un punto ξ di V_3^6 rappresenta l'elemento cuspidale con dato E_1, mentre la retta g_2 rappresenta l'elemento di flesso con dato E_1. La *chiusura* dell'insieme $\{E_2\}$ appartiene ad $\{\mathscr{E}_2\}$ e viceversa.

Per passare alla rappresentazione degli E_2 ed $\mathscr{E}_2$ mediante punti occorre trovare la rappresentazione delle rette di questi fasci (aventi centri nei punti di V_3^6 e appartenenti ai loro piani congiunti) sulla Grassmanniana delle rette di S_7. Si vede senza difficoltà che le coordinate di Grassmann di una g_1 sono del tipo $x^{i_1} x^{i_2} x^{i_3}$; poichè g_1 rappresenta gli elementi cuspidali con dato centro x per avere l'elemento cuspidale con dato centro e data retta tangente bisogna fare il prodotto topologico di g_1 per il punto ξ, cioè un elemento cuspidale può rappresentarsi con coordinate del tipo $x^{i_1} x^{i_2} x^{i_3} x^{i_4} u_j$. Analogamente gli elementi di flesso hanno coordinate del tipo $x^i u_{j_1} u_{j_2} u_{j_3} u_{j_4}$. Gli E_2 che sono pure $\mathscr{E}_2$ con lo stesso centro e la stessa tangente sono sulla retta che congiunge i due punti rappresentanti l'E_2 di flesso e l'$\mathscr{E}_2$ cuspidale. Bisogna però scegliere i fattori di proporzionalità delle coordinate dei due punti in modo che esse si alterino per

---

[58]) Questo fatto si trova in J. G. SEMPLE [1].

lo stesso fattore quando si mutino le x^i in ϱx^i e le u_j in σu_j. Tenuto presente che le espressioni (determinanti)

$$X = \left| x \ \frac{dx}{dt} \ \frac{d^2x}{dt^2} \right|, \quad U = \left| u \ \frac{du}{dt} \ \frac{d^2u}{dt^2} \right|$$

per i cambiamenti detti si mutano in $\varrho^3 X$ e $\sigma^3 U$ (e che si alterano per un stesso fattore se si cambia il parametro t sull'elemento in esame) si vede che coordinate atte a rappresentare sia gli E_2 che gli $\mathscr{E}_2$ sono le seguenti

$$\xi^{i_1 i_2 i_3 i_4}{}_j = U x^{i_1} x^{i_2} x^{i_3} x^{i_4} u_j, \quad \xi^i{}_{j_1 j_2 j_3 j_4} = X x^i u_{j_1} u_{j_2} u_{j_3} u_{j_4}.$$

Sia per un elemento di flesso che per un elemento cuspidale sono $U = X = 0$; ma per un elemento di flesso è $U/X = 0$ quindi può prendersi $U = 0$, $X = 1$, e invece per un elemento cuspidale può prendersi $U = 1$, $X = 0$.

Indipendentemente dalle considerazioni precedenti (a partire dalla $V_3^6 \subset S_7$) la rappresentazione degli E_2 del piano può trovarsi ora in modo estremamente rapido come segue.

Tenuto presente che per cambiamenti delle x^i in ϱx^i e delle u_j in σu_j, si muta X in $\varrho^3 X$ e U in $\sigma^3 U$ (mentre il cambiamento di parametro dà luogo allo stesso cambiamento su X, U) le espressioni $U x^{i_1} x^{i_2} x^{i_3}$, $X u_{j_1} u_{j_2} u_{j_3}$ presentano lo stesso carattere d'omogeneità in ϱ e σ. Però se queste si assumono, come si può, come coordinate dell'E_2, per gli elementi di flesso $U = 0$ il secondo gruppo di coordinate determina soltanto i rapporti delle u_j quindi tutt'i flessi con la stessa tangente vengono rappresentati in *un* solo punto (quindi mancherebbe per gli elementi di flesso, e similmente per quelli cuspidali, la biunivocità della rappresentazione). Ciò non accade più moltiplicando ciascuna di quelle coordinate per $x^i u_j$ cioè passando alla rappresentazione sopra data.

La varietà descritta dal punto di coordinate $\xi^{i_1 i_2 i_3 i_4}{}_j$, $\xi^i{}_{j_1 j_2 j_3 j_4}$ è stata trovata (in altro modo) da G. GHERARDELLI [1]. Essa è una *rigata* $V_4^{330} \subset S_{69}$: in essa la varietà X_3 per cui $X = 0$ rappresenta gli elementi cuspidali ed è una $X_3^{60} \subset S_{34}$; similmente per $U = 0$ si ha una varietà $U_3^{60} \subset S_{34}$ (sghembo con lo S_{34} precedente) rappresentante gli elementi di flesso: le determinazioni di questi caratteri geometrici si fa per via del tutto elementare[59]).

La varietà di Gherardelli ha proprietà molto notevoli sia considerata come varietà differenziabile sia dal punto di vista gruppale.

Per costruire un *atlante* della varietà si osservi che fissato un E_1 del piano le coniche per esso (∞^3) hanno ∞^4 E_2 che però non esauriscono la totalità degli E_2 essendo esclusi gli E_2 i cui centri stanno sulla tangente ad E_1 o le cui rette passano per il centro di E_1. Questi E_2 *non* riempiono quindi la V_4 ma un suo *aperto* ottenuto togliendo da V_4 le due varietà V_3 degli elementi E_2 ora detti. Questo aperto di V_4 contiene un analogo aperto di U_3 (tolti gli elementi di flesso la cui retta passa per il centro di E_1 o il cui centro sta sulla retta di E_1). Analogamente se si considerano gli $\mathscr{E}_2$ appartenenti a dette coniche si ha un nuovo aperto di V_4 che esclude gli elementi di prima sulla V_4 aperta togliendole U_3 e X_3 (cioè i due aperti coincidono su $V_4 - U_3 - X_3$) ma contiene un aperto

---

[59]) Il GHERARDELLI si era servito della teoria della base di F. SEVERI; per una determinazione diretta cfr. E. BOMPIANI [73], [77].

di X_3. I due aperti considerati si diranno una *coppia di carte duali* di V_4 determinata da E_1, o di base E_1. Si dimostra che *quattro coppie di carte duali, aventi per base quattro E_1 in posizione generica, costituiscono l'atlante* (*col minimo numero di carte*) *della V_4^{330} di Gherardelli.*

Dal punto di vista gruppale, il gruppo G_8 delle collineazioni piane dà luogo ad un gruppo $\overline{G}_8$ (che si estende a tutto lo spazio ambiente) della V_4^{330} in sè e i due gruppi sono fra loro isomorfi. Il G_8 opera transitivamente sulla varietà *aperta* $\overline{V}_4 = V_4 - U_3 - X_3$ e anche sulle varietà invarianti U_3, X_3. Il *sottogruppo di stabilità* relativo ad un punto di $\overline{V}_4$ è un $\overline{G}_4$ *sistatico* (è invariante la retta di V_4 per esso) e risulta *intransitivo*, cioè anche il gruppo G_8 esteso alle coppie di punti di V_4 è pure intransitivo. L'intransitività nasce dall'invariante di due E_2 a centri e tangenti distinte.

Ma il fatto più interessante è che $\overline{G}_8$ *non* è il gruppo più ampio della varietà di Gherardelli in sè. Per chiarire come nasca il gruppo più ampio si considerino gli E_2 di una conica: essi si rappresentano sulla V_4^{330} nei punti di una curva razionale normale C^{10}, la quale individua la rigata delle generatrici di V_4^{330} per i punti di C^{10}, che è una $R^{20} \subset S_{21}$, e questa taglia U_3 e X_3 in due curve C_u^{10}, C_x^{10} (le quali danno due diverse rappresentazioni, fra loro duali, degli E_1 di una conica). Esistono ∞^5 di queste C^{10}. D'altra parte è ben noto che su una $R^{20} \subset S_{21}$ esistono ∞^1 curve razionali normali Γ^{10}, individuate quindi da una C^{10}; e una Γ^{10} può individuarsi col birapporto costante delle quaterne di punti segate da Γ^{10}, C^{10}, C_u^{10}, C_x^{10} sulle generatrici di R^{20}. Orbene Γ^{10} *rappresenta* ∞^1 E_2 *aventi invariante di contatto costante* (e uguale al birapporto precedente) *con gli* E_2 *della conica rappresentata da* C^{10}. Sulla R^{20} esiste un gruppo G_1 le cui trasformazioni lasciano fisse C_u^{10} e C_x^{10} e mutano C^{10} in una delle ∞^1 Γ^{10}. Il prodotto delle trasformazioni del $\overline{G}_8$ per le trasformazioni del G_1 dà luogo ad *un gruppo G_9 della varietà di Gherardelli in sè*[60]). Il sottogruppo di stabilità del G_9 relativo ad un punto della V_4^{330} è lo *stesso* del sottogruppo di stabilità del G_8 (perchè la condizione di lasciare fisso un E_2 importa che l'invariante di cui sopra vale 1, cioè interviene la sola trasformazione identica di G_1).

A partire dalla varietà di Gherardelli (ed imitando il procedimento con cui si è arrivati ad essa partendo dalla $V_3^6 \subset S_7$ rappresentante gli E_1) si potrebbe passare ora alla rappresentazione degli E_3 del piano su tangenti a quella nei suoi punti: queste formano per ogni punto un fascio in un piano che potrebbe dirsi *congiunto* al punto. Anche questo fascio va naturalmente considerato aperto: ma qui nascono nuove difficoltà perchè, a differenza del caso degli E_2, se si considerano i due insiemi $\{E_3\}$ ed $\{\mathcal{E}_3\}$ la chiusura di uno *non* appartiene all'altro.

Voglio invece ricordare terminando che l'approfondimento dello studio della varietà di Gherardelli ora ricordato ha permesso a C. LONGO [14], [15] di trovare il modello minimo dell'insieme degli elementi E_2 di un qualsiasi spazio proiettivo S_r. La difficoltà nuova da superare consiste in ciò che gli elementi non regolari, cioè di flesso e cuspidale, *non* sono più duali gli uni degli altri (i primi sono individuati da un punto e da una retta appartenentisi; i secondi da un punto, una retta e un piano appartenentisi).

---

[60]) L'esistenza di un G_9 di una varietà rappresentativa degli E_2 in sè è già stata rilevata da E. STUDY [1].

È riuscito anche a C. LONGO [13] di trovare la rappresentazione minima di tutti gli elementi di ordine ν e classe μ (cioè rappresentabili localmente con sviluppi del tipo $y^\nu = a x^{\nu+\mu} + \ldots$, con ν e μ primi fra loro) del piano proiettivo. Rimangono ancora molte questioni aperte anche per configurazioni che appaiono a prima vista relativamente semplici (p. es. rappresentazione delle calotte superficiali di 2° ordine di uno spazio proiettivo a tre dimensioni).

I risultati esposti mostrano ad un tempo la difficoltà che presentano alcuni dei problemi trattati, e la necessità di considerare gli „elementi differenziali" come enti geometrici per sè stanti la cui complessità già nei casi più elementari trattati (che apparisce dalla loro rappresentazione) mette in guardia contro l'uso eccessivamente semplicista di punti o elementi „infinitamente vicini".

BIBLIOGRAFIA

[1] G. ANCOCHEA, Affine und projektive Differentialgeometrie der singulären ebenen Kurvenelemente. Abh. Math. Sem. Hamburg, **18** (1952), pp. 1—13.

[2] — Sur la répresentation des éléments différentiels. Vortragsauszüge IV. Österr. Math. Kongress (1956), p. 327.

[1] E. BOMPIANI, Corrispondenza puntuale fra due superficie e rappresentazione conforme. Rend. Acc. Lincei, (5), **32** (1923), pp. 376—380.

[2] — Proprietà generali della rappresentazione puntuale fra due superficie. Ann. di Mat., (4), **1** (1923/24), pp. 259—284.

[3] — Sulla corrispondenza puntuale fra due superficie a punti planari. Boll. Unione Mat. Ital., **4** (1925), pp. 195—199.

[4] — Invarianti proiettivi di contatto fra curve piane. Rend. Acc. Lincei, (6), **3** (1926), pp. 118—123.

[5] — Sul contatto fra curve sghembe. Mem. Acc. Bologna, (8), **3** (1926), pp. 3—6.

[6] — Per lo studio proiettivo-differenziale delle singolarità. Boll. Unione Mat. Ital., **5** (1926), pp. 3—4.

[7] — Le forme elementari e la teoria proiettiva delle superficie. Boll. Unione Mat. Ital., **5** (1926), pp. 1—11.

[8] — Alcune idee generali per lo studio differenziale delle varietà. Rend. Acc. Lincei, (6), **5** (1927), pp. 383—389.

[9] — L'intorno del 2° ordine e i sistemi pluriassiali di una superficie qualsiasi. Mem. Acc. Bologna, (8), **4** (1926/27), pp. 15—19.

[10] — I fondamenti geometrici della teoria proiettiva delle curve e delle superficie. Appendice al trattato di Geometria proiettivo-differenziale di G. Fubini e E. Cech, ediz. Zanichelli, Bologna 1926.

[11] — Sugli elementi di 2° ordine delle curve di una superficie. Rend. Acc. Lincei, (6), **9** (1929), pp. 288—294.

[12] — Ein Analogon der Quadrik von Lie in der projektiven Flächentheorie. Math. Zeitschr., **29** (1929), pp. 678—683.

[13] — Interpretazione proiettiva di alcune equazioni differenziali del 2° ordine. Rend. Acc. Lincei, (6), **11** (1930), pp. 33—40.

[14] — Significato proiettivo di alcuni tipi di equazioni differenziali del 2° ordine. Ann. di Mat., (4), **7** (1930), pp. 273—300.

[15] E. Bompiani, Sull'interpretazione proiettiva dell'equazione $y'' = Ay'^3 + By'^2 + Cy' + D$. Boll. Unione Mat. Ital., **9** (1930), pp. 3—8.

[16] — Sulle superficie integrali di due o più equazioni a derivate parziali del 3° ordine. Rend. Acc. Lincei, (6), **13** (1931), pp. 814—817.

[17] — Sulle superficie integrali di due o più equazioni lineari a derivate parziali del 3° ordine. Ann. di Mat., (4), **9** (1931), pp. 287—306.

[18] Invarianti d'intersezione di due curve sghembe. Rend. Acc. Lincei, (6), **14** (1931), pp. 456—461.

[19] — Sul contatto di due superficie. Rend. Acc. Lincei, (6), **15** (1932), pp. 116—121.

[20] — Invarianti proiettivi di una particolare coppia di elementi superficiali del 2° ordine. Boll. Unione Mat. Ital., **14** (1935), pp. 237—244.

[21] — Alcuni invarianti proiettivi di elementi curvilinei. Rend. Acc. Lincei, (6), **22** (1935), pp. 483—491.

[22] — Sulla normalizzazione delle equazioni differenziali. Rend. Acc. Lincei, (6), **23** (1936), pp. 807—812.

[23] — Sur la normalisation des équations différentielles linéaires. Bull. Acad. Roumanie, **28** (1936), pp. 1—5.

[24] — Forme normali delle equazioni differenziali lineari e loro significato geometrico. Ann. Scient. Univ. Jassy, **23** (1937), pp. 75—105.

[25] — Alcuni risultati di geometria proiettivo-differenziale. Rend. Sem. Mat. e Fis. Milano, **10** (1936), pp. 1—28.

[26] — Gli invarianti proiettivi nella teoria delle superficie. Nota I. Rend. Acc. Lincei, (6), **24** (1936), pp. 323—332.

[27] — Sulle curve sghembe. Scritti matematici offerti a L. Berzolari (1936), pp. 515—552.

[28] — Costruzione di elementi superficiali a partire da elementi curvilinei. Rend. Acc. Lincei, (6), **25** (1937), pp. 149—154.

[29] — Gli analoghi proiettivi dei teoremi di Meusnier e di Eulero. Rend. Sem. Mat. Univ. Roma, (4), **2** (1938), pp. 3—24.

[30] — Sulle varietà anolonome. I: Alcuni teoremi generali. Rend. Acc. Lincei, (6), **27** (1938), pp. 37—45.

[31] — Sulle varietà anolonome. II: Le V_3^2 di S_3 proiettivo. Rend. Acc. Lincei, (6), **27** (1938), pp. 45—52.

[32] — Costruzione delle calotte superficiali di 2° ordine in un iperspazio. Rend. Acc. Lincei, (6), **29** (1939), pp. 3—11.

[33] — Determinazione delle curve algebriche sghembe appartenenti a quadriche. Rend. Acc. Lincei, (6), **29** (1939), pp. 229—234.

[34] — Über zwei Kalotten einer Hyperquadrik. Jahresber. der Deutschen Math. Verein., **49** (1939), pp. 143—145.

[35] — Calotte a centri allineati di superficie algebriche. Rend. Acc. d'Italia, (7), **1** (1939), pp. 93—101.

[36] — Intorno ad alcune superficie razionali del 4° ordine. Boll. Unione Mat. Ital., (2), **1** (1939), pp. 305—314.

[37] — Sulle superficie con flessi infinitamente vicini. Rend. Acc. d'Italia, (7), **2** (1941), pp. 497—510.

[38] — Sui tipi cremonianamente distinti di fasci di Halphen con i punti base sopra una cubica razionale. Atti II° Congresso Unione Mat. Ital., (1940), pp. 241—246.

[39] — Invarianti proiettivi di calotte. Rend. Acc. d'Italia, (7), **2** (1941), pp. 888—895.

[40] — Invarianti proiettivi e topologici di calotte di superficie e di ipersuperficie tangenti in un punto. Rend. di Mat. e sue Appl., (5), **2** (1941), pp. 261—291.

[41] — Caratteri differenziali della trasformazione conforme. Rend. di Mat. e sue Appl., (5), **3** (1942), pp. 138—151.

[42] — Sulle trasformazioni puntuali fra piani proiettivi. Mem. Acc. d'Italia, (6), **13** (1942), pp. 837—848.

[43] E. Bompiani, Corrispondenza puntuale fra piani proiettivi: Esame delle Jacobiane. Mem. Acc. d'Italia, (6), **14** (1943), pp. 11–21.
[44] – Approssimazione di una superficie algebrica nell'intorno di una sua retta. Atti Acc. Torino, **78** (1943), pp. 68–75.
[45] – Geometria proiettiva di elementi differenziali. Ann. di Mat., (4), **22** (1943), pp. 1–32.
[46] – Analisi di flessi di specie superiore delle curve piane. Boll. Unione Mat. Ital., (2), **5** (1943), pp. 1–13.
[47] – Una proprietà caratteristica dei coni di Veronese. Rend. Acc. d'Italia, (7), **4** (1943), pp. 447–453.
[48] – Geometria delle equazioni e dei sistemi di equazioni differenziali ordinarie. Atti IX Convegno Volta, 1939, Acc. d'Italia, 1943.
[49] – Determinazioni differenziali relative alle superficie di Veronese. Acta Pont. Acad. Scient., **8** (1944), pp. 39–47.
[50] – Sugli invarianti proiettivi di due calotte superficiali. Atti Acc. Torino, **80** (1944), pp. 1–7.
[51] – Elementi differenziali regolari e non regolari nel piano e loro applicazioni alle curve algebriche piane. Rend. di Mat. e sue Appl., (5), **5** (1946), pp. 1–46.
[52] – Sulle Jacobiane di una corrispondenza puntuale fra piani. Rend. Acc. Lincei, (8), **2** (1947), pp. 22–26.
[53] – Varietà prodotto topologico di spazi multipli. Rend. Acc. Lincei, (8), **2** (1947), pp. 493–497.
[54] – Geometry of differential elements. Vol. I°, University of Pittsburgh, 1948.
[55] – Fasci di elementi differenziali nel piano proiettivo. Rend. di Mat. e sue Appl., (5), **7** (1948), pp. 124–168.
[56] – Monoidi del 3° ordine per una calotta superficiale del 4° ordine. Monatsh. f. Math., **52** (1948), pp. 190–193.
[57] – Isometria di calotte superficiali. Rend. di Mat. e sue Appl., (5), **7** (1948), pp. 274–294.
[58] – Tessuti di curve piane e corrispondenze fra piani. Rend. Acc. Lincei, (8), **6** (1949), pp. 7–12.
[59] – Sulle corrispondenze puntuali fra spazi proiettivi. Rend. Acc. Lincei, (8), **6** (1949), pp. 145–151.
[60] – Geometry of differential elements. Vol. II°, University of Pittsburgh, 1949.
[61] – Geometria degli elementi cuspidali nel piano. Rend. Acc. Lincei, (8), **7** (1949), pp. 185–191.
[62] – Topologia differenziale. I: Enti topologici determinati da elementi differenziali di curve. Rend. Acc. Lincei, (8), **8** (1949), pp. 3–8.
[63] – Topologia differenziale. II: Invarianti topologici di elementi curvilinei. Rend. Acc. Lincei, (8), **8** (1949), pp. 8–15.
[64] – Topologia differenziale. III: Calotte superficiali del 2° ordine tangenti in un punto. Rend. Acc. Lincei, (8), **8** (1950), pp. 81–86.
[65] – Topologia differenziale. IV: Teoremi topologici e proiettivi sulle calotte superficiali. Rend. Acc. Lincei, (8), **8** (1950), pp. 169–175.
[66] – Topologia differenziale. V: Geometria delle superficie in uno spazio proiettivo curvo a tre dimensioni. Rend. Acc. Lincei, (8), **8** (1950), pp. 271–275.
[67] – Über die Veronesesche Fläche. Archiv der Math., **2** (1949/50), pp. 354–359.
[68] – Topologie des éléments différentiels et quelques applications. Colloque de Géométrie Différentielle (Louvain, 11–14, avril 1951), Masson, Paris 1951.
[69] – Sur les calottes superficielles du troisième ordre. Bull. Soc. Royale des Sciences de Liège, **11** (1952), pp. 477–482.
[70] – Topologia differenziale. VI: Invarianti topologici di elementi di una calotta. Rend. Acc. Lincei, (8), **15** (1953), pp. 242–248.

[71] E. BOMPIANI, Sugli elementi curvilinei piani E_3 tangenti. Rend. Acc. Lincei, (8), **16** (1954), pp. 585—590.

[72] — Sul significato topologico di certe equazioni differenziali del 2° ordine. Rend. Sem. Mat. Padova, **23** (1954), pp. 352—356.

[73] — Geometria degli elementi differenziali. Vol. I°: Elementi differenziali regolari piani rispetto al gruppo proiettivo. (policopiato), Istituto Mat. Roma, 1955.

[74] — Sulla varietà rappresentativa degli elementi lineari del piano proiettivo. Rend. Acc. Lincei, (8), **19** (1955), pp. 207—212.

[75] — Ancora sulla varietà rappresentativa degli elementi lineari del piano proiettivo. Rend. Acc. Lincei, (8), **19** (1955), pp. 361—367.

[76] — Trasporto di elementi di 2° ordine in un piano proiettivo. Abh. Math. Sem. Univ. Hamburg, **21** (1957), pp. 92—94.

[77] — Rappresentazione di elementi differenziali del piano proiettivo. Rend. Sem. Torino, **16** (1956/57), pp. 55—82.

[1] E^a. BORTOLOTTI, Über die Invarianten von Linienelementen und die projektive Geometrie der Kurvengewebe. Monatshefte f. Math., **50** (1942), pp. 257—281.

[1] F. CONFORTO, Sui fasci di Halphen i cui punti base appartengono ad una cubica ellittica degenere. Mem. Acc. Lincei, (6), **6** (1936), pp. 355—383.

[2] — Sui tipi cremonianamente distinti a cui si riducono i fasci di Halphen che hanno i loro punti base su di una cubica ellittica degenere. Rend. Sem. Univ. Roma, (4), **1** (1937), pp. 120—136.

[3] — Sulle singolarità delle superficie $F_4^{(2)}$ ed $F_4^{(3)}$ di Noether. I, II. Rend. Acc. Lincei, (6), **29** (1939), pp. 20—24 e 43—48.

[1] A. COSSU, Trasformazioni conformi in una coppia di punti corrispondenti e nei punti dei loro intorni del 1° ordine. Boll. Unione Mat. Ital., (3), **4** (1949), pp. 122—127.

[2] — Trasformazioni puntuali fra spazi proiettivi osculabili con trasformazioni quadratiche. Rend. Mat. e sue appl., (5), **10** (1951), pp. 448—467.

[1] V. DALLA VOLTA, Sull'isometria di calotte superficiali. Rend. Acc. Lincei, (8), **5** (1948), pp. 381—384.

[2] — Sull'isometria di calotte superficiali. Rend. Mat. e sue Appl. (5), **8** (1949), pp. 211—227.

[1] F. ENGEL, Die höheren Differentialquotienten. Leipziger Ber., **54** (1902), pp. 17—51.

[1] F. ENRIQUES, Sui sistemi lineari di superficie algebriche le cui intersezioni variabili sono curve ellittiche. Rend. Acc. Lincei, (5), **3** (1894), pp. 481—487.

[2] — Sui sistemi lineari di superficie algebriche ad intersezioni variabili iperellittiche. Math. Ann., **46** (1895), pp. 179—199.

[1] G. FANO, Le trasformazioni di contatto birazionali del piano. Comment. math. Helvet., **20** (1947), pp. 181—215.

[1] U. GASAPINA, Sulle calotte a centri allineati appartenenti a superficie algebriche. Rend. Acc. Lincei, (8), **21** (1956), pp. 262—267.

[1] G. GHERARDELLI, Sul modello minimo degli elementi del secondo ordine del piano proiettivo. Rend. Acc. d'Italia, (7), **2** (1941), pp. 821—828.

[1] E. KASNER — J. de CICCO, Irregular projective invariants. Proc. Nat. Acad. U. S. A., **31** (1945), pp. 123—125.

[2] — Projective differential invariants of a cusp. Univ. Nac. Tucuman Rev., **5** (1946), pp. 289—299.

[1] C. LONGO, Sui sistemi di ipersuperficie di S_r aventi lo stesso sistema primo polare. Rend. Acc. Lincei, (8), **3** (1947), pp. 282—287.

[2] — Sui sistemi di ipersuperficie di S_r che ammettono lo stesso sistema polare nei casi in cui l'omografia determinata dai poli sia particolare. Rend. Acc. Lincei, (8), **3** (1947), pp. 536—541.

[3] C. LONGO, Sui sistemi di ipersuperficie di S_r aventi lo stesso sistema primo polare. Rend. di Mat. e sue Appl., (5), **7** (1948), pp. 243–273.

[4] — Sugli elementi curvilinei piani E_3 con lo stesso E_1. Boll. Unione Mat. Ital., (3), **3** (1948), pp. 108–111.

[5] — Invarianti proiettivi di calotte del 3° ordine tangenti in un punto. Rend. di Mat. e sue Appl., (5), 7 (1948), pp. 295–326.

[6] — Trasformazioni puntuali fra due piani proiettivi in una coppia di punti corrispondenti a direzioni inflessionali di specie superiore indeterminate. Rend. Acc. Lincei, (8), **6** (1949), pp. 68–73.

[7] — Sulle trasformazioni fra piani che mutano un determinato fascio di rette in un fascio di rette. Rend. Acc. Lincei, (8), **7** (1949), pp. 66–72.

[8] — Trasformazioni puntuali nell'intorno di un punto unito. Rend. Acc. Lincei, (8), **8** (1950), pp. 320–325.

[9] — Costruzione di calotte regolari tridimensionali del secondo ordine. Rend. di Mat. e sue Appl., (5), **9** (1950), pp. 280–292.

[10] — Studio numerativo sopra le varietà di contatto delle superficie in uno spazio ad n dimensioni. Ann. Scuola Norm. Pisa, (3), **4** (1950), pp. 1–8.

[11] — Sulle trasformazioni puntuali fra due S_r nell'intorno di una coppia a jacobiano nullo di caratteristica massima. Ann. Scuola Norm. Pisa, (3), **5** (1951), pp. 161–173.

[12] — Approssimazione cremoniana delle trasformazioni puntuali fra piani in una coppia a jacobiano nullo di caratteristica zero. Atti IV Congresso U. M. I., vol. I (1951), pp. 374–385.

[13] — Sul modello minimo degli elementi cuspidali del piano. Ann. Scuola Norm. Pisa, (3), **9** (1955), pp. 45–63.

[14] — Sul modello minimo della varietà degli elementi del secondo ordine di S_r. Rend. Acc. Lincei, (8), **18** (1955), pp. 614–618.

[15] — Sugli elementi differenziali del secondo ordine di S_r. Rend. di Mat. e sue Appl., (5), **13** (1955), pp. 335–372.

[1] C. F. MANARA, Approssimazione delle trasformazioni puntuali regolari mediante trasformazioni cremoniane. Rend. Acc. Lincei, (8), **7** (1950), pp. 103–108.

[2] — Sulle trasformazioni puntuali di un piano in un altro nell'intorno di un punto semplice della Jacobiana. Att. Sem. Mat. Fis. Univ. Modena, **5** (1951), 40–53.

[1] A. MAXIA, Studio proiettivo-differenziale di un elemento cuspidale di specie superiore. Rend. di Mat. e sue Appl., (5), **6** (1947), pp. 253–344.

[1] R. MEHMKE, Einige Sätze über die räumliche Collineation und Affinität, welche sich auf die Krümmung von Kurven und Flächen beziehen. Zeitschr. f. Math. und Phys., **36** (1891), pp. 56–60.

[2] — Über zwei die Krümmung von Kurven und das Gaußsche Krümmungsmaß von Flächen betreffende charakteristische Eigenschaften der linearen Punkttransformationen. Zeitschr. f. Math. und Phys., **36** (1891), pp. 206–213.

[3] — Über die geodätische Krümmung der auf einer Fläche gezogenen Kurven und ihre Änderung bei beliebiger Transformation der Flächen. Zeitschr. f. Math. und Phys., **37** (1892), pp. 186–189.

[4] — Untersuchungen über die auf die Krümmung von Kurven und Flächen bezüglichen Eigenschaften der Berührungstransformationen. Zeitschr. f. Math. und Phys., **38** (1893), pp. 7–26.

[1] M. REISS, Mémoire sur des propriétés générales des courbes algébriques etc. Correspondance Math. et Phys. de Quetelet, **9** (1837), pp. 249–308.

[1] U. SALINI, Trasformazioni razionali osculatrici ad una trasformazione puntuale fra due spazi ordinari in una coppia di punti ad Jacobiano nullo di caratteristica uno. Rend. di Mat. e sue Appl., (5), 8 (1949), pp. 1–27.

[2] U. SALINI, Sulle trasformazioni puntuali fra due spazi ordinari in una coppia di punti ad Jacobiano nullo di caratteristica uno, quando la superficie Jacobiana presenta nel punto un punto doppio biplanare ed uno dei piani coincide col piano stazionario. Rend. di Mat. e sue Appl., (5), **8** (1949), pp. 226—245.

[3] — Sulle trasformazioni puntuali fra due spazi ordinari in una coppia di punti ad Jacobiano nullo di caratteristica uno etc. Rend. Mat. e sue Appl., (5), **9** (1950), pp. 26—53.

[4] — Trasformazioni puntuali fra due piani etc. Rend. di Mat. e sue Appl., (5), **9** (1950), pp. 136—176.

[1] G. SCORZA, Le varietà a curve sezioni ellittiche. Rend. Acc. Lincei, (5), **17** (1908), pp. 10—11.

[2] — Le varietà a curve sezioni ellittiche. Ann. di Mat., (3), **15** (1908), pp. 1—57.

[3] — Determinazione delle varietà a tre dimensioni di S_r i cui S_3 tangenti si tagliano a due a due. Rend. Circ. Mat. Palermo, **25** (1908), pp. 1—12.

[1] B. SEGRE, Corrispondenze analitiche e trasformazioni cremoniane. Ann. di Mat., (4), **28** (1949), pp. 107—139.

[1] J. G. SEMPLE, Some investigations in the geometry of curve and surface elements. Proc. London Math. Soc., (3), **4** (1954), pp. 24—49.

[1] F. SEVERI, I fondamenti della geometria numerativa. Ann. di Mat., (4), **29** (1940), pp. 154—242.

[2] — Serie, sistemi di equivalenza e corrispondenze algebriche sulle varietà algebriche. (a cura di F. Conforto e di E. Martinelli), Cremonese, Roma (1942).

[1] E. STUDY, Die Elemente zweiter Ordnung in der ebenen projectiven Geometrie. Leipz. Ber., **53** (1901), pp. 338—401.

[1] A. TERRACINI, Sul modulo delle forme contenenti una varietà di Segre. Rend. Acc. Lincei, (5), **30** (1921), pp. 95—100.

[1] G. VACCARO, Sopra alcune singolarità di ipersuperficie algebriche. Rend. Acc. Lincei, (8), **5** (1948), pp. 247—251.

[2] — Esame di singolarità superficiali. Superficie algebriche d'ordine n con punti $(n-2)$-pli inflessionali. Rend. Acc. Lincei, (8), **13** (1952), pp. 373—378.

[3] — Esami di singolarità superficiali. Massimo numero di punti $(n-2)$-pli inflessionali di una superficie algebrica d'ordine n. Rend. Acc. Lincei, (8), **14** (1953), pp. 203—209.

[4] — Sull'isometria di calotte appartenenti a due varietà. Rend. Acc. Lincei, (8), **14** (1953), pp. 404—407.

[5] — Sulle calotte superficiali dello spazio a tre dimensioni. Rend. di Mat. e sue Appl., (5), **14** (1955), pp. 525—532.

[6] — Proprietà delle superficie degli spazi a 4 e 5 dimensioni in relazione a quadriche. Rend. di Mat. e sue Appl., (5), **13** (1955), pp. 249—269.

[7] — Topologia delle calotte tridimensionali tangenti in un punto. Ann. di Mat., (5), **44** (1958), pp. 201—231.

[1] E. WÖLFFING, Das Verhältnis der Krümmungsradien im Berührungspunkte zweier Kurven. Zeitschr. f. Math. und Phys., **38** (1893), pp. 237—249.

Геометрия дифференциальных элементов

Э. БОМПЬЯНИ, Рим

Резюме

Начало геометрии дифференциальных элементов положила теорема Эйлера о кривизне нормальных сечений в точке поверхности в трехмерном эвклидовом пространстве. В настоящей статье дан обзор результатов, полученных автором и его непосредственными сотрудниками. Содержание статьи таково:

1. Теорема Эйлера и начало геометрии дифференциальных элементов. 2. проективные обобщения теорем Эйлера и Менье. 3. топологические обобщения теорем Эйлера и Менье. 4. представление дифференциальных элементов. 5. нерегулярные дифференциальные элементы. 6. приложения предыдущих результатов: а) проективно-дифференциальная геометрия поверхностей; б) дифференциальные элементы в исследовании алгебраических кривых и многообразий; в) дифференциальные уравнения; г) точечные преобразования и неголономные многообразия. 7. представление дифференциальных элементов в проективной плоскости.

Mathias Lerch als Fortsetzer der Klassiker in der Theorie der Gammafunktion *)

O. BORŮVKA, Brünn

Mathias LERCH wurde im Jahre 1860 in Milínov bei Sušice (Schüttenhofen) in Südböhmen geboren. Er studierte die Mathematik an den Hochschulen in Prag und setzte seine Studien im Jahre 1884—85 an der Universität in Berlin bei den großen Meistern WEIERSTRASS, KRONECKER und FUCHS fort. Im Jahre 1886 wurde LERCH Privatdozent an der tschechischen technischen Hochschule in Prag und nach zehn Jahren seiner Dozentur, im Jahre 1896, ordentlicher Professor an der Universität in Freiburg in der Schweiz. Abermals nach zehn Jahren, im Jahre 1906, kehrte er in die Heimat zurück, nachdem er zum ordentlichen Professor an der tschechischen technischen Hochschule in Brünn ernannt worden war. Nach der Gründung der Masaryk-Universität in Brünn ging LERCH im Jahre 1920 als erster Professor der Mathematik auf diese Universität über. Leider war hier seine Tätigkeit nur kurz bemessen, denn er starb schon nach zwei Jahren, im Jahre 1922, im Alter von 62 Jahren. Zu diesen kurzgefaßten Lebensdaten möchte ich nur noch hinzufügen, daß LERCH im Jahre 1900 den großen Preis der Pariser Akademie erhielt auf Grund seiner Abhandlung: „*Essais sur le calcul du nombre des classes de formes quadratiques binaires aux coefficients entiers*“.

Mathias LERCHs wissenschaftlicher Nachlaß setzt sich aus 238 zum Teil recht umfangreichen Arbeiten zusammen, von denen 118 in tschechischer, 80 in französischer, 34 in deutscher, drei in kroatischer, zwei in polnischer und eine in portugiesischer Sprache verfaßt sind. Dem Inhalt nach gehören etwa 150 dieser Arbeiten der Analysis, etwa 40 der Zahlentheorie an, während die übrigen der Geometrie, numerischen Methoden und anderen Fragestellungen gewidmet sind[1]). In der Analysis, der die meisten der erwähnten Arbeiten angehören, beziehen sich die Leistungen LERCHs auf folgende Gebiete: allgemeine Funktionentheorie, allgemeine und spezielle unendliche Reihen, spezielle Funktionen, insbesondere die Gammafunktion, elliptische Funktionen, Integralrechnung. Auf allen diesen Gebieten hat LERCH bedeutende und dauerhafte Erfolge davongetragen.

---

*) Vortrag, gehalten auf der Nachmittagssitzung am 21. 3. 1957.

[1]) Ein vollständiges chronologisch geordnetes Verzeichnis dieser Arbeiten ist von JOS. ŠKRÁŠEK in dem Czechoslovak mathematical Journal, 3 (78), 1953, 111—122, publiziert worden. Im folgenden werden die Arbeiten von LERCH in der Regel nur mit den in diesem Verzeichnis versehenen Nummern angeführt.

Ich werde nun auf die Leistungen LERCHs auf dem Gebiete der Gammafunktion zu sprechen kommen.

Auf diesem Gebiete trat LERCH zum erstenmal an die Öffentlichkeit im Jahre 1887 mit seiner Arbeit: „*Démonstration nouvelle de la propriété fondamentale de l'intégrale Eulérienne de première espèce*" ([24]), die chronologisch seine vierundzwanzigste Publikation darstellt. Zu dieser Zeit waren bereits die Grundlagen der Theorie der Gammafunktion in den Arbeiten der Klassiker: EULER, LEGENDRE, GAUSS, BINET, CAUCHY, KUMMER und WEIERSTRASS festgelegt und man stand am Anfang einer Periode des systematischen Aufbaues der Theorie und der Weiterentwicklung und Vertiefung der bekannten Ergebnisse. Von unmittelbaren Vorgängern und Zeitgenossen LERCHs, deren Arbeiten mit den Leistungen LERCHs auf dem Gebiete der Gammafunktion im Zusammenhang stehen, sind die folgenden zu nennen: A. HURWITZ, H. KINKELIN, M. KRAUSE, R. LIPSCHITZ, N. NIELSEN, F. E. PRYM, J. RAABE, W. SCHAEFFER, L. SCHEEFFER, L. SCHENDEL, O. SCHLÖMILCH, E. SCHRÖDER, T. J. STIELTJES, J. TANNERY, CH. J. DE LA VALLÉE POUSSIN und insbesondere CH. HERMITE, mit dem LERCH über lange Jahre hindurch in wissenschaftlicher und überaus freundschaftlicher Korrespondenz stand. Bei dieser Gelegenheit möchte ich bemerken, daß in Brünn die vollständige beiderseitige Korrespondenz zwischen HERMITE und LERCH aufbewahrt worden war, jedoch in der letzten Phase des vorigen Krieges vollständig vernichtet wurde.

LERCHs Arbeiten über die Gammafunktion nehmen etwa ein Drittel seiner Gesamtleistung auf dem Gebiete der Analysis ein. Zwei Arbeiten ([48], [98]) sind einem systematischen Aufbau der Theorie der Eulerschen Integrale bzw. der Gammafunktion unter Anwendung neuer Methoden gewidmet. Die übrigen enthalten breit angelegte Betrachtungen über verschiedene Fragen oder Fragenkomplexe aus der Theorie der Gammafunktion oder sie stellen kleinere Artikel oder Bemerkungen dar. Man findet darunter reizvolle Miniaturen mathematischer Arbeit etwa von der Art der LERCHschen Berechnung des Raabeschen Integrals ([34]), die bereits von HERMITE in seine Vorträge auf der Sorbonne aufgenommen wurde.

Inhaltlich besteht LERCHs Beitrag zu der Theorie der Gammafunktion in der Auffindung von zahlreichen neuen Eigenschaften der Gammafunktion und der anderen Elemente dieser Theorie, d. h. des Logarithmus und der logarithmischen Ableitung der Gammafunktion, der Prymschen Funktionen P, Q (d. h. der unvollständigen Gammafunktionen), der Eulerschen Konstante und der unvollständigen Betafunktion. Diese neuen Eigenschaften beziehen sich auf die erwähnten Elemente der Theorie oder auf verschiedene mit ihnen zusammenhängende Gebilde und werden auf die verschiedenste Art unter Anwendung von Integralen, Potenzreihen, trigonometrischen und anderen Reihen, Kettenbrüchen und sonstigen Mitteln beschrieben. Es handelt sich in der Regel um die Ermittlung der funktionentheoretischen Struktur der betrachteten Funktionen oder um die Herleitung vorteilhafter Methoden zu numerischen Berechnungen oder es geht um Zusammenhänge zwischen den betrachteten Gebilden untereinander oder mit anderen Theorien, insbesondere mit den Malmsténschen Reihen und den elliptischen und Besselschen Funktionen. Von diesen Leistungen ist insbesondere die Entdeckung des Zusammenhanges zwischen der Gammafunktion und der von LERCH aufgebauten Theorie der Malmsténschen Reihen hervorzuheben. Von fundamentaler Bedeutung sind ferner LERCHs Ergebnisse über die Prymsche Funktion Q, die eine Höchstleistung überhaupt auf diesem Gebiete darstellen dürften.

Auch methodisch sind die in Frage stehenden Arbeiten LERCHs im hohen Maße beachtenswert. Dieselben weisen insbesondere auf reiche Erfahrungen des Verfassers auf dem Gebiete der analytischen Funktionen hin. LERCH dürfte der erste gewesen sein, der die Haupteigenschaften der Eulerschen Integrale systematisch mittels funktionentheoretischer Methoden von Anfang an entwickelte ([48]). Ihm gebührt auch das Verdienst um zahlreiche originelle Anwendungen funktionentheoretischer Methoden in einzelnen konkreten Fällen. Ferner hat LERCH neue methodische Prinzipien von erheblicher Tragweite, und zwar das Prinzip der schnellsten Konvergenz ([210]) und das Prinzip der Einführung eines Hilfsparameters für meromorphe Funktionen ([203]) beschrieben und auf konkrete Fragen angewendet. Von den wirksamen methodischen Mitteln, deren sich LERCH öfters bedient, sind die folgenden zu erwähnen: Untersuchung des aus der betrachteten und einer geeigneten Funktion gebildeten Quotienten, Auffindung und Ausnutzung charakteristischer Eigenschaften der betrachteten Funktionen, Anwendung der aus einer Zahlen- oder Funktionenfolge gebildeten höheren Differenzen. Sonst findet man bei LERCH die verschiedensten in seiner Zeit bereits laufend gebrauchten Methoden der Funktionentheorie und der Integralrechnung. Zahlreiche Fragen werden bei LERCH mit verschiedenen Methoden und an verschiedenen Stellen studiert; LERCH äußert sich an einer Stelle so, daß das Vergleichen verschiedener Methoden zur Ausbildung mathematischer Fähigkeiten am meisten beiträgt ([98], S. 393).

In seinen Arbeiten über die Gammafunktion macht LERCH von den Ergebnissen der Klassiker einen weitgehenden Gebrauch. An zahlreichen Stellen werden bei LERCH klassische Ergebnisse über die Gammafunktion neu begründet oder dienen als Ausgangspunkt oder Hilfsmittel für neue Betrachtungen. Bedeutende Leistungen LERCHs stehen mit den von den Klassikern behandelten Fragen im engsten Zusammenhang. Dies bezieht sich z. B. auf den zum erstenmal von LERCH gefundenen Übergang von der Eulerschen Produktdarstellung der Gammafunktion zu der Integraldarstellung der Funktion Q ([203]), auf die berühmte LERCHsche Ableitung der Kummerschen Reihe ([101], [118]), die von LERCH stammenden Erweiterungen der Funktion von Binet ([101]), die LERCHschen charakteristischen Eigenschaften der Gammafunktion ([98]), u. v. a. Bei dieser Gelegenheit möchte ich mir erlauben zu bemerken, daß die Leistungen LERCHs auf dem Gebiete der Gammafunktion zuweilen auch kompetenten Spezialisten fast gänzlich entgangen sein dürften, wie dies etwa aus dem im Jahre 1916 von G. BRUNEL in der Enzyklopädie der math. Wiss. (II, II A 3, 135—188) publizierten Artikel über die Integralrechnung zu ersehen ist.

Ich werde nun auf einige bedeutsame Ergebnisse von LERCH näher eingehen.

An erster Stelle möchte ich kurz über den bereits erwähnten von LERCH entdeckten Zusammenhang zwischen den Malmsténschen Reihen und der Gammafunktion berichten.

Als eine Malmsténsche Reihe wird von LERCH eine Reihe von der Form

$$\sum_{n=-\infty}^{\infty} \frac{e^{2n x \pi i}}{[(w+n)^2+u^2]^{s/2}}$$

bezeichnet. Anfänge der Theorie dieser Reihen gehen auf EULER zurück. Die in dieser Hinsicht ersten entscheidenden Schritte sind von dem schwedischen Mathematiker C. J. MALMSTÉN im Jahre 1849 gemacht worden. Nach ihm folgten die Arbeiten von SCHLÖMILCH, LIPSCHITZ, RIEMANN, KINKELIN, E. SCHRÖDER, HURWITZ und APPELL, in denen spezielle mit dieser Theorie verwandte Untersuchungen auftreten. In drei in den Jahren 1892—94 in der Tschechischen Akad. der Wiss. publizierten Abhandlungen ([82], [91], [101]) hat LERCH die Theorie der Malmsténschen Reihen begründet und weitgehend entwickelt. In seiner Theorie treten die durch die folgenden Reihen definierten Funktionen

$$\mathfrak{R}(w,x,s) = \sum_{n=0}^{\infty} \frac{e^{2nx\pi i}}{(w+n)^s}, \quad R(w,s) = \sum_{n=0}^{\infty} \frac{1}{(w+n)^s}$$

als wichtige Elemente auf. Die Funktion $\mathfrak{R}(w, x, s)$ wird heute als die Zetafunktion von LERCH bezeichnet; dieselbe ist zum erstenmal von LIPSCHITZ untersucht worden. $R(w, s)$ ist die sogenannte Zetafunktion von HURWITZ.

Vom Standpunkt der Theorie der Gammafunktion dürften die Ergebnisse, die die Natur der Funktion $R(w, s)$ in der Umgebung der beiden Punkte $s = 1$ und $s = 0$ beschreiben, am wichtigsten sein. Man findet bei LERCH bewiesen, daß die Differenz $R(w, s) - 1/(s-1)$ eine ganze transzendente Funktion von s darstellt und ferner, daß die Potenzentwicklungen der Funktion $R(w, s)$ in der Umgebung der genannten Punkte die folgende Gestalt haben:

$$R(w,s) = \frac{1}{s-1} - \frac{\Gamma'(w)}{\Gamma(w)} + a_1(s-1) + a_2(s-1)^2 + \dots, \tag{1}$$

$$R(w,s) = \left(\frac{1}{2} - w\right) + \log\frac{\Gamma(w)}{\sqrt{2\pi}}\, s + b_2 s^2 + b_3 s^3 + \dots. \tag{2}$$

Diese Formeln enthalten eine Menge aus der Theorie der Eulerschen Integrale bekannter Resultate und lassen erkennen, daß die Malmsténschen Reihen den geradesten und zugleich einfachsten Weg zu der Theorie der Gammafunktion eröffnet haben ([101], S. 58). Die Reihenentwicklung (2) enthält insbesondere die Formel:

$$\log\Gamma(w) = \log\sqrt{2\pi} + D_{s=0}\, R(w,s), \tag{3}$$

aus der sich für die Funktion $\log \Gamma(w)$ ebenso viele Formen ergeben, als für die Funktion $R(w, s)$ in der Umgebung des Punktes $s = 0$ gültige Ausdrücke bekannt sind ([101], S. 13). Die mit der Gleichung (3) äquivalente Formel

$$\Gamma(w) = \exp D_{s=0}[R(w,s) - \zeta(s)]$$

wird in der neueren Literatur als die LERCHsche Definition der Gammafunktion bezeichnet. In den LERCHschen Arbeiten begegnet man den Reihenentwicklungen (1), (2) an mehreren Stellen, gelegentlich ihrer Herleitung und Anwendungen zum Teil auch auf dem Gebiete der Klassenanzahl quadratischer Formen ([179]), [185], [217]). LERCH hat diese Reihenentwicklungen gefunden ohne Kenntnis davon zu haben, daß dieselben vereinzelt bereits in den Jahren 1861—62 und

1867 in Programmen schweizerischer Mittelschulen von H. KINKELIN und E. SCHRÖDER publiziert worden waren ([155], S. 7).

Bei dieser Gelegenheit möchte ich bemerken, daß LERCH die obigen Ergebnisse auf die durch die folgende Reihe definierte Funktion

$$R(a, u, s) = \sum_{n=0}^{\infty} \frac{1}{[(a+n)^2 + u^2]^s}$$

erweiterte. LERCH hat bewiesen ([101]), daß die Differenz

$$R(a, u, s) - \Gamma(s - \tfrac{1}{2})\sqrt{\pi}/2\,\Gamma(s)\,u^{2s-1}$$

eine ganze transzendente Funktion von s darstellt und ferner, daß die Potenzentwicklungen der Funktion $R(a, u, s)$ in der Umgebung der Punkte $s = 1$ und $s = 0$ die folgende Gestalt haben:

$$R(a, u, s) = \frac{1}{2ui}\left\{\frac{\Gamma'(a+ui)}{\Gamma(a+ui)} - \frac{\Gamma'(a-ui)}{\Gamma(a-ui)}\right\} + A_1(s-1) + A_2(s-1)^2 + \dots,$$

$$R(a, u, s) = \left(\frac{1}{2} - a\right) + \log\frac{\Gamma(a+ui)\,\Gamma(a-ui)}{2\pi}\, s + B_2 s^2 + \dots .$$

Aus der zweiten dieser Entwicklungen kommt die folgende Formel heraus:

$$\log\Gamma(a+ui)\Gamma(a-ui) = \log 2\pi + D_{s=0}\,R(a, u, s).$$

Ich werde mich nun einem anderen von LERCH ebenfalls mit größtem Erfolg behandelten Fragenkomplex zuwenden. Es handelt sich um die Derivation der klassischen Kummerschen Reihe:

$$\log\Gamma(x) + \frac{1}{2}\log\frac{\sin x\pi}{\pi} + \left(x - \frac{1}{2}\right)[\log 2\pi - \Gamma'(1)] = \sum_{n=1}^{\infty} \frac{\log n}{n\pi} \sin 2nx\pi.$$

Über den Ursprung dieser Betrachtungen berichtet LERCH ([116], [124]) so, daß ihm von HERMITE die Frage gestellt wurde, die Ableitung der Kummerschen Reihe und anderer trigonometrischer Reihen, bei denen die üblichen Regeln für die Differentiation versagen, zu finden. LERCH hat diese Frage im Falle der Kummerschen Reihe ursprünglich auf Grund seiner aus der Theorie der Malmsténschen Reihen entspringenden Formel ([101], [118])

$$\sum_{n=0}^{\infty} \frac{e^{-2x\pi i(v+n)}}{v+n} = -\log 2\pi + \Gamma'(1) - \frac{\Gamma'(v)}{\Gamma(v)} - \frac{\pi i}{2} - \log x - \sum_{k=-\infty}^{\infty}{}' e^{2kv\pi i} \log\frac{x+k}{k}$$

$(0 < x, v < 1)$ gelöst und auf diese Weise seine wohlbekannte Formel:

$$\sum_{k=1}^{\infty} \sin(2k+1)v\pi \cdot \log\frac{k}{k+1} = [\log 2\pi - \Gamma'(1)]\sin v\pi + \frac{\pi}{2}\cos v\pi + \frac{\Gamma'(v)}{\Gamma(v)}\sin v\pi$$

$(0 < v < 1)$ erhalten. Durch dieses Ergebnis wurde er dann zu einer Lösung des Problems unter sehr allgemeinen Voraussetzungen geführt.

Ich werde mich mit der Formulierung bloß eines der LERCHschen Sätze begnügen. Er lautet so:

Die Ableitung der Summe $f(x)$ einer konvergenten trigonometrischen Reihe

$$f(x) = \sum_{\nu=1}^{\infty} \frac{c_\nu}{\nu} \sin 2\nu x\pi$$

ist durch die Formel

$$f'(x) \frac{\sin x\pi}{\pi} = \sum_{\nu=0}^{\infty} (c_\nu - c_{\nu+1}) \sin(2\nu + 1) x\pi, \quad c_0 = 0,$$

gegeben, sobald die auf der rechten Seite auftretende Reihe gleichmäßig konvergiert.

Aus diesem Satz kommt für $c_\nu = \log \nu$ unmittelbar die obige LERCHsche Formel heraus. Die übrigen LERCHschen Sätze beziehen sich auf Reihen mit den Gliedern $\frac{c_\nu}{\nu} \cos 2\nu x\pi$, $\frac{2c_\nu}{2\nu - 1} \sin(2\nu - 1) x\pi$ usw. und sind von ähnlicher Struktur. LERCH hat von diesen Sätzen eine Reihe interessanter, die Gammafunktion betreffender Anwendungen gemacht. Ich bin der Meinung, daß diese LERCHschen Sätze wegen ihrer einfachen auf die Abelsche Identität gegründeten Beweise und der reichen Anwendungsmöglichkeiten für die Aufnahme in entsprechende Lehrbücher sehr gut geeignet sind.

Ein weiteres Ergebnis von LERCH, über das ich kurz berichten möchte, ist die LERCHsche Charakterisierung der Gammafunktion. LERCH hat die diesbezüglichen Betrachtungen im Jahre 1899 in der Tschechischen Akademie der Wissenschaften ([98]) publiziert. Diese einem systematischen Aufbau der Theorie der Gammafunktion gewidmete Arbeit ist auch sonst durch andere originelle Ergebnisse sehr bemerkenswert. Insbesondere enthält sie zwei asymptotische Formeln für den absoluten Wert der Gammafunktion. Die einfachere dieser Formeln, die bei der Begründung der charakteristischen Eigenschaften der Gammafunktion verwendet wird, ist die folgende:

$$|\Gamma(\xi + i\eta)| = \frac{\Gamma(\xi + 1)}{\sqrt{\xi^2 + \eta^2}} \sqrt{\frac{\eta\pi}{\operatorname{Sinh} \eta\pi}}\, \varphi(\eta),$$

wobei $0 \leq \xi \leq 1$, $0 \neq \eta$ (reell), $1 \leq \varphi(\eta) \leq \sqrt{1 + \eta^2}$ ist.

Die erste Charakterisierung der Gammafunktion durch die Eigenschaften

$$F(z + 1) = zF(z), \quad \lim_{n \to \infty} \frac{F(z + n)}{(n - 1)!} n^{-z} = 1$$

geht auf WEIERSTRASS zurück. LERCH hat charakteristische Eigenschaften der Gammafunktion folgendermaßen beschrieben:

Es sei $F(z)$ eine eindeutige analytische Funktion, die keine anderen Singularitäten als die Pole erster Ordnung $z = 0, -1, -2, -3 \ldots$ besitzt, der Differenzengleichung $F(z + 1) = zF(z)$ genügt und für $0 \leq \xi \leq 1$ und genügend große $|\eta|$ die folgende Ungleichung befriedigt:

$$|F(\xi + i\eta)| \leq A\, |\xi + i\eta|^p\, e^{\alpha\pi|\eta|},$$

wobei $0 < A$, $0 < p$, $0 < \alpha < \frac{3}{2}$ willkürliche Konstanten bedeuten. In dieser Situation ist der Quotient $F(z)/\Gamma(z)$ konstant.

LERCH wendet seinen Satz zur Begründung der Gaußschen Multiplikationsformel und zur Herleitung des Eulerschen Integrals auf Grund der Produktdarstellung der Gammafunktion an. Bekanntlich wurde viel später eine weitere Eigenschaft der Gammafunktion für positive Argumente, die logarithmische Konvexität, entdeckt und auf dieser Grundlage eine zu didaktischen Zwecken vorzüglich geeignete Theorie der Gammafunktion im reellen Gebiet von E. ARTIN entwickelt.

Weitere sehr bemerkenswerte Leistungen LERCHs beziehen sich auf die durch die Formeln

$$P(s, \omega) = \int_0^\omega e^{-x} x^{s-1} \, dx, \quad Q(s, \omega) = \int_\omega^\infty e^{-x} x^{s-1} \, dx$$

definierten Prymschen Funktionen P, Q. LERCH hat insbesondere die Funktion Q, von der HERMITE an einer Stelle schreibt[2]), sie sei von einer sehr mysteriösen Natur, eingehend studiert. Seine diesbezüglichen, zuweilen durch recht komplizierte Formeln ausgedrückten Resultate dürften, wie oben bemerkt, eine Höchstleistung überhaupt auf diesem Gebiete darstellen. Diese LERCHschen Studien enthalten auch viele Resultate über die speziellen Fälle der Funktion Q, den Integrallogarithmus und die Krampsche Transzendente L. In dieser Hinsicht erlaube ich mir auf die LERCHschen Arbeiten, insbesondere auf seine zwei im Jahre 1905 im Crelles Journal publizierten Abhandlungen ([191], [195]) hinzuweisen.

Ich möchte mich mit diesen kurzen und sehr unvollständigen Auszügen aus LERCHs Leistungen auf dem Gebiete der Gammafunktion begnügen und nur noch einige in hohem Maße charakteristische Merkmale seines gesamten literarischen Nachlasses hervorheben. Mathias LERCH stellt sich in seinem Werke als ein hervorragender Repräsentant der klassischen Mathematik am Ende des 19. und Anfang des 20. Jahrhunderts, als erfahrener Kenner seiner Wissenschaft mit außerordentlicher Intuition und Kombinationsfähigkeit dar. «. . . Il est extrêmement ingénieux et je fais grand cas de son talent . . .» schreibt über Lerch HERMITE in einem Briefe an STIELTJES (l. c., II, 326). Die Schriften von LERCH zeichnen sich durch eine sorgfältige und gewissenhafte inhaltliche und stilistische Bearbeitung aus. Seine Resultate stellen in der Regel nicht etwa zufällige Tatsachen, sondern erstrebte Lösungen vorgelegter Probleme dar, sei es als Zusammenhänge zwischen einzelnen Gebilden oder als Beschreibungen funktionentheoretischer Natur der betrachteten Funktionen oder als Mittel zu numerischen Berechnungen oder zu anderen, z. B. zahlentheoretischen Anwendungen. Die LERCHschen allgemeinen Sätze sind nicht etwa kühne Gedankenkonstruktionen ohne bekannte Verwirklichungen, sondern sie sind abstrakte Beschreibungen rechnerischer Erfahrungen. Und auch durch dieses Streben nach Anwendbarkeit seiner Ergebnisse, sei es zum inneren Aufbau einzelner Theorien oder zu praktischen äußeren Zwecken, schließt sich Mathias LERCH an die Klassiker an als einer ihrer bedeutendsten Fortsetzer und vielleicht als Klassiker selbst.

---

[2]) CH. HERMITE-T. J. STIELTJES, Correspondance d'Hermite et de Stieltjes. I, II. Paris, 1905 (s. I, 247).

Auszug aus dem vollständigen Verzeichnis der wissenschaftlichen Arbeiten Mathias Lerchs

(Czechoslovak mathematical Journal, 3 (78), 1953, 111—122)

[24] Démonstration nouvelle de la propriété fondamentale de l'intégrale Eulérienne de première espèce.
[Bull. Soc. math. de France **15** (1887), 173—178].

[34] Démonstration élémentaire d'une formule de Raabe.
[Giornale di Mat., pubbl. per G. Battaglini, Napoli **26** (1888), 39—40].

[48] O hlavních vlastnostech integrálů Eulerových.
[Věstník Král. České spol. nauk, II. tř. 1889, 188—222].

[82] Základové theorie Malmsténovských řad.
[Rozpravy Čes. Akad. **1** (1892), č. 27, 1—70].

[91] Studie v oboru Malmsténovských řad a invariantů forem kvadratických.
[Rozpravy Čes. Akad. **2** (1893), č. 4., 1—12].

[98] Theorie funkce gamma.
[Věstník Čes. Akad. **2** (1893), 237—247, 305—317, 382—398, 462—472].

[101] Další studie v oboru Malmsténovských řad.
[Rozpravy Čes. Akad. **3** (1894), č. 28, 1—61].

[116] Sur la différentiation d'une classe de séries trigonométriques.
[Annales de l'École norm. sup., Paris (3), **12** (1895), 351—361].

[118] Sur une relation ayant rapports avec la théorie de la fonction gamma.
[Bull. Acad. de l'emp. Fr. Jos. **2** (1895), Prague, 214—218].

[124] Pravidla o derivování jisté kategorie řad trigonometrických.
[Věstník Čes. Akad. **5** (1896), 71—80].

[144] Sur quelques propriétés d'une transcendante uniforme.
[Compte rendu du quatrième Congrès scientifique international des catholiques tenu à Fribourg (Suisse), Fribourg 1898, 58—69].

[155] Rychle konvergentní vyjádření několika limit.
[Rozpravy Čes. Akad. **8** (1899), č. 36, 1—9].

[179] Sur le mombre des classes de formes quadratiques binaires d'un discriminant positif fondamental.
[Journal de Math. pures et appl., Paris (5), **9** (1903), 377—401].

[185] O liczbie klas form kwadratowych dwójkowych o wyróżniku zasadniczym dodatnim.
[Prace Mat.-Fiz., Warszawa **15** (1904), 91—113].

[191] Einige Reihenentwicklungen der unvollständigen Gammafunktion.
[Journal für die reine u. angew. Math., Berlin **130** (1905), 47—65].

[195] Über einige Entwicklungen auf dem Gebiete der unvollständigen Eulerschen Integrale zweiter Art.
[Journal für die reine u. angew. Math., Berlin **128** (1905), 211—221].

[203] Über einige Punkte der Theorie der Eulerschen Integrale.
[Monatshefte für Math. u. Phys., Wien **17** (1906), 3—18].

[210] Über einige Punkte der Theorie der Eulerschen Integrale.
[Monatshefte für Math. u. Phys., Wien **19** (1908), 119—147].

[217] Poznámky o počtu tříd kvadratických forem.
[Věstník Čes. Akad. **20** (1911), 120—144].

Матиас Лерх, как преемник классиков в разработке теории гамма-функции

О. БОРУВКА, Брно

Резюме

МАТИАС ЛЕРХ (род. в 1860 г. в Милинове близ г. Сушице в Южной Чехии, ум. в 1922 г.) работал профессором математики во Фрейбургском университете в Швейцарии, в Чешской Высшей технической школе и в Университете им. Масарика в Брно. Его научное наследие насчитывает 238 работ, опубликованных по большей части на чешском языке. Около 150 из них принадлежат по содержанию к математическому анализу, около 40 к теории чисел, остальные посвящены геометрии, численным методам и другим отраслям математики. Результаты ЛЕРХа по математическому анализу относятся к следующим областям: общая теория функций, общая теория рядов и специальные бесконечные ряды, специальные функции, особенно гамма-функция и эллиптические функции, интегральное исчисление.

Работы ЛЕРХа по теории гамма-функции составляют около трети всех его публикаций по математическому анализу. Его вклад в теорию гамма-функции заключается в открытии многочисленных новых свойств самой функции и других основных объектов этой теории: логарифма и логарифмической производной гамма-функции, функций ПРИМа P и Q, постоянной ЭЙЛЕРа и неполных бета-функций. Среди этих результатов следует особо выделить открытие связи между гамма-функцией и разработанной ЛЕРХом теорией рядов МАЛЬМСТЕНа. Фундаментальное значение имеют далее результаты ЛЕРХа, относящиеся к функции ПРИМа Q, которые вообще являются лучшим достижением в этом направлении. Полный список трудов ЛЕРХа в хронологическом порядке был опубликован в Чехословацком математическом журнале 3 (78), 111—122 (1953).

Mehrdimensionale Algorithmen, welche die Eulersche Kettenbruchentwicklung der Zahl *e* verallgemeinern*)

Von Viggo BRUN, Oslo

EULER gibt in seiner *Introductio in analysin infinitorum* folgenden Kettenbruch an:

$$\frac{e-1}{2} = \cfrac{1}{1+\cfrac{1}{6+\cfrac{1}{10+\cfrac{1}{14+\cdot}}}}$$

Er begnügt sich damit, zu sagen, daß sich dies Ergebnis mit Hilfe der Infinitesimalrechnung herleiten läßt. In anderen Abhandlungen leitet EULER diesen Kettenbruch mit Hilfe der Riccatischen Differentialgleichung ab. A. STEEN [1] hat statt dessen eine Differentialgleichung zweiter Ordnung

$$q x f''(x) + r f'(x) = f(x) \tag{1}$$

benutzt. Der Unterschied zwischen diesen zwei Behandlungsweisen ist aber nicht bedeutend, da eine Riccatische Differentialgleichung sich durch eine einfache Transformation in eine Differentialgleichung dieser Art überführen läßt.

Wenn die Differentialgleichung (1), wo q und r natürliche Zahlen sind, n-mal differenziert wird, erhält man

$$q x f^{(n+2)}(x) + (r + nq) f^{(n+1)}(x) = f^{(n)}(x). \tag{2}$$

Aus (1) und (2) folgt dann

$$\frac{f(x)}{f'(x)} = r + \cfrac{qx}{\cfrac{f'(x)}{f''(x)}} = r + \cfrac{qx}{r+q+\cfrac{qx}{\cfrac{f''(x)}{f'''(x)}}} = r + \cfrac{qx}{r+q+\cfrac{qx}{r+2q+\cfrac{qx}{\cfrac{f'''(x)}{f''''(x)}}}}$$

usw.

Mit Hilfe von (1) und (2) kann auch eine Maclaurin-Entwicklung der Funktion $f(x)$ bestimmt werden, und wir erhalten eine partikuläre Lösung von (1):

$$f(x) = 1 + \frac{1}{r}\frac{x}{1!} + \frac{1}{r(r+q)}\frac{x^2}{2!} + \frac{1}{r(r+q)(r+2q)}\frac{x^3}{3!} + \cdot \tag{3}$$

*) Vortrag, gehalten auf der Nachmittagssitzung am 22. 3. 1957.

Wird hier $r = 1$ und $q = 2$ gewählt, so erhält man die von Euler gefundene Kettenbruch-Entwicklung

$$\frac{e^x - e^{-x}}{e^x + e^{-x}} = \cfrac{x}{1 + \cfrac{x^2}{3 + \cfrac{x^2}{5 + \cfrac{x^2}{7 + \cdots}}}} \tag{4}$$

Nur für $x = 1$ wird der Kettenbruch ein „Euklidischer Kettenbruch", womit ich einen Kettenbruch meine, der mit dem Euklidischen Algorithmus gleichwertig ist. PERRON benutzt dafür die Bezeichnung „regelmäßiger Kettenbruch". Aber auch für x gleich einer willkürlichen natürlichen Zahl ist der Kettenbruch (4) von großer Bedeutung, da man dadurch, LEGENDRE folgend [2], schließen kann, daß e^x irrational ist, indem die Partialzähler bald kleiner als die Partialnenner ausfallen. Man könnte vielleicht einen solchen Kettenbruch einen Legendre-Kettenbruch nennen. In Vergleich mit diesen zwei wichtigen Kategorien sind die allgemeinen Kettenbrüche von viel geringerem Wert.

LORD BROUNCKERs Kettenbruch für π gibt zum Beispiel eine ebenso schlechte Annäherung an π wie die Leibnizsche Reihe und ist zum Irrationalitätsbeweis für π gänzlich ungeeignet.

Im Jahre 1919 habe ich eine Verallgemeinerung der Kettenbrüche gegeben [3], die ich eben näher behandelt habe [8]. Wir setzen voraus, daß drei positive Größen a, b und c gegeben sind, und daß wir drei solche natürliche Zahlen X, Y und Z zu bestimmen wünschen, daß

$$\frac{a}{X} \approx \frac{b}{Y} \approx \frac{c}{Z}.$$

Hier bedeutet $\approx$ „angenähert gleich". Eine solche Aufgabe kommt z. B. in der Musik-Theorie vor. BARBOUR [4] hat sich die Aufgabe gestellt, drei natürliche Zahlen X, Y und Z zu bestimmen, die nicht zu groß gewählt werden dürfen und trotzdem möglichst gut den Relationen

$$\frac{\log \frac{5}{4}}{X} \approx \frac{\log \frac{3}{2}}{Y} \approx \frac{\log 2}{Z}$$

genügen.

Die zur Lösung derartiger Aufgaben am besten bekannte Methode ist die von JACOBI. Er benutzt einen Divisionsalgorithmus, der als Verallgemeinerung der Kettenbruchentwicklung aufgefaßt werden kann. Der Jacobische Algorithmus ist ziemlich mangelhaft, was besonders in der Korrespondenz zwischen HERMITE und STIELTJES [5] hervorgehoben worden ist.

Der Algorithmus, der von mir eingeführt wurde, unterscheidet sich von dem Jacobischen wesentlich darin, daß die Division durch Subtraktion ersetzt worden ist. Es ist übrigens interessant zu bemerken, daß EUKLID in seinen Elementen die Subtraktion und nicht die Division benutzt, wenn er seinen berühmten Algorithmus einführt [6]. In den sehr bedeutungsvollen Arbeiten von MINKOWSKI ist kein einfacher Algorithmus angegeben. Mein Algorithmus ist durch räumliche Betrachtungen hergeleitet und erinnert daher teilweise an den Algorithmus, den POINCARÉ [7] im Jahre 1884 eingeführt hat, leidet aber nicht an denselben Mängeln.

Hier will ich aber meinen Algorithmus ohne geometrische Deutung vorführen.

Drei reelle positive Größen a, b und c seien gegeben, wobei

$$a > b > c$$

vorausgesetzt wird.

Aus diesem Zahlentripel bilden wir dadurch ein neues $(a - b, b, c)$, daß wir die mittlere Zahl von der größten abziehen, während die übrigen zwei Zahlen des Tripels beibehalten werden. Die neue Zahl $a - b$ kann dann im neuen Tripel entweder die größte, die mittlere oder die kleinste sein. Ich bezeichne diese drei Möglichkeiten mit den drei Buchstaben α, β und γ. In dem neuen Tripel werden die Zahlen so umgeordnet, daß die drei Glieder abnehmende Größen sind.

Als Beispiel erwähne ich den Algorithmus für die drei Zahlen $\log \frac{5}{4}$, $\log \frac{3}{2}$ und $\log 2$. Wenn man sich mit drei Dezimalen begnügt, wird sich der Anfang des Algorithmus folgendermaßen gestalten:

$$\begin{array}{rr|rr|r}
 & 0{,}301 & & & \\
 & 0{,}176 & & & \\
 & 0{,}097 & & & \\ \cline{2-2}
 & 0{,}125 & & 0{,}176 & \\
\beta & 0{,}176 & & 0{,}125 & \\
 & 0{,}097 & & 0{,}097 & \\ \cline{4-4}
 & & & 0{,}051 & 0{,}125 \\
 & & \gamma & 0{,}125 & 0{,}097 \\
 & & & 0{,}097 & 0{,}051\,.
\end{array}$$

Wenn die Rechnung weiter fortgesetzt wird, wobei mehr Dezimalen herangezogen werden müssen, erhält man die Buchstabenreihe

$$\beta\gamma\gamma\beta\gamma\beta\beta\beta\gamma\gamma\beta\gamma\beta\alpha\alpha\alpha\gamma\ \ldots,$$

die also durch die drei Zahlen $\log \frac{5}{4}$, $\log \frac{3}{2}$ und $\log 2$ bestimmt ist.

Die gewöhnliche Kettenbruchentwicklung einer beliebigen Zahl läßt sich in ähnlicher Weise durch eine Buchstabenreihe ersetzen, indem dann nur zwei Buchstaben α und β nötig sind. Die Buchstabenreihe für die zwei Zahlen 1 und $\frac{e-1}{2}$ wird z. B.

$$\beta\underbrace{\alpha\alpha\alpha\alpha\alpha}_{6-1}\ \beta\ \underbrace{\alpha\ldots\alpha}_{10-1}\ \beta\ \underbrace{\alpha\ldots\alpha}_{14-1}\ \beta\,\alpha\ldots$$

oder kürzer geschrieben

$$\beta\alpha^5\beta\alpha^9\beta\alpha^{13}\beta\ \ldots.$$

In diesem zweidimensionalen Falle ist allerdings die gewöhnliche Schreibweise der Kettenbruchtheorie vorzuziehen.

Wir stellen uns jetzt die Aufgabe, für den dreidimensionalen Fall ähnliche Algorithmen anzugeben, wobei die Anzahl der Buchstaben α in den aufeinanderfolgenden α-Serien eine arithmetische Reihe bildet. Wir setzen voraus, daß der Algorithmus mit den drei Zahlen a, b und c anfängt, wobei $a > b > c$. Diese drei Zahlen werden wir als Werte von drei Funktionen $f(x)$, $\varphi(x)$ und $\psi(x)$ für einen gewissen Argumentwert x auffassen. Wir werden dann nachher f, φ, ψ und x in der Weise wählen, daß die Buchstabenreihe, die durch die drei Zahlen bestimmt wird, das gewünschte Aussehen erhält.

Erzielen wir z. B. vorläufig, daß der Anfang der Buchstabenreihe der folgende sein soll:

$$\alpha^{r-1}\gamma\alpha^{s-1}\gamma,$$

wo r und s natürliche Zahlen sind.

Der entsprechende Algorithmus muß dann den folgenden Verlauf haben:

$$
\begin{array}{ll}
 & f(x) \\
 & \varphi(x) \\
 & \underline{\psi(x)} \\
\end{array}
$$

$$
(r-1)\left\{
\begin{array}{ll}
 & f(x) - \varphi(x) \\
\alpha & \varphi(x) \\
 & \underline{\psi(x)} \\
 & f(x) - 2\varphi(x) \\
\alpha & \varphi(x) \\
 & \underline{\psi(x)} \\
 & \vdots \\
 & f(x) - (r-1)\varphi(x) \\
\alpha & \varphi(x)
\end{array}
\right.
$$

$$
\begin{array}{ll|l}
 & \underline{\psi(x)} & \\
 & f(x) - r\varphi(x) & \varphi(x) \\
\gamma & \varphi(x) & \psi(x) \\
 & \psi(x) & \underline{f(x) - r\varphi(x)} \\
\hline
\end{array}
$$

$$
(s-1)\left\{
\begin{array}{ll}
 & \varphi(x) - \psi(x) \\
\alpha & \psi(x) \\
 & \underline{f(x) - r\varphi(x)} \\
 & \varphi(x) - 2\psi(x) \\
\alpha & \psi(x) \\
 & \underline{f(x) - r\varphi(x)} \\
 & \vdots \\
 & \varphi(x) - (s-1)\psi(x) \\
\alpha & \psi(x)
\end{array}
\right.
$$

$$
\begin{array}{ll|l}
 & \underline{f(x) - r\varphi(x)} & \\
 & \varphi(x) - s\psi(x) & \psi(x) \\
\gamma & \psi(x) & f(x) - r\varphi(x) \\
 & f(x) - r\varphi(x) & \varphi(x) - s\psi(x).
\end{array}
$$

Es wird sich nun als zweckmäßig erweisen, die drei Funktionen derart zu wählen, daß

$$\begin{aligned} \psi(x) &= f'(x), \\ f(x) - r\varphi(x) &= qx\varphi'(x), \\ \varphi(x) - s\psi(x) &= qx\psi'(x). \end{aligned} \tag{4}$$

Dadurch haben wir erreicht, daß das neue Tripel, besonders für $x = 1/q$, dem Anfangstripel sehr ähnlich ist. Hier soll q eine natürliche Zahl bedeuten.

Wenn man diese drei Differentialgleichungen n Mal differenziert, erhält man

$$\begin{aligned} \psi^{(n)}(x) &= f^{(n+1)}(x), \\ f^{(n)}(x) - (r + nq)\varphi^{(n)}(x) &= qx\varphi^{(n+1)}(x), \\ \varphi^{(n)}(x) - (s + nq)\psi^{(n)}(x) &= qx\psi^{(n+1)}(x). \end{aligned} \tag{5}$$

Wird hier $x = 0$ gewählt, erhält man

$$\begin{aligned} \psi^{(n)}(0) &= f^{(n+1)}(0), \\ f^{(n)}(0) &= (r + nq)\varphi^{(n)}(0), \\ \varphi^{(n)}(0) &= (s + nq)\psi^{(n)}(0). \end{aligned} \tag{6}$$

Hieraus folgt

$$f^{(n)}(0) = (r + nq)(s + nq)\,f^{(n+1)}(0) = (r + nq)\varphi^{(n)}(0) = (r + nq)(s + nq)\psi^{(n)}(0).$$

Die Maclaurinsche Reihen-Entwicklung ergibt dann, wenn $f(0) = 1$ gewählt wird,

$$\begin{aligned} f(x) &= 1 + \frac{1}{rs}\frac{x}{1!} + \frac{1}{r(r+q)s(s+q)}\frac{x^2}{2!} \\ &\quad + \frac{1}{r(r+q)(r+2q)s(s+q)(s+2q)}\frac{x^3}{3!} + \cdots, \\ \varphi(x) &= \frac{1}{r} + \frac{1}{r(r+q)s}\frac{x}{1!} + \frac{1}{r(r+q)(r+2q)s(s+q)}\frac{x^2}{2!} + \cdots, \\ \psi(x) &= \frac{1}{rs} + \frac{1}{r(r+q)s(s+q)}\frac{x}{1!} + \frac{1}{r(r+q)(r+2q)s(s+q)(s+2q)}\frac{x^2}{2!} + \cdots. \end{aligned} \tag{7}$$

Die Reihen konvergieren für alle x, da r, s und q natürliche Zahlen sind. Diese drei Funktionen sind dann Lösungen unseres Systems (4). Wir sehen durch Vergleich der Koeffizienten, daß unsere Forderung

$$f(x) > \varphi(x) > \psi(x)$$

hier für alle positiven x erfüllt ist. Ebenso ist

$$f^{(n)}(x) > \varphi^{(n)}(x) > \psi^{(n)}(x)$$

für alle positiven x. Wir wählen jetzt

$$x = \frac{1}{q},$$

da das System (5) dadurch sehr einfach ausfällt.

Wir werden jetzt untersuchen, ob der Algorithmus in der Weise anfängt, wie wir es oben erstrebt haben.

Folgende vier Bedingungen müssen dann für $x = \frac{1}{q}$ erfüllt sein:

$$f(x) - (r-1)\varphi(x) > \varphi(x),$$
$$f(x) - r\varphi(x) < \psi(x),$$
$$\varphi(x) - (s-1)\psi(x) > \psi(x),$$
$$\varphi(x) - s\psi(x) < f(x) - r\varphi(x).$$

Die erste Bedingung ist für alle positiven x erfüllt, weil

$$f(x) - r\varphi(x) = qx\varphi'(x) > 0.$$

Die zweite Bedingung ist für $x = \frac{1}{q}$ erfüllt, weil

$$f(x) - r\varphi(x) = qx\varphi'(x) < f'(x) = \psi(x).$$

Die dritte Bedingung ist für alle positiven x erfüllt, weil

$$\varphi(x) - s\psi(x) = qx\psi'(x) > 0.$$

Schließlich ist die vierte Bedingung auch für alle positiven x erfüllt, weil

$$\varphi(x) - s\psi(x) = qx\psi'(x) < qx\varphi'(x) = f(x) - r\varphi(x).$$

Der Algorithmus fängt also in der erwünschten Weise an. Wie wird aber die Fortsetzung ausfallen? Um diese Frage aufzuklären, studieren wir das System (5), welches dem System (4) ganz analog ist, indem es sich nur darin davon unterscheidet, daß die beiden Größen r und s um nq vergrößert sind.

Daraus ist leicht ersichtlich, daß die Buchstabenreihe folgendermaßen fortzusetzen ist:

$$\alpha^{r-1}\gamma\alpha^{s-1}\gamma\alpha^{r+q-1}\gamma\alpha^{s+q-1}\gamma\alpha^{r+2q-1}\gamma\alpha^{s+2q-1}\gamma\alpha^{r+3q-1}\gamma\ldots.$$

Diese Buchstabenreihe repräsentiert also das Zahlentripel $f\left(\frac{1}{q}\right), \varphi\left(\frac{1}{q}\right), \psi\left(\frac{1}{q}\right)$, wo die drei Funktionen durch (7) definiert sind.

Ich habe früher [3] folgendes bewiesen: Wenn ein Zahlentripel a, b, c eine Buchstabenreihe erzeugt, die unendlich viele γ enthält, dann existiert keine Relation

$$Pa + Qb + Rc = 0$$

mit ganzzahligen P, Q und R, die nicht sämtlich verschwinden.

Wir können also schließen, daß, wenn die Gleichung

$$Pf\left(\frac{1}{q}\right) + Q\varphi\left(\frac{1}{q}\right) + R\psi\left(\frac{1}{q}\right) = 0$$

mit ganzzahligen P, Q und R erfüllt ist, $P = Q = R = 0$ sein muß, wenn f, φ und ψ fortwährend durch (7) definiert sind. Als Sonderfall folgt hieraus, daß die Brüche $\frac{\varphi(x)}{f(x)}$, $\frac{\psi(x)}{f(x)}$ und $\frac{\varphi(x)}{\psi(x)}$ für $x = \frac{1}{q}$ irrational sind.

Wir werden einige Beispiele studieren.

Beispiel 1.

Wir wählen

$$q = 1, \qquad r = 1, \qquad s = 1.$$

Dann wird

$$f(x) = 1 + \frac{x}{(1!)^3} + \frac{x^2}{(2!)^3} + \frac{x^3}{(3!)^3} + \cdots,$$

$$\varphi(x) = 1 + \frac{1}{2}\,\frac{x}{(1!)^3} + \frac{1}{3}\,\frac{x^2}{(2!)^3} + \frac{1}{4}\,\frac{x^3}{(3!)^3} + \cdots,$$

$$\psi(x) = 1 + \frac{1}{2^2}\,\frac{x}{(1!)^3} + \frac{1}{3^2}\,\frac{x^2}{(2!)^3} + \frac{1}{4^2}\,\frac{x^3}{(3!)^3} + \cdots.$$

Die Buchstabenreihe für die Zahlen $f(1)$, $\varphi(1)$ und $\psi(1)$ wird

$$\gamma\gamma\alpha\gamma\alpha\gamma\alpha^2\gamma\alpha^2\gamma\alpha^3\gamma\alpha^3\gamma\cdots.$$

Beispiel 2.

Wir wählen

$$q = 3, \qquad r = 1, \qquad s = 2.$$

Dann erhalten wir

$$f(x) = 1 + \frac{3x}{3!} + \frac{(3x)^2}{6!} + \frac{(3x)^3}{9!} + \cdots,$$

$$\varphi(x) = \frac{1}{1!} + \frac{3x}{4!} + \frac{(3x)^2}{7!} + \frac{(3x)^3}{10!} + \cdots,$$

$$\psi(x) = \frac{1}{2!} + \frac{3x}{5!} + \frac{(3x)^2}{8!} + \frac{(3x)^3}{11!} + \cdots.$$

Es ist ersichtlich, daß diese Funktionen mit der Exponentialfunktion verwandt sind. Um den Zusammenhang genauer aufzuweisen, führe ich die folgende Funktion $F(x)$ ein:

$$F(x) = 1 + \frac{x^3}{3!} + \frac{x^6}{6!} + \frac{x^9}{9!} + \cdots.$$

Zweimalige Differentiation gibt

$$F'(x) = \frac{x^2}{2!} + \frac{x^5}{5!} + \frac{x^8}{8!} + \cdots$$

und

$$F''(x) = \frac{x}{1!} + \frac{x^4}{4!} + \frac{x^7}{7!} + \cdots,$$

also

$$F(x) + F'(x) + F''(x) = e^x .$$

Hieraus folgt, daß

$$F(x) = \frac{1}{3} e^x + \frac{2}{3} e^{-\frac{x}{2}} \cos\left(\frac{\sqrt{3}}{2} x\right).$$

Da nun

$$f(x) = F(\sqrt[3]{3x}),$$

erhalten wir

$$f(x) = \frac{1}{3} e^{\sqrt[3]{3x}} + \frac{2}{3} e^{-\frac{1}{2}\sqrt[3]{3x}} \cos\left(\frac{\sqrt{3}}{2} \sqrt[3]{3x}\right).$$

Hieraus können $\psi(x)$ und danach $\varphi(x)$ durch das System (4) bestimmt werden. Wenn schließlich $x = 1/q$, also hier $x = {}^1/_3$, gewählt wird, erhält man

$$f\left(\frac{1}{3}\right) = \frac{1}{3} e + \frac{2}{3} e^{-\frac{1}{2}} \cos \omega,$$

$$\varphi\left(\frac{1}{3}\right) = \frac{1}{3} e + \frac{1}{3} e^{-\frac{1}{2}} [- \cos \omega + \sqrt{3} \sin \omega],$$

$$\psi\left(\frac{1}{3}\right) = \frac{1}{3} e + \frac{1}{3} e^{-\frac{1}{2}} [- \cos \omega - \sqrt{3} \sin \omega],$$

wobei

$$\omega = \frac{1}{2} \sqrt{3}.$$

Da die Buchstabenreihe dieser drei Zahlen ungeändert bleibt, wenn man sie alle mit derselben Zahl multipliziert, studieren wir folgendes Zahlentripel:

$$a = e^{\frac{3}{2}} + 2 \cos \omega,$$

$$b = e^{\frac{3}{2}} - \cos \omega + \sqrt{3} \sin \omega,$$

$$c = e^{\frac{3}{2}} - \cos \omega - \sqrt{3} \sin \omega.$$

Diese drei Zahlen erzeugen also die Buchstabenreihe

$$\gamma\, \alpha\, \gamma\, \alpha^3\, \gamma\, \alpha^4\, \gamma\, \alpha^6\, \gamma\, \alpha^7\, \gamma\, \alpha^9\, \gamma\, \alpha^{10}\, \gamma\, \alpha^{12}\, \gamma \cdots.$$

Es ist unmittelbar ersichtlich, daß hier die Zahlen 2, 5, 8, ... $2 + 3\lambda$, ... nicht repräsentiert sind. Da diese Buchstabenreihe unendlich viele Buchstaben γ enthält, muß die Gleichung

$$P\,[e^{\frac{3}{2}} + 2 \cos \omega] + Q\,[e^{\frac{3}{2}} - \cos \omega + \sqrt{3} \sin \omega] + R\,[e^{\frac{3}{2}} - \cos \omega - \sqrt{3} \sin \omega] = 0$$

in ganzen Zahlen P, Q und R unmöglich sein (wenn von dem Fall $P = Q = R = 0$ abgesehen wird).

Diese Behauptung kann übrigens dahin vereinfacht werden, daß

$$M\,e^{\frac{3}{2}} + N \cos\frac{\sqrt{3}}{2} + L\sqrt{3}\sin\frac{\sqrt{3}}{2} = 0$$

in ganzen Zahlen (exklusive $M = N = L = 0$) unmöglich ist. Hieraus folgt insbesondere, daß $\sqrt{3}\cot\left(\frac{\sqrt{3}}{2}\right)$ und $e^{-\frac{3}{2}}\cos\frac{\sqrt{3}}{2}$ irrational sind.

Wenn wir von den ersten Schritten des Algorithmus absehen, kann das Tripel etwas vereinfacht werden. Der Algorithmus fängt nämlich in dieser Weise an:

$$\begin{array}{cc|c} & a & \\ & b & \\ & c & \\ \hline & a-b & b \\ \gamma & b & c \\ & c & a-b \\ \hline \end{array}$$

$$\begin{array}{clcl} & b - c & = & 2\sqrt{3}\sin\omega \\ \alpha & c & = & e^{\frac{3}{2}} - \cos\omega - \sqrt{3}\sin\omega \\ & a - b & = & 3\cos\omega - \sqrt{3}\sin\omega\,. \end{array}$$

Das letzte Zahlentripel bestimmt also die Buchstabenreihe $\gamma\alpha^3\gamma\alpha^4\gamma\alpha^6\gamma\alpha^7\gamma\alpha^9\gamma\alpha^{10}\gamma\alpha^{12}\gamma\cdots$. Dieselbe Buchstabenreihe wird durch die folgenden drei (mit den ersten proportionalen) Zahlen bestimmt: $1, k, h$, wo

$$k = \frac{e^{\frac{3}{2}} - \cos\omega}{2\sqrt{3}\sin\omega} - \frac{1}{2},$$

$$h = \frac{\sqrt{3}}{2}\cot\omega - \frac{1}{2}.$$

Wir sind jetzt in den Stand gesetzt, durch eine einfache Rechenoperation für die Zahl

$$h = \frac{\sqrt{3}}{2}\cot\left(\frac{\sqrt{3}}{2}\right) - \frac{1}{2} = 0{,}2365386\ldots$$

gute Annäherungsbrüche zu finden, weil uns die entsprechende obige Buchstabenreihe bekannt ist.

In dem von mir eingeführten Algorithmus werden die sukzessiven Zahlen X, Y und Z, deren Verhältnisse Annäherungszahlen an k und h sind, in folgender Weise gebildet:

$$\begin{array}{r|lll}
1 & 1 & 0 & 0 \\
k & 0 & 1 & 0 \\
h & 0 & 0 & 1 \\
\hline
1-k & 1 & 0 & 0 \\
k & 1 & 1 & 0 \\
h & 0 & 0 & 1 \\
\hline
\vdots & & & \\
a & X_n & Y_n & Z_n \\
b & X'_n & Y'_n & Z'_n \\
c & X''_n & Y''_n & Z''_n \\
\hline
a-b & X_n & Y_n & Z_n \\
b & X_n + X'_n & Y_n + Y'_n & Z_n + Z'_n \\
c & X''_n & Y''_n & Z''_n .
\end{array}$$

Hier ist die Gültigkeit der Ungleichungen $1 > k > h$ und $a > b > c$ vorausgesetzt. Die Regel für die Bildung der Zahlen X, Y und Z ist die folgende: Die Zahlen X_n, Y_n, Z_n und Y''_n, X''_n, Z''_n bleiben ungeändert, während X'_n, Y'_n, Z'_n durch $X_n + X'_n$, $Y_n + Y'_n$, $Z_n + Z'_n$ ersetzt werden. Ich habe früher bewiesen, daß

$$\lim_{n \to \infty} \frac{Y_n}{X_n} = k \qquad \text{und} \qquad \lim_{n \to \infty} \frac{Z_n}{X_n} = h .$$

Wenn man sich nur für die eine der Zahlen k und h interessiert, braucht man überhaupt nicht die Zahlen Y aufzuschreiben. In unserem Beispiel hat h einen bedeutend einfacheren Ausdruck als k. Da uns die Buchstabenreihe für das Tripel $(1, k, h)$ bekannt ist, wird es sehr leicht sein, die Größen X und Z durch Additionen zu berechnen. Wenn wir von den Zahlen Y abstrahieren, wird unser Algorithmus (weil die Buchstabenreihe schon bekannt ist) der folgende sein (siehe S. 97 oben).

Als Annäherungen für

$$h = \frac{\sqrt{3}}{2} \operatorname{cotg} \frac{\sqrt{3}}{2} - \frac{1}{2}$$

erhalten wir daher z. B.

$$\frac{1}{4}, \quad \frac{5}{22}, \quad \frac{10}{43} \quad \text{usw.}$$

Als Sonderfall unseres Satzes über die ganzzahlige lineare Unabhängigkeit können wir behaupten, daß h irrational ist.

Mit einer chemischen Redeweise können wir sagen, daß wir, um gute Annäherungen für die Zahl h zu finden und auch ihre Irrationalität zu beweisen, hier die Zahl k als „Katalysator" hinzugezogen haben. Unter dem Worte Katalysator verstehe ich also eine frei gewählte Zahl k, die mit der Zahl 1 und der gegebenen Zahl h ein Tripel bildet, dessen zugehörige Buchstabenreihe übersichtlich wird. Ich erwähne ein anderes analoges Beispiel, in welchem man für die Zahl $\sqrt[3]{2}$ durch geschickte Wahl eines Katalysators gute Annäherungen berechnen kann. In diesem Falle kann man mit Vorteil $\sqrt[3]{4}$ wählen.

	X	Z						
	1	0						
	0	0						
	0	1						
	1	0		1	0			
γ	1	0		0	1			
	0	1		1	0			
				1	0			
			α	1	1			
				1	0			
				1	0			
			α	2	1			
				1	0			
				1	0			
			α	3	1			
				1	0			
				1	0		4	1
			γ	4	1		1	0
				1	0		1	0
							4	1
						α	5	1
							1	0

	4	1			
α	9	2			
	1	0			
	4	1			
α	13	3			
	1	0			
	4	1			
α	17	4			
	1	0			
	4	1		21	5
γ	21	5		1	0
	1	0		4	1
				21	5
			α	22	5
				4	1
				21	5
			α	43	10
				4	1

Das Tripel $\sqrt[3]{4}$, $\sqrt[3]{2}$, 1 erzeugt nämlich die Buchstabenreihe

$$\gamma \quad \gamma\alpha\alpha\gamma\beta\alpha\alpha\beta\gamma\alpha\alpha\gamma\beta\gamma\gamma\gamma\gamma\beta \quad \gamma\alpha\alpha\gamma\beta\alpha\alpha\beta\gamma\alpha\alpha\gamma\beta\gamma\gamma\gamma\gamma\beta \quad \gamma\alpha\alpha\ldots,$$

die periodisch mit der Periode

$$\gamma\alpha^2\gamma\beta\alpha^2\beta\gamma\alpha^2\gamma\beta\gamma^4\beta$$

ist.

Dadurch sind wir imstande, sehr gute Annäherungsbrüche für $\sqrt[3]{2}$ zu bestimmen. Man findet z. B.

$$\sqrt[3]{2} = \frac{535\,251}{424\,829} + \frac{\vartheta}{10^9} \quad \text{mit} \quad -1 < \vartheta < 1.$$

Beispiel 3.

Wenn $\qquad q = 3p, \qquad r = p, \qquad s = 2p$

gewählt wird, erhält man folgende Buchstabenreihe:

$$\alpha^{p-1}\gamma\alpha^{2p-1}\gamma\alpha^{4p-1}\gamma\alpha^{5p-1}\gamma\alpha^{7p-1}\gamma\alpha^{8p-1}\gamma\alpha^{10p-1}\gamma\ldots$$

für das Zahlentripel

$$e^{\frac{3}{2p}} + 2\cos\omega,$$

$$e^{\frac{3}{2p}} + [\sqrt{3}\sin\omega - \cos\omega],$$

$$e^{\frac{3}{2p}} + [-\sqrt{3}\sin\omega - \cos\omega],$$

wobei

$$\omega = \frac{\sqrt{3}}{2p}.$$

Jetzt gehen wir zur folgenden Aufgabe über:

Man soll vier natürliche Zahlen X, Y, Z, U finden, die zu vier gegebenen positiven reellen Zahlen (a, b, c, d) angenähert verhältnisgleich sind:

$$\frac{a}{X} \approx \frac{b}{Y} \approx \frac{c}{Z} \approx \frac{d}{U}.$$

Man kann sich dann eines analogen Algorithmus bedienen. Die vier Zahlen a, b, c, d, die nach abnehmender Größe geordnet sein mögen, werden durch die Zahlen $a - b, b, c, d$ ersetzt. Dies gibt vier Möglichkeiten: Die neue Zahl $a - b$ kann in dem neuen Quadrupel die größte, die zweitgrößte, die zweitkleinste oder die kleinste sein. Wir bezeichnen diese vier Möglichkeiten mit den Buchstaben α, β, γ, δ. Dieser vierdimensionale Algorithmus ist nicht immer so wertvoll wie der dreidimensionale, was in einer anderen Arbeit dargestellt wird [8]. Doch wird auch dieser Algorithmus oft dazu dienlich sein, gute ganzzahlige Werte herzustellen, die zu den vier gegebenen Größen angenähert proportional sind [8].

Ich begnüge mich hier damit, ein Resultat wiederzugeben, das in ähnlicher Weise wie im dreidimensionalen Falle hergeleitet ist. Vier Funktionen seien folgendermaßen definiert

$$f(x) = 1 + \frac{1}{rst}\frac{x}{1!} + \frac{1}{rst(r+q)(s+q)(t+q)}\frac{x^2}{2!} + \frac{1}{rst(r+q)(s+q)(t+q)(r+2q)(s+2q)(t+2q)}\frac{x^3}{3!} + \cdots,$$

$$\varphi(x) = \frac{1}{r} + \frac{1}{rst(r+q)}\frac{x}{1!} + \frac{1}{rst(r+q)(s+q)(t+q)(r+2q)}\frac{x^2}{2!} + \cdots,$$

$$\psi(x) = \frac{1}{rs} + \frac{1}{rst(r+q)(s+q)}\frac{x}{1!} + \frac{1}{rst(r+q)(s+q)(t+q)(r+2q)(s+2q)}\frac{x^2}{2!} + \cdots,$$

$$\vartheta(x) = \frac{1}{rst} + \frac{1}{rst(r+q)(s+q)(t+q)}\frac{x}{1!} + \frac{1}{rst(r+q)(s+q)(t+q)(r+2q)(s+2q)(t+2q)}\frac{x^2}{2!} + \cdots.$$

Das Quadrupel $f\left(\frac{1}{q}\right)$, $\varphi\left(\frac{1}{q}\right)$, $\psi\left(\frac{1}{q}\right)$, $\vartheta\left(\frac{1}{q}\right)$ wird dann die folgende Buchstabenreihe erzeugen:

$$\alpha^{r-1}\delta\alpha^{s-1}\delta\alpha^{t-1}\delta\alpha^{r+q-1}\delta\alpha^{s+q-1}\delta\alpha^{t+q-1}\delta\alpha^{r+2q-1}\delta\alpha^{s+2q-1}\delta\alpha^{t+2q-1}\delta\cdots.$$

Beispiel 1.

Wir wählen

$$q = 4, \qquad r = 1, \qquad s = 2, \qquad t = 3$$

und finden, daß das Quadrupel (Cos 1 + cos 1), (Sin 1 + sin 1), (Cos 1 — cos 1), (Sin 1 — sin 1) die Buchstabenreihe

$$\delta\alpha\delta\alpha^2\delta\alpha^4\delta\alpha^5\delta\alpha^6\delta\alpha^8\ldots$$

erzeugt. (Cos und Sin bedeuten cosinus hyperbolicus und sinus hyperbolicus.) Hier fehlen die Zahlen 3, 7, 11 usw.

Beispiel 2.

Wir wählen hier

$$q = 2, \qquad r = 1, \qquad s = 1, \qquad t = 2$$

und erhalten das folgende Resultat:
Das Quadrupel

$$[I_0(2i) + I_0(2)], \quad [i I_0'(2i) - I_0'(2)], \quad [I_0(2i) - I_0(2)], \quad [i I_0'(2i) + I_0'(2)]$$

erzeugt die Buchstabenreihe

$$\delta\delta\alpha\delta\alpha^2\,\delta\alpha^2\,\delta\alpha^3\,\delta\alpha^4\,\delta\alpha^4\,\delta\alpha^5\,\delta\cdots.$$

Die geraden Zahlen kommen zweimal vor, die ungeraden nur einmal.
Die Besselfunktion $I_0(2x)$ ist folgendermaßen definiert:

$$I_0(2x) = 1 - \frac{x^2}{(1!)^2} + \frac{x^4}{(2!)^2} - \frac{x^6}{(3!)^2} + \frac{x^8}{(4!)^2} - \cdots.$$

LITERATUR

[1] A. Steen: Integration af lineære Differentialligninger af anden Orden ved Hjælp af Kjædebrøker. Kopenhagen 1873.

[2] A. M. Legendre: Éléments de géometrie. Note IV.

[3] Viggo Brun: En generalisation av kjedebrøken I og II (avec des résumés en français). Videnskapsselskapets skrifter Mat.-Nat. Klasse, Oslo **1919** og **1920**.
Vergleiche auch Nils Pipping: Ein Kriterium für die reellen algebraischen Zahlen, Acta Acad. Aboensis **1921**, und Arithmetische Kriterien für reelle algebraische Zahlen, ibid. **1933**.

[4] Barbour: Music and ternary continued fractions. The American Math. Monthly **55** (1948).
Vergleiche auch Viggo Brun: Music and ternary continued fractions. Det kongel. norske videnskabers selskab. Forh. **23**, nr. 10 (1950).

[5] Hermite und Stieltjes: Correspondance d'Hermite et de Stieltjes, Tome II (p. 11, 23, 389).

[6] Euklid: Buch VII, 2 und Buch X, 3.

[7] H. Poincaré: Sur une généralisation des fractions continues. Comptes Rendus, **99** (1884).

[8] Viggo Brun: Algorithmes euclidiens pour trois et quatre nombres. XIII. Congr. Math. Scand. tenu à Helsinki, août 1957.

Многомерные алгорифмы, обобщающие эйлерово разложение числа *e* в непрерывную дробь

В. БРУН, Осло

Трехмерный алгорифм, прежде введенный автором, состоит в следующем: три данных положительных числа упорядочиваются по величине, второе вычитается из первого, а с полученными числами поступают таким же образом до бесконечности. Исследуются функции, связанные с этим алгорифмом, в предположении закономерности, подобной той, которая получается при эйлеровом разложении e в непрерывную дробь. — Далее показан способ применения упомянутого алгорифма, дающего относительно 1, k, h хорошие рациональные приближения k и h, для достижения путем подходяще выбранного h особо хороших приближений для k. — В заключение указывается на некоторые результаты о подобном же четырехмерном алгорифме, предусмотренные для позднейшей работы.

Über den Zusammenhang zwischen den Lagrangeschen Klassen der Irrationalitäten mit begrenzten Teilnennern und den Markoffschen Klassen der extremen Formen*)

Von B. N. DELAUNAY und A. M. VINOGRADOV, Moskau

§ 1. Definition der Lagrangeschen und der Markoffschen Klassen

Es sei θ eine positive Irrationalzahl. Die Gesamtheit derjenigen Zahlen θ', welche, angefangen von einem gewissen Teilnenner, dieselbe Kettenbruchentwicklung wie die Zahl θ haben, angefangen von einem gewissen Ort, nennt man eine Lagrangesche Klasse der Zahl θ äquivalenter Irrationalitäten. Wir werden eine solche Klasse durch $\{\theta\}$ oder $\{L\}$ bezeichnen. Für eine beliebige Irrationalzahl θ hat die Ungleichung $\left|\theta - \frac{p}{q}\right| < \frac{1}{\lambda q^2}$, wo $\frac{p}{q}$ ein irreduzibler Bruch ist, für $\lambda = \sqrt{5}$ unendlich viele Lösungen p, q. Wenn die Menge der Teilnenner des Kettenbruches $\theta = a_0 + \cfrac{1}{a_1 + \cfrac{1}{a_2 + \cdots}}$ begrenzt ist, ist die obere Grenze derjenigen Zahlen λ, für welche diese Ungleichung unendlich viele Lösungen hat, eine bestimmte Zahl, welche wir durch λ_θ bezeichnen wollen. Diese Zahl ist dieselbe für alle Zahlen θ' einer und derselben Lagrangeschen Klasse; wir werden sie daher auch mit λ_L bezeichnen.

Es sei jetzt $ax^2 + 2bxy + cy^2 = (a, b, c) = f(x, y)$ eine indefinite (d. h. $ac - b^2 < 0$), binäre quadratische Form mit beliebigen reellen Koeffizienten. Die untere Grenze der absoluten Werte $|f(x, y)|$ einer solchen Form für ganze $x, y \neq 0, 0$ ist dann und nur dann positiv, wenn die Menge ihrer Teilnenner begrenzt ist. Man kann in diesem Falle die Form durch Multiplizieren mit einer Zahl so normieren, daß die untere Grenze gleich 1 wird. Wir werden eine solche Form eine Markoffsche extreme Form und die ihr zugehörige Formenklasse eine Markoffsche extreme Klasse nennen und sie durch $\{(a, b, c)\}$ oder $\{M\}$ bezeichnen. Für solche Klassen wurden die Zahlen $\lambda = 2\sqrt{b^2 - ac} \leqq 3$ von MARKOFF gefunden, sie bilden eine wachsende Folge, welche gegen 3 konvergiert und deren erste Glieder $\lambda_1 = \sqrt{5}$, $\lambda_2 = \sqrt{8}$, $\lambda_3 = \sqrt{\frac{221}{25}}$, ... sind. Die $\lambda > 3$ wurden von

---

*) Als Vortrag von B. DELAUNAY gehalten auf der Vormittagssitzung am 22. 3. 1957.

MARKOFF selbst nicht betrachtet, und die vollständige Theorie dieses „Markoffschen Spektrums" ist bis jetzt nicht endgültig aufgestellt. Wir werden die Zahlen dieses Markoffschen Spektrums, unabhängig ob sie $\leqq 3$ oder > 3 sind, durch λ_M bezeichnen.

Wir stellen uns das Problem, den Zusammenhang zwischen den Lagrangeschen Klassen mit begrenzten Teilnennern und den Markoffschen Klassen zu erforschen. Dieses Problem wurde schon von HURWITZ gestellt, ist aber, wenn ich mich nicht irre, bis jetzt nicht gelöst.

§ 2. Geometrisierung der Frage und zwei Markoffsche Lemmata

Die Entwicklung der Zahl θ in einen Kettenbruch ist engstens mit dem Euklidischen Algorithmus für die Strecken 1 und θ verbunden. Die „exprojection" dieses Algorithmus von der Geraden auf die Ebene gibt uns die wohlbekannten Kleinschen Polygone, welche die Grenzen der konvexen Hüllen derjenigen Gesamtheiten der Punkte des zugehörigen Gitters Γ_θ sind, welche im I. und II. Koordinatenquadranten u, v liegen. Jede Seite eines jeden dieser beiden Polygone ist parallel zu einem Vektor, welcher aus dem Koordinatenanfang O zu einem Eckpunkt des anderen Polygons geht, und ihre Länge, gemessen mit der Länge dieses Vektors, ist eine ganze Zahl. Die Teilnenner α_i sind genau diese „Längen". Die Zahl λ_θ ist die obere Grenze solcher Zahlen λ, für welche das Gebiet $|u \cdot v| < 1$, welches wir durch V bezeichnen werden, noch unendlich viele Punkte des Gitters $\Gamma_{\theta,\lambda}$ enthält, wo $\Gamma_{\theta,\lambda}$ das Gitter ist, welches aus dem Gitter Γ_θ durch Dilatation der v-Achse mit dem Koeffizienten λ erhalten wird.

Gehen wir jetzt zur Geometrisierung der Markoffschen extremen Klassen über. Wenn wir die Form in lineare Faktoren zerlegen, $(a, b, c) = \varrho(\xi_1 x + \xi_2 y) \cdot \frac{1}{\varrho}(\eta_1 x + \eta_2 y)$, wo ϱ eine beliebige Zahl ist, und ϱ fixieren, z. B. $\varrho = 1$ setzen, so liefert das Punktgitter $\Gamma(a, b, c)$, welches mit Hilfe der vom Koordinatenursprung ausgehenden Vektoren mit den Koordinaten $(u, v) = (\xi_1, \eta_1)$ bzw. $= (\xi_2, \eta_2)$ konstruiert ist, die uns nützliche Geometrisierung der Markoffschen Klasse $\{(a, b, c)\}$. Die oben bedingte Normierung der Markoffschen Formen zeigt, daß dieses Gitter außer dem Ursprung O keine anderen Punkte in dem Gebiet V besitzt, aber es hat entweder 1° unendlich viele Punkte auf der Grenze des Gebietes V, oder 2° endlich viele, oder 3° es liegen gar keine Punkte dieses Gitters auf dieser Grenze, aber es gibt eine Folge von solchen Punkten, welche gegen diese Grenze im hyperbolischem Sinne konvergiert. In diesem Falle nennen wir das Gitter $\Gamma(a, b, c)$ sowie auch die zugehörige Markoffsche Klasse unerreichbar, in den beiden ersten Fällen aber erreichbar. Der Flächeninhalt s des Fundamentalparallelogrammes des Gitters $\Gamma(a, b, c)$ ist gleich der Zahl λ_M, welche der zugehörigen Markoffschen Klasse entspricht. Die Grenzen der konvexen Hüllen derjenigen Punkte (außer O) des Gitters $\Gamma(a, b, c)$, welche in dem I. und II. Koordinatenquadranten liegen, sind die der Formenklasse $\{(a, b, c)\}$ zugehörigen Kleinschen Polygone. In diesem Falle werden sie beide nicht nur längs der v-, sondern auch längs der u-Achse unendlich. Für diese beiden Polygone stimmt auch die oben erörterte Dualität. Wenn wir einer der Seiten eines von diesen Polygonen die Nummer 0 zuschreiben, werden in natürlicher Weise allen Seiten dieses Polygones positive und negative gerade und den Seiten des anderen Polygones ungerade Nummern zugeschrieben. Die „Längen" aller dieser Seiten (durch die ihnen parallelen Vektoren des anderen Polygones gemessen) sind ganze positive Zahlen. Es entspricht in dieser Weise einer jeden Markoffschen Klasse eine beiderseits unendliche Folge von natürlichen Zahlen:

$$\ldots \alpha_{-3}\,\alpha_{-2}\,\alpha_{-1}\,\alpha_0\,\alpha_1\,\alpha_2\,\alpha_3 \ldots, \qquad \{\alpha\}$$

welche in ihrer Gesamtheit begrenzt sind, $\alpha_i \leqq L$. Das sind die Teilnenner der Klasse.

I. Markoffsches Lemma. Jede beliebige beiderseits unendliche Folge von in ihrer Gesamtheit begrenzten natürlichen Zahlen entspricht in diesem Sinne einer und nur einer Markoffschen extremen Klasse.

II. Markoffsches Lemma. Die Zahl λ_M einer Markoffschen Klasse ist gleich der oberen Grenze der Zahlen:

$$\lambda = \alpha_n + \cfrac{1}{\alpha_{n+1} + \cfrac{1}{\alpha_{n+2} + \cdots}} + \cfrac{1}{\alpha_{n-1} + \cfrac{1}{\alpha_{n-2} + \cdots}}$$

für die ihr zugehörige Folge $\{\alpha\}$ für alle n.

Dieses Lemma folgt leicht aus dem einfachen Umstande, daß, wie man nachrechnen kann, die Zahl λ gleich der „Länge" der Sehne ist, welche die Gerade der n-ten Seite mit demjenigen Quadranten bildet, in welchem diese Seite liegt. Wenn wir jetzt (obwohl die ganze Frage affin ist) die Koordinatenachsen u, v als rechtwinklig betrachten und eine solche hyperbolische Drehung ausüben, daß die n-te Seite 45° mit den Achsen bildet (die „Längen" werden dadurch nicht geändert), so ergibt eine einfache Rechnung, daß der Flächeninhalt s des Fundamentalparallelogrammes des Gitters $\Gamma(a, b, c)$ gleich $u\sqrt{2} \cdot \frac{\lambda u}{\sqrt{2}}$ ist, wo u die Abszisse des Endpunktes seines ersten Vektors ist. Es wird daher $\lambda u^2 = \lambda_M$, und da $u^2 \to 1$, wird $\lambda \to \lambda_M$.

§ 3. Konstruktion der $\{M\}$-Klasse, auf welche sich eine gegebene $\{L\}$-Klasse stützt

Im Gitter $\Gamma_{\theta, \lambda_\theta}$ wird der lim der absoluten Größen der hyperbolischen Distanzen (in bezug auf u, v) gleich 1. Für jeden Punkt M dieses Gitters wird einer der Eckpunkte des Kleinschen Polygons eine kleinere hyperbolische Distanz vom Anfang O haben als der Punkt M. Wir können also eine solche Folge A, A_1, $A_2 \ldots$ von Eckpunkten eines der Kleinschen Polygone wählen, daß die absoluten Werte ihrer hyperbolischen Distanzen gegen 1 konvergieren. Es seien $\mathcal{E}, \mathcal{E}_1, \mathcal{E}_2 \ldots$

die reduzierten Zweibeine (d. h. Paare von O ausgehender Vektoren, deren Endpunkte zwei Eckpunkte der Kleinschen Polygone sind, die aufeinanderfolgende Nummern haben), deren erste Endpunkte diese Punkte sind. Sei jetzt ε eine beliebig kleine positive Zahl und betrachten wir das Gitter $\Gamma_{\theta, \lambda_\theta(1+\varepsilon)}$, das heißt das Gitter, welches aus dem Gitter $\Gamma_{\theta, \lambda_\theta}$ durch eine Dilatation von der v-Achse mit dem Koeffizienten $1 + \varepsilon$ entsteht. Dieses Gitter wird im Gebiete V schon endlich viele Punkte haben, welche nicht auf der u-Achse liegen. Es seien $E, E_1, E_2 \ldots$ diejenigen reduzierten Zweibeine des Gitters $\Gamma_{\theta, \lambda_\theta(1+\varepsilon)}$, welche aus den reduzierten Zweibeinen $\mathcal{E}$, $\mathcal{E}_1$, $\mathcal{E}_2 \ldots$ des Gitters $\Gamma_{\theta, \lambda_\theta}$ entstehen, und A, A_1, $A_2 \ldots$ ihre ersten Endpunkte.

Wir werden jetzt die Ebene u, v schrittweise so affin transformieren, daß der Anfangspunkt O in sich selbst übergeht und die Zweibeine E_1, $E_2 \ldots$ nacheinander in das Zweibein E übergehen. Dann werden: 1° ihre ersten Endpunkte A_1, $A_2 \ldots$ sich nacheinander in den Punkt A transformieren, 2° das Gitter $\Gamma_{\theta, \lambda_\theta(1+\varepsilon)}$ jedesmal in sich selbst und 3° das Gebiet V nacheinander in gewisse Gebiete V_1, $V_2 \ldots$ übergehen. Jedes von diesen Gebieten V_1, $V_2 \ldots$ ist nichts anderes als das Gebiet aller Punkte, für welche die absolute Größe der hyperbolischen Distanzen vom Anfang O in bezug auf ihre Asymptoten $u_1, v_1; u_2, v_2; \cdots < 1$ ist. Unter hyperbolischer Distanz verstehen wir den Flächeninhalt des Koordinatenparallelogrammes des Punktes in bezug auf die Asymptoten.

Betrachten wir jetzt ein Geradenpaar u^*, v^* (durch den Anfangspunkt O), welches ein Grenzpaar für eine Unterfolge $u^{(1)}, v^{(1)}; u^{(2)}, v^{(2)}; \ldots$ aus der Folge $u_1, v_1; u_2, v_2; \ldots$ ist, und das zu den Asymptoten u^*, v^* gehörige Grenzgebiet V^*. Wir beweisen das

Theorem: Das Gitter $\Gamma_{\theta, \lambda_\theta}$ ist in bezug auf das Gebiet V^* *ein Markoffsches extremes Gitter.*

In der Tat: Da es im Gitter $\Gamma_{\theta, \lambda_\theta(1+\varepsilon)}$ nur endlich viele Punkte gibt, welche im Gebiet V liegen und nicht zur u-Achse gehören, so kann man durch zwei beiderseits symmetrisch zur v-Achse liegende und ihr parallele Geraden einen solchen Streifen aussondern, in welchem außer O kein Punkt des Gitters $\Gamma_{\theta, \lambda_\theta(1+\varepsilon)}$ liegt, der zu dem Gebiet V gehört. Jede der betrachteten aufeinanderfolgenden affinen Transformationen kontrahiert die zweite Asymptote v immer mehr, und weil sie flächentreu ist, dilatiert sie die erste Asymptote u. Der Streifen wird also immer breiter. Bei jedem der aufeinanderfolgenden Gebiete $V^{(1)}$, $V^{(2)}$, ... $V^{(k)}$, ... welche den Asymptotenpaaren $u^{(1)}, v^{(1)}; u^{(2)}, v^{(2)}; \ldots; u^{(k)}, v^{(k)}; \ldots$ entsprechen, liegen also *alle* Punkte des Gitters $\Gamma_{\theta, \lambda_\theta(1+\varepsilon)}$ außer O immer weiter und weiter vom Punkte O längs ihrer ersten Asymptote. Im Grenzgebiet V^* liegt also kein einziger Punkt des Gitters $\Gamma_{\theta, \lambda_\theta(1+\varepsilon)}$ außer dem Punkte O. Es liege im Gebiete V^* ein Punkt M des Gitters $\Gamma_{\theta, \lambda_\theta(1+\varepsilon)}$, welcher vom Punkte O verschieden ist. Es sei s^* der Flächeninhalt des Koordinatenparallelogrammes dieses Punktes M in bezug auf die Asymptoten u^*, v^* von V^* und $s^{(k)}$ in bezug auf die Asymptoten $u^{(k)}$, $v^{(k)}$ von $V^{(k)}$. Da M im Gebiete V^* liegt, ist $s^* < 1$, und wenn K groß genug ist, so ist (schon wegen der Kontinuität) auch $s^{(k)}$ noch < 1, also gehört der Punkt M auch dem Gebiet $V^{(k)}$ an. Man kann aber k so groß wählen, daß alle Punkte von $\Gamma_{\theta, \lambda_\theta(1+\varepsilon)}$, die von O verschieden sind und in $V^{(k)}$ liegen, weiter vom Anfang O entfernt sind als der Punkt M, was einen Widerspruch ergibt. Das Gebiet V^* ist also „leer", d.h. enthält keine Punkte von $\Gamma_{\theta, \lambda_\theta(1+\varepsilon)}$ außer dem Punkt O. Wir haben durch unsere Folge von affinen Transformationen sozusagen alle Punkte von $\Gamma_{\theta, \lambda_\theta(1+\varepsilon)}$, die in $V^{(k)}$ liegen, immer weiter und weiter vom Punkte O beiderseits längs der ersten Asymptote ins Unendliche fortgedrängt, bis wir endlich ein Grenzgebiet V^* erhalten haben, welches gar keine Punkte des Gitters außer dem Punkte O enthält.

Dieses Grenzgebiet V^* ist aber auch in bezug auf das Gitter $\Gamma_{\theta, \lambda_\theta}$ „leer". In der Tat, wenn es einen Punkt M dieses Gitters enthalten würde, welcher vom Punkte O verschieden ist, so könnten wir ein so kleines ε wählen, daß auch noch der entsprechende Punkt M des Gitters $\Gamma_{\theta, \lambda_\theta(1+\varepsilon)}$ im Gebiete V^* enthalten sein würde, und es wurde soeben bewiesen, daß dies unmöglich ist.

Wir zeigen jetzt endlich, daß es einen Punkt von $\Gamma_{\theta, \lambda_\theta}$ gibt, welcher auf der Grenze des Gebietes V^* liegt. Der Flächeninhalt des Koordinatenparallelogrammes des Punktes in bezug auf $u^{(1)}, v^{(1)}; u^{(2)}, v^{(2)}; \ldots$ konvergiert gegen $1 \cdot (1+\varepsilon)$, und daher ist er in bezug auf die Grenzasymptoten u^*, v^* gleich $1+\varepsilon$. Da aber ε beliebig klein gewählt werden kann, ist dieser Flächeninhalt des zugehörigen Punktes A des Gitters $\Gamma_{\theta, \lambda_\theta}$ in bezug auf u^*, v^* auch gleich 1.

Die bewiesene „Leere" von V^* in bezug auf $\Gamma_{\theta, \lambda_\theta}$ und das Vorhandensein von Punkten aus $\Gamma_{\theta, \lambda_\theta}$ auf der Grenze von V^* zeigt, daß das Gitter $\Gamma_{\theta, \lambda_\theta}$ ein erreichbares Markoffsches Extremgitter in bezug auf V^* ist. Die Zahl λ_L der betrachteten Lagrangeschen Klasse und die Zahl λ_M der erhaltenen Markoffschen Klasse sind gleich, weil sie beide den Flächeninhalt des Fundamentalparallelogrammes des Gitters $\Gamma_{\theta, \lambda_\theta}$ darstellen.

§ 4. Einige Folgerungen aus dem Beweis des Theorems

Ich will noch ohne Beweis einige Folgerungen angeben.

1. Der Kettenbruch $\theta = a_0 + \cfrac{1}{a_1 + \cfrac{1}{a_2 + \cdots}}$ ist im allgemeinen mit der Markoffschen Folge $\{\alpha\}$ folgendermaßen verknüpft: wenn α_0 derjenigen Seite der Kleinschen Polygone von $\{(a, b, c)\}$ angehört, welche dem Vektor OA parallel ist, so hat die Reihe $a_0; a_1 a_2 a_3 \ldots$ die Gestalt:

$$a_0; a_1 a_2 \ldots a_k \overbrace{\alpha_0} \{a\} \overbrace{\alpha_{-1} \alpha_0 \alpha_1} \{a\} \overbrace{\alpha_{-2} \alpha_{-1} \alpha_0 \alpha_1 \alpha_2} \{a\} \ldots,$$

wo $\{a\}$ endliche „Einschaltungen" bezeichnet, die ziemlich beliebig sein können, und $\overbrace{\alpha_0}$, $\overbrace{\alpha_{-1} \alpha_0 \alpha_1}$, $\overbrace{\alpha_{-2} \alpha_{-1} \alpha_0 \alpha_1 \alpha_2}, \ldots$ immer größere, zu α_0 symmetrische Abschnitte der Markoffschen Folge sind.

2. Wegen der ziemlich großen Unbestimmtheit der „Einschaltungen" stützen sich auf eine Markoffsche Klasse im allgemeinen ein Kontinuum von Lagrangeschen Klassen.

3. Wenn $\lambda < 3$ ist, können die „Einschaltungen" nur derart sein, daß der Kettenbruch für θ die Form hat:

$$a_0; a_1 a_2 \ldots a_k (\ldots)(\ldots)(\ldots) \ldots,$$

wo $(\ldots)$ die Periode der Markoffschen Folge ist (im Falle $\lambda < 3$ ist die Markoffsche Folge periodisch) und der Zusammenhang der Lagrangeschen und Markoffschen Klassen ist in diesem Falle eineindeutig.

4. Jede „unerreichbare" Markoffsche Klasse stützt sich in derselben Weise auf eine „erreichbare" Klasse. Dies folgt einfach daraus, daß das angegebene Verfahren sich auch auf Markoffsche Klassen anwenden läßt.

О связи между классами Лагранжа иррациональностей с ограниченными неполными частными и классами предельных форм А. А. Маркова

Б. ДЕЛОНЕ и А. ВИНОГРАДОВ, Москва

Резюме

Вопрос об этой связи был поставлен более 60 лет тому назад ГУРВИЦем, но не был им решен. Используя бесконечную последовательность целочисленных унимодулярных преобразований, как это для других целей уже делал МАЛЕР, получаем следующие результаты:

1. Если θ рассматриваемая иррациональность, то всегда существует такой ряд Маркова $\ldots \alpha_{-2}\alpha_{-1}\alpha_0\alpha_1\alpha_2 \ldots$ $\{\alpha\}$ достижимый в точке α_0, что разложение θ в непрерывную дробь имеет вид:

$$\theta = \alpha_0; a_1 a_2 \ldots a_k \widehat{\alpha_0} \{a\} \overbrace{\alpha_{-1}\alpha_0\alpha_1} \{a\} \overbrace{\alpha_{-2}\alpha_{-1}\alpha_0\alpha_1\alpha_2} \{a\} \ldots$$

где $\overbrace{\alpha_{-t} \ldots \alpha_{-1}\alpha_0\alpha_1 \ldots \alpha_t}$ все более и более длинные отрезки ряда $\{\alpha\}$ симметричные по отношению к α_0, а $\{a\}$ некоторые „вставки", которые не увеличивают „качества" λ_θ непрерывной дроби против „качества" λ_M ряда $\{\alpha\}$ и $\lambda_\theta = \lambda_M$.

2. Если $\lambda_\theta < 3$, то „вставки" $\{a\}$ таковы, что разложение θ в непрерывную дробь, начиная с некоторого места периодично с тем же периодом, как соответственный ряд $\{\alpha\}$ (в случае $\lambda_M < 3$ ряд $\{\alpha\}$ периодичен), поэтому в случае $\lambda < 3$ классу Лагранжа соответствует один класс Маркова и обратно.

3. В случае $\lambda > 3$, вообще говоря, в силу возможности очень различных вставок $\{a\}$ классу Маркова соответствует (даже, если он периодичен) континуум классов Лагранжа.

На Эйлеровской сессии в Ленинграде в мае 1957 года теми же авторами был дополнительно доложен, кроме того, еще следующий результат:

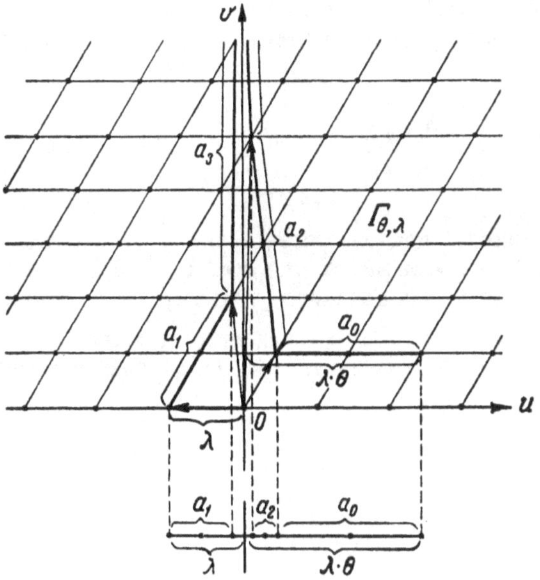

v
u
0
a_3
a_2
a_1
a_0
$\Gamma_{\theta,\lambda}$
$\lambda\cdot\theta$
λ

Abb. 1

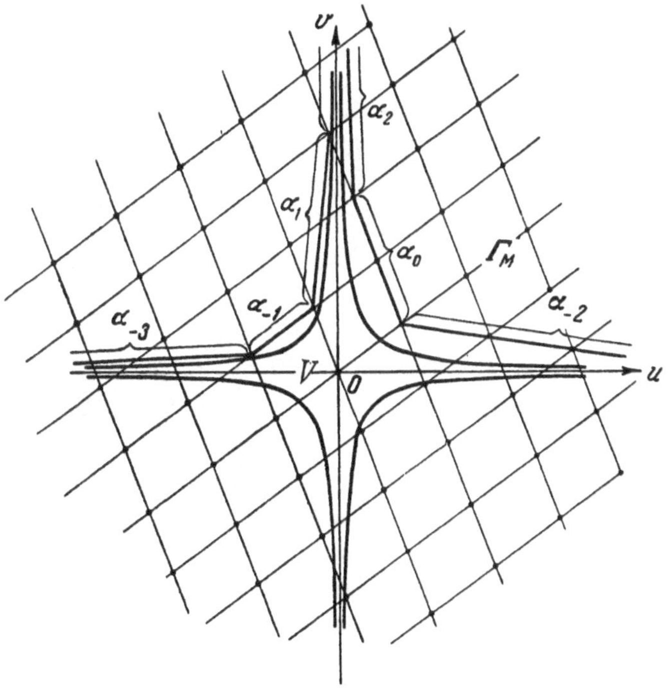

v
u
0
V
α_2
α_1
α_0
α_{-1}
α_{-2}
α_{-3}
Γ_M

Abb. 2

4. Множество чисел λ_M для всех рядов Маркова $\{a\}$, т. е. для бесконечных в обе стороны рядов, ограниченных в своей совокупности натуральных чисел α_i, где

$$\lambda_M = \sup \left(\alpha_n + \cfrac{1}{\alpha_{n+1} + \cfrac{1}{\alpha_{n+2} + \cfrac{1}{\alpha_{n+3} + \cdots}}} + \cfrac{1}{\alpha_{n-1} + \cfrac{1}{\alpha_{n-2} + \cfrac{1}{\alpha_{n-3} + \cdots}}} \right)$$

по всем n для данного ряда $\{\alpha\}$, для $\lambda_M > 6{,}1\ldots$ есть луч. Для $\lambda_M \leqq 3$ оно было исследовано А. А. Марковым, а для $3 < \lambda_M < 6{,}1\ldots$ имеет более сложную структуру, которая также поддается полному исследованию.

То, что для $\lambda_M > 6{,}1\ldots$ это множество есть луч, следует, например, из теоремы о сумме двух непрерывных дробей, доказаний в 1948 году М. Холлом (M. Hall jun.).

Les dérivées premières symétriques*)

Par Arnaud DENJOY, Paris

$f(x)$ définie sur un intervalle $a < x < b$ est la dérivée première symétrique de $F(x)$ au point x si:

$$\lim_{h\to 0} \frac{F(x+h) - F(x-h)}{2h} = f(x).$$

Si $F(x)$ est sommable sur un intervalle σ contenu dans (a, b) et si $G(x)$ est une de ses intégrales indéfinies,

$$\lim_{h\to 0} \frac{G(x+h) - 2G(x) + G(x-h)}{h^2} = f(x).$$

$G(x)$ étant continue, on sait calculer $G(x)$ [se donnant $G(a)$ et $G(b)$] connaissant $f(x)$. Si $F(x)$ est continue, elle est la dérivée ordinaire de $G(x)$ et par suite est obtenue, ayant $G(x)$. Mais alors, les opérations permettant de calculer $G(x)$ se simplifient et $F(x)$ s'obtient directement, en utilisant cinq types d'opérations distinctes au lieu de neuf dans le cas des dérivées secondes symétriques quelconques.

Supposons simplement $F(x)$ mesurable; $f(x)$ l'est des lors aussi. Tout point de (a, b) appartient à un ensemble $E(A)$ $(A > 1)$, tel que, pour $|h| < 1/A$, $|F(x+h) - F(x-h)| < 2|h|A$; $E(A)$ croît avec A. Si x_1 et x_2 ont pour milieu $\frac{1}{2}(x_1 + x_2)$ un point de $E(A)$, il s'ensuit $|F(x_2) - F(x_1)| < |x_2 - x_1| A$ si $|x_2 - x_1| < 1/A$.

$F(x)$ admet $f(x)$ pour dérivée ordinaire sur une plénitude.

Soit A assez grand pour que mes $E(A) > 0$ et x un point de $E(A)$ où l'épaisseur de $E(A)$ soit 1; $\eta \geq 0$ existe $< 1/A$ de façon que, si $|h| < \eta$, l'épaisseur moyenne de $E(A)$ sur l'intervalle $(x, x+h)$ surpasse $\frac{7}{8}$. Partageons cet intervalle en 4 parties égales i_1, i_2, i_3, i_4 (i_1 d'origine x, i_4 d'extrémité $x+h$). Sur chacun d'eux l'épaisseur moyenne de $E(A)$ surpasse $\frac{1}{2}$. L'homothétique de $j_1(A) = i_1 \cdot E(A)$ avec le centre x et le rapport 2 a l'épaisseur moyenne $> \frac{1}{2}$ sur $i_1 + i_2$; l'homothétique de $j_3(A) = i_3 \cdot E(A)$ avec le rapport 2 et le centre $x+h$ a l'épaisseur moyenne $> \frac{1}{2}$ sur $i_1 + i_2$. Les deux homothétiques ont un point commun ξ. Le milieu de x, ξ est sur $E(A)$ et aussi le milieu de ξ, $x+h$. On en conclut $|F(x+h) - F(x)| < A|h|$. Les quatre nombres dérivés de $F(x)$ sont en valeur absolue inférieurs à A en x, donc sur une plénitude de $E(A)$. Sur une

*) Vortrag, gehalten auf der Nachmittagssitzung am 22.3. 1957.

plénitude de $E(A)$, $F(x)$ a une dérivée finie, nécessairement égale à $f(x)$. Comme $(a, b) = \sum_A E(A)$, $F(x)$ admet $f(x)$ pour dérivée sur une plénitude.

A fortiori, $F(x)$ est continue sur cette plénitude. On en conclut que l'ensemble (fermé) Λ des points au voisinage desquels $F(x)$ est non bornée, est de mesure nulle. Il est symétrique autour de chacun de ses points. Donc il est dénombrable. Sur chaque contigu i à Λ, $F(x)$ est bornée sur tout segment $\sigma \subset i$; elle est donc intégrable au sens de Riemann sur σ; $f(x)$ est limite de fonctions continues à l'intérieur de i; Λ étant fermé réductible, $f(x)$ est de classe 1 sur (a, b).

Il n'est pas certain a priori que $F(x)$ soit même une fonction de Baire. Si $f(x) = 0$, soit P un ensemble parfait tel qu'entre un nombre quelconque de ses points x_i, il n'y ait pas de relation $\sum k_i x_i = 0$ à coefficients entiers k_i. Est-il possible que $F(x)$ soit sur P la fonction caractéristique d'un ensemble non borélien? Est-il même simplement possible que $F(x)$ soit totalement discontinue sur P, prenant les valeurs 0 et 1 sur deux ensembles partout denses sur P?

Симметрические первые производные

А. ДАНЖУА, Париж

Резюме

$f(x)$, определенная в интервале $a < x < b$, является первой симметрической производной $F(x)$ в точке x, если:

$$\lim_{h \to 0} \frac{F(x+h) - F(x-h)}{2h} = f(x).$$

Предположим, что $F(x)$ измерима; тогда $f(x)$ также измерима. Каждая точка интервала (a, b) принадлежит некоторому множеству $E(A)$ $(A > 1)$ такому, что для $|h| < 1/A$ $|F(x+h) - F(x-h)| < 2|h| A$; $E(A)$ возрастает вместе с A. Если центр $\frac{x_1 + x_2}{2}$ отрезка x_1, x_2 принадлежит $E(A)$, то $|F(x_2) - F(x_1)| < |x_2 - x_1| A$.

$f(x)$ есть обычная производная функции $F(x)$ на множестве полной меры.

Пусть A настолько велико, что $\operatorname{mes} E(A) > 0$ и пусть x точка множества $E(A)$, в которой плотность $E(A)$ равна 1; существует такое η, $0 \leq \eta < \frac{1}{A}$, что средняя плотность $E(A)$ в интервале $(x, x+h)$ превышает $\frac{7}{8}$, коль скоро $|h| < \eta$. Разделим этот интервал на четыре равных части i_1, i_2, i_3, i_4 (x есть начало i_1 а $x+h$ конец i_4). На каждом из них средняя плотность $E(A)$ превышает $\frac{1}{2}$. Средняя плотность гомотетичного образа множества $j_1(A) = i_1 \cdot E(A)$, с центром гомотетии x и отношением 2, а также средняя плотность гомотетичного образа $j_3 = i_3 \cdot E(A)$, с центром гомотетии $x+h$ и отношением 2, в интервале $i_1 + i_2$ больше $\frac{1}{2}$. Поэтому у этих образов имеется общая точка ξ. Как центр интервала x, ξ, так и центр интервала ξ, $x + h$ принадлежат множеству $E(A)$. Отсюда заключаем, что $|F(x+h) - F(x)| < A|h|$. Все четыре производных числа функции $F(x)$ в точке x по абсолютному значению меньше A, поэтому они меньше A почти всюду на $E(A)$. Почти всюду на $E(A)$, $F(x)$ обладает конечной производной, обязательно равной $f(x)$. Так как $(a, b) = \sum_A E(A)$, то $f(x)$ есть производная $F(x)$ на множестве полной меры.

Множество Λ (замкнутое) точек, в окрестности которых $F(x)$ не ограничена, имеет меру нуль и симметрично относительно каждой своей точки; поэтому оно счетно и приводимо. На каждом интервале i смежном к множеству Λ, $f(x)$ есть предел последовательности непрерывных функций; $f(x)$ есть функция первого класса на (a, b).

А приори не ясно, является ли $F(x)$ хотя бы функцией Бэра.

Eine Verallgemeinerung der Abelschen Integrale *)

Von Martin EICHLER, Marburg

Eine algebraische Korrespondenz T einer endlichen Riemannschen Fläche $\mathfrak{R}$ zu sich selbst definiert in jeder der Homologiegruppen einen Endomorphismus. Bezeichnet man mit $s_i(T)$ $(i = 0, 1, 2)$ die Spuren dieser Endomorphismen, so ist die Anzahl der (in geeigneten Vielfachheiten zu zählenden) Fixpunkte

$$f(T) = s^0(T) - s^1(T) + s^2(T). \tag{1}$$

Die Geschichte dieser wichtigen Formel beginnt mit einer Arbeit von CHASLES, der sie für Flächen vom Geschlecht 0 bewies; dann ist $s^1(T) = 0$. Einen vorläufigen Abschluß bildet ihre Übertragung auf allgemeine topologische Mannigfaltigkeiten beliebiger Dimension durch LEFSCHETZ.

Eine in ganz anderer Richtung liegende Verallgemeinerung von (1) gab A. SELBERG auf dem Internationalen Kolloquium über Zetafunktionen in Bombay 1956 an. (Vgl. Journ. Indian Math. Soc. **20**, p. 47—87, 1956.) Man betrachte $\mathfrak{R}$ als eine algebraische Kurve und nehme an, daß sowohl $\mathfrak{R}$ wie die Korrespondenz T in einem reellen Zahlkörper definierbar seien. T definiert dann auch einen Endomorphismus des Moduls der Abelschen Differentiale von $\mathfrak{R}$, und die Spur $s_1(T)$ dieses Endomorphismus ist unter den gemachten Voraussetzungen $s_1(T) = \frac{1}{2} s^1(T)$. Alsdann läßt sich (1) so schreiben:

$$s_1(T) = \tfrac{1}{2}\big(s^0(T) + s^2(T) - f(T)\big). \tag{2}$$

Es zeigt sich nun, daß T unter gewissen Voraussetzungen auch einen Endomorphismus eines gewissen Moduls von Differentialen $u\,dv^n$ höheren Grades $n > 1$ definiert, und daß dessen Spur $s_n(T)$ durch eine ähnliche Formel geliefert wird. Zur Beschreibung dieser Formel braucht man zunächst den Begriff des *Verzerrungsverhältnisses in einem Fixpunkt.* Es sei $\mathfrak{p}$ ein einfacher Fixpunkt von T, d. h. es gebe einen Zweig der Korrespondenz, welcher die Umgebung von $p = 0$ schlicht auf sich abbildet, wo p eine in $\mathfrak{p}$ verschwindende lokale Uniformisierende ist. Die Abbildungsfunktion hat dann die Gestalt $p' = f(p) = c_{\mathfrak{p}} p + c'_{\mathfrak{p}} p^2 + \cdots$. Wie man leicht bestätigt, ist der Koeffizient $c_{\mathfrak{p}}$ von der Wahl der Ortsuniformisierenden p unabhängig; man nennt ihn das Verzerrungsverhältnis. Auf die Definition in einem mehrfachen Fixpunkt

*) Vortrag, gehalten auf der Nachmittagssitzung am 22. 3. 1957.

müssen wir an dieser Stelle verzichten. Die zu (2) analoge Formel lautet nun

$$s(T) = -\frac{1}{2}\sum_{\mathfrak{p}} \frac{c_{\mathfrak{p}}^{n-1/2} - c_{\mathfrak{p}}^{-n+1/2}}{c_{\mathfrak{p}}^{1/2} - c_{\mathfrak{p}}^{-1/2}}, \quad n > 1, \tag{3}$$

die Summe ist über sämtliche Fixpunkte $\mathfrak{p}$ zu erstrecken.

In dieser allgemeinen Form ist (3) noch nicht bewiesen worden. Selberg hat den Beweis nur für die Modularkorrespondenzen T der elliptischen Modulfunktionen in τ geführt. Die Differentiale $u\,dv^n$, durch welche T dargestellt wird, sind $u\,dv^n = \varphi(\tau)\,d\tau^n$, wobei $\varphi(\tau)$ holomorphe Spitzenformen des Grades $-2n$ bezüglich der Modulgruppe sind. Wie Selberg mündlich ausführte, könnte man den Beweis ganz in dem Gedankenkreis von H. Petersson (Metrisierung der automorphen Formen) führen. In einer kürzlich in der Mathematischen Zeitschrift erschienenen Arbeit [Bd. **67**, 267—298 (1957)] habe ich einen neuartigen Beweis von (3) geliefert, aber auch jetzt nur unter einschränkenden Voraussetzungen über die Korrespondenz T.

Diese Voraussetzungen sind die folgenden. Zunächst sei eine lineare polymorphe Funktion τ auf $\mathfrak{R}$ gegeben, welche keineswegs eine Grenzkreisuniformisierende von $\mathfrak{R}$ zu sein braucht. Ferner darf τ auf $\mathfrak{R}$ noch endlich viele Verzweigungspunkte endlicher oder unendlicher Ordnung haben. Die Gruppe der Fortsetzungen von τ heiße Γ. Es gebe jetzt eine gebrochen lineare Substitution ν, derart, daß $\Gamma \cap \nu^{-1}\Gamma\nu$ in Γ und $\nu^{-1}\Gamma\nu$ je einen endlichen Index besitzt. Bezeichnet man den Wertebereich von τ mit $\mathfrak{T}$, so ist Γ eine eigentlich diskontinuierliche Gruppe von Abbildungen von $\mathfrak{T}$ auf sich, und die (in den Verzweigungspunkten punktierte) Fläche $\mathfrak{R}$ ist mit dem Raum der Nebengruppen $\Gamma\backslash\mathfrak{T} = \mathfrak{S}$ konform äquivalent. Eine hiermit ebenfalls konform äquivalente Fläche ist $\nu^{-1}\Gamma\nu\backslash\mathfrak{T} = \mathfrak{S}'$. Endlich ist $(\Gamma \cap \nu^{-1}\Gamma\nu)\backslash\mathfrak{T} = \mathfrak{S}''$ eine endlich vielblättrige Überlagerung von $\mathfrak{S}$ und $\mathfrak{S}'$. Die Korrespondenz T werde nun definiert durch die Abbildung eines Punktes $\mathfrak{p}$ von $\mathfrak{S}$ auf alle $\mathfrak{p}$ überlagernden Punkte $\mathfrak{p}_i''$ von $\mathfrak{S}''$, die $\mathfrak{p}_i''$ werden auf ihre Spurpunkte $\mathfrak{p}_i'$ in $\mathfrak{S}'$ abgebildet, und schließlich diese vermöge der konformen Äquivalenz von $\mathfrak{S}'$ und $\mathfrak{S}$ auf gewisse Punkte $\mathfrak{p}_i$ von $\mathfrak{S}$. Die Modularkorrespondenzen sind von dieser Beschaffenheit.

Für die Darstellung von T nimmt man wieder die Differentiale $u\,dv^n = \varphi(\tau)\,d\tau^n$, wobei $\varphi(\tau)$ holomorph ist und außerdem in den Verzweigungspunkten unendlicher Ordnung von τ verschwindet.

Der Beweis von (3) beruht auf der Bildung der folgenden *verallgemeinerten Abelschen Integrale*

$$\Phi(\tau) = \int_{\tau_0}^{\tau} (\tau - \sigma)^{2n-2}\,\varphi(\sigma)\,d\sigma, \tag{4}$$

deren Theorie natürlich auch selbständiges Interesse hat. Wir unterscheiden solche von 1., 2., 3. Gattung, je nachdem $\Phi(\tau)$ überall holomorph ist, nur Pole oder auch logarithmische Singularitäten hat. Ersetzt man $\varphi(\tau)$ durch $\varphi(\varepsilon\tau)\left(\frac{d\varepsilon\tau}{d\tau}\right)^n$ für eine Substitution $\tau \to \varepsilon\tau$ aus Γ, so erhält man für $\Phi(\tau)$ die Funktionalgleichungen

$$\Phi(\varepsilon\tau)\left(\frac{d\varepsilon\tau}{d\tau}\right)^{1-n} = \Phi(\tau) + \omega_\varepsilon(\tau), \quad \varepsilon \in \Gamma, \tag{5}$$

wobei $\omega_\varepsilon(\tau)$ von ε abhängige Polynome $(2n-2)$-ten Grades in τ sind.

Für zwei Differentiale $\varphi_1(\tau)d\tau^n$, $\varphi_2(\tau)d\tau^n$ von 1. oder 2. Gattung führt man nun ein skalares Produkt durch

$$(\varphi_1 d\tau^n, \varphi_2 d\tau^n) = \sum \operatorname{Res}\,(\Phi_1(\tau) \cdot \varphi_2(\tau)) \tag{6}$$

ein, d. h. die Summe aller Residuen auf $\mathfrak{R}$, gemessen jeweils in einer Ortsvariablen. Dieses Skalarprodukt ist schiefsymmetrisch. Es ist 0, wenn beide Differentiale von 1. Gattung sind und auch wenn $\Phi_1(\tau)$ oder $\Phi_2(\tau)$ alle Perioden $\omega_s(\tau) = 0$ hat. Mittels des Riemann-Rochschen Satzes zeigt man die Existenz von Basen $\varphi_i d\tau^n$, $\psi_i d\tau^n$ der Differentiale 1. und 2. Gattung mit $(\varphi_i d\tau^n, \varphi_k d\tau^n) = (\psi_i d\tau^n, \psi_k d\tau^n) = 0$, $(\varphi_i d\tau^n, \psi_k d\tau^n) = \delta_{ik}$ (Kroneckersymbol).

Die Differentiale 3. Gattung endlich lassen sich aus dem *Normaldifferential 3. Gattung* $K(\sigma, \tau)$ gewinnen. Dieses ist überall holomorph bis auf einen Pol 1. Ordnung in $\sigma = \tau$. $K(\sigma, \tau)d\tau^n$ ist ein Differential in der Variablen τ und ein Integral der Gestalt (4) in σ. Ferner ist die $(2n-1)$-te Ableitung nach σ in beiden Variablen symmetrisch.

Der Beweis von (3) gelingt leicht unter Benutzung dieser Funktion $K(\sigma, \tau)$. Es ist zu vermuten, daß die Voraussetzungen über die Korrespondenz Γ wesentlich gemildert, vielleicht sogar ganz fortgelassen werden können.

Die Sätze über die verallgemeinerten (und klassischen) Abelschen Integrale, die Korrespondenz T, und die Formel (3) lassen sich von dem Begriff der Riemannschen Fläche $\mathfrak{R}$ weitgehend lösen und im Bereich der Cohomologieklassen der Perioden formulieren. Dagegen ist ein Beweis von (3) ohne Bezugnahme auf die Funktionentheorie noch nicht gelungen.

Одно обобщение абелевых интегралов

М. ЭЙХЛЕР, Марбург

Резюме

Как известно, аналитические отображения алгебраической кривой C на себя порождают представления в модулях абелевых дифференциалов $u\,dv$ всех трех родов. При некоторых дополнительных предположениях такие отображения порождают также представления в модуле дифференциалов $u\,dv^n$ степени $n > 1$. След такого представления отображения T вычисляется по формуле

$$s(T) = -\frac{1}{2}\sum \frac{c_p^{n-1/2} - c_p^{-n+1/2}}{c_p^{1/2} - c_p^{-1/2}} + \frac{1}{2}\big(s^0(T) + s^2(T)\big),$$

где использованы следующие сокращенные обозначения: $s^0(T)$ и $s^2(T)$ обозначают следы (тривиальных) представлений отображения T в нульмерной и двумерной группах гомологий кривой C соответственно; впрочем для $n > 1$ последнее слагаемое следует отбросить. В этой формуле суммирование производится по всем неподвижным точкам p отображения, причем через c_p обозначен коэффициент искажения (Verzerrungsverhältnis) в неподвижной точке $\mathfrak{p}$. В случае $n = 1$ наша формула в существенном эквивалентна теореме Лефшеца о неподвижных точках.

Доказательство, а также добавочные условия, которым подчиняются отображение T и дифференциалы $u\,dv^n$, получаются из соответствующей униформизации кривой C. Тогда дифференциалам $u\,dv^n$ отвечают автоморфные формы $\varphi(\tau)$ униформизирующего переменного τ, т. е. инвариантные дифференциалы $\varphi(\tau)d\tau^n$. Из них строятся названные в заглавии обобщенные абелевы нитегралы

$$\Phi(\tau) = \int_{\tau_0}^{\tau} (\tau - \sigma)^{n-2}\,\varphi(\sigma)\,d\sigma,$$

теория которых во многом совпадает с классической теорией.

Über einige Probleme der additiven Zahlentheorie *)

Von P. ERDÖS, Birmingham-Haifa

In diesem kleinen Vortrage werde ich über einige Probleme der additiven Zahlentheorie berichten, die mich in den letzten 25 Jahren viel beschäftigt haben. Im allgemeinen kann man diese Fragen mit kombinatorischen und wahrscheinlichkeitstheoretischen Methoden angreifen — von den endgültigen Lösungen sind wir aber noch in allen Fällen weit entfernt. Vor kurzem hielt ich über dieses Gebiet einen ausführlicheren Vortrag [1]), der auch ein ausführlicheres Literaturverzeichnis enthält.

1. Es sei $0 \leq a_1 < a_2 < \ldots$ eine unendliche Folge ganzer Zahlen, $f(n)$ sei die Lösungszahl von $n = a_i + a_j$. Vor etwa 25 Jahren fragte mich S. SIDON, ob eine Folge $0 \leq a_1 < a_2 < \ldots$ existiere, für welche $f(n) > 0$ für alle $n \geq 0$ und $f(n)/n^\varepsilon \to 0$ für alle $\varepsilon > 0$ gelte. Vor einigen Jahren gelang es mir, das Problem von SIDON bejahend zu lösen [2]); ich bewies nämlich, daß eine Folge a_i mit

$$c_1 \log n < f(n) < c_2 \log n$$

existiert. Den etwas schärferen Satz, ob es eine Folge mit

$$f(n)/\log n \to c, \qquad c > 0,$$

oder

$$f(n) > 0 \qquad \text{und} \qquad f(n)/\log n \to 0$$

gibt, kann ich bis jetzt nicht entscheiden, und meine Methoden, die in [1]) und [2]) angewendet werden, scheinen dazu nicht geeignet zu sein

Vor etwa 25 Jahren vermuteten TURÁN und ich [3]), daß, wenn für eine Folge a_i $f(n) > 0$ für alle $n > n_0$ erfüllt ist,

$$\limsup f(n) = \infty$$

gilt. Unsere Vermutung scheint recht tief zu liegen. Eine weitere Vermutung, die sie enthalten würde, ist die folgende: Es sei $a_k < ck^2$, $1 \leq k < \infty$; dann gilt $\limsup f(n) = \infty$. Hier kann ich nur $\limsup f(n) \geq 2$ beweisen [4]).

Ein allgemeineres Problem, das ich mit TURÁN betrachtet habe, ist das folgende: Wir setzen irgend etwas über die Folge $f(n)$ voraus und wollen beweisen,

---

*) Vortrag, gehalten auf der Vormittagssitzung am 23. 3. 1957.

[1]) Tagung über Zahlentheorie, Bruxelles, Dez. 1955.

[2]) Acta Szeged, **15**, 255—259 (1954), siehe auch [1]).

[3]) Journal London Math. Soc., **16**, 212—215 (1941).

[4]) Siehe STÖHR, Journal f. d. reine u. angew. Math., **194**, 40—65, 111—140 (1955).

daß keine Folge a_i existiert, die die obige Folge $f(n)$ realisiert. Ein hierher gehöriger Satz von FUCHS und mir[5]) besagt, daß es keine Folge a_i gibt, für welche ein $c > 0$ existiert, so daß

$$\frac{1}{n}\sum_{k=1}^{n}(f(k) - c)^2 \to 0$$

gilt. Offenbar kann man hier sehr viele weitere Probleme stellen[6]).

2. MOSER und ich stellten uns folgendes Problem: Gibt es $n + 2$ ganze Zahlen $1 \leq a_1 < a_2 < \ldots < a_{n+2} \leq 2^n$, so daß alle 2^{n+2} Summen

$$\sum_{k=1}^{n} \varepsilon_k a_k, \qquad \varepsilon_k = 0 \text{ oder } 1,$$

verschieden sind? Trotz der scheinbaren Einfachheit scheint dieses Problem recht schwierig zu sein. [Einige hierher gehörige Resultate siehe in [1]).]

3. STRAUS und ich vermuteten im Jahre 1953, daß man zu jeder unendlichen Folge ganzer Zahlen $a_1 < a_2 < \ldots$ eine Folge $b_1 < b_2 < \ldots$ der Dichte 0 finden kann, so daß sich jede genügend große Zahl in der Form $a_i + b_j$ darstellen läßt. LORENTZ[7]) bewies dies, indem er zeigte, daß man die Folge b_j so wählen kann, daß

$$B(x) < c \sum_{k=1}^{n} \frac{\log A(k)}{A(k)} \tag{1}$$

ausfällt, wo $A(k)$ respektive $B(k)$ die Anzahl der a respektive der $b \leq k$ bedeutet. Wegen $A(k) \to \infty$ folgt aus (1) offenbar, daß $B(x)/x \to 0$.

Wenn die a die Primzahlen sind, so ergibt (1), daß eine Folge b_i mit $B(x) < c(\log x)^3$ existiert, so daß $n = p + b_i$ für alle genügend großen n lösbar ist. Herr LORENTZ fragte mich, ob sich dieses Resultat noch verschärfen lasse. Ich konnte zeigen[8]), daß es eine solche Folge mit $B(x) < c\,(\log x)^2$ gibt. Ich kann nicht entscheiden, ob sich dieses Resultat noch verschärfen läßt. Insbesondere könnte eine solche Folge mit $B(x) < c \log x$ existieren. Aus dem Primzahlsatz folgt, daß

$$\liminf B(x)/\log x \geq 1 \tag{2}$$

sein muß, ich kann aber nicht einmal

$$\limsup B(x)/\log x > 1$$

beweisen.

Als ich im April 1956 über diese Fragen in Jerusalem einen Vortrag hielt, fragte mich Herr HANANI, ob folgender allgemeinere Satz gelte (aus dem $\limsup B(x)/\log x > 1$ sofort folgen würde): Es seien $0 \leq a_1 < a_2 < \ldots$,

---

[5]) Journal London Math. Soc., **31**, 67–73 (1956).

[6]) [5]) enthält noch andere hierher gehörige Resultate.

[7]) Proc. Amer. Math. Soc., **5**, 838–841 (1954).

[8]) Ibid. 847–853.

$0 \leq b_1 < b_2 < \ldots$ zwei unendliche Folgen ganzer Zahlen, so daß sich jede genügend große Zahl in der Form $a_i + b_j$ darstellen läßt. Dann gilt

$$\limsup A(x)\, B(x)/x > 1. \tag{3}$$

Leider aber konnten wir (3) weder beweisen noch widerlegen.

Ich möchte jetzt noch einige triviale Bemerkungen zu (3) machen. Offenbar gilt in (3) $\geq$ statt $>$ (da die Anzahl der Lösungen von $a_i + b_j \leq x$ mindestens $x + O(1)$ ist). (3) ist offenbar falsch, wenn nicht beide Folgen unendlich sind (z. B. die a seien die geraden Zahlen und die b 0 und 1).

Etwas weniger trivial ist, daß in (3) $\liminf A(x)\, B(x)/x = 1$ sein kann, selbst wenn beide Folgen unendlich sind. Um dies zu sehen, sei $n_k \mid n_{k+1}$, $n_{k+1}/n_k \to \infty$, eine sonst beliebige Folge ganzer Zahlen. Die Folge a_i bestehe aus den Zahlen

$$n_k \leq l_k < 2n_k, \qquad 1 \leq k < \infty,$$

und die Folge b_i aus den Zahlen

$$n_k \leq t_k \leq 2n_{k+1}, \qquad t_k \equiv 0 \bmod n_k, \qquad 1 \leq k < \infty.$$

Offenbar ist jedes $2n_k \leq n \leq 2n_{k+1}$ von der Form $l_k + t_k$, also jede Zahl $\geq 2n_1$ von der Form $a_i + b_j$. Und offenbar folgt aus der Tatsache, daß $n_{k+1}/n_k \to \infty$,

$$A(n_k) = (1 + o(1))\, n_{k-1}, \qquad B(n_k) = (1 + o(1))\, n_k/n_{k-1}.$$

Also

$$A(n_k)\, B(n_k)/n_k \to 1 \quad \text{q.e.d.}$$

О некоторых задачах аддитивной теории чисел

П. ЭРДЁШ, Бирмингам—Хайфа

Резюме

В этом небольшом докладе я рассматриваю некоторые простые задачи аддитивной теории чисел.

1) Отвечая на один вопрос СИДОНа, я строил последовательность целых чисел, $0 \leqq a_1 < a_2 < \ldots$ такую, что для всех n выполняется неравенство

$$c_1 \log n < f(n) < c_2 \log n,$$

где через $f(n)$ обозначено число решений уравнения $n = a_j + a_i$. Мы с ТУРАНом выдвинули гипотезу, что $\limsup_{n\to\infty} f(n) = \infty$, коль скоро $f(n) > 0$ для $n > n_0$.

2) Мы с МОЗЕРом поставили следующую задачу: существуют ли такие $n+2$ чисел $1 \leq a_1 < a_2 < \ldots < a_{n+2} \leq 2^n$, чтобы все 2^{n+2} суммы вида

$$\sum_{k=1}^{n} \varepsilon_k a_k, \qquad \varepsilon(k) = 0 \text{ или } 1,$$

были различны? Этот вопрос кажется очень трудным.

3) Следующий вопрос был поставлен ХАНАНИ (Hanani). Пусть $a_1 < a_2 < \ldots$ и $b_1 < b_2 < \ldots$ — две бесконечные последовательности целых чисел. Пусть $A(x)$ есть число $a_i \leq x$ и $B(x)$ — число $b_i \leq x$. Предполагается, что любое $n > n_0$ представимо в виде $a_i + b_j$. Верно ли тогда, что

$$\limsup_{x\to\infty} A(x)\, B(x)/x > 1?$$

До сих пор я не смог решить этот вопрос.

Über einige Prozesse der Approximation von Funktionen *)

Von A. O. GELFOND, Moskau

Es ist wohlbekannt, daß sich der Satz von WEIERSTRASS über die Approximation von Funktionen durch Polynome außerordentlich einfach mit Hilfe der Polynome von S. N. BERNSTEIN beweisen läßt. Setzen wir nämlich

$$R_n(x) = f(x) - \sum_{k=0}^{n} \frac{n!}{k!(n-k)!} f\left(\frac{k}{n}\right) x^k (1-x)^{n-k}, \tag{1}$$

wo $f(x)$ auf dem Abschnitt $[0, 1]$ erklärt und beschränkt ist, so gilt

$$\lim_{n\to\infty} R_n(x) = 0; \qquad |R_n(x)| < c\omega\left(\frac{1}{\sqrt{n}}\right); \qquad |R_n(x)| < \frac{c}{n}, \tag{2}$$

wenn entsprechend x ein Stetigkeitspunkt von $f(x)$ ist; oder $f(x)$ auf $[0, 1]$ stetig und $\omega(x)$ sein Stetigkeitsmodul ist; oder $f(x)$ eine beschränkte zweite Ableitung hat. Macht man in der Formel (1) die Substitution $x = \frac{t}{1+t}$ und $\varphi(t) = f\left(\frac{t}{1+t}\right)$, so ergibt sich

$$\overline{R_n}(x) = \varphi(x) - \sum_{k=0}^{n} \frac{n!}{k!\,(n-k)!} \varphi\left(\frac{k}{n-k}\right) \frac{x^k}{(1+x)^n}, \tag{3}$$

wobei $\overline{R_n}(x)$ auf $[0, \infty]$ gleichmäßig gegen Null strebt, wenn $\varphi\left(\frac{t}{1-t}\right)$ auf $[0, 1]$ in t stetig ist. Wenn dagegen

$$\begin{aligned} |\varphi(x) - \varphi(t)| &= \left| f\left(\frac{x}{1+x}\right) - f\left(\frac{t}{1+t}\right)\right| < C \left|\frac{x}{1+x} - \frac{t}{1+t}\right|^{\alpha} = \\ &= C \frac{|x-t|^{\alpha}}{(1+x)^{\alpha}(1+t)^{\alpha}} \end{aligned} \tag{4}$$

ist mit $0 < \alpha < 1$, so gilt

$$|R_n(x)| < C_1 n^{-\frac{\alpha}{2}}. \tag{5}$$

Demnach zeigt die Konvergenz von $\overline{R_n}(x)$ gegen Null die Möglichkeit, die auf $[0, \infty]$ beschränkte Funktion $f(x)$ in jedem Stetigkeitspunkte durch die Funk-

---

*) Beitrag, eingereicht am 26. 6. 1957.

tionen $\frac{x^n}{(1+x)^k}$ $(k = 0, 1, \ldots, n;\ n = 1, 2, 3, \ldots)$ zu approximieren. Dieser BERNSTEINsche Prozeß der Approximation der auf $[0, \infty]$ beschränkten Funktionen in den Punkten ihrer Stetigkeit führt unmittelbar auf den Gedanken an die Möglichkeit eines analogen Prozesses zur Annäherung von reellen Funktionen durch Funktionen in der Form $x^{n'}\,[\varphi(x)]^{-n}$. Solch einen Approximationsprozeß für $\varphi(x) = e^x$ hat eingehend O. SZASZ[1]) untersucht. Er hat gezeigt, daß

$$R_t(x) = f(x) - e^{-tx} \sum_{n=0}^{\infty} \frac{(tx)^n}{n!} f\left(\frac{n}{t}\right) \tag{6}$$

unter der Bedingung $f(x) = O\,[(x+1)^k]$, k eine Konstante, $k \geq 0$, mit zunehmendem t in jedem Stetigkeitspunkte x der Funktion $f(x)$ gegen Null strebt.

Ferner hat er bewiesen, daß unter der Bedingung

$$|f(x) - f(y)| < \gamma \frac{|x-y|^{\varrho}}{(x+y)^{\varrho/2}}, \qquad 0 < \varrho \leq 1, \tag{7}$$

die Abschätzung

$$|R_t(x)| < \gamma t^{-\varrho/2}, \qquad t \geq 1, \tag{8}$$

gleichmäßig in x für $0 \leq x < \infty$ gilt.

Schließlich ist, wenn im Punkte x eine Ableitung existiert, $R_t(x) = o\left(t^{-\frac{1}{2}}\right)$ sogar für $f(x) = O\,[(x+1)]^k$, k eine Konstante; und unter derselben Bedingung für $f(x)$ und bei Existenz von $f''(x)$, $x > 0$, gilt

$$\lim_{t\to\infty} t\, R_t(x) = \tfrac{1}{2}\, x f''(x). \tag{9}$$

Die Ungleichung (8) zeigt ebenso wie die ihr entsprechende Ungleichung (3), daß beide Approximationsprozesse die gleiche Genauigkeit haben, da sich beide Ungleichungen nicht verbessern lassen, was man etwa für die Funktion $\frac{|x-a|^{\alpha}}{x^{\alpha}}$ im Punkte $x = a$ nachprüfen kann.

Der von O. SZASZ untersuchte Approximationsprozeß läßt sich leicht verallgemeinern. Wir betrachten die Funktion

$$\varphi(x) = \sum_0^{\infty} a_n x^n, \qquad a_k > 0, \qquad k = 0, 1, 2, \ldots,$$

$$\overline{\lim_{n\to\infty}} \sqrt[n]{a_n} = 0, \qquad \lim_{n\to\infty} \psi\,[n] = \lim_{n\to\infty} \left[\frac{a_{n-1}{}^2}{a_n\, a_{n-2}} - 1\right] = 0, \tag{10}$$

und setzen $a_{-1} = 0$ sowie

$$R_t(x) = f(x) - \sum_0^{\infty} a_n f\left(\frac{a_{n-1}}{t\, a_n}\right) \frac{t^n x^n}{\varphi(tx)}. \tag{11}$$

Dann gilt

[1]) OTTO SZASZ, Journ. of Research of the Nat. Bureau of Standards **45**, 239—245 (1950).

Satz I. Wenn $|f(x)| < c(x+1)$ auf $[0, \infty]$ und im Punkte x stetig ist, so gilt

$$\lim_{t \to \infty} R_t(x) = 0. \tag{12}$$

Beweis. Zunächst bemerken wir, daß sich für jedes $\varepsilon > 0$ auf Grund der Stetigkeit von $f(x)$ im Punkte x ein solches $\delta > 0$, $\delta < \frac{1}{2}$, angeben läßt, daß

$$|f(x) - f(y)| < \varepsilon + \frac{c(x+1)}{\delta} |x - y|. \tag{13}$$

Für $|x - y| < \delta$ ergibt sich diese Ungleichung aus der Stetigkeit von $f(x)$ im Punkte x, und für $|x - y| \geq \delta$ aus der Beschränktheit von $\frac{1}{x+1} f(x)$.

Unter Verwendung dieser Ungleichung ergibt sich

$$\begin{aligned} |R_t(x)| &= \left| \sum_0^\infty \left[f(x) - f\left(\frac{a_{n-1}}{t\,a_n}\right)\right] a_n \frac{(xt)^n}{\varphi(xt)} \right| < \\ &< \frac{\varepsilon}{\varphi(xt)} \sum_0^\infty a_n (xt)^n + \frac{c(x+1)}{\delta\,\varphi(xt)} \sum_0^\infty \left| x - \frac{a_{n-1}}{t\,a_n} \right| a_n (xt)^n. \end{aligned} \tag{14}$$

Wenn wir aber die Schwarzsche Ungleichung heranziehen, erhalten wir die Ungleichung

$$\left[\sum_0^\infty \left| x - \frac{a_{n-1}}{t\,a_n} \right| a_n (xt)^n \right]^2 < \sum_0^\infty \left(x - \frac{a_{n-1}}{t\,a_n}\right)^2 a_n (xt)^n \cdot \sum_0^\infty a_n (xt)^n. \tag{15}$$

Ferner ergibt sich

$$\begin{aligned} &\sum_0^\infty \left(x - \frac{a_{n-1}}{t\,a_n}\right)^2 a_n (xt)^n = \\ &= x^2\varphi(xt) - 2x^2\varphi(xt) + x^2\varphi(xt) + \frac{a_0^2 x}{t a_1} + x^2 \sum_2^\infty \psi(n)\, a_{n-2} (xt)^{n-2} = \\ &= \frac{a_0^2 x}{t a_1} + x^2 o\,[\varphi(xt)] = o\,[\varphi(xt)]. \end{aligned} \tag{16}$$

Nach Anwendung der Ungleichungen (15) und (16) bekommen wir aus der Ungleichung (14) die Ungleichung

$$|R_t(x)| < \varepsilon + \frac{c(x+1)}{\delta} \sqrt{\frac{o\,[\varphi(xt)]}{\varphi(xt)}}, \tag{17}$$

die nun unseren Satz beweist.

Das einfachste Beispiel der Funktion $\varphi(x)$ erhalten wir für $a_n = (n!)^{-\alpha}$, $\alpha > 0$. Dieser Fall ist nun für $\alpha = 1$ in der Arbeit von O. Szasz untersucht worden. Die Eigenschaften der Approximationen für solche $\varphi(x)$ und ein willkürliches α haben wir in einer Arbeit gemeinsam mit T. N. Merenkowa untersucht.

Wir setzen

$$R_t(x) = f(x) - \frac{1}{\varphi(x\,t)} \sum_{n=0}^{\infty} f\left(\frac{n^\alpha}{t}\right) \frac{x^n t^n}{(n!)^\alpha}. \tag{18}$$

Ist dann $f(x) = O\,[(x+1)^k]$, $0 \leqq x < \infty$, k eine Konstante, so gilt in jedem Stetigkeitspunkte der Funktion $f(x)$ $\lim\limits_{t\to\infty} R_t(x) = 0$. Dieser Satz unterscheidet sich für den gegebenen Spezialfall von $\varphi(x)$ vom Satz 1 hinsichtlich der Wachstumsbedingung von $f(x)$.

Wenn $f(x) = O\,[(x+1)^k]$ auf $[0, \infty]$ für ein gewisses konstantes k und wenn im Punkte $x > 0$ die erste Ableitung $f'(x)$ existiert, so gilt

$$\lim_{t\to\infty} t^{\frac{1}{2\alpha}} R_t(x) = 0. \tag{19}$$

Wenn $f(x) = O\,[(x+1)^k]$ auf $[0, \infty]$ für ein konstantes k und wenn im Punkte $x > 0$ $f''(x)$ existiert, so gilt

$$\lim_{t\to\infty} t^{\frac{1}{\alpha}} R_t(x) = -\frac{\alpha}{2} x^{2-\frac{1}{\alpha}} f''(x). \tag{20}$$

Ist schließlich auf $[0, \infty]$

$$|f(x) - f(y)| < c\,|x - y|\,(x^k + y^k + 1) \tag{21}$$

bei konstantem k, so gilt

$$|R_t(x)| < c(x)\, t^{-\frac{1}{2\alpha}}, \tag{22}$$

wo $c(x)$ von t unabhängig ist.

Alle diese vier Behauptungen ergeben sich aus der leicht zu beweisenden Beziehung

$$\frac{1}{\varphi(x\,t)} \sum_0^\infty \left(x - \frac{n^\alpha}{t}\right)^2 \frac{x^n t^n}{(n!)^\alpha} = [\alpha + \varepsilon(x\,t)]\, t^{-2} (xt+1)^{2-\frac{1}{\alpha}}, \quad \lim_{xt\to\infty} \varepsilon(x\,t) = 0. \tag{23}$$

Wir wollen diese Beziehung beweisen. In der Tat gilt für große t

$$\sum_0^\infty (t - n^\alpha)^2 \frac{t^n}{(n!)^\alpha} =$$

$$t^2\varphi(t) - 2t^2\varphi(t) + t^2\varphi(t) + \alpha t^2 \sum_1^\infty \frac{1}{n} \frac{t^n}{(n!)^\alpha} + O\left[t^2 \sum_1^\infty \frac{1}{n^2} \frac{t^n}{(n!)^\alpha}\right] + t - 2t^2 =$$

$$= \alpha t^{2-\frac{1}{\alpha}} \sum_1^\infty \left(\frac{t}{n^\alpha}\right)^{\frac{1}{\alpha}} \frac{t^n}{(n!)^\alpha} + O\left[t^{2-\frac{2}{\alpha}} \sum_1^\infty \left(\frac{t}{n^\alpha}\right)^{\frac{2}{\alpha}} \frac{t^n}{(n!)^\alpha}\right] + O(t^2), \tag{24}$$

und daraus folgt, daß jedenfalls

$$\sum_0^\infty (t - n^\alpha)^2 \frac{t^n}{(n!)^\alpha} = o\,[t^2\varphi(t)]. \tag{25}$$

Da nun für $x > 0$ und $\beta > 0$

$$|x^\beta - 1| = \frac{1}{\beta}\left|\int_1^x t^{\beta-1}\,dt\right| < \frac{1}{\beta}\left|1 - \frac{1}{x}\right|(x^k + x^{-k}), \tag{26}$$

wo k ganz, $k > \beta + 1$, so gilt ferner

$$T = \sum_1^\infty \left|\left(\frac{t}{n^\alpha}\right)^\beta - 1\right| \frac{t^n}{(n!)^\alpha} < \frac{1}{\beta}\sum_1^\infty \left|\frac{n^\alpha}{t} - 1\right| \left[\frac{t^k}{n^{k\alpha}} + \frac{n^{k\alpha}}{t^k}\right] \frac{t^n}{(n!)^\alpha}.$$

Wendet man die Schwarzsche Ungleichung an, so ergibt sich, daß

$$T^2 < \frac{1}{\beta^2}\left[\sum_1^\infty \left(\frac{n^\alpha}{t} - 1\right)^2 \frac{t^n}{(n!)^\alpha}\right]\left[2\varphi(t) + \sum_1^\infty \left[\frac{t^{2k}}{n^{2k\alpha}} + \frac{n^{2k\alpha}}{t^{2k}}\right]\frac{t^n}{(n!)^\alpha}\right].$$

Nun haben wir aber unmittelbar

$$\sum_{2k}^\infty \frac{t^{n+2k}}{n^{2k\alpha}(n!)^\alpha} < c\varphi(t), \qquad \sum_{2k}^\infty \frac{n^{2k\alpha}\,t^{n-2k}}{(n!)^\alpha} < c\,\varphi(t)$$

und nach (25)

$$\sum_1^\infty \left(\frac{n^\alpha}{t} - 1\right)^2 = o\,[\varphi(t)].$$

Hieraus folgt nunmehr die Abschätzung

$$\sum_1^\infty \left[\left(\frac{t}{n^\alpha}\right)^\beta - 1\right]^2 \frac{t^n}{(n!)^\alpha} = o\,[\varphi(t)]. \tag{27}$$

Jetzt folgern wir aus den Beziehungen (24) und (27) für ein beliebiges t, $0 \le t < \infty$, die Abschätzung

$$\sum (t - n^\alpha)^2 \frac{t^n}{(n!)^\alpha} = \alpha\,(t+1)^{2-\frac{1}{\alpha}}\varphi(t) + o\left[(t+1)^{2-\frac{1}{\alpha}}\varphi(t)\right],$$

woraus wir durch die Substitution von xt für t und Division durch $t^2\varphi(xt)$ die Beziehung (23) erhalten.

Satz II. Genügt die Funktion $f(x)$ auf $[0, \infty]$ für irgendein ganzes k der Ungleichung

$$|f(x) - f(y)| < c\,|x - y|\sqrt{x^k + y^k + 1}, \tag{28}$$

so ist die Ungleichung (22) erfüllt. Da k willkürlich ist, ist die Ungleichung (28) offensichtlich der Ungleichung (21) äquivalent. Als erstes haben wir, daß

$$| R_t(x) | = \frac{1}{\varphi(x\,t)} \left| \sum_0^\infty \left[f(x) - f\left(\frac{n^\alpha}{t}\right)\right] \frac{x^n t^n}{(n!)^\alpha} \right| <$$

$$< \frac{c}{\varphi(xt)} \sum_0^\infty \left| x - \frac{n^\alpha}{t} \right| \sqrt{\alpha^k + \frac{n^{k\alpha}}{t^k} + 1}\; \frac{x^n t^n}{(n!)^\alpha}.$$

Durch Anwendung der Schwarzschen Ungleichung auf die rechte Seite bekommen wir, daß

$$| R_t(x) |^2 < \frac{1}{\varphi^2(xt)} \sum_0^\infty \left(x - \frac{n^\alpha}{t}\right)^2 \frac{x^n t^n}{(n!)^\alpha} \sum_0^\infty \left[x^k + \frac{n^{k\alpha}}{t^k} + 1\right] \frac{x^n t^n}{(n!)^\alpha},$$

woraus wir unter Anwendung der Ungleichung (23)

$$[R_t(x)]^2 < c_0 \left(x + \frac{1}{t}\right)^{2 - \frac{1}{\alpha}} (x^k + 1)\, t^{-\frac{1}{\alpha}} \tag{29}$$

folgern, — m. a. W. die Ungleichung (22) unseres Satzes.

Für eine auf dem Abschnitt $(0, N)$ gleichmäßige Approximation erhalten wir offenbar die Ungleichungen

$$| R_t(x)| < c(N)\, t^{-\frac{1}{2\alpha}}, \quad \alpha \geq \tfrac{1}{2}; \qquad | R_t(x)| < c(N)\, t^{-1}, \quad \alpha \geq \tfrac{1}{2}. \tag{30}$$

Diese folgen unmittelbar aus der Ungleichung (29).

Auf Grund des Satzes II wird auch der etwas allgemeinere Satz III bewiesen:

Satz III. Wenn $\omega(x) \leqq x$ für $x \geq 1$, $\omega(0) = 0$ und $\omega(x)$ auf $[0, 1]$ stetig ist und monoton zunimmt, während $f(x)$ der Ungleichung

$$|f(x) - f(y)| < \omega(|x - y|)\, [x^k + y^k + 1]$$

genügt, wo k eine willkürliche Konstante bedeutet, so ist die Ungleichung

$$| R_t(x)| < c(N)\, \omega\left(\frac{1}{t^\varrho}\right), \qquad x \leqq N, \tag{31}$$

für $\varrho = \dfrac{1}{2\alpha}$ in jedem Punkte $x > 0$ und gleichmäßig auf $[0, N]$ für $\varrho = \max\left[1, \dfrac{1}{2\alpha}\right]$ erfüllt.

Zum Beweis genügt die Approximation von $f(x)$ durch die stückweise lineare Funktion $f_1(x)$, die gemäß den Bedingungen

$$f\left(\frac{n}{m}\right) = f_1\left(\frac{n}{m}\right), \qquad m = [t^\varrho],$$

gewählt wird.

Die den oben betrachteten analogen Approximationsprozesse kann man in Anlehnung an die ungleichmäßige Konvergenz einer Reihe mit positiven Gliedern bezüglich eines Parameters konstruieren. Einen solchen Prozeß wollen wir nun als Beispiel untersuchen.

Wir setzen

$$R_t(x) = f(x) - \frac{x}{\Gamma(t+1)} \sum_{k=1}^{\infty} f\left(\frac{t}{k}\right) e^{-kx} (kx)^t. \tag{32}$$

Zur Untersuchung dieses Approximationsprozesses betrachten wir zunächst die Eigenschaften der fundamentalen Reihe

$$\varphi(t) = \frac{x}{\Gamma(t+1)} \sum_{k=1}^{\infty} e^{-kx} (kx)^t. \tag{33}$$

Es sei bemerkt, daß diese Reihe von L. Euler für die Fortsetzung von $\zeta(s)$ zu negativen Werten von s hin benutzt wurde.

Wenn wir auf $[0, N]$ die Funktion

$$\tfrac{1}{2} \sum_{-\infty}^{\infty} e^{-|k+\alpha| x} (|k+\alpha|\, x)^t$$

in eine Fourier-Reihe entwickeln, so erhalten wir für $\varphi(t)$ die Darstellung

$$\varphi(t) = 1 + \sum_{s=1}^{\infty} \left[\frac{x^{t+1}}{(x+2\pi i s)^{t+1}} + \frac{x^{t+1}}{(x-2\pi i s)^{t+1}}\right].$$

Hieraus folgt, daß

$$|\varphi(t) - 1| < 2\left(1 + \frac{4\pi^2}{x^2}\right)^{-\frac{t+1}{2}} + 2\int_1^{\infty} \left(1 + \frac{4\pi^2 s^2}{x^2}\right)^{-\frac{t+1}{2}} ds <$$

$$< 2\left(1 + \frac{4\pi^2}{x^2}\right)^{-\frac{t+1}{2}} + \frac{x^2}{2\pi^2(t-1)}\left(1 + \frac{4\pi^2}{x^2}\right)^{-\frac{t-1}{2}}.$$

Daher haben wir auf dem Intervall $[0, 2\pi N]$ die Abschätzung

$$\varphi(t) = 1 + O\left[\frac{N^2}{t}\left(1 + \frac{1}{N^2}\right)^{-\frac{t}{2}}\right] \tag{34}$$

gleichmäßig in x und t. Unter Verwendung dieser Abschätzung können wir jetzt eine zu (23) analoge Beziehung erhalten.

Möge x sich auf dem Abschnitt $[0, 2\pi N]$, $N > 0$, befinden. Dann gilt die Abschätzung

$$x \sum_{1}^{\infty} \left(x - \frac{t}{k}\right)^2 e^{-kx} (kx)^t < 2\Gamma(t+1) \left\{\frac{N^3}{t} + O\left[\frac{N^6}{t}\left(1 + \frac{1}{N^2}\right)^{-\frac{t}{2}}\right]\right\}. \tag{35}$$

Denn nach (34) gilt

$$x \sum_{1}^{\infty} \left(x - \frac{t}{k}\right)^2 e^{-kx} (kx)^t = \Gamma(t+1) \left[x^2 \varphi(t) - 2x^2 \varphi(t-1) + \frac{xt}{t-1} \varphi(t-2)\right] =$$

$$= \Gamma(t+1) \left\{ \frac{x^2}{t-1} + O\left[\frac{N^7}{t} \left(1 + \frac{1}{N^2}\right)^{-\frac{t}{2}}\right]\right\}.$$

Unter Voraussetzung von

$$f(x) = O[(x+1)^q], \qquad 0 \leq x < \infty, \tag{36}$$

können wir jetzt eine Abschätzung erhalten, die für $R_t(x)$ auf dem Abschnitt $[0, 2\pi N]$ gleichmäßig in x gültig ist. Wir erhalten, daß

$$|R_t(x)| = \left| f(x) - \frac{x}{\Gamma(t+1)} \sum_{1}^{\infty} f\left(\frac{t}{k}\right) e^{-kx} (kx)^t \right| <$$

$$< |f(x)| \, |\varphi(t) - 1| + \frac{x}{\Gamma(t+1)} \sum_{1}^{\infty} \left| f(x) - f\left(\frac{t}{k}\right) \right| e^{-kx} (kx)^t = \tag{37}$$

$$= \frac{x}{\Gamma(t+1)} \sum_{1}^{\infty} \left| f(x) - f\left(\frac{t}{k}\right) \right| e^{-kx} (kx)^t + O\left[\frac{N^{2+q}}{t} \left(1 + \frac{1}{N^2}\right)^{-\frac{t}{2}}\right].$$

Unter Verwendung der Abschätzungen (37) und (35) können wir zwei Sätze beweisen.

Satz IV. Wenn $f(x) = O[(x+1)^q]$, wo q eine Konstante und x ein Stetigkeitspunkt von $f(x)$ ist, $0 < x < \infty$, so strebt $R_t(x)$ im Punkte x mit zunehmendem t gegen Null.

Beweis. Ist x ein Stetigkeitspunkt von $f(x)$, so läßt sich für jedes beliebige $\varepsilon > 0$ stets ein solches $\delta > 0$ angeben, daß für jedes y

$$|f(x) - f(y)| < \varepsilon + \frac{c}{\delta} |x - y| \left(x^{2q} + y^{2q} + 1\right)^{\frac{1}{2}}, \tag{38}$$

wo c eine Konstante ist.

Durch Anwendung dieser Ungleichung erhalten wir aus der Ungleichung (37)

$$|R_t(x)| < \varepsilon + O\left[\frac{N^{2+q}}{t} \left(1 + \frac{1}{x^2}\right)^{-\frac{t}{2}}\right] +$$

$$+ \frac{cx}{\delta \Gamma(t+1)} \sum_{1}^{\infty} \left| x - \frac{t}{k} \right| \left[x^{2q} + \left(\frac{t}{k}\right)^{2q} + 1\right]^{\frac{1}{2}} e^{-kx} (kx)^t. \tag{39}$$

Wenn wir ferner die Schwarzsche Ungleichung benutzen, erhalten wir die Ungleichung

$$\left[\sum_1^\infty \left| x - \frac{t}{k} \right| \left(x^{2q} + \frac{t^{2q}}{k^{2q}} + 1 \right)^{\frac{1}{2}} e^{-kx} (kx)^t \right]^2 < \tag{40}$$

$$< \sum_1^\infty \left(x - \frac{t}{k} \right)^2 e^{-kx} (kx)^t \sum_1^\infty \left(x^{2q} + \frac{t^{2q}}{k^{2q}} + 1 \right) e^{-kx} (kx)^t < c(x) \frac{[\Gamma(t+1)]^2}{t}$$

auf Grund von (35) und der Tatsache, daß q wegen seiner willkürlichen Wählbarkeit als ganze Zahl betrachtet werden darf. Daher ist

$$|R_t(x)| < \varepsilon + \frac{c_0(x)}{\delta \sqrt{t}},$$

womit nun unser Satz bewiesen ist.

Satz V. Wenn auf $[0, \infty]$ $f(x) = O[(x+1)^q]$ und auf $[0, \infty]$ die Ungleichung

$$|f(x) - f(y)| < c\,|x - y|\,(x^q + y^q + 1) \tag{41}$$

für beliebige x und y erfüllt ist, so gilt

$$|R_t(x)| = O\left(\frac{1}{\sqrt{t}}\right) \tag{42}$$

gleichmäßig in x auf $[0, 2\pi N]$.

Für den Beweis dieses Satzes genügt es, die Ungleichungen (37) und (40) anzuwenden und die Ungleichung (41) durch die Ungleichung

$$|f(x) - f(y)| < 2c\,|x - y|\,(x^{2q} + y^{2q} + 1)^{\frac{1}{2}}$$

zu ersetzen.

Satz VI. Wenn auf $[0, \infty]$ $f(x) = O[(x+1)^q]$ und auf $[0, \infty]$ für beliebige x und y die Ungleichung

$$|f(x) - f(y)| < c\omega(|x - y|)\,(x^q + y^q + 1) \tag{43}$$

erfüllt ist, wo $\omega(x) < x$, $x > 1$, $\omega(0) = 0$ und $\omega(x)$ auf der x-Achse monoton zunimmt, so gilt

$$|R_t(x)| < c_0\, \omega\left(\frac{1}{\sqrt{t}}\right), \tag{44}$$

wo c und c_0 konstant sind und diese Abschätzung in x auf $[0, N]$ gleichmäßig ist.

Für den Beweis dieses Satzes genügt es, ein $m = [\sqrt{t}]$ zu wählen und $f(x)$ durch eine stückweis lineare Funktion $f_1(x)$ unter den Bedingungen $f\left(\frac{k}{m}\right) = f_1\left(\frac{k}{m}\right)$, $n = 0, 1, \ldots$, zu approximieren.

Zum Schluß möchten wir bemerken, daß sich die Bedingung $f(x) = O[(x+1)^q]$ in unseren Sätzen durch bedeutend mildere ersetzen läßt. Desgleichen sieht man leicht, daß man die unendliche Reihe (32) für x auf $\left[\frac{1}{N}, 2\pi N\right]$ abbrechen kann, indem man die Summe der Glieder nur bis $n < \gamma t \ln t$ nimmt.

О некоторых процессах приближения функций

А. О. ГЕЛЬФОНД, Москва

Резюме

В работе исследуется вопрос о приближении непрерывных на полуоси функций с помощью процессов, аналогичных процессу С. Н. БЕРНШТЕЙНа для интервала $(0, \infty)$.

В частности рассмотрен процесс приближения $f(x)$ на $(0, \infty)$ с помощью функций $\{e^{-kx} x^n\}$, $k = 1, 2, \ldots; n = 1, 2, \ldots$ и найдены условия сходимости суммы

$$\frac{x}{\Gamma(t+1)} \sum f\left(\frac{t}{k}\right) e^{-kx} (kx)^t$$

к $f(x)$ при неограниченно растущем t.

Allgemeine und Elementquotientenringe in endlichen algebraischen Zahlkörpern*)

von Heinrich GRELL, Berlin

R. DEDEKIND hat in seiner Festschrift „Über die Anzahl der Ideal-Klassen in den verschiedenen Ordnungen eines endlichen Körpers“ [1] für alle den Ring Γ der ganzen rationalen Zahlen umfassenden Unterringe $\mathfrak{o}$ der Hauptordnung $\mathfrak{O}$ eines endlichen algebraischen Zahlkörpers k, der für $\mathfrak{o}$ und $\mathfrak{O}$ der gemeinsame Quotientenkörper $Q(\mathfrak{o}) = Q(\mathfrak{O}) = k$ ist, die Anzahl $h_\mathfrak{o}$ der (absoluten) Idealklassen für die zum Führer $\mathfrak{f} = \frac{\mathfrak{o}}{\mathfrak{O}}$ teilerfremden Ideale aus $\mathfrak{o}$ bestimmt, und zwar dadurch, daß für das Verhältnis $h_\mathfrak{o} : h_\mathfrak{O}$ ein Ausdruck angegeben wird, der bei Kenntnis von $h_\mathfrak{O}$ die Berechnung von $h_\mathfrak{o}$ gestattet. Die erste der beiden zur Bestimmung des Verhältnisses $h_\mathfrak{o} : h_\mathfrak{O}$ angewandte, auf GAUSS zurückgehende algebraische Methode erweist sich bei entsprechender Umgestaltung und Erweiterung u. a. als geeignet zur Beantwortung eines Problems, das beim Studium der Struktur der Ringe in endlichen algebraischen Zahlkörpern auftaucht; der Zusammenhang von $h_\mathfrak{O}$ mit der von EULER eingeführten ζ-Funktion rechtfertigt es vielleicht, auf dieser Tagung darüber zu sprechen.

Zum Verständnis der Fragestellung seien zunächst einige Begriffe sowie Resultate zusammengestellt, für deren Beweise auf eine demnächst in den „Mathematischen Nachrichten“ erscheinende Arbeit [2] verwiesen werden darf.

§ 1. Grundlegende Begriffe und Resultate

1. Für einen Integritätsbereich $\mathfrak{t}$ mit Einselement ist die ausnahmslose Gültigkeit der eingeschränkten Minimalbedingung für die in $\mathfrak{t}$ gelegenen Ideale, d. h. die Tatsache, daß jede absteigende Kette $\mathfrak{c}_1 \supseteq \mathfrak{c}_2 \supseteq \cdots \supseteq \mathfrak{c}_n \supseteq \cdots \supseteq \mathfrak{c} \neq (0)$ von Idealen $\mathfrak{c}_n$, die sämtlich ein festes Ideal $\mathfrak{c} \neq (0)$ umfassen, im Endlichen abbricht, äquivalent mit der Gültigkeit einer Idealtheorie in $\mathfrak{t}$, deren wesentlicher Inhalt darin besteht, daß in $\mathfrak{t}$ alle [eigentlichen, d. h. von (0) und $\mathfrak{t}$ verschiedenen] Primideale maximal sind und sich jedes Ideal $\mathfrak{a}$ aus $\mathfrak{t}$ eindeutig darstellen läßt als Produkt endlich vieler, zu verschiedenen Primidealen $\mathfrak{p}_i$ gehöriger Primärideale $\mathfrak{q}_i$, deren jedes in bezug auf das zugehörige $\mathfrak{p}_i$ von endlichem Exponenten ϱ_i ist: $\mathfrak{a} = \mathfrak{q}_1 \ldots \mathfrak{q}_r$; $\mathfrak{p}_i^{\varrho_i} \subseteq \mathfrak{q}_i \subseteq \mathfrak{p}_i$. Daraus folgt: Jeder endliche, vom Nullmodul

*) Vortrag, gehalten auf der Nachmittagssitzung am 21. 3. 1957

verschiedene, im Quotientenkörper $k = Q(\mathfrak{t})$ von $\mathfrak{t}$ gelegene $\mathfrak{t}$-Modul wird (formal unendliches, in Wahrheit endliches) Produkt $\mathfrak{m} = \prod_{\mathfrak{p}} \mathfrak{m}(\mathfrak{p})$ seiner zu den sämtlichen Primidealen $\mathfrak{p}$ von $\mathfrak{t}$ gehörigen $\mathfrak{p}$-Komponenten $\mathfrak{m}(\mathfrak{p})$. Dabei heißt ein $\mathfrak{t}$-Modul $\mathfrak{m}$ zum Primideal $\mathfrak{p}$ gehörig, wenn für eine geeignete natürliche Zahl n gilt $\mathfrak{p}^n \subseteq \mathfrak{m} \subseteq \mathfrak{p}^{-n} = \frac{\mathfrak{t}}{\mathfrak{p}^n}$; hierbei ist $\mathfrak{p}^{-n} = \frac{\mathfrak{t}}{\mathfrak{p}^n}$ die Gesamtheit derjenigen Elemente $\varkappa$ aus k mit $\varkappa\mathfrak{p}^n \subseteq \mathfrak{t}$. Nennt man einen $\mathfrak{t}$-Modul $\mathfrak{u}$ aus k genau dann zu $\mathfrak{t}$ umkehrbar, wenn bei $\mathfrak{u}^{-1} = \frac{\mathfrak{t}}{\mathfrak{u}}$ nicht nur trivialerweise $\mathfrak{u}\mathfrak{u}^{-1} \subseteq \mathfrak{t}$, sondern sogar $\mathfrak{u}\mathfrak{u}^{-1} = \mathfrak{t}$ gilt, so bilden die umkehrbaren $\mathfrak{t}$-Moduln aus k eine die Gruppe der Hauptmoduln $\mathfrak{t}\varkappa$ $(\varkappa \in k)$ mit $\varkappa \neq 0$ umfassende multiplikative Abelsche Gruppe $\mathfrak{A}_{\mathfrak{t}}$ mit $\mathfrak{t}$ als Einselement, deren sämtliche Elemente eo ipso endliche $\mathfrak{t}$-Moduln sind. Mit einem $\mathfrak{t}$-Modul $\mathfrak{m}$ ist auch jeder in einer Produktzerlegung $\mathfrak{m} = \mathfrak{m}_1\mathfrak{m}_2$ ($\mathfrak{m}_1$ und $\mathfrak{m}_2$ $\mathfrak{t}$-Moduln) auftretende Faktor $\mathfrak{m}_1$ und $\mathfrak{m}_2$ umkehrbar; trivialerweise umkehrbar sind alle Hauptmoduln $\mathfrak{m} = \mathfrak{t}\mu$, weil $\mathfrak{m}^{-1} = \mathfrak{t}\mu^{-1}$ wird $(\mu \neq 0)$. Ein zum Primideal $\mathfrak{p}$ gehöriger $\mathfrak{t}$-Modul $\mathfrak{m}$ läßt sich auf mannigfache Weise stets darstellen in der Gestalt $\mathfrak{m} = \frac{\mathfrak{q}(\mathfrak{p})}{\mathfrak{q}'(\mathfrak{p})}$, wo $\mathfrak{q}(\mathfrak{p})$ und $\mathfrak{q}'(\mathfrak{p})$ zu $\mathfrak{p}$ gehörige Primärideale aus $\mathfrak{t}$ und der Nenner $\mathfrak{q}'(\mathfrak{p})$ überdies umkehrbar zu $\mathfrak{t}$ ist; der Quotient $\frac{\mathfrak{q}(\mathfrak{p})}{\mathfrak{q}'(\mathfrak{p})}$ ist dabei wiederum die Gesamtheit der $\varkappa \in k$ mit $\varkappa\mathfrak{q}'(\mathfrak{p}) \subseteq \mathfrak{q}(\mathfrak{p})$. Umgekehrt ist jeder solche Quotient ein zu $\mathfrak{p}$ gehöriger endlicher $\mathfrak{t}$-Modul. In den verschiedenen möglichen Darstellungen $\mathfrak{m} = \frac{\mathfrak{q}(\mathfrak{p})}{\mathfrak{q}'(\mathfrak{p})} = \frac{\mathfrak{q}_1(\mathfrak{p})}{\mathfrak{q}_1'(\mathfrak{p})} = \cdots$ lassen sich i. a. Zähler $\mathfrak{q}(\mathfrak{p}), \mathfrak{q}_1(\mathfrak{p}), \ldots$ und Nenner $\mathfrak{q}'(\mathfrak{p}), \mathfrak{q}_1'(\mathfrak{p}), \ldots$ für sich nicht eindeutig normieren; doch ist das stets dann der Fall, wenn $\mathfrak{p}$ ein „reguläres", d. h. ein zu $\mathfrak{t}$ umkehrbares Primideal mit $\mathfrak{p}\mathfrak{p}^{-1} = \mathfrak{t}$ ist, weil dann die sämtlichen zu $\mathfrak{p}$ gehörigen Primärideale mit den Potenzen $\mathfrak{p}^i$ $(i = 1, 2, \ldots)$ identisch werden und also stets entweder $\mathfrak{q}(\mathfrak{p}) = \mathfrak{p}^i$, $\mathfrak{q}'(\mathfrak{p}) = \mathfrak{t}$ oder $\mathfrak{q}(\mathfrak{p}) = \mathfrak{t}$, $\mathfrak{q}'(\mathfrak{p}) = \mathfrak{p}^i$ genommen werden kann, so daß also $\mathfrak{m}(\mathfrak{p}) = \frac{\mathfrak{q}(\mathfrak{p})}{\mathfrak{q}'(\mathfrak{p})}$ bei $\mathfrak{m}(\mathfrak{p}) \neq \mathfrak{t}$ eine positive oder negative $\mathfrak{p}$-Potenz wird.

2. Zu einer Menge $\mathfrak{N} = \{\mathfrak{p}_1, \mathfrak{p}_2, \ldots, \mathfrak{p}_\nu, \ldots\}$ von beliebig vielen Primidealen $\mathfrak{p}_\nu$ aus $\mathfrak{t}$ ist der zu $\mathfrak{N}$ gehörige Quotientenring $\mathfrak{t}_{\mathfrak{N}} = \mathfrak{t}'$ definiert als Gesamtheit der Elemente $\mu \in k = Q(\mathfrak{t})$, die in der zugehörigen Darstellung $\mathfrak{t}\mu = \mathfrak{m} = \prod_{\mathfrak{p}} \mathfrak{m}(\mathfrak{p})$ höchstens für die $\mathfrak{p} \in \mathfrak{N}$ nichtganze, d. h. nicht die Bedingung $\mathfrak{m}(\mathfrak{p}) \subseteq \mathfrak{t}$ erfüllende Komponenten haben. $\mathfrak{t}'$ ist stets ein $\mathfrak{t}$ umfassender Ring, in dem sämtliche Ideale Erweiterungsideale bez. $\mathfrak{t}$ werden; Verengungsideale in $\mathfrak{t}$ bez. $\mathfrak{t}'$ sind genau diejenigen Ideale aus $\mathfrak{t}$, deren sämtliche zugehörigen, durch die eindeutige Primärkomponentendarstellung bestimmten Primideale $\mathfrak{p}_i$ nicht in $\mathfrak{N}$ gelegen sind. Alle Primärideale $\mathfrak{q}$ aus $\mathfrak{t}$ mit einem $\mathfrak{p} \in \mathfrak{N}$ ergeben bei Erweiterung $\mathfrak{t}'\mathfrak{q} = \mathfrak{t}'$. Zwischen den sämtlichen Idealen $\mathfrak{a}'$ von $\mathfrak{t}'$ einerseits und ihren Verengungsidealen $\mathfrak{a}$ in $\mathfrak{t}$ andererseits besteht eine umkehrbar eindeutige, alle idealtheoretischen Beziehungen erhaltende Zuordnung $\mathfrak{a} \to \mathfrak{a}' = \mathfrak{t}'\mathfrak{a}$, $\mathfrak{a} = \mathfrak{t} \cap \mathfrak{a}'$; hierbei einander entsprechende Ideale $\mathfrak{a}'$ aus $\mathfrak{t}'$ und $\mathfrak{a}$ aus $\mathfrak{t}$ haben isomorphe

Restklassenringe $\mathfrak{t}'/\mathfrak{a}' \cong \mathfrak{t}/\mathfrak{a}$, und bei diesem Isomorphismus einander entsprechende Klassen aus $\mathfrak{t}'/\mathfrak{a}'$ und $\mathfrak{t}/\mathfrak{a}$ können durch dieselben Elemente aus $\mathfrak{t}$ repräsentiert werden. Insbesondere gehen hierbei Primärideale $\mathfrak{q}$ des einen Ringes mit dem zugehörigen Primideal $\mathfrak{p}$ in Primärideale $\mathfrak{q}'$ mit dem zugehörigen Primideal $\mathfrak{p}'$ über. Nimmt man für $\mathfrak{N}$ die leere Menge, so ist $\mathfrak{t} = \mathfrak{t}'$; wird $\mathfrak{N}$ die Menge E aller Primideale von $\mathfrak{t}$, so wird $\mathfrak{t}' = k = Q(\mathfrak{t})$. Ein Quotientenring $\mathfrak{t}' = \mathfrak{t}_{\mathfrak{N}}$ soll regulär aus $\mathfrak{t}$ erzeugbar heißen, wenn $\mathfrak{N}$ nur aus regulären Primidealen von $\mathfrak{t}$ besteht. Bei festem Ausgangsring $\mathfrak{t}$ gilt, daß bei $\mathfrak{N}_1 \neq \mathfrak{N}_2$ immer auch $\mathfrak{t}_{\mathfrak{N}_1} \neq \mathfrak{t}_{\mathfrak{N}_2}$ ist; ein Quotientenring $\mathfrak{t}' = \mathfrak{t}_{\mathfrak{N}}$ bestimmt also seine erzeugende Primidealmenge eindeutig, nämlich als Komplementärmenge $\mathfrak{N} = E \setminus \mathfrak{M}$ der Menge $\mathfrak{M}$ der Verengungsprimideale von $\mathfrak{t}'$ in der Menge E aller Primideale von $\mathfrak{t}$.

3. Die Bedeutung dieser allgemeinen Quotientenringe für die Strukturtheorie der Ringe liegt in folgendem

Erhaltungs- und Struktursatz:

a) Ist $\mathfrak{t}$ ein Integritätsbereich mit Gültigkeit der eingeschränkten Minimalbedingung für die Ideale und $\mathfrak{T}$ ein Erweiterungsintegritätsbereich von $\mathfrak{t}$, dessen Quotientenkörper $K = Q(\mathfrak{T})$ über dem Quotientenkörper $k = Q(\mathfrak{t})$ von endlichem Grad $[K:k] = n < \infty$ ist, so gilt in $\mathfrak{T}$ modulo allen Idealen $\mathfrak{A} \neq (0)$ der Doppelkettensatz für die $\mathfrak{t}$-Moduln, d. h. jede zwischen $\mathfrak{A}$ und $\mathfrak{T}$ verlaufende, auf- oder absteigende $\mathfrak{t}$-Modul-Kette bricht im Endlichen ab. Von $\mathfrak{A}$ nach $\mathfrak{T}$ verläuft also eine Kompositionsreihe $\mathfrak{A} = \mathfrak{M}_0 \subset \mathfrak{M}_1 \subset \cdots \subset \mathfrak{M}_{t-1} \subset \mathfrak{M}_t = \mathfrak{T}$ eindeutig bestimmter endlicher Länge t von $\mathfrak{t}$-Moduln; t heißt der $\mathfrak{t}$-Grad $g_{\mathfrak{t}}(\mathfrak{A})$ von $\mathfrak{A}$.

b) Unter den in a) genannten Voraussetzungen baut sich $\mathfrak{T}$ über $\mathfrak{t}$ in zwei eindeutig bestimmten Schritten auf, und zwar durch

α) eine ganz-algebraische Erweiterung $\mathfrak{R}$ von $\mathfrak{t}$ mit demselben Quotientenkörper $Q(\mathfrak{R}) = Q(\mathfrak{T})$ wie von $\mathfrak{T}$, und

β) eine darauffolgende reguläre Quotientenringerweiterung $\mathfrak{R}_{\mathfrak{N}} = \mathfrak{T}$ von $\mathfrak{R}$. $\mathfrak{R}$ besteht aus der Gesamtheit der $\mathfrak{t}$-ganzen Elemente von $\mathfrak{T}$, $\mathfrak{N}$ ist die Komplementärmenge $\mathfrak{N} = E \setminus \mathfrak{M}$ der Menge $\mathfrak{M}$ aller Verengungsprimideale $\mathfrak{P} \cap \mathfrak{R}$ von Primidealen $\mathfrak{P}$ aus $\mathfrak{T}$.

Umgekehrt liefert natürlich die Hintereinanderausführung der beiden Schritte α) und β) bei $[Q(\mathfrak{R}):k] = n < \infty$ stets einen Erweiterungsintegritätsbereich $\mathfrak{T}$ über $\mathfrak{t}$ der bezeichneten Art.

4. In der Literatur sind, bei Beschränkung auf den Fall eines Integritätsbereiches $\mathfrak{t}$ als Ausgangsring, Quotientenringe $\mathfrak{t}'$ über $\mathfrak{t}$ bisher immer in der Form aufgetreten, daß in $\mathfrak{t}$ eine multiplikativ abgeschlossene Menge von Null verschiedener Elemente $S = \{\sigma_1, \sigma_2, \ldots, \sigma_\nu, \ldots\}$ ausgezeichnet und dann die eo ipso $\mathfrak{t}$ umfassende Menge der Elemente $\frac{t}{\sigma}$ mit $t \in \mathfrak{t}$, $\sigma \in S$ in $Q(\mathfrak{t}) = k$ betrachtet wurde [3].

Angesichts des in 3b) ausgesprochenen Struktursatzes entsteht nun die *Frage nach dem Verhältnis der* (in 2) beschriebenen *allgemeinen zu den* (soeben erwähnten) *Elementquotientenringen.*

§ 2. Die allgemeinen und die Elementquotientenringe

1. Einen ersten Schritt zur Beantwortung der soeben aufgeworfenen Frage bedeutet

Satz 1: Über einem Integritätsbereich $\mathfrak{t}$ mit Gültigkeit der eingeschränkten Minimalbedingung für die Ideale ist jeder Elementquotientenring auch ein allgemeiner.

Beweis: Sei der Elementquotientenring $\mathfrak{t}^*$ über $\mathfrak{t}$ aus $\mathfrak{t}$ mittels des multiplikativ abgeschlossenen Systems S von Elementen σ aus $\mathfrak{t}$ entstanden, $\mathfrak{t}^* = \mathfrak{t}_S$. Es bezeichne $\mathfrak{N}$ die Menge derjenigen Primideale $\mathfrak{p}$ von $\mathfrak{t}$, die in wenigstens einem $\sigma \in S$ aufgehen; $\mathfrak{t}' = \mathfrak{t}_{\mathfrak{N}}$ sei der mittels $\mathfrak{N}$ aus $\mathfrak{t}$ gebildete allgemeine Quotientenring; $\mathfrak{N}$ ist die leere Menge, falls S aus lauter Einheiten von $\mathfrak{t}$ besteht. Dann ist sicher $\mathfrak{t}^* \subseteq \mathfrak{t}'$, da jedes Element $\frac{t}{\sigma} \in \mathfrak{t}^*$, wie man durch Primärkomponentenzerlegung von $\mathfrak{t}t$ und $\mathfrak{t}\sigma$ erkennt, höchstens für die $\mathfrak{p} \in \mathfrak{N}$ nicht ganz ist und $\mathfrak{t}'$ aus der Gesamtheit dieser Elemente besteht. Für ein Element $\mu \in \mathfrak{t}'$ gilt bei $\mathfrak{t}\mu = \mathfrak{m}$ eine Darstellung $\mathfrak{m} = \prod_{\mathfrak{p}} \mathfrak{m}(\mathfrak{p})$ als Produkt endlich vieler $\mathfrak{m}(\mathfrak{p})$, wobei höchstens für die Primideale $\mathfrak{p}$ aus $\mathfrak{N}$ die Komponenten $\mathfrak{m}(\mathfrak{p}) = \frac{\mathfrak{q}(\mathfrak{p})}{\mathfrak{q}'(\mathfrak{p})}$ unkürzbare Nenner mit $\mathfrak{q}(\mathfrak{p}) \subseteq | \, \mathfrak{q}'(\mathfrak{p})$ haben. Stets sind $\mathfrak{q}(\mathfrak{p})$ und $\mathfrak{q}'(\mathfrak{p})$ umkehrbare Ideale und zu $\mathfrak{p}$ gehörige Primärideale, falls nicht sogar $\mathfrak{q}(\mathfrak{p})$ oder $\mathfrak{q}'(\mathfrak{p})$ gleich $\mathfrak{t}$ wird. Für ein nichtganzes $\mathfrak{m}(\mathfrak{p})$ ist nun jedenfalls das Primideal $\mathfrak{p}$ Teiler eines Elementes $\sigma(\mathfrak{p}) \in S$, nach Definition von $\mathfrak{N}$, und bei $\mathfrak{p}^{\varrho} \subseteq \mathfrak{q}'(\mathfrak{p})$ ist dann auch $\mathfrak{t}\sigma(\mathfrak{p})^{\varrho} \subseteq \mathfrak{q}'(\mathfrak{p})$, $\mathfrak{t}\sigma(\mathfrak{p})^{\varrho} = \mathfrak{q}'(\mathfrak{p}) \cdot \mathfrak{c}$ mit einem geeigneten umkehrbaren $\mathfrak{c}$ aus $\mathfrak{t}$, das natürlich im allgemeinen kein zu $\mathfrak{p}$ gehöriges Primärideal sein wird. Für jedes nichtganze $\mathfrak{m}(\mathfrak{p})$ ergibt sich so eine Darstellung $\mathfrak{m}(\mathfrak{p}) = \frac{\mathfrak{q}(\mathfrak{p})}{\mathfrak{q}'(\mathfrak{p})} = \frac{\mathfrak{q}(\mathfrak{p})\,\mathfrak{c}}{\mathfrak{q}'(\mathfrak{p})\,\mathfrak{c}} = \frac{\mathfrak{z}(\mathfrak{p})}{\mathfrak{t}\sigma(\mathfrak{p})^{\varrho}}$ mit $\mathfrak{z}(\mathfrak{p}) \subseteq \mathfrak{t}$ [$\mathfrak{z}(\mathfrak{p})$ braucht nicht primär zu sein!], woraus sich durch Zusammensetzen für $\mathfrak{m} = \mathfrak{t}\mu$ schließlich eine Darstellung $\mathfrak{m} = \mathfrak{t}\mu = \frac{\mathfrak{z}}{\mathfrak{t}\sigma(\mu)}$ herleitet, in der $\mathfrak{z} \subseteq \mathfrak{t}$ und $\sigma(\mu) = \prod \sigma(\mathfrak{p})^{\varrho} \in S$ ist; $\mathfrak{z} = \mathfrak{t}\mu \cdot \mathfrak{t}\sigma(\mu) = \mathfrak{t}\mu\sigma(\mu)$ wird ein Hauptideal aus $\mathfrak{t}$ mit dem Basiselement $\zeta = \mu \cdot \sigma(\mu)$. $\mu = \frac{\zeta}{\sigma(\mu)}$ ist also Element von $\mathfrak{t}^*$, d. h. $\mathfrak{t}_{\mathfrak{N}} = \mathfrak{t}' \subseteq \mathfrak{t}^* = \mathfrak{t}_S$, also $\mathfrak{t}_{\mathfrak{N}} = \mathfrak{t}_S$, w.z.b.w.

2. Die Auffassung von $\mathfrak{t}' = \mathfrak{t}_{\mathfrak{N}}$ als allgemeiner Quotientenring liefert eine invariante, die Auffassung als Elementquotientenring insofern eine nichtinvariante Beschreibung, als verschiedene multiplikativ abgeschlossene Mengen S_1 und S_2 von Null verschiedener Elemente aus $\mathfrak{t}$, wenn sie nur dieselbe Primidealmenge $\mathfrak{N}_1 = \mathfrak{N}(S_1) = \mathfrak{N}_2 = \mathfrak{N}(S_2) = \mathfrak{N}$ festlegen, gemäß Satz 1 dennoch denselben Ring $\mathfrak{t}' = \mathfrak{t}_{S_1} = \mathfrak{t}_{S_2}$ erzeugen. Nennt man also zwei solche multiplikativ abgeschlossene Systeme genau dann äquivalent, wenn sie dieselbe Primidealmenge $\mathfrak{N}(S_1) = \mathfrak{N}(S_2)$ definieren, so läßt sich sagen:

Äquivalente multiplikativ abgeschlossene Systeme S_1 und S_2 und nur sie erzeugen denselben Elementquotientenring $\mathfrak{t}_{S_1} = \mathfrak{t}_{S_2}$. Die *Äquivalenzbedingung* 1 : $S_1 \sim S_2 \leftrightarrow \mathfrak{N}(S_1) = \mathfrak{N}(S_2)$ ist gleichwertig der *Äquivalenzbedingung* 2: $S_1 \sim S_2$ genau dann, wenn jedes $\sigma_1 \in S_1$ in $\mathfrak{t}$ Teiler eines geeigneten $\sigma_2 \in S_2$ und jedes $\sigma_2 \in S_2$ in $\mathfrak{t}$ Teiler eines geeigneten $\sigma_1 \in S_1$ wird.

Beweis: a) Die 2. Bedingung zieht die erste nach sich: Ist $\mathfrak{p} \in \mathfrak{N}(S_1)$, so gibt es ein $\sigma_1 \in S_1$ mit $\sigma_1 \in \mathfrak{p}$ und zu σ_1 ein $\sigma_2 = t_1\sigma_1$ mit $t_1 \in \mathfrak{t}$, so daß auch $\sigma_2 \in \mathfrak{p}$ und damit $\mathfrak{p} \in \mathfrak{N}(S_2)$, $\mathfrak{N}(S_1) \subseteq \mathfrak{N}(S_2)$ wird. Umgekehrt schließt man entsprechend.

b) Bei $\mathfrak{N}(S_1) = \mathfrak{N}(S_2)$ sei $\sigma_1 \in S_1$; für ein geeignetes Potenzprodukt $\mathfrak{p}_{11}^{\varrho_1} \ldots \mathfrak{p}_{1r}^{\varrho_r}$ aus Primidealen $\mathfrak{p}_{1i}$ $(i = 1, \ldots, r)$ aus $\mathfrak{N}(S_1)$ ist dann $\mathfrak{p}_{11}^{\varrho_1} \ldots \mathfrak{p}_{1r}^{\varrho_r} \subseteq \mathfrak{t}\sigma_1$. Wegen $\mathfrak{p}_{1i} = \mathfrak{p}_{2i} \in \mathfrak{N}(S_2) = \mathfrak{N}(S_1)$ gibt es zu jedem $\mathfrak{p}_{1i}$ wenigstens ein $\sigma_{2i} \in S_2$ mit $\mathfrak{t}\sigma_{2i} \subseteq \mathfrak{p}_{1i}$, so daß also bei $\sigma_2 = \sigma_{21}^{\varrho_1} \ldots \sigma_{2r}^{\varrho_r}$ gilt $\mathfrak{t}\sigma_2 = \mathfrak{t}\sigma_{21}^{\varrho_1} \ldots \mathfrak{t}\sigma_{2r}^{\varrho_r} \subseteq \mathfrak{p}_{11}^{\varrho_1} \ldots \mathfrak{p}_{1r}^{\varrho_r} \subseteq \mathfrak{t}\sigma_1$, $\sigma_2 = t_1\sigma_1$ mit $t_1 \in \mathfrak{t}$. In umgekehrter Richtung schließt man wieder entsprechend.

3. Für Integritätsbereiche $\mathfrak{t}$, deren Quotientenkörper $k = Q(\mathfrak{t})$ ein endlicher algebraischer Zahlkörper ist, gilt als Umkehrung von Satz 1 der

Satz 2: *Für Integritätsbereiche $\mathfrak{t}$ mit einem endlichen algebraischen Zahlkörper als Quotientenkörper ist jeder allgemeine Quotientenring auch ein Elementquotientenring.*

Der **Beweis** dieses Satzes läßt sich zurückführen auf den

Hilfssatz 1: *In Integritätsbereichen $\mathfrak{t}$ der in Satz 2 bezeichneten Art gibt es zu jedem Primideal $\mathfrak{p}$ ein zu $\mathfrak{p}$ gehöriges Primärideal $\mathfrak{z}(\mathfrak{p})$, das Hauptideal, $\mathfrak{z}(\mathfrak{p}) = \mathfrak{t}\sigma(\mathfrak{p})$ mit $\sigma(\mathfrak{p}) \in \mathfrak{t}$, wird.*

Bei Gültigkeit von Hilfssatz 1 beweist man Satz 2 folgendermaßen: Ist $\mathfrak{t}' = \mathfrak{t}_{\mathfrak{N}}$ ein aus $\mathfrak{t}$ mittels der Primidealmenge $\mathfrak{N} = \{\mathfrak{p}_1, \mathfrak{p}_2, \ldots, \mathfrak{p}_\nu, \ldots\}$ gebildeter allgemeiner Quotientenring, so wähle man zu jedem $\mathfrak{p}_\nu$ ein $\sigma(\mathfrak{p}_\nu) \in \mathfrak{t}$ derart, daß $\mathfrak{t}\sigma(\mathfrak{p}_\nu)$ ein zu $\mathfrak{p}_\nu$ gehöriges Primärideal ist, was nach Hilfssatz 1 geht, und definiere S als Gesamtheit aller mit nichtnegativ-ganzzahligen Exponenten gebildeten Potenzprodukte je endlich vieler dieser $\sigma(\mathfrak{p}_\nu)$; S ist dann multiplikativ abgeschlossen. Falls $\mathfrak{N}$ die leere Menge ist, nehme man als multiplikativ abgeschlossenes System die aus dem Einselement e von $\mathfrak{t}$ bestehende Menge $S = \{e\}$. Bedeutet dann $\mathfrak{t}^* = \mathfrak{t}_S$ den mit S gebildeten Elementquotientenring, so wird nach Satz 1 $\mathfrak{t}^*$ mit $\mathfrak{t}'$ identisch.

Zum Beweis des Hilfssatzes 1 beachte man zunächst, daß es in $\mathfrak{t}$ zu jedem Primideal $\mathfrak{p}$ umkehrbare zugehörige Primärideale gibt. Wählt man in $\mathfrak{p}$ nämlich ein beliebiges vom Nullelement verschiedenes Element α, so muß in der Primärkomponentendarstellung $\mathfrak{t}\alpha = \mathfrak{q}\mathfrak{q}_2 \ldots \mathfrak{q}_r$ wegen $\mathfrak{t}\alpha \subseteq \mathfrak{p}$ wenigstens eine zu $\mathfrak{p}$ gehörige Primärkomponente auftreten; sie sei $\mathfrak{q}$. Als Faktor des umkehrbaren $\mathfrak{t}$-Moduls $\mathfrak{t}\alpha$ ist $\mathfrak{q}$ dann selbst umkehrbar. Mit $\mathfrak{q}$ sind auch alle Potenzen $\mathfrak{q}^i$ $(i = 1, 2, \ldots)$ zu $\mathfrak{p}$ gehörige umkehrbare Primärideale. Hilfssatz 1 wird also bewiesen sein, wenn sich zeigen läßt, daß eine dieser Potenzen $\mathfrak{q}^i$ ein Hauptideal in $\mathfrak{t}$ wird. Das aber folgt aus dem in endlichen algebraischen Zahlkörpern gültigen

Hilfssatz 2: *Die Faktorgruppe $H_{\mathfrak{t}} = \mathfrak{A}_{\mathfrak{t}} / \mathfrak{H}_{\mathfrak{t}}$ der Gruppe $\mathfrak{A}_{\mathfrak{t}}$ der umkehrbaren $\mathfrak{t}$-Moduln nach der Untergruppe $\mathfrak{H}_{\mathfrak{t}}$ der $\mathfrak{t}$-Hauptmoduln ist endlich.*

Genauer gilt: *Hat der Ring $\mathfrak{T}$ der $\mathfrak{t}$-ganzen Elemente aus $k = Q(\mathfrak{t})$ die* (eo ipso aus allen endlichen vom Nullmodul verschiedenen $\mathfrak{T}$-Moduln aus k bestehende)

Gruppe $\mathfrak{A}_{\mathfrak{T}}$ *der umkehrbaren* $\mathfrak{T}$*-Moduln mit der Untergruppe* $\mathfrak{H}_{\mathfrak{T}}$ *der* $\mathfrak{T}$*-Hauptmoduln, so ist die Faktorgruppe* $H_{\mathfrak{T}} = \mathfrak{A}_{\mathfrak{T}} / \mathfrak{H}_{\mathfrak{T}}$ *von endlicher Ordnung* $h_{\mathfrak{T}}$. *Der durch* $\mathfrak{f} = \frac{\mathfrak{t}}{\mathfrak{T}}$ *erklärte Führer von* $\mathfrak{t}$ *nach* $\mathfrak{T}$ *ist ein schon in* $\mathfrak{t}$ *gelegenes, vom Nullideal verschiedenes* $\mathfrak{T}$*-Ideal, für das die Gruppe* $\mathfrak{T}^{\times}$ *der zu* $\mathfrak{f}$ *teilerfremden Restklassen von* $\mathfrak{T}$ *modulo* $\mathfrak{f}$ *von endlicher Ordnung* $\varphi_{\mathfrak{T}}(\mathfrak{f})$ *ist; die Untergruppe* $\mathfrak{t}^{\times}$ *der schon in* $\mathfrak{t}$ *gelegenen Restklassen aus* $\mathfrak{T}^{\times}$ *habe die Ordnung* $\varphi_{\mathfrak{t}}(\mathfrak{f})$ *und den Index* $\bigl(\varphi_{\mathfrak{T}}(\mathfrak{f}) : \varphi_{\mathfrak{t}}(\mathfrak{f})\bigr)$. *Die Gruppe* $E_{\mathfrak{t}}$ *der Einheiten aus* $\mathfrak{t}$ *ist dann von endlichem Index* $(E_{\mathfrak{T}} : E_{\mathfrak{t}})$ *in der Einheitengruppe* $E_{\mathfrak{T}}$ *von* $\mathfrak{T}$ *und* $(E_{\mathfrak{T}} : E_{\mathfrak{t}})$ *Teiler von* $\bigl(\varphi_{\mathfrak{T}}(\mathfrak{f}) : \varphi_{\mathfrak{t}}(\mathfrak{f})\bigr)$. *Für die Ordnung* $h_{\mathfrak{t}}$ *von* $H_{\mathfrak{t}}$ *besteht dann die Beziehung*

$$h_{\mathfrak{t}} = h_{\mathfrak{T}} \cdot \frac{\bigl(\varphi_{\mathfrak{T}}(\mathfrak{f}) : \varphi_{\mathfrak{t}}(\mathfrak{f})\bigr)}{(E_{\mathfrak{T}} : E_{\mathfrak{t}})}.$$

$h_{\mathfrak{T}}$ *ist ein Teiler der absoluten Klassenzahl* h *des endlichen algebraischen Zahlkörpers* k.

Beweis: a) Die algebraisch-ganze Abschließung $\mathfrak{T}$ von $\mathfrak{t}$ in k muß wegen ihrer ganzen Abgeschlossenheit und wegen $\Gamma \subseteq \mathfrak{t} \subseteq \mathfrak{T}$ das System $\mathfrak{O}$ der Γ-ganzen Elemente von k, d. h. die Hauptordnung $\mathfrak{O}$ von k, enthalten. Wegen $\mathfrak{t}^2 = \mathfrak{t}$ und $\mathfrak{O}^2 = \mathfrak{O}$ ist $(\mathfrak{t}\mathfrak{O})^2 = \mathfrak{t}\mathfrak{O} \cdot \mathfrak{t}\mathfrak{O} = \mathfrak{t}^2\mathfrak{O}^2 = \mathfrak{t}\mathfrak{O}$ ein in $\mathfrak{T}$ enthaltener und $\mathfrak{t}$ umfassender Ring $\mathfrak{R}$, der auch $\mathfrak{O}$ umfaßt. Nach Teil β) des Erhaltungs- und Struktursatzes muß $\mathfrak{R}$ Quotientenring über $\mathfrak{O}$ werden, da in k ganze algebraische Erweiterungen von $\mathfrak{O}$ nicht mehr möglich sind. Jedes Ideal $\neq (0)$ aus $\mathfrak{R}$ hat dann in $\mathfrak{R}$ einen Restklassenring, der dem Restklassenring seines Verengungsideals in $\mathfrak{O}$ isomorph ist, also wie dieser endlich viele Elemente hat; außerdem hat $\mathfrak{R}$ als Quotientenring von $\mathfrak{O}$ die „gewöhnliche" Idealtheorie, ist also ein Dedekindscher Ring und als solcher ganz abgeschlossen in k, enthält also auch den Ring $\mathfrak{T}$ der $\mathfrak{t}$-ganzen Elemente von k, so daß also $\mathfrak{R} = \mathfrak{t}\mathfrak{O} = \mathfrak{T}$ wird. Da $\mathfrak{O}$ ein endlicher Γ-Modul $\mathfrak{O} = (\Gamma\omega_1, \ldots, \Gamma\omega_n)$ ist, ist $\mathfrak{T} = \mathfrak{t}\mathfrak{O} = (\mathfrak{t}\omega_1, \ldots, \mathfrak{t}\omega_n)$ ein endlicher $\mathfrak{t}$-Modul. Stellt man die ω_i als Quotienten $\omega_i = \frac{t_i}{t}$ von Elementen $t, t_1, \ldots, t_n$ aus $\mathfrak{t}$ mit gemeinsamem Nenner $t \neq 0$ dar, so wird $t \cdot \mathfrak{T} \subseteq \mathfrak{t}$, d. h. $\mathfrak{f} = \frac{\mathfrak{t}}{\mathfrak{T}} \neq (0)$; $\mathfrak{f}$ erweist sich wegen $\mathfrak{f}\mathfrak{T} = \mathfrak{f}$ und $1 \in \mathfrak{T}$ als ein in $\mathfrak{t}$ gelegenes $\mathfrak{T}$-Ideal, für das also der Restklassenring $\mathfrak{T}/\mathfrak{f}$ und damit auch die Gruppe $\mathfrak{T}^{\times}$ der teilerfremden Restklassen dieses Ringes endlich ist. $\bigl(\varphi_{\mathfrak{T}}(\mathfrak{f}) : \varphi_{\mathfrak{t}}(\mathfrak{f})\bigr)$ ist dann der Index von $\mathfrak{t}^{\times}$ in $\mathfrak{T}^{\times}$.

b) Da in $\mathfrak{T}$ jedes Ideal Erweiterungsideal hinsichtlich $\mathfrak{O}$ ist, wird, wie man leicht sieht, die volle Gruppe $\mathfrak{A}_{\mathfrak{T}}$ homomorphes Bild der Gruppe $\mathfrak{A}_{\mathfrak{O}}$ der vom Nullmodul verschiedenen endlichen $\mathfrak{O}$-Moduln, und dieser Homomorphismus kann über den Homomorphismus $\mathfrak{A}_{\mathfrak{T}} \to H_{\mathfrak{T}} = \mathfrak{A}_{\mathfrak{T}} / \mathfrak{H}_{\mathfrak{T}}$ zu einem Homomorphismus von $\mathfrak{A}_{\mathfrak{O}}$ auf $H_{\mathfrak{T}}$ fortgesetzt werden, bei dem die Gruppe $\mathfrak{H}_{\mathfrak{O}}$ der $\mathfrak{O}$-Hauptmoduln sicher im Kern enthalten ist, so daß die Ordnung $h_{\mathfrak{T}}$ von $H_{\mathfrak{T}}$ sicher Teiler der Ordnung h von $H_{\mathfrak{O}} = \mathfrak{A}_{\mathfrak{O}} / \mathfrak{H}_{\mathfrak{O}}$ wird.

c) In $\mathfrak{T}^{\times}$ liegt als Untergruppe das System $\mathfrak{E}_{\mathfrak{T}}$ derjenigen Restklassen modulo $\mathfrak{f}$ aus $\mathfrak{T}$, die durch Einheiten aus $\mathfrak{T}$ repräsentiert werden können; $\mathfrak{E}_{\mathfrak{T}}$ enthält als

Untergruppe das System $\mathfrak{E}_t$ der durch Einheiten aus $\mathfrak{t}$ repräsentierbaren Restklassen, so daß der Index $(\mathfrak{E}_{\mathfrak{T}} : \mathfrak{E}_t)$ endlich ausfällt; die Faktorgruppe $\mathfrak{E}_{\mathfrak{T}}/\mathfrak{E}_t$ ist offenbar homomorphes Bild der Einheitengruppe $E_{\mathfrak{T}}$ von $\mathfrak{T}$, und bei diesem Homomorphismus gehört die Einheitengruppe E_t von $\mathfrak{t}$ sicherlich zum Kern. E_t ist sogar der genaue Kern. Denn ein Kernelement ist ein Element aus $E_{\mathfrak{T}}$, das modulo $\mathfrak{f}$ einer Einheit aus $\mathfrak{t}$ kongruent wird, also wegen $\mathfrak{f} \subseteq \mathfrak{t}$ selbst zu $\mathfrak{t}$ gehört, d. h. ein Element von $E_{\mathfrak{T}} \cap \mathfrak{t}$, und es gilt nicht nur $E_t \subseteq E_{\mathfrak{T}} \cap \mathfrak{t}$, sondern sogar $E_{\mathfrak{T}} \cap \mathfrak{t} = E_t$. Für ein $\eta \in E_{\mathfrak{T}} \cap \mathfrak{t}$ ist nämlich $\mathfrak{t}\eta$ ein durch kein Primideal $\mathfrak{p}$ von $\mathfrak{t}$ teilbares Ideal, weil aus $\mathfrak{t}\eta \subseteq \mathfrak{p} \subset \mathfrak{t}$ sofort $\mathfrak{T} = \mathfrak{T}\eta \subseteq \mathfrak{T}\mathfrak{p} \subseteq \mathfrak{T}$, $\mathfrak{T} = \mathfrak{T}\mathfrak{p}$ folgen würde. Bei $\mathfrak{T} = (\mathfrak{t}\omega_1, \ldots, \mathfrak{t}\omega_n)$ würden hieraus mit geeigneten Elementen $\pi_{ij} \in \mathfrak{p}$ für $i = 1, 2, \ldots, n$ Beziehungen $\omega_i = \sum_{j=1}^{n} \pi_{ij}\,\omega_j$ oder $0 = \sum_{j=1}^{n} (\pi_{ij} - \delta_{ij} e)\,\omega_j$ (δ_{ij} das Kronecker-Symbol) folgen, woraus $|\pi_{ij} - \delta_{ij} e| = 0$ und $e \in \mathfrak{p}$, $\mathfrak{p} = \mathfrak{t}$ zu schließen wäre. Also ist $\mathfrak{t}\eta = \mathfrak{t}$, $\eta \in E_t$, $E_t = E_{\mathfrak{T}} \cap \mathfrak{t}$ der genaue Kern. Genauso findet man $\mathfrak{E}_t = \mathfrak{E}_{\mathfrak{T}} \cap \mathfrak{t}^{\times}$, so daß sich insgesamt $E_{\mathfrak{T}}/E_t \cong \mathfrak{E}_{\mathfrak{T}}/\mathfrak{E}_t \cong \mathfrak{E}_{\mathfrak{T}}/\mathfrak{E}_{\mathfrak{T}} \cap \mathfrak{t}^{\times} \cong \mathfrak{E}_{\mathfrak{T}} \cdot \mathfrak{t}^{\times}/\mathfrak{t}^{\times} \subseteq \mathfrak{T}^{\times}/\mathfrak{t}^{\times}$ herausstellt, womit u. a. die Teilbarkeit von $(\varphi_{\mathfrak{T}}(\mathfrak{f}) : \varphi_t(\mathfrak{f}))$ durch $(E_{\mathfrak{T}} : E_t)$ bewiesen ist.

d) α) Der im Literaturverzeichnis unter [2] genannten Arbeit entnimmt man folgende Resultate: Unter der Zuordnung $\mathfrak{m} \to \mathfrak{T}\mathfrak{m}$ für die $\mathfrak{m} \in \mathfrak{A}_t$ wird $\mathfrak{A}_{\mathfrak{T}}$ homomorphes Bild von $\mathfrak{A}_t$, und der Kern $\mathfrak{W}$ dieses Homomorphismus besteht gerade aus den $\mathfrak{t}$-Moduln $\mathfrak{w} = (\mathfrak{f}, \mathfrak{t}\mu)$, wenn die Elemente $\mu \in \mathfrak{T}$ ein volles Repräsentantensystem von $\mathfrak{T}^{\times}/\mathfrak{t}^{\times}$ durchlaufen. $\mathfrak{W}$ ist zu $\mathfrak{T}^{\times}/\mathfrak{t}^{\times}$ isomorph, also von der Ordnung $(\varphi_t(\mathfrak{f}) : \varphi_t(\mathfrak{f}))$. Daraus folgt:

β) *Genau diejenigen* $\mathfrak{w} = (\mathfrak{f}, \mathfrak{t}\mu)$ *aus* $\mathfrak{W}$ *sind* $\mathfrak{t}$-*Hauptmoduln, für die die Klasse* $\bar{\mu}$ *aus* $\mathfrak{T}^{\times}/\mathfrak{t}^{\times}$ *durch eine Einheit* η *aus* $\mathfrak{T}$ *repräsentierbar ist; es wird dann* $\mathfrak{w} = \mathfrak{t}\eta$.

Beweis: Aus $\mathfrak{w} = (\mathfrak{f}, \mathfrak{t}\mu) = \mathfrak{t}\lambda$ ergibt sich wegen $\mathfrak{T} = \mathfrak{T}\mathfrak{w} = \mathfrak{T}\lambda$ das Element λ als eine Einheit in $\mathfrak{T}$; aus $\mathfrak{w} = (\mathfrak{f}, \mathfrak{t}\mu) = \mathfrak{t}\lambda$ folgt $\mathfrak{w} = (\mathfrak{f}, \mathfrak{t}\lambda)$. Umgekehrt hat man für eine Einheit η aus $\mathfrak{T}$ die Beziehungen $\mathfrak{f} = \mathfrak{f}\eta \subseteq \mathfrak{t}\eta$, also $\mathfrak{w} = (\mathfrak{f}, \mathfrak{t}\eta) = \mathfrak{t}\eta$, und $\mathfrak{w}$ ist $\mathfrak{t}$-Hauptmodul. Unter Beachtung von $\mathfrak{E}_t = \mathfrak{E}_{\mathfrak{T}} \cap \mathfrak{t}^{\times}$ ergibt sich hieraus:

γ) *Die Untergruppe der in* $\mathfrak{W}$ *enthaltenen* $\mathfrak{t}$-*Hauptmoduln ist isomorph zu* $\mathfrak{E}_{\mathfrak{T}}/\mathfrak{E}_t$.

e) Mittels der Feststellungen in a) bis d) ergibt sich nun der Beweis des Hilfssatzes 2 folgendermaßen: Durch Zusammensetzen der Homomorphismen $\mathfrak{A}_t \to \mathfrak{A}_{\mathfrak{T}}$ und $\mathfrak{A}_{\mathfrak{T}} \to H_{\mathfrak{T}} = \mathfrak{A}_{\mathfrak{T}}/\mathfrak{H}_{\mathfrak{T}}$ ergibt sich der Homomorphismus $\mathfrak{A}_t \to H_{\mathfrak{T}}$, dessen Kern gewiß $\mathfrak{W} \cdot \mathfrak{H}_t$ umfaßt. $\mathfrak{W} \cdot \mathfrak{H}_t$ ist aber sogar der genaue Kern. Denn ist für ein $\mathfrak{m} \in \mathfrak{A}_t$ gültig $\mathfrak{T}\mathfrak{m} = \mathfrak{T}\mu$, so wird $\mathfrak{T}\mathfrak{m}\mu^{-1} = \mathfrak{T}$, also $\mathfrak{m}\mu^{-1} = \mathfrak{w}$, $\mathfrak{m} = \mathfrak{w} \cdot \mathfrak{t}\mu \in \mathfrak{W}\mathfrak{H}_t$. Demnach wird $\mathfrak{A}_t/\mathfrak{W}\mathfrak{H}_t \cong H_{\mathfrak{T}}$ und $(\mathfrak{A}_t : \mathfrak{W}\mathfrak{H}_t) = h_{\mathfrak{T}}$. Ferner hat man $\mathfrak{W}\mathfrak{H}_t/\mathfrak{H}_t \cong \mathfrak{W}/\mathfrak{W} \cap \mathfrak{H}_t$ und $\mathfrak{W} \cap \mathfrak{H}_t \cong \mathfrak{E}_{\mathfrak{T}}/\mathfrak{E}_t \cong E_{\mathfrak{T}}/E_t$ gemäß d) und c), so daß schließlich folgt

$$h_t = (\mathfrak{A}_t : \mathfrak{H}_t) = (\mathfrak{A}_t : \mathfrak{W}\mathfrak{H}_t)(\mathfrak{W}\mathfrak{H}_t : \mathfrak{H}_t) = h_{\mathfrak{T}} \cdot \frac{(\varphi_{\mathfrak{T}}(\mathfrak{f}) : \varphi_t(\mathfrak{f}))}{(E_{\mathfrak{T}} : E_t)}, \text{ w. z. b. w.}$$

4) Für den Fall, daß $\mathfrak{T}$ die Hauptordnung $\mathfrak{O}$ eines endlichen algebraischen Zahlkörpers k und $\mathfrak{t}$ ein Γ umfassender Unterring $\mathfrak{o}$ von $\mathfrak{O}$ mit $Q(\mathfrak{o}) = k$ wird,

stimmt die soeben bewiesene Klassenzahlformel mit der von DEDEKIND in seiner Gauss-Festschrift angegebenen überein, obwohl DEDEKIND dort in § 6 bei der Klasseneinteilung von den zu $\mathfrak{f} = \frac{\mathfrak{o}}{\mathfrak{D}}$ teilerfremden Idealen von $\mathfrak{o}$ ausgeht. Die voraufgehenden Betrachtungen lehren, daß die so entstehende Dedekindsche Idealklassengruppe H_0' mit der für $\mathfrak{t} = \mathfrak{o}$ entstehenden Idealklassengruppe H_0 im Sinne dieser Arbeit identisch ist. Das folgt auch unmittelbar aus dem folgenden, den in 3) d) α) mitgeteilten Resultaten zugrunde liegenden

Hilfssatz 3: Für einen Integritätsbereich $\mathfrak{t}$ mit eingeschränkter Minimalbedingung für die Ideale ist jeder umkehrbare $\mathfrak{t}$-Modul $\mathfrak{m}$ aus $k = Q(\mathfrak{t})$ modulo jedem $\mathfrak{t}$-Untermodul $\mathfrak{u} \neq (0)$ ein Hauptmodul. $\mathfrak{m}$ läßt sich durch Multiplikation mit einem zu einem beliebigen Ideal $\mathfrak{b} \neq (0)$ aus $\mathfrak{t}$ teilerfremden Ideal $\mathfrak{c} \subseteq \mathfrak{t}$ in ein Hauptideal von $\mathfrak{t}$ verwandeln. (Zum Beweis vgl. die Arbeiten [2], [4], [5] des Literaturverzeichnisses.)

Aus diesem Hilfssatz folgert man durch Spezialisierung von $\mathfrak{b}$ zu $\mathfrak{f}$, ganz wie bei der Gruppe H_0 der absoluten Idealklassen, daß es in jeder Klasse von H_0 zu $\mathfrak{f}$ teilerfremde Ideale aus $\mathfrak{o}$ gibt.

LITERATUR

[1] R. DEDEKIND: Über die Anzahl der Ideal-Klassen in den verschiedenen Ordnungen eines endlichen Körpers (= R. DEDEKIND: Gesammelte Werke (Braunschweig 1930), Band I, Seite 105–158).

[2] H. GRELL: Über die arithmetische und algebraische Struktur der Integritätsbereiche mit eingeschränkter Minimalbedingung. I. Erscheint demnächst in Math. Nachrichten.

[3] W. KRULL: Idealtheorie, Berlin 1935 (= Ergebnisse der Mathematik und ihrer Grenzgebiete, Bd. IV, Heft 3), S. 18.

[4] W. WEBER: Umkehrbare Ideale; Math. Zeitschrift 34 (1931), S. 131–157, insbesondere S. 137.

[5] H. GRELL: Verzweigungstheorie in allgemeinen Ordnungen algebraischer Zahlkörper; Math. Zeitschrift 40 (1936), S. 629–657; § 12, Hilfssatz 2.

Общие кольца отношений и кольца отношений элементов в полях алгебраических чисел

Г. ГРЕЛЛЬ, Берлин

Резюме

В теории расширений областей целостности, удовлетворяющих ограниченному условию минимальности для идеалов, играет роль, в виду общего характера имеющихся здесь структурных теорем, одно обобщение конструкции кольца отношений, приводящее, вообще говоря, к более общим кольцам, чем известный до сих пор в литературе процесс построения колец отношений элементов при помощи мультипликативно замкнутых множеств. Доказывается, что каждое кольцо отношений элементов может быть получено при помощи этой общей конструкции. Для полей алгебраических чисел верно и обратное утверждение. Его доказательство основывается на том, что в полях алгебраических чисел для каждой области целостности группа классов модулей, построенная исходя из соответствующей группы обратимых модулей, конечна. Для ее порядка выводится выражение, в частных случаях найденное еще ДЕДЕКИНДом, в которое входит абсолютное число классов идеалов соответствующего поля (для полей алгебраических чисел это число конечно).

Um Eulers erste Reihenstudien *)

Von Jos. E. Hofmann, Ichenhausen

INHALT

---

*) Beitrag, eingereicht am 26. 2. 1957. In verkürzter Form vorgetragen auf der Vormittagssitzung am 22. 3. 1957.

1. Herr G. FABER hat dem letzten Band der gemeinsam mit C. BOEHM unter dem Titel *Commentationes analyticae ad theoriam serierum infinitarum pertinentes*[1]) herausgegebenen Einzelschriften EULERs zur Reihenlehre eine zusammenfassende Übersicht vorangestellt[2]). Hier sind die zahlreichen einschlägigen Arbeiten EULERs ihrem sachlichen Inhalt nach zusammengefaßt und kurz gekennzeichnet. Der erste Abschnitt dieser Übersicht[3]) handelt von der EULERschen Summenformel, von den Reihen $\sum_{\nu=1}^{\infty} \frac{1}{\nu^{2k}}$ und von den BERNOULLIschen Zahlen. Hier werden auch einige entwicklungsgeschichtliche Fragen berührt, die sich auf die EULERsche Reihenlehre beziehen, und wertvolle literarische Hinweise gegeben. Inzwischen ist weiteres Material aufgetaucht, das manche Einzelheit in neuem Lichte erscheinen läßt. Hiervon soll im folgenden gehandelt werden.

2. Herr FABER hatte — wohl infolge der unzureichenden Informationsmöglichkeiten nach dem ersten Weltkrieg — auch 1935 noch keine Kenntnis von der bemerkenswerten Monographie von Ch. TWEEDIE[4]) über J. STIRLING aus dem Jahre 1922. Dort sind wissenschaftlich sehr interessante Briefe aus STIRLINGs Korrespondenz abgedruckt, die TWEEDIE aus dem im Familienbesitz erhaltenen Nachlaß herausgeben konnte. Dazu tritt eine wertvolle Einzelstudie von Herrn O. SPIESS[5]) aus dem Jahre 1945 und einiges aus der von Herrn SPIESS in jahrelanger hingebungsvoller Arbeit vorbereiteten BERNOULLI-Ausgabe, deren erster Band[6]) im Jahr 1955 erschienen ist. Die Hinweise bei TWEEDIE und im BERNOULLI-Band auf noch unediertes Material haben mich veranlaßt, nach einzelnen zusätzlichen Handschriften zu suchen. Dank der liebenswürdigen Vermittlung von Herrn K.-R. BIERMANN-Berlin und des außerordentlichen Entgegenkommens des wissenschaftlichen Sekretärs der EULER-Kommission der Moskauer Akademie der Wissenschaften, Herrn A. P. JUSCHKEWITSCH, sowie der großzügig erteilten Verwendungserlaubnis durch die Moskauer Akademie konnte ich die Photokopien der Abschriften zweier EULER-Briefe aus den Beständen der vormals Petersburger Akademie

---

[1]) Leonhard EULER, *Opera mathematica, vol. XIV/XVI*, im folgenden zitiert als *EO* mit nachfolgender Bandnummer und Seitenzahl.
Vol. primum, ed. C. BOEHM-G. FABER, Leipzig/Berlin 1924 = *EO XIV*.
Vol. secundum, ed. G. FABER, Leipzig/Berlin 1927 = *EO XV*.
Vol. tertium, sectio prima, ed. C. BOEHM, Zürich 1933 = *EO XVI*.
Vol. tertium, sectio altera, ed. C. BOEHM, Basel 1935 = *EO XVI**.

[2]) *EO XVI**, S. VII/CXII.

[3]) *EO XVI**, S. XVI/XXXIX.

[4]) Charles TWEEDIE: *James Stirling, a sketch of his life and works along with his scientific correspondence*, Oxford 1922, im folgenden zitiert als *ST* mit nachfolgender Seitenzahl.

[5]) Otto SPIESS: *Die Summe der reziproken Quadratzahlen*, in der Festschrift zum 60. Geburtstag von Andreas SPEISER, Zürich 1945, S. 66/86.

[6]) *Der Briefwechsel von Johann Bernoulli*, Band I, Basel 1955, bearbeitet von O. SPIESS.

mit heranziehen. Weiterhin hat mir Herr SPIESS ergänzende Materialien aus den Editionsvorbereitungen der BERNOULLI-Ausgabe zur Verfügung gestellt und Herr K. H. HAAS-Heidelberg mehrere abgelegene Einzelheiten aus seltenen Büchern nachgesehen. Ich nehme Gelegenheit, an dieser Stelle meinen tiefempfundenen Dank für die mir in so reichem Maße zuteil gewordene Unterstützung meiner Untersuchungen auszusprechen, ohne die ich außerstande gewesen wäre, die nachfolgende Studie abzuschließen.

3. EULERs Untersuchungen zur Reihenlehre setzen erst in Petersburg ein. Sie knüpfen keineswegs — wie es für uns das nächstliegende wäre — an die wertvollen Ergebnisse an, die der geniale Jak. BERNOULLI in seinen Schriften zur Reihenlehre[7]) niedergelegt hatte und die seit 1713 auch in einem selbständigen Druck[8]) zugänglich waren; denn diese Schriften galten vielen der Zeitgenossen EULERs als dunkel und schwer verständlich[9]). Dazu kam, daß Joh. BERNOULLI, das unbestrittene Haupt der festländischen Schule und EULERs Lehrer, den Groll gegen den älteren Bruder auch zwei Jahrzehnte nach dessen Tod noch immer nicht überwunden hatte und dessen Forschungsrichtung in Verkennung der Tatsachen als wenig belangreich ansah. Das hatte zur Folge, daß nicht einmal Jak. BERNOULLIs *Ars conjectandi*[8]) im Schülerkreis Joh.

---

[7]) Gemeint sind die fünf Reihendissertationen vom 7. (17.) VI. 1689, vom 18. (28.) XI. 1692, vom 14. (24.) XI. 1696, vom 16. (26.) XII. 1698 und vom 8. IV. 1704, die zunächst in Basel als selbständige Schriften erschienen sind. — Zur Bezeichnungsweise: im 17. und 18. Jh. laufen Datierungen im Julianischen und Gregorianischen Kalender nebeneinander her. In vielen katholischen Ländern Europas war bereits der Gregorianische Kalender maßgeblich, in den meisten nichtkatholischen noch der Julianische, der im 17. Jh. um 10, im 18. Jh. um 11 Tage hinter dem Gregorianischen Kalender herhinkt. Mit dem 1. III. 1701 wurde für fast alle mitteleuropäischen Staaten der Gregorianische Kalender verbindlich, nicht aber für England und für Rußland, die weiterhin beim Julianischen Kalender blieben. Aus der im folgenden angewendeten Schreibweise ist stets kenntlich, wie das Stück im Original datiert ist. Hat der Schreiber oder Drucker Gregorianisch datiert, dann steht das Datum unmittelbar da, wie z. B. 8. IV. 1704. Ist Julianisch datiert, dann ist das Gregorianische Datum in runder Klammer beigefügt, wie z. B. 7. (17.) VI. 1689. Ist doppelt datiert, was gelegentlich vorkommt, dann ist das Gregorianische Datum nach einem Schrägstrich beigefügt, wie z. B. 20./31. III. 1729. Ist das Schriftstück undatiert, jedoch aus Erwähnungen usw. zeitlich festgelegt, dann wird die Datierung in eckiger Klammer angegeben.

[8]) Nämlich als Anhang zu Jak. BERNOULLIs nachgelassener *Ars conjectandi*, die unter Beihilfe von Nikl. I. BERNOULLI zu Basel 1713 gedruckt wurde. Weiter verbreitet ist der Wiederdruck in Jak. BERNOULLI, *Opera*, ed. G. CRAMER, Genf 1744 (2 Bände, jedoch mit durchgezählten Seiten im II. Band), der übrigens die *Ars conjectandi* nicht enthält. Eine deutsche Ausgabe von Gerh. KOWALEWSKI findet sich in Jak. BERNOULLI, *Unendliche Reihen (1689 bis 1704)*, Ostwalds Klassiker Nr. 171, Leipzig 1909. Die *Ars conjectandi* ist in deutscher Ausgabe von R. HAUSSNER unter dem Titel Jak. BERNOULLI, *Wahrscheinlichkeitsrechnung*, Ostwalds Klassiker Nr. 107/08, Leipzig 1899, erschienen.

[9]) So äußert sich etwa GOLDBACH im Brief vom 4. XI. 1723 an Dan. BERNOULLI. Die fragliche Stelle findet sich in Paul Heinrich FUSS: *Correspondance mathématique et physique de quelques célèbres géomètres du XVIIIème siècle*, Petersburg 1843 (2 Bde.). Diese von uns sehr häufig zu Rate gezogene Ausgabe wird im folgenden stets als *CF* mit nachfolgender Bandnummer und Seitenzahl zitiert; hier *CF II*, S. 183.

BERNOULLIs hinlänglich bekannt war und in vielen Bibliotheken — so auch in Petersburg — fehlte. Dort standen EULER nicht allzuviele mathematische Werke zur Verfügung, außerdem einige Zeitschriftenreihen, wie etwa die Leipziger *Acta eruditorum*[10]) und die Londoner *Philosophical Transactions*[11]), aber nicht einmal alle Bände der Pariser Akademie-Schriften[12]). In erster Linie hat sich EULER an den zufällig in Petersburg vorhandenen Fachwerken orientiert, wie etwa an den WALLISschen *Opera mathematica*[13]), an FERMATS *Varia opera*[14]) und auch an dem dickleibigen *Opus geometricum*[15]) des GREGORIUS A S. VINCENTIO.

Weit stärker wurde EULER durch die Petersburger Akademiker beeinflußt. In dieser allzu engen Gemeinschaft zum Teil wahrhaft genialer, zum großen Teil unbedeutender Mitglieder aus aller Herren Ländern, deren übersteigertes

---

[10]) Die *Acta eruditorum* (1862—1731) sind Deutschlands älteste wissenschaftliche Zeitschrift. Sie wurden durch gelegentliche Zusatzbände ergänzt. Weitergeführt wurden sie seit 1732 unter dem Titel *Nova acta eruditorum*. Wir zitieren als *AE* mit beigefügtem Monat, mit Jahreszahl und Seitenzahl.

[11]) Die *Philosophical Transactions* (seit 1665) sind Englands älteste wissenschaftliche Zeitschrift, anfangs etwas unregelmäßig herausgegeben, später in Jahresbänden. Wir zitieren als *PT* mit Jahreszahl, Nummer und Seitenzahl.

[12]) So erwähnt EULER im Brief an GOLDBACH vom 10. (21.) VIII. 1730 (*CF I*, S. 36), daß die *Histoire et mémoires de l'Académie des sciences de Paris* (1699/1790) ab Jahrgang 1719 in der Bibliothek fehlten.

[13]) John WALLIS, *Opera mathematica*, Bd. I, 1695; Bd. II, 1693; Bd. III, 1699, alles zu Oxford erschienen. EULER erwähnt dieses Werk erstmals im Brief an GOLDBACH vom 10. (21.) VIII. 1730 (*CF I*, S. 37).

[14]) Pierre de FERMAT, *Varia opera mathematica*, ed. Sam. FERMAT, Toulouse 1679. Das Werk wird erstmals erwähnt in EULERS Brief an GOLDBACH vom 4. (15.) VI. 1730 (*CF I*, S. 24).

[15]) GREGORIUS A S. VINCENTIO: *Problema Austriacum, plus ultra quadratura circuli*, Antwerpen 1647. Das Werk wird erstmals erwähnt im Brief EULERS an GOLDBACH vom 4. (15.) VI. 1730 (*CF I*, S. 24), und zwar um der darin enthaltenen (unrichtigen) Kreisquadratur willen, die sich in Buch X, *prop.* 40 vorfindet. EULER schreibt an der angegebenen Stelle nach Darlegung des Satzes, bisher habe noch niemand bewiesen, wie es mit dieser Quadratur bestellt sei. Er weiß also nichts von den Widerlegungen, die sich bei Christiaan HUYGENS in einem Anhang zu den *Theoremata de quadratura hyperboles, ellipsis et circuli ex dato portionum gravitatis centro*, Leiden 1651, und in Vincent LÉOTAUD: *Examen circuli quadraturae*, Lyon 1654, vorfinden. Über die ganze Angelegenheit unterrichten wir uns am besten aus dem Wiederdruck der HUYGENSschen Abhandlung in Chr. HUYGENS: *Œuvres complètes*, d. Haag 1888/1950 (22 Bde.), hier Bd. *XI*. Dort findet sich außerdem eine Übersicht über die in Frage stehenden Einzelprobleme, ihre Entwicklungsgeschichte und ihr Auftreten im HUYGENSschen Briefwechsel (a. a. O., S. 277/80). GOLDBACH kannte das Werk des GREGORIUS nicht (Brief an EULER vom 15./26. VI. 1730; *CF I*, S. 26). EULER bemerkte in seiner Antwort vom 25. VI. (6. VII.) 1730 (*CF I*, S. 30), daß sich GREGORIUS getäuscht hatte. Das veranlaßte GOLDBACH, im Brief vom 20./31. VIII. 1730 (*CF I*, S. 33) auf die Stelle in Dan. LIPSTORP: *Specimen philosophiae Cartesianae*, Leiden 1653, Teil *I/II*, S. 87 hinzuweisen, wo bemerkt wird, DESCARTES habe das Zustandekommen des Fehlers innerhalb von drei Tagen aufgeklärt. Hierzu vgl. auch den Brief von DESCARTES an SCHOOTEN vom 9. IV. 1649, abgedruckt in R. DESCARTES: *Œuvres*, ed. Ch. ADAM — P. TANNERY, Paris 1897/1910 (12 Bde.), hier Bd. *V*, S. 336/39.

Geltungsbedürfnis zu fortwährenden Eifersüchteleien und Reibereien führte[16]), konnte EULER zwar manche wertvolle Andeutung erhalten, aber selten mehr. Weit wichtiger waren die Hinweise auf noch ungelöste Tagesprobleme aus dem Gebiete der Reihenlehre und der Interpolation, mit denen man sich wetteifernd beschäftigte. Sie zu bezwingen, schuf sich EULER ein neuartiges Hilfsmittel von großer Tragweite, auf das er beim Studium der WALLISschen *Arithmetica infinitorum*[17]) verfallen war: die systematische Verwendung des Calculus zur Bestimmung von Reihengliedern und allgemeinen Gliedern von Zahlenfolgen und zur Summierung von Reihen — ein Vorgehen, das sich bei den Zeitgenossen nur gelegentlich vorfindet[18]).

I

4. Bedeutsame Anregungen hat EULER während der ersten Petersburger Jahre von Dan. BERNOULLI empfangen, bei dem er bis zu seiner Verheiratung (Weihnachten 1733) wohnte[19]) und mit dem er trotz vorübergehender kleiner Verstimmungen in unverbrüchlicher Freundschaft verbunden blieb. Wir werden unten auf Einzelheiten eingehen, soweit sie sich aus gleichzeitigen Briefen oder späteren Erwähnungen feststellen oder doch wahrscheinlich machen lassen. Den stärksten Impuls hat er nicht etwa im Wechselgespräch mit dem tüchtigen Jak. HERMANN erhalten, mit dem er weitläufig verwandt war[20]) und der als der führende Mathematiker dieses Kreises galt, sondern von einem wissenschaftlichen Außenseiter, dem phantasievollen Chr. GOLDBACH, dem späteren Taufpaten seines ältesten Sohnes Joh. Albr. EULER[21]).

Der weitgereiste Königsberger GOLDBACH war schon als 22jähriger in Oxford mit Nikl. I. BERNOULLI zusammengetroffen[22]), der ihm eine der Reihendissertationen Jak. BERNOULLIs geschenkt hatte; er kam jedoch als Anfänger mit

---

[16]) Was sich in *CF* hierüber vorfindet, ist bereits durch Weglassen der stärksten gegenseitigen Querelen erheblich gedämpft, gibt aber trotzdem hinreichenden Einblick in die immer unerträglicher werdenden Zustände, die durch verständnislose Verwaltungsmaßnahmen des Direktors der Petersburger Akademie, Chr. SCHUMACHER, noch gesteigert wurden. Deshalb kehrten die bedeutenderen Mathematiker der Akademie schon nach wenigen Jahren wieder den Rücken: HERMANN und BILFINGER gingen 1731 nach Hause, Dan. BERNOULLI übernahm 1733 die Basler Professur für Anatomie und Botanik, EULER folgte 1741 dem Ruf nach Berlin, GOLDBACH trat 1742 als Staatsrat in das russische Kollegium für auswärtige Angelegenheiten über und KRAFFT übernahm 1744 die Tübinger Professur für Mathematik und Physik.

[17]) John WALLIS: *Arithmetica infinitorum*, Oxford 1655 englischer Zählung, das ist 1656 unserer Zählung. Das englische Jahr wurde nämlich nicht, wie bei uns heute, am 1. I., sondern am 25. III. begonnen. Wahrscheinlich hat EULER nicht die Erstausgabe, sondern den Wiederdruck in den *Opera*[13]) *I* verwendet.

[18]) So schrieb Dan. BERNOULLI an EULER am 7. III. 1742 (*CF II*, S. 487/88), er habe schon vor seiner Ankunft in Petersburg (1725) Integrationen und Differentiationen zur Ermittlung von Reihensummen verwendet.

[19]) Vgl. Otto SPIESS: *Leonhard Euler*, Frauenfeld/Leipzig 1929, S. 72.

[20]) Vgl. SPIESS[19]), S. 56.

[21]) Vgl. *CF I*, S. 634, Fußnote.

[22]) Vgl. GOLDBACH-Dan. BERNOULLI, 4. XI. 1723 (*CF II*, S. 183/84).

dieser Abhandlung nicht zurecht[9]). Systematisch hat GOLDBACH kaum mehr als Chr. WOLFs Anfangsgründe[23]) durchgearbeitet[24]). Auf seinen weiten Reisen exzerpierte er alles, was ihn interessierte, so z. B. LEIBNIZsche Studien zur Reihenlehre[25]), zahlentheoretische Kleinigkeiten[26]), aber auch algebraische Abschnitte[27]). Nur wenig wußte er über die Beiträge der Engländer zur höheren

---

[23]) Christian v. WOLF: *Anfangsgründe sämtlicher mathematischer Wissenschaften*, Halle 1710 oder die ersten Teile der lateinischen Fassung: *Elementa matheseos universae*, Halle seit 1713.

[24]) Dies entnehmen wir der Bemerkung im Brief an EULER vom 1. XII. 1729 (*CF I*, S. 9), wo GOLDBACH gesteht, er wisse über die hyperbolischen Logarithmen nicht Bescheid, weil sie bei WOLF unerwähnt geblieben seien.

[25]) Mit Bestimmtheit hat GOLDBACH in Königsberg die LEIBNIZsche Abhandlung *De vera proportione circuli ad quadratum circumscriptum in numeris rationalibus*, *AE* II 1682, S. 41/46, gesehen und ist außerdem über die kritischen Bemerkungen von Chr. HUYGENS in dessen Handstück der *AE* unterrichtet, die sich auf das Auftreten der Reihe ln $(1 + 1)$ bei WALLIS bezieht. Diese HUYGENSsche Note ist in HUYGENS[15]) XXII, S. 787 abgedruckt. GOLDBACH hat den Wortlaut von G. H. RAST, der anscheinend das Exemplar der *AE* aus dem HUYGENSschen Nachlaß gesehen hatte. Vgl. auch GOLDBACH-Dan. BERNOULLI, 2. II. 1724 (*CF II*, S. 192).

[26]) So berichtet GOLDBACH, er habe 1716 in Königsberg aus Joh. de LUNESCHLOS: *Paradoxa de quantitate*, Heidelberg 1658, Paradoxon 46/47 etwas über die Anzahl der gesicherten vollkommenen Zahlen entnommen (Briefe an EULER vom 7. XI. 1741, vom 7. X. und 18. XI. 1752; *CF I*, S. 108/09, 584/85 und 593). Erst später habe er gemerkt, daß die fraglichen Notizen vermutlich aus M. MERSENNE: *Cogitata physico-mathematica*, Paris 1644, *Praefatio generalis*, § XIX entnommen seien (Briefe an EULER vom 7. X. und 18. XI. 1752; *CF I*, S. 584 und 593/94). Um die nämliche Zeit wird er gefunden haben, daß keine ganzzahlige Potenz einer natürlichen Zahl bei Division durch 9 den Rest 3 oder 6 läßt. Das ist in einem Brief an die Herausgeber der *AE* enthalten, der in den Supplementband VI für 1717, *Sectio* X, S. 471/72 aufgenommen wurde. Später verweist GOLDBACH auf diese Stelle im Brief an Dan. BERNOULLI vom 17. IV. 1724 (*CF II*, S. 207) und im Brief an EULER vom 9. X. 1730 (*CF I*, S. 41). In Berlin macht sich GOLDBACH Notizen aus P. BONGO: *Numerorum mysteria*, Bergamo 1599 (Brief an EULER vom 19. VIII. 1741; *CF I*, S. 104). Ferner nennt er J. OZANAMs Beweis aus dem *Journal des Sçavans* Nr. 12 vom 20. V. 1680, S. 169 bis 171 der Pariser Ausgabe dafür, daß die Gleichung $a^4 - b^4 = c^2$ in ganzen positiven Zahlen nicht bestehen kann (Brief an Dan. BERNOULLI vom 13. IX. 1724; *CF II*, S. 219). Wir haben bestimmte Anhaltspunkte dafür, daß GOLDBACH über FERMATs Zahlentheorie nur aus sehr frühen Aufzeichnungen aus dessen Werken unterrichtet war, jedoch nicht einmal die DIOPHANT-Ausgabe von Cl. G. BACHET de Méziriac (Paris 1621, Wiederdruck ed. S. FERMAT, Toulouse 1670 zusammen mit den berühmten Randnoten von P. FERMAT) besaß. Z. B. hätte es sonst keinen Anlaß für EULER gegeben, seinem Brief an GOLDBACH vom 4. V. 1748 den Wortlaut der Randnote FERMATs zu *Arithmetica* IV, 31 (Ausgabe: S. 180/81) beizufügen (*CF I*, S. 455), der besagt, daß jede ganze positive Zahl aus höchstens p p-Eckzahlen zusammengesetzt werden kann.

[27]) Während seines Aufenthaltes in den Niederlanden und in England (1712) hat GOLDBACH das Werk von Joh. Jk. FERGUSON: *Labyrinthus algebrae*, d. Haag 1667, in der Hand gehabt, sich später bei Freunden vergeblich nach dem Inhalt erkundigt, jedoch notiert, daß dieses Buch in den *PT* 4, Nr. 49 vom 19. (29.) VIII. 1669, S. 996/99 (bei GOLDBACH stehen unrichtige Seitenzahlen) angekündigt ist: Brief an EULER vom 1. X. 1742 (*CF I*, S. 158/59). Während des Aufenthaltes in Berlin (1718) hat er Joh. de LUNESCHLOS: *Thesaurus mathematum reseratum per algebram novam*, Padua 1646, exzerpiert: Brief an EULER vom 19. VIII. 1741 (*CF I*, S. 104). Natürlich kennt er die von Fr. van SCHOOTEN besorgte und eingehend

Mathematik Bescheid; WALLIS wird nur einmal nebenher erwähnt[28]), und von NEWTONS Arbeiten hat GOLDBACH nur dürftige Vorstellungen[29]).

5. Um 1718 ging GOLDBACH nach Schweden, wo er sich mit Anders Gabr. DUHRE anfreundete. Diesem berichtete er über die „allgemeine Summenformel für Zahlenreihen", die er im Anschluß an die LEIBNIZsche Dissertation von 1682 gefunden habe[30]), und faßte seine bisherigen Ergebnisse auf Anraten DUHREs in einer Abhandlung zusammen, die in den *Acta eruditorum* für 1720 abgedruckt wurde[31]).

Das „allgemeine Verfahren" GOLDBACHs ist die Herstellung der Summenreihe aus dem Differenzenschema[32]). Als wichtigstes Beispiel erscheint die Dar-

---

kommentierte lateinische Ausgabe der DESCARTESschen *Géométrie* (wohl in der weitverbreiteten Ausgabe Amsterdam 1659/61 oder in dem fast unveränderten Nachdruck von 1683 oder in dem mit Zusätzen von Jak. BERNOULLI versehenen Druck, Frankfurt a. M. 1695): Brief an Dan. BERNOULLI vom 4. XI. 1723 (*CF II*, S. 187). Auch um NEWTONS *Arithmetica universalis* (vermutlich Cambridge 1707, ed. W. WHISTON) weiß er und hat das Buch sogar erworben, jedoch auf der Reise (in Ungarn) nicht zur Hand: Brief an Dan. BERNOULLI vom 4. XI. 1723 (*CF II*, S. 187).

[28]) Im Brief an Dan. BERNOULLI vom 4. XI. 1723 (*CF II*, S. 184).

[29]) Im Brief an Nikl. II. BERNOULLI vom 2. I. 1722 (*CF II*, S. 128) erwähnt GOLDBACH, er wisse, daß NEWTON eine Regel zur Radizierung von Binomen aufgestellt habe, vermöge sich jedoch nicht mehr genau daran zu erinnern und habe auch (auf der Durchreise in Wien) keine Bücher zur Hand, aus denen er sich orientieren könne. Im Brief an Dan. BERNOULLI vom 23. VII. 1724 (*CF II*, S. 210) schreibt GOLDBACH, er habe NEWTONS *Quadratura curvarum* (Druck als Anhang zur *Optics*, London 1704) vor einigen Jahren (also wohl während des Aufenthaltes in England) gelesen, jedoch seien ihm keinerlei Einzelheiten mehr gegenwärtig.

[30]) Ersichtlich bezog sich GOLDBACH hier nur auf die in der LEIBNIZschen Abhandlung[25]) aufgeführten elementar summierbaren Reihen:

$$\frac{1}{1\cdot 3}+\frac{1}{2\cdot 4}+\frac{1}{3\cdot 5}+\frac{1}{4\cdot 6}+\frac{1}{5\cdot 7}+\frac{1}{6\cdot 8}+\cdots=\frac{3}{4},$$

$$\frac{1}{1\cdot 3}+\frac{1}{3\cdot 5}+\frac{1}{5\cdot 7}+\cdots=\frac{2}{4},$$

$$\frac{1}{2\cdot 4}+\frac{1}{4\cdot 6}+\frac{1}{6\cdot 8}+\cdots=\frac{1}{4}.$$

[31]) *Specimen methodi ad summas serierum, AE I* 1720, S. 27/31.

[32]) Ersichtlich hatte GOLDBACH keine Ahnung davon, daß dieses Verfahren schon in NEWTONS *Methodus differentialis* von 1676, ed. W. JONES, London 1711, dargelegt und von J. STIRLING in der *Methodus differentialis Newtoniana illustrata, PT* **30**, Nr. 362 für IX/X 1719, S. 1050/70 in außerordentlich interessanter Weise weitergeführt worden war. GOLDBACH wurde übrigens nicht einmal von Dan. BERNOULLI, der im Brief vom 18. XII. 1723 (*CF II*, S. 188/89) Liebenswürdiges über GOLDBACHs Abhandlung schrieb, auf NEWTON hingewiesen. Der Inhalt der STIRLINGschen Abhandlung, auf die wir unten näher eingehen werden (Fußnote 68), blieb den festländischen Mathematikern noch lange unbekannt, obwohl STIRLING mit Nikl. I. BERNOULLI schon während dessen Aufenthalt in England (1712; Brief GOLDBACHs an Dan. BERNOULLI vom 4. XI. 1723; *CF II*, S. 183) persönlich bekannt geworden war und mit diesem seit 1719 in (allerdings recht losem) Briefwechsel stand.

stellung der Partialsummen der harmonischen Reihe in der Form[33])

$$\sum_{\nu=1}^{\infty} \frac{k}{\nu(\nu+k)} = \frac{1}{1} + \frac{1}{2} + \cdots + \frac{1}{k-1} + \frac{1}{k}$$

für ganze positive k.

Kurze Zeit nach der Ausgabe dieses Aufsatzes sah GOLDBACH bei einem deutschen Buchhändler, der von Leipzig nach Stockholm gekommen war, die *Ars conjectandi*[8]) Jak. BERNOULLIs und mußte sich bei genauerem Studium davon überzeugen, daß dort fast alle Einzelergebnisse seiner eigenen Abhandlung „vorweggenommen" waren und auch das übrige unzweifelhaft Jak. BERNOULLI bekannt, wenn auch nicht im einzelnen aufgeführt war[34]).

6. Der weitere Lebensweg führte GOLDBACH nach Italien. Dort lernte er die beiden älteren Söhne Joh. BERNOULLIs kennen, den frühvollendeten Nikl. II. BERNOULLI, der 1720/22 im Hause eines Venetianischen Edelmannes als Privatlehrer wirkte — und Dan. BERNOULLI, der 1722/25 als Assistenzarzt in Venedig tätig war. Mit Nikl. II. BERNOULLI korrespondierte GOLDBACH seit 1721, mit Dan. BERNOULLI seit 1723. Hauptthema war die Ermittlung jener Exponenten m der RICCATIschen Differentialgleichung

$$a \frac{dy}{dx} = b x^m + y^2,$$

die eine Trennung der Veränderlichen gestatten. Das Problem stammte von Jac. RICCATI[35]), der mit Nikl. II. BERNOULLI befreundet war und auch mit Dan. BERNOULLI in Briefwechsel stand. Es wurde von GOLDBACH durch Übergang zu der etwas allgemeineren Gleichung

$$\frac{dy}{dx} = a x^m y^p + k x^n y^q$$

vermittels des Ansatzes $y = c x^\gamma$ behandelt[36]). Etwas später wendete GOLDBACH auch zweckmäßige Reihenentwicklungen zum Aufbau der Lösungen an[37]).

---

[33]) Daß diese Summenformel für die harmonische Reihe schon in P. MENGOLI: *Novae quadraturae arithmeticae*, Bologna 1650, zu finden ist, war den damaligen Mathematikern bereits völlig entschwunden. Auch Jak. BERNOULLI war mit der „GOLDBACHschen" Formel vertraut, wie sich aus den Spezialfällen in *prop.* 17 der ersten Reihendissertation[7]) von 1689 entnehmen läßt. Vgl. ferner die Interpolation der Partialsummen der harmonischen Reihe bei EULER (Art. 16) und Joh. BERNOULLIs Ausdruck für die Partialsummen (Fußnote 144).

[34]) Vgl. GOLDBACH-Dan. BERNOULLI, Brief vom 4. XI. 1723 (*CF II*, S. 184/85).

[35]) Suppl. VIII der *AE* für 1723/24, S. 66/73.

[36]) GOLDBACH-Nikl. II. BERNOULLI, Juni 1721 (*CF II*, S. 97/98). Wie aus der Antwort vom 16. VII. 1721 (*CF II*, S. 99/100) hervorgeht, hatte GOLDBACH unbewußt eines der vier Verfahren angewendet, deren sich auch Joh. BERNOULLI bedient hatte. Dessen Studie kam damals nicht an die Öffentlichkeit, findet sich jedoch als Stück 157 in den von G. CRAMER herausgg. *Opera omnia*, Lausanne/Genf 1742 (eigentlich 1743; Datum des Widmungsbriefes von Joh. BERNOULLI: 9. I. 1743), Bd. IV, S. 49/51.

[37]) GOLDBACH-Nikl. II. BERNOULLI, Brief vom 11. IX. 1721 (*CF II*, S. 106/08).

An die Öffentlichkeit kam zunächst nur eine Note Dan. BERNOULLIS[38]), dann eine Mitteilung RICCATIS[39]) und schließlich eine ausführlichere Darstellung Dan. BERNOULLIS[40]).

GOLDBACH kam 1725 nach Petersburg, übernahm die wissenschaftliche Federführung bei der Akademie und wirkte an der Berufung Nikl. II. und Dan. BERNOULLIS nach Petersburg mit, wo die beiden im Spätherbst 1725 eintrafen. Es kam ihm darauf an, für die Akademieberichte möglichst interessante Beiträge über Tagesfragen zu gewinnen. Die noch im Fluß befindlichen Untersuchungen über die RICCATIsche Differentialgleichung, an denen er selbst aktiv beteiligt war, schienen ihm ein ergiebiges Thema zu sein. Er selbst schrieb eine Studie über die Differentialgleichung[41])

$$\frac{dy}{dx} = a x^m + b x^n y + c y^2,$$

deren Druck er, weil inzwischen zum Erzieher des jugendlichen Zaren PETER II. bestellt und daher in Moskau festgehalten, von Dan. BERNOULLI überwachen ließ[42]). Dieser nahm die Abhandlung GOLDBACHS zum Anlaß, um das Verfahren seines unerwartet verstorbenen Bruders[43]) anschließend an GOLDBACHS Aufsatz zum Druck zu bringen[44]). Wenige Jahre später hat EULER die Theorie der

---

[38]) Suppl. VIII der *AE* für 1723/24, S. 73/75 mit Hinweis auf die Lösungen von Nikl. I., Nikl. II. und Johann BERNOULLI, von denen Dan. BERNOULLI allerdings nur jene des Vaters gesehen hatte. Dan. BERNOULLI gab damals sein Verfahren noch nicht preis, sicherte sich jedoch die Priorität durch Mitteilung eines Anagramms, das die Lösungen kennzeichnete.

[39]) *AE XI* für 1723, S. 502/10.

[40]) Dan. BERNOULLI gab eine etwas eingehendere Darstellung in den *Exercitationes quaedam mathematicae*, Venedig 1724, S. 77/80, und in den *AE XI* 1725, S. 473/75. Beide Male wird das Transformationspaar $x^{m+1} = \xi$, $y\eta = 1$ bzw. $x\xi = 1$, $y = -a\xi + \xi^2\eta$ verwendet. Ein ähnliches Verfahren hatte sich auch Nikl. II. BERNOULLI zurechtgelegt (Ankündigung im Brief an GOLDBACH vom 30. VIII. 1721; *CF II*, S. 105; Ausführung im Brief an GOLDBACH vom 14. III. 1722; *CF II*, S. 140/43).

[41]) Druck: *Commentarii academiae scientiarum imperialis Petropolitanae* 1 (Jahrgg. 1726), ausgegeben 1728, S. 185/97. — Wir zitieren die *Commentarii* in Zukunft als *CP* mit nachfolgender Bandnummer, dann in runden Klammern den Jahrgang und anschließend das Ausgabejahr.

[42]) Die Ankündigung der Sendung mit näheren Einzelheiten über die Abhandlung wird Anfang März 1728 abgegangen sein; sie ist verschollen. Dan. BERNOULLI erklärte sich im Schreiben vom 18. (29.) III. 1728 (*CF II*, S. 254) zur Übernahme des Auftrages bereit und berichtete am 19. (30.) IV. 1728 (*CF II*, S. 256) erfreut über den Eingang der Sendung, konnte sich jedoch — weil er einige Fehler darin fand — nur schwer zur genaueren Durcharbeit entschließen: Brief vom 28. V. (8. VI.) 1728 (*CF II*, S. 260).

[43]) Auf Wunsch GOLDBACHS lieferte Dan. BERNOULLI als Beilage zum Brief vom 9. (20.) XI. 1728 (*CF II*, S. 266/70) die Unterlagen für eine Biographie, deren vorläufige Formulierung GOLDBACH am 21. III. 1729 (*CF II*, S. 287) an Dan. BERNOULLI zur Stellungnahme übersandte (Urfassung verschollen). Nach längerer Diskussion über einige nach Ansicht Dan. BERNOULLIS nicht ganz glückliche Wendungen (Briefe Dan. BERNOULLIS vom 20./31. III. 1729; *CF II*, S. 289/91; dann vom 20.? IV. 1729; *CF II*, S. 294/95 und schließlich vom 28. IV. (9. V.) 1729; *CF II*, S. 298/300) wurde GOLDBACHS Nachruf in den *CP* **2** (1727), 1729, S. 482/88 abgedruckt.

[44]) *CP* **1** (1726), 1728, S. 198/207.

RICCATIschen Differentialgleichung durch die geniale Verwendung von Kettenbrüchen auf eine viel breitere Grundlage gestellt[45]).

7. Ein anderer Diskussionsgegenstand in GOLDBACHS Korrespondenz mit den Brüdern BERNOULLI ist die Herstellung quadrierbarer Kreismöndchen. Die Fragestellung stammt von Joh. BERNOULLI[46]) und hängt zusammen mit den ältesten Versuchen, algebraisch integrierbare algebraische Funktionen zu kennzeichnen[47]). GOLDBACHS ursprüngliche Ansätze[48]) blieben erfolglos. Dan. BERNOULLI fand ein Verfahren[49]), das mit der Methode Joh. BERNOULLIS zur Winkelteilung zusammenhängt[50]). Auch GOLDBACH selbst hatte etwas Neues beizutragen: das Problem der „offenen" Möndchen[51]). Daniel BERNOULLI gab eine rein geometrische Lösung für das GOLDBACHsche Problem[52]).

---

[45]) Siehe unten Fußnote 131.

[46]) Vgl. Nikl. II. BERNOULLI-GOLDBACH, Brief vom 7. X. 1722 (*CF II*, S. 156).

[47]) Zu diesem Thema vgl. J. E. HOFMANN-H. WIELEITNER: *Erste Versuche Leibnizens und Tschirnhausens, eine algebraische Funktion zu integrieren*, Archiv für Geschichte der Mathematik, der Naturwissenschaften und der Technik **13**, Berlin 1931, S. 277/92; H. WIELEITNER: *Zur Geschichte der quadrierbaren Kreismonde*, ed. J. E. HOFMANN, Wissenschaftliche Beilage zum Jahresbericht des Neuen Realgymnasiums München für das Schuljahr 1933/34; J. E. HOFMANN: *Vom Ringen um das Wesen algebraischer Integrale*, Leopoldina, Mitteilungen der Deutschen Akademie der Naturforscher (3) 2 (1956), S. 73/80.

[48]) Vgl. GOLDBACH-Nikl. II. BERNOULLI, 17. u. 22. X. 1722 (*CF II*, S. 157/58 und 159/61).

[49]) Der erste Hinweis mit einer unrichtigen Andeutung Dan. BERNOULLIS steht im Brief an GOLDBACH vom 10. VII. 1723 (*CF II*, S. 176). Aus der Berichtigung vom 2. X. 1723 (*CF II*, S. 181) ersah GOLDBACH bereits, um was es sich handelte (Brief an Dan. BERNOULLI vom 4. XI. 1723; *CF II*, S. 187). Weiteres fand er in Dan. BERNOULLIS *Exercitationes*[40]), S. 81/93, die er jedoch sehr verspätet erhielt und auch später nicht zur Hand hatte. Aus dem Brief an GOLDBACH vom 24. VII. 1730 (*CF II*, S. 380/81) geht hervor, daß Dan. BERNOULLI das Verfahren schon gegen Ende seiner Studienzeit in Basel (1720 bis 1721) entdeckt hatte. Daß sich der entscheidende Gedanke schon in Fr. VIÈTE: *Variorum de rebus mathematicis responsorum liber VIII*, Tours 1593, Kap. 11, *fol.* 17vo/20ro = *Opera mathematica*, ed. Fr. van SCHOOTEN, Leiden 1646, S. 375/81 vorfindet, wußte man in Basel nicht.

[50]) *AE IV* 1701, S. 170/75 = *Opera*[36]) I, S. 386/92. Daß auch dieses Verfahren bei VIÈTE: *Ad angularium sectionum analytica*, ed. A. ANDERSON, Paris 1615 = *Opera*[49]), S. 287/304 steht, war in Basel ebenfalls nicht bekannt.

[51]) Das Problem heißt so: Zwei flächengleiche Möndchen zwischen zwei Kreisbögen ungleichen Halbmessers zu konstruieren, die von Strecken gleicher Länge begrenzt werden. GOLDBACH hatte dieses Problem schon um 1710 einem Freunde vorgelegt: Brief an Nikl. II. BERNOULLI vom 22. X. 1722 (*CF II*, S. 160). Dieser Freund gab es an Chr. WOLF weiter, der jedoch damit nicht zustandekam.

[52]) Ein Beispiel ist enthalten im Brief GOLDBACHS an Dan. BERNOULLI vom 4. XI. 1723 (*CF II*, S. 187). In den *Exercitationes*[40]), S. 85/96, gibt Dan. BERNOULLI eine sehr schöne rein geometrische Allgemeinlösung. Das für GOLDBACH bestimmte Widmungsstück der *Exercitationes* wurde zwar am 12. X. 1724 mit einem Begleitschreiben (*CF II*, S. 223/26) abgesandt, war jedoch im Herbst 1725 noch nicht in GOLDBACHS Händen. Dieser forderte im Brief vom 18. IX. 1725 (*CF II*, S. 239) von Dan. BERNOULLI die Erledigung des Sonderfalles, daß die geraden Seiten der flächengleichen Möndchen aufeinander senkrecht stehen, und teilte zugleich seine eigene Lösung mit.

Einige Jahre später ließ GOLDBACH ein Mskr. über die Bestimmung der geschlossenen Kreismöndchen an Dan. BERNOULLI gehen, das der Akademie vorgelegt werden sollte, jedoch wieder zurückgezogen wurde[53]). EULER hatte den Text vor der Rücksendung gesehen und entwickelte nun seinerseits die Lösungsbedingung Dan. BERNOULLIS[54]) in rein analytischer Form, wobei er sich der Darstellung des Arcustangens als Logarithmus mit komplexem Argument bediente[55]).

---

[53]) Die Abhandlung ging an Dan. BERNOULLI mit einem Begleitschreiben vom 17. VII. 1730, worin GOLDBACH die Lösungsbedingungen Dan. BERNOULLIS in den *Exercitationes*[40]) für unrichtig erklärte (*CF II*, S. 377/78). Dieser hatte sein Handstück der *Exercitationes* gerade ausgeliehen, bemerkte jedoch sogleich, daß GOLDBACH nichts Neues vorzubringen und sich auch bei Beurteilung der Lösungsbedingungen geirrt hatte. Das wollte er jedoch nicht so deutlich sagen, sondern entwickelte nur in Kürze den Gedankengang seines Verfahrens aus dem Gedächtnis (Brief an GOLDBACH vom 24. VII. 1730; *CF II*, S. 379/81). Daraufhin zog GOLDBACH mit Schreiben vom 3. VIII. 1730 (*CF II*, S. 388/89) das Mskr. wieder zurück. Die Rücksendung wurde von Dan. BERNOULLI mit einem kurzen Schreiben vom 31. VII. (11. VIII.) 1730 (*CF II*, S. 387) getätigt und auch im nächsten Brief Dan. BERNOULLIS vom 24. VIII. 1730 (*CF II*, S. 390/91) erwähnt.

[54]) Es wird jedoch kein Bezug auf Dan. BERNOULLI genommen.

[55]) Schon in der *Histoire et mémoires de l'Ac. sc. de Paris* für 1702 = *Opera*[36]) I, S. 400, hatte Joh. BERNOULLI das „von der Quadratur des Kreises abhängige" Integral

$$\int \frac{a\,dx}{b^2 + x^2}$$

vermittels komplexer Logarithmen dargestellt und daraus in den *AE VI* 1712, S. 274/77 = *Opera* I, S. 511/14 entnommen, daß

$$\int \frac{dx}{1 + x^2}$$

vermittels der Substitution

$$\left(\frac{x - \sqrt{-1}}{x + \sqrt{-1}}\right)^n = \frac{y - \sqrt{-1}}{y + \sqrt{-1}} \quad \text{in} \quad n \int \frac{dy}{1 + y^2}$$

übergeht. EULER, der sich in seinem Brief an GOLDBACH vom 10. (21.) VIII. 1730 (*CF I*, S. 38/39) nicht eigens auf Joh. BERNOULLI bezieht, weil er die wichtigsten Ergebnisse der letzten drei Jahrzehnte als selbstverständliches Allgemeingut ansieht, drückt die Fläche eines Möndchens zwischen zwei Kreisbögen der Halbmesser a und b, deren Schnittpunkte die Entfernung $2y$ haben, sogleich in der Form

$$\frac{a^2\sqrt{-1}}{2} \ln \frac{y + \sqrt{y^2 - a^2}}{a\sqrt{-1}} - \frac{b^2\sqrt{-1}}{2} \ln \frac{y + \sqrt{y^2 - b^2}}{b\sqrt{-1}} - \frac{y\sqrt{a^2 - y^2} - y\sqrt{b^2 - y^2}}{2}$$

aus, wobei $a < b$ angenommen wird. Er bemerkt, daß das Möndchen elementar quadriert werden kann, wenn sich die beiden transzendenten Bestandteile kompensieren, wenn also

$$\left(\frac{y + \sqrt{y^2 - a^2}}{a\sqrt{-1}}\right)^{a^2} = \left(\frac{y + \sqrt{y^2 - b^2}}{b\sqrt{-1}}\right)^{b^2}$$

ist. Ausdrücklich sagt er, daß y reell wird, und daß das eingeschlagene Verfahren alle Lösungen liefert. Letzteres ist unrichtig; denn die aufgestellte Bedingung ist zwar hinreichend, jedoch nicht notwendig. GOLDBACH ist von EULERS Lösung entzückt (Brief

8. Von erheblich größerem Interesse für unser Thema sind die Diskussionen zwischen GOLDBACH und den Brüdern BERNOULLI über Einzelfragen der Reihenlehre und der Interpolation. Schon Anfang 1722 behauptete GOLDBACH, er könne jedes Zwischenglied einer vorgegebenen Zahlenfolge bestimmen, freilich gegebenenfalls nur in Form einer unendlichen Reihe. Aus den Ergebnissen seiner Beispiele ersehen wir, daß er sich das „allgemeine Glied“ der Folge genauso wie in der Abhandlung über die Reihensummen[31]) aus den Anfangsgliedern des Differenzenschemas hergestellt dachte[56]) und dann durch Übergang zu gebrochenem „Index“ interpolierte. Im Briefwechsel treten zunächst zwei kennzeichnende Beispiele auf, nämlich die Bestimmung von $\sqrt{2}$ aus der Folge[57]) 2^{n-1} und die Bestimmung des „Zwischengliedes“ zwischen 1

---

an EULER vom 9. X. 1730; *CF I*, S. 41/42); die Darstellung in geschlossener Form sieht er als besonders elegant an.

Im Druck ließ EULER zwei Abhandlungen über Kreismöndchen erscheinen; sie tragen im ENESTRÖMschen Verzeichnis[107]) die Nummern *E 73* und *E 423*. *E 73* wurde der Akademie am 16. (27.) IX. 1737 vorgelegt und behandelt die GOLDBACHschen Kreismöndchen (vgl. Fußnote 51). Diese Abhandlung erschien in den *CP* 9 (1737), 1744, S. 207/21 = *EO XXVI*, ed. A. SPEISER, Lausanne 1953, S. 1/14 mit ausgezeichneter Einführung auf S. VIII/X. *E 423* erschien in den *Novi CP* 16 (1771), 1772, S. 160/70 = *EO XXVIII*, ed. A. SPEISER, Lausanne 1955, S. 205/14, mit Einführung auf S. XXVII/XXIX. Die Abhandlung wurde am 4. (15.) VII. 1771 vorgelegt. EULER wußte wohl nicht, daß der Gegenstand (Aufzählung der mit Zirkel und Lineal konstruierbaren Möndchen, die sich elementar quadrieren lassen) bereits in gleicher Vollständigkeit in der von M. J. WALLENIUS stammenden und von Dan. WIJNQUIST verteidigten *Dissertatio gradualis lunulas quasdam circulares quadrabiles exhibens*, Åbo 1766, behandelt wurde. Über deren Inhalt vgl. HOFMANN-WIELEITNER[47]), S. 26/30.

[56]) Also, um es kurz modern zu sagen: Sind $a_1, a_2, a_3, \ldots$ die Glieder einer unendlichen Zahlenfolge, dann ist

$$f(n) = \sum_{\nu=1}^{\infty} \binom{n-1}{\nu} \Delta^{\nu} a_1$$

das „allgemeine“ Glied der Folge. Man kann somit durch Übergang zu gebrochenen Werten n „interpolieren“.

[57]) Im Brief an Nikl. II. BERNOULLI vom 2. I. 1722 (*CF II*, S. 128) steht eine unrichtige Entwicklung, die im Brief vom 10. I. 1722 (*CF II*, S. 129) verbessert wird. Die nämliche Reihe findet sich auch im Brief an Dan. BERNOULLI vom 31. I. 1729 (*CF II*, S. 282). Sie ist natürlich mit der binomischen Entwicklung aus $(1 + 1)^{\frac{1}{2}}$ identisch. Nikl. II. BERNOULLI bemerkt das sogleich und verweist GOLDBACH im Brief vom 31. I. 1722 (*CF II*, S. 132/33) auf die entsprechenden Sätze 53 und 54 in der fünften Reihendissertation Jak. BERNOULLIS[7]). Er zitiert die fragliche Seitenzahl im Wiederdruck des Anhanges zur *Ars conjectandi*[8]).

GOLDBACH gibt außerdem noch die Entwicklung

$$\sqrt{k} = 1 - \frac{1}{2} \cdot (k^{3c-1} - 1)^1 + \frac{1 \cdot 3}{2 \cdot 4} \cdot (k^{5c-1} - 1)^2 - \frac{1 \cdot 3 \cdot 5}{2 \cdot 4 \cdot 6} \cdot (k^{7c-1} - 1)^3 \pm \cdots$$

(fehlerhafte Ersterwähnung im Brief vom 10. I. 1722 a. a. O.; Berichtigung im Brief vom 25. II. 1722; *CF II*, S. 137). Es ist mir nicht gelungen, den Sinn dieser Entwicklung zu enträtseln. Die Entwicklung für $(1 + 1)^{\frac{1}{2}}$ erscheint wieder in GOLDBACHs Abhandlung zur Interpolation[93]).

und 2 innerhalb der Folge[58]) $n!$, d. h. in einer später von EULER verwendeten Bezeichnung, nämlich $[x]$ an Stelle von $x!$, die divergente Entwicklung für $\left[\frac{3}{2}\right]$ und die konvergente für $1 : \left[\frac{3}{2}\right]$. Diese Reihen waren mit Sicherheit schon in dem GOLDBACHschen Mskr. *De interpolandis serierum terminis* enthalten, das Ende Februar 1722 von Nikl. II. BERNOULLI abgeschrieben wurde[59]).

Über die unfruchtbaren Auseinandersetzungen der Jahre 1722/24 bz. des Summenwertes divergenter Reihen[60]) können wir mit wenigen Worten hinweg-

---

[58]) Schon im Brief an Nikl. II. BERNOULLI vom 2. I. 1722 (*CF II*, S. 128) teilt GOLDBACH mit, daß er das erste „Zwischenglied", d. h. jenes für den Index $\frac{3}{2}$, bestimmen könne. Diese Bemerkung kehrt dann im weiteren Briefwechsel mit den Brüdern BERNOULLI an verschiedenen Stellen wieder. Insbesondere sagt GOLDBACH im Brief an Dan. BERNOULLI vom 21. II. 1729 (*CF II*, S. 285/86), im vorliegenden Falle sei die Darstellung durch die Interpolationsreihe nicht konvergent; man müsse daher zu den reziproken Werten übergehen und erhalte alsdann eine konvergente Reihe. Das Problem stammt aus der WALLISschen *Arithmetica infinitorum*[17]), *prop.* 190. WALLIS ist auch der Erfinder der in der älteren Literatur (auch bei EULER) üblichen Bezeichnung „hypergeometrische Reihe" für die Glieder der Folge $n!$. Vgl. ferner unten die Fußnoten 92/93 und 109.

Zur Verwendung des Zeichens $[x]$ bei EULER vgl. Herrn FABER in *EO XVI**, S. XLI, Anmerkung. Die heute übliche Bezeichnung $\Gamma(x + 1)$ an Stelle von $[x]$ geht auf A. M. LEGENDRE zurück: *Exercices de calcul intégral* II, Paris 1814, S. 4.

[59]) Im Brief vom 2. I. 1722 (*CF II*, S. 128) an Nikl. II. BERNOULLI bietet GOLDBACH das Mskr. zur Einsichtnahme an. Da sich Nikl. II. BERNOULLI für die Angelegenheit interessiert (Brief an GOLDBACH vom 31. I. 1722; *CF II*, S. 130), erhält er das Mskr., das er mit einigen freundlich zustimmenden Worten (*CF II*, S. 146) am 11. IV. 1722 wieder zurückgibt. Das nämliche Mskr. geht als Beilage zu GOLDBACHs Brief vom 18. XI. 1728 (*CF II*, S. 274) an Dan. BERNOULLI. Über den Inhalt vgl. den zweiten Abschnitt der GOLDBACHschen Abhandlung über Interpolation[93]).

[60]) Die eine dieser Auseinandersetzungen bezieht sich auf GOLDBACHs noch unklare Vorstellungen über die Summierung divergenter Reihen: GOLDBACH an Nikl. II. BERNOULLI, 2. I. 1722 (*CF II*, S. 127/28); dann Nikl. II. BERNOULLI an GOLDBACH, 31. I. 1722 (*CF II*, S. 131/32), schließlich GOLDBACH an Nikl. II. BERNOULLI, 25. II. 1722 (*CF II*, S. 136/37).

In der zweiten Diskussion geht es um den „Summenwert" der Reihen $1 - 2 + 4 - 8 \cdots = „\frac{1}{1+2}" = \frac{1}{3}$ und $1 + 2 + 4 + 8 + \cdots = „\frac{1}{1-2}" = -1$. Vgl. GOLDBACH an Dan. BERNOULLI, 23. VII. 1724 (*CF II*, S. 210), ferner Dan. BERNOULLI an GOLDBACH, 12. VIII. 1724 (*CF II*, S. 213/16), außerdem GOLDBACH an Dan. BERNOULLI, 13. IX. 1724 (*CF II*, S. 219/21) und schließlich Dan. BERNOULLI an GOLDBACH, 12. X. 1724 und 13. VI. 1725 (*CF II*, S. 224/26 und 236). Im Verlauf dieser Auseinandersetzung wird auch auf die fast ein Menschenalter zurückliegenden Streitschriften Bezug genommen, die in dieser Sache gewechselt worden waren: G. GRANDI: *Quadratura circuli et hyperbolae per infinitas hyperbolas et parabolas, geometrice exhibita*, Pisa 1703 und *De infinitis infinitorum et infinite parvorum ordinibus disquisitio*, Pisa 1710; P. VARIGNON in den *AE IV* 1712, S. 154/66, und in der *Histoire et mémoires de l'Ac. sc. de Paris* vom 16. II. 1715; ferner LEIBNIZ im Suppl. V der *AE* für 1713, *Sectio VI*, S. 264/70.

Dan. BERNOULLI tritt dem Standpunkt VARIGNONs bei, der von unzulässigen Divisionen spricht, während GOLDBACH aus formalen Gründen an der Zulässigkeit der „Summenwerte" festhält und sich auf das WALLISsche „Überunendliche" bezieht (*Arithmetica infinitorum*[17]), *prop.* 104) — eine Auffassung, die später auch EULER bei der formalen Behandlung von Reihen vertritt.

gehen. Von ganz anderem Gewicht ist die Frage, wie man die Summe $s_2 = \sum_{\nu=1}^{\infty} \frac{1}{\nu^2}$ bestimmen könne. Dan. BERNOULLI machte GOLDBACH darauf aufmerksam[61]), daß sich dieses schon von Jak. BERNOULLI vergeblich umworbene Problem[62]) der Behandlung durch die Interpolationsmethode völlig entziehe. Die lange Vorgeschichte[63]) kannte er natürlich nicht. Aus dieser Zeit stammt die in

---

Im Zuge dieser Auseinandersetzung wird auch die Streitfrage gestreift, ob 1 : (— 1) und (— 1) : 1 gleichgesetzt werden dürfen — eine Angelegenheit, die bereits von LEIBNIZ entschieden worden war: *AE IV* 1712, S. 167/69. Auch Dan. BERNOULLI hält die Gleichsetzung der beiden „Verhältnisse“ für durchaus statthaft: Briefe an GOLDBACH vom 12. X. 1724 und 13. VI. 1725 (*CF II*, S. 224, 226 und 236).

[61]) Brief Dan. BERNOULLIs an GOLDBACH vom 2. X. 1723 (*CF II*, S. 181).

[62]) Jak. BERNOULLI, erste Reihendissertation[7]), *prop.* 17, Zusatz.

[63]) Diese Vorgeschichte wird bei SPIESS[5]), S. 86, nur kurz gestreift. Daher mag hier folgendes ergänzt werden: Nach unserem bisherigen Wissen wird die Bestimmung von $\sum_{\nu=1}^{\infty} \frac{1}{\nu^2}$ erstmals auf der vorletzten (unpaginierten) Seite der Vorrede erwähnt, die MENGOLI den *Quadraturae*[33]) vorangestellt hat, und als unlösbar zurückgestellt. Die Engländer wurden vor allem durch J. COLLINS und J. GREGORY auf MENGOLI aufmerksam gemacht. Da nun LEIBNIZ in der Unterredung mit PELL vom 2. (12.) II. 1673 allzu vertrauensselig von der universellen Wirksamkeit seiner Methode zur Summierung von Reihen (vermittels des Differenzenschemas) gesprochen hatte, wurde er von den Engländern auf die Bestimmung von $\sum_{\nu=1}^{\infty} \frac{1}{\nu^2}$ hingewiesen, woran er die Tragweite seines Verfahrens erweisen könne: H. OLDENBURG an LEIBNIZ, 6. (16.) IV. und 26. V. (5. VI.) 1673. Siehe G. W. LEIBNIZ: *Der Briefwechsel mit Mathematikern*, ed. C. I. GERHARDT, Berlin 1899, S. 86 und 98. LEIBNIZ wurde mit dem Problem nicht fertig, COLLINS aber glaubte, eine Lösungsmethode zu besitzen. Sie wird im Brief OLDENBURGs an LEIBNIZ vom 12. (22.) V. 1675 (a. a. O., S. 120/21) am Beispiel einer endlichen Teilsumme der harmonischen Reihe angedeutet: man solle, vom „mittleren“ Glied ausgehend, die Glieder gleichen „Abstandes“ von diesem paarweise zusammenfassen und dann durch Reihenentwicklung summieren. In dieser Form ist die Methode zwar für die numerische Berechnung von $\sum_{\nu=1}^{\infty} \frac{1}{\nu^2}$ wirkungslos, hat jedoch ihre Bedeutung als Vorstufe für das Summierungsverfahren STIRLINGs, von dem unten (Artikel 23) gehandelt wird. Das Problem spielt dann eine gewisse Rolle im Briefwechsel zwischen Joh. BERNOULLI und LEIBNIZ, den wir nach der Wiedergabe von G. W. LEIBNIZ: *Die mathematischen Schriften*, ed. C. I. GERHARDT, Berlin/Halle 1849/63 (7 Bde.) zitieren. Dieser Briefwechsel findet sich in Bd. III der Ausgabe, die aus zwei durchpaginierten Teilbänden besteht, so daß diese nicht unterschieden werden müssen.

Im Brief an Joh. BERNOULLI vom 6. (16.) XI. 1696 (S. 336) wirft LEIBNIZ das Problem erneut auf und berichtet aus älteren Papieren, er habe es mit einer Integration in Verbindung gebracht. Einen begangenen Flüchtigkeitsfehler bringt er in der Ergänzung vom 9. (19.) XI. 1696 (S. 337) in Ordnung. Modern geschrieben, hat er gefunden, daß

$$\sum_{\nu=1}^{\infty} \frac{1}{\nu^2} = \int_1^0 \ln(1-x)\,\frac{dx}{x} \quad \text{und} \quad \sum_{\nu=1}^{\infty} \frac{(-1)^{\nu+1}}{\nu^2} = \int_0^1 \ln(1+x)\,\frac{dx}{x}.$$

Joh. BERNOULLI antwortet am 1. (11.) XII. 1696 (S. 339), er habe sich schon lange mit dieser Reihensumme beschäftigt, bestätigt die LEIBNIZsche Darstellung und deutet sie

späteren Briefen Dan. BERNOULLIS an EULER erwähnte geometrische Integraldarstellung[64]) für s_2, die auch LEIBNIZ, Jak. BERNOULLI und Joh. BERNOULLI schon viel früher aufgefunden hatten[63]). Das alles war freilich nur ein harmloses Vorspiel; die wetteifernden Versuche, s_2 entweder in geschlossener Form oder wenigstens numerisch zu bestimmen, setzen erst einige Jahre später ein.

9. Daß freilich STIRLING — damals noch in Venedig — bereits um 1718 ein wirksames Verfahren zur Konvergenzverstärkung schwach konvergierender Zahlenreihen entwickelt und die Anwendbarkeit auf die Berechnung von s_2 erwähnt hatte, war dem Basler und dem anfangs erheblich von Basel abhängigen Petersburger Kreis entgangen[65]).

STIRLING legt seine Methode, die sich auf schwach konvergierende Reihen mit lauter positiven Gliedern bezieht, zuerst — allerdings beweislos — in allgemeiner Form dar. Am numerisch durchgerechneten Beispiel

$$[\ln 2 =] \sum_{\nu=1}^{\infty} \frac{1}{(2\nu - 1) \cdot 2\nu}$$

läßt sich die Wirksamkeit seines Vorgehens deutlich erkennen[66]). Hier zum erstenmal tritt das für die praktische Rechnung so wichtige Verfahren der Reihenteilung auf: eine zweckmäßig gewählte Teilsumme von Anfangs-

---

geometrisch. In der Tat wissen wir aus dem Brief Joh. BERNOULLIS an Jak. BERNOULLI vom 22. V. (1. VI.) 1691 (Briefwechsel[6]), S. 104), daß Joh. BERNOULLI damals glaubte, die Reihensumme in geschlossener Form ausdrücken zu können. Er betont, der Bruder möge das nicht als „Gascognaden" ansehen. Das ist vielleicht eine Anspielung auf die abschätzige Bemerkung: *Monsieur Fermat est Gascon, moi non,* die DESCARTES im Jahr 1643 SCHOOTEN gegenüber äußerte, als dieser rühmend von FERMAT sprach. Wir kennen den Wortlaut dieses bedauerlicherweise von den Zeitgenossen als maßgebliche Kennzeichnung FERMATS übernommenen Urteils aus dem Brief SCHOOTENS an HUYGENS vom 19. IX. 1658: dessen *Œuvres*[25]) II, S. 221. — Gänzlich unabhängig von Joh. BERNOULLI war Jak. BERNOULLI zu einer ähnlichen geometrischen Deutung vorgedrungen. Sie steht in *prop.* 44 der dritten Reihendissertation[7]), wo Jak. BERNOULLI erneut bedauert, daß ihm die Auffindung des (geschlossenen) Wertes von $\sum_{\nu=1}^{\infty} \frac{1}{\nu^2}$ mißlungen sei.

[64]) Erwähnung in Dan. BERNOULLI an EULER, 7. III. 1742 (*CF II*, S. 488); Mitteilung des Ergebnisses in Dan. BERNOULLI an EULER, 14. IV. 1742 (*CF II*, S. 493). Aller Wahrscheinlichkeit nach ist Dan. BERNOULLI in dieser Sache nicht von seinem Vater beeinflußt, mit dem er in einem etwas schwierigen Verhältnis lebte (vgl. etwa SPIESS[19]), S. 94/96).

[65]) STIRLING ließ durch NEWTONS Vermittlung in den *PT* von 1719[32]) einen sehr interessanten Aufsatz erscheinen, der als wichtige Vorstudie zu seinem berühmt gewordenen Hauptwerk, der *Methodus differentialis sive tractatus de summatione et interpolatione serierum*, London 1730, anzusehen ist. Daß der Aufsatz von 1719 in Basel unbekannt blieb, ist aus doppeltem Grunde erstaunlich. Einerseits war STIRLING mit Nikl. I. BERNOULLI, der damals als Nachfolger HERMANNS in Padua lehrte, in persönliche Berührung gekommen, andererseits pflegte Joh. BERNOULLI mit argwöhnischem Blick jede Neuerscheinung auf infinitesimalmathematischem Gebiet zu mustern, vor allem aber die Veröffentlichungen der Freunde NEWTONS und in ganz besonderem Maße die Aufsätze in den *Philosophical Transactions.*

[66]) A. a. O.[32]), S. 1067/69: *Methodus inveniendi valores serierum arithmeticarum utcunque tarde convergentium.*

gliedern der Reihe wird direkt bestimmt, der verbleibende Rest passend abgeschätzt. STIRLING ersetzt die mit $\alpha + \beta + \gamma + \cdots$ beginnende Restreihe durch $\alpha \cdot \frac{\alpha + r\beta}{\alpha - \beta}$, unter r eine noch näher zu bestimmende Konstante verstanden, die asymptotisch aus der Beziehung $r \cdot [(\alpha + \gamma)\beta - 2\alpha\gamma] = \alpha\gamma - \beta^2$ folgt[67]). Nun bildet STIRLING die Zahlenfolge

$$\alpha \cdot \frac{\alpha + r\beta}{\alpha - \beta}, \quad \alpha + \beta \cdot \frac{\beta + r\gamma}{\beta - \gamma}, \quad \alpha + \beta + \gamma \cdot \frac{\gamma + r\delta}{\gamma - \delta}, \ldots$$

mit der Differenzenreihe $a, b, c, \ldots$. Wird die Restreihe $\alpha + \beta + \gamma + \cdots$ ersetzt durch $\alpha \cdot \frac{\alpha + r\beta}{\alpha - \beta} + a + b + c + \cdots$, dann läßt sich das eingeschlagene Verfahren auf die neue Restreihe $a + b + c + \cdots$ anwenden und sinngemäß schrittweise weiter fortsetzen[68]). Nach Vorführung des oben erwähnten nume-

---

[67]) Wird nämlich die Reihe nicht vor dem α-Glied, sondern erst vor dem β-Glied abgebrochen und werden dann die Ersatzglieder ungefähr gleichgesetzt, so ist

$$\alpha \cdot \frac{\alpha + r\beta}{\alpha - \beta} \approx \alpha + \beta \cdot \frac{\beta + r\gamma}{\beta - \gamma}.$$

Daraus ergibt sich der STIRLINGsche Ausdruck. Ist das Bildungsgesetz der Reihenglieder bekannt, dann läßt sich der asymptotische Wert von r durch Grenzübergang mit $\nu \to \infty$ bestimmen.

[68]) Um das Verfahren modern darzustellen, schreiben wir die Restreihe zweckmäßiger an als $s_n = \sum_{\nu=n}^{\infty} \frac{1}{a_\nu}$. Das erste Ersatzglied

$$\frac{1}{a_n} \cdot \frac{\frac{1}{a_n} + \frac{r}{a_{n+1}}}{\frac{1}{a_n} - \frac{1}{a_{n+1}}}$$

bilden wir um zu $\frac{1}{a_n} + \frac{1 + r}{a_{n+1} - a_n}$ und setzen $1 + r = a$. Die ersten Ersatzdarstellungen von s_n sind also

$$\frac{1}{a_n} + \frac{a}{a_{n+1} - a_n} \quad \text{und} \quad \frac{1}{a_n} + \frac{1}{a_{n+1}} + \frac{a}{a_{n+2} - a_{n+1}}.$$

Durch annäherndes Gleichsetzen dieser Ausdrücke erhalten wir

$$a \approx \frac{(a_{n+1} - a_n)(a_{n+2} - a_{n+1})}{a_{n+1}(a_{n+2} - 2a_{n+1} + a_n)}.$$

Hat der rechte Ausdruck mit $n \to \infty$ einen Grenzwert, so ist dieser das gesuchte a. Nun ist aber

$$a_{n+1} - a_n = \Delta a_n, \quad a_{n+2} - a_{n+1} = \Delta a_{n+1}, \quad a_{n+2} - 2a_{n+1} + a_n = \Delta^2 a_n.$$

Folglich ist mit $n \to \infty$ auch

$$a = \lim_{n\to\infty} \frac{\Delta a_n \cdot \Delta a_{n+1}}{a_{n+1} \cdot \Delta^2 a_n} = \lim_{n\to\infty} \left(\frac{d a_n}{dn}\right)^2 : a_n \frac{d^2 a_n}{dn^2}.$$

Ist a_n insbesondere ein Polynom p-ten Grades in n, dann ist $a = \frac{p}{p-1}$. Schließen wir nunmehr die Reihe s_{n-1} durch das Zusatzglied $\frac{a}{a_n - a_{n-1}}$ ab, dann beginnt die neue Differenzenreihe der β mit

rischen Erläuterungsbeispieles[69]) (s. S. 156) deutet STIRLING an, wie man die LEIBNIZ-Reihe zu behandeln habe[70]) (s. S. 156).

$$\frac{1}{\beta_n} = \frac{1}{\alpha_n} + \frac{a}{\alpha_{n+1} - \alpha_n} - \frac{a}{\alpha_n - \alpha_{n-1}}.$$

Nach Ausrechnen ist daher das Bildungsgesetz der β_n gefunden. Entsprechend verfahren wir beim Übergang von den β_n zu den γ_n: Wir schließen die bisherige Reihe durch das Zusatzglied $\frac{b}{\beta_{n+1} - \beta_n}$ ab und erhalten das Bildungsgesetz der γ_n aus

$$\frac{1}{\gamma_n} = \frac{1}{\beta_n} + \frac{b}{\beta_{n+1} - \beta_n} - \frac{b}{\beta_n - \beta_{n-1}} \text{ usw.}$$

Das Gesamtergebnis dieser Umformung ist die Ersatzreihe

$$\frac{a}{\alpha_n - \alpha_{n-1}} + \frac{b}{\beta_n - \beta_{n-1}} + \frac{c}{\gamma_n - \gamma_{n-1}} + \cdots.$$

Das STIRLINGsche Verfahren läßt sich in merkwürdige Beziehung zu einem Näherungsverfahren bringen, das vor kurzem in Sanskrittexten des 15. Jh. aufgefunden wurde, jedoch dort nur zur Konvergenzverbesserung der LEIBNIZ-Reihe $\sum_{\nu=0}^{\infty} \frac{(-1)^\nu}{2\nu + 1}$ verwendet wird. Hierzu vgl. J. E. HOFMANN: *Über eine altindische Berechnung von π und ihre allgemeine Bedeutung*, Math.-physik. Semesterberichte 3 (1953), S. 193/216. Es beruht darauf, daß die Restreihe s_n im ersten Schritt durch die Summe

$$\frac{1}{\alpha_n\left(1 - \frac{\alpha_n}{\alpha_{n+1}}\right)} = \frac{1}{\alpha_n} + \frac{1}{\alpha_{n+1} - \alpha_n}$$

einer geometrischen Reihe approximiert wird, deren erste beiden Glieder mit den ersten beiden von s_n übereinstimmen. In der Originalschrift tritt jedoch die wichtige Methode der Reihenteilung noch nicht auf. Nehmen wir die Restreihe $\sum_{\nu=1}^{\infty} \frac{(-1)^\nu}{\alpha_\nu}$ alternierend an, dann beginnen die Ersatzentwicklungen mit

$$(-1)^n\left\{\frac{1}{\alpha_n} - \frac{1}{\alpha_{n+1} + \alpha_n}\right\} \text{ bzw. } (-1)^n\left\{\frac{1}{\alpha_n} - \frac{1}{\alpha_{n+1}} + \frac{1}{\alpha_{n+2} + \alpha_{n+1}}\right\}.$$

Sind die positiven Glieder α_ν in der Ausgangsreihe gleichzeitig Glieder einer arithmetischen Folge erster Ordnung mit der Differenz k, dann können wir s_n auch durch Zusammenfassen je zweier aufeinanderfolgender Glieder zu einer aus lauter positiven Gliedern bestehenden Reihe umgestalten:

$$s_n = (-1)^n\left\{\frac{k}{\alpha_n \alpha_{n+1}} + \frac{k}{\alpha_{n+2}\alpha_{n+3}} + \cdots\right\}.$$

Jetzt ist $p = 2$, also $a = 2$. Folglich beginnt die Ersatzentwicklung für s_n nach dem STIRLINGschen Verfahren mit

$$\frac{k}{\alpha_n \alpha_{n+1}} + \frac{2k}{\alpha_{n+2}\alpha_{n+3} - \alpha_n \alpha_{n+1}}.$$

Nun ist aber

$$\alpha_{n+2}\alpha_{n+3} - \alpha_n\alpha_{n+1} = (\alpha_{n+1} + k)(\alpha_{n+1} + 2k) - (\alpha_{n+1} - k)\,\alpha_{n+1} = 2k\,(\alpha_{n+1} + \alpha_{n+2}).$$

Somit ist das Zusatzglied $\frac{1}{\alpha_{n+1} + \alpha_{n+2}}$. Also ist das STIRLINGsche Verfahren durch paarweises Zusammenfassen aufeinanderfolgender Glieder aus dieser speziellen alternieren-

Das Interessanteste ist die Schlußbemerkung STIRLINGs zu diesem Abschnitt: Sie enthält ein (unrichtiges) Konvergenzkriterium für Reihen mit lauter posi-

---

den Reihe s_n zu einer neuen Reihe mit lauter positiven Gliedern gleichwertig mit der Ausführung zweier aufeinanderfolgender Näherungsschritte gemäß dem indischen Verfahren hinsichtlich der ursprünglichen alternierenden Reihe. Mit $a_n = n^2$ erhalten wir die Restreihe $\sum\limits_{\nu=n}^{\infty} \frac{1}{\nu^2}$ der Reihe $\sum\limits_{\nu=1}^{\infty} \frac{1}{\nu^2}$. Aus ihr wird durch erstmaliges Anwenden der STIRLINGschen Transformation

$$s_n = \frac{2}{2n-1} - \sum_{\nu=n}^{\infty} \frac{1}{\nu^2 (4\nu^2 - 1)}.$$

Jetzt ist $\beta_n = n^2 (4n^2 - 1)$ und $b = \frac{4}{3}$; also heißt das neue Zusatzglied

$$\frac{-\frac{4}{3}}{(16n^3 - 24n^2 + 14n - 3)}.$$

Der Übergang zur γ-Reihe wird in allgemeiner Form zu kompliziert, kann aber numerisch noch erfolgreich durchgeführt werden. Für die praktische Rechnung ist es natürlich noch günstiger, von der Reihe der ungeraden reziproken Quadratzahlen auszugehen: $a_n = (2n + 1)^2$ liefert die neue Reihe

$$s_n = \frac{1}{4n} - \frac{1}{4} \sum_{\nu=n}^{\infty} \frac{1}{(2\nu + 1)^2 \nu (\nu - 1)} \quad \text{usw.}$$

Durch das STIRLINGsche Verfahren wird die Konvergenz der Reihe ebenso wie beim indischen Verfahren vor allem hinsichtlich der Anfangsglieder verstärkt; die Wirksamkeit hinsichtlich der weiter entfernten Glieder ist wesentlich geringer. Immerhin lassen sich auch im Zusammenwirken mit zweckmäßiger Reihenteilung mit verhältnismäßig geringer Rechenmühe beachtliche numerische Approximationen erzielen.

Das Verfahren der Reihenteilung wird in der fünften Reihendissertation[7]) Jak. BERNOULLIs, *prop.* 58 wenigstens angedeutet, ist jedoch dort noch nicht zu einer selbständigen Methode gediehen.

[69]) Mit $a_n = (2n - 1) \cdot 2n$ ergibt sich

$$s_n = \frac{1}{4n-3} - 3 \sum_{\nu=n}^{\infty} \frac{1}{(2\nu - 1)\, 2\nu} \cdot \frac{1}{(4\nu - 3)(4\nu + 1)} \quad \text{usw.}$$

STIRLING wählt $n = 22$. Zuerst berechnet er die Summen der ersten 21 Glieder auf 12 Dezimalen, dann $\frac{1}{4n-3}$ (jedoch auf etwas umständliche Weise), hierauf die Glieder β_n, β_{n+1}, β_{n+2} der zu dieser Folge gehörenden Differenzenreihe, rechnet mit $b = \frac{4}{3}$ numerisch weiter und erhält schließlich 9 richtige Dezimalen von ln 2.

[70]) Da STIRLING nur Reihen mit lauter positiven Gliedern behandelt, formt er zunächst um:

$$\frac{\pi}{4} = \sum_{\nu=0}^{\infty} \frac{(-1)^\nu}{2\nu + 1} = \sum_{\nu=1}^{\infty} \frac{2}{(4\nu - 3)(4\nu - 1)}.$$

Mit $a_n = (4n - 3)(4n - 1)$ ergibt sich

$$s_n = \frac{1}{8(n-1)} - 3 \sum_{\nu=n}^{\infty} \frac{2}{(4\nu - 3)(4\nu - 1)} \cdot \frac{1}{16\nu(\nu - 1)};$$

also könnte man wiederum erfolgreich mit $b = \frac{4}{3}$ weiterrechnen.

tiven Gliedern[71]). Das Hauptverfahren STIRLINGs, die Methode der Reihenteilung, wird von den Basler Mathematikern erst etwa zehn Jahre später und allem Anschein nach gänzlich selbständig wieder aufgefunden[72]).

10. Schon im ersten Brief an Dan. BERNOULLI vom Frühjahr 1723 berichtet GOLDBACH von den wichtigsten Ergebnissen über Reihensummen[73]), die das Interesse des Empfängers erregen[74]) und durch weitere Mitteilungen ergänzt werden[75]). Sie gehen über die Reihendissertation von 1720 in existentieller Hinsicht hinaus. GOLDBACH vermerkt u. a. — um nur auf das Wichtigste einzugehen —, daß

$$f(x) = \sum_{\nu=1}^{\infty} \frac{a}{(\nu + b)(\nu + b + x)}$$

nur dann (in Form eines geschlossenen rationalen Ausdruckes) summiert werden kann, wenn $-b$ keine positive ganze Zahl und x eine positive ganze Zahl ist[76]),

---

[71]) Der Text lautet in moderner Übertragung so: Sind α, β, γ drei (hinreichend kleine) aufeinanderfolgende Glieder der Reihe, dann ist diese summierbar, falls $\frac{\alpha + \gamma}{2} \cdot \beta > \alpha\gamma$, aber nicht summierbar, falls $\frac{\alpha + \gamma}{2} \cdot \beta \leqq \alpha\gamma$. In zweckmäßigerer Ausdrucksweise würde das heißen, daß Konvergenz mit $\frac{1}{\alpha} + \frac{1}{\gamma} > \frac{2}{\beta}$, aber Divergenz mit $\frac{1}{\alpha} + \frac{1}{\gamma} \leqq \frac{2}{\beta}$ eintritt. Ohne die Vorlage zu nennen (das war damals nicht üblich), übernimmt C. MACLAURIN dieses Konvergenzkriterium in etwas anderer Fassung in den *Treatise of fluxions*, Edinburgh 1742, *Art.* 362. Er bemerkt, daß dieses Kriterium im Grunde durch Vergleich mit der harmonischen Reihe zustande gekommen ist: Konvergenz, wenn die harmonische Reihe Majorante der zu untersuchenden Reihe ist. Daß diese Schlußweise unzulässig ist, wird sehr hübsch in G. S. KLÜGEL: *Mathematisches Wörterbuch* ..., fortgesetzt von C. Br. MOLLWEIDE, Bd. IV, Leipzig 1823, unter dem Stichwort *Summierbare Reihe*, Art. 22 (diese Bezifferung fehlt infolge eines Druckversehens), S. 587, nachgewiesen: Weil die Summe der reziproken Primzahlen — also einer Teilreihe der harmonischen Reihe — divergiert, deshalb ist das Konvergenzkriterium von STIRLING-MACLAURIN unrichtig.

Der älteste Divergenzbeweis für die fragliche Reihe stammt von EULER. Er befindet sich in der nach dem ENESTRÖMschen Verzeichnis[107]) mit *E 72* bezeichneten Abhandlung, der Akademie vorgelegt am 25. IV. (6. V.) 1737, gedruckt in den *CP* 9 (1737), 1744, S. 160 bis 188 = *EO XIV*, S. 216/44, dort insbesondere S. 242/44.

[72]) Siehe unten Art. 10 und Fußnote 100.

[73]) GOLDBACH an Dan. BERNOULLI, 31. V. 1723 (*CF II*, S. 173/74).

[74]) Dan. BERNOULLI an GOLDBACH, 10. VII. 1723 (*CF II*, S. 175/76).

[75]) GOLDBACH an Dan. BERNOULLI, 26. VIII. 1723 (*CF II*, S. 177/78).

[76]) GOLDBACH an Dan. BERNOULLI, 31. V. 1723 (*CF II*, S. 173/74). Im Brief an Dan. BERNOULLI vom 4. XI. 1723 (*CF II*, S. 186/87) beweist GOLDBACH die Richtigkeit seiner Behauptung, indem er $x = \frac{1}{2}$ (und $a = \frac{1}{4}$, $b = -\frac{3}{4}$) setzt; denn dann ist $f(\frac{1}{2})$ in Form der LEIBNIZ-Reihe dargestellt, hat also den Wert $\frac{1}{4}\pi$. GOLDBACH hat somit ein sehr schönes Beispiel für eine transzendente Funktion konstruiert, die für alle ganzen positiven Argumente rationale Werte annimmt. Der einfachere Fall $x = -\frac{1}{2}$ mit $a = \frac{1}{4}$, $b = 0$ ist ihm entgangen, weil er über die auftretende Logarithmusreihe nicht hinreichend Bescheid wußte; vgl. oben Fußnote 24. Vgl. außerdem das im zweiten Abschnitt der GOLDBACHschen Abhandlung[93]) Ausgeführte und Fußnote 102.

und spricht von ähnlichen Sätzen bei Zahlenfolgen, deren Glieder rationale Funktionen des „Index" sind[77]).

Mitten in diese Diskussion wirft Dan. BERNOULLI erste Mitteilungen über eigene Ergebnisse und solche seines Vetters Nikl. I. BERNOULLI, die sich auf die heute nach FIBONACCI benannte Reihe[78]) 0, 1, 1, 2, 3, 5, 8, 13, 21, ... bezogen. Er kennt das Bildungsgesetz $t_{\nu+1} = t_{\nu-1} + t_\nu$ und hat selbständig entdeckt, daß die Zahlen $\frac{t_{\nu-1} + t_{\nu+1}}{t_\nu}$ schrittweise verbesserungsfähige rationale Näherungswerte für $\sqrt{5}$ darstellen, und das unabhängig von der Wahl der ersten beiden Anfangsglieder[79]).

Als Ergebnis Nikl. I. BERNOULLIS erwähnt Dan. BERNOULLI die folgende hübsche zahlentheoretische Eigenschaft, die sich auf je drei aufeinanderfolgende Glieder u_ν bzw. v_ν der Teilreihen 0, 1, 3, 8, 21 ... bzw. 1, 2, 5, 13, 34, ... der obigen Reihe bezieht[80]):

$$u_{\nu-1}u_\nu + 1 = \square, \quad u_\nu u_{\nu+1} + 1 = \square, \quad u_{\nu+1}u_{\nu-1} + 1 = \square \quad \text{bzw.}$$
$$v_{\nu-1}v_\nu - 1 = \square, \quad v_\nu v_{\nu+1} - 1 = \square, \quad v_{\nu+1}v_{\nu-1} - 1 = \square.$$

Für GOLDBACH ist das alles neu. Er erfindet die weitere Reihe $w_\nu = 3, 7, 18, 47$ 123, 322, ... mit dem Bildungsgesetz $w_\nu = \frac{1}{3}(w_{\nu-1} + w_{\nu+1})$ und teilt als „Zwischenglieder" dieser Reihe vom ersten ab die Folge $2\sqrt{5}, 5\sqrt{5}, 13\sqrt{5}, \ldots$

[77]) GOLDBACH an Dan. BERNOULLI, 26. VIII. und 4. XI. 1723 (*CF II*, S. 177/78 und 185/87). An der letzten Stelle ist zum erstenmal von der Folge der reziproken Primzahlen die Rede. Vgl. unten Fußnote 99.

[78]) Dan. BERNOULLI an GOLDBACH, 18. XII. 1723 (*CF II*, S. 189/90). — Die Bezeichnung der Reihe nach FIBONACCI geht zurück auf die sog. Kaninchenaufgabe im *Liber abbaci* von LEONARDO v. Pisa (= FIBONACCI). Sie ist zu finden in den *Scritti*, ed. B. BONCOMPAGNI, Rom 1854/62, Bd. I, S. 283/84.

[79]) Bei dieser Gelegenheit erwähnt Dan. BERNOULLI, es sei von großer praktischer Bedeutung, ähnliche rationale Reihen zur Approximation der Wurzeln aller Zahlen aufzustellen, was einem Wunschziel von LEIBNIZ entspreche. Damit bezieht er sich vermutlich auf eine Bemerkung in der LEIBNIZschen Abhandlung[25]) von 1682.

[80]) Dan. BERNOULLI bemerkt bei dieser Gelegenheit (*CF II*, S. 190), er habe schon während seiner Studienzeit als Mediziner in Heidelberg (1718/19) unendlich viele Lösungen der sehr schwierigen Aufgabe aus DIOPHANT (*Arithmetica*, Buch IV, *prop.* 21 älterer = 20 neuerer Zählung) gegeben: vier (positive) Zahlen zu bestimmen, so daß jedes ihrer Produkte zu zweien nach Vermehrung um 1 zu einer Quadratzahl wird. Interessanterweise wird in der nachfolgenden Diskussion mit GOLDBACH nirgends auf die ergänzenden Bemerkungen FERMATS zu dieser Stelle hingewiesen, die in der DIOPHANT-Ausgabe von 1670[26]) abgedruckt sind. Wir ersehen daraus, daß sowohl Dan. BERNOULLI wie GOLDBACH (hierüber vgl. etwa Fußnote 26) viel zu wenig von FERMAT wußten. Die zahlreichen hübschen zahlentheoretischen Sätze und Vermutungen GOLDBACHS dürften also großenteils seiner eigenen Intuition entstammen. — Die fragliche Diskussion spielt sich ab in GOLDBACH an Dan. BERNOULLI, 2. II. 1724 (*CF II*, S. 194/95 mit „allgemeiner" Lösung und Beifügung des Erläuterungsbeispiels 1, 3, 8, 120). Weitere Ergänzungen stehen in den Briefen vom 10. II.? und 19. II. 1724 (*CF II*, S. 196 und 198). Dann folgt der Brief Dan. BERNOULLIS vom 18. III. 1724 (*CF II*, S. 202/03) mit interessanter symmetrisch ausgedrückter Lösung, hierauf das Briefpaar GOLDBACHS vom 23. VII. und 13. IX. 1724 (*CF II*, S. 208 bis 209 und 222), schließlich der Brief Dan. BERNOULLIS vom 12. X. 1724 (*CF II*, S. 226).

mit, deren Koeffizienten bei $\sqrt{5}$ die oben mit $v_{\nu+1}$ bezeichneten Zahlen sind[81]). Sogleich erkennt Dan. BERNOULLI das Zustandekommen dieser Interpolation und fügt weitere Ergänzungen bei[82]). Den Abschluß dieser Studie bildet GOLDBACHs independente Darstellung der Glieder jener Reihe t_ν, die mit 0, 1, ... beginnt[83]).

---

[81]) GOLDBACH an Dan. BERNOULLI, 2. II. 1724 (*CF II*, S. 193/94).

[82]) Dan. BERNOULLI an GOLDBACH, 18. III. 1724 (*CF II*, S. 200/01): Wird die Folge, der das Bildungsgesetz $t_{\nu+1} = t_{\nu-1} + t_\nu$ zukommt, mit $t_1 = 1$ und $t_2 = 3$ begonnen, dann entsteht 1, 3, 4, 7, 11, 18, 29, 47, 76, 123, ...; also ist $w_\nu = t_{2\nu}$. Nun stellt Dan. BERNOULLI drei aufeinanderfolgende Glieder der t-Reihe in zwei Parametern a, b dar, nämlich vermöge $w_{\nu-1} = t_{2\nu-2} = 3a - b$, $t_{2\nu-1} = 2b - a$, $t_{2\nu} = 2a + b = w_\nu$. Dann greift er auf die von ihm bereits mitgeteilte Beziehung $\lim\limits_{\nu\to\infty} \frac{t_{2\nu-2} + t_{2\nu}}{t_{2\nu-1}} = \sqrt{5}$ zurück, die er nunmehr so faßt: Mit $\nu \to \infty$ bilden je drei aufeinanderfolgende Glieder der t-Reihe eine stetige Proportion. Aus ihr entnimmt er $b = a\frac{1+\sqrt{5}}{2}$, also $t_{2\nu-1} = a\sqrt{5}$. Mit $w_{\nu+1} = t_{2(\nu+1)} = 3a + 4b$ folgt hieraus $w_{\nu-1} + w_{\nu+1} = 3w_\nu$. Damit ist GOLDBACHs Mittelbildung aufgeklärt. Bei Dan. BERNOULLI ist der letzte Beweisschritt nur mehr kurz angedeutet. Hinzugefügt sind ergänzende Bemerkungen über die mit $t_1 = a$, $t_2 = b$ beginnende t-Reihe, über die Reihensumme und über die Beziehung zwischen drei Gliedern, deren Tiefzahlen in arithmetischer Reihe stehen. Man könne auch $t_{2\nu}$ und $t_{2\nu+1}$ aus t_ν und $t_{\nu+1}$ finden, jedoch sei das Ergebnis nur im Falle $a = 1$, $b = 3$ hinreichend einfach: $t_{2\nu} = t_\nu^2 + (-1)^{\nu+1} \cdot 2$. Sei aber $a = 1$, $b = 1$, dann ergebe sich $t_1 + t_3 + t_5 + \cdots + t_{2\nu-1} = t_{2\nu}$. Niemand konnte damals ahnen, daß eine Reihe dieser Ergebnisse schon von LEIBNIZ gefunden, jedoch in einem damals ungedruckt gebliebenen Aufsatz vergraben war, der erst in den *Math. Schriften*[63]) unter dem Titel *Initia mathematica* (Bd. VII, S. 29/49, insbes. S. 42/49) veröffentlicht wurde.

[83]) Im Brief an Dan. BERNOULLI vom 18. IX. 1725 (*CF II*, S. 239) erklärt GOLDBACH, die fragliche Formel

$$\frac{\left(\frac{1+\sqrt{5}}{2}\right)^{\nu+1} \mp \left(\frac{\sqrt{5}-1}{2}\right)^{\nu+1} - \left(\frac{1+\sqrt{5}}{2}\right)^{\nu} \mp \left(\frac{\sqrt{5}-1}{2}\right)^{\nu}}{\sqrt{5}}$$

sei nicht durch Zufall gefunden, sondern Sonderfall einer viel allgemeineren Formel. Bezeichnen wir den Wert dieses Bruches mit t_ν und fassen wir passend zusammen, so ergibt sich zunächst

$$t_\nu = \frac{\left(\frac{\sqrt{5}+1}{2}\right)^{\nu-1} \mp \left(\frac{\sqrt{5}-1}{2}\right)^{\nu-1}}{\sqrt{5}},$$

und zwar ist anstelle von $\mp$ das Zeichen $(-1)^\nu$ gemeint, also

$$t_\nu = \frac{1}{\sqrt{5}} \cdot \left\{ \left(\frac{1+\sqrt{5}}{2}\right)^{\nu-1} - \left(\frac{1-\sqrt{5}}{2}\right)^{\nu-1} \right\}.$$

Das ist die uns vertraute independente Darstellung der Zahlen t_ν. — GOLDBACHs Brief hat Dan. BERNOULLI, der bereits auf der Reise nach Petersburg war, nicht mehr in Basel erreicht. Die weitere Unterhaltung der Freunde über diesen Gegenstand wird wohl mündlich fortgesetzt worden sein. Deshalb wissen wir auch nicht genau, ob GOLDBACH wirklich, wie er andeutet, zur allgemeinen independenten Formel für die Glieder einer rekurrenten Reihe zweiter Ordnung vorgedrungen ist.

Eine Nebenfrucht dieser Untersuchungen ist GOLDBACHs Methode zur rationalen Approximation von Quadratwurzeln, die auf der Wechselverwendung von rekurrenten Reihen beruht[84]). Dan. BERNOULLI prüft das GOLDBACHsche Verfahren und erkennt es als richtig an, ersetzt jedoch den verwickelten Aufbau durch einen einfacheren[85]). Er steht also bereits dicht vor der Entdeckung des so berühmt gewordenen Verfahrens zur Approximation von Gleichungslösungen durch rekurrente Reihen. Diese Methode wird jedoch erst einige Jahre später Diskussionsgegenstand zwischen den beiden Freunden, und zwar zu einem Zeitpunkt, da sich EULER bereits in Petersburg befindet[86]).

---

[84]) Im Brief an Dan. BERNOULLI vom 2. II. 1724 (*CF II*, S. 194) setzt GOLDBACH (wir verwenden moderne Bezeichnungen): $t_1 = a$, $t_2 = -a + b$, $t_3 = t_1 + t_2 = b$, $t_4 = t_2 + (x-2)\,t_3 = -a + b\,(x-1)$, $t_5 = t_3 + t_4 = -a + b\,x$, $t_6 = t_4 + (x-2)\,t_5 = -a\,(x-1) + b\,(x^2 - x - 1), \ldots$ Dann wählt er $a = 0$, $b = 1$ und behauptet, daß

$$\frac{2\,t_{2\nu+1} + t_{2\nu+2}}{t_{2\nu+2}} < \sqrt{\frac{x+2}{x-2}} < \frac{2\,t_{2\nu}\,(x-2) + t_{2\nu+1}}{t_{2\nu+1}}.$$

Im Zahlenbeispiel $x = 4$ sei also $t_8 = 169$, $t_9 = 204$, $t_{10} = 985$. Mit

$$1\,\frac{408}{985} < \sqrt{2} < 1\,\frac{169}{408}$$

erläutert GOLDBACH sein Verfahren und stellt fest, daß in diesem Falle die Schranken nur mehr um $\frac{1}{408 \cdot 985}$ voneinander abweichen. Bei der numerischen Durchrechnung zeigt sich, daß GOLDBACHs Verfahren genau die aus der gewöhnlichen Kettenbruchmethode erhältlichen rationalen Näherungswerte für $\sqrt{2}$ liefert. Seine allgemeine Regel kann so aufgebaut werden: $t_{\nu+2} = -a\,u_\nu + b\,u_{\nu+2}$, wobei $u_{\nu+2} = u_\nu\,x - u_{\nu-2}$ mit den Anfangswerten $u_0 = 0$, $u_1 = 1$, $u_2 = 1$, $u_3 = 5$ gewählt ist.

[85]) Im Brief an GOLDBACH vom 18. III. 1724 (*CF II*, S. 202) nähert Dan. BERNOULLI $\sqrt{4\,k+1}$ vermöge der rekurrenten Reihe $t_{\nu+1} = t_\nu + k\,t_{\nu-1}$ an und stellt fest, daß mit $\nu \to \infty$ entsteht:

$$\frac{t_\nu + t_{\nu+1}}{t_{\nu-1}} - (k+1) \to \sqrt{4\,k+1}.$$

Indem wir $t_{\nu+1}$ entfernen und ausrechnen, erhalten wir links $\frac{2\,t_\nu}{t_{\nu-1}} - 1$. Aus MOIVREs Aufsatz in den *PT* 32, Nr. 373 vom IX/X 1722, S. 162/78 hätte Dan. BERNOULLI den Begriff der rekurrenten Reihe und dieses Fachwort entnehmen können, scheint jedoch diese Abhandlung damals noch nicht gesehen zu haben. Auf direktem Wege bemerkte er wohl, daß $t_{\nu-1}$, t_ν, $t_{\nu+1}$ mit $\nu \to \infty$ die aufeinanderfolgenden Glieder einer geometrischen Reihe sind. Wird also $\frac{t_{\nu+1}}{t_\nu} \approx \frac{t_\nu}{t_{\nu-1}} = x$ gesetzt, dann ergibt sich $x^2 = x + k$ als Skala, folglich mit $\nu \to \infty$: $2\,x = \sqrt{4\,k+1} + 1 = \frac{2\,t_\nu}{t_{\nu-1}}$, wie gesagt wurde. Als besondere Merkwürdigkeit hebt Dan. BERNOULLI hervor, daß man mit $4k + 1 = a^2$ und den Anfangsgliedern $t_1 = 1$, $t_2 = \frac{a+1}{2}$ erhält:

$$t_3 = \frac{a+1}{2} + \frac{a^2-1}{4} = t_2^{\,2}, \ldots, t_{\nu+1} = t_2^{\,\nu} \quad \text{usw.}$$

[86]) EULER kam Ende Mai 1727 in Petersburg an. Vgl. SPIESS[19]), S. 54.

11. Jetzt kennt Dan. BERNOULLI die bereits mehrere Jahre zurückliegende Studie A. de MOIVREs über Partialbruchzerlegungen[87]), woselbst u. a. auch von rekurrenten Reihen gesprochen wird und dieses Fachwort erstmals auftritt. Er hat Neues auf diesem Gebiet gefunden und sendet den ersten Entwurf einer für die *Commentarii* bestimmten Abhandlung an GOLDBACH[88]), worin auch auf einen Satz seines Vetters Nikl. I. BERNOULLI über die Winkelteilung hingewiesen wird[89]). Hauptergebnis Dan. BERNOULLIs ist das ausgezeichnete Verfahren zur Bestimmung der größten oder kleinsten reellen Lösung einer Gleichung vermittels rekurrenter Reihen[90]).

In seiner Antwort[91]) gesteht GOLDBACH, er habe bisher so wenig über rekurrente Reihen gelesen, daß ihm nicht einmal diese ersichtlich geschickt gewählte

---

[87]) Die fragliche Abhandlung[85]) wurde der *Royal Society* schon im Mai 1720 vorgelegt, kam jedoch erst 1722 zum Druck.

[88]) Beilage zum Brief an GOLDBACH vom Anfang November 1728 (*CF II*, S. 271/72). Die Abhandlung kam in den *CP* **3** (1728), 1732, S. 85/100 zum Abdruck. Sie ging in Abschrift nach Basel und wurde (wahrscheinlich von Nikl. I. BERNOULLI) an CRAMER in Genf weitergeleitet. Dieser berichtete im Brief vom 19./30. V. 1729 (*ST*, S. 111) an STIRLING kurz über die Abhandlung, die Dan. BERNOULLI in Petersburg gelesen habe, dann etwas ausführlicher im Brief vom 26. XII. 1729 (*ST*, S. 114/15), wo eine wichtige Stelle im lateinischen Originaltext angeführt wurde.

[89]) Im Brief vom 22. VIII. 1728 (noch ungedruckt) hatte Nikl. I. BERNOULLI folgenden Satz an Dan. BERNOULLI gegeben: Wenn $\sin t = z$, dann ist

$$\sin n\,t = \frac{(\sqrt{1-z^2} + z\sqrt{-1})^n - (\sqrt{1-z^2} - z\sqrt{-1})^n}{2\sqrt{-1}}.$$

Eine Variante dieser Formel ging auch an CRAMER, der sie im Brief vom 6. I. 1729 (*ST*, S. 100, 106/07) an STIRLING weiterleitete. Im Brief an GOLDBACH vom Anfang November 1728 (*CF II*, S. 272) verweist Dan. BERNOULLI auf den Satz und legt einen (ungedruckt gebliebenen) Beweis bei. GOLDBACH bemerkt in seiner Antwort vom 18. XI. 1728 (*CF II*, S. 275), der Satz verwandle sich mit $z = \frac{p}{2}$ und $n = \frac{1}{m}$ genau in die Schreibweise, die MOIVRE bei Aufstellung des nach ihm benannten Theorems angewendet habe (Anspielung auf MOIVREs Abhandlung in den *PT* **25**, 1707, Nr. 309, S. 2368/71). Später scheint Dan. BERNOULLI erfahren zu haben, daß GOLDBACH einen sehr kurzen Beweis der Formel von Nikl. I. BERNOULLI gefunden hatte (genaue Bezugsstelle ungeklärt) und wollte GOLDBACH zur Veröffentlichung in den Akademie-Abhandlungen veranlassen (Brief vom 20./31. III. 1729; *CF II*, S. 292), wurde jedoch „wegen der Geringfügigkeit des Gegenstandes" abgewiesen (Brief vom 14. IV. 1729; *CF II*, S. 293).

[90]) Im Brief an GOLDBACH vom „20. II. 1728" (*CF II*, S. 250/51; die Jahreszahl ist verschrieben; es müßte 20. II. (3. III.) **1729** heißen) hebt Dan. BERNOULLI als Hauptpunkte hervor: Das Verfahren liefert mit Sicherheit die größte oder kleinste reelle Lösung durch eine rasch konvergierende Approximation und zeigt an, ob eine vorgelegte Gleichung überhaupt keine reelle Lösung hat. Dan. BERNOULLI ist sicher, daß man seine Sätze nicht so leicht werde beweisen können. Unter Bezugnahme auf Dan. BERNOULLIs Abhandlung[88]) gibt EULER in der *Introductio in analysin infinitorum*, Lausanne 1748, Bd. I (ENESTRÖM-Verzeichnis[107]) *E 101*, bereits 1745 abgeschlossen; abgedruckt in *EO VIII*, ed. A. KRAZER-Ferd. RUDIO, Leipzig/Berlin 1920) in Kap. 17 eine eingehende Darstellung mit zahlreichen Beispielen.

[91]) GOLDBACH an Dan. BERNOULLI, 18. XI. 1728 (*CF II*, S. 273/74). — Die Beilage über den Hauptsatz der GOLDBACHschen Interpolation ist nicht mit abgedruckt.

Bezeichnung bekannt geworden sei. Zur Orientierung übersendet er den Hauptsatz über die Interpolation von Zahlenfolgen[59]) und erwähnt das Interpolationsproblem[58]) für die Folge $a_n = n!$, das bei Dan. BERNOULLI auf lebhaftes Interesse stößt[92]). GOLDBACH ist sich über die Tragweite des BERNOULLIschen Verfahrens nicht ganz im Klaren und hat selbst in einer weiterführenden Abhandlung[93]) Beispiele für die Behandlung schwierigerer Differenzengleichungen zusammengestellt, ohne daß es ihm gelungen wäre, zu einer wirklichen Systematik vorzudringen. Um diese und weitere Beispiele geht es in der nachfolgenden Korrespondenz mit Dan. BERNOULLI. Eine längere Diskussion ent-

---

[92]) In den Briefen Dan. BERNOULLIS an GOLDBACH vom 18. (29.) XI. 1728 (*CF II*, S. 277/78) und vom 30. I. (10. II.) „1728“ (*CF II*, S. 247/48; die Jahreszahl ist verschrieben und müßte 1729 heißen) wird eine Darstellung in geschlossener Form gewünscht, nicht in Form einer unendlichen Reihe. GOLDBACH kann jedoch nur eine Reihendarstellung geben (Hinweis im Brief an Dan. BERNOULLI vom 31. I. 1729; *CF II*, S. 283; Ausführung im Brief vom 21. II. 1729; *CF II*, S. 285/86), mit der sich Dan. BERNOULLI schließlich doch (ganz mit Recht) einverstanden erklärt: Brief an GOLDBACH vom „20. II. 1728“ (3. III. 1729; *CF II*, S. 252).

[93]) Die Abhandlung *De terminis generalibus serierum* steht in den *CP* 3 (1728) 1732, S. 164/73. Sie zerfällt in drei Abschnitte. Der erste Abschnitt beginnt mit einem Hinweis auf Dan. BERNOULLIS Verfahren zur Bestimmung des „allgemeinen Gliedes“ aus

$$t_{\nu+k} = \sum_{\lambda=1}^{k-1} a_\lambda t_{\nu+\lambda}.$$

Dann folgen die „weiterführenden Beispiele“:

$$\text{Wenn } t_{\nu+1} = a t_\nu + b, \text{ dann ist } (a-1)t_n = (a+b-1)a^n - b. \qquad (1)$$

$$\text{Wenn } a t_{\nu+1}^2 = t_\nu t_{\nu+2}, \text{ dann ist } q^{n-2} t_n = a^{\frac{(n-1)(n-2)}{2}} p^{n-1}. \qquad (2)$$

$$\text{Wenn } t_{\nu+1} = \nu t_\nu + (\nu+1)^p - \nu(\nu-1)^{p+1}, \text{ dann ist } t_n = n^p + (n-1)^{p+1}. \qquad (3)$$

$$\text{Wenn } t_{\nu+1} = p(t_\nu - a^\nu) + a^{\nu+1}, \text{ dann ist } t_n = a^n + p^n. \qquad (4)$$

$$\text{Wenn } t_{\nu+1} = \nu t_\nu + (\nu+1)^{\nu+1} - \nu(\nu-1)^\nu, \text{ dann ist } t_n = n^n + (n-1)^n. \qquad (5)$$

Der zweite Abschnitt bezieht sich auf das Interpolationsverfahren[56]) GOLDBACHS. Als erstes Beispiel erscheinen die Partialsummen der harmonischen Reihe (hierzu vgl. auch Art. 5) in der (gleich modernisierten) Form

$$f(n) = 1 + \sum_{\nu=1}^{n} \frac{(-1)^{\nu+1}}{\nu(\nu+1)} \binom{n-1}{\nu} = \sum_{\nu=1}^{n} \frac{n}{\nu(\nu+n)}.$$

Hieraus entnimmt GOLDBACH durch Interpolation

$$f\left(\frac{3}{2}\right) = 1 + \frac{1}{1\cdot 2}\cdot\frac{1}{2} - \frac{1}{2\cdot 3}\cdot\frac{1}{2\cdot 4} + \frac{1}{3\cdot 4}\cdot\frac{1\cdot 3}{2\cdot 4\cdot 6} - \frac{1}{4\cdot 5}\cdot\frac{1\cdot 3\cdot 5}{2\cdot 4\cdot 6\cdot 8} \pm \cdots$$

$$\text{bzw.}\quad 3\cdot\left\{\frac{1}{1\cdot 5} + \frac{1}{2\cdot 7} + \frac{1}{3\cdot 9} + \frac{1}{4\cdot 11} + \cdots\right\}.$$

Das zweite Beispiel ist die Bestimmung von $\sqrt{2}$ durch Interpolation aus $f(n) = 2^{n-1}$; vgl. Fußnote 57. Das dritte Beispiel bezieht sich auf die Interpolation der Formel $f(n) = n!$. Aus dem Differenzenschema entnimmt GOLDBACH zunächst die als divergent erkannte Darstellung

$$f\left(\frac{3}{2}\right) = 1 + 1\cdot\frac{1}{2} - 3\cdot\frac{1}{2\cdot 4} + 11\cdot\frac{1\cdot 3}{2\cdot 4\cdot 6} - 53\cdot\frac{1\cdot 3\cdot 5}{2\cdot 4\cdot 6\cdot 8} \pm \cdots.$$

wickelt sich um das allgemeine Glied der speziellen Folge[94]) $t_{\nu+1} = 64\,t_\nu + 9$ und der theoretisch viel interessanteren Folge[95]) $t_{\nu+1} = \alpha\,t_\nu + \beta t_\nu^2$.

Um zu einer konvergenten Darstellung zu gelangen, interpoliert GOLDBACH aus

$$\frac{1}{f(n)} = \frac{1}{n!} \text{ vermöge } \frac{1}{f(\frac{3}{2})} = 1 - \frac{1}{2!}\cdot\frac{1}{2} - \frac{1}{3!}\cdot\frac{1}{2\cdot 4} + \frac{1}{4!}\cdot\frac{1\cdot 3}{2\cdot 4\cdot 6} + \frac{19}{5!}\cdot\frac{1\cdot 3\cdot 5}{2\cdot 4\cdot 6\cdot 8} + \cdots.$$

Dann wird das allgemeine Glied der Folge $a_n = t^{a_n}$ aufgestellt, schließlich die Folge mit dem allgemeinen Glied $a_1 a_2^{n-1} a_3^{(n-1)(n-2)} a_4^{(n-1)(n-2)(n-3)}$ betrachtet. Dem Brief GOLDBACHS vom 20.?IV. 1729 (*CF II*, S. 294/97) scheint das zur Verlesung vor der Akademie bestimmte Mskr. der Abhandlung beigelegen zu haben. Das ist aus der Erwähnung in Dan. BERNOULLIS Antwort vom 28. IV. (9. V.) 1729 (*CF II*, S. 302/04) zu schließen. Hier macht Dan. BERNOULLI erhebliche Einwände, warnt GOLDBACH in freundschaftlichen Worten vor allzu unkritischer Vorlage neuer Ergebnisse und bittet gegebenenfalls um Anweisungen für vorzunehmende Änderungen. GOLDBACH geht auf Dan. BERNOULLIS Anregungen ein (Brief vom 26. V. 1729; *CF II*, S. 307/08), kann allerdings Dan. BERNOULLIS Warnungen mit ziemlich deutlichen Gegenvorwürfen beantworten. Er erhält die Abhandlung zurück (erkennbar aus Dan. BERNOULLIS Brief vom Juni 1729; *CF II*, S. 309/11) und schickt sie nach Berichtigung wieder nach Petersburg (Brief vom 18. VIII. 1729; *CF II*, S. 313/14). Am 22. IX./3. X. 1729 (*CF II*, S. 319) kündigt Dan. BERNOULLI die baldige Verlesung der Abhandlung an. Am 6. (17.) X. 1729 (*CF II*, S. 324) berichtet er, die Akademiker seien der Verlesung mit Aufmerksamkeit gefolgt, aber niemand habe etwas dazu gesagt.

[94]) Das Problem wird im Brief GOLDBACHS vom 21. II. 1729 (*CF II*, S. 285) an Dan. BERNOULLI zur Diskussion gestellt. Infolge allzuflüchtigen Studiums der Angabe behandelt Dan. BERNOULLI zunächst die Folge $t_{\nu+1} = 64 t_\nu + 9 t_{\nu-1}$ (Brief vom 20. II. „1728", (3. III. 1729); *CF II*, S. 251). GOLDBACH teilt die richtige Lösung $t_n = (8^{2n-1} - 1):7$ mit und bemerkt, er könne auch das allgemeine Glied der Folge $t_{\nu+1} = a t_\nu + \beta$ angeben (Brief vom 20.? IV. 1729; *CF II*, S. 295/96). Dan. BERNOULLI entschuldigt seinen Fehler mit der Bemerkung, er könne das allgemeine Glied sowohl dieser wie auch der allgemeineren Folgen $t_{\nu+1} = a_1 t_\nu + a_2 t_{\nu-1} + \cdots$ schon längst herstellen und habe daher irrtümlich die „schwerere" Aufgabe behandelt, deren Lösung er übersandt habe (Brief vom 28. IV. (9. V.) 1729; *CF II*, S. 300). Schon früher hatte Dan. BERNOULLI unter Bezugnahme auf GOLDBACHS Frage, wie man Beispiele der Art $t_{\nu+1} = \dfrac{1 + t_\nu^p\, t_{\nu-1}^p}{t_\nu^p + t_{\nu-1}^p}$ behandeln könne (Brief vom 21. III. 1729; *CF II*, S. 288), die folgende Antwort erteilt (Brief vom 20./31. III. 1729; *CF II*, S. 291/92): Man könne wohl weitergehende Beispiele lösen, aber nur solche, die sich durch passende Transformationen auf lineare Differenzengleichungen zurückführen ließen.

[95]) Im Brief Dan. BERNOULLIS an GOLDBACH vom 22. IX./3. X. 1729 (*CF II*, S. 323) wird nach dem allgemeinen Glied der Folge $t_{\nu+1} = t_\nu - t_\nu^2$ gefragt. GOLDBACH gibt daraufhin im Brief vom 20. X. 1729 (*CF II*, S. 327) einen Lösungsansatz für $t_{\nu+1} = a\,t_\nu + \beta t_\nu^2$ mit $a = 1$ und bemerkt, man könne auch die Fälle $a = \pm 2$ und ± 4 meistern. Wie das gelinge, vermag sich Dan. BERNOULLI durchaus nicht vorzustellen (Brief vom 20./31. X. 1729; *CF II*, S. 330) und erhält nunmehr von GOLDBACH die nötige Aufklärung (Briefe vom 28. XI. 1729 und 5. I. 1730; *CF II*, S. 335 und 343). Dieser trägt sich auch mit der Absicht, eine neue zusammenfassende Arbeit über Reihensummen zu schreiben (Brief vom 26. V. 1729; *CF II*, S. 305) und will die Behandlung des Falles $t_{\nu+1} = a\,t_\nu + \beta t_\nu^2$ mit aufnehmen (Brief vom 5. I. 1730; *CF II*, S. 343/44). Deshalb soll Dan. BERNOULLI den anderen Akademikern erst dann Andeutungen machen, wenn er von GOLDBACH weitere Anweisungen erhalten hat.

12. Fast gleichzeitig mit diesen Studien über rekurrente Reihen setzen Untersuchungen über die numerische Approximation von Reihen ein. Den ersten Vorstoß macht GOLDBACH mit einer Abhandlung über „Reihentransformation"[96]). Seinen Spuren folgend, findet Dan. BERNOULLI ein rechnerisch brauchbares Verfahren zur Bestimmung von $\sum_{\nu=1}^{\infty}\frac{1}{\nu^2}$, teilt jedoch zunächst nur den sich ergebenden Näherungswert $\frac{8}{5}$ mit[97]). Wenige Monate später führt

---

[96]) *De transformatione serierum*, *CP* 2 (1727), 1729, S. 30/34. Die Abhandlung stammt vom März 1727. Reihentransformation nennt GOLDBACH die Umformung einer Reihe in eine andere der nämlichen Summe. Hat er zwei summengleiche Reihen A und B, dann hat die durch gliedweise Subtraktion entsprechender Reihenglieder entstehende neue Reihe $C = A - B$ den Summenwert Null. Durch gliedweises Hinzufügen der Reihe C zu einer gegebenen Reihe D wird diese in eine neue summengleiche Reihe „transformiert". Natürlich finden wir noch keinerlei Konvergenzbetrachtungen, jedoch einige hübsche Beispiele, nämlich:

$$\sum_{\nu=1}^{\infty}\frac{1}{\nu(\nu+2)}=\frac{3}{4}=\sum_{\nu=1}^{\infty}\frac{3}{4\nu(\nu+1)},\tag{1}$$

also durch gliedweise Subtraktion $\sum_{\nu=1}^{\infty}\frac{\nu-2}{4\nu(\nu+1)(\nu+2)}=0.$

$$\sum_{\nu=1}^{\infty}\frac{11}{18\nu(\nu+1)}=\frac{11}{18}=\sum_{\nu=1}^{\infty}\frac{1}{\nu(\nu+3)},\tag{2}$$

also durch gliedweise Subtraktion $\sum_{\nu=1}^{\infty}\frac{7\nu-15}{18\nu(\nu+1)(\nu+3)}=0,$

ähnlich $$\sum_{\nu=1}^{\infty}\frac{23\nu-52}{\nu(\nu+1)(\nu+4)}=0,\quad \sum_{\nu=1}^{\infty}\frac{163\nu-385}{\nu(\nu+1)(\nu+5)}=0 \text{ usw.},\tag{3}$$

$$\frac{\pi}{8}=\sum_{\nu=1}^{\infty}\frac{1}{(4\nu-3)(4\nu-1)}+\sum_{\nu=1}^{\infty}\frac{a(\nu-2)}{4\nu(\nu+1)(\nu+2)}=\cdots\tag{4}$$

und $$\sum_{\nu=1}^{\infty}\frac{1}{\nu(\nu+1)}=1=\sum_{\nu=1}^{\infty}\frac{1}{2^\nu},\quad \text{also}\quad \sum_{\nu=1}^{\infty}\frac{2^\nu-\nu^2-\nu}{\nu(\nu+1)\cdot 2^\nu}=0.\tag{5}$$

Schließlich wird aus einer mit $n\to\infty$ gegen Null konvergierenden Folge a_n mit lauter positiven Gliedern die Reihe $1+a_1-\sum_{\nu=1}^{\infty}(a_\nu-a_{\nu+1})=1$ hergestellt. Hierzu vgl. auch Fußnote 99. Aus dem Brief vom 20. II. „1728" (3. III. 1729; *CF II*, S. 253) geht hervor, daß Dan. BERNOULLI den Satz der nunmehr ausgabefertigen Abhandlung überwacht und auch Schreibfehler im Mskr. ausgemerzt hat, wofür ihm in GOLDBACHs Brief vom 20.? IV. 1729 (*CF II*, S. 297) der Dank des Autors ausgesprochen wird.

[97]) Brief an GOLDBACH vom 29. VIII. (9. IX.) 1728 (*CF II*, S. 263). Wie Dan. BERNOULLIs Verfahren beschaffen war, wissen wir nicht ganz genau (hierzu vgl. auch Fußnote 98); wir können jedoch aus dem Hinweis in GOLDBACHs Brief vom 2. X. 1730 (*CF II*, S. 395) vermuten, daß die Umformung

$$\sum_{\nu=1}^{\infty}\frac{1}{\nu^2}=1+\sum_{\nu=1}^{\infty}\frac{1}{\nu^2(\nu+1)}$$

GOLDBACH ein viel wirksameres Approximationsverfahren vor, bei dem die sicherlich von ihm selbständig nachentdeckte Reihenteilung mit hereinspielt[98]). Beigefügt ist eine Darstellungsform für $\sum_{\nu=2}^{\infty} \frac{1}{\nu^2}$ aus der mit Lücken behafteten Reihe $\sum_{\nu=2}^{\infty} \frac{1}{\nu^2 - 1}$, die auf einem allgemeinen Satz beruht und von Dan. BERNOULLI erst nach langen Diskussionen anerkannt wird[99]).

---

gemeint war. Aus Dan. BERNOULLIS Brief vom 8. (19.) X. 1730 (*CF II*, S. 398) entnehmen wir dessen Beweis:

$$\sum_{\nu=1}^{\infty} \left\{ \frac{1}{(\nu+1)^2} - \frac{1}{\nu^2(\nu+1)} \right\} = \sum_{\nu=1}^{\infty} \left\{ \frac{\nu-1}{\nu^2} - \frac{\nu}{(\nu+1)^2} \right\} = 0.$$

Anscheinend hat Dan. BERNOULLI nicht gemerkt, daß die fragliche Entwicklung leichter aus

$$\sum_{\nu=1}^{\infty} \left\{ \frac{1}{\nu^2} - \frac{1}{\nu^2(\nu+1)} \right\} = \sum_{\nu=1}^{\infty} \left\{ \frac{1}{\nu} - \frac{1}{\nu+1} \right\} = 1$$

hervorgeht. Sie führt auf

$$\sum_{\nu=1}^{\infty} \frac{1}{\nu^2} > 1 + \frac{1}{1^2 \cdot 2} + \frac{1}{2^2 \cdot 3} + \frac{1}{3^2 \cdot 4} = \frac{29}{18} > \frac{8}{5}.$$

Hierzu und zu Fußnote 98/99 vgl. auch J. E. HOFMANN: *Zur Entwicklungsgeschichte der Eulerschen Summenformel*, Mathematische Zeitschrift **67** (1951), S. 139/46, Fußnote 11.

[98]) Brief an Dan. BERNOULLI vom 31. I. 1729 (*CF II*, S. 281/82). GOLDBACH beginnt mit den für $\nu \geqq 1$ richtigen Ungleichungen

$$\frac{1}{\nu^2 + \frac{17}{8}\nu + \frac{225}{256}} < \frac{1}{(\nu+1)^2} < \frac{1}{\nu^2 + 2\nu + \frac{3}{4}},$$

die mit

$$\frac{256}{(16\nu+9)(16\nu+25)} < \frac{1}{(\nu+1)^2} < \frac{4}{(2\nu+1)(2\nu+3)}$$

gleichwertig sind. Durch Summieren erhält er (bei ihm in etwas anderer Form ausgedrückt)

$$\frac{16}{16n+9} < \sum_{\nu=n}^{\infty} \frac{1}{(\nu+1)^2} < \frac{2}{2n+1}.$$

Nun addiert er die ersten sechs, dann die ersten elf Glieder der Folge $\frac{1}{\nu^2}$ für sich. Die Differenz der sich ergebenden Schranken mit $n = 6$ ist dann $\frac{2}{13 \cdot 105}$, die mit $n = 11$ $\frac{2}{23 \cdot 185}$. Hierzu schreibt Dan. BERNOULLI am 30. I. „1728" (10. II. 1729) (*CF II*, S. 247), er habe sich ebenfalls der GOLDBACHschen Methode zur Approximation von $\sum_{\nu=1}^{\infty} \frac{1}{\nu^2}$ bedient. Wörtlich kann das nicht stimmen; es wäre wohl auch zu unwahrscheinlich, daß die beiden Freunde unabhängig voneinander genau die nämliche Approximation durchgeführt hätten. Es ist aber richtig, wenn wir unter der GOLDBACHschen Methode jene der GOLDBACHschen Reihentransformation verstehen.

[99]) Schon im Brief vom 4. XI. 1723 (*CF II*, S. 186) an Dan. BERNOULLI hatte GOLDBACH mitgeteilt, wenn man von der Summe $A = \frac{1}{1} + \frac{1}{2} + \frac{1}{3} + \frac{1}{5} + \frac{1}{7} + \cdots$ der reziproken Primzahlen die Summe $(A - 1)$ gliedweise wegnehme, dann erhalte man

Das Verfahren der Reihenteilung wurde in diesen Jahren — aller Wahrscheinlichkeit nach wiederum selbständig — auch von Joh. II. [= Jean] BERNOULLI, dem gerade 19jährigen jüngeren Bruder Dan. BERNOULLIs, entdeckt, jedoch nur zur Summierung der harmonischen Reihe verwendet[100]). Bei näherer Dar-

---

$\frac{1}{1\cdot 2}+\frac{1}{2\cdot 3}+\frac{2}{3\cdot 5}+\frac{2}{5\cdot 7}+\cdots = 1$. Er ist sich keineswegs darüber im klaren, daß A eine divergente Reihe und daher seine Schlußweise unzulässig ist, obwohl das Ergebnis stimmt. Dieses Ergebnis kann nämlich ohne Verwendung der divergenten Reihe durch einen Schluß erwiesen werden, der dem Satz am Ende der Abhandlung über die Reihentransformation[96]) entspricht: $1 = (1-\frac{1}{2})+(\frac{1}{2}-\frac{1}{3})+(\frac{1}{3}-\frac{1}{5})+\cdots$. Im Zusammenhang mit der Bestimmung von $\sum\limits_{\nu=1}^{\infty}\frac{1}{\nu^2}$ behauptet GOLDBACH nunmehr im Brief vom 31. I. 1729 (*CF II*, S. 283), es gelte auch

$$\sum_{\nu=2}^{\infty}{}' \frac{1}{\nu^k-1} = \frac{1}{2^k-1}+\frac{1}{3^k-1}+0+\frac{1}{5^k-1}+\frac{1}{6^k-1}+\frac{1}{7^k-1}+\cdots,$$

wobei alle jene Glieder $\frac{1}{t^k-1}$ auszulassen sind, deren t eine reine Primzahlpotenz ist. Vorgeführt wird allerdings nur der Fall $k=2$. Dan. BERNOULLI hält den Satz für unrichtig und will den Gegenbeweis vermöge

$$\sum_{\nu=2}^{\infty}\frac{1}{\nu^2-1}-\sum_{\nu=2}^{\infty}\frac{1}{\nu^2}=\sum_{\nu=2}^{\infty}\frac{1}{(\nu^2-1)\nu^2}$$

rechnerisch führen (Brief an GOLDBACH vom 30. I. „1728" (10. II. 1729; *CF II*, S. 248/49). GOLDBACH besteht jedoch auf seinem Satz und spricht ihn erneut für alle positiven geraden Zahlen k aus (Brief vom 21. II. 1729; *CF II*, S. 286). Dan. BERNOULLI ist noch immer nicht überzeugt und empfiehlt einen Vergleich unter Summierung von einigen 30 Gliedern (Brief vom 20. II. „1728" (3. III. 1729); *CF II*, S. 252. GOLDBACH gibt als weiteres Beispiel

$$\tfrac{1}{3}+\tfrac{1}{7}+\tfrac{1}{8}+\tfrac{1}{15}+\tfrac{1}{24}+\tfrac{1}{26}+\cdots = 1,$$

wobei die um 1 vermehrten Nenner reine Zahlenpotenzen sind (Brief vom 20.? IV. 1729; *CF II*, S. 296). Dan. BERNOULLI wird auch damit nicht fertig (Brief vom 28. IV. (9. V.) 1729; *CF II*, S. 300) und erhält schließlich GOLDBACHs Beweisverfahren (Brief vom 26. V. 1729; *CF II*, S. 305/06), das von der Summierung der in geometrischer Reihe stehenden Teilfolgen der Gesamtsumme ausgeht. Vgl. ferner Fußnote 130.

100) Hierüber berichtet Dan. BERNOULLI im Brief vom 20. II. „1728" (3. III. 1729; *CF II*, S. 252/53) an GOLDBACH folgendes: Wird die harmonische Reihe $\sum\limits_{\nu=1}^{p+q}\frac{1}{\nu}$ im Verhältnis $\sum\limits_{\nu=1}^{p} : \sum\limits_{\nu=p+1}^{p+q}$ geteilt, wobei $p:q$ fest ist, dann strebt $\sum\limits_{\nu=p+1}^{p+q}$ mit $p+q\to\infty$ gegen eine feste angebbare Zahl. Ist z. B. $p:q=1:2$, dann ist $\sum\limits_{\nu=4}^{9} < \sum\limits_{\nu=5}^{12} < \sum\limits_{\nu=6}^{15} < \cdots < \sum\limits_{\nu=1001}^{3000} \to$ 1,09861·2288 [= ln 3]. Folglich kann man $\sum\limits_{\nu=1}^{n}\frac{1}{\nu}$ so approximieren, daß der Fehler $<\frac{1}{2}$ wird. Er selbst (Dan. BERNOULLI) habe z. B. gefunden, daß der Summenwert für $n=10^6$ zwischen $13\frac{8}{10}$ und $13\frac{4}{5}$ liegt. Ergänzend teilt Dan. BERNOULLI mit (Brief vom 20./31. III. 1729; *CF II*, S. 292), diese Eigenschaft, daß $\sum\limits_{\nu=p+1}^{p+q}$ mit festem $p:q$ bei $p+q\to\infty$ einem

legung der Einzelheiten bemerkte Dan. BERNOULLI, die Reihensumme für $\ln \frac{p+q}{p}$ $(0 < q < p)$ habe weder einen rationalen noch einen irrationalen

---

endlichen Grenzwert zustrebe, komme nur der harmonischen Reihe zu. GOLDBACH ist von Jean BERNOULLIS Entdeckung sehr angetan; er würde sich freuen, wenn sie zum Druck käme. Wahrscheinlich handle es sich um eine logarithmische Näherung. Sei z.B. $p:q = 10^{10}:1$, dann sei $\frac{16'00000'00008}{16'00000'00016'00000'00003}$ eine untere und $\frac{2'00000'00001}{2'00000'00002'00000'00000}$ eine obere Schranke für die Summe der zweiten Abteilung der Zahlen. Ersichtlich steckt in diesen Zahlen die Näherung

$$\frac{(16p+8q)q}{(4p+q)(4p+3q)} = q\left\{\frac{1}{2p+\frac{q}{2}} + \frac{1}{2p+\frac{3q}{2}}\right\} \quad \text{bzw.}$$

$$\frac{(2p+q)q}{2p(p+q)} = q\left\{\frac{1}{2p} + \frac{1}{2p+2q}\right\}$$

(Brief an Dan. BERNOULLI vom 20.? IV. 1729; *CF II*; S. 296/97). In seiner Antwort vom 28. IV. (9. V.) 1729 (*CF II*, S. 301/02) bestätigt Dan. BERNOULLI die Vermutung GOLDBACHS: Jean BERNOULLI habe bemerkt, daß $\lim\limits_{p+q\to\infty} \sum\limits_{\nu=p+1}^{p+q} \frac{1}{\nu} \to \ln \frac{p+1}{p} = \frac{q}{p} - \frac{1}{2}\left(\frac{q}{p}\right)^2 + \frac{1}{3}\left(\frac{q}{p}\right)^3 \mp \cdots$ gehe. Daraus lasse sich auch die GOLDBACHsche Näherung sofort bestätigen. Um etwa ln 2 anzunähern, könne man mit $\sum\limits_{\nu=4}^{6} \frac{1}{\nu}$ beginnen, dann zu $\sum\limits_{\nu=5}^{8} \frac{1}{\nu}$ übergehen, mit $\sum\limits_{\nu=p+1}^{2p} \frac{1}{\nu}$ usw. fortsetzen und erhalte das Gesuchte mit $p \to \infty$. Entsprechend erhalte man aus der Folge $\frac{1}{a+\nu b}$ bei Teilung im Verhältnis $p:q$ der Gliederzahlen den Wert $\frac{1}{b} \ln \frac{p+q}{p}$.

Niemand der Beteiligten wußte, daß die für uns durch Aufteilung des Hyperbelstreifens für $y = \frac{1}{x}$ von $x = p$ bis $x = p + q$ in q Streifen der festen Breite 1 geometrisch sofort einleuchtende Näherungsformel

$$\sum_{\nu=p}^{p+q-1} \frac{1}{\nu} < \ln \frac{p+q}{p} < \sum_{\nu=p+1}^{p+q} \frac{1}{\nu}$$

schon in P. MENGOLI, *Geometria speciosa*, Bologna 1659 zu finden ist. Übrigens ergibt sich aus dem Ansatz

$$\frac{1}{2} < \frac{1}{3} + \frac{1}{4} < \frac{1}{4} + \frac{1}{5} + \frac{1}{6} < \frac{1}{5} + \frac{1}{6} + \frac{1}{7} + \frac{1}{8} < \cdots < \ln 2$$

durch schrittweises Zusammenfassen:

$$\frac{1}{3} + \frac{1}{4} = \frac{1}{1\cdot 2} + \frac{1}{3\cdot 4},\ \frac{1}{4} + \frac{1}{5} + \frac{1}{6} = \frac{1}{1\cdot 2} + \frac{1}{3\cdot 4} + \frac{1}{5\cdot 6}, \ldots;$$

entsprechend aus dem Ansatz

$$1 > \frac{1}{2} + \frac{1}{3} > \frac{1}{3} + \frac{1}{4} + \frac{1}{5} > \frac{1}{4} + \frac{1}{5} + \frac{1}{6} + \frac{1}{7} > \cdots > \ln 2$$

durch schrittweises Zusammenfassen:

$$\frac{1}{2} + \frac{1}{3} = 1 - \frac{1}{2\cdot 3},\ \frac{1}{3} + \frac{1}{4} + \frac{1}{5} = 1 - \frac{1}{2\cdot 3} - \frac{1}{4\cdot 5}, \ldots.$$

Wert[101]). Das sollte zu einer der schönsten Entdeckungen GOLDBACHs führen, die leider unbeachtet geblieben ist, nämlich zur Konstruktion transzendenter Zahlen[102]).

Schließlich sei auf das hübsche Problem hingewiesen, das von Dan. BERNOULLI stammt[103]): Die Gleichung $x^y = y^x$ in rationalen Zahlen x, y aufzulösen. Es wird für Dan. BERNOULLI zum Anstoß, über die Funktion $y = x^{\frac{1}{x}}$ nachzudenken[104]).

Folglich geht aus dem Ungleichungssystem MENGOLIs für ln 2 sofort die logarithmische Reihe für ln (1 + 1) hervor. Über die erweiterte Verwendung dieses Ansatzes vgl. Fußnote 134.

[101]) Brief an GOLDBACH vom 28. IV. (9. V.) 1729 (*CF II*, S. 301).

[102]) Zunächst bittet GOLDBACH um einen Beweis für Dan. BERNOULLIs Behauptung (Brief vom 26. V. 1729; *CP II*, S. 306/07). Dan. BERNOULLI hat keinen. Er sagt, es handle sich vielleicht nicht um eine Unmöglichkeit an sich, sondern nur im Sinne (*à l'esprit*) der Mathematiker. Wäre $\ln \frac{p+q}{p}$ rational oder irrational (Dan. BERNOULLI denkt nur an reine Irrationalitäten), dann hätte man auch die Quadratur der Hyperbel, die mit jener des Kreises unter Mitverwendung des Imaginären gleichwertig sei (Brief von Juni 1729; *CF II*, S. 310). Das würde also bedeuten, entgegnet GOLDBACH, daß auch $1 - \frac{1}{2} + \frac{1}{3} - \frac{1}{4} + \frac{1}{5} - \frac{1}{6} \pm \cdots$ weder rational noch irrational sei. Wie es nun wohl um $\sum_{\nu=1}^{\infty} \frac{1}{\nu(\nu + c)}$ für gebrochene positive Zahlen c stehe (vgl. Fußnote 76)? Er könne eine Unzahl ähnlicher Reihen dieser Eigenschaft angeben (Brief vom 18. VIII. 1729; *CF II*, S. 312/13). Dan. BERNOULLI interessiert sich sogleich für ein Beispiel (Brief vom 22. IX./3. X. 1729; *CF II*, S. 318/19) und erhält die Reihe 0,11010001 ... mit dem allgemeinen Glied 10^{-q}, wobei $q = 2^{\nu-1}$ (Brief vom 20. X. 1729; *CF II*, S. 326). Er bemerkt, daß dieser Dezimalbruch nicht durch eine rationale Zahl dargestellt werden kann, weil er unperiodisch ist, und daß sich auch keine (ganze positive) Potenz des Dezimalbruchs rational darstellen läßt, weil auch diese Potenzen unperiodisch seien. Jedoch, fügt Dan. BERNOULLI bei, „könne er nicht beweisen, daß ln 2 nicht algebraisch ausdrückbar sei" (Brief vom 20./31. X. 1729; *CF II*, S. 329). Natürlich handelt es sich sowohl bei GOLDBACH wie bei Dan. BERNOULLI in erster Linie um gefühlsmäßige Vorstellungen; von wirklichen Beweisen in unserem Sinne kann noch keine Rede sein.

[103]) Brief an GOLDBACH vom 29. VI. (10. VII.) 1728 (*CF II*, S. 262). Dieser bedient sich zur Lösung des Ansatzes $y = a x$ (Brief vom 31. I. 1729; *CF II*, S. 280/81), den auch Dan. BERNOULLI verwendet hatte (Brief vom 30. I. „1728" (10. II. 1729); *CF II*, S. 246).

[104]) Brief an GOLDBACH vom 30. I. „1728" (10. II. 1729); *CF II*, S. 246/47). Dan. BERNOULLI stellt fest, daß $x^{\frac{1}{x}}$ ein Maximum besitzt, „dessen x nur durch Reihen oder durch Approximationen dargestellt werden kann, die von der Quadratur der Hyperbel abhängen. Es habe den Wert $\left(\frac{A+1}{A}\right)^A$ mit $A = \infty$". Gemeint ist natürlich $x = \lim_{n\to\infty} \left(1 + \frac{1}{n}\right)^n$. Dieser Grenzwert wird sogleich durch die Reihe $1 + \sum_{\nu=1}^{\infty} \frac{1}{\nu!}$ dargestellt, das zugehörige Maximum durch die Reihe

$$x^{\frac{1}{x}} = 1 + \sum_{\nu=1}^{\infty} \frac{1}{\nu!\, x^\nu} = 1 + \left(\frac{A}{A+1}\right)^A + \frac{1}{1\cdot 2} \cdot \left(\frac{A}{A+2}\right)^A + \frac{1}{1\cdot 2\cdot 3} \cdot \left(\frac{A}{A+3}\right)^A + \cdots.$$

In einem späteren Brief an GOLDBACH vom 13 (24.) XI. 1730 (*CF II*, S. 404) bemerkt

II

13. Wir haben im Vorstehenden versucht, einiges aus dem Briefwechsel zwischen den Brüdern BERNOULLI und GOLDBACH zu skizzieren[105]), um Einblick in das Milieu zu gewinnen, in das der junge EULER in Petersburg eintrat — Einblick auch in die Probleme, die den Freunden EULERs am Herzen lagen und von denen seine eigenen Beiträge zur Reihenlehre ihren Ausgang nahmen. Wir wissen nämlich, daß die gewechselten Briefe nicht privater, sondern offizieller Natur waren und daher zumindest dem engeren wissenschaftlichen Freundeskreis innerhalb der Akademie zugänglich gemacht wurden[106]).
Sehr bald sollte sich zeigen, daß mit EULER ein Genius nach Petersburg berufen worden war, begabt mit ungewöhnlicher Vorstellungskraft, seltener formaler Rechengeschicklichkeit und leichter Feder — ein Mann, dafür geschaffen, seiner so heiß geliebten Wissenschaft auf neuartigen Wegen eine ungeahnte Fülle von neuen Möglichkeiten zu eröffnen. Seiner Darstellungskunst gelang es, die lernende Jugend an sich zu fesseln, die zwar — welche Ironie des Schicksals! — kaum Gelegenheit fand, in persönlichem Verkehr mit EULER Anregungen zu empfangen, wohl aber aus der Fülle flüssig geschriebener und spannend zu lesender Abhandlungen und Lehrbücher[107]).

14. Die erste Abhandlung EULERs zur Reihenlehre ist *E 19*[108]). Sie wurde der Akademie am 28. XI. (9. XII.) 1729 vorgelegt, kam jedoch erst 1738 zur

---

Dan. BERNOULLI im Zusammenhang mit einer Integrationsaufgabe, es gebe Konstanten wie $c = 1 + \sum_{\nu=1}^{\infty} \frac{1}{\nu!}$, die nur durch unendliche Reihen dargestellt werden könnten und deshalb zu den irrationalen Größen zu rechnen seien; man finde leicht, daß $dc^x = c^x\,dx$ Dan. BERNOULLI dürfte sich wohl auf die Abhandlung seines Vaters Joh. BERNOULLI über den Exponentialcalcul gestützt haben (*AE III* 1697 = *Opera*[36]) I, S. 179/87), woselbst die Kurve $y = x^x$ diskutiert wird. Die Herleitung der Exponentialreihe aus der binomischen durch Grenzübergang wird er vermutlich aus der fünften Reihendissertation[7]) seines Onkels Jak. BERNOULLI, *prop.* 59 (zweite Art, den Numerus eines Logarithmus zu finden) entnommen haben, die er vermutlich aus dem Wiederdruck in der *Ars conjectandi*[8]) kannte.

[105]) Der Briefwechsel zwischen Dan. BERNOULLI und GOLDBACH bricht unvermittelt und ohne ersichtlichen äußeren Grund mit Dan. BERNOULLIs Schreiben vom 13. (24.) XI. 1730 (*CF II*, S. 402/04) und GOLDBACHs sehr verzögerter Antwort vom 29. XI. 1731 (*CF II*, S. 405/06) ab.

[106]) Das entnehmen wir z. B. aus dem Hinweis GOLDBACHs an Dan. BERNOULLI im Brief vom 5. I. 1730 (*CF II*, S. 344). Zu dieser Stelle vgl. auch Fußnote 95 am Ende.

[107]) Schon in *CF I*, S. LVII/CXXI werden 750 gedruckte und 15 ungedruckte Schriften EULERs verzeichnet. Heute maßgeblich ist G. ENESTRÖM: *Verzeichnis der Schriften L. Eulers*, Leipzig 1910/13, Ergänzungsband IV zu den *Jahresberichten der Deutschen Mathematiker-Vereinigung*. Es enthält insgesamt 866 Nummern, bezieht sich jedoch nicht auf den handschriftlichen Nachlaß, über den ENESTRÖM gesondert im Jahresbericht der Deutschen Mathematiker-Vereinigung 22, 1913, S. 191/205 kursiv berichtet. Wir beschränken uns im Nachfolgenden auf die in den *EO* abgedruckten Stücke und fügen jedesmal die Nummer des ENESTRÖM-Verzeichnisses unter Vorsetzen des Kennbuchstabens *E* mit nachfolgender Verzeichnisnummer in Kursiv bei, also z. B. *E 17*.

[108]) *De progressionibus transcendentibus seu quarum termini generales algebraice dari nequeunt*, *CP* 5 (1730/31), 1738, S. 36/57 = *EO XIV*, S. 1/24.

Ausgabe. Es handelt sich zunächst um die Herstellung eines interpolationsfähigen Ausdruckes für die Folge[109]) $a_n = n!$. EULER stellt a_n in Form des unendlichen Produktes

$$[n] = \frac{1 \cdot 2^n}{1+n} \cdot \frac{2^{1-n} \cdot 3^n}{2+n} \cdot \frac{3^{1-n} \cdot 4^n}{3+n} \cdot \ldots$$

dar, das für ganze positive n auf $n!$ führt, jedoch auch noch für $n = 0$ in Geltung bleibt und alsdann $[0] = 1$ liefert. Mit $n = \frac{1}{2}$ erhält er unter Rückbeziehung auf das unendliche Produkt von WALLIS[110])

$$\left[\frac{1}{2}\right] = \sqrt{\frac{2 \cdot 4}{3 \cdot 3} \cdot \frac{4 \cdot 6}{5 \cdot 5} \cdot \frac{6 \cdot 8}{7 \cdot 7} \cdots} = \sqrt{\frac{\pi}{4}}.$$

Das Auftreten von π im interpolierten Glied zeigt ihm, daß hier ein transzendentes Problem vorliegt, das am zweckmäßigsten vermittels bestimmter

---

109) Hierzu vgl. Art. 8 und Fußnote 58, ferner Art. 11 und Fußnote 93. Wenige Wochen vor Einreichung der Abhandlung teilte EULER im Brief vom 13. (24.) X. 1729 (*CF I*, S. 3/7) an GOLDBACH, der die Korrespondenz eröffnet, das Wichtigste aus dieser Abhandlung mit. Auf das unendliche Produkt sei er auf Grund der Bemerkung geführt worden, daß $n!$ für sehr große positive n asymptotisch gegen eine geometrische Reihe strebe. Die genauere Ausführung findet sich in der Abhandlung *E 652*, die der Akademie am 19. (30.) VIII. 1776 vorgelegt, jedoch erst in den *Nova acta ac. sc. Petrop.* 7 (1789), 1793, S. 42/63 = *EO XVI*, S. 139/62 abgedruckt wurde. Die Einzelausführungen dortselbst S. 141/45.

EULER verweist außerdem auf einen ähnlichen Ausdruck für $n!$, den Dan. BERNOULLI aufgestellt habe. Dieser gab im Brief an GOLDBACH vom 6. (17.) X. 1729 (*CF II*, S. 325) die asymptotische Darstellung $\frac{2}{1+n} \cdot \frac{3}{2+n} \cdot \ldots \cdot \frac{p}{p-1+n} \cdot \left(p + \frac{n}{2}\right)^{n-1}$ mit $p \to \infty$. GOLDBACH fühlte sofort, daß EULER **einen**, wenn nicht **den** entscheidenden Beitrag zum Interpolationsproblem geliefert hatte. In seiner Antwort an EULER vom 1. XII. 1729 (*CF I*, S. 8/10) bestätigte er die Richtigkeit der EULERschen Formel und der ihm übermittelten verwandten Ausdrücke für ähnliche Interpolationsprobleme für ganze positive n. Am Ende des Schreibens wies er EULER auf FERMATs Vermutung hin, daß $2^q + 1$ stets Primzahl sei, falls $q = 2^{n-1}$ eine reine Zweierpotenz ist — eine Angelegenheit, in die EULER erst einige Jahre später Klarheit bringen konnte (*E 26*, vorgelegt am 26. IX. (7. X.) 1732, gedruckt in *CP* 6 (1732/33), 1738, S. 103/07 = *EO II*, ed. F. RUDIO, Leipzig/Berlin 1915, S. 1/5). Auf weitere Mitteilungen Dan. BERNOULLIs (Briefe vom 20/31. X. 1729 und 28. XII. 1729 (8. I. 1730); *CF II*, S. 330/31 und 338) über die asymptotische Formel

$$\prod_{\nu=1}^{\infty} \left(1 + \frac{b}{\nu + p - 1}\right) \to \left(1 + \frac{n}{p}\right)^b \text{ mit } n \to \infty,\ p \to \infty,$$

die als Sonderfall mit $n = p$, $a = 1$, $b = \frac{1}{2}$ auf ein unendliches Produkt für $\sqrt{2}$ führt, jedoch erst durch einschränkende Bedingungen präzisiert werden könnte, reagiert GOLDBACH nicht weiter. — Aus späterer Zeit muß die hübsche Studie in *E 368* erwähnt werden, die der Akademie am 19. (30.) XII. 1765 vorgelegt und in den *Novi CP* 13 (1768), 1769, S. 3/66 = *EO XXVIII*, S. 41/98 abgedruckt wurde. Sie handelt von der geometrischen Deutung der Funktion $y = [x]$. Diese Studie geht auf eine Anregung GOLDBACHs zurück; dieser erhielt im Brief vom 4. VII. 1744 (*CF I*, S. 282/90) eine Skizze, die bereits das Wesentliche der Abhandlung enthält.

110) WALLIS[17]), *Arithmetica infinitorum* 1656, S. 182 = *Opera*[13]), S. 469.

Integrale angegriffen wird. Deshalb untersucht er Integrale wie[111]) $J(p, n) = \int_0^1 x^p(1-x)^n dx$, und zwar für $p + 1 > 0$, n ganz und $\geqq 0$. Sogleich findet er $J(p, 0) = \frac{1}{p+1}$ und

$$J(p, n) = \frac{1 \cdot 2 \cdot 3 \cdot \dots \cdot n}{(p+1)(p+2)(p+3) \cdots (p+n+1)}.$$

Euler legt Wert auf die Beziehung zu den reziproken Binomialkoeffizienten und wählt deshalb nicht $J(p, n)$, sondern $(p + n + 1) J(p, n)$ als allgemeines Glied einer zu interpolierenden Folge. So entsteht z. B.[112]) mit $p = \frac{1}{2}$ die Folge

$$\underset{\widehat{1}}{\frac{2}{3}}, \quad \underset{\widehat{2}}{\frac{2 \cdot 4}{3 \cdot 5}}, \quad \underset{\widehat{3}}{\frac{2 \cdot 4 \cdot 6}{3 \cdot 5 \cdot 7}}, \dots.$$

Dabei gibt der Index n die Nummer des Gliedes innerhalb der Folge an. Daraus ergibt sich mit $n = \frac{1}{2}$ das Interpolationsglied $J\left(\frac{1}{2}, \frac{1}{2}\right) = \frac{\pi}{4}$.

Andererseits weiß Euler, daß[113])

$$\lim_{p \to 0} \frac{1 - x^p}{p} = -\ln x$$

ist, und entwickelt hieraus die für ganze positive n geltende Formel[114])

$$\int_0^1 dx\,(-\ln x)^n = [n],$$

[111]) Euler verwendet keine eigenen Bezeichnungen. Er entwickelt nach dem binomischen Lehrsatz und integriert alsdann. Ohne zunächst Genaueres über die für p und n maßgeblichen Bedingungen zu sagen, nimmt er an, daß das Integral $J(p, n)$ wirklich existiert. Warum er sich nicht der partiellen Integration bedient, mittels deren sofort $J(p, n) = \frac{n}{p+1} J(p+1, n-1)$ entsteht und die von Euler selbst angegebene Formel

$$J(p, n) = \frac{1 \cdot 2 \cdot 3 \cdot \dots \cdot n}{(p+1)(p+2) \cdots (n+p+1)}$$

(mit $p > -1$, n ganz und nicht negativ) herauskommt, ist nicht ersichtlich. Wegen der binomischen Entwicklung gerät Euler nunmehr für unganze p in Schwierigkeiten mit der Summenbildung.

[112]) Im Brief Eulers an Goldbach vom 13. (24). X. 1729 (*CF I*, S. 6) werden die Glieder der Folge und die interpolierten Glieder für $q = n + \frac{1}{2}$ angegeben; im weiteren Brief vom 8. (19.) I. 1730 (*CF I*, S. 13) erklärt Euler die Interpolation aus der Integration.

[113]) Euler meint den Grenzübergang, kann ihn jedoch noch nicht so ausdrücken wie wir. Seine Originalschreibweise lautet $\frac{1 - x^0}{0} = -\ln x$. Wahrscheinlich steht Euler mit dieser Erklärung unter dem indirekten Einfluß der *prop.* 59 aus der fünften Reihendissertation Jak. Bernoullis[7]); die direkte Vorlage ist derzeit noch nicht erkennbar.

[114]) Womöglich hat Euler schon während der Studienzeit bei Joh. Bernoulli von der Behandlung des Integrals $\int x^p (\ln x)^q\, dx$ gehört, das im Zusammenhang mit dem Ausbau

also in Verbindung mit der vorigen Interpolation

$$\left[\frac{1}{2}\right] = \int_0^1 dx \sqrt{-\ln x} = \sqrt{\frac{\pi}{4}}.$$

Demgemäß kann er auch Folgen rationaler Zahlen mit dem allgemeinen Glied[115])

$$\frac{[q]}{(p+n+1)\,J\,(p,n)} \quad \text{bzw.}^{116)} \quad \frac{(p+n+1)\,J\,(p,n)}{(q+n+1)\,J\,(q,n)}$$

interpolieren. Eine Erweiterungsmöglichkeit besteht darin, daß p und q ihrerseits von n abhängig gemacht werden[117]).

---

des Exponentialcalculs[104]) in Joh. BERNOULLIS Brief an LEIBNIZ vom 2./12. II. 1695 auftaucht. Siehe LEIBNIZ, *Math. Schr.*[63]) III, S. 159. EULER hat sein Verfahren auch im Brief an GOLDBACH vom 8. (19.) I. 1730 (*CF I*, S. 13/15) auseinandergesetzt. Die Integraldarstellung für $[\frac{1}{2}]$ ist schon im Brief an GOLDBACH vom 13. (24.) X. 1729 (*CF I*, S. 5) angegeben, mußte jedoch dem Empfänger in der vorgelegten Form unverständlich bleiben. Vgl. GOLDBACHS Brief vom 1. XII. 1729 (*CF I*, S. 9).

[115]) EULER erwähnt als schönes Beispiel die Reihe 1, $1\cdot 3$, $1\cdot 3\cdot 5$, ... mit dem allgemeinen Glied $\frac{2^{n-1}\,[n]}{(2n+1)\,J(-\frac{1}{2},\,n)}$ und dem Zwischenglied $\sqrt{\frac{2}{\pi}}$ für $n=\frac{1}{2}$. Das im Nenner auftretende Integral wertet er vermittels der Umformung $\int_0^1 \frac{\frac{1}{2}+\frac{1}{2}-x}{\sqrt{x(1-x)}}\,dx$ aus. Das allgemeine Glied des Textes wird (in ausgeführter Schreibweise) auch im Brief an GOLDBACH vom 8. (19.) I. 1730 (*CF I*, S. 16) angeführt, jedoch ohne Beispiel. Da EULER nur ganze Zahlen durch Buchstaben zu bezeichnen pflegt, muß er vieles umständlicher schreiben, was bei uns ganz kurz ausgedrückt werden kann.

[116]) Als Anwendungsbeispiel erscheint im Brief an GOLDBACH vom 8. (19.) I. 1730 (*CF I*, S. 16/17) die Folge mit dem allgemeinen Glied

$$\frac{n^2+n+1}{n\,(n+1)} \cdot \frac{J\left(\frac{1}{n},\,n\right)}{J\,(0,n)} = \left(\frac{1}{n}+1+n\right) J\left(\frac{1}{n},\,n\right).$$

Die Folge heißt somit $\frac{1}{2}, \frac{2\cdot 4}{3\cdot 5}, \frac{3\cdot 6\cdot 9}{4\cdot 7\cdot 10}, \ldots$. Das n-te und das $\frac{1}{n}$-te Glied sind also wertegleich. In der Abhandlung[108]) *E 19* fehlt diese Bemerkung. Das hängt mit folgendem zusammen: schon im Brief an GOLDBACH vom 13. (24). X. 1729 (*CF I*, S. 6) hatte EULER bemerkt, er könne die vorhin begonnene Zahlenfolge interpolieren. GOLDBACH gab in seiner Antwort vom 1. XII. 1729 (*CF I*, S. 9/10) dem allgemeinen Glied die richtige, jedoch unzweckmäßige Form $\frac{x}{x+1}\cdot\frac{2x}{2x+1}\cdot\ldots\cdot\frac{nx}{nx+1}$, in der hintennach $x=n$ gesetzt werden sollte. Mit $n=\frac{1}{2}=x$ glaubte er zu $\frac{1}{3}\cdot\frac{2}{4}\cdot\frac{3}{5}\cdots$ zu gelangen. Hätte er freilich gemäß seiner eigenen Formel[56]) interpoliert, so wäre er — natürlich erst nach erheblicher Rechenmühe — ebenfalls zum EULERschen Ergebnis gekommen.

[117]) Als Beispiel erscheint in der Abhandlung die Folge 1, $2\cdot 3$, $4\cdot 5\cdot 6$, $7\cdot 8\cdot 9\cdot 10$, ... mit dem allgemeinen Glied $\frac{2}{n^2+n+2}\cdot\frac{\int_0^1 dx\,(-\ln x)^n}{\int_0^1 x^{\frac{n(n-1)}{2}}\,dx\,(1-x)^n}$.

Nun wendet sich EULER zu der Folge mit dem allgemeinen Glied $(2n+1)J(n,n) = \frac{[n]^2}{[2n]}$. Ist $2n = t$ ganz und ungerade, so ergibt sich hieraus

$$\left[\frac{t}{2}\right] = \sqrt{(t+1)!\, J\left(\frac{t}{2}, \frac{t}{2}\right)}.$$

Entsprechend erhält EULER aus der Folge mit dem allgemeinen Glied $(2n+1)(3n+1)\,J(n,n)\,J(2n,n) = \frac{[n]^3}{[3n]}$ mit $3n = t$ (t nicht durch 3 teilbar) das Glied $[\frac{1}{3}t]$ usw. Nach einem Seitenblick auf die aus

$$\int_0^1 \frac{dx}{x} \cdot \int_0^x \xi^p (1-\xi)^n \, d\xi$$

bestimmte Folge wendet sich EULER schließlich zur Ableitung der Potenz z^p nach z mit gebrochenem Index, indem er (zunächst für ganze positive n) setzt[118]):

$$\frac{d^n(z^p)}{(dz)^n} = \frac{1 \cdot 2 \cdot 3 \cdot \cdots \cdot p}{1 \cdot 2 \cdot 3 \cdot \cdots \cdot (p-n)} \cdot z^{p-n} = \frac{[p]}{[p-n]} \cdot z^{p-n}.$$

Obwohl etwas flüchtig komponiert, zeigt diese reichhaltige Abhandlung doch EULERs Genialität bereits in hellem Licht und macht die hohe Wertschätzung verständlich, die dem erst 22jährigen sogleich von den Fachkennern gezollt wurde. Mit einem Schlag wird das Interpolationsproblem, vor EULER eines der schwierigsten der damaligen Zeit, in ungeahnter Weise gefördert.

15. Es ist nun außerordentlich interessant zu sehen, daß sich STIRLING gleich EULER um die nämliche Zeit mit ähnlichen Fragen beschäftigt und zu ähnlichen Ergebnissen gelangt, die jedoch in ziemlich schwer durchschaubarer Form ausgedrückt sind. Es handelt sich um Stücke aus der damals gerade im Satz befindlichen *Methodus*[65]), über die einiges schon im Sommer und Herbst 1730 in Basel bekannt wurde[119]). Das interessanteste Ergebnis STIRLINGs in dieser

[118]) Mit $n = \frac{1}{2}$, $p = 1$ erhält EULER hieraus

$$\frac{d^{\frac{1}{2}}z}{(dz)^{\frac{1}{2}}} = \frac{z^{\frac{1}{2}}}{[\frac{1}{2}]} = \sqrt{\frac{4z}{\pi}}.$$

Dann sucht er die aus $y d^{\frac{1}{2}} z = z\sqrt{dy}$ bestimmte Kurve und erhält aus $\frac{4\,dz}{\pi z} = \frac{dy}{y^2}$ die Gleichung in der Form $\frac{4}{\pi} \ln z = c - \frac{1}{y}$. Daß schon LEIBNIZ über Differentiationen und Integrationen mit gebrochenem Index nachgedacht hatte — hierzu vgl. etwa J. E. HOFMANN, *Von der Feinfühligkeit des mathematischen Genies*, Archives internationales d'histoire des sciences 8, Nr. 33 für X/XII 1955, S. 339/50 —, davon wußte EULER bestimmt nichts Näheres.

[119]) STIRLINGs Korrespondent in Basel war Nikl. I. BERNOULLI, Dan. BERNOULLIs Vetter, jedoch mit diesem nur in loser Verbindung. Die fraglichen Briefe wurden jedoch nicht direkt ausgetauscht, sondern durch Vermittlung von G. CRAMER, der schon damals die mathematische Professur in Genf innehatte. Leider sind die bei TWEEDIE[4]) aus STIRLINGs Nachlaß wiedergegebenen Korrespondenzen lückenhaft; so fehlen gerade die

Richtung sind die *propp.* 24/25 der *Methodus*, wo — freilich in ganz anderer Schreibweise — ebenfalls von Integralen der Form $J(p, n)$ die Rede ist.

In *prop.* 24 bemerkt STIRLING[120]), daß

$$J(r+n, p-r-1) = \frac{r+n}{p+n} J(r+n-1, p-r-1).$$

---

wichtigsten Briefe STIRLINGs an CRAMER vom Anfang des Jahres 1729. Ebensowenig wissen wir, was etwa an Dan. BERNOULLI nach Petersburg weitergegeben wurde. Wir haben jedoch allen Grund zu der Annahme, daß zu diesem Zeitpunkt bestimmt keine indirekte wechselseitige Beeinflussung zwischen EULER und STIRLING stattgefunden hat.

120) *Methodus*[65]), S. 125/27. Das erste Beispiel STIRLINGs lautet so: man soll das zum Index $\frac{3}{2}$ gehörige Glied der Reihe $1, \frac{1}{2}, \frac{1 \cdot 3}{2 \cdot 4}, \frac{1 \cdot 3 \cdot 5}{2 \cdot 4 \cdot 6}, \ldots$ ermitteln. STIRLING schreibt diese Produkte niemals aus, sondern gibt immer nur den zum vorhergehenden Glied hinzutretenden Zahlenfaktor an, der das nächste Glied erzeugt. Wir wollen ihm jedoch —unser Thema heißt ja EULER! — in dieser Bezeichnungsweise nicht folgen.

Zunächst gestaltet STIRLING die Ausgangsfolge um in $1, \frac{\frac{1}{2}}{1}, \frac{\frac{1}{2} \cdot \frac{3}{2}}{1 \cdot 2}, \frac{\frac{1}{2} \cdot \frac{3}{2} \cdot \frac{5}{2}}{1 \cdot 2 \cdot 3}, \ldots$, setzt $p = 1, r = \frac{1}{2}$ und erhält das allgemeine Glied in der Form $J(n - \frac{3}{2}, -\frac{1}{2}) : J(-\frac{1}{2}, -\frac{1}{2})$. Nun ist aber $J(-\frac{1}{2}, -\frac{1}{2}) = \int_0^1 \frac{dx}{\sqrt{x - x^2}} = \pi$ und $J(0, -\frac{1}{2}) = \int_0^1 \frac{dx}{\sqrt{1 - x}} = 2$; also ist das gesuchte Glied, das zum Index $\frac{3}{2}$ gehört, gleich $\frac{1}{2}\pi$. Auf dem nämlichen Wege, fügt STIRLING hinzu, könne man auch die Folge der reziproken Zahlen, nämlich $1, \frac{2}{1}, \frac{2 \cdot 4}{1 \cdot 3}, \frac{2 \cdot 4 \cdot 6}{1 \cdot 3 \cdot 5}, \ldots$ interpolieren. Jetzt habe man $p = \frac{1}{2}, r = 1$ zu nehmen.

Das zweite Beispiel bezieht sich auf die Folge $1, \frac{1}{2}, \frac{1 \cdot 4}{2 \cdot 5}, \frac{1 \cdot 4 \cdot 7}{2 \cdot 5 \cdot 8}, \ldots$. STIRLING setzt $p = \frac{2}{3}, r = \frac{1}{3}$ und erhält als allgemeines Glied $J(n - \frac{4}{3}, -\frac{2}{3}) : J(-\frac{1}{3}, -\frac{2}{3})$. — Der Inhalt der *prop.* 24 muß im Frühjahr 1729 an CRAMER gegangen sein. Das folgt aus dessen Antwort vom 19./30. V. 1729 (*ST*, S. 112/13), wo CRAMER die fragliche Relation beweist. Im Brief vom 29. VII. (9. VIII.) 1729 (Mskr.), mit dem STIRLING die direkte Korrespondenz (*via* CRAMER) mit Nikl. I. BERNOULLI wieder aufnimmt, ist ebenfalls in allgemeinen Worten von der Sendung an CRAMER die Rede, die sich auf die Interpolation durch Quadraturen bezogen habe. In seiner Antwort vom 22. XII. 1729 (*ST*, S. 135) weist Nikl. I. BERNOULLI darauf hin, daß sich STIRLINGs Relation aus der Identität

$$\frac{1}{a} - \frac{n}{a+b} + \frac{n(n-1)}{1 \cdot 2 \cdot (a+2b)} - \frac{n(n-1)(n-2)}{1 \cdot 2 \cdot 3 \cdot (a+3b)} \pm \cdots = \frac{n!\,b^n}{a(a+b)\ldots(a+nb)}$$

erweisen lasse, die er schon vor 15 Jahren (die Originalstelle ist ungedruckt und steht mir nicht zur Verfügung) an MONTMORT gegeben habe. In seiner Antwort vom 30. IX. (11. X.) 1730 (*ST*, S. 138/39), die einem Brief gleichen Datums an CRAMER (*ST*, S. 118/19) beilag und von einem Exemplar der *Methodus* begleitet war, bemerkt STIRLING zu Nikl. I. BERNOULLIs Identität: Mit dem nämlichen Recht könne man sagen, sein Satz sei aus der WALLISschen Quadratur $\int_0^x x^{n-1}\,dx = \frac{x^n}{n}$ hervorgegangen.

Nikl. I. BERNOULLI fühlte sich durch diese Bemerkung gekränkt und schrieb zunächst nicht mehr. CRAMER übersandte einen Beweis der Nikl. I. BERNOULLIschen Identität (Brief an STIRLING vom 7./18. VI. 1731; *ST*, S. 121/22). Im Brief vom 1. IV. 1733 (*ST*,

Prop. 25 bezieht sich auf die Relation[121])

$$J(r+n, p-n-1) = \frac{r+n}{p-n} J(r+n-1, p-n).$$

Schon aus diesen kurzen Andeutungen ist zu ersehen, daß STIRLING nicht so tief in die Materie eingedrungen ist wie EULER.

16. Die zweite Abhandlung EULERS zur Reihenlehre ist *E 20*[122]), am 5. (16.) III. 1731 vorgelegt. Sie bezieht sich auf zwei Hauptthemen: Einerseits auf die Bestimmung der Partialsummen der harmonischen Reihe und andererseits auf die Summierung der reziproken Quadratzahlen.

Die Partialsummen der harmonischen Reihe werden von EULER in der Form

$$J(n) = \int_0^1 \frac{1-x^n}{1-x}\,dx = \frac{1}{1} + \frac{1}{2} + \frac{1}{3} + \cdots + \frac{1}{n}$$

gegeben. Daraus findet EULER, daß

$$J(n+\tfrac{1}{2}) = \sum_{\nu=0}^{n} \frac{1}{\nu+\frac{1}{2}} - 2\ln 2$$

ist[123]). Was er ergänzend hinzufügt, bezieht sich auf Reihen wie

$$\sum_{\nu=0}^{n} \frac{1}{a+b\nu} \quad \text{bzw.} \quad \sum_{\nu=0}^{n} \frac{1}{a+b\nu+c\dfrac{\nu(\nu-1)}{2}}$$

und ist von geringerer Allgemeinbedeutung.

S. 143/45) nahm Nikl. I. BERNOULLI STIRLING beim Wort: er möge doch zeigen, inwiefern sich die STIRLINGsche Relation ebenso leicht aus dem WALLISschen Quadratursatz wie aus der Identität erweisen lasse. Dann rechnete er vor, wie sich die Relation aus der Identität herleiten läßt, und machte weitere kritische Bemerkungen.

In diesem Zusammenhang interessiert das Auftreten der Reihe 1, $1\cdot 3$, $1\cdot 3\cdot 5, \ldots$, deren allgemeines Glied Nikl. I. BERNOULLI mit $\int_0^1 (1-x^2)^n\,dx = \frac{2^n\cdot n!}{1\cdot 3\cdot 5\cdot\ldots\cdot(2n+1)}$ in Verbindung bringt, ohne jedoch die Einzelheiten näher anzudeuten. Daß hierbei EULERS Name überhaupt nicht genannt wird, zeigt, daß man in Basel von EULERS Abhandlung noch nichts wußte. — Grund für diese Zurückhaltung war wohl die den Petersburgern allzu genau bekannte Ehrsucht Joh. BERNOULLIS, der sich raffgierig alle mathematischen Ergebnisse anderer anzueignen trachtete.

121) *Methodus*[65]), S. 127/29. Als Beispiel behandelt STIRLING die Folge 1, $\frac{m}{1}$, $\frac{m(m-1)}{1\cdot 2}$, $\frac{m(m-1)(m-2)}{1\cdot 2\cdot 3}, \ldots$ der Binomialkoeffizienten. Hier interpoliert er die reziproke Folge und erhält als allgemeines Glied der vorgelegten Folge $\frac{1}{m+1} : J(m-n+1, n-1)$; mit $m=1$, $n=\frac{3}{2}$ wird hieraus $\frac{1}{2\,J(\frac{1}{2}, \frac{1}{2})} = \frac{\pi}{4}$.

122) *De summatione innumerabilium progressionum, CP* 5 (1730/31), 1738, S. 91/105 = *EO XIV*, S. 25/41.

123) Dieses Ergebnis findet sich bereits im Brief EULERS an GOLDBACH vom 13. (24.) X. 1729 (*CF I*, S. 6/7), jedoch ohne Herleitung. In der Abhandlung (*EO XIV*, S. 26/27)

Von hier aus führt die Wanderung auf etwas verschlungenen Pfaden zum Integral[124])

$$-\int_0^1 y^{\alpha-2}dy \cdot \ln(1-y) = \frac{1}{\alpha} + \frac{1}{2(\alpha+1)} + \frac{1}{3(\alpha+2)} + \cdots.$$

Die rechte Reihe kann durch formale Entwicklung für ganze positive α bestimmt werden. Weil aber überdies für ganze positive p gilt:

$$\int z^p dz \cdot \ln z = C - \frac{z^{p+1}}{(p+1)^2} + \frac{z^{p+1}\cdot \ln z}{p+1},$$

deshalb ergibt sich aus dem nämlichen Integral vermöge der Substitution $y = 1 - z$ auch

$$-\int_0^1 (1-z)^{\alpha-2}\, dz \cdot \ln z = 1 - \frac{\alpha-2}{1\cdot 2^2} + \frac{(\alpha-2)(\alpha-3)}{1\cdot 2\cdot 3^2} \mp \cdots$$

und beide Male rechts mit $\alpha = 1$ die Summe der reziproken Quadratzahlen. Indem er in diesem Falle

$$\int_0^y -\frac{dy}{y}\cdot \ln(1-y) \qquad (0 < y < 1)$$

bildet und die Reihenentwicklung für $\ln(1-y)$ verwendet, erhält EULER weiterhin

$$-\int_0^y \frac{dy}{y}\cdot \ln(1-y) = \sum_{\nu=1}^{\infty} \frac{y^\nu}{\nu^2}.$$

Dieses Integral ist aber gleich $\int_0^1 - \int_y^1$. Um das abzuziehende Integral auszuwerten, setzt EULER $y = 1 - z$ und erhält

$$\int_y^1 \frac{dy}{y}\cdot \ln(1-y) = \int_0^z \frac{dz}{1-z}\cdot \ln z = \ln z \cdot \sum_{\nu=1}^{\infty} \frac{z^\nu}{\nu} - \sum_{\nu=1}^{\infty} \frac{z^\nu}{\nu^2}.$$

---

beginnt EULER mit $J(\frac{1}{2}) = \int_0^1 \frac{1-\sqrt{x}}{1-x}\, dx = 2 - 2\cdot \ln 2$. Er setzt fort mit $J(\frac{3}{2}) = J(\frac{1}{2}) + \frac{2}{3}$ usw. Das nämliche Ergebnis wäre leicht auch aus GOLDBACHS Ausdruck $\sum_{\nu=1}^{\infty} \frac{n}{\nu(\nu+n)}$ für die Summe der harmonischen Reihe zu entnehmen gewesen: vgl. Art. 5, außerdem die Fußnoten 76, 93 und 102.

[124]) *EO XIV*, S. 38/41.

Nun ist aber

$$\sum_{\nu=1}^{\infty} \frac{z^\nu}{\nu} = -\ln(1-z) = -\ln y,$$

also

$$\sum_{\nu=1}^{\infty} \frac{1}{\nu^2} = \sum_{\nu=1}^{\infty} \frac{y^\nu + z^\nu}{\nu^2} + \ln y \cdot \ln z \quad (\text{mit } y + z = 1)$$

und mit $y = z = \frac{1}{2}$:

$$\sum_{\nu=1}^{\infty} \frac{1}{\nu^2} = \sum_{\nu=1}^{\infty} \frac{1}{2^{\nu-1} \cdot \nu^2} + (\ln 2)^2 .$$

Daraus findet EULER einen sechsstelligen Näherungswert für die fragliche Summe[125]).

17. In der nächstfolgenden Abhandlung *E 25*[126]) (am 20. VI. (1. VII.) 1732 vorgelegt) will EULER eine Zusammenfassung dessen geben, was er sich in-

---

[125]) EULER verwendet zur Berechnung von ln 2 die Reihe $\sum_{\nu=1}^{\infty} \frac{1}{2^\nu \cdot \nu}$, die er vermutlich aus WALLIS hatte. Dieser hatte die angeführte Reihe in einer Ergänzung zu N. MERCATORS *Logarithmotechnia*, London 1668 angegeben, worin erstmals die Potenzentwicklung von $\ln(1 + x)$ erscheint. Über die näheren Einzelheiten vgl. J. E. HOFMANN: Abh. d. math.-naturw. Klasse d. Ak. d. Wissensch. u. d. Literatur Jhrgg. 1950, Nr. 3, Mainz 1950, S. 64/66. Diese Ergänzung von WALLIS befindet sich in den *PT* **3**, Nr. 38 vom 17. (27.) VIII. 1668, S. 753/56 und ist von hier auch in WALLIS, *Opera*[13]) II übergegangen.

Interessant ist, daß EULER die viel besser konvergierende Entwicklung für ln 2 aus $\ln \frac{1 + \frac{1}{3}}{1 - \frac{1}{3}}$ noch nicht kennt, obwohl sie (seit der Ersterwähnung der Reihe für $\ln \frac{1+x}{1-x}$ in J. GREGORY: *Exercitationes geometricae*, London 1668, S. 12/13) in einem vielbeachteten Aufsatz von E. HALLEY über die Logarithmenberechnung (*PT* **19**, Nr. 216 für III/V 1695, S. 88/97) enthalten ist.

Die numerische Berechnung von $\sum_{\nu=1}^{\infty} \frac{1}{\nu^2}$ ist mit Bestimmtheit angeregt durch die vorausgehenden Studien von Dan. BERNOULLI[97]) und GOLDBACH[98]). Im Grunde ist hier das GOLDBACHsche Prinzip der Reihenteilung besonders geschickt in allgemeiner Form verwendet; freilich hätte die Rechnung zweckmäßiger geführt werden können:

$$\sum_{\nu=1}^{\infty} \frac{1}{\nu^2} = \int_0^1 \ln \frac{1}{1-t} \cdot \frac{dt}{t} = \int_0^x + \int_x^1 .$$

Das zweite Integral geht mit $x = 1 - y$ über in

$$-\int_0^y \frac{\ln t\, dt}{1-t} = \ln y \cdot \ln(1-y) + \int_0^y \ln \frac{1}{1-t} \cdot \frac{dt}{t},$$

so daß also direkt

$$\sum_{\nu=1}^{\infty} \frac{1}{\nu^2} = \int_0^x \ln \frac{1}{1-t} \cdot \frac{dt}{t} + \int_0^y \ln \frac{1}{1-t} \cdot \frac{dt}{t} + \ln x \cdot \ln y$$

herauskommt.

[126]) *Methodus generalis summandi progressiones*, *CP* **6** (1732/33), 1738, S. 68/97 = *EO XIV*, S. 42/72.

zwischen auf dem Gebiete der Reihensummierung erarbeitet hat. Gleich zu Beginn[127]) erscheint die bekannte Summenformel[128]), und zwar beweislos in der Form

$$s = \int t \cdot dn + \alpha t + \beta \frac{dt}{dn} + \gamma \frac{d^2t}{dn^2} + \cdots .$$

Dabei ist unter $t(\nu)$ das algorithmisch in ν ausgedrückte „allgemeine" Glied der Reihe zu verstehen, unter s die Summe der ersten n Glieder dieser Reihe. Die konstanten Zahlenkoeffizienten $\alpha, \beta, \gamma, \ldots$ werden aus den Rekursionsformeln

$$\alpha = \frac{1}{2}, \quad \beta = \frac{\alpha}{2} - \frac{1}{6}, \quad \gamma = \frac{\beta}{2} - \frac{\alpha}{6} + \frac{1}{24}, \ \ldots$$

bestimmt. Über die untere Grenze des Integrals ist nichts Näheres festgesetzt. EULER weiß noch nicht, wie weit seine Summenformel trägt; er glaubt eine spezielle Methode vor sich zu haben, beschränkt auf solche Reihen, deren allgemeines Glied als Polynom von ν dargestellt werden kann[129]). Deshalb wird dieses Verfahren in den nachfolgenden Abschnitten der Abhandlung nirgends mehr verwendet.

Anschließend entwickelt EULER eine Reihe von Summationsmethoden, die sich — wie er am Ende der Abhandlung sagt — auf Potenzreihen wie $\sum\limits_{\nu=1}^{\infty} p_\nu q_\nu x^\nu$ beziehen, woselbst p_ν Quotient zweier Polynome gleichhohen Grades in ν und q_ν Quotient aus Produkten gleichvieler Linearfaktoren in ν ist. Die Summierung wird durch Anwenden von Differentiationen und Integrationen geleistet und umfaßt eine große Anzahl gangbarer Reihen, nicht aber z. B. die Summe von Folgen wie $\frac{1}{2^\nu - 1}$ oder $\frac{1}{a^\alpha - 1}$, wobei unter a und α von 1 verschiedene ganze positive Zahlen zu verstehen sind. Daß die Summe dieser letzten Reihe gleich 1 sei, habe GOLDBACH gezeigt[130]); da aber diese Folge nicht unter das vorhin behandelte allgemeine Bildungsgesetz falle, sei es kein Wunder, wenn sie sich den EULERschen Ansätzen entziehe.

18. In den nächsten Monaten stehen für EULER andere mathematische Fragen im Vordergrund, so vor allem die Behandlung der RICCATIschen Differentialgleichung[131]). Erst am 11. (22.) III. 1734 wird wieder eine Reihen-

[127]) *EO XIV*, S. 42/44.

[128]) Zu diesem Thema vgl. auch HOFMANN[97]).

[129]) Als einziges Erläuterungsbeispiel erscheint die Summierung der Reihe mit dem sehr einfachen allgemeinen Glied $t(\nu) = \nu^2 + 2\nu$.

[130]) Über GOLDBACHS einschlägige Mitteilungen an Dan. BERNOULLI, bei dem EULER damals wohnte, vgl. Fußnote 99. Wir wissen nicht genau, ob GOLDBACH den Beweis, den EULER in *E 72*[71]) wiedergibt und der mit dem von GOLDBACH am 26. V. 1729 (*CF II*, S. 305/06) an Dan. BERNOULLI gesandten übereinstimmt, mündlich oder schriftlich erhalten hat.

[131]) Wir erwähnen *E 11*, abgedruckt in den *Nova acta eruditorum* VIII 1733, S. 369/73 = *EO XXII*, ed. H. DULAC, Zürich 1936, S. 15/18, und vielleicht schon 1732 verfaßt, ferner *E 31*, der Akademie am 16. (27.) II. 1733 vorgelegt, *CP* 6 (1732/33), 1738, S. 231/46 = *EO XXII*, S. 19/35, und eine noch ungedruckte Abhandlung, die im Brief EULERS an

dissertation vorgelegt, nämlich *E 43*[132]). Sie handelt erneut von der harmonischen Reihe, und zwar ersichtlich im Anschluß an das, was man inzwischen dank der Nachentdeckung Jean BERNOULLIs über die Definition des Logarithmus[100]) wußte. Eigenständig ist allerdings die Behandlung der Einzelheiten und das beachtliche Streben nach möglichst scharfen Grenzen[133]).

STIRLING vom 27. VII. (7. VIII.) 1738 (*ST*, S. 182) erwähnt wird: EULER habe, so steht dort zu lesen, schon vor einigen Jahren an H. SLOANE, den Präsidenten der *Royal Society*, eine Abhandlung über die Differentialgleichung $y' = y^2 + a\,x^m$ gesandt. Aus den weiterhin gemachten Andeutungen ist zu entnehmen, daß vermutlich die Behandlung durch Kettenbrüche gemeint ist, die schon im Brief EULERs an GOLDBACH vom 25. XI. (6. XII.) 1731 (*CF I*, S. 58/59) kurz vorgeführt und im Brief an GOLDBACH vom 3. (14.) I. 1732 (*CF I*, S. 62/64) erweitert wurde und dann in sorgfältig ausgearbeiteter Form in *E 71* (vorgelegt am 7. (18.) III. 1737, *CP* 9 (1737) 1744, S. 98/137 = *EO XIV*, S. 187/215, insbes. S. 208/15) übergegangen ist. EULER erwähnt die von uns in Art. 6, Fußnote 35/41, 44 aufgeführten älteren Beiträge nicht im einzelnen, hat sie aber sicherlich alle gekannt.

132) *De progressionibus harmonicis observationes*, *CP* 7 (1734/35), 1740, S. 150/61 = *EO XIV*, S. 87/100.

133) In modern verkürzter Schreibweise läßt sich das EULERsche Vorgehen so kennzeichnen: Die Partialsumme $\sum\limits_{\nu=n}^{np-1} \frac{1}{a+\nu}$ enthält $n(p-1)$ Glieder; ihr Wert liegt zwischen den Schranken $\frac{n(p-1)}{a+np-1}$ und $\frac{n(p-1)}{a+n}$. Mit $n \to \infty$ spielt das Anfangsglied a keine Rolle; die Schranken werden zu $\frac{p-1}{p}$ und $p-1$. Ist $a + \frac{n(p+1)-1}{2}$ der „mittlere" Nenner, dann ist $\frac{n(p-1)}{a+\frac{n(p+1)-1}{2}} \to \frac{2(p-1)}{p+1}$ eine verbesserte untere Schranke. Eine verbesserte obere Schranke ergibt sich unter Mitverwendung des arithmetischen Mittels der äußersten Glieder, nämlich

$$\frac{2a+n(p+1)-1}{2(a+n)(a+np-1)},$$

das $n(p-1)$-mal zu nehmen ist, also nach dem Grenzübergang $\frac{p^2-1}{2p}$ gibt. Ein guter Näherungswert für die Summe ist also das geometrische Mittel dieser beiden Schranken, nämlich $\frac{p-1}{\sqrt{p}}$. Daraus folgert EULER, daß $\sum\limits_{\nu=n}^{np-1} \frac{1}{a+\nu^k}$ mit $n \to \infty$ zwischen den Schranken $\frac{p-1}{n^{k-1}}$ und $\frac{p-1}{p^k\,n^{k-1}}$ liegt und mit $n \to \infty$ im Fall $k > 1$ gegen Null konvergiert, jedoch im Fall $k < 1$ unendlich wird. Im Fall $k = 1$ der harmonischen Reihe divergiert die Gesamtsumme $\sum\limits_{\nu=1}^{n} \frac{1}{a+\nu}$ mit $n \to \infty$, während die Teilreihe $\sum\limits_{\nu=n}^{np-1} \frac{1}{a+\nu}$ gegen einen endlichen Wert konvergiert. Das ist im Grunde die etwas präzisere Wiederholung der Behauptung Dan. BERNOULLIs[100]) im Brief vom 20./31. III. 1729 (*CF II*, S. 292). Nun nähert EULER den Wert der Partialsumme $\sum\limits_{\nu=0}^{n-1} \frac{1}{a+\nu} = s$ an, indem er n um die Einheit vermehrt: $\Delta s = \frac{\Delta n}{a+n}$. Er ersetzt diese Differenzengleichung in der Grenze mit $n \to \infty$ durch

Nun folgen die Reihen[134])

$$\ln 2 = \tfrac{1}{1} - \tfrac{1}{2} + \tfrac{1}{3} - \tfrac{1}{4} + \tfrac{1}{5} - \tfrac{1}{6} + \tfrac{1}{7} - \tfrac{1}{8} + \tfrac{1}{9} \mp \cdots,$$
$$\ln 3 = \tfrac{1}{1} + \tfrac{1}{2} - \tfrac{2}{3} + \tfrac{1}{4} + \tfrac{1}{5} - \tfrac{2}{6} + \tfrac{1}{7} + \tfrac{1}{8} - \tfrac{2}{9} \pm \cdots,$$
$$\ln 4 = \tfrac{1}{1} + \tfrac{1}{2} + \tfrac{1}{3} - \tfrac{3}{4} + \tfrac{1}{5} + \tfrac{1}{6} + \tfrac{1}{7} - \tfrac{3}{8} + \tfrac{1}{9} \pm \cdots.$$
$$\cdots\cdots\cdot$$

Daraus entstehen durch Differenzenbildung weitere Reihen, wie z. B.

$$0 = 2 \cdot \ln 2 - \ln 4 = 1 - \tfrac{3}{2} + \tfrac{1}{3} + \tfrac{1}{4} + \tfrac{1}{5} - \tfrac{3}{6} \pm \cdots.$$

Um die schwache Konvergenz dieser Reihen zu verbessern, approximiert EULER — und dies ist eine neuartige Überlegung — die Reihe für $\ln p$, indem er p aufeinanderfolgende Glieder zu einem neuen „Term" vereinigt und den verbleibenden Rest nach Zusammenfassen von n Termen summarisch durch $\dfrac{1}{n p^2}$ ersetzt[135]). Nun bildet er unter Verwendung der logarithmischen Reihe

$$\frac{1}{\nu} = \ln \frac{\nu + 1}{\nu} + \frac{1}{2\,\nu^2} - \frac{1}{3\,\nu^3} + \frac{1}{4\,\nu^4} \mp \cdots$$

---

eine Differentialgleichung und erhält durch Integration $s = C + \ln(a + n)$, also

$$\sum_{\nu=n}^{np-1} \frac{1}{a + \nu} = \ln \frac{a + np}{a + n} \to \ln p \quad \text{mit } n \to \infty \quad \text{und} \quad \frac{2\,(p-1)}{p+1} < \ln p < \frac{p^2 - 1}{2p}.$$

Diese letzte Überlegung ist zwar im Vergleich zu jener MENGOLIS bzw. Jean BERNOULLIS[100]) weniger befriedigend, aber wegen des Auftretens der Konstanten C von Bedeutung, die alsbald näher bestimmt werden wird: *E 47*[140]) = *EO XIV*, S. 118; vgl. Fußnote 144.

[134]) EULER schließt mit $n \to \infty$ so:

$$\ln p = \sum_{\nu=1}^{np} \frac{1}{\nu} - \sum_{\nu=1}^{n-1} \frac{1}{\nu}$$

und zieht jeweils das Glied $\dfrac{1}{k} = \dfrac{p}{kp}$ der zweiten Reihe vom Glied $\dfrac{1}{kp}$ der ersten Reihe ab. Ob diese Umordnung zulässig ist, darüber macht er sich noch keine Gedanken. Das eingeschlagene Verfahren läßt sich jedoch leicht unter Weiterbildung des von MENGOLI und Jean BERNOULLI eingeschlagenen Verfahrens (über dieses vgl. Fußnote 100) präzisieren. Wir führen etwa die Methode zur Annäherung von ln 3 vor:

$$\tfrac{1}{2} < \tfrac{1}{2} + \tfrac{1}{3} < \tfrac{1}{3} + \tfrac{1}{4} + \tfrac{1}{5} + \tfrac{1}{6} < \tfrac{1}{4} + \tfrac{1}{5} + \tfrac{1}{6} + \tfrac{1}{7} + \tfrac{1}{8} + \tfrac{1}{9} < \cdots < \ln 3 < \cdots <$$
$$< \tfrac{1}{3} + \tfrac{1}{4} + \tfrac{1}{5} + \tfrac{1}{6} + \tfrac{1}{7} + \tfrac{1}{8} < \tfrac{1}{2} + \tfrac{1}{3} + \tfrac{1}{4} + \tfrac{1}{5} < 1 + \tfrac{1}{2},$$

also wie bei der Umformung zur Reihe für ln 2:

$$\tfrac{1}{2} + \tfrac{1}{3} + (\tfrac{1}{4} + \tfrac{1}{5} + \tfrac{1}{6} - \tfrac{1}{2}) + (\tfrac{1}{7} + \tfrac{1}{8} + \tfrac{1}{9} - \tfrac{1}{3}) + \cdots$$
$$= (1 + \tfrac{1}{2} - \tfrac{2}{3}) + (\tfrac{1}{4} + \tfrac{1}{5} - \tfrac{2}{6}) + (\tfrac{1}{7} + \tfrac{1}{8} - \tfrac{2}{9}) + \cdots < \ln 3$$

und

$$1 + \tfrac{1}{2} + (\tfrac{1}{3} + \tfrac{1}{4} + \tfrac{1}{5} - 1) + (\tfrac{1}{6} + \tfrac{1}{7} + \tfrac{1}{8} - \tfrac{1}{2}) + \cdots$$
$$= (1 + \tfrac{1}{2}) - (\tfrac{2}{3} - \tfrac{1}{4} - \tfrac{1}{5}) - (\tfrac{2}{6} - \tfrac{1}{7} - \tfrac{1}{8}) \cdots > \ln 3 \text{ usw.}$$

Die Reihen wurden von EULER im Brief vom 8. (19.) VI. 1736 (Mskr.) an STIRLING gesandt, der jedoch nichts mit ihnen anzufangen wußte. Vgl. STIRLINGS Schreiben an EULER vom 16. (27.) IV. 1738 (*ST*, S. 179).

[135]) EULER sagt, man erhalte diese Näherung, indem man (um das Auftreten von Logarithmen zu vermeiden) unter Weglassen passender Glieder zu einer Differentialgleichung (wie in Fußnote 133) übergehe, führt jedoch die Einzelheiten nicht vor. C. BOEHM, der Herausgeber von *E 43*, bemerkt in einer Fußnote zu *EO XIV*, S. 93, man

und erhält hieraus

$$\sum_{\nu=1}^{n} \frac{1}{\nu} = \ln(n+1) + \frac{1}{2}\sum_{\nu=1}^{n} \frac{1}{\nu^2} - \frac{1}{3}\sum_{\nu=1}^{n} \frac{1}{\nu^3} + \frac{1}{4}\sum_{\nu=1}^{n} \frac{1}{\nu^4} \mp \cdots.$$

Mit $n \to \infty$ gibt er den Näherungswert $C = 0{,}577'218$ der rechten Summen (EULERsche Konstante) und erhält daraus die berühmte näherungsweise Bestimmung der Partialsummen der harmonischen Reihe:

$$\sum_{\nu=1}^{n} \frac{1}{\nu} \approx \ln(n+1) + C.$$

EULER beschließt diese schöne Abhandlung mit einer Verallgemeinerung der oben gegebenen numerischen Entwicklungen für $\ln p$:

$$\ln\frac{1-x^p}{1-x} = \frac{x}{1} + \frac{x^2}{2} + \cdots + \frac{x^{p-1}}{p-1} - \frac{p-1}{p}\,x^p + \frac{x^{p+1}}{p+1} + \frac{x^{p+2}}{p+2} + \cdots +$$
$$+ \frac{x^{2p-1}}{2p-1} - \frac{p-1}{2p}\,x^{2p} \pm \cdots.$$

Diese Potenzreihe wird durch Abziehen der Reihe für $\ln\dfrac{1}{1-x^p}$ von der Reihe für $\ln\dfrac{1}{1-x}$ erzeugt. Mit $x = 1$ entstehen die oben aufgeführten Entwicklungen. Daß sonst $|x| < 1$ sein muß, wird nicht weiter erwähnt.

19. Die Abhandlung *E 46*[136]), vorgelegt am 9. (20.) VI. 1735, zeigt, daß EULER durchaus mit der geometrischen Deutung des zu Beginn der Abhandlung *E 43* entwickelten Verfahrens zur näherungsweisen Bestimmung von $\ln p$ aus den ein- und umbeschriebenen Treppenfiguren an der gleichseitigen Hyperbel vertraut ist. Er bemerkt, daß sich die Näherung vermöge der Treppen-

---

könne nicht deutlich genug erkennen, was EULER gemeint habe. Mir scheint, daß ein Flüchtigkeitsfehler EULERS vorliegt. Ist $a = np$ der Nenner des letzten Gliedes innerhalb der p Einzelglieder des n-ten Terms, dann ist der ganze n-te Term

$$\frac{1}{a-p+1} + \frac{1}{a-p+2} + \cdots + \frac{1}{a-1} - \frac{p}{a}.$$

Wird hier nach Potenzen von $\dfrac{1}{a}$ entwickelt, dann heißt das erste nicht verschwindende Glied

$$\frac{1+2+3+\cdots+(p-1)}{a^2} = \frac{p(p-1)}{2\,n^2 p^2}.$$

Mit $p = 2$ ergibt das $\dfrac{1}{n^2 p^2}$, und daraus wird durch Integration

$$\int_n^\infty \frac{dn}{n^2 p^2} = \frac{1}{n\,p^2},$$

aber für $p > 2$ abweichend von EULERS Vorschrift $\dfrac{p-1}{2np}$. Zum Glück hat der mutmaßliche Irrtum keine Folgen, da EULER diese Näherung nicht weiter verwendet.

[136]) *Methodus universalis serierum convergentium summas quam proxime inveniendi*, *CP* 8 (1736), 1741, S. 3/9 = *EO XIV*, S. 101/07.

figuren auf summierbare Reihen mit lauter positiven Gliedern ausdehnen läßt. Voraussetzung ist allerdings, daß man das „allgemeine Glied" a_ν der zu summierenden Folge als Funktion von ν herstellen und dann die durch $y = f(x)$ dargestellte Funktion, die mit $x = \nu$ die Funktionswerte a_ν annimmt, in einem kontinuierlichen Zug zeichnerisch darstellen kann. Aus der Treppenregel folgt nunmehr[137])

$$\int_0^n a_{\nu+1}(\xi)\,d\xi < \sum_{\nu=1}^{n} a_\nu < \int_1^{n+1} a_\nu(\xi)\,d\xi .$$

Durch abschätzende Summierung erhält EULER die schärfere Ungleichung

$$\int_0^n a_{\nu+1}(\xi)\,d\xi + \frac{a_1 - a_{n+1}}{2} < \sum_{\nu=1}^{n} a_\nu < \int_1^{n+1} a_\nu(\xi)\,d\xi - \frac{a_1 - a_{n+1}}{2}$$

und durch Übergang zu einer Variante der Trapezregel die Näherung

$$\sum_{\nu=1}^{n} a_\nu \approx \int_0^n a_{\nu+1}(\xi)\,d\xi + \frac{a_1 - a_{n+1}}{2} + \frac{a_1 - a_2}{12} - \frac{a_{n+1} - a_{n+2}}{12}.$$

Ist die Reihe für $n \to \infty$ summierbar, dann ist $\lim\limits_{n\to\infty} a_{n+1} = \lim\limits_{n\to\infty} a_{n+2} = 0$; also

$$\sum_{\nu=1}^{\infty} a_\nu \approx \int_0^\infty a_{\nu+1}(\xi)\,d\xi + \frac{7\,a_1 - a_2}{12}.$$

Nun folgen zwei hochinteressante Erläuterungsbeispiele; sie beziehen sich auf $a_\nu = \frac{1}{\nu}$ bzw. $\frac{1}{\nu^2}$. Im ersten Falle will EULER die Summe der harmonischen Reihe von $\nu = 1$ bis 10^6 berechnen. Er bestimmt zunächst die Summe der ersten 10 Glieder direkt und erhält 2,928˙968. Dann setzt er $a_\nu = \frac{1}{10 + \nu}$ und erhält

$$\int_0^n \frac{d\xi}{11 + \xi} = \ln \frac{n + 11}{11},$$

also mit $n = 999˙990$ den Wert $s \approx 14{,}392˙669$ (um drei Einheiten der letzten Stelle zu klein).

Im zweiten Falle geht es um $\sum\limits_{\nu=1}^{\infty} \frac{1}{\nu^2}$. Wiederum bestimmt EULER zunächst die Summe 1,549˙768 der ersten 10 Glieder, setzt dann $a_\nu = \frac{1}{(10 + \nu)^2}$, erhält

$$\int_0^\infty \frac{d\xi}{(11 + \xi)^2} = \frac{1}{11}$$

[137]) EULER macht die stillschweigende Voraussetzung, daß die Kurve $y = f(x)$ zur X-Achse konvex liegt, daß also $a_{\nu-1} - 2a_\nu + a_{\nu+1}$ für sämtliche Argumente ν zwischen $\nu = 2$ und $\nu = n + 2$ positiv ist.

und findet die Summe 1,644'920 (um 14 Einheiten der letzten Stelle zu klein). Jetzt ist ihm also das Prinzip der Reihenteilung zur numerischen Berechnung von summierbaren Reihen völlig klar geworden.

20. Um diese Zeit mag EULER den ausführlichen Bericht über STIRLINGS nunmehr erschienene *Methodus*[65]) gesehen haben[138]), der in den *Nova acta eruditorum*[139]) für November 1734 enthalten ist. Wahrscheinlich hatte er jedoch zu diesem Zeitpunkt die Abhandlung *E 47*[140]), die am 13. (24.)X. 1735 vorgelegt wurde, bereits abgeschlossen.

Jetzt hat EULER bemerkt, daß die zu Beginn von *E 25*[141]) mitgeteilte Summenformel keineswegs auf Reihen beschränkt ist, deren allgemeines Glied als Polynom von ν dargestellt werden kann; sie gilt auch dann noch, wenn sich das allgemeine Glied in eine TAYLOR-Reihe entwickeln läßt. Damit ist das Summierungsverfahren für EULER von einer speziellen zu einer allgemeinen Methode geworden. Bewiesen wird es vermittels des TAYLORschen Lehrsatzes[142]). Als Anwendungen erscheinen zunächst die Summenformeln[143]) für $\sum_{\nu=1}^{n} \nu^k$ $(k = 1, 2, \ldots, 16)$. Dann folgt die Annäherung der Partialsummen der harmonischen Reihe vermittels des natürlichen Logarithmus und der EULERschen Konstanten,

---

[138]) Im Brief an STIRLING vom 8. (19.) VI. 1736 (Mskr.) schreibt EULER, er habe den Bericht in den *Nova acta eruditorum* vor kurzem gesehen und das Buch nach Erhalt sorgfältig durchstudiert. Das wird wohl im Winter 1735/36 gewesen sein.

[139]) S. 515/26.

[140]) *Inventio summae cujusque seriei ex dato termino generali*, *CP* 8 (1736), 1741, S. 9/22 = *EO XIV*, S. 108/23.

[141]) Siehe Art. 17, sowie Fußnote 129.

[142]) EULER verweist sogar auf Br. TAYLORS *Methodus incrementorum directa et inversa*, London 1717, gibt einige Anwendungen der TAYLORschen Entwicklung und bemerkt insbesondere, wie diese mit der Joh. BERNOULLIschen Reihe

$$\int_0^x y\,dx = xy - \frac{x^2}{2!}y' + \frac{x^3}{3!}y'' \mp \cdots$$

zusammenhängt, die erstmals im Druck in den *AE* XI 1694, S. 435/38 erschienen ist. Über die Entwicklungsgeschichte dieser Reihe vgl. etwa HOFMANN[118]).

[143]) Daraus, daß auch hier noch jeder Hinweis auf Jak. BERNOULLI fehlt, der die fraglichen Summen in der *Ars conjectandi*[8]), S. 96/98, in allgemeiner Form aufgestellt hatte, ist mit Sicherheit zu entnehmen, daß EULER das fragliche Werk nicht kannte. Dort hätte er die Formel

$$\sum_{\nu=1}^{n} \nu^p = \frac{n^{p+1}}{p+1} + \frac{1}{2}\cdot n^p + B_2\cdot\frac{p}{2}\cdot n^{p-1} + B_4\cdot\frac{p(p-1)(p-2)}{2\cdot 3\cdot 4}\cdot n^{p-3} + \cdots$$

vorfinden können, aus der seine Summenformel sozusagen mit einem Blick abzulesen gewesen wäre. Erst in der *Differentialrechnung*[149]), *EO X*, S. 321 verwendet EULER die Bezeichnung BERNOULLIsche Zahlen und läßt erkennen, daß er nunmehr von der *Ars conjectandi* weiß.

die nunmehr 16-stellig berechnet ist[144]). Dazu tritt die Berechnung von $\sum_{\nu=1}^{\infty} \frac{1}{\nu^2}$ (20 Dezimalen), von $\sum_{\nu=1}^{\infty} \frac{1}{\nu^3}$ (15 Dezimalen) und $\sum_{\nu=1}^{\infty} \frac{1}{\nu^4}$ (16 Dezimalen, von denen aber infolge eines begangenen Rechenfehlers nur 12 richtig sind).

Herr FABER bemerkt[145]), die 20-stellige Berechnung von $\sum_{\nu=1}^{\infty} \frac{1}{\nu^2}$, die nur unter erheblicher Erweiterung der Gliederzahl der Summenformel in *E 25* möglich gewesen wäre, mache es wahrscheinlich, daß EULER bereits bei Ausarbeitung von *E 47* im Besitz des geschlossenen Ausdruckes für $\sum_{\nu=1}^{\infty} \frac{1}{\nu^2}$ gewesen sei. Der Umstand, daß in der nächstfolgenden Abhandlung *E 55*[146]), die am 17. (28.) IX. 1736 vorgelegt wurde, bei Vorführung der Summenformel in der Konstanten bei der 17. Ableitung ein kennzeichnender Rechenfehler steht, der das Ergebnis verdirbt, stützt diese Ansicht. Daß dieser Fehler nicht etwa ein stehen gebliebener Druckfehler, sondern ein wirklicher Rechenfehler ist, ergibt sich aus dem ersten Brief EULERS an STIRLING[147]). Berichtigt ist der Fehler schon im zweiten Brief EULERS an STIRLING[148]), zu einem Zeitpunkt also, da *E 55* noch nicht herausgegeben war. Es ist daher etwas verwunderlich, daß dort

---

[144]) EULER berechnete zunächst $\sum_{\nu=1}^{10} \frac{1}{\nu}$ direkt (16 Dezimalen), dann ln 10 (18 Dezimalen), hierauf die Konstante unter Verwendung der Summenformel.

Schon in Fußnote 33 wurde auf Joh. BERNOULLIS Formel für die Partialsummen der harmonischen Reihe hingewiesen, enthalten im Brief an LEIBNIZ vom 2./12. II. 1695 (*Math. Schr.*[63]) III, S. 160), jedoch damals nicht veröffentlicht. Sie lautet so:

$$\sum_{\nu=1}^{n} \frac{1}{\nu} = n - \frac{1}{2} \cdot \frac{n(n-1)}{1 \cdot 2} + \frac{1}{3} \cdot \frac{n(n-1)(n-2)}{1 \cdot 2 \cdot 3} \mp \cdots$$

und kann leicht aus dem Differenzenschema der harmonischen Reihe hergeleitet werden.

Auf diese Formel nimmt Joh. BERNOULLI im Brief vom 16. IV. 1740 (*CF II*, S. 35) Bezug. EULER gibt antwortend einen Bericht über die Summierung der harmonischen Reihe vermittels der natürlichen Logarithmen ähnlich wie in *E 47* und bei dieser Gelegenheit auch die Summe der ersten 10^6 Glieder der harmonischen Reihe (17 Dezimalen). Der fragliche Brief vom 20. VI. (1. VII.) 1740 ist abgedruckt in G. ENESTRÖM: *Der Briefwechsel von Leonhard Euler und Johann Bernoulli*, Bibliotheca mathematica (3) 4 (1903), S. 344/88; 5 (1904), S. 248/91 und 6 (1905), S. 16/87, hier S. 65. In seiner Antwort vom 31. VIII. 1740 (*CF II*, S. 45/47) bedient sich auch Joh. BERNOULLI des EULERschen Verfahrens, rechnet jedoch alles in dekadische Logarithmen um, bestimmt zusätzlich auch noch die Summe der ersten 10^7 bzw. 10^8 Glieder der harmonischen Reihe und stellt fest, daß die Gliedersumme bei Vergrößerung der Gliederzahl auf das Zehnfache etwa um $2\frac{1}{3}$ (Näherungswert für ln 10) zunimmt.

[145]) *EO XVI**, S. XXII.

[146]) *Methodus universalis series summandi ulterius promota, CP* 8 (1736), 1741, S. 147/58 = *EO XIV*, S. 124/27, insbes. S. 126.

[147]) EULER an STIRLING, 8. (19.) VI. 1736 (Mskr. des Archivs der Moskauer Akademie der Wissenschaften).

[148]) EULER an STIRLING, 27. VII. (7. VIII.) 1738 (*ST*, S. 183).

der Zahlenfaktor nicht nachträglich berichtigt wurde. Im Druck ist der richtige Koeffizient erst in der *Differentialrechnung*[149]) von 1748 (*E 212*) angegeben, die 1755 zur Ausgabe kam.

21. Die schönste Einzelentdeckung EULERs aus dem Jahr 1735 ist die Bestimmung der Summen $s_{2k} = \sum_{\nu=1}^{\infty} \frac{1}{\nu^{2k}}$ (k ganz und positiv) in geschlossener Form. Sie ist im Herbst 1735 gemacht worden, ohne daß wir das Datum genauer präzisieren können. Die erste gedruckte Darstellung befindet sich in der Abhandlung *E 41*[150]), die am 5. (16.) XII. 1735 vorgelegt, jedoch nicht abgeliefert wurde. Sie enthält zwei Ansätze.

Der erste Ansatz[151]) beruht auf der Einsicht, daß

$$1 - \sin x = 1 - x + \frac{x^3}{3!} - \frac{x^5}{5!} \pm \cdots$$

nach Ermittlung der doppelt zählenden Nullstellen $x = \frac{1}{2}\pi + 2k\pi$ (k ganz) von $1 - \sin x$ auf die Faktorzerlegung

$$\left(1 - \frac{x}{\frac{1}{2}\pi}\right)^2 \left(1 + \frac{x}{\frac{3}{2}\pi}\right)^2 \left(1 - \frac{x}{\frac{5}{2}\pi}\right)^2 \left(1 + \frac{x}{\frac{7}{2}\pi}\right)^2 \cdots$$

führt. Hieraus ergeben sich durch Koeffizientenvergleich und Verwendung der Regeln für die Potenzsummen der Lösungen algebraischer Gleichungen, die unbedenklich auch auf eine ganze gleich Null gesetzte Funktion angewendet werden, die einzelnen Summen $\sum_{\nu=0}^{\infty} \frac{(-1)^{k\nu}}{(2\nu+1)^k}$ als rationale Vielfache der Potenzen.

Der zweite Ansatz[152]) verwendet die Zerlegung

$$\frac{\sin x}{x} = 1 - \frac{1}{3!}x^2 + \frac{1}{5!}x^4 \mp \cdots = \left(1 - \frac{x^2}{\pi^2}\right)\left(1 - \frac{x^2}{9\pi^2}\right)\left(1 - \frac{x^2}{25\pi^2}\right)\cdots$$

und führt durch Koeffizientenvergleich auf die Summen $\sum_{\nu=1}^{\infty} \frac{1}{(2\nu+1)^{2k}}$.

22. Wir wissen, daß EULER im Frühjahr 1736 die Ergebnisse $s_2 = \frac{1}{6}\pi^2$ und $s_4 = \frac{1}{90}\pi^4$ an seinen Freund Dan. BERNOULLI nach Basel sandte, aber leider ist dieses Schreiben verloren[153]). Dan. BERNOULLI konnte sich, wie aus der Antwort[154]) hervorgeht, nicht erklären, wie EULER zu seinem Ergebnis gekommen sein mochte, wohl aber hat der alte Joh. BERNOULLI das Wesentliche der zweiten Methode EULERs erraten. Er hat seine Nachentdeckung an

---

[149]) *Institutiones calculi differentialis cum ejus usu in analysi finitorum et doctrina serierum*, Berlin 1755 = *EO X*, ed. G. KOWALEWSKI, Leipzig, Berlin 1913, S. 320.

[150]) *De summis serierum reciprocarum*, *CP* 7 (1734/35), 1740, S. 123/34 = *EO XIV*, S. 73/86.

[151]) *EO XIV*, S. 74/83.

[152]) *EO XIV*, S. 83/86.

[153]) Vgl. SPIESS[5]), S. 68.

[154]) Dan. BERNOULLI an EULER, 12. IX. 1736 (*CF II*, S. 435).

EULER gegeben[155]), auch seine engsten Freunde verständigt und das Ganze in den letzten Band seiner *Opera* aufnehmen lassen[156]).

Was Joh. BERNOULLI vorbringt, ist nicht genau die EULERsche Methode, sondern eine Variante. BERNOULLI geht aus von

$$\frac{\sin x}{x} = 1 - \frac{1}{3!}x^2 + \frac{1}{5!}x^4 \mp \cdots,$$

setzt $x = \frac{1}{z}$ und wendet nunmehr die Regeln für die Potenzsummen der Lösungen algebraischer Gleichungen auf die entstandene Gleichung

$$z^{2n} - \frac{1}{3!}z^{2n-2} + \frac{1}{5!}z^{2n-4} \mp \cdots = 0$$

mit $n \to \infty$ an. Übrigens betont er, dieses Vorgehen sei nur dann berechtigt, wenn gesichert sei, daß die Funktion $\frac{\sin x}{x}$ keine anderen womöglich imaginären Nullstellen besitze als $k\pi$ ($k \neq 0$, ganz). Dieser von EULER durchaus anerkannte Einwand hat den Anstoß zur Entdeckung der EULERschen Identität $e^{ix} = \cos x + i \cdot \sin x$ gegeben[157]).

Nikl. I. BERNOULLI hat durch seinen Onkel von EULERs Entdeckung und von Joh. BERNOULLIs Wiederherstellung gehört, jedoch anscheinend nur in allgemeinen Worten. Er gab im Brief an STIRLING[158]) vom 7. IV. 1738 einen Bericht, der eine weitere Variante enthält: hier wird nicht $x = \frac{1}{z}$, sondern vereinfachend $x^2 = \frac{1}{z}$ verwendet.

23. Um diese Zeit muß EULER STIRLINGs *Methodus*[65]) von 1730 in die Hand bekommen haben[138]). Hier fand er die numerische Berechnung von s_2 auf zwei verschiedenen Wegen vor. In *prop.* 2[159]) summiert STIRLING jene unendlichen Reihen, deren allgemeines Glied in der Form

$$t(\nu) = \frac{A}{\nu(\nu+1)} + \frac{B}{\nu(\nu+1)(\nu+2)} + \frac{C}{\nu(\nu+1)(\nu+2)(\nu+3)} + \cdots$$

[155]) Joh. BERNOULLI an EULER, 2. IV. 1737 (*CF II*, S. 15).

[156]) Joh. BERNOULLI, *Opera*[36]) IV, S. 20/25. Ohne Erwähnung EULERs versucht hier Joh. BERNOULLI den Eindruck zu erwecken, es sei ihm die Summierung der Reihe $\sum_{\nu=1}^{\infty} \frac{1}{\nu^2}$ in geschlossener Form gelungen, die Jak. BERNOULLI in *prop.* 17 der ersten Reihendissertation[7]) trotz größter Anstrengungen nicht habe ermitteln können.

[157]) Schon in *E 61*, vorgelegt am 6. IX. 1742 in der Berliner Akademie, findet sich beim Versuch, das erste Verfahren EULERs aus *E 41* zu präzisieren, das Formelpaar

$$\cos x = \frac{e^{x\sqrt{-1}} + e^{-x\sqrt{-1}}}{2}, \quad \sin x = \frac{e^{x\sqrt{-1}} - e^{-x\sqrt{-1}}}{2\sqrt{-1}}.$$

Vgl. den Text in den *Miscellanea Berolinensia* 7, 1743, S. 172/92 = *EO XIV*, S. 138/55, insbes. S. 142 und 144, ferner ergänzend das in Fußnote 89 Vorgebrachte.

[158]) Nikl. I. BERNOULLI an STIRLING, 7. IV. 1738 (Mskr. der Universitätsbibliothek Basel).

[159]) *Methodus*[65]), S. 23/24.

dargestellt werden kann:

$$\sum_{\nu=n}^{\infty} t(\nu) = \frac{A}{n} + \frac{B}{2n(n+1)} + \frac{C}{3\,n\,(n+1)(n+2)} + \cdots .$$

Im Beispiel 6[160]) stellt STIRLING das Reihenglied $\frac{1}{\nu^2}$ von $\sum_{\nu=n}^{\infty} \frac{1}{\nu^2}$ in der Form

$$\frac{1}{\nu\,(\nu+1)} + \frac{1}{\nu(\nu+1)(\nu+2)} + \frac{1\cdot 2}{\nu(\nu+1)(\nu+2)(\nu+3)} + \cdots$$

dar, hat also $A = 1$, $B = 1$, $C = 1 \cdot 2$ usw. Nun berechnet er direkt $\sum_{\nu=1}^{12} \frac{1}{\nu^2}$ und vermöge seiner Formel den Rest und erhält 9 richtige Dezimalen für s_2.

In *prop.* 11[161]) nimmt STIRLING an, daß zwei aufeinanderfolgende Glieder der zu summierenden Reihe vermöge der Beziehung

$$t(\nu) = \frac{\nu - a}{\nu} \cdot \frac{\nu - b}{\nu - b + 1} \cdot t(\nu - 1)$$

verbunden sind. Hier versteht er unter a und b einfache ganze Zahlen. Die Summe findet er durch schrittweise Konstruktion von Näherungen. Im Beispiel 1[162]) erläutert er dieses Verfahren im Fall $a = b = 1$, also

$$t(\nu) = \frac{(\nu-1)^2}{\nu^2} \cdot t(\nu - 1).$$

Sein Ergebnis lautet so:

$$\sum_{\nu=n}^{\infty} \frac{1}{(\nu-1)^2} = \frac{2n-1}{2} \cdot t + \frac{2n+2}{6} \cdot t_2 + \frac{2n+5}{10} \cdot t_3 + \frac{2n+8}{14} \cdot t_4 + \cdots,$$

wobei

$$t = \frac{1}{(n-1)^2}, \quad t_2 = \frac{t}{2n^2}, \quad t_3 = \frac{2^3\, t_2}{6(n+1)^2}, \quad t_4 = \frac{3^3\, t_3}{10\,(n+2)^2}, \quad \ldots .$$

Diesmal berechnet STIRLING nur die Summe der ersten zehn Glieder direkt und setzt dann $n = 12$. Hierauf bestimmt er die Zahlenwerte von t bis t_9 einschließlich und erhält 17 richtige Stellen von s_2.

In *prop.* 12[163]) wird dieses Verfahren auch auf alternierende Reihen angewendet und führt in Beispiel 2[164]) auf die Bestimmung der Summe im Fall

$$t(\nu + 1) = -\frac{\nu^2}{(\nu+1)^2} \cdot t(\nu).$$

Jetzt erhält STIRLING

$$\sum_{\nu=n}^{\infty} \frac{(-1)^{\nu+1}}{\nu^2} = \frac{1}{2n} \cdot \{(n+1)\,A - (n+3)\,B + (n+5)\,C - (n+7)\,D \pm \cdots\},$$

160) *Meth.*, S. 28/29.
161) *Meth.*, S. 53/54.
162) *Meth.*, S. 54/55.
163) *Meth.*, S. 61.
164) *Meth.*, S. 64/66.

wobei

$$A = \frac{(-1)^{n+1}}{n^2}, \quad B = \frac{A}{(n+1)^3}, \quad C = \left(\frac{2}{n+2}\right)^3 B, \quad D = \left(\frac{3}{n+3}\right)^3 C, \ldots .$$

Auch hier berechnet er die Summe der ersten zehn Glieder direkt, setzt dann $n = 11$ und erhält aus 9 Korrektionsgliedern wiederum 17 Stellen der Reihensumme, deren Doppeltes gleich s_2 ist.

24. Das alles fand EULER sehr interessant, aber es machte ihm einige Mühe, so vor allem *prop.* 14[165]). Dieser Satz handelt von der Bestimmung der Reihensumme, wenn drei aufeinanderfolgende Glieder durch eine Relation der Form $\alpha \cdot t(\nu - 1) + \beta \cdot t(\nu) + \gamma \cdot t(\nu + 1) = 0$ verbunden sind. Dabei bedeuten α, β, γ natürliche Zahlen. Seine eigene Methode, so empfand er ganz richtig, war einheitlich und von nicht geringerer Tragweite. Das würde STIRLING, den EULER mit Recht auf dem Gebiete der Reihenlehre als bestunterrichteten Fachmann ansah, wohl auch selbst zugeben müssen. Deshalb entschloß sich EULER dazu, mit STIRLING in direkte Verbindung zu treten, jedoch nicht als Privatmann, sondern im Auftrag der Akademie. Sein Schreiben vom 8. (19.) VI. 1736 wurde der Akademie am 4. (15.) VI. 1736 zur Genehmigung vorgelegt[166]) und kopiert. Nur diesem Umstand verdanken wir die genaue Kenntnis seines Inhaltes; denn das Original des abgesandten Briefes ist im Augenblick verschollen.

Einleitend rühmt EULER in zierlichen Worten die Verdienste STIRLINGS, mit dessen Beiträgen zur Reihenlehre in den *Philosophical Transactions* er schon früher beiläufig bekannt geworden sei[167]). Er könne die Fülle der auf so knappem Raum in der *Methodus* von 1730 dargebotenen Ergebnisse nur bewundern und sei vor allem von STIRLINGS Hilfsmitteln zur Konvergenzverstärkung angetan. Freilich sei ihm der Beweis des wirksamen Satzes 14 bisher nicht gelungen, und dieser peinliche Umstand habe ihn am vollen Verständnis der nachfolgenden Sätze verhindert.

Schon im vorausgehenden Jahr habe er der Akademie eine Methode zur verkürzten Annäherung der Summe vieler Reihen vorgelegt (nämlich *E 47*; vgl. Art. 20). Das von EULER gemeinte Ergebnis ist die Summenformel. Sie wird jetzt bis zum Glied mit der 17. Ableitung weitergeführt, das den oben erwähnten charakteristischen Rechenfehler[146]) aus *E 55* enthält. Diese Abhandlung war wohl im Juni 1736 gerade im Werden.

Der weitere Bericht EULERS schließt wieder eng an *E 47* an: Sei das allgemeine Glied der Reihe durch ein Polynom in ν darstellbar, dann liefere die Summenformel das genaue Ergebnis, andernfalls nur eine Näherung. Als Beispiel für den ersten Fall wird $\sum_{\nu=1}^{n} \nu^{12}$, als Beispiel für den zweiten Fall die Näherung von $\sum_{\nu=1}^{n} \frac{1}{\nu}$ unter Verwendung von $\ln(n + 1)$ erwähnt, wobei der 16-stellige Wert der EULERschen Konstanten und der Summenwert für $n = 10^6$ mitgeteilt wird.

---

165) *Meth.*, S. 72.

166) Eintrag auf dem Kopf der Kopie, die sich im Archiv der Moskauer Akademie der Wissenschaften befindet.

167) Es handelt sich u. a. um STIRLINGS Aufsatz[32]) von 1719. Ein direkter Einfluß auf EULER, der diese Abhandlung wohl nur überflogen hat und damals seine wichtigsten Entdeckungen bereits gemacht hatte, ist nicht festzustellen.

Dann folgen die Reihen für ln 2, ln 3, ln 4 und ln 5 aus *E 43* (vgl. Art. 18). Hieran schließt sich die Näherungsentwicklung für $\sum_{\nu=1}^{\infty} \frac{1}{\nu^2}$ aus *E 47* und der dortige 20-stellige Summenwert, jedoch mit einem Schreibfehler (Einschieben einer unrichtigen Ziffer in die 17. Stelle). Das Ergebnis stehe in bester Übereinstimmung mit dem von STIRLING in der *Methodus*[162]) mitgeteilten.

Auf anderem Wege jedoch, fährt EULER fort, habe er die Summen $\sum_{\nu=1}^{\infty} \frac{1}{\nu^{2k}}$ bestimmt; diese Werte seien in geschlossener Form als rationale Vielfache der Potenzen π^{2k} darstellbar. EULER führt nachfolgend die Summenwerte für $k = 1, 2, 3, 4$ an. Dies, so beschließt EULER den Brief, sei um so merkwürdiger, weil er das Ergebnis bisher auf keinem anderen Wege habe bestätigen können.

25. Als EULER seinen ersten Brief nach London an STIRLING sandte, befand sich dieser schon seit vielen Monaten als Direktor der schottischen Bergwerksgesellschaft in Leadhills, konnte sich nur mehr nebenher mit mathematischen Fragen beschäftigen und mußte auch seine wissenschaftliche Korrespondenz stark einschränken. Der Brief aus Petersburg traf sehr verspätet ein und scheint STIRLING in erhebliche Erregung versetzt zu haben. Mit Sicherheit wurde C. MACLAURIN baldmöglichst vom Inhalt des EULERschen Schreibens unterrichtet; leider sind die diesbezüglichen Briefe verschollen.

Zu Beginn seiner Antwort[168]) vom 16. (27.) IV. 1738 entschuldigt STIRLING die Verzögerung mit der Abwesenheit von London und mit zahlreichen Geschäften. Er rühmt EULERS Summenformel, die sich auf sehr viele Arten von Reihen anwenden lasse und zumeist rasch konvergierende Entwicklungen liefere. Anscheinend habe EULER nicht bemerkt, daß sich STIRLINGS Verfahren zur Summierung von Logarithmen mit Numeris, die sich in arithmetischer Reihe befinden[169]), als Spezialfall der Summenformel ergebe. Übrigens werde durch EULERS Verfahren ein wirksamer Ansatz aus den *Philosophical Transactions* von 1719 verbessert[170]), den er (STIRLING) damals nicht weiter verfolgt habe.

Die Bemerkung EULERS über die Darstellung von Logarithmen aus der harmonischen Reihe[171]) versteht STIRLING nicht ganz. Besonderes Gefallen findet er aber an der Summierung von Reihen in Zusammenhang mit den Potenzen von π. Das sieht er als etwas Geniales und durchaus Neues an, das anscheinend auch aus einer neuartigen Betrachtungsweise hervorgegangen ist. Übrigens lasse sich die Bestimmung von $\sum_{\nu=1}^{\infty} \frac{1}{\nu^{2k}}$ auf die von $\sum_{\nu=0}^{\infty} \frac{1}{(2\nu+1)^{2k}}$

---

[168]) *ST*, S. 178/81 druckt nach einem Entwurf mit vielen Veränderungen und Durchstreichungen. Im Archiv der Moskauer Akademie der Wissenschaften befindet sich eine Kopie des anscheinend verlorenen Originals. Sie zeigt gegenüber dem Entwurf keine wesentlichen Änderungen.

[169]) *Methodus*[65]), *prop.* 28, S. 135/36. Es handelt sich um die STIRLINGsche Formel, jedoch in Logarithmen ausgedrückt.

[170]) Hierzu vgl. das in Fußnote 68 Ausgeführte.

[171]) Vgl. Fußnote 134.

zurückführen; entsprechend könne man sogar die Summen $\sum_{\nu=0}^{\infty} \frac{(-1)^{k\nu}}{(2\nu+1)^k}$ für ungerade k bestimmen. Es ergebe sich nämlich für $k = 1$ die LEIBNIZ-Reihe; für $k = 3$ erhalte man $\frac{1}{32}\pi^3$, für $k = 5$ finde man $\frac{5}{1536}\pi^5$ usw. Es sei nicht daran zu zweifeln, daß dieses Ergebnis auch von EULER selbst bemerkt worden sei oder vielmehr aus dessen neuer Methode hervorgehe, die STIRLING gerne kennenlernen möchte.

Danach scheint festzustehen, daß STIRLING das erste EULERsche Verfahren zur Bestimmung von $\sum_{\nu=0}^{\infty} \frac{(-1)^{\nu k}}{(2\nu+1)^k}$ selbständig nacherfunden hat.

Abschließend weist STIRLING darauf hin, daß er von C. MACLAURIN bereits ausgedruckte Seiten aus dem in einiger Zeit zur Ausgabe kommenden Buch über Fluxionen[172]) erhalten habe. Er habe MACLAURIN sofort von der Entdeckung EULERS verständigt. Dieser habe ihm zugesagt, er werde im Vorwort auf EULER hinweisen[173]). Es bleibe jedoch EULER anheimgestellt, ob er seinen Brief in den *Philosophical Transactions* drucken lassen und Ergänzungen hinzufügen wolle. STIRLING erwarte baldmöglichst Antwort, damit EULERS Beitrag gegebenenfalls noch vor Erscheinen des MACLAURINschen Buches veröffentlicht werden und — falls dies im Sinne EULERS sei — als Unterlage für die Aufnahme in die *Royal Society* dienen könne.

26. Kurze Zeit nach Abgang dieses Schreibens wurde STIRLING von dem Genfer Physiker J. JALLABERT besucht, einem jungen Mann von 26 Jahren, der sich durch ein Empfehlungsschreiben Nikl. I. BERNOULLIS einführte. Es handelt sich um den bereits erwähnten Brief[158]) vom 7. IV. 1738, das letzte datierte Schreiben Nikl. I. BERNOULLIS an STIRLING.

In den einleitenden Zeilen berichtet Nikl. BERNOULLI, JALLABERT sei Schüler G. CRAMERS (der jahrelang die Korrespondenz zwischen Nikl. I. BERNOULLI und STIRLING vermittelt hatte). Er habe sich längere Zeit in Basel aufgehalten[174]) und wolle nun studienhalber nach Belgien[175]) und England weiterreisen. Nun folgt der in Art. 22 erwähnte Bericht über „EULERS" Bestimmung von s_2. Abschließend bemerkt Nikl. I. BERNOULLI, er habe — freilich nicht ohne Schwierigkeit — einen direkten Beweis für die Formel $\sum_{\nu=1}^{\infty} \frac{1}{\nu^2} = \frac{\pi^2}{6}$ gefunden[176]).

Auf den Inhalt dieses Briefes von Nikl. I. BERNOULLI, so vermute ich, bezieht sich eine Äußerung J. MACHINS an STIRLING im Schreiben[177]) vom 22. VI. (3. VII.) 1738. Übrigens blieb dieser Brief Nikl. I. BERNOULLIS unbeantwortet.

---

[172]) *ST*, S. 180. — Es handelt sich um C. MACLAURIN[71]), § 352/53, S. 292/93.

[173]) MACLAURIN weist zwar nicht im Vorwort auf EULER hin, wohl aber im *Treatise*[71]) auf S. 691.

[174]) Vgl. SPIESS[5]), S. 71.

[175]) Gemeint ist wohl Flandern und vor allem ein Besuch in Leiden.

[176]) Dieser Beweis ist abgedruckt in den *CP* **10** (1738), 1747, S. 19/21. Eine vorzügliche Darstellung steht bei SPIESS[5]), S. 73/76.

[177]) *ST*, S. 175: *As to ye Invention of Mr Euler's Series were I in your case I would not trouble myself about it, but let it take its own course, if anything should arise our Letter to me wch I shall keep will be a sufficient acquittal of yourself.*

Vielleicht erklärt sich STIRLINGs Schweigen aus dem Umstand, daß er inzwischen von EULER selbst weitere Einzelheiten über dessen Ergebnisse erhalten hatte und daß es ihm nicht gelingen wollte, den vermutlich von JALLABERT persönlich überbrachten direkten Beweis Nikl. I. BERNOULLIs zu verkürzen. Das ist schließlich zehn Jahre später Nikl. I. BERNOULLI selbst auf überraschende einfache Weise gelungen. Es gibt aber Anzeichen dafür, daß EULER den maßgeblichen Kunstgriff schon früher bemerkt, jedoch aus Courtoisie für sich behalten hat[178]).

27. EULER wird STIRLINGs Brief im Sommer 1738, also schon einige Wochen vor der Vorlage bei der Akademie[179]) erhalten haben. Seine Antwort[180]) vom 27. VII. (7. VIII.) 1738 ist ein ziemlich umfangreiches Schriftstück.

EULER hat nichts gegen den Abdruck seines ersten Briefes in den *Philosophical Transactions* einzuwenden; es soll STIRLING freistehen, Passendes aus dem Nachfolgenden beizufügen[181]). Keineswegs wünscht EULER MACLAURINs Ruhm verkürzt zu sehen. Vielleicht sei dieser schon früher auf die Summenformel gekommen und solle daher auch als ihr Erstentdecker gelten. EULER habe den Satz vor etwa vier Jahren gefunden und damals mit Beweis und Anwendungsmöglichkeiten vor der Akademie auseinandergesetzt und zum Druck befördern lassen; er hoffe, daß die diesbezüglichen Abhandlungen bald an die Öffentlichkeit kämen. In den Abhandlungen der Akademie seien bereits einige Methoden EULERs zur Reihenlehre erschienen[182]), die mit STIRLINGs Methoden verwandt seien. Da EULER damals die *Methodus* von 1730 noch nicht gesehen habe, habe er sie zu seinem Bedauern nicht erwähnen können.

Schon vor Jahren habe EULER an H. SLOANE eine Abhandlung über die Gleichung $\frac{dy}{dx} = y^2 + x^m$ gesandt[183]). Sollte sie noch vorhanden sein, so könne sie wohl als Beispiel für EULERs Arbeitsweise dienen und gegebenenfalls auch als Unterlage für die Aufnahme in die *Royal Society*, die alsdann nur STIRLING zu verdanken sei. Freilich sei zu bedenken, daß die enge Bindung an die Petersburger Akademie, in deren Abhandlungen er zunächst zu veröffentlichen gehalten sei, von der *Royal Society* als Hinderungsgrund hinsichtlich der Aufnahme angesehen werden könnte.

Nun folgt eine interessante Übersicht über die neuesten Ergebnisse aus der Abhandlung *E 55*[146]): Die Summenformel wird unter stillschweigender Berichtigung des Irrtums beim Glied mit der 17. Ableitung (s. Art. 20 am Ende) bis zum Glied mit der 19. Ableitung weitergeführt und auch auf alternierende Reihen ausgedehnt[184]), schließlich auf die Reihe mit dem allgemeinen Glied $A\nu^{\alpha} + B\nu^{\alpha+\beta} + C\nu^{\alpha+2\beta} + \cdots + X\nu^{\xi}$ angewendet[185]).

---

178) SPIESS[5]), S. 78/82.

179) STIRLINGs Brief und EULERs Antwort wurden der Akademie am 16. (27.) VIII. 1738 vorgelegt und am 25. IX. (6. X.) 1738 in der Akademie verlesen.

180) *ST*, S. 181/91, gibt das Original im Druck wieder.

181) EULERs Schreiben wurde nicht in den *Philosophical Transactions* abgedruckt.

182) Gemeint sind die Abhandlungen *E 19* und *20*; vgl. oben Art. 14 und 16.

183) Hierzu vgl. Fußnote 131.

184) *EO XIV*, S. 129.

185) *EO XIV*, S. 131/34.

Anerkennend äußert sich EULER über die Ergebnisse STIRLINGs hinsichtlich $\sum_{\nu=1}^{\infty} \frac{(-1)^{k\nu}}{(2\nu-1)^k}$. Neben diesem Verfahren (das in der Durchführung bis zu $k = 8$ fortgesetzt wird) besitze er noch ein anderes für gerade Exponenten, das nunmehr wie in der Abhandlung *E 41*[150]) wirklich vorgeführt und durch die Beispiele bis zu $k = 20$ illustriert wird. Während er dies schreibe, fährt EULER fort, erhalte er einen ausgezeichneten Beweis[186]) Nikl. I. BERNOULLIs für $\sum_{\nu=1}^{\infty} \frac{1}{\nu^2} = \frac{\pi^2}{6}$, durch Quadrieren aus $\sum_{\nu=1}^{\infty} \frac{(-1)^{\nu+1}}{2\nu-1} = \frac{\pi}{4}$ hergeleitet, jedoch wohl nicht auf höhere Potenzen anwendbar. Den nämlichen Nachteil besitze ein anderes Verfahren, das er (EULER) sich selbst jüngst ausgedacht habe: man müsse nur den Integranden von $\frac{\pi^2}{8} = \int_0^1 \frac{\arcsin x}{\sqrt{1-x^2}}\,dx$ in eine Reihe entwickeln und ausrechnen[187]). Weiterhin erwähnt EULER die Darstellung von $\frac{1}{4}\pi$ durch das unendliche Produkt[188]) $\frac{3\cdot5\cdot7\cdot11\cdot13\cdot17\cdot19\cdot23\cdot29\cdot31\cdot37\cdot41\cdots}{4\cdot4\cdot8\cdot12\cdot12\cdot16\cdot20\cdot24\cdot28\cdot32\cdot36\cdot40\cdots}$, das er aus s_2 unter Mitverwendung des WALLISschen Produktes[110]) für $\frac{1}{4}\pi$ hergeleitet hatte. Dann folgen einige Probleme zur Variationsrechnung[189]), ferner Hinweise auf das Problem der schwingenden Saite[190]) und auf die Bestimmung algebraischer Kurvenpaare, deren Bogensummen stets algebraisch rektifiziert werden können[191]).

28. Leider war der Empfänger dieses Briefes ein Mann, dem das Schicksal die so sehr ersehnte wissenschaftliche Betätigung in grausamer Weise versagt hatte, und dessen mathematische Initiative unter diesen Umständen zu erlahmen begann. Wir sind einzig aus einer kleinen Stelle in STIRLINGs Brief an MACLAURIN vom 26. X. (6. XI. 1738)[192]) über den Eindruck unterrichtet, den

---

[186]) Die Sendung war Beilage zum Brief Joh. BERNOULLIs an EULER vom Sommer 1738, der gegenwärtig verschollen zu sein scheint.

[187]) Vgl. EULER an Joh. BERNOULLI, Brief vom 27. VIII. (7. IX.) 1737; *Bibl. math.*[144]), S. 258/59.

[188]) Dieses Ergebnis stammt aus *E 72*[71]), insbesondere *EO XIV*, S. 233/34. — Im Zähler stehen die aufeinanderfolgenden ungeraden Primzahlen, darunter im Nenner jeweils die nächst diesen Primzahlen befindlichen durch 4 teilbaren Zahlen.

[189]) Hier bezieht sich EULER auf *E 99*, vorgelegt am 9. (20.) IX. 1738: *Solutio problematis cujusdam a celeb. Dan. Bernoulli propositi, CP* 10 (1738), 1747, S. 164/80 = *EO XXV*, ed. C. CARATHÉODORY, Bern 1952, S. 84/97.

[190]) Es handelt sich um eine Anspielung auf *E 40*, vorgelegt am 27. X. (7. XI.) 1735: *De minimis oscillationibus corporum rigidorum quam flexibilium, CP* 7 (1734/35), 1740, S. 99/122 = *EO (2) X*, ed. Fr. STÜSSI-H. FAVRE, Bern, 1947, S. 17/34.

[191]) Anspielung auf *E 48*, vorgelegt am 6. (17.) IX. 1735: *Investigatio binarum curvarum, quarum arcus eidem abscissae respondentes summam algebraicam constituant, CP* 8 (1736), 1741, S. 23/29 = *EO XXII*, S. 76/82.

[192]) *ST*, S. 89: *I have lately had a letter from Mr Euler at Petersburgh, who I am glad to find it under no uneasiness about your having fallen on the same Theorem with him, because both his and the demonstration were publickly read in the Academy about four years ago;*

EULERS Schreiben machte. Mit Erleichterung stellt STIRLING fest, daß es wegen der Summenformel keineswegs zu einer Kontroverse kommen wird; EULER erweist sich als höflich und bescheiden und man wird ihm nicht mißtrauen müssen. Freilich, sein Brief ist lang und mit vielen ingeniösen neuen Ergebnissen angefüllt, und STIRLING ist noch keineswegs mit allen Einzelheiten zu Rande gekommen. Wird er antworten, wird er Gleichwertiges bieten können?

Der Versuch EULERS, mit einem — vielleicht dem einzigen kongenialen Engländer in ein fruchtbares Wechselgespräch zu kommen, scheitert: STIRLING schreibt nicht mehr. Für EULER ist die Enttäuschung nicht sehr belangreich; dem nunmehr 31jährigen steht eine solche Fülle von aussichtsreichen Ideen zu Gebote, daß er fremder Anregung kaum mehr bedarf. Auf dem Gebiete der Reihenlehre ist ein gewisser Abschluß erzielt; die folgenden Jahre und Jahrzehnte gehören dem methodischen und systematischen Ausbau und der Sicherung der Ergebnisse. Großartig ist das Erreichte: als Forschungsmethode die Verwendung bestimmter Integrale und der Einbau der Reihenlehre in die infinitesimalen Prozesse, als wichtigstes Verfahren die Summenformel in Verbindung mit der Reihenteilung, als wundervollste Einzelergebnisse die Formel für die Partialsummen der harmonischen Reihe in Verbindung mit der EULERschen Konstanten und die völlig unerwarteten geschlossenen Ausdrücke für

$$\sum_{\nu=0}^{\infty} \frac{(-1)^{\nu k}}{(2\nu+1)^k}.$$

Und das alles in knapp zehn Jahren entdeckt, die den genialischen, wenn auch noch ziemlich unerfahrenen jungen Mann zu dem großen Meister heranreifen lassen, der trotz mancher Unvollkommenheit in der Auffassung (z. B. hinsichtlich der unzulässigen Verwendung divergenter Reihen) doch auf dem Gebiete der Reihenlehre wie auf so vielen anderen den richtungsweisenden Einfluß auf die nachfolgende Forschung gewinnen sollte.

---

which makes me perfectly at quiet about it, for I was afraid of giving grounds of suspicion because I had long neglected to answere his first letter: his last one is full of a great many ingenious things, but it is long and I am not quite master of all the particulars.

29. NAMENVERZEICHNIS

Das nachfolgende Verzeichnis gibt Auskunft über die in Text und Fußnoten erwähnten Persönlichkeiten und die von ihnen zitierten Schriften. Das Auftreten in einem der 28 Artikel wird durch ein vorgesetztes A. gekennzeichnet, das Auftreten in einer der 192 Fußnoten durch ein vorgesetztes F. Hat der betreffende Autor Druckschriften (Bücher oder Zeitschriftenaufsätze) verfaßt, dann steht die Jahreszahl der Veröffentlichung in Klammern; hierauf folgen die Bezugsstellen. Ist der Autor Herausgeber, dann wird durch einen Pfeil auf den wirklichen Verfasser hingewiesen. Briefe sind nicht ins Namensregister, sondern ins chronologische Verzeichnis aufgenommen, in das auch die Zeitschriftenaufsätze eingereiht sind. Haupterwähnungen bei öfter zitierten Werken sind durch Fettdruck gekennzeichnet. Die EULERschen Abhandlungen werden nach dem ENESTRÖMschen Verzeichnis (Fußnote 107), nach dem Jahr der Vorlage (in Klammern) und nach dem Druckjahr aufgeführt. Die Bezugsstellen sind dann aus dem chronologischen Verzeichnis feststellbar. Zusätzlich werden die Bezugsstellen in den *Opera* unter Beifügung der Abhandlungsnummern in den einzelnen Bänden aufgezählt.

30. ZEITSCHRIFTENVERZEICHNIS

Mathem.-physik. Semester-Berichte **3** (1953): Hofmann F. 68
Mathematische Zeitschrift (1957): Hofmann F. 97, 128
Miscellanea Berolinensia 7 (1743): *E 61*
Nova acta ac. sc. Petrop. 7 (1789), 1793: *E 652*
Nova acta eruditorum: F. **10**, 138 (1733): *E 11*; (1734): Rez. Stirling, *Methodus*
Novi commentarii ac. sc. Petrop. = *Novi CP*: **13** (1768) 1769: *E 368*
Philosophical Transactions = *PT* (seit 1665): A. 3, 24/25, 27; F. **11**, 65, 181; (1668): Wallis; (1669): Rez. Ferguson; (1695): Halley; (1707): Moivre; (1719): Stirling; (1722): Moivre

31. CHRONOLOGISCHES VERZEICHNIS DER BENUTZTEN BRIEFE UND ZEITSCHRIFTENAUFSÄTZE

Aufzählung der verwendeten Sigel:

AE = *Acta eruditorum:* F. 10
BJS = Joh. Bernoulli, *Briefwechsel*, ed. Spiess: F. 6
BM = *Bibliotheca mathematica:* F. 144
CF = Fuß: *Correspondance:* F. 9
CP = *Commentarii ac. sc. Petrop.:* F. 41
DO = Descartes, *Œuvres:* F. 15
E x = Euler, *Abhandlungen* nach dem Eneström-Verzeichnis: F. 107
HO = Huygens, *Œuvres:* F. 15
JS = *Journal des Sçavans:* F. 26
LBG = Leibniz, *Briefwechsel*, ed. Gerhardt: F. 63
LMG = Leibniz, *Math. Schr.* ed. Gerhardt: F. 63
PT = *Philosophical Transactions:* F. 11
ST = Tweedie, J. Stirling: F. 4

1649

9. IV. Descartes-Schooten *DO V*, S. 336/39: F. 15

1658

19. IX. Schooten-Huygens *HO II*, S. 221/22: F. 63

1668

17. (27.) VIII. *PT 3*, Nr. 38
Wallis S. 753/56: F. 125

1669

19. (29.) VIII. *PT 4*, Nr. 49
Rezension v. Ferguson S. 996/99: F. 27

1673

6. (16.) IV. Oldenburg — Leibniz *LBG*, S. 85/89: F. 63
26. V. (5. VI.) Oldenburg — Leibniz *LBG*, S. 97/98: F. 63

1675

12. (22.) V. Oldenburg — Leibniz *LBG*, S. 113/22: F. 63

1680

20. V. *JS*, Nr. 12
Ozanam S. 169/171; F 26

1682

II *AE*
Leibniz S. 41/46: F. 25, 30, 79

1691

22. V. (1. VI.) Joh. Bernoulli – Jak. Bernoulli *BJS*, S. 104/05: F. 63

1694

XI *AE*
Joh. Bernoulli S. 435/38: F. 142

1695

2./12. II. Joh. Bernoulli-Leibniz *LMG III*, S. 158/64: F. 114, 144
III/V *PT 19*, Nr. 216
E. Halley S. 88/97: F. 125

1696

6. (16.) XI. Leibniz – Joh. Bernoulli *LMG III*, S. 334/36: F. 63
9. (19.) XI. Leibniz – Joh. Bernoulli *LMG III*, S. 337/38: F. 63
1. (11.) XII. Joh. Bernoulli – Leibniz *LMG III*, S. 338/46: F. 63

1697

III *AE*
Joh. Bernoulli S. 125/33: F. 104, 114

1701

IV *AE*
Joh. Bernoulli S. 170/75: F. 50

1702

Histoire et mémoires de l'Ac. sc. de Paris
Joh. Bernoulli: F. 55

1707

PT 25, Nr. 309
Moivre S. 2368/71: F. 89

1712

IV *AE*
Varignon S. 154/66: F. 60
Leibniz S. 167/69: F. 60
VI *AE*
Joh. Bernoulli S. 274/77: F. 55

1713

AE, Suppl. V
Leibniz S. 264/70: F. 60

1715

Histoire et mémoires de l'Ac. sc. de Paris
Varignon: F. 60

1717

AE, Suppl. VI
Goldbach S. 471/72: F. 26

1719

IX/X *PT 30*, Nr. 362
Stirling S. 1050/70: A. 9; F. 32, 65/71, 167

1720

I *AE*
Goldbach S. 27/31: A. 5; F. 31

1721

VI Goldbach — Nikl. II. Bernoulli *CF II*, S. 97/98: F. 36
16. VII. Nikl. II. Bernoulli — Goldbach *CF II*, S. 99/102: F. 36
30. VIII. Nikl. II Bernoulli — Goldbach *CF II*, S. 105: F. 40
11. IX. Goldbach — Nikl. II. Bernoulli *CF II*, S. 106/08: F. 37

1722

2. I. Goldbach — Nikl. II. Bernoulli *CF II*, S. 125/28: F. 29, 57/60
10. I. Goldbach — Nikl. II. Bernoulli *CF II*, S. 129: F. 57
31. I. Nikl. II. Bernoulli — Goldbach *CF II*, S. 130/33: F. 57, 59/60
25. II. Goldbach — Nikl. II. Bernoulli *CF II*, S. 134/39: F. 57, 60
14. III. Nikl. II. Bernoulli — Goldbach *CF II*, S. 140/44: F. 40
11. IV. Nikl. II. Bernoulli — Goldbach *CF II*, S. 145/46: F. 59
7. X. Nikl. II. Bernoulli — Goldbach *CF II*, S. 155/56: F. 46
17. X. Goldbach — Nikl. II. Bernoulli *CF II*, S. 157/58: F. 48
22. X. Goldbach — Nikl. II. Bernoulli *CF II*, S. 159/61: F. 48, 51
IX/X *PT 32*, Nr. 373
Moivre S. 162/78: F. 85

1723

31. V. Goldbach — Dan. Bernoulli *CF II*, S. 173/74: F. 73, 76
10. VII. Dan. Bernoulli — Goldbach *CF II*, S. 175/76: F. 49, 74
26. VIII. Goldbach — Dan. Bernoulli *CF II*, S. 177/79: F. 75, 77
2. X. Dan. Bernoulli — Goldbach *CF II*, S. 180/82: F. 49, 61
4. XI. Goldbach — Dan. Bernoulli *CF II*, S. 183/87: F. 9, 22, 27/28, 32, 34, 49, 52, 76/77, 99
XI *AE*
Riccati S. 502/10: F. 39
18. XII. Dan. Bernoulli — Goldbach *CF II*, S. 188/91: F. 32, 78/80
Suppl. VIII AE 1723/24
Riccati S. 66/73: F. 35
Dan. Bernoulli S. 73/75: F. 38

1724

2. II. Goldbach — Dan. Bernoulli *CF II*, S. 192/95: F. 25, 80/81, 84
[10.? II.] Goldbach — Dan. Bernoulli *CF II*, S. 196/97: F. 80
19. II. Goldbach — Dan. Bernoulli *CF II*, S. 198: F. 80
18. III. Dan. Bernoulli — Goldbach *CF II*, S. 199/204: F. 80, 82, 85
17. IV. Goldbach — Dan. Bernoulli *CF II*, S. 205/07: F. 26
23. VII. Goldbach — Dan. Bernoulli *CF II*, S. 208/10: F. 29, 60, 80
12. VIII. Dan. Bernoulli — Goldbach *CF II*, S. 211/16: F. 60
13. IX. Goldbach — Dan. Bernoulli *CF II*, S. 217/22: F. 26, 60, 80
12. X. Dan. Bernoulli — Goldbach *CF II*, S. 223/26: F. 52, 60, 80

1725

13. VI. Dan. Bernoulli — Goldbach *CF II*, S. 234/37: F. 60
18. IX. Goldbach — Dan. Bernoulli *CF II*, S. 238/39: F. 52, 83
XI *AE*
Dan. Bernoulli S. 473/75: F. 40

1728

Anfang III Goldbach — Dan. Bernoulli → *CF II*, S. 254: F. 42
18. (29.) III. Dan. Bernoulli — Goldbach *CF II*, S. 254/55: F. 42
19. (30.) IV. Dan. Bernoulli — Goldbach *CF II*, S. 256/58: F. 42
28. V. (8. VI.) Dan. Bernoulli — Goldbach *CF II*, S. 260/61: F. 42
29. VI. (10. VII). Dan. Bernoulli — Goldbach *CF II*, S. 262: F. 103

22. VIII. Nikl. I. Bernoulli — Dan. Bernoulli (Mskr.): F. 89
29. VIII. (9. IX.) Dan. Bernoulli — Goldbach *CF II*, S. 263/64: F. 97
[Anf. XI] Dan. Bernoulli — Goldbach *CF II*, S. 271/72: A. 11; F. 88/89
18. XI. Goldbach — Dan. Bernoulli *CF II*, S. 273/75: F. 59, 89, 91
9. (20.) XI. Dan. Bernoulli — Goldbach *CF II*, S. 265/70: F. 43
18. (29.) XI. Dan. Bernoulli — Goldbach *CF II*, S. 276/79: F. 92
CP 1 (1726) 1728
  Goldbach S. 185/97: A. 6; F. 41/42
  Nikl. II. Bernoulli, ed. Dan. Bernoulli S. 198/207: A. 6; F. 44

1729

6. I. Cramer — Stirling *ST*, S. 98/107: F. 89
31. I. Goldbach — Dan. Bernoulli *CF II*, S. 280/83: F. 57, 92, 98/99, 103
30. I. (10. II.) „1728“ Dan. Bernoulli — Goldbach *CF II*, S. 246/49: F. 92, 98/99, 103/04
21. II. Goldbach — Dan. Bernoulli *CF II*, S. 284/86: F. 58, 92, 94, 99
20. II. (3. III.) „1728“ Dan. Bernoulli — Goldbach *CF II*, S. 250/53: F. 90, 92, 94, 96, 99 bis 100
21. III. Goldbach — Dan. Bernoulli *CF II*, S. 287/88: F. 43, 94
20./31. III. Dan. Bernoulli — Goldbach *CF II*, S. 289/92: F. 43, 89, 94, 100, 133
[Frühjahr] Stirling — Cramer *ST*, S. 112/13: F. 120
14. IV. Goldbach — Dan. Bernoulli *CF II*, S. 293: F. 89
[20?] IV. Dan. Bernoulli — Goldbach *CF II*, S. 294/97: F. 43, 93/94, 96, 99/100
28. IV. (9. V.) Dan. Bernoulli — Goldbach *CF II*, S. 298/304: F. 43, 93/94, 99/101
26. V. Goldbach — Dan. Bernoulli *CF II*, S. 305/08: F. 93, 95, 99, 102, 130
19./30. V. Cramer — Stirling *ST*, S. 110/13: F. 88, 120
[VI] Dan. Bernoulli — Goldbach *CF II*, S. 309/11: F. 93, 102
29. VII. (9. VIII.) Stirling — Nikl. I. Bernoulli Mskr. d. UBi Basel: F. 120
18. VIII. Goldbach — Dan. Bernoulli *CF II*, S. 312/15: F. 93, 102
22. IX./3. X. Dan. Bernoulli — Goldbach *CF II*, S. 318/23: F. 93, 95, 102
6.(17). X. Dan. Bernoulli — Goldbach *CF II*, S. 324/25: F. 93, 109
20. X. Goldbach — Dan. Bernoulli *CF II*, S. 326/27: F. 95, 102
13. (24.) X. Euler — Goldbach *CF I*, S. 3/7: F. 109, 112, 114, 116, 123
20./31. X. Dan. Bernoulli — Goldbach *CF II*, S. 328/31: F. 95, 102, 109
28. XI. Goldbach — Dan. Bernoulli *CF II*, S. 334/36: F. 95
1. XII. Goldbach — Euler *CF I*, S. 8/10: F. 24, 109, 114, 116
28. XI. (9. XII.) *E 19*
  A. **14**; F. **108**, 116, 182
22. XII. Nikl. I. Bernoulli — Stirling *ST*, S. 133/37: F. 120
26. XII. Cramer — Stirling *ST*, S. 113/16: F. 88
CP 2 (1727) 1729
  Goldbach S. 30/34: A. 12; F. **96**
  Goldbach S. 482/88: F. 43

1730

5. I. Goldbach — Dan. Bernoulli *CF II*, S. 341/44: F. 95, 106
28. XII. 1729 (8. I. 1730) Dan. Bernoulli — Goldbach *CF II*, S. 337/40: F. 109
8. (19.) I. Euler — Goldbach *CF I*, S. 11/18: F. 112, 114/16
4. (15.) VI. Euler — Goldbach *CF I*, S. 21/24: F. 14/15
15./26. VI. Goldbach — Euler *CF I*, S. 25/27: F. 15
25. VI. (6. VII.) Euler — Goldbach *CF I*, S. 28/31: F. 15
17. VII. Goldbach — Dan. Bernoulli *CF II*, S. 377/78: F. 53
24. VII. Dan. Bernoulli — Goldbach *CF II*, S. 379/81: F. 49, 53
3. VIII. Goldbach — Dan. Bernoulli *CF II*, S. 388/89: F. 53
31. VII. (11. VIII.) Dan. Bernoulli — Goldbach *CF II*, S. 387: F. 53

noch 1730

10. (21.) VIII. Euler — Goldbach *CF I*, S. 35/39: F. 12/13, 55
24. VIII. Dan. Bernoulli — Goldbach *CF II*, S. 390/92: F. 53
20./31. VIII. Goldbach — Euler *CF I*, S. 32/34: F. 15
2. X. Goldbach — Dan. Bernoulli *CF II*, S. 393/95: F. 97
9. X. Goldbach — Euler *CF I*, S. 40/43: F. 26, 55
30. IX. (11. X.) Stirling — Cramer *ST*, S. 118/19: F. 120
30. IX. (11. X.) Stirling — Nikl. I. Bernoulli *ST*, S. 138/41: F. 120
8. (19.) X. Dan. Bernoulli — Goldbach *CF II*, S. 396/99: F. 97
13. (24.) XI. Dan. Bernoulli — Goldbach *CF II*, S. 402/04: F. 104/05

1731

5. (16.) III. *E 20*: A. **16**; F. **122**, 123/25, 182
7./18. VI. Cramer — Stirling *ST*, S. 120/22: F. 120
29. XI. Goldbach — Dan. Bernoulli *CF II*, S. 405/06: F. 105
25. XI. (6. XII.) Euler — Goldbach *CF I*, S. 56/60: F. 131

1732

3. (14.) I. Euler — Goldbach *CF I*, S. 62/64: F. 131
20. VI. (1. VII.) *E 25*: A. **17**, 20; F. **126**, 127, 129/30
26. IX. (7. X.) *E 26*: F. 109
CP **3** (1728) 1732
  Dan. Bernoulli S. 85/100: A. 11; F. 88, 89/90
  Goldbach S. 164/73: A. 11; F. **93**

1733

16. (27.) II. *E 31*: F. 131
1. IV. Nikl. I. Bernoulli — Stirling *ST*, S. 141/50: F. 120
VIII *Nova acta eruditorum*
  E 11 S. 369/73: F. 131

1734

11. (22.) III. *E 43*: A. **18**, 19, 24; F. **132**, 133/35
XI *Nova acta eruditorum*
  Rezension von Stirling, *Methodus* S. 512/26: A. 20; F. 138/39

1735

9. (20.) VI. *E 46*: A. **19**; F. **136**
6. (17.) IX. *E 48*: F. **191**
13. (24.) X. *E 47*: A. **20**, 24; F. 133, **140**, 142/44
27. X. (7. XI.) *E 40*: F. **190**
5. (16.) XII. *E 41*: A. **21**, 27; F. **150**, 151/52, 157

1736

[Frühjahr] Euler — Dan. Bernoulli → *CF II*, S. 435: A. 22; F. 153
8. (19.) VI. Euler — Stirling Mskr. Ak. Wiss. Moskau: A. 20, **24**, 25/26; F. 134, 138, **147**, 166
12. IX. Dan. Bernoulli — Euler *CF II*, S. 433/35: A. 22; F. **154**
17. (28.) IX. *E 55*: A. 20, 24, **27**; F. **146**, 184/85

1737

7. (18.) III. *E 71*: F. 131
2. IV. Joh. Bernoulli — Euler *CF I*, S. 12/17: A. 22; F. 155
25. IV. (6. V.) *E 72*: F. 71, 130, 188
27. VIII. (7. IX.) Euler — Joh. Bernoulli *BM* (3) **5**, S. 255/62: F. 187
16. (27.) IX. *E 73*: F. 55

1738

7. IV. Nikl. I. Bernoulli — Stirling Mskr. UBi. Basel: A. 22, 26; F. 158
16. (27.) IV. Stirling — Euler *ST*, S. 178/81 + Mskr. Ak. Wiss. Moskau: A. **25**, 26/27; F. 134, **168**, 172, 179
22. VI. (3. VII.) Machin — Stirling *ST*, S. 173/75: A. 26; F. **177**
27. VII. (7. VIII.) Euler — Stirling *ST*, S. 181/91: A. 20, **27**, 28; F. 131, 148, 179, **180** 181/91
[Sommer] Joh. Bernoulli — Euler verschollen: F. 186
9. (20.) IX. *E 99*: F. **189**
26. X. (6. XI.) Stirling — Maclaurin *ST*, S. 89/90: A. 28; F. **192**
CP 5 (1730/31) 1738
E 19 S. 36/57: A. **14**; F. **108**, 116, 182
E 20 S. 91/105: A. **16**; F. **122**, 123/25, 182
CP 6 (1732/33) 1738
E 25 S. 68/97: A. **17**, 20; F. **126**, 127, 129/30
E 26 S. 103/07: F. 109
E 31 S. 231/46: F. 131

1740

36. IV. Joh. Bernoulli — Euler *CF II*, S. 33/41: F. 144
10. VI. (1. VII.) Euler — Joh. Bernoulli *BM* (3) **6**, S. 62/67: F. 144
21. VIII. Joh. Bernoulli — Euler *CF II*, S. 42/49: F. 144
CP 7 (1734/35) 1740
E 40 S. 99/122: F. **190**
E 41 S. 123/34: A. **21**, 27; F. **150**, 151/52, 157
E 43 S. 150/61: A. 18, 19, 24; F. **132**, 133/35

1741

19. VIII. Goldbach — Euler *CF I*, S. 104: F. 26/27
7. XI. Goldbach — Euler *CF I*, S. 108/09: F. 26
CP 8 (1736) 1741
E 46 S. 3/9: A. **19**; F. **136**
E 47 S. 9/22: A. **20**, 24; F. 133, **140**, 144
E 48 S. 23/29: F. **191**
E 55 S. 147/58: A. 20, 24, **27**; F. **146**, 184/85

1742

7. III. Dan. Bernoulli — Euler *CF II*, S. 484/89: F. 18, 64
14. IV. Dan. Bernoulli — Euler *CF II*, S. 490/94: F. 64
6. IX. *E 61*: F. 157
1. X. Goldbach — Euler *CF I*, S. 154/59: F. 27

1743

9. I. Joh. Bernoulli — Bousquet (Widmungsbrief der *Opera* I., S. XIV/XVI): F. 36
Miscellanea Berolinensia 7
E 61 S. 172/92: F. 157

1744

4. VII. Euler — Goldbach *CF I*, S. 278/93 (wobei die Seiten 284/89 fehlen): F. 109
CP 9 (1737) 1744
E 71 S. 98/137: F. 131
E 72 S. 160/88: F. 71, 130, 188
E 73 S. 207/21: F. 55

1747

CP **10** (1738) 1747
Nikl. I. Bernoulli S. 19/21: F. 176
E 99 S. 164/80: F. 189

1748

4. V. Euler — Goldbach *CF I*, S. 450/55: F. 26
Introductio in analysin infinitorum E 101: F. 90

1752

7. X. Goldbach — Euler *CF I*, S. 582/85: F. 26
18. XI. Goldbach — Euler *CF I*, S. 592/95: F. 26

1755

Institutiones calculi differentialis
E 212: A. 20; F. 149

1765

19. (30.) XII. *E 368*: F. 109

1769

Novi CP **18** (1768) 1769
E 368 S. 3/66: F. 109

1771

4. (15.) VII. *E 423*: F. 55

1772

Novi CP **16** (1771) 1772
E 423 S. 160/70: F. 55

1776

19. (30.) VIII. *E 652*: F. 109

1793

Nova acta ac. sc. Petropolitanae 7 (1789) 1793
E 652 S. 42/63: F. 109

Für liebenswürdige Beteiligung am Lesen der Korrekturen und wertvolle ergänzende Hinweise bin ich den Herren K.-R. Biermann/Berlin, K. H. Haas/Edingen-Heidelberg, S. Heller/Schleswig, G. Kreuzer/Augsburg, K. Mampel/Kirchheim-Heidelberg, J. Niessner/Günzburg, H. Oettel/Oberhausen, H. Pietsch/Berlin, O. Spiess/Basel und Frl. Fr. Ullrich/Karlsruhe zu tiefem Dank verpflichtet.

О первых исследованиях Эйлера по теории рядов

Иос. Э. ГОФМАН, Ихенгаузен

Резюме

В первый период жизни в Петербурге [1727—1741] ЭЙЛЕР, — до того почти не соприкасавшийся с вопросами учения о рядах, а на новом месте деятельности располагавший только устарелой соответствующей литературой, — под влиянием побуждений со стороны своих друзей ХР. ГОЛЬДБАХа и Д. БЕРНУЛЛИ овладел, по большей части самостоятельно, основными идеями учения о рядах и, гениально преобразуя и развивая воспринятое, открыл новые поразительные результаты и мощные методы. В мемуаре ГОЛЬДБАХа от 1720 г. ЭЙЛЕР нашел схему разностей для численных рядов и ознакомился с основанными на ней приемами интерполирования рядов и их обращения, а также с представлением частных сумм гармонического ряда в виде

$$\sum_{\nu=1}^{\infty} \frac{k}{\nu(\nu+k)} = \frac{1}{1} + \frac{1}{2} + \cdots + \frac{1}{k}.$$

Одна заметка ГОЛЬДБАХа от 1727 г. содержит примеры преобразования сходящихся числовых рядов в другие ряды с той же суммой посредством подходящего прибавления членов сходящегося числового ряда с суммой 0. В исследовании ДАН. БЕРНУЛЛИ 1728 г. ЭЙЛЕР знакомится с основными теоремами о рекуррентных рядах. В эскизе ГОЛЬДБАХа от 1729 г. можно было вычитать указания на численное интерполирование частных сумм гармонического ряда и функций 2^{n+1} и $n!$ при переходе от целых положительных значений n к дробному $n = \frac{3}{2}$. В переписке 1728—1729 гг. между ГОЛЬДБАХом и ДАН. БЕРНУЛЛИ, которая несомненно была известна ЭЙЛЕРу, жившему тогда вместе с ДАН. БЕРНУЛЛИ, шла речь о рациональном приближении суммы s_2 обратных квадратов, которое ГОЛЬДБАХ осуществил с помощью искусного деления рядов и связал с неполной суммой

$$\sum_{\nu=2}^{\infty} \frac{1}{\nu^2-1},$$

где ν принимает значения степеней простых чисел. Почти одновременно ЭЙЛЕР получил сообщения об основывающемся также на делении рядов приеме ИОГ. БЕРНУЛЛИ, младшего брата ДАНИИЛа, примененном для рационального представления $\ln \frac{p+q}{q}$ с помощью

$$\lim_{p+q\to\infty} \sum_{\nu=p+1}^{p+q} \frac{1}{\nu}$$

[$p:q$ есть фиксированное рациональное число]. С другой стороны, ЭЙЛЕР ничего не знал об Ars conjectandi ЯК. БЕРНУЛЛИ, которое вышло в качестве приложения к переизданию пяти важных работ последнего о рядах, и столь же мало, как и другие его современники, подозревал, что очень многие ставшие ему известными факты уже содержались в сочинениях МЕНГОЛИ.

Собственные исследования ЭЙЛЕРа начинаются с мемуара *E 19*, в котором с помощью некоторого бесконечного числового произведения интерполируется $n!$ и ставится в связь с бесконечным произведением ДЖ. ВАЛЛИСа для $\frac{1}{4}\pi$ и затем с интегралом

$$J(p, n) = \int_0^1 x^p (1-x)^n dx,$$

где $p+1 \geqslant 0$ и целое $n \geqslant 0$. К этому примыкает интерполирование с помощью

$$\int_0^1 dx\,(-\ln x)^n.$$

Уже здесь видно, что Эйлер пошел далее ДЖ. СТИРЛИНГа, который в своем Methodus также работал для интерполирования $n!$ с интегральным представлением $J(p, n)$.

Мемуар *E 20* содержит пригодное для интерполирования интегральное представление частных сумм гармонического ряда

$$\int_0^1 \frac{1-x^n}{1-x}\,dx = \sum_{\nu=1}^{n} \frac{1}{\nu}$$

и затем численное суммирование обратных квадратов с помощью

$$\sum_{\nu=1}^{\infty} \frac{1}{2^{\nu-1}\nu^2} + (\ln 2)^2.$$

В начале *E 25* находится называемая по имени ЭЙЛЕРа формула суммирования

$$s = \int t\,dn + \alpha t + \beta \frac{dt}{dn} + \gamma \frac{d^2t}{dn^2} + \cdots$$

Здесь $t(\nu)$ есть алгоритмически выраженный „общий член“ ряда, который в данном трактате рассматривается лишь как целая рациональная функция ν. Поэтому ЭЙЛЕР полагает, что имеет дело только с формулой частного характера и присоединяет многочисленные другие менее важные частные предложения.

В *E 43* ЭЙЛЕР искусно разрабатывает прием ИОГ. БЕРНУЛЛИ для рационального приближения натуральных логарифмов и определяет их числовые значения, используя так наз. теперь постоянную Эйлера. Мемуар *E 46* содержит интегральное приближение для сумм числовых рядов с помощью формулы, возникающей при модифицированном применении правила трапеций. В качестве примеров рассмотрены приближения частных сумм гармонического ряда и s_2, причем подходящим образом используется деление рядов.

Существенным содержанием *E 47* является установление того, что формула суммирования может служить для всякой функции $t(\nu)$, представимой в форме ряда Тейлора. Здесь появляется также в качестве приложения вычисление $\sum_{\nu=1}^{n} \nu^k$. ЭЙЛЕР тогда еще не подозревал, что это вычисление встречается в такой же форме в Ars conjectandi ЯК. БЕРНУЛЛИ. В то же время пишется *E 41*, где дается также знаменитое выражение в замкнутом виде сумм $\sum_{\nu=1}^{n} \frac{1}{\nu^{2k}}$ для целого и положительного k. Вывод, правда, еще неточен и получен скорее на основании интуитивных соображений, приводящих к разложениям в произведения $1 - \sin x$ и $\frac{\sin x}{x}$.

Эти мемуары содержат все существенные идеи ЭЙЛЕРовой теории рядов. В многочисленных позднейших работах уже полученные ранее результаты были систематически лучше обоснованы, методически разработаны и расширены; при этом появляется и множество дальнейших ценных частных результатов.

Достигнув вершины мастерства и вполне сознавая свои способности, ЭЙЛЕР, в 1736 г. ознакомившийся с Methodus СТИРЛИНГа, пожелал вступить в научную переписку с этим способным английским ученым, — единственным, как хорошо знал ЭЙЛЕР, специалистом того же ранга в области учения о рядах. Попытка эта не приводит к успеху, т. к. СТИРЛИНГ чувствовал, что не может равняться со своим богатым идеями корреспондентом; к тому же СТИРЛИНГ был с тех пор перегружен практическими задачами в качестве директора копи и мог уделять науке значительно менее времени.

Намерение ЭЙЛЕРа ослабить таким образом напряженные отношения между континентальными и британскими математиками и добиться более широкого признания своей собственной, аналитической концепции, осуществить не удалось. И в дальнейшем он был лишен счастливой возможности обмена мыслями с равноценными партнерами. Его высокому гению были суждены либо по форме любезные, но на деле жесткие объяснения с соперничавшими с ним конгениальными личностями, вроде ДАЛАМБЕРа и ЛАГРАНЖа, либо, хотя и стимулирующее, но в сущности неудовлетворительное общение с обладавшими воображением и умом любителями, вроде ГОЛЬДБАХа, которому, несмотря на сильную интуицию [я имею в виду хотя бы построение трансцендентных чисел вида $\sum_{\nu=1}^{\infty} 10^{-q}$, где $q = 2^{\nu-1}$, в письме к ДАН. БЕРНУЛЛИ от 20. X. 1729, транцендентность которых он, однако, доказать не мог, или задачу ГОЛЬДБАХа в теории чисел, выставленную им в форме предположения в письме к ЭЙЛЕРу от 7. IV. 1742 г.], к сожалению недоставало осознания плодотворности и значения более глубоких и широких методов и их внутренних взаимосвязей.

К библиографии:

Commentarii academiae scientiarum imperialis Petropolitanae = *CP*; в скобках следует обозначение года тома, затем год издания.

Correspondance mathématique et physique de quelques célèbres géomètres du XVIIIième *siècle*, ed. P.-H. Fuss, St. Petersburg 1843 (2 тома), содержит части переписки Дан. Бернулли, Эйлера и Гольдбаха.

Bernoulli, Jakob (1655—1705): *Ars conjectandi*, Basel 1713.

Bernoulli, Daniel (1700—1782): *Observationes de seriebus recurrentibus*, *CP* 3 (1728), 1732, S. 85/100.

Bernoulli, Jean (1710—1790), Euler, Leonhard (1707—1783):

Ср. G. Eneström: *Verzeichnis der Schriften L. Eulers*, Leipzig 1910/13 (Ergänzungsband IV zu den Jahresberichten der Deutschen Mathematiker-Vereinigung); номера этого списка цитируются *E* xx.

Opera mathematica, vol. XIV, ed. C. Boehm — G. Faber, Leipzig/Berlin 1924, = *EO*.

E 19: *De progressionibus transcendentibus, seu quarum termini generales algebraice dari nequeunt*. Представлено: 28. XI. 1729 ст. ст., *CP* 5 (1730/31), 1738, S. 36/57 = *EO*, 1/24.

E 20: *De summatione innumerabilium progressionum*. Представлено: 5. III. 1731, *CP* 5 (1730/31), 1738, S. 91/105 = *EO*, S. 25/41.

E 25: *Methodus generalis summandi progressiones*. Представлено: 20. VI. 1732, *CP* 6 (1732/1733), 1738, S. 68/97 = *EO*, S. 42/72.

E 43: *De progressionibus harmonicis observationes*. Представлено: 11. III. 1734, *CP* 7 (1734/35), 1740, S. 150/61 = *EO*, S. 87/100.

E 46: *Methodus universalis serierum convergentium summas quam proxime inveniendi*. Представлено: 9. VI. 1735, *CP* 8 (1736), 1741, S. 3/9 = *EO* S. 101/07.

E 47: *Inventio summae cujusque seriei ex dato termino generali*, Представлено: 13. X. 1735 *CP* 8 (1736), 1741, S. 9/22 = *EO*, S. 108/23.

E 41: *De summis serierum reciprocarum*. Зачитано: 5. XII. 1735, *CP* 7 (1734/35), 1740, S. 123/34 = *EO*, S. 73/86.

Goldbach, Christian (1690—1764).

Specimen methodi ad summas serierum, Acta eruditorum за янв. 1720, S. 27/31.

De transformatione serierum, *CP* 2 (1727), 1729, S. 30/34.

De terminis generalibus serierum, Mskr. v. 1729, *CP* 3 (1728), 1732, S. 164/73.

Mengoli, Pietro (1625—1686)

Novae quadraturae arithmeticae, Bologna 1650.

Geometria speciosa, Bologna 1659.

Stirling, James (1692—1770)

Methodus differentialis sive tractatus de summatione et interpolatione serierum, London 1730.

Wallis, John (1616—1703)

Arithmetica infinitorum, Oxford „1655“ англ. счет = 1656.

Eulers Forschungen in seiner Anleitung zur Algebra vom Standpunkt der modernen Zahlentheorie*)

Von Ludwig HOLZER, Rostock

Hier ist eine dankbare Aufgabe gegeben, die Entwicklungen EULERS vom modernen Standpunkt zu betrachten. Ausdrücklich sei bemerkt, daß ich mir zur Aufgabe gestellt habe, einige von EULER gegebene Tatsachen durch moderne Beweisführungen zu ergänzen und zu erweitern, wobei nicht immer derselbe Gesichtspunkt gewahrt wird, indem wir hier und da mit möglichst elementaren Mitteln zum Ziele zu kommen trachten, damit dieser Teil der Ausführungen einem großen Leserkreis zugute kommt. Doch wollen wir umgekehrt auch, wo es geht, einen sehr hohen Standpunkt einnehmen, wenn er ein Schlaglicht auf die vielfach äußerst schwierigen Beweisführungen wirft.

I. Wir wollen zunächst einige Ausführungen EULERS zum Fermatproblem durch strenge Beweisführung ergänzen.

Als erstes behandeln wir das Fermatproblem für den Fall 3, d. h. die Gleichung

$$x^3 + y^3 + z^3 = 0, \tag{1}$$

genauer die Frage, ob (1) ganzzahlige rationale Lösungen mit $xyz \neq 0$ hat.

Der von EULER gegebene Beweis hat leider einige Lücken, dies gilt aber auch von einigen in Lehrbüchern gegebenen Beweisen, die Namen dieser Bücher seien hier nicht genannt.

Es läßt sich fast sofort zeigen: Ist $[x, y, z]$ ein eigentlicher Lösungsvektor, d. h. einer mit $xyz \neq 0$, $(x, y, z) = 1$, so ist er auch ein streng eigentlicher Lösungsvektor, d. h. es gilt $(x, y) = (y, z) = (z, x) = 1$.

Auffassung von (1) als Kongruenz mod 9 zeigt sofort, daß eine der drei Zahlen durch 3 teilbar ist. Ohne Einschränkung der Allgemeinheit können wir $z \equiv 0 \bmod 3$, also $xy \not\equiv 0 \bmod 3$ annehmen.

Wir wenden (in der ganzen Arbeit) das Zeichen an: Ist p eine Primzahl, so heißt $p^n \| a$ (a braucht nicht ganz zu sein): In der kanonischen Primzahlzerlegung von a kommt p im Exponenten n vor. $p^0 \| a$ heißt: p kommt in a nicht vor. Dasselbe Zeichen wenden wir für Primideale an.

Sei also $3^n \| z$, $n > 0$. Es folgt aus (1):

$$x + y = 3^{3n-1} a^3, \tag{2}$$

$$x^2 - xy + y^2 = 3b^3 \tag{3}$$

mit $ab \not\equiv 0 \bmod 3$.

*) Beitrag, eingereicht am 15. 2. 1957

Nun führen wir den Körper $k = \mathsf{P}(\sqrt{-3})$ ein. P ist im folgenden immer der rationale Zahlkörper.

Eine Basis in k ist $1, \varrho = \frac{-1+\sqrt{-3}}{2}$, wo $\varrho^2 = \bar{\varrho}$ (der Strich bedeutet die konjugiert-komplexe Zahl) $= \frac{-1-\sqrt{-3}}{2}$, $\varrho^2 + \varrho + 1 = 0$, $\varrho^3 = 1$ ist. Die Diskriminante in k ist $d = -3$. Die Klassenzahl berechnet sich sofort aus dem Satze, daß es im imaginärquadratischen Zahlkörper in jeder Klasse ein ganzes Ideal $\mathfrak{a}$ (vom Nullideal werde immer abgesehen) mit $\mathfrak{a}^N < \frac{2}{\pi}\,|\sqrt{d}\,|$ gibt.

Dabei ist — wie im folgenden immer — der symbolische Exponent N die Norm.

Hier bleibt $\mathfrak{a}^N < 2$, also $\mathfrak{a}^N = 1$, da die Norm eines ganzen Ideals eine natürliche Zahl ist. Somit ist die Klassenzahl Eins, es existieren nur Hauptideale, die Zerlegung einer Zahl in Primzahlfaktoren ist eindeutig.

Einheiten im Körper sind ± 1, $\pm\varrho$, $\pm\varrho^2$, durchweg sechste Einheitswurzeln.

Die ganzen Zahlen des Körpers sind $X + Y\varrho$ mit X, Y ganz rational oder auch $\frac{A + B\sqrt{-3}}{2}$ mit A, B ganz, $A \equiv B \bmod 2$. Ist also $C + D\sqrt{-3}$, wo C, D rational ist, eine ganze Zahl, so sind $2C$, $2D$, $C + D$, $C - D$ ganz rational.

(3) kann in der Form

$$(x + y\varrho)(x + y\varrho^2) = 3b^3 \tag{4}$$

geschrieben werden.

Sei $x + y\varrho = \alpha$, also $x + y\varrho^2 = \bar{\alpha}$. Ein vom Primideal $(\sqrt{-3}) = (\varrho - \varrho^2)$ verschiedenes Primideal $\mathfrak{p}$, Teiler von α und $\bar{\alpha}$, ginge auch in $\alpha - \bar{\alpha} = y(\varrho - \varrho^2)$ auf, damit in y, weiter in x, die rationale Primzahl $p \equiv 0 \bmod \mathfrak{p}$ erfüllte dann $p\,|\,x, y$ im Widerspruch zu $(x, y) = 1$.

Wäre $(\sqrt{-3})^k\,|\,\alpha$ mit $k > 1$, also auch $(\sqrt{-3})^k\,|\,\bar{\alpha}$, so folgte $3^{k-1}\,|\,b$.

Es ist also $k = 1$. Es wird $(\alpha, \bar{\alpha}) = (\sqrt{-3})$. (4) hat nun zur Folge

$$\alpha = \sqrt{-3}\,(g + h\sqrt{-3})^3\varrho^{-t}, \quad g + h\sqrt{-3} \quad \text{ganz.} \tag{5}$$

Bemerkt sei: ein eventuelles Minuszeichen in $\pm\varrho^{-t}$ kann unter die dritte Potenz gezogen werden. Für t kommen die drei Werte 0, 1, 2 in Frage. $2g$, $2h$, $g + h$, $g - h$ sind ganz rational.

Es bleibt aus (5):

$$\varrho^t\alpha = -9h(g + h)(g - h) + \sqrt{-3}\,(g^3 - 3gh^2). \tag{6}$$

Mit $x + y = s$ folgt aus (2): $9\,|\,s$.

Wir setzen $x - y = u$. Es wird

$$\begin{aligned}
\alpha &= \left(s - \frac{3}{2}y\right) + \frac{y}{2}\sqrt{-3},\\
\alpha\varrho &= x\varrho + y\varrho^2 = -\frac{s}{2} + \frac{u\sqrt{-3}}{2},\\
\alpha\varrho^2 &= y + x\varrho^2 = \left(s - \frac{3x}{2}\right) - \frac{x}{2}\sqrt{-3},
\end{aligned} \tag{6a}$$

so daß nur $\alpha\varrho$ einen durch 9 teilbaren Realteil hat. Es ist $t = 1$ zu setzen.

Wird s aus (2) eingesetzt, so folgt

$$3^{3n-1}a^3 = -9 \cdot 2h(g+h)(g-h) \tag{7}$$

oder sofort, wenn (7) durch 9 gekürzt wird:

$$(3^{n-1}a)^3 = -2h(g+h)(g-h). \tag{8}$$

Aus p (Primzahl > 2) $\mid g+h, g-h$ folgt $p \mid 2h, 2g$, damit $p \mid x, y$ im Widerspruch zu $(x, y) = 1$. Analoges gilt für $p \mid 2h, g+h, p \mid 2h, g-h$. Ist $2 \mid g+h, g-h$, so folgt $2 \mid 2h$, also h ganz, damit auch g ganz, $2^2 \mid s$ [sogar $2^3 \mid s$ nach (2)], weiter folgt aber auch wegen $g \equiv h \bmod 2$, da sich aus (6) und (6a) die Kongruenz $\frac{u}{2} \equiv 0 \bmod 2$, d. h. $u \equiv 0 \bmod 4$ ergibt, daß x, y beide gerade sind, was wieder mit $(x, y) = 1$ unvereinbar ist.

$2h, g+h, g-h$ sind paarweise prim, wegen (8) also Kuben ganzer rationaler Zahlen. Es folgt eine Gleichung:

$$A^3 + B^3 + (3^{n-1}C)^3 = 0. \tag{9}$$

(9) hat mit (1) dieselbe Form, nur daß die Zahl $\equiv 0 \bmod 3$ durch 3 in einer Potenz mit einem um Eins niedrigeren Exponenten teilbar ist. Da nichts hindert, die Schlußweise fortzusetzen, folgt die Unmöglichkeit von (1).

II. Bei

$$x^3 + y^3 = 2z^3 \tag{1}$$

wollen wir außer $xyz \neq 0$, $(x, y, z) = 1$ auch annehmen, daß nicht die triviale Lösung $[\pm 1, \pm 1, \pm 1]$ (die obern und untern Vorzeichen einander entsprechend) vorliegt.

Wieder ist ein eigentlicher Lösungsvektor ein streng eigentlicher. Denn ist p eine rationale Primzahl, so folgt aus $p \mid x, y$ sofort $p^3 \mid 2z^3$, d. h. $p \mid z$ (auch für $p = 2$). Aus $p \mid (z, x)$ folgt analog $p \mid y$, ebenso hat $p \mid (y, z)$ zur Folge $p \mid x$.

Es kann somit $(x, y) = (y, z) = (z, x) = 1$ angenommen werden, weiter $|xyz| > 1$. Es würde $x \equiv 0 \bmod 3$, $yz \not\equiv 0 \bmod 3$ eine unmögliche Kongruenz mod 9 ergeben (2 ist nicht kubischer Rest von 9), ebenso fällt $y \equiv 0 \bmod 3$, $zx \not\equiv 0 \bmod 3$ aus.

Zunächst werde $z \equiv 0 \bmod 3$ vorausgesetzt.

(1) gibt wie in Abschnitt I:

$$x + y = 18A^3, \tag{2}$$

$$x^2 - xy + y^2 = 3B^3. \tag{3}$$

In (3) ist $B > 0$, durch 3 nicht teilbar und ungerade. Wir schreiben dies:

$$B > 0, \quad (B, 6) = 1. \tag{4}$$

Analog wie in Abschnitt I bleibt:

$$x\,\frac{-1+\sqrt{-3}}{2} + y\,\frac{-1-\sqrt{-3}}{2} = \sqrt{-3}\,(g + h\sqrt{-3})^3$$

mit $2g$, $2h$ ganz, $2g \equiv 2h \bmod 2$. Wieder folgt

$$18A^3 = -9 \cdot 2h(g+h)(g-h)$$

oder

$$2A^3 = -2h(g+h)(g-h). \tag{5}$$

Wieder ergibt sich, daß $2h$, $g+h$, $g-h$ ganz sind, sie sind weiter paarweise prim zu einander, eine ist ein doppelter Kubus, die andern Kuben. Es bleibt:

$$A'^3 + B'^3 = 2C'^3. \tag{6}$$

Es muß, wenn eine der Zahlen durch 3 teilbar ist, dies C' sein. Aus $C' \mid A$ folgt, daß $3^n \| z$ in (1) zur Folge hat: $3^{n-1} \| C'$.

Wichtig ist, daß (6) nicht eine triviale Lösung von (1) ist. Wegen $A \neq 0$ und (5) folgt, daß $2h$, $g+h$, $g-h$ von Null verschieden sind, also auch A', B', C'.

Die Annahme

$$[A', B', C'] = [\pm 1, \pm 1, \pm 1] \tag{7}$$

führt auf einen Widerspruch.

Dies ist nicht ganz leicht zu zeigen. Aus (5) und (7) folgt wegen $|2h| = |g+h| = |g-h| = 1$ die Beziehung

$$x + y = \pm 18. \tag{8}$$

Einsetzen des aus (8) für y folgenden Wertes in (3) gibt:

$$x^2 \pm 18x + (108 - B^3) = 0. \tag{9}$$

Es müßte $4(B^3 - 27)$ Quadrat einer geraden Zahl $2Q$ sein, da es die Diskriminante von (9) ist. Es bleibt:

$$Q^2 + 27 = B^3. \tag{10}$$

Betrachten wir die linke Seite von (10) als Norm einer ganzen Zahl in $k = \mathsf{P}(\sqrt{-3})$, so bleibt:

$$Q + 3\sqrt{-3} = \varrho^t (a + b\sqrt{-3})^3 \tag{11}$$

mit $t = 0, 1, 2$. Dabei ist $2a$, $2b$ ganz und $2a \equiv 2b \bmod 2$.

$t = 1$ gibt in (11):

$$Q = \frac{-a^3 + 9ab^2 - 9a^2b + 9b^3}{2}. \tag{12}$$

(10) gibt sofort:

$$Q^2 \equiv \pm 1 \bmod 9. \tag{13}$$

Da $Q^2 \equiv -1 \bmod 9$ unmöglich ist, so bleibt aus (13) genauer: $Q^2 \equiv 1 \bmod 9$, d. h.

$$Q \equiv \pm 1 \bmod 9. \tag{14}$$

Aber (12) gibt:

$$Q \equiv \pm 4 \bmod 9. \tag{15}$$

(14) und (15) sind unvereinbar.

In derselben Art fällt $t = 2$ aus. Es bleibt nur $t = 0$. Damit folgt aus (10) die Gleichung:

$$b(a^2 - b^2) = 1. \tag{16}$$

Wären $R = 2a$, $S = 2b$ ungerade ganze Zahlen, so hätten wir

$$S(R^2 - S^2) = 8,$$

also $S = \pm 1$, wir erhielten $R^2 - 1 = \pm 8$. Hieraus folgt, daß $S = -1$ ausgeschlossen ist. $S = +1$ gibt $R = \pm 3$, $B = a^2 + 3b^2 = \frac{R^2 + 3S^2}{4} = 3$ im Widerspruch zu (4).

Es ist also a, b ganz. (16) gibt dann:

$$b = \pm 1, \tag{17}$$

weiter

$$a^2 - b^2 = \pm 1, \tag{18}$$

wo die Vorzeichen in (17) und (18) zusammengehören. (17) und (18) geben:

$$a^2 = 0, 2. \tag{19}$$

$a^2 = 2$ scheidet sofort aus, $a = 0$ würde $Q = 0$ ergeben, wie man aus (11) mit $t = 0$ sofort ersieht. (10) gibt dann $B = 3$ im Widerspruch zu (4).

Wiederholung des Verfahrens führt auf eine Gleichung

$$X^3 + Y^3 = 2Z^3 \tag{20}$$

mit $Z \not\equiv 0 \bmod 3$. Wir gehen von einer nichttrivialen Lösung von (1) mit durch 3 nicht teilbarem z aus. Statt (2) und (3) erhalten wir die Gleichungen:

$$x + y = 2A^3, \tag{21}$$

$$x^2 - xy + y^2 = B^3. \tag{22}$$

Hier sind natürlich x, y andere Zahlen als in (1).

Es ist $u = \frac{x - y}{2}$ ganz. Es gilt die Identität:

$$\frac{(x + y)^2}{4} + 3u^2 = x^2 - xy + y^2. \tag{23}$$

(21), (22), (23) ergeben:

$$A^6 + 3u^2 = B^3. \tag{24}$$

Es ist $u \neq 0$ (die triviale Lösung ist ausgeschlossen!), weiter: wegen $xy \not\equiv 0 \bmod 3$, $x + y \not\equiv 0 \bmod 3$ gilt $x - y \equiv 0 \bmod 3$. Also

$$u \equiv 0 \bmod 3. \tag{25}$$

Es ist $(A, u) = 1$, denn $A \mid x + y$, es folgt aus p (Primzahl > 2) $\mid A, u$, daß $p \mid x + y, x - y$, d. h. $p \mid x, y$ ist; $2 \left| \frac{x - y}{2} \right. = u$ und $2 \mid A$ ist ebenso unmöglich, dies würde $4 \mid x + y$ (sogar $16 \mid x + y$), $4 \mid x - y$, also $2 \mid x$, $2 \mid y$ ergeben. (24) gilt also mit $(A, u) = 1$.

Es folgt in $\mathsf{P}(\sqrt{-3})$ die Idealgleichung $(A^3 + u\sqrt{-3}) = (C + D\sqrt{-3})^3$. Die daraus folgende Zahlengleichung $A^3 + u\sqrt{-3} = \varrho^t(C + D\sqrt{-3})^3$ (wo eventuell C, D durch $-C, -D$ ersetzt ist) gilt für $t = 0$. Denn der Kubus einer ganzen zu 3 primen Zahl $C + D\sqrt{-3}$, also mit $2C, 2D$ ganz, $(2C, 3) = 1$, hat einen durch 3 teilbaren Koeffizienten von $\sqrt{-3}$, was durch Multiplikation mit ϱ oder ϱ^2 zerstört wird Es wird somit:

$$A^3 = C(C^2 - 3D^2), \qquad u = 3D(C^2 - D^2). \tag{26}$$

Es ist $C \neq 0$, $D \neq 0$.

Es gilt nun:

(I) Die Faktoren von A^3 in (26) sind ohne gemeinsamen Primfaktor > 2. Denn wäre p ein solcher, so ist zunächst $p = 3$ wegen $A \not\equiv 0 \bmod 3$ ausgeschlossen, es folgte $C \equiv D \equiv 0 \bmod p$, $A \equiv u \equiv 0 \bmod p$ im Widerspruch zu $(A, u) = 1$.

(II) Die Faktoren von A^3 in (26) sind nicht beide gerade.

Zunächst sind C, D ganz, denn $C = \frac{C'}{2}$, $D = \frac{D'}{2}$ mit ungeradem C', D' würde $C'(C'^2 - 3D'^2) \equiv 0 \bmod 8$, $C'^2 - 3D'^2 \equiv 0 \bmod 8$, $1 \equiv 3 \bmod 8$ ergeben.

Es sind also C, D ganz. Die Kongruenz $C \equiv D \equiv 0 \bmod 2$ hätte $A \equiv 0 \bmod 8$, $u \equiv 0 \bmod 8$, damit $x \equiv y \equiv 0 \bmod 2$ zur Folge.

Es ist $(C, D) = 1$, auch $(C, C^2 - 3D^2) = 1$ wegen $C \not\equiv 0 \bmod 3$. Somit gibt die erste Gleichung in (26):

$$C = U^3, \tag{27}$$

$$C^2 - 3D^2 = V^3; \tag{28}$$

(27), (28) geben

$$U^6 - 3D^2 = V^3. \tag{29}$$

Nun ist in $\mathsf{P}(\sqrt{3})$ (reellquadratischer Zahlkörper mit der Diskriminante $d = 12$) die Klassenzahl 1. Dies folgt sehr schnell aus einem Satze, den ich in dieser Schärfe nirgends fand, daher hier anführe:

Satz 1: In jedem ganzen Ideal $\mathfrak{a}$ eines reellquadratischen Körpers mit der Diskriminante d gibt es eine von Null verschiedene Zahl α mit $|\alpha^N| \leq \sqrt{\frac{d}{5}}$. ($d$ = Körperdiskriminante).

Bemerkungen: MINKOWSKI gab den Satz mit der weniger scharfen Grenze $\frac{1}{2}\sqrt{d}$; klar ist, daß nur für $\mathsf{P}(\sqrt{5})$ das Gleichheitszeichen eintreten kann.

Beweis: Für $\mathsf{P}(\sqrt{m})$, $m > 0$, quadratfrei, kein Quadrat, ist für $m \equiv 2, 3 \bmod 4$ durch $[1, \sqrt{m}]$ eine Basis des Körpers gegeben, für $m \equiv 1 \bmod 4$ hingegen durch $\left[1, \omega = \frac{1 + \sqrt{m}}{2}\right]$. Im ersten Falle ist $d = 4m$, im zweiten $d = m$, im ersten $\omega = \sqrt{m}$.

Für jedes ganze Ideal $\mathfrak{a}$ kann eine Modulbasis $[a_{11}, a_{21} + a_{22}\,\omega]$ mit $a_{11} > 0$, $a_{11}\,a_{22} = \mathfrak{a}^N$, $a_{11} \equiv a_{21} \equiv 0 \bmod a_{22}$ angegeben werden. Es genügt, den Satz für Ideale mit der Modulbasis $[a, b + \omega]$ zu beweisen. Dann ist $a = \mathfrak{a}^N$.

Die konjugierten Zahlen bezeichnen wir so: Zu $\alpha = A + B\sqrt{m}$ ist $\alpha^{(2)} = A - B\sqrt{m}$ konjugiert. Sei $\sqrt{m}$ positiv.

Nun gilt mit $\gamma = b + \omega$ allgemein: $\gamma - \gamma^{(2)} = \sqrt{d}$. Wir können $\gamma > 0$, $\gamma^{(2)} > 0$ annehmen, andernfalls werde b durch $b + Aa\,(A > 0$ ganz) mit hinreichend großem A ersetzt.

Für die Irrationalzahl $\frac{\gamma^{(2)}}{a}$ gibt es nach einem Satze von Hurwitz unendlich viele Approximationen $\frac{X}{Y}$ (X, Y natürliche Zahlen) mit:

$$\left|\frac{\gamma^{(2)}}{a} - \frac{X}{Y}\right| < \frac{1}{\sqrt{5}\,Y^2} \quad \text{oder} \quad |\gamma^{(2)}\,Y - a\,X| < \frac{a}{\sqrt{5}\,Y},$$

also

$$|\gamma\,Y - a\,X| < \frac{a}{\sqrt{5}\,Y} + \sqrt{d}\,Y.$$

Für die ganze Zahl $\alpha = \gamma\,Y - a\,X$ gilt $\alpha \neq 0$, $\alpha \equiv 0 \bmod \mathfrak{a}$, $|\alpha^N| < a\sqrt{\frac{d}{5}} + \frac{a^2}{5\,Y^2}$. Bei vorgegebenem $\varepsilon > 0$ genügt also die Wahl $Y > \sqrt{\frac{5}{\varepsilon}}\;a$, um $|\alpha^N| < a\sqrt{\frac{d}{5}} + \varepsilon$ zu erreichen. Daher der Satz.

Sofort folgt *Satz* 2: In jeder Klasse C von Idealen eines reellquadratischen Körpers gibt es ein von Null verschiedenes ganzes Ideal $\mathfrak{a}$ mit $\mathfrak{a}^N \leqq \sqrt{\frac{d}{5}}$.

Bemerkung: Wieder kann das Gleichheitszeichen nur für $\mathsf{P}\left(\sqrt{5}\right)$ gelten.

Beweis: Sei $\mathfrak{b}$ ein ganzes Ideal in C^{-1}, $\beta \neq 0$ in $\mathfrak{b}$ mit $|\beta^N| \leqq \mathfrak{b}^N\sqrt{\frac{d}{5}}$; es ist $\beta = \mathfrak{a}\mathfrak{b}$ mit $\mathfrak{a}$ ganz $\neq (0)$, $\mathfrak{a}$ in C und $|\beta^N| = \mathfrak{a}^N\mathfrak{b}^N \leqq \mathfrak{b}^N\sqrt{\frac{d}{5}}$, somit $\mathfrak{a}^N \leqq \sqrt{\frac{d}{5}}$.

Hier haben wir also ohne Rechnung den Beweis: In $\mathsf{P}\left(\sqrt{3}\right)$ ist die Klassenzahl $h = 1$. Denn es gibt in jeder Klasse ein ganzes von Null verschiedenes Ideal $\mathfrak{a}$ mit $\mathfrak{a}^N < \sqrt{\frac{12}{5}}$, d. h. $\mathfrak{a}^N \leqq 1$.

Die Einheiten in $\mathsf{P}\left(\sqrt{3}\right)$ sind von der Form $\pm\,\varepsilon_0{}^a$, $\varepsilon_0 = 2 + \sqrt{3}$.

Nun kehren wir zu (29) zurück. Sofort folgt

$$C^3 + D\sqrt{3} = \varepsilon\left(F + G\sqrt{3}\right)^3 \tag{30}$$

mit ε als Einheit in $\mathsf{P}\left(\sqrt{3}\right)$ und F, G ganz rational. Man kann sich auf

$$\varepsilon = \varepsilon_0{}^a \tag{31}$$

mit $a = 1, -1$ beschränken, da man bei dritten Potenzen von Einheiten die

Einheiten selbst zur Kubusbasis multiplikativ dazusetzen kann. Aber (29), als Kongruenz mod 3 aufgefaßt, gibt

$$U^6 \equiv V^3 \bmod 3,$$

also

$$U^2 \equiv V \bmod 3,$$

daraus genauer

$$U^6 \equiv V^3 \bmod 9,$$

somit

$$D \equiv 0 \bmod 3.$$

$(F + G\sqrt{3})^3$ hat einen durch 3 teilbaren Koeffizienten von $\sqrt{3}$, was durch Multiplikation mit ε_0 oder ε_0^{-1} zerstört wird. (Es ist F nicht durch 3 teilbar, sonst wäre C durch 3 teilbar, dann wäre $(F + G\sqrt{3})^3 \equiv 0 \bmod 3\sqrt{3}$, und $(C, D) > 1$).

Wir können also in (31) die ganze rationale Zahl a als Null annehmen. Wir erhalten aus (30):

$$C^3 = F(F^2 + 3G^2), \tag{32}$$

$$D = 3G(F^2 + G^2). \tag{33}$$

Es folgt $G \neq 0$. Das wird im folgenden sehr wichtig sein.

Weiter folgt: $(F, G) = 1$. Daraus schließt man sofort $F = H^3$, $F^2 + 3G^2 = K^3$, also

$$H^6 + 3G^2 = K^3. \tag{34}$$

Versuchen wir nun das System

$$x' + y' = 2H^3, \tag{35}$$

$$x'^2 - x'y' + y'^2 = K^3 \tag{36}$$

zu lösen, so ergibt sich zunächst

$$x'y' = \frac{4H^6 - K^3}{3},$$

und x', y' sind die Wurzeln von

$$Z^2 + 2H^3Z + \frac{4H^6 - K^3}{3} = 0,$$

wo die Diskriminante unter Berücksichtigung von (34) wird:

$$4\left(H^6 - \frac{4H^6 - K^3}{3}\right) = 4\,\frac{K^3 - H^6}{3} = 4G^2.$$

Das Paar $[x', y']$ ergibt sich aus (35), (36) als ganz rational. Es erfüllt

$$x'^3 + y'^3 = 2z'^3 \tag{37}$$

mit $z' = 2HK$.

Es ist $x' \neq y'$, also liegt keine triviale Lösung vor. Es ist genauer

$$\left|\frac{x' - y'}{2}\right| = G,$$

weiter folgt aus (33), daß

$$|G| < \frac{|D|}{3}$$

ist, aus (26) folgt

$$|D| < \frac{|u|}{3}, \qquad |G| < \frac{|u|}{9}.$$

Beim Ausgehen von einer nichttrivialen Lösung von (1) mit $z \not\equiv 0 \bmod 3$, die den kleinsten Wert von $\left|\frac{x-y}{2}\right|$ hat, erhalten wir eine nichttriviale Lösung mit noch kleinerem Wert. Das ist ein Widerspruch. Wir haben als Ergebnis des Abschnitts:

Satz 3: $x^3 + y^3 = 2z^3$ hat als einzige Lösungen mit $xyz \neq 0$, $(x, y, z) = 1$ die beiden Lösungen $[1, 1, 1]$ und $[-1, -1, -1]$.

III. Auf die Versuche, die Fermatsche Vermutung zu beweisen, baute sich historisch die gesamte Theorie der algebraischen Zahlen, insbesondere die Idealtheorie auf. Den Satz zu beweisen gelang nicht. Ist

$$x^l + y^l + z^l = 0$$

gegeben, so ist die Unmöglichkeit der Gleichung in ganzen Zahlen für ungerade Primzahlexponenten l im wesentlichen nur für reguläre Primzahlen bewiesen, d. h. für solche Werte von l, daß mit ζ als einer primitiven l-ten Einheitswurzel die Klassenzahl im Kreisteilungskörper $k = \mathsf{P}(\zeta)$ zu l prim ist. Alle Primzahlen im ersten Hundert mit Ausnahme der drei folgenden 37, 59, 67 gehören hierzu. Auch für diese gelang der Beweis auf anderem Wege, überhaupt für alle $l \leqq 4001$. Ob der Satz überhaupt richtig ist, darüber hat sich in den äußerst schwierigen Untersuchungen dieser Art kein Anhaltspunkt ergeben.

Sehr interessant ist, daß für $l = 7$ Beweise bekannt sind, die ganz in P verlaufen, während für $l = 3, 5$ ein solcher Beweisgang nicht zu existieren scheint. Es ist sehr schwer, etwas über die Ursache dieses merkwürdigen Verhaltens zu sagen.

IV. In den folgenden beiden Abschnitten wird gezeigt, wie man unter Anwendung sehr tiefer Hilfsmittel einige EULERsche Herleitungen erheblich weiter treiben kann, wobei in Abschnitt V ein von EULER herrührendes Problem, in dem man bisher über seinen Standpunkt nicht wesentlich hinausgekommen ist, etwas weiter gefördert wird, während in Abschnitt VI ein von EULER in vielen Punkten offen gelassenes Problem, daß von DIRICHLET gelöst ist, mit Hilfe eines Satzes der Klassenkörpertheorie sehr einfach und schnell erledigt werden kann.

Der hierbei angewandte Satz werde nun erläutert: Ist K/k relativzyklisch vom Primzahlgrade l, weiter $\mathfrak{f}$ der Führer der K/k zugeordneten Idealgruppe, also $\mathfrak{f} = \mathfrak{f}_1 \mathfrak{p}'_{\infty 1}$, wobei $\mathfrak{p}'_{\infty 1}$ das Produkt aller Primstellen 1. Grades in k ist, die in K Primstellen 2. Grades werden, $\mathfrak{f}_1$ die $(l-1)$-te Wurzel aus der Relativdiskriminante, $S_{\mathfrak{f}}$ der Idealstrahl mod $\mathfrak{f}$, d. h. die Gesamtheit aller Hauptideale (α), die durch Zahlen $\beta = \alpha\varepsilon$ (ε Einheit in k) mit $\beta \equiv 1 \bmod \mathfrak{f}$ erzeugt werden können, so ist mit $\mathfrak{A}$ = Gesamtheit aller Ideale $\neq 0$ in K, $\mathfrak{a}$ ebenso in k, beide nach $\mathfrak{f}$ erklärt (nur Ideale zu $\mathfrak{f}$ prim), der Index

$$(\mathfrak{a} : \mathfrak{a}^N S_{\mathfrak{f}}) = l, \tag{1}$$

wo N die Normenbildung bezüglich k bedeutet. Diese Indexgleichung definiert bekanntlich K als Klassenkörper über k, so wie im allgemeinen Falle, wenn $(K : k) = n$ ist, für die Klassenkörpereigenschaft die Zahl n anstatt l rechts in (1) eintritt. Alle Gruppen seien nach $\mathfrak{f}$ erklärt. Sei noch $H_{\mathfrak{f}}$ der Zahlstrahl der Zahlen $\eta \equiv 1 \bmod \mathfrak{f}$.

Nun gilt

Satz 1: Ist ein Ideal aus $(\mathsf{A})^N S_{\mathfrak{f}}$, wo (A) die Gesamtheit aller Hauptideale in K bedeutet, eine Idealnorm: also

$$(\mathsf{A}^N \eta) = \mathfrak{J}^N \qquad \text{mit} \qquad \eta \equiv 1 \bmod \mathfrak{f},$$

ist mit anderen Worten ein durch einen Normenrest erzeugtes Hauptideal in k eine Idealnorm, so ist es auch Norm eines Hauptideals:

$$(\mathsf{A}^N \eta) = (\mathsf{B})^N.$$

Natürlich braucht $\mathfrak{J}$ nicht gleich (B) zu sein, es gilt nur

$$(\mathsf{B}) = \mathfrak{J}\mathfrak{M}^{\Delta},$$

wo der symbolische Exponent $\Delta = 1 - \sigma$ ist. Hier ist σ erzeugender Automorphismus der Gruppe K/k, also $\sigma^l = 1$, während σ^x mit $0 < x < l$ von 1 (Einselement der Automorphismengruppe) verschieden ist.

Den Satz fand ich nirgends wörtlich. Doch ergibt er sich aus der Beweisführung nach HASSE, Jahresbericht der deutschen Mathematikervereinigung 35 (1925), S. 23f. Dort ist unsere Gruppe $(\mathsf{A})^N S_{\mathfrak{f}}$ mit $H_{\mathfrak{f}}$ bezeichnet, mit $\overline{H}_1$ die Gruppe aller Ideale in K, deren Normen nach $H_{\mathfrak{f}}$ fallen. Immer sind alle Gruppen nach $\mathfrak{f}$ erklärt. $H_{\mathfrak{f}}$ enthält offenbar die Gruppe aller Normen von Idealen in Klassen $\overline{C}$ in K, die Δ-te Potenzen einer anderen Klasse sind. Ist nun $\overline{H}_1'$ die Gruppe aller Ideale in C^{Δ}, so ist $\overline{H}_1' \leqq \overline{H}_1$. Nun geht HASSE von der fundamentalen Ungleichungsfolge aus (a ist die Anzahl der ambigen Idealklassen A, d. h. der Klassen mit $A^{\Delta} = 1$):

$$a = (\mathfrak{A} : \overline{H}_1') \geqq (\mathfrak{A} : \overline{H}_1) \geqq \cdots,$$

es folgen weitere Glieder, die ich hier nicht anführen will. Am Schlusse steht wieder a. Es muß überall das Gleichheitszeichen stehen, woraus sich unter anderem die Klassenkörpereigenschaft ergibt. Uns interessiert nur die Gruppengleichung

$$\overline{H}_1' = \overline{H}_1.$$

Nun liegen die Normen aller Ideale aus $\overline{H}_1' = H_1$ in $(\mathsf{A})^N S_{\mathfrak{f}}$, die Normen von Idealen aus $\overline{H}_1$ sind aber einfach die Ideale $(\mathsf{A})^N$, also auch die Normen von Idealen aus H_1.

Wir haben stets $l = 2$, an Stelle von k tritt P, für K tritt $\mathsf{P}(\sqrt{m})$ ein, wo m quadratfrei ist. Ist $m > 0$, so $\mathfrak{f} = (d)$ (Diskriminante), bei $m < 0$ wird $\mathfrak{f} = (d p_\infty)$, wo p_∞ die einzige Primstelle (ersten Grades) in P ist. Es werde für $\mathsf{P}(\sqrt{m})$ wieder k geschrieben.

V. Die von EULER gegebene Auflösungsmethode für die diophantischen Gleichungen:

$$y^2 = a x^3 + b x^2 + c x + d, \tag{1}$$

$$y^2 = a x^4 + b x^3 + c x^2 + d x + e, \tag{2}$$

wobei a, b, c, d, e rationale Zahlen und die Aufgabe nur Bestimmung rationaler (nicht notwendig ganzzahliger) Lösungen ist, läuft im wesentlichen darauf hinaus, aus einer Lösung eine weitere zu finden. Stets sei $a \neq 0$.

Geometrisch ist dies bei (1) so zu deuten: In einem rationalen Punkt (x_0, y_0) der durch (1) dargestellten Kurve ziehen wir die Tangente und bringen sie mit der Kurve zum Schnitt. Dabei ergibt sich durch Elimination von y eine Gleichung dritten Grades in x mit einer rationalen Doppelwurzel x_0. Da die Koeffizienten rational sind, so ergibt sich die dritte Wurzel x_1 ebenfalls als rational. Aus der Tangentengleichung ergibt sich der zugeordnete Wert von y ebenfalls rational, etwa y_1.

Nun versagt die Schlußweise, wenn (x_0, y_0) ein Wendepunkt der Kurve (1) ist. Denn dann hat die kubische Gleichung eine dreifache Wurzel und es wird $x_1 = x_0$; ebenso tritt ein Versagen ein, wenn der dritte Schnittpunkt der Tangente, wobei (x_0, y_0) geometrisch als Berührungspunkt mit zwei Schnittpunkten gleichbedeutend ist, in den Fernpunkt der x- oder y-Achse fällt. Auch darf nicht vergessen werden, daß die Folge der so erhaltenen Punkte:

$$(x_0, y_0), \quad (x_1, y_1), \quad (x_2, y_2), \ldots, \quad (x_n, y_n), \ldots$$

— wobei (x_n, y_n) dadurch erhalten wird, daß x_0 durch x_{n-1}, y_0 durch y_{n-1} ersetzt wird — unter Umständen abbrechen kann, wenn $x_n = x_0$, $y_n = y_0$ ist. Dann gibt Iteration des Verfahrens nichts Neues.

(2) geht bei Kenntnis einer Lösung (x_0, y_0) durch Verlegung des Ursprungs in diesen Punkt in eine Gleichung derselben Art mit $e = 0$ über. Heißen wieder x, y die Veränderlichen, die Koeffizienten wieder a, b, c, d, so gibt die Transformation:

$$x = \frac{1}{X}, \quad y = \frac{Y}{X^2}$$

die neue Form

$$Y^2 = a + bX + cX^2 + dX^3. \tag{3}$$

(3) hat dieselbe Form wie (1). Die Probleme laufen also im wesentlichen auf dasselbe hinaus.

Wir betrachten nur (1). Über EULER ist man im allgemeinen nicht hinausgekommen. Einführung der Klassenkörpertheorie gibt immerhin einen Fortschritt.

Seien in (1) die Zahlen a, b ganz, $c = 0$; wir ersetzen d durch dt^2, wo d ganz sei, betrachten also mit a, b, d ganz die Gleichung:

$$y^2 = a x^3 + b x^2 + dt^2, \tag{4}$$

wobei d quadratfrei, kein Quadrat, d_1 die Diskriminante des Körpers $k = \mathsf{P}(\sqrt{d})$, also für

$$d \equiv 1 \bmod 4, \quad d_1 = 4d,$$
$$d \equiv 2, 3 \bmod 4, \quad d_1 = d,$$

sei. Weiter sei $(d_1, a) = 1$.

Sei R ein zu d_1 primer Normenrest mod $d_1 p_\infty$ (Führer oder Vielfaches des Führers der k/P zugeordneten Idealgruppe). Die Kongruenz $ax + b \equiv R \bmod d_1$ werde durch $x \equiv s \bmod d_1$ erfüllt. Es gibt unendlich viele Primzahlen q, die $q > 0$, $q \equiv R \bmod d_1$ erfüllen. Die ganze Zahl $\frac{q - as}{d_1}$ setzen wir gleich x_0 und führen $x = x_0$ in (4) ein. Es bleibt:

$$y^2 - dt^2 = x_0^2\,(a x_0 + b). \tag{5}$$

Da (q) in der k/P zugeordneten Idealgruppe liegt, ist es Idealnorm, also nach Satz 1 in Abschnitt IV auch Hauptidealnorm. (5) gibt also mit

$$\beta = y + t\sqrt{d}$$

die Idealgleichung:

$$(\beta)^N = (x_0\alpha)^N \tag{6}$$

mit α als Zahl in k. Hieraus bestimmt sich (β) unendlich-vieldeutig als

$$(\beta) = x_0 \alpha \mathfrak{j}^{\Delta},$$

wo $\mathfrak{j}$ jedes Ideal in k sein kann, dessen Δ-te Potenz ein Hauptideal ist (ambiges Ideal in k). Es ist $\Delta = 1 - \sigma$, σ erzeugender Automorphismus der Gruppe k/P.

Die Idealgleichung (6) ist nicht mit (5) gleichwertig. Aus (6) könnte auch:

$$dt^2 - y^2 = x_0^2\,(a x_0 + b) \tag{5'}$$

folgen. Ist $d < 0$, so ist (5') wegen $a x_0 + b > 0$ unrichtig, also bleibt (5). Auch bei positivem d, wenn die Grundeinheit ε_0 in k die Norm -1 hat, erhält man eine Lösung von (5), wenn man β durch $\beta \varepsilon_0^u$ ($u \equiv 1 \bmod 2$) ersetzt. Also:

Satz 1: Eine Gleichung (4) oder (5) mit $(a, d_1) = 1$ hat für $d < 0$ oder bei Vorhandensein einer Einheit ε' in $\mathsf{P}(\sqrt{d})$ mit $\varepsilon'^N = -1$, $d > 0$ (d quadratfrei, kein Quadrat) unzählig viele Lösungen $[x, y, t]$, wo x ganz rational, y und t rational sind. (a, b, d ganz.)

VI. Euler erwähnt in seiner Anleitung zur Algebra, daß die Gleichung (a, b ganz, nicht beide negativ)

$$z^2 = a x^2 + b y^2$$

nicht immer ganzzahlig lösbar ist. Dies Problem wurde von Dirichlet weitgehend gefördert. Wir wollen dem Satz von Dirichlet folgende Fassung geben, die ihm völlig gleichwertig ist:

Satz: Sind a, b, c natürliche quadratfreie paarweise zu einander prime Zahlen, $-ab$ quadratischer Rest von c, ac von b, bc von a, so ist

$$c z^2 = a x^2 + b y^2 \tag{1}$$

nichttrivial ganzzahlig lösbar.

DIRICHLETs Beweis beruht auf sehr umständlicher vollständiger Induktion. Wir wollen zeigen, daß die Klassenkörpertheorie einen ganz kurzen Beweis liefert.

Zunächst: Ist c gerade, also $2 \| c$, und a, b ungerade, so setzen wir $c = 2c'$, analog gelte für $2 | a$ die Gleichung $a = 2a'$. a' und c' sind ungerade. Bei ungeradem c setzen wir $c' = c$, analog bei a. Ist eine der Zahlen a, b gerade, so sei dies a. Dann ist bc ungerade.

Der Fall $c \equiv 0 \bmod 2$, $ab \equiv 3 \bmod 8$, oder, was auf dasselbe herauskommt, $c \equiv 0 \bmod 2$, $a + b \equiv 4 \bmod 8$ würde bei der Beweisführung Schwierigkeiten machen. Eine ganz kurze Rechnung mit Ersetzung $c = 2c'$ und Anwendung des Reziprozitätsgesetzes zeigt die Unmöglichkeit dieses Falles.

Wir setzen $k = \mathsf{P}(\sqrt{-ab})$. Ist q eine ungerade Primzahl mit $c \equiv 0 \bmod q$, so ist

$$\left(\frac{-ab}{q}\right) = 1$$

und $q = \mathfrak{q}^N$ in k/P. Wir können in (1), wie leicht ersichtlich,

$$(x, y) = (y, z) = (z, x) = 1,$$

weiter

$$(x, bc) = (y, ca) = (z, ab) = 1$$

annehmen. Im folgenden sind X, Y ganze Zahlen mit $(X, Y) = 1$, weiter

$$(X, bc) = (Y, ca) = 1.$$

Jedes $r | aX^2 + bY^2$ (r ungerade Primzahl, die offenbar $ab \not\equiv 0 \bmod r$ erfüllt) ergibt:

$$\left(\frac{X}{Y}\right)^2 \equiv -\frac{b}{a} \bmod r,$$

also

$$\left(\frac{-ab}{r}\right) = 1,$$

das heißt:

$$r = \mathfrak{r}^N$$

in k/P.

Wir bezeichnen im folgenden kurz $aX^2 + bY^2$ mit M.

c' ist Idealnorm. Ist a gerade, also bc ungerade, ebenso Y wegen $(Y, ca) = 1$, so ist M ungerade, also Idealnorm, ebenso $cM = c'M$. Sonst müssen drei Fälle unterschieden werden.

(1) $M \equiv 2 \bmod 4$, also X, Y ungerade, $a + b \equiv 2 \bmod 4$, $-ab \equiv 3 \bmod 4$, es wird $2 = \mathfrak{l}^N$, M und cM ist Idealnorm. ($\mathfrak{l}$, $\mathfrak{l}_j$ sind Primteiler von 2.)

(2) $M \equiv 4 \bmod 8$, dann gilt $\frac{M}{4} = \mathfrak{b}^N$, $M = (2\mathfrak{b})^N$. Hier ist $c = c'$, da sonst X, Y ungerade sein müßten (X gerade, Y ungerade umgekehrt würde $M \not\equiv 0 \bmod 4$ ergeben) und der ausgeschlossene, aber als unmöglich erwiesene Fall $c \equiv 0 \bmod 2$, $a + b \equiv 4 \bmod 8$ einträte. Somit ist cM Idealnorm.

(3) $M \equiv 0 \bmod 8$. Hier folgt $a + b \equiv 0 \bmod 8$, $-ab \equiv +1 \bmod 8$, $(2) = \mathfrak{l}_1 \mathfrak{l}_2$. Wieder ist cM Idealnorm.

Erfüllen X, Y noch $acX^2 \equiv 1 \bmod b$, $acY^2 \equiv 1 \bmod a$, so gilt: Für jede der unendlich vielen Primzahlen $p > c$ mit $p \equiv 1 \bmod 8ab$ ist

$$p^2 \equiv acX^2 + bcY^2 \mod 8a'bp_\infty.$$

Der Führer $\mathfrak{f}$ der k/P zugeordneten Idealgruppe ist ein Teiler von $8a'bp_\infty$ (p_∞ ist die einzige unendlich Primstelle ersten Grades in P).

Es gilt $p^2 = cMa_1$ mit (a_1) im Idealstrahl $S_\mathfrak{f}$.

Weiter ist $\left(\frac{p}{a'}\right) = 1$, also $\left(\frac{a'}{p}\right) = 1$, damit $\left(\frac{a}{p}\right) = 1$, ebenso $\left(\frac{b}{p}\right) = 1$, wegen $\left(\frac{-1}{p}\right) = 1$ auch $\left(\frac{-ab}{p}\right) = 1$. Es wird $p = \mathfrak{p}^N$, $\mathfrak{p}$ Primideal in k. Somit ist (a_1) Idealnorm, damit als in $S_\mathfrak{f}$ stehend nach Satz 1 in Abschnitt IV auch Hauptidealnorm, also

$$\mathfrak{p}^{2N} = (cM\varrho^N)$$

mit ϱ als (im allgemeinen nicht ganzer) Körperzahl in k, $\varrho = X_1 + Y_1\sqrt{-ab}$.

Mit $\xi = X\sqrt{a} + Y\sqrt{-b}$ in $k(\sqrt{a}) = k(\sqrt{-b}) = K$, also $M = N_{K/k_1}(\xi)$, wo $k_1 = \mathsf{P}(\sqrt{a})$ ist, wird $\xi\varrho = X_2\sqrt{a} + Y_2\sqrt{-b}$ mit $X_2 = XX_1 - bYY_1$, $Y_2 = X_1Y + aXY_1$, wenn die Vorzeichen der Quadratwurzeln so normiert sind, daß sie > 0 sind bzw. Imaginärteile > 0 haben.

Es bleibt

$$p^2 = c\,(aX_2^2 + bY_2^2)$$

und mit

$$X_2 = \frac{x}{z'}, \qquad Y_2 = \frac{y}{z'},$$

wo x, y ganz rational, z' eine natürliche Zahl ist:

$$p^2z'^2 = c\,(ax^2 + by^2).$$

Hieraus folgt $p^2z'^2 \equiv 0 \bmod c$, da p Primzahl $> c$ und c quadratfrei ist, bleibt $z' \equiv 0 \bmod c$, also $z' = pz_1$, daher

$$c\,(pz_1)^2 = ax^2 + by^2.$$

Damit ist alles bewiesen.

Für $a = 1$ gilt der Beweis nicht, da dann $K = k_1$ oder $K = k$ wird. Ist dann $b > 1$, so vertausche man a mit b. Der Fall $a = b = 1$ erledigt sich durch die einfache Bemerkung, daß

$$cz^2 = x^2 + y^2,$$

wo -1 quadratischer Rest von c ist, bekanntlich schon Lösungen mit $z = 1$ hat, weiter

$$cz^2 = \pm\,(x^2 - y^2)$$

durch $[1, 1, 0]$ nichttrivial ganzzahlig lösbar ist.

Nachtrag. Der von M. FUJIWARA, Tohoku math. Journal 11 (1917) und 14 (1918) bewiesene Satz gestattet eine wesentliche weitere Verschärfung des Satzes 1 von Abschnitt IV. FUJIWARAs Satz lautet: Tritt in der Kettenbruchentwicklung einer Zahl $\xi_0 = (b_0, b_1, \ldots)$ einmal $b_{n+1} \geqq 2$ auf, so gilt für wenigstens einen der Indizes $\nu = n - 1, n, n + 1$ die Ungleichung

$$\left|\xi_0 - \frac{A_\nu}{B_\nu}\right| < \frac{1}{\sqrt{8}\, B_\nu^2}.$$

Hierbei ist $\frac{A_\nu}{B_\nu}$ der ν-te Näherungsbruch, vgl. PERRON, Lehre von den Kettenbrüchen, S. 42f., Stuttgart 1954 (3. Auflage).

Genaue Nachbildung des Beweises in Abschnitt IV zeigt dann: In jeder Idealklasse von $\mathsf{P}\left(\sqrt{m}\right)$, $m > 0$, $m \neq 5, 1$, quadratfrei gibt es ein von Null verschiedenes Ideal $\mathfrak{a}$ mit $\mathfrak{a}^N \leqq \sqrt{\frac{d}{8}}$. Selbstverständlich kann das Gleichheitszeichen nur für $m = 2$ bestehen.

Исследования Эйлера, содержащиеся в „Введении в алгебру" с точки зрения современной теории чисел

Л. ХОЛЬЦЕР, Росток

Резюме

Сначала рассматривается уравнение Ферма в рациональном поле с показателем 3, причем доказательство проводится со всей строгостью, при этом отмечается, что в некоторых данных до сих пор его изложениях встречаются ошибки. Это исследование распространяется в разделе II на уравнение:

$$x^3 + y^3 = 2z^3,$$

проведение доказательства для которого затруднено тем обстоятельством, что кроме решений с исчезающим произведением $x \cdot y \cdot z$ должно быть также исключено решение (A, A, A). III дает совсем краткий обзор задачи Ферма. В разделе IV развита одна теорема из теории полей классов, которая применяется в разделах V и VI к некоторым задачам ЭЙЛЕРа. V раздел содержит обобщение результата ЭЙЛЕРа, относящегося к задаче нахождения рациональных значений переменной, при которых кубический многочлен с рациональными коэффициентами равен квадрату, VI — простое доказательство теоремы ДИРИХЛЕ: уравнение $cz^2 = ax^2 + by^2$, если a, b, c — попарно взаимно простые натуральные числа, для которых $-ab$, bc, ca квадратичные вычеты соответственно чисел c, a, b, имеет нетривиальные целочисленные решения.

Euler und Lagrange über die Grundlagen der Analysis*)

Von A. P. JUSCHKEWITSCH, Moskau

1. In der vorliegenden Mitteilung möchte ich die Aufmerksamkeit auf einige Zusammenhänge zwischen den Anschauungen EULERs und LAGRANGEs über die Grundlagen der Analysis lenken. In der Mehrzahl der Arbeiten über die Geschichte der Mathematik werden diese Anschauungen lediglich einander gegenübergestellt. Für solch eine Gegenüberstellung bestehen gewisse Gründe. EULER betrachtete die unendlich kleinen Größen als genaue Nullen, während LAGRANGE danach strebte, sich von der Anwendung der unendlich kleinen Größen vollständig zu befreien und die Analysis auf algebraischer Grundlage aufzubauen. Über die Auffassung EULERs äußerte sich LAGRANGE mißbilligend. Nichtdestoweniger besteht zwischen den Anschauungen beider Mathematiker ein innerer Zusammenhang und man kann sagen, daß LAGRANGE in seiner Théorie des fonctions analytiques (1797) eine Reihe von Ideen entwickelt hat, die in den Institutiones Calculi Differentialis (1755) EULERs enthalten sind.

Ich werde mich auch mit der Frage befassen, inwieweit die Kritik berechtigt ist, der bis zu unserer Zeit einige Mathematikhistoriker das sogenannte „Rechnen mit den Nullen" EULERs unterwerfen.

2. LEIBNIZ baute die Differentialrechnung auf dem Prinzip der Vernachlässigung der unendlich kleinen Summanden im Vergleich zu den endlichen Größen und der unendlich kleinen Größen höherer Ordnung im Vergleich zu denen niederer auf. Darauf beruht die Berechnung der Differentiale selbst. Nimmt man das einfachste Beispiel $y = x^2$, so berechneten LEIBNIZ und seine Schüler das dy, indem sie es mit dem unendlich kleinen Zuwachs der Funktion Δy identifizierten und in der Gleichung

$$dy = \Delta y = (x + dx)^2 - x^2 = 2x dx + dx^2 \tag{1}$$

das Glied dx^2 vernachlässigten. Das erste Handbuch über die Differentialrechnung, Lectiones de Calculo Differentialium, das Joh. BERNOULLI 1691/92 für G. F. DE L'HOSPITAL zusammengestellt hatte, beginnt mit drei Postulaten, von denen die beiden ersten lauten:

„1. Eine Größe, die vermindert oder vermehrt wird um eine unendlich kleinere Größe, wird weder vermindert noch vermehrt.

---

*) Beitrag, in Erweiterung eines auf der Nachmittagssitzung am 22. 3. 1957 gehaltenen Vortrages eingereicht am 15. 7. 1957.

2. Jede krumme Linie besteht aus unendlich vielen Geraden, die selbst unendlich klein sind"[1]).

Diese Postulate und ihre Anwendung riefen Einwände und Zweifel hervor. Was ist eine unendlich kleine Größe? Wenn sie von Null verschieden ist, so läßt sich das 1. Postulat mit der Arithmetik nicht vereinbaren, da für die Gleichheit zweier Größen ihre Differenz bekanntlich Null sein muß. Dabei ist unverständlich, wie sich mit Hilfe eines falschen Postulats Resultate ergeben, deren Wahrheit in vielen Fällen mit aller Strenge mit Hilfe anderer Methoden bestätigt wird. Aber gegen die Auffassung der unendlich kleinen Größe als Null erhob LEIBNIZ selbst Widerspruch. Mit solch einer Auffassung sind Schwierigkeiten verbunden, die dem Wesen nach noch auf die Aporien ZENONs zurückgehen. Das von LEIBNIZ als Summe einer unendlichen Anzahl unendlich kleiner Größen definierte Integral erweist sich als Null. Außerdem, wies LEIBNIZ hin, laufen alle Verhältnisse der unendlich kleinen Größen, die in der Differentialrechnung die Hauptrolle spielen, bei dieser Auffassung auf 1 hinaus, da alle Nullen gleich sind und $0:0 = 1$.

LEIBNIZ unternahm verschiedene Versuche, die Analysis und das Prinzip der Vernachlässigung der unendlich kleinen Größen zu begründen. Wir finden bei ihm sowohl die Behandlung der Infinitesimalen als nicht-archimedische aktual unendlich kleine Größen, als auch die Bemerkung, daß, unabhängig von der Natur der Infinitesimalen, alle mit ihrer Hilfe erhaltenen Resultate sich streng mittels der antiken Ausschöpfungsmethode beweisen lassen, als auch die Idee des auf dem „Stetigkeitsgesetz" beruhenden Grenzübergangs[2]).

NEWTON verfuhr in einer Reihe Arbeiten ebenso wie LEIBNIZ und seine Schüler, obgleich er andere Ausdrücke und Bezeichnungen anwandte[3]). Die Vernachlässigung der unendlich kleinen Größen betrachtete jedoch NEWTON als im Prinzip unrechtmäßig: in der Mathematik, sagte er, dürfen auch die kleinsten Fehler nicht vernachlässigt werden[4]). NEWTON gehört die erste Begründung der Analysis mit Hilfe der eigenartigen Theorie der Grenzwerte. Der zentrale Begriff ist hier nicht der des Differentials (in der Terminologie NEWTONs des Moments), sondern der Fluxion. Die Fluxion ist die Geschwindigkeit der Veränderung einer fließenden Größe — der Fluente — und wird definiert als Grenzwert, eben als das „letzte Verhältnis" der „verschwindenden" Zuwächse der Fluente und ihres Arguments. In unserem Beispiel wird

$$\frac{\Delta y}{\Delta x} = 2x + \Delta x \tag{2}$$

gebildet, wonach in dieser Gleichung Δx und Δy gleich Null gesetzt werden.

---

[1]) Johann BERNOULLI, *Die Differentialrechnung.* Herausg. von P. SCHAFHEITLIN, S. 11, Leipzig, 1924.

[2]) Vgl. A. П. ЮШКЕВИЧ, *Лейбниц и основание исчисления бесконечно-малых.* (A. P. JUSCHKEWITSCH, *Leibniz und die Begründung der Infinitesimalrechnung.*) Успехи математических наук 3, Nr. 1 (23), S. 162, 187—196 (1948).

[3]) Is. NEWTONi Opuscula mathematica, philosophica et philologica, t. I. Lausannae et Genevae, 1744, p. 59—60 (*Methodus fluxionum et serierum infinitarum*; c. 1671).

[4]) Ib., p. 205 (*Tractatus de quadratura curvarum*).

In der Methode der Grenzwerte betrachtet NEWTON die unendlich kleine als eine veränderliche Größe. Die Veränderung von Größen stellt er sich überhaupt in Analogie zur mechanischen Bewegung als eine stetige vor, eine solche also, in der die Variable schließlich ihren Grenzwert erreicht; das äußert er speziell im Lemma I des I. Teiles des I. Buches seiner berühmten Philosophiae Naturalis Principia Mathematica (1687). Die unendlich kleine Größe wird schließlich Null, während die Fluxion als Verhältnis zweier Nullen auftritt. Nun könnte man einwenden, sagt NEWTON in der Scholie zum XI. Lemma des I. Teiles der Principia, daß, wenn die Größen verschwunden sind, zwischen ihnen keinerlei Verhältnis besteht, wenn sie aber noch nicht verschwunden sind, ihr Verhältnis nicht das letzte, d. h. das Grenzverhältnis ist. Um die entstehende Schwierigkeit zu lösen, zieht NEWTON der Mechanik entnommene Argumente heran, wie z. B., daß die Geschwindigkeit eines Körpers im Moment seines Haltens selbst existiert[5]).

3. EULER teilte ursprünglich in der Frage nach den Grundlagen der Analysis die Anschauungen seines Lehrers Joh. BERNOULLI. Im Archiv der Akademie der Wissenschaften der UdSSR wird eine unveröffentlichte Handschrift von EULERS Calculus Differentialis aufbewahrt[6]); sie ist nicht datiert, wurde jedoch wahrscheinlich vor 1730 geschrieben. Es ist dies ein Entwurf der ersten vier Kapitel der Monographie, die nach über 20 Jahren vorbereitet wurde. Die grundlegenden Feststellungen dieser frühen Arbeit hat EULER späterhin weiter entwickelt.

Im Calculus Differentialis kehrt EULER zum erstenmal den Begriff der Funktion als den Grundbegriff der Analysis hervor. Die Handschrift beginnt mit der Definition: „Eine Quantität, die aus einer oder mehreren Quantitäten irgendwie zusammengesetzt ist, wird ihre Funktion genannt". Solch eine Formulierung unterscheidet sich fast nicht von der von Joh. BERNOULLI (1718) angegebenen Definition der Funktion einer Veränderlichen, der nur besonders vermerkte, daß das Argument eine veränderliche Größe ist: „On appelle ici Fonction d'une grandeur variable une quantité composée de quelque manière que ce soit de cette grandeur variable et des constantes"[7]). EULER zählt die Operationen auf, mit deren Hilfe Funktionen gebildet werden: Addition, Subtraktion, Multiplikation, Division, Potenzierung, Logarithmierung und ihre Kombinationen[8]).

Eine andere Besonderheit der Handschrift besteht darin, daß EULER, indem er die Gedanken LEIBNIZ' entwickelt, die Differentialrechnung auf der Grundlage der Differenzenrechnung systematisch aufbaut. Das I. Kapitel der Handschrift heißt De Calculo Differentiarum Finitarum; in ihm sind die Differenzen der einfachsten Funktionen berechnet. Das von EULER später eingeführte Zeichen

---

[5]) Vgl. А. П. ЮШКЕВИЧ, *Идеи обоснования математического анализа в XVIII веке* (Введение к Л. Карно, *Размышления о метафизике исчисления бесконечно-малых*) [A. P. JUSCHKEWITSCH, *Die Ideen der Begründung der Analysis im 18. Jahrhundert* (Einleitung zu L. Carnot, *Gedanken über die Metaphysik der Infinitesimalrechnung*)], S. 25 bis 40, Moskau-Leningrad, 1936.

[6]) Archiv der Akademie der Wissenschaften der UdSSR, фонд 1, опись 1, № 158, листы 48—62 обор.

[7]) Joh. BERNOULLI Opera omnia, t. II, Lausannae et Genevae 1742, p. 241.

[8]) „Quantitas quomodocunque ex una vel pluribus quantitatibus composita appelatur ejus unius vel plurium functio. Compositio autem vel additione, vel subtractione, vel multiplicatione, vel divisione, vel elevatione ad potestates, vel sumendis logarithmis, vel denique harum operationum pluribus simul absolvi potest" (Blatt 48).

der Differenz Δ fehlt noch; die Differenzen der Größen $a, b, c, \ldots, x, y, z, \ldots$ werden mit den entsprechenden Buchstaben des griechischen Alphabets bezeichnet. Im 2. Kapitel De Calculo Differentiali in genere wird gesagt, daß die Differentialrechnung die Zuwächse von Funktionen bei unendlich kleinen Zuwächsen der in sie eingehenden Quantitäten zu finden lehrt; solche unendlich kleinen Zuwächse heißen Differentiale. Hieraus wird der Schluß gezogen, daß die Differentialrechnung ein Spezialfall der Differenzenrechnung ist, in der die willkürlichen Differenzen als unendlich klein gesetzt werden[9]).

Die Formeln der Differentiation ergeben sich aus denen der endlichen Differenzen mittels des Prinzips der Vernachlässigung der Infinitesimalen, das EULER in wenigen Worten beweist. Der Beweis stützt sich auf die Vorstellung von der unendlich kleinen Größe als einer Größe, die kleiner als jede vorgegebene ist und deren Wert daher nicht angegeben werden kann. Solch eine Unterscheidung von Größen, die „sich angeben lassen" (assignabiles), d. h. endlichen, und Größen, die „sich nicht angeben lassen" (inassignabiles) geht auf LEIBNIZ zurück, doch folgt EULER in der Bezeichnung der unendlich kleinen Größe mit dem Buchstaben o NEWTON[10]).

Im 3. und 4. Kapitel der Handschrift sind die Regeln der Differentiation algebraischer Funktionen (De Differentiatione Functionum Algebraicarum), der logarithmischen und der Exponentialfunktion (De Differentiatione Quantitatum Logarithmicalium et Exponentialium) abgeleitet. Damit bricht die Handschrift ab.

In den Arbeiten über Mathematik und Mechanik der 1730er und 1740er Jahre äußerte sich EULER nicht zu den Fragen der Begründung der Analysis, wandte jedoch das Prinzip der Vernachlässigung unendlich kleiner Größen regelmäßig an. Sogar in der klassischen Introductio in Analysin Infinitorum (1748; im weiteren als Introductio zitiert) gibt es weder eine Definition noch eine Erklärung der Eigenschaften der unendlich kleinen und unendlich großen Größen; im Vorwort sagt EULER, daß der Leser sich mit der Idee des Unendlichen bei der Untersuchung zahlreicher Fragen vertraut macht.

4. Die Probleme der Begründung der Analysis lenkten die Aufmerksamkeit der Mathematiker und Philosophen im Laufe des ganzen 18. Jahrhunderts auf sich. Einen besonderen Eindruck machte die geistreiche Abhandlung des englischen Philosophen G. BERKELEY Analyst (1734)[11]). BERKELEY betrachtete

---

[9]) Docet igitur *Calculus Differentialis* functionis cujuscunque incrementum invenire ex datis quantitatum eam ingredientium incrementis infinite parvis. Haec incrementa infinite parva vocantur *differentialia*...

Perspicuum est calculum differentialem ejus, quem ante exposui, calculi esse casum specialem: nam, quod ibi quantumvis erat assumtum, hic ponitur infinite parvum" (Blatt 52).

[10]) „Quantitas quaecunque additione vel subtractione aliarum quantitatum, quae respectu ipsius sunt infinite parvae, neque augetur, neque minuitur. Nam si augeretur, vel minueretur eae quantitates, quae additae vel ablatae sunt, ad eam rationem assignabilem haberent, adeoque finitam, quod esset contra hypothesin. Unde sequitur, quantitates infinite parvas respectu finitarum rejici posse. Erit ergo $x \mp o = x$, si o fuerit infinite parvum ratione ipsius x" (Blatt 52).

[11]) G. BERKELEY, *The Analyst; or a Discourse addressed to an Infidel Mathematician. Wherein it is examined whether the Object, Principles, and Inferences of Modern Analysis are more distinctly conceived, or more evidently deduced, than religious Mysteries and Points of Faith.* — The Works of G. Berkeley, ed. by A. C. FRAZER, vol. III, Oxford 1901.

sowohl die Differentialrechnung LEIBNIZ' als auch die Methode der Grenzwerte und Fluxionen NEWTONS als der wissenschaftlichen Strenge bar.

Jede einzelne Differentialgleichung enthält nach BERKELEY einen Fehler und die Genauigkeit der Resultate der Infinitesimalrechnung erklärt sich nur durch die gegenseitige Kompensation mehrerer solcher Fehler im Lösungsgang der Aufgabe. So finde man z. B. die Subtangente $s_t = 2x$ an die Parabel $y^2 = px$ aus den beiden ungenauen Gleichungen 1) $s_t = \frac{y\,dx}{dy}$ (das ist falsch, da die Kurve mit dem Polygon nicht identisch ist) und 2) $dy = \frac{p\,dx}{2y}$ (das ist falsch, da beim Differenzieren das Quadrat dy^2 vernachlässigt ist)[12]). Die Idee der Fehlerkompensation hat sehr eingehend und originell 60 Jahre später L. CARNOT in seinen Réflexions sur la métaphysique du calcul infinitésimal (1796) herausgearbeitet.

Unstreng sei auch die Grenzwertmethode NEWTONS, in der Verhältnisse der Nullen betrachtet werden, da es kein Verhältnis zwischen nicht existierenden Größen geben kann[13]). Außerdem, nahm BERKELEY an, sei die Definition der Fluxion selbst logisch fehlerhaft, da sich das Verhältnis $\frac{\Delta y}{\Delta x}$ durch Division unter der Voraussetzung, daß $\Delta x \neq 0$, ergibt, für die Ermittlung der Fluxion in ihm aber $\Delta x = 0$ gesetzt wird[14]).

Die kleine Streitschrift BERKELEYS rief in England stürmische Debatten hervor, die seinerzeit von F. CAJORI[15]) eingehend behandelt worden sind. Man debattierte besonders darüber, ob eine Variable ihren Grenzwert erreichen kann (Standpunkt von J. JURIN) oder nicht (Standpunkt von B. ROBINS). Diese Diskussion wurde auch auf dem europäischen Kontinent bekannt. Von ihr erzählt z. B. der bekannte Naturforscher G. L. DE BUFFON im Vorwort der von ihm herausgegebenen französischen Übersetzung des Methodus fluxionum et serierum infinitarum NEWTONS (1740)[16]). Im Jahre 1749 erschien auch eine französische Übersetzung von A Treatise of Fluxions in Two Books (1742) C. MACLAURINS, in dem der Verteidigung der Methode NEWTONS gegen die Angriffe BERKELEYS ein weiter Platz eingeräumt ist.

Die kritischen Bemerkungen BERKELEYS waren EULER wohlbekannt, wie das aus dem Vorwort EULERS zu den Institutiones Calculi Differentialis erhellt, obgleich der Name BERKELEYS dort nicht genannt wird. Darüber hinaus war EULER in der Diskussion zwischen den Engländern unmittelbar betroffen. Im Jahre 1739 war nämlich gegen EULER einer der Hauptteilnehmer des Streites B. ROBINS aufgetreten, der den Namen EULERS sogar im Titel seiner Broschüre nannte: Remarks on Mr. EULER's Treatise of Motion, Dr. SMITH's Compleat System of Opticks, and Dr. JURIN's Essay upon Distinct and Indistinct Vision

---

[12]) Ib., § 21–22.

[13]) Ib., § 31.

[14]) Ib., § 12–13.

[15]) F. CAJORI, *A History of the Conceptions of Limits and Fluxions in Great Britain from Newton to Woodhouse*, Chicago and London, 1919.

[16]) I. NEWTON, *La méthode des fluxions et des suites infinies*. Paris, 1740, p. XXV–XXIX.

(1739). ROBINS erblickt bei EULER eine Reihe Fehler, die durch den Gebrauch des Prinzips der Vernachlässigung der unendlich kleinen Größen hervorgerufen sind, und bemerkt ironisch, daß ein großer Teil von ihnen „are owing to so strong an attachment to the principles, he had imbibed under that inelegant computist, who was his instructor, that he was afraid to trust his own understanding even in cases, where the maxims, he had learnt, seemed to him contradictory to common sense"[17]). Von der Existenz dieser Streitschrift wird EULER wohl gewußt haben. Es ist bekannt, daß er im Jahre 1745 eine deutsche Übersetzung der Arbeit von ROBINS über Ballistik mit umfangreichen und wichtigen eigenen Zusätzen veröffentlicht hat.

Man braucht nicht daran zu zweifeln, daß die von BERKELEY hervorgerufene Diskussion dazu beigetragen hat, daß EULER seine früheren Ansichten über die Fragen der Begründung der Analysis revidierte. Mitte der 1740er Jahre rückt EULER von der Konzeption Joh. BERNOULLIs ab. Mathematische Überlegungen verflechten sich bei EULER mit philosophischen: zu dieser Zeit beginnt er einen Streit mit den Anhängern der Monadologie LEIBNIZ' und der Naturphilosophie Chr. WOLFFs. In der Formung der philosophischen Ansichten EULERs spielten Überlegungen mathematischer Art keine geringe Rolle. Übrigens werde ich die Wechselbeziehung zwischen EULERs „Rechnen mit den Nullen" und seinen philosophischen Anschauungen nicht berühren[18]).

5. Da das „Rechnen mit den Nullen" eng mit dem Begriff der Funktion zusammenhängt, möchte ich kurz bei diesem verweilen.

Im Vorwort zur Introductio formuliert EULER die klare Feststellung, daß die mathematische Analysis in der Untersuchung veränderlicher Größen und ihrer Funktionen besteht. Im I. Kapitel des I. Bandes dieses Werkes definiert EULER die Funktion fast ebenso wie früher, d. h. wie Joh. BERNOULLI, indem er lediglich das Wort „Quantität" durch „analytischer Ausdruck" ersetzt (§ 4). Im Zusammenhang mit der Klassifikation der Funktionen wird, ebenso wie im Manuskript Calculus Differentialis, der Vorrat der zulässigen Operationen aufgezählt, der jetzt bedeutend umfangreicher ist: es sind dies die algebraischen Operationen einschließlich der Lösung impliziter algebraischer Gleichungen, alle elementaren transzendenten Operationen sowie die Integration (§ 6). Ihren Konsequenzen nach wichtig ist die Ausdehnung des Bereichs der Argumentwerte auf imaginäre Zahlen (§ 3).

Aber EULER nähert sich in der Introductio dem Begriff der Funktion noch von einer anderen Seite. Erstens spricht er von den inversen Funktionen, die durch implizite Gleichungen bestimmt werden, auch dann, wenn es nicht gelingt, die inverse Funktion mittels einer Formel explizit auszudrücken; dasselbe gilt für parametrisch vorgegebene Funktionen (§ 16—17). Zweitens weist er im 2. Kapitel auf die Möglichkeit hin, ein und dieselbe Funktion durch verschiedene Formeln auszudrücken, die sich auseinander durch identische Transformationen

---

[17]) F. CAJORI, loc. cit., p. 139—140. — „his instructor" = Johann BERNOULLI.

[18]) Vgl. С. Я. ЛУРЬЕ, *Эйлер и его „исчисление нулей"*. Сборник Леонард Эйлер. 1707—1783 (S. J. LURJE, *Euler und sein „Rechnen mit den Nullen"*. Sammelwerk Leonhard Euler. 1707—1783), Moskau-Leningrad, 1935.

ergeben. Demnach drücken verschiedene explizite und implizite Gleichungen, die ein und dieselbe eindeutige Funktion ausdrücken, eigentlich eine gewisse eineindeutige Zuordnung zwischen den Elementen zweier Zahlenmengen aus, — der Menge der Argumentwerte x und der Menge der Funktionswerte y. Diese Idee hat sich bei EULER weiter entwickelt.

Im 4. Kapitel des I. Bandes der Introductio gibt EULER, indem er den von NEWTON ganz am Anfang seines Methodus fluxionum et serierum infinitarum geäußerten Gedanken entwickelt, den allgemeinsten analytischen Ausdruck derjenigen Funktionen an, die in der Analysis untersucht werden (§ 59). Das sind die Funktionen, die durch eine ganze Potenzreihe

$$A + Bx + Cx^2 + Dx^3 + \cdots \qquad (3)$$

darstellbar sind, die Funktionen also, die wir nach LAGRANGE analytisch nennen. Zu beweisen, daß sich jede mittels der früher aufgezählten Operationen analytisch ausgedrückte Funktion in eine Reihe (3) entwickeln läßt, vermag EULER nicht, aber er spricht die feste Überzeugung aus, daß man diese Wahrheit nicht zu bezweifeln braucht. Der größeren Allgemeingültigkeit wegen, fügt EULER hinzu, wäre zu sagen, daß jede beliebige Funktion durch eine Reihe

$$Ax^{\alpha} + Bx^{\beta} + Cx^{\gamma} + Dx^{\delta} + \cdots \qquad (4)$$

darstellbar ist, in der die Exponenten beliebige reelle Zahlen sind; die Entwicklung (4) benötigt EULER, wie wir sagen würden, in der Umgebung der isolierten singulären Punkte der analytischen Funktion. Die Abgrenzung der Klasse der analytischen Funktionen wurde zu einem hervorragenden Beitrag EULERS. In anderen Arbeiten formuliert er auch einige Eigenschaften der analytischen Funktion, z. B. die, daß ihr Verhalten auf einem beliebig kleinen Abschnitt ihr Verhalten im ganzen bestimmt. Diese Eigenschaft nennt er die Stetigkeit, — in dem Sinne, daß auf jedem Abschnitt solch eine Funktion durch ein Gesetz, eine Formel vorgegeben wird.

Ende der 40er Jahre erweitert EULER den Begriff der Funktion weiterhin. Bei der Untersuchung des Problems der Schwingung einer Saite, deren ursprüngliche Form eine willkürliche kontinuierliche Linie sein kann, gelangt EULER zu dem Schluß, daß man es bei der Integration partieller Differentialgleichungen mit — in seiner Terminologie — „unstetigen" Funktionen zu tun hat, deren Veränderungsgesetz sich auf einem beliebigen Abschnitt nicht durch eine bestimmte Formel vorgeben läßt. Eine willkürliche kontinuierliche ebene Kurve ist nach EULER durch einen einheitlichen analytischen Ausdruck nicht darstellbar. Den berühmten Streit über die Natur der in die Lösungen der Differentialgleichungen der mathematischen Physik eingehenden Funktionen muß ich vollständig beiseite lassen. Auf eins sei hingewiesen: indem EULER von der Aufgabe über die Saite ausgeht, gelangt er zur Definition der Funktion als einer willkürlichen Zuordnung. Solch eine Definition ist im Vorwort zu den Institutiones Calculi Differentialis (weiter als ICD zitiert) formuliert: „Wenn einige Quantitäten von anderen in der Weise abhängen, daß sie bei Änderung letzterer auch selbst einer Veränderung unterliegen, so heißen erstere Funktionen der letzteren. Dieser Ausdruck hat einen außerordentlich umfangreichen Charakter; er umfaßt alle Verfahren, nach denen eine Quantität mittels anderer bestimmt werden kann"[19]). Lange Zeit darauf begegnen wir dieser Definition in einer moderneren Formulierung bei P. LEJEUNE-DIRICHLET (1837) und N. I. LOBATSCHEWSKI (1834). Es ist erwähnenswert, daß EULER einzelne Funktionen sehr komplizierter Natur bekannt waren. Im Briefwechsel mit Joh. BERNOULLI aus den Jahren 1727—1728 und später im II. Band der Introductio (§ 517) untersucht EULER die Funktion $(-1)^x$. Er beschreibt korrekt einige Singularitäten dieser Funktion, deren reelle Punkte auf den Geraden $y = \pm 1$ liegen; auf einem beliebigen Abschnitt dieser Geraden gibt es unendlich viele Punkte der Funktion und gleichzeitig, wie EULER sich ausdrückt, sind keine zwei ihrer Punkte benachbart. Im allgemeinen lagen jedoch solche Anomalien (ein Wort EULERS) seinen Interessen und denen der Wissenschaft des 18. Jh. überhaupt fern. Die von dem großen Mathematiker angegebene weite, obschon nominale Definition der Funktion wurde in ihrer ganzen Vollständigkeit erst in der zweiten Hälfte des 19. Jh. und später ausgewertet[20]).

In den ICD wie auch in der Introductio beschränkt sich EULER auf die Untersuchung der analytischen Funktionen (mit isolierten singulären Punkten), und sie sind es, für die er sein „Rechnen mit den Nullen" aufbaut.

6. Die neuen Anschauungen EULERS hinsichtlich der Begründung der Analysis hat zum erstenmal der Theologe und Mathematiker H. W. CLEMM aus Württemberg im Druck geäußert, der eine Zeitlang in Berlin lebte und sich häufig mit EULER unterhielt. In der Lettre sur quelques paradoxes du calcul analytique adressée à Monsieur EULER ... par H. G. CLEMM (A Tubingue, 1752)[21]) sind einige Regeln des „Rechnens mit den Nullen", der EULERschen Theorie der Summation divergenter Reihen formuliert und ein Beweis des binomischen Satzes von NEWTON gegeben. Die Darlegung CLEMMS ist kurz und in vielem unklar und EULER war mit ihr anscheinend unzufrieden[22]). Wir wenden uns dem Text von EULER selbst zu, d. h. der ICD.

In der ICD rückt EULER in vielem von der Position LEIBNIZ' bzw. Joh. BERNOULLIS ab und schließt sich an NEWTON an. Für den Hauptgegenstand der Differentialrechnung erklärt EULER jetzt nicht das Differential, sondern die Funktion, die NEWTON Fluxion, LEIBNIZ und EULER das Verhältnis der Differentiale und LAGRANGE die Ableitung — fonction dérivée — genannt haben. Zum Unterschied von NEWTON führt EULER die Ableitung rein arithmetisch, ohne Bezugnahme auf den Begriff der Geschwindigkeit, ein. Die Differentialrechnung ist „die Methode der Bestimmung des Verhältnisses

---

[19]) „Quae autem quantitates hoc modo ab aliis pendent, ut his mutatis etiam ipsae mutationes subeant, eae harum functiones apellari solent; quae denominatio latissime patet atque omnes modos, quibus una quantitas per alias determinari potest, in se complectitur". — Leonhardi Euleri Opera omnia, ser. I, vol. 10, Lipsiae et Berolini, 1913, p. 4.

[20]) Vgl. A. I. MARKUSCHEWITSCH, *Die Grundbegriffe der Analysis und der Funktionentheorie in den Werken Eulers* (im anderen Band dieser Festschrift).

[21]) Herr K.-R. BIERMANN, Berlin, hat meine Aufmerksamkeit auf diese Schrift gelenkt.

[22]) „Den H. Clemm aus Würtemberg kenne ich sehr wohl indem er sich einige Zeit hier aufgehalten und an meinem Tisch gespeiset; es wäre mir aber nie in den Sinn gekommen, denselben zu den Mathesi sublimiori vorzuschlagen, weil ich dazu mit gleichem Recht einen jeglichen Anfänger vorschlagen könnte. Sein Hauptstudium ist die Theologie ..." — Aus dem Brief Eulers an G. F. Müller vom 27. 8. 1754. — Archiv der Akademie der Wissenschaften der UdSSR, фонд 1, опись 3, № 40, лист 130—131.

verschwindender Zuwächse, die irgendwelche Funktionen erfahren, wenn einer veränderlichen Quantität, deren Funktionen sie sind, ein verschwindender Zuwachs erteilt wird"[23]). Man sieht, daß EULER hier bereits in der Terminologie NEWTON folgt. Und ganz im Geiste NEWTONS erklärt EULER, daß man zur Berechnung der Ableitung zuerst die endlichen Zuwächse von Argument und Funktion nehmen muß. „Danach muß man sich gedanklich vorstellen, daß diese Zuwächse stetig immer kleiner werden, und dann findet es sich, daß sich ihr Verhältnis stetig einer gewissen bestimmten Grenze immer mehr nähert, die sie jedoch nur dann erreichen, wenn sie vollständig Null werden. Diese Grenze, die gleichsam das letzte Verhältnis der genannten Verhältnisse bildet, ist nun der wahre Gegenstand der Differentialrechnung"[24]).

EULER folgt NEWTON auch in der Auffassung der unendlich kleinen oder „verschwindenden" Größen. Die Funktionen werden als stetig, die Variablen als ihre Grenzwerte erreichend gedacht; dementsprechend wird die unendlich kleine Größe direkt (was NEWTON offen nicht sagte) als absolute Null erklärt. Bei solch einer Auffassung der Sache entfallen vom Standpunkte EULERS die Einwände gegen die Differentialrechnung. Einige Autoren, behauptet EULER, führen eine besondere Kategorie der unendlich kleinen Größen ein, die nicht vollkommen verschwinden, obgleich sie kleiner sind als jede gegebene Quantität. Aber dann würde die Vernachlässigung der unendlich kleinen Größen bei der Berechnung der Ableitungen die geometrische Strenge stören, und die Korrektheit der Resultate der Analysis könnte nur durch die gegenseitige Kompensation der Fehler erklärt werden. Demgegenüber zeugt nach EULER allein schon die Tatsache, daß die Anwendung der Differentialrechnung zu keinen Fehlern führt, dafür, daß die unendlich kleinen Größen genau gleich Null sind[25]).

Indem er die Ableitung als Grenzwert des Bruchs $\frac{\Delta y}{\Delta x}$ definiert, formuliert EULER jedoch (ebenso wie NEWTON) den Begriff des Grenzwertes nicht explizit und gibt (im Gegensatz zu NEWTON) keinerlei Sätze über die Grenzwerte. Die

[23]) „Atque hoc modo sumus deducti ad definitionem *Calculi Differentialis*, qui est *methodus determinandi rationem incrementorum evanescentium, quae functiones quaecunque accipiunt, dum quantitati variabili, cuius sunt functiones, incrementum evanescens tribuitur*". — L. EULER, loc. cit., p. 5.

[24]) „. . . unde non solum licet, sed etiam naturae rei convenit haec incrementa primum ut finita considerare atque etiam in figuris, si quibus opus est ad rem illustrandam, finite repraesantare; deinde vero haec incrementa cogitatione continuo minora fieri concipiantur sicque eorum ratio continuo magis ad certum quendam limitem appropinquare reperietur, quem autem tum demum attingant, cum plane in nihilum abierint. Hic autem limes, qui quasi rationem ultimam incrementorum illorum constituit, verum est obiectum Calculi differentialis . . .". L. EULER, loc. cit., p. 7.

[25]) „. . . nam si ea infinite parva, quae in calculo negliguntur, non sunt nihil, inde necessario error isque eo maior, quo magis ea coacervantur, resultare debet; hocque si minus eveniat, id potius vitio calculi, quo nonnunquam errores per alios errores compensantur, esse tribuendum, quam ipse calculus ab erroris suspicione liberaretur. Quodsi autem nullo novo errore huiusmodi compensatio fiat, talibus exemplis luculenter id ipsum, quod volo, evincitur: ea, quae fuerint neglecta, omnino et absolute pro nihilo esse habenda neque infinita parva, quae in Calculo differentiali tractantur, a nihilo absoluto discrepare". — L. EULER, loc. cit., p. 6.

Berechnung des Grenzwertes von $\frac{\Delta y}{\Delta x}$ gründet er auf das Prinzip der Vernachlässigung der unendlich kleinen Größen. Darin nimmt er gleichsam die Synthese der Lehre von den Grenzwerten und der Berechnung der Infinitesimalen vorweg, die 70 Jahre danach CAUCHY mit Erfolg zu realisieren vermochte. Das eigentliche Prinzip der Vernachlässigung der unendlich kleinen Größen betrachtet EULER ebenso wie in der Handschrift Calculus Differentialis nicht als Postulat, sondern als einen zu beweisenden Satz. Dessen Beweis bildet nun die Grundlage des im 3. Kapitel des I. Teiles der ICD dargelegten „Rechnens mit den Nullen".

Zunächst pariert EULER den Einwand BERKELEYs und anderer, nach dem die Vorstellung von der Division von Null durch Null keinen Sinn hat. Nullen können nach EULER auf zweierlei Art verglichen werden. Das arithmetische Verhältnis zweier Nullen, d. h. ihre Differenz, ist Null. Aber der Quotient zweier Nullen kann, allgemein gesagt, als eine beliebige Zahl betrachtet werden. Da für eine beliebige endliche Zahl n

$$n \cdot 0 = 0, \tag{5}$$

so gilt auch

$$0 : 0 = n : 1, \tag{6}$$

wo n eine beliebige Zahl ist[26]). Diese Bemerkung EULERs ist auch vom Standpunkt der modernen Arithmetik berechtigt: im Ring der reellen Zahlen kann der Quotient 0/0 jedem beliebigen seiner Elemente gleichgesetzt werden[27]).

In der Differentialrechnung jedoch hört der Quotient zweier Nullen auf, unbestimmt zu sein. Hier werden die Formulierungen EULERs für den modernen Zuhörer unstreng, wenn man sie wörtlich auffaßt. Wir wollen seine Diskussionen kurz darlegen. Zuerst, so bemerkt EULER, sind die unendlich kleinen Größen oder Nullen, da sie verschiedene Verhältnisse haben können, durch verschiedene Symbole zu bezeichnen, z. B. dx, dy usf. Aber dann ist ein Verhältnis, etwa $a\,dx : dx$, wo a eine endliche, von Null verschiedene Zahl ist, schon nicht mehr willkürlich, sondern gleich $a:1$. Ferner gilt wegen $n\,dx = 0$

$$a \pm n\,dx = a \qquad \text{und} \qquad \frac{a \pm n\,dx}{a} = 1, \tag{7}$$

d. h. die unendlich kleinen Summanden können bei Vorhandensein endlicher, von Null verschiedener Summanden vernachlässigt werden. Analog gilt, da wir für $n > m$ $\;dx^n : dx^m = dx^{n-m} = 0$ haben,

$$a\,dx^m \pm b\,dx^n = a\,dx^m \qquad \text{und} \qquad \frac{a\,dx^m \pm b\,dx^n}{a\,dx^m} = 1, \tag{7'}$$

d. h. eine unendlich kleine Größe höherer Ordnung kann bei Vorhandensein eines unendlich kleinen Summanden niederer Ordnung vernachlässigt werden[28]).

Diese Diskussionen EULERs bleiben Gegenstand der Kritik auch in modernen Arbeiten über die Geschichte der Mathematik. So sagt z. B. C. B. BOYER: „his

---

[26]) L. EULER, loc. cit., pars I, § 84—85.

[27]) Vgl. z. B. Enzyklopädie der Elementarmathematik, Bd. I, S. 96, Berlin 1954.

[28]) L. EULER, loc. cit., pars I, § 87—89.

views on the fundamental principles of the calculus lacked all semblance of the precision and rigour“[29]). Ebenso scharf drückt sich E. T. BELL aus: „His differentials are first and last absolute zeros whose ratios by some incomprehensible spiritualism materialize in finite, determinate numbers. As the usually courteous LAGRANGE observed, EULER's calculus does not make sense“[30]).

Zuerst möchte ich bemerken, daß beide Verfasser sich etwas voreingenommen gegenüber EULER verhalten. Mit nicht geringerer Berechtigung müßten sie auch NEWTON Unstrenge vorwerfen. Im Grunde genommen geraten weder NEWTON noch EULER mit der Logik in Konflikt. Terminologie und Redewendungen der Gelehrten des 18. Jh. sollten nicht den realen mathematischen Inhalt ihrer Theorien vor uns verbergen. Diese Terminologie hängt aber selbst damit zusammen, daß sowohl NEWTON als auch EULER, wie bereits betont, stetige Funktionen, die an den Enden eines Abschnitts ihre Grenzwerte annehmen, meinten.

Für uns ist eine Funktion, die etwa von der Formel

$$f(x) = \frac{x^2 - a^2}{x - a} \tag{8}$$

vorgegeben wird, für ein beliebiges $x \neq a$ erklärt. Auf Grund der Stetigkeit der Funktion (8) in ihrem Definitionsbereich können wir, falls erforderlich, eine andere Funktion

$$\begin{aligned} F(x) &= \frac{x^2 - a^2}{x - a} \qquad (x \neq a) \\ F(x) &= 2a \qquad\qquad (x = a) \end{aligned} \tag{9}$$

einführen, die mit $f(x)$ für alle $x \neq a$ zusammenfällt, die jedoch auf der ganzen reellen Achse definiert und stetig ist, da

$$\lim_{x \to a} f(x) = 2a. \tag{10}$$

NEWTON und nach ihm EULER nehmen vorweg, daß die durch Formel (8) vorgegebene Funktion stetig ist, fassen also eigentlich nicht die Funktion $f(x)$, sondern $F(x)$ ins Auge. Das und nur das drücken sie aus, wenn sie sagen, daß die Funktion (8) für $x = a$ ihren Wert $2a$ erreicht, den EULER nun das Verhältnis zweier Nullen nennt.

Demnach enthalten die Regeln des „Rechnens mit den Nullen“ (7)—(7') nichts Spiritualistisches. Sie beschreiben nur das Verfahren zur Berechnung des genauen Wertes der Grenze der stetigen Funktion $\frac{\Delta y}{\Delta x}$, die im voraus für $\Delta x = 0$ als erklärt gilt, durch Einsetzen des Wertes $\Delta x = 0$ in ihre Entwicklung nach Potenzen von Δx. Man könnte (7') auch als einen Satz über den Grenzwert des Verhältnisses zweier äquivalenter unendlich kleiner Größen betrachten.

---

[29]) Carl B. BOYER, *The Concepts of the Calculus*. Hafner Publishing Company, 1949, p. 246.

[30]) E. T. BELL, *The Development of Mathematics*. McGraw Hill Book Company, 1945, p. 288.

Bereits L. CARNOT schrieb mit vollem Recht, daß EULER nicht jegliche Null-Quantitäten und ihre Verhältnisse betrachtet, sondern diejenigen, die in eindeutiger Weise auf Grund des Stetigkeitsgesetzes bestimmt sind[31]). A. N. KOLMOGOROW sagt: „Da die Funktionen (Fluenten) bei NEWTON nach der Definition selbst stetig sind, so liegt in solch einem Ansatz kein logischer Fehler vor“[32]). Ich bin der Meinung, daß man diese Worte mit vollem Recht auch auf EULER beziehen kann, womit übrigens A. N. KOLMOGOROW nicht einverstanden ist.

Solch eine Auffassung des Prozesses der Veränderung von Größen (darunter auch unendlich kleinen) war nicht nur NEWTON und EULER, sondern auch anderen bedeutenden Mathematikern des 18. Jh. eigentümlich. Sprach man von unendlich kleinen Größen, so meinte man entweder nichtarchimedische aktual unendlich kleine Größen, oder verschwindende Größen, die in der betrachteten Frage zum Schluß unbedingt Null werden. So meinte z. B. LAGRANGE, daß die Definition des Verhältnisses der Differentiale bei MACLAURIN und D'ALEMBERT als Grenzwert des Verhältnisses endlicher Differenzen sich prinzipiell nicht von seiner Definition als das Verhältnis zweier Nullen unterscheidet. Wir lesen bei LAGRANGE: „Maclaurin et d'Alembert emploient la considération des limites et regardent le rapport des différentielles comme la limite du rapport des différences finies, lorsque ces différences deviennent nulles.

Cette manière de représenter les quantités différentielles ne fait que reculer la difficulté; car, en dernière analyse, le rapport des différences évanouissantes se réduit encore à celui de zéro à zéro“[33]). Übrigens hatte LAGRANGE in bezug auf D'ALEMBERT unrecht. Ebenso wie ROBINS führte D'ALEMBERT in die Definition selbst die Bedingung ein, daß eine Variable, die dabei entweder als zunehmend oder als abnehmend gedacht wird, ihren Grenzwert nicht erreicht[34]). Solche einschränkenden Bedingungen in der Definition des Begriffs des Grenzwertes, die diese Definition in vollkommen unnötiger Weise der notwendigen Allgemeingültigkeit beraubten, wurden jedoch seit der Zeit CAUCHYs ausgeschaltet; dabei wurde gezeigt, daß eine einwandfreie Definition der Ableitung als eines gewissen Grenzwertes derartiger Einschränkungen nicht bedarf.

Zur Beschreibung der Eigenschaften der unendlich kleinen Größen fügt EULER Bemerkungen über die Eigenschaften unendlich großer Größen hinzu, die er sich als potentielle denkt. Wir wollen diese Frage beiseite lassen, indem wir uns auf die Bemerkung beschränken, daß man die entsprechenden Diskussionen EULERs in vollkommen rationeller Weise in die moderne mathematische Sprache übersetzen kann.

7. Das Ziel EULERs besteht in der Angabe eines allgemeinen Algorithmus der Differentiation analytischer Funktionen. Hierzu genügen bloße Regeln des

---

[31]) L. CARNOT, *Réflexions sur la métaphysique du calcul infinitésimal.* Paris, 1920, § 151.

[32]) А. Н. КОЛМОГОРОВ, *Ньютон и современное математическое мышление.* Сборник: Московский университет — памяти Исаака Ньютона (A. N. KOLMOGOROW, *Newton und das moderne mathematische Denken.* Sammelwerk: Die Universität Moskau dem Andenken Isaac Newtons), Moskau, 1946, S. 36.

[33]) J. L. LAGRANGE, *Leçons sur le calcul des fonctions.* Paris, 1806, p. 1—2.

[34]) J. LE ROND D'ALEMBERT, *Limite,* Encyclopédie ou Dictionnaire raisonné des sciences, des arts et des métiers, vol. IX, 1759.

„Rechnens mit den Nullen" nicht. Erstens muß er das Prinzip der Vernachlässigung der unendlich kleinen Größen auf eine unendlich große Zahl von Summanden höherer Ordnungen ausdehnen. EULER macht das ganz nebenbei[35]), indem er solch eine Ausdehnung als selbstverständlich betrachtet (was natürlich nicht so ist). Zweitens benötigt EULER den Satz über die Entwickelbarkeit der von ihm betrachteten Funktionen in ganze Potenzreihen.

Wie bereits gesagt, definierte EULER im Manuskript des Calculus Differentialis die Differentialrechnung als einen Spezialfall der Differenzenrechnung. Diese Definition wiederholt sich in der ICD[36]) und die beiden ersten Kapitel des Buches enthalten die recht eingehend entwickelten Elemente der Theorie der endlichen Differenzen. Hier wird nach einer Reihe von Beispielen die allgemeine Behauptung ausgesprochen, daß die endliche Differenz einer beliebigen algebraischen oder transzendenten Funktion sich durch die Reihe

$$\Delta y = P\omega + Q\omega^2 + R\omega^3 + \cdots \tag{11}$$

darstellen läßt, wo ω die endliche Differenz des Arguments und $P, Q, R, \ldots$ Funktionen von x sind; analoge Entwicklungen gelten für die Differenzen höherer Ordnung:

$$\begin{aligned} \Delta^2 y &= P_1\omega^2 + Q_1\omega^3 + \cdots, \\ \Delta^3 y &= P_2\omega^3 + Q_2\omega^4 + \cdots \end{aligned} \tag{12}$$

usw. EULER betont die Wichtigkeit der Formeln (11), (12) für das Weitere[37]).

Im 4. Kapitel des I. Teiles der ICD wird das Differential einer Größe als ihre unendlich kleine Differenz definiert (§ 113—115). Die Ermittlung des ersten Differentials der Funktion geschieht vollkommen automatisch, sobald die Entwicklung der endlichen Differenz (11) bekannt ist. Hierzu muß man in (11) den endlichen Zuwachs des Arguments ω einfach durch das unendlich kleine dx ersetzen: das erste Differential ergibt sich sofort auf Grund des Prinzips der Vernachlässigung der höheren unendlich kleinen Größen als erstes Glied der rechten Seite der Gleichung

$$dy = P\,dx + Q\,dx^2 + R\,dx^3 + \cdots, \tag{13}$$

das heißt $dy = P\,dx$. Übrigens hält es EULER — anscheinend aus pädagogischen Überlegungen heraus — für unbequem, (13) vollständig auszuschreiben: hier schreibt er überall nur die rechte Seite selbst. Ist die Funktion P bekannt, so kennt man auch das Differential; dabei betont EULER erneut, daß die Aufgabe der Differentialrechnung eigentlich nicht in der Ermittlung der Differentiale besteht, die lediglich eine Hilfsrolle spielen, sondern eher ihres Verhältnisses, d. h. gerade der Funktion P (§ 120—121).

Für das Weitere ist folgendes bemerkenswert. EULER definiert ursprünglich die Ableitung als den Grenzwert von $\frac{\Delta y}{\Delta x}$. Aber letzten Endes läuft der Algorithmus der Berechnung der Ableitung einer analytischen Funktion $f(x)$ auf einen gewissen formalen Kunstgriff hinaus. Für $f(x)$ wird

$$f(x + \Delta x) - f(x) = P\Delta x + Q\Delta x^2 + \cdots \tag{14}$$

[35]) L. EULER, loc. cit., pars I, § 113; vgl. pars II, § 337.

[36]) Ib., pars I, § 114.

[37]) Ib., pars I, § 22.

gebildet und die Ableitung als Koeffizient des hinsichtlich Δx linearen Gliedes der rechten Seite berechnet. Von hier ist es nur noch ein Schritt bis zur direkten Definition der Ableitung als des eben genannten Koeffizienten, ohne Anwendung von Grenzübergängen; diesen Schritt wird alsbald LAGRANGE machen.

In den darauffolgenden Kapiteln der ICD werden die Differentiale der fundamentalen elementaren Funktionen, z. B. des Quotienten zweier Funktionen, a^x, $\lg x$, $\sin x$, $\cos x$ mit Hilfe ihrer von EULER früher in der Introductio angegebenen Reihenentwicklungen berechnet.

8. Für die Erklärung der Natur der höheren Differentiale d^2y, d^3y, ... zieht EULER die Entwicklungen höherer Differenzen (12) hinzu; ein prinzipielles Interesse hat diese Frage nicht. Wir müssen aber noch bei einem Fall verweilen, in dem der allgemeine Algorithmus der Berechnung der Ableitungen versagt. Solche Fälle kommen vor, wenn für einige Argumentwerte die Funktion P oder mehrere Funktionen $P, Q, R, \ldots$ nacheinander Null oder Unendlich werden.

Beispiele solcher Funktionen kommen im 10. Kapitel des II. Teiles der ICD vor, in dem die Lehre von den Extrema der Funktionen einer Veränderlichen dargelegt wird. Eingehender wird die Frage im 14. Kapitel des II. Teiles betrachtet, wobei EULER ihre Untersuchung mit dem Verhalten der Taylorschen Reihe verbindet. Die Ableitung der Taylorschen Reihe unter Voraussetzung der Existenz von Differentialen beliebiger Ordnung wird im 3. Kapitel des II. Teiles gegeben. Im 14. Kapitel macht EULER einen Unterschied zwischen dem unendlich kleinen Zuwachs einer Funktion und ihrem Differential, was er früher nicht tat. Ersteren nennt er das wahre oder vollständige Differential, indem er es mit $d \cdot y$ bezeichnet, und schreibt die Taylorsche Reihe in der Form[38])

$$d \cdot y = p\,dx + \tfrac{1}{2}\,q\,dx^2 + \tfrac{1}{6}\,r\,dx^3 + \cdots. \tag{15}$$

Wenn, sagt er, in der Reihe (15) für ein gewisses $x = a$ die Funktion p gleich Null oder Unendlich wird, so ist die Berechnung des Differentials der Funktion mittels Reihenentwicklung und des Prinzips der Vernachlässigung der unendlich kleinen Größen unmöglich. In diesen Fällen muß man auf die ersten Anfänge zurückgehen, m. a. W. das Verhalten der Differenz $f(x + dx) - f(x)$ für $x \to a$ und $dx \to 0$ unmittelbar untersuchen[39]). Wie das getan wird, zeigt EULER an einer Reihe von Beispielen algebraischer und transzendenter Funktionen. Ist z. B. (§ 347)

$$y = (x - a)^{\frac{m}{n}}\,P + C, \tag{16}$$

wo $P(a) \neq 0$, so gilt für $x = a$

$$dy = P(a)\,dx^{\frac{m}{n}}$$

und $dy = 0$ für $m > n$; für $m < n$ ist das Verhältnis $\frac{dy}{dx}$ unendlich groß, — über das unendlich große Differential spricht EULER nicht. Eine besondere Bedeutung, sagt EULER, hat die unmittelbare Berechnung der Differentiale für transzendente Funktionen (§ 351). So zeigt z. B. EULER auf Grund von Über-

---

38) Ib., pars II, § 337—339.

39) Ib., pars II, § 350.

legungen über die Ordnung der Zunahme der logarithmischen Funktion, daß für die Funktion

$$y = x^2 - \frac{1}{\ln x}, \tag{17}$$

die für $x = 0$ naturgemäß gleich Null angenommen wird, das dy/dx für dasselbe $x = 0$ unendlich groß ist (§ 353). Hier, wie auch in einigen anderen Fällen, z. B. der Funktion (16) bei geradem n, kommt EULER mit dem Begriff der einseitigen Ableitung in Berührung, den später B. BOLZANO formuliert hat.

EULER untersucht auch analoge Fälle der Berechnung höherer Differentiale, indem er die entsprechenden Formeln der höheren endlichen Differenzen verwendet (§ 354). So findet er z. B. d^2y in solchen Fällen aus dem Ausdruck $f(x + 2\,dx) - 2f(x + dx) + f(x)$.

9. Bei der Charakterisierung der Anschauungen EULERs über die Grundlagen der Analysis wäre es falsch, sich auf die Frage nach dem Algorithmus der Differentiation zu beschränken. Man muß noch untersuchen, wie die Differentialrechnung angewandt wird. Hier wären zwei Umstände zu betonen.

Erstens verwendet EULER in den Anwendungen der Differentialrechnung weitgehend die Ableitungen und die TAYLORsche Reihe. Dabei zeigt sich, zweitens, daß die Regeln des „Rechnens mit den Nullen“ in den Anwendungen vollkommen unzureichend sind. Die Untersuchung von Funktionen, ihre Approximation durch unendliche Reihen, die numerische Lösung von Gleichungen und viele andere Fragen erfordern ein Operieren nicht mit den Grenzwerten verschwindender Größen, sondern mit Größen, die von Null verschieden und gleichzeitig hinreichend und beliebig klein sind. Die Hauptrolle spielen hier nicht die Grenzgleichungen, sondern, wenn man sich so ausdrücken darf, die Vorgrenzungleichungen und Abschätzungen von Näherungen. Mit solchen Ungleichungen und Approximationen arbeitet in einer Reihe Fälle auch EULER, obgleich die Abschätzungen häufig „nach Augenmaß“ vorgenommen werden und von den ε, δ — den Abschätzungen der späteren Mathematik — recht weit entfernt sind. Ich will einige Beispiele anführen.

Das Differential einer Funktion ist nach der Definition der lineare Hauptteil ihres Zuwachses und folglich die Differenz $\Delta y - dy$ für ein unendlich kleines Δx und eine nichtverschwindende Ableitung eine unendlich kleine Größe höherer Ordnung als Δx. In moderner Ausdrucksweise ist das erst im 19. Jh. formuliert worden, faktisch wurde es jedoch seit den Anfängen der Infinitesimalrechnung regelmäßig verwendet. Diese Eigenschaft des Differentials spricht auf seine Art auch EULER aus. Im selben 4. Kapitel des I. Teiles der ICD, in dem das Differential für eine genaue Null erklärt wird, schreibt EULER: „Möge der von der Variablen x erfahrene Zuwachs ω außerordentlich klein sein, so daß im Ausdruck $P\omega + Q\omega^2 + R\omega^3 +$ usw. die Glieder $Q\omega^2$ und $R\omega^3$ und erst recht die übrigen so klein werden, daß sie in einer Berechnung, in der äußerste Genauigkeit nicht verlangt wird, im Vergleich zum ersten Glied vernachlässigt werden können. Bei bekanntem ersten Differential $P\,dx$ kennen wir dann auch mit sehr großer Näherung die erste Differenz, da sie $= P\omega$ sein wird; das bringt keinen geringen Nutzen in vielen Fällen, in denen die Analysis in der Praxis angewandt wird"[40]). EULER wiederholt zwar daselbst, daß die Differentiale genaue Nullen sind, aber die angeführte Bemerkung hat nur unter der Bedingung, daß $dy = P\omega \neq 0$, einen Sinn.

Ein anderes Beispiel, das sich auf die Ermittlung der Extrema einer analytischen Funktion bezieht: Hier gleichen die Diskussionen EULERS denen, die auch in den modernen Handbüchern geboten werden. Der Unterschied besteht darin, daß EULER unter Voraussetzung des gesuchten Punktes des Extremums als eines gewöhnlichen Punktes einer Funktion die Differenzen $f(x \pm \alpha) - f(x)$ in eine TAYLORsche Reihe entwickelt, während wir die TAYLORsche Formel mit Restglied verwenden. Die notwendigen und hinreichenden Bedingungen des Extremums leitet EULER durch Abschätzen des Vorzeichens der Differenz

$$f(x \pm \alpha) - f(x) = \pm \alpha \frac{dy}{dx} + \frac{\alpha^2}{2} \cdot \frac{d^2y}{dx^2} \pm \frac{\alpha^3}{6} \cdot \frac{d^3y}{dx^3} + \cdots \qquad (18)$$

in einer hinreichend kleinen Umgebung des x-Wertes ab. Die Abschätzung selbst beruht auf einem sehr wichtigen Satz, der auch in anderen Fragen weitgehend zur Anwendung kommt und dem Prinzip der Vernachlässigung der unendlich kleinen Größen analog ist. Dieser von EULER ohne Beweis verwendete Satz besteht darin, daß in der unendlichen Reihe (18) der absolute Betrag eines beliebigen Gliedes (mit einem von Null verschiedenen Koeffizienten) bei hinreichend kleinem α größer als der absolute Betrag der Summe aller nachfolgenden Glieder der Reihe gemacht werden kann. EULER formuliert dieses Prinzip nicht genauso, wie wir das getan haben — er bezieht es zuerst auf das erste Glied der Reihe, dann auf das zweite, dritte usw. — aber dadurch ändert sich nicht das Wesen der Sache[41]).

In der Integralrechnung verzichtet EULER auf die auf LEIBNIZ zurückgehende Definition des Integrals als Summe einer unendlichen Reihe von Differentialen und betrachtet nach dem Vorgange NEWTONS als das Primäre die Definition des Integrals als Stammfunktion (ein Ausdruck LAGRANGES). Das bestimmte Integral (ein Ausdruck von P. S. LAPLACE) tritt hierbei nicht als ein selbständiges Objekt der Analysis auf, sondern als der numerische Wert, den für einen gegebenen Argumentwert ein gewisses partikuläres Integral, d. h. eine der Stammfunktionen, erhält. Gleichzeitig erklärt EULER im 7. Kapitel des I. Teiles des I. Bandes der Institutiones Calculi Integralis (1768), das der genäherten Integration gewidmet ist, daß sich die Integration mit einem beliebigen Genauigkeitsgrad mittels Summation ausführen läßt, und kommt damit der Definition des bestimmten Integrals als Grenzwert der Integralsummen nahe. In gewissem Sinne, sagt er, darf man bei rechtem Verständnis das Integral als Summe von Differenzen betrachten, der genaue Wert des Integrals ergibt sich aber, wenn diese Differenzen Nullen sind. EULER erklärt

---

[40]) „Si igitur incrementum ω, quod quantitas variabilis x accipere concipitur, fuerit vehementer parvum, ita ut in expressione $P\omega + Q\omega^2 + R\omega^3 +$ etc. termini $Q\omega^2$ et $R\omega^3$ multoque magis reliqui fiant tam parvi, ut in computo, quo summus rigor non observatur, prae primo $P\omega$ negligi queant, tum cognito differentiali Pdx ex eo differentia finita vero proxime cognoscetur, quippe quae erit $= P\omega$; unde in pluribus occasionibus, quibus calculus ad praxin adhibetur, non parum fructus hauritur". — Ib., p. 87.

[41]) Ib., pars II, § 253—256. Vgl. auch das eben angeführte Zitat.

leider nicht genauer, worin solch ein rechtes Verstehen besteht, aber wie dem auch sei, das Integral wird hier dem Wesen nach als der Grenzwert der Summe von Infinitesimalen behandelt.

Für die genäherte Integration einer stetigen und auf einem gegebenen Abschnitt monotonen Funktion bildet EULER die obere und die untere Integralsumme und weist darauf hin, daß bei hinreichend feiner Teilung des Integrationsabschnitts die in dieser Weise erhaltenen Grenzen des Integrals sich einander beliebig annähern lassen. In einzelnen Beispielen gibt er auch eine Abschätzung der Differenz dieser Grenzen[42]). Ausgehend von den Ideen und Methoden EULERS ist S. F. LACROIX im Traité du calcul différentiel et intégral (Bd. II, 1798) der modernen Definition des Integrals noch näher gekommen. Das alles hat den Boden für die klassische Definition und den Beweis der Existenz des bestimmten Integrals einer stetigen Funktion von A. CAUCHY (1823)[43]) vorbereitet.

Das „Rechnen mit den Nullen“ konnte in der Gestalt, die ihm EULER gab, nicht als Grundlage für die Untersuchung und Abschätzung der Konvergenz der genannten und anderer Grenzvorgänge dienen. Das ist auch der Hauptgrund, daß es sich in der Analysis nicht hat halten können.

10. Nun wollen wir untersuchen, was J. L. LAGRANGE EULER in seiner Konzeption der Begründung der Analysis verdankt. Den ersten Entwurf dieser Auffassung legte LAGRANGE bereits in der Abhandlung Sur une nouvelle espèce de calcul relatif à la différentiation et à l'intégration des quantités variables (Nouveaux Mémoires de l'Académie de Berlin, 1772) dar, eine vollständigere Darlegung gibt er aber in der Théorie des fonctions analytiques (1797) und in den sich diesem Werk anschließenden Leçons sur le calcul des fonctions (1801). Eine genaue Untersuchung der Theorie der analytischen Funktionen gehört nicht zu meiner Aufgabe: ich möchte nur bei der Frage nach ihrem Zusammenhang mit EULERS Differentialrechnung verweilen — einem Zusammenhang, auf den als erster der Professor der Universität Odessa, I. J. TIMTSCHENKO hingewiesen hat[44]).

Im Vorwort zur Théorie des fonctions analytiques (weiter als Th. f. a. zitiert) gibt LAGRANGE eine historische Übersicht über verschiedene Verfahren zur Begründung der Analysis und kritisiert dabei EULER ziemlich schroff. Hier die eigenen Worte LAGRANGES: „Les premiers géomètres qui ont employé le calcul différentiel, Leibniz, les Bernoulli, l'Hospital, etc., l'ont fondé sur la considération des quantités infiniment petites de différens ordres, et sur la supposition qu'on peut regarder et traiter comme égales, les quantités qui ne diffèrent entre elles que par des quantités infiniment petites à leur égard. Contens d'arriver par les procédés de ce calcul d'une manière prompte et sûre à des résultats exacts, ils ne se sont point occupés d'en démontrer les principes. Ceux

---

[42]) L. EULERI Opera omnia, ser. I, vol. 11. Lipsiae et Berolini, 1913, § 302—305.

[43]) А. П. ЮШКЕВИЧ, *О возникновении понятия об определенном интеграле Коши.* — Труды Института истории естествознания (A. P. JUSCHKEWITSCH, *Über die Entstehung des Begriffs des bestimmten Cauchyschen Integrals*), 1, Moskau-Leningrad, 1947.

[44]) И. Ю. ТИМЧЕНКО, *Основания теории аналитических функций* (I. J. TIMTSCHENKO, *Grundlagen der Theorie der analytischen Funktionen*), 1, S. 320—321, 383—384, Odessa, 1899.

qui les ont suivis, Euler, d'Alembert, etc., ont cherché à suppléer à ce défaut, en faisant voir, par des applications particulières, que les différences qu'on suppose infiniment petites, doivent être absolument nulles, et que leurs rapports, seules quantités qui entrent réellement dans le calcul, ne sont autre chose que les limites des rapports des différences finies ou indéfinies.

Mais il faut convenir que cette idée, quoique juste en elle même, n'est pas assez claire pour servir de principe à une science dont la certitude doit être fondée sur l'évidence, et surtout pour être présentée aux commençans"[45]).

Noch schärfer drückt sich LAGRANGE in den Leçons sur le calcul des fonctions aus, indem er von der „expression vague et inintelligible de zéro divisé par zéro"[46]) spricht.

LAGRANGE stellte sich selbst die Aufgabe, die Analysis ohne Anwendung der Begriffe der unendlich kleinen Größe, des Grenzwertes u. dgl. auf einer von seinem Standpunkte aus rein algebraischen Grundlage aufzubauen. In diesem Sinne ist der vollständige Titel seines Werkes charakteristisch: Théorie des fonctions analytiques contenant Les Principes du Calcul différentiel, dégagés de toute considération d'infiniment petits, d'évanouissans, de limites et de fluxions, et réduits à l'analyse algébrique des quantités finies.

Demnach setzt LAGRANGE seine Anschauungen von den Grundlagen der Analysis den Prinzipien LEIBNIZ', NEWTONS, EULERS, D'ALEMBERTS und anderer entschlossen entgegen. Nichtsdestoweniger folgt der Autor der Th. f. a. in einer Reihe von Grundregeln seinen Vorgängern, besonders EULER.

Erstens betrachtet LAGRANGE ebenso wie EULER als Gegenstand der Differentialrechnung die als analytischer Ausdruck aufgefaßte Funktion. Im Rahmen dieser Rechnung (ebenso wie der Integralrechnung im eigentlichen Sinne des Wortes) tritt die Funktion bei LAGRANGE als „Ausdruck der Rechnung" auf: „On appelle *fonction* d'une ou de plusieurs quantités, toute expression de calcul dans laquelle ces quantités entrent d'une manière quelconque, mêlées ou non avec d'autres quantités qu'on regarde comme ayant des valeurs données et invariables, tandis que les quantités de la fonction peuvent recevoir toutes les valeurs possibles"[47]).

Im ersten Kapitel der Th. f. a. formuliert LAGRANGE die zwei Grundprinzipien seiner Theorie, die beide von EULER ausgesprochen und angewandt wurden, und versucht sie zu beweisen. Das Ursprüngliche im ganzen weiteren Aufbau der Analysis ist für LAGRANGE der Satz, daß jeder beliebige analytische Ausdruck durch eine konvergente ganze Potenzreihe — vielleicht mit Ausnahme isolierter Argumentwerte — dargestellt wird. Für sein besonderes Verdienst hält LAGRANGE den Beweis dieses (allgemein gesagt inkorrekten) Satzes; er schreibt: „Cette supposition se vérifie en effet par le développement des différentes fonctions connues; mais personne, que je sache, n'a cherché à la démontrer *à priori*; ce qui me paraît néanmoins d'autant plus nécessaire, qu'il y a des cas particuliers où elle ne peut pas avoir lieu. D'ailleurs le calcul différentiel porte expressément sur cette même supposition, et les cas qui font exception, sont précisément ceux où ce calcul a été accusé d'être en dé-

---

[45]) J. L. LAGRANGE, *Théorie des fonctions analytiques*, Paris, 1813, p. 2—3.

[46]) J. L. LAGRANGE, *Leçons sur le calcul des fonctions*, p. 1.

[47]) J. L. LAGRANGE, *Théorie des fonctions analytiques*, p. 1.

faut"[48]). Ohne bei den Diskussionen LAGRANGEs stehenzubleiben, möchte ich nebenbei bemerken, daß er in der Bezeichnung der Koeffizienten der Reihe EULERs Symbolik anwendet und die Entwicklung in der Form

$$f(x+i) = f(x) + pi + qi^2 + ri^3 + \cdots \tag{19}$$

schreibt.

Ein anderes Prinzip, auf dem die Anwendungen der Theorie der analytischen Funktionen beruhen, ist der Satz, daß in der Reihe (19) das i so klein angesetzt werden kann, daß ein beliebig gewähltes Reihenglied sowohl für dieses i als auch für alle (dem absoluten Betrag nach) kleineren Werte des Zuwachses größer als die Summe aller nachfolgenden sein wird. Diesen Satz charakterisiert LAGRANGE als „un des principes fondamentaux de la théorie que nous nous proposons de développer: on le suppose tacitement dans le calcul différentiel et dans celui des fluxions; et c'est par cet endroit qu'on peut dire que ces calculs donnent le plus de prise sur eux, surtout dans leur application aux problèmes géométriques et mécaniques"[49]).

In der Definition des Begriffs der abgeleiteten Funktion selbst steht LAGRANGE gleichsam auf einem EULER diametral entgegengesetzten Standpunkt. EULER geht von der Definition der Ableitung als Grenzwert des Verhältnisses der verschwindenden Zuwächse aus; die TAYLORsche Reihe ist bei ihm ein sekundäres Gebilde, dessen Koeffizienten durch die bereits bekannten Ableitungen der gegebenen Funktion ausgedrückt werden. Wie wir aber gesehen haben, berechnet EULER die Ableitungen, indem er die Funktionen in Potenzreihen ohne Anwendung des allgemeinen TAYLORschen Ausdrucks entwickelt, und die Ableitungen treten bei ihm als Koeffizienten der ersten Potenz des Argumentzuwachses auf. LAGRANGE kehrt die Reihenfolge der Dinge um. Das Primäre für ihn ist die Entwicklung der gegebenen Funktion $f(x)$, die die Stammfunktion (fonction primitive) genannt ist, in die Reihe (19). Als das Sekundäre erweist sich jetzt der Begriff der ersten abgeleiteten Funktion (première fonction dérivée), die als der Koeffizient der ersten Potenz des Argumentzuwachses in der Entwicklung (19) definiert wird. Ausgehend von dieser Definition und unter Verwendung gewisser vollkommen formaler Umformungen stellt LAGRANGE die Abhängigkeit zwischen den Koeffizienten der Reihe (19) und ihren ersten Ableitungen fest:

$$2q = p', \qquad 3r = q', \qquad 4s = r'$$

usw. Das gestattet LAGRANGE, die Reihe (19) auf die Form

$$f(x+i) = f(x) + f'(x)\,i + \frac{f''(x)}{2}\,i^2 + \frac{f'''(x)}{2\cdot 3}\,i^3 + \cdots \tag{20}$$

zu bringen, wobei $f'(x) = p$ die erste Ableitung der Funktion $f(x)$ ist und fonction prime heißt, $f''(x)$ die erste Ableitung der Funktion $f'(x)$ bzw. fonction seconde für $f''(x)$ usw[50]). In den Anwendungen spielt die TAYLORsche Reihe in der Form (20) die Hauptrolle, obleich sie für die Berechnung der Ableitungen

[48]) Ib., p. 8.
[49]) Ib., p. 15.
[50]) Ib., p. 17–19.

einiger elementarer Funktionen, wie z. B. x^m oder a^x, für LAGRANGE wie auch für EULER nicht erforderlich ist. Die Entwicklungen dieser Funktionen in Potenzreihen werden unmittelbar abgeleitet und die Ableitungen ebenso wie bei EULER, d. h. als Koeffizienten der zweiten Glieder dieser Entwicklungen, gefunden.

Das ist der Grundinhalt der beiden ersten Kapitel der Th. f.a. Das 5. Kapitel dieses Werkes wie auch das 8. Kapitel der Leçons sur le calcul des fonctions schließt sich inhaltlich eng an das 14. Kapitel des II. Teiles der ICD EULERs an. Hier untersucht LAGRANGE die Fälle, in denen sich in den isolierten singulären Punkten einer Funktion ihre TAYLORsche Reihe als divergent erweist. Die Analyse LAGRANGEs ist vollständiger als bei EULER. Besonders sorgfältig sind die Fälle der Pole irrationaler algebraischer Funktionen oder ihrer Ableitungen untersucht; LAGRANGE zeigt, wie in diesen Fällen in die Entwicklung einer Funktion Glieder mit gebrochenen oder negativen Potenzen des Argumentzuwachses einzubeziehen sind.

Ohne auf Einzelheiten einzugehen, gestatte ich mir den Hinweis, daß das 5. Kapitel der Th. f. a. die falsche Behauptung enthält, daß die Funktion, für die $f(a) = f'(a) = \cdots f^{(n)}(a) = \cdots = 0$, identisch Null ist[51]). Wahrscheinlich hat das Nachsinnen über diese Stelle der Th. f. a. CAUCHY zu seinem berühmten Beispiel der Funktion $f(x) = e^{-1/x^2}$ $(x \neq 0)$, $f(0) = 0$ geführt, deren TAYLORsche Reihe nicht gegen $f(x)$, sondern gegen Null konvergiert. Ich habe diese Behauptung LAGRANGEs deshalb angeführt, weil er auch hier, wie mir scheint, EULER folgt, der im selben 14. Kapitel des II. Teiles, nachdem er den Ausdruck für das „vollständige Differential" (15) hingeschrieben hat, sagt, daß das erste Differential für keine einzige Funktion vollständig verschwindet, da nicht alle Koeffizienten von (15) gleichzeitig Null sein können[52]).

Bei der Feststellung der inneren Verwandtschaft der Grundlagen der Theorie der analytischen Funktionen LAGRANGEs mit denen der Differentialrechnung EULERs liegt mir der Gedanke fern, zu behaupten, daß LAGRANGE hier nicht viel Neues beigetragen habe. Das Werk LAGRANGEs enthält eine Reihe überaus wertvoller origineller Entdeckungen, von denen mit an erster Stelle die Ableitung des Restgliedes der TAYLORschen Formel steht. LAGRANGE schrieb selbst mit Recht: „La perfection des méthodes d'approximation dans lesquelles on emploie les séries, dépend non seulement de la convergence des séries, mais encore de ce qu'on puisse estimer l'erreur qui résulte des termes qu'on néglige; et à cet égard on peut dire que presque toutes les méthodes d'approximation dont on fait usage dans la solution des problèmes géométriques et mécaniques, sont encore très imparfaites. Le théorème précédent pourra servir dans beaucoup d'occasions à donner à ces méthodes la perfection qui leur manque, et sans laquelle il est souvent dangereux de les employer"[53]). Die Anwendung der TAYLORschen Formel mit Restglied, speziell der sogenannte Mittelwertsatz LAGRANGEs, verleiht seiner Untersuchung in vielen Fällen einen fast modernen Charakter, obgleich für LAGRANGE das Primäre die TAYLORsche Reihe, nicht die TAYLORsche Formel ist. Das Werk LAGRANGEs unterscheidet sich, ebenso

---

[51]) Ib., p. 49.

[52]) L. EULER, loc. cit., pars II, § 339.

[53]) J. L. LAGRANGE, *Théorie des fonctions analytiques*, p. 69.

wie seine anderen Monographien, vorteilhaft von der ICD auch durch seine Einheitlichkeit, den streng systematischen Aufbau der Analysis im ganzen und ihrer Anwendungen auf die Geometrie und Mechanik. Aber, wie gesagt, zu meinen Aufgaben gehört nicht eine historisch-kritische Analyse der Theorien LAGRANGEs außerhalb ihres Zusammenhangs mit den Theorien EULERs.

Ich fasse nun die Ergebnisse zusammen:

1. EULERs „Rechnen mit den Nullen" im engen Sinne des Wortes hat keinen wesentlichen Einfluß auf die weitere Begründung der Analysis ausgeübt, litt jedoch auch nicht an den logischen Gebrechen, die bisweilen in ihm gefunden werden.

2. Die Gesamtheit der Begriffe und Sätze, die EULER neben dem „Rechnen mit den Nullen" der Differentialrechnung zugrunde gelegt hat, hat eine effektive Rolle in der Entwicklung der Analysis und bei ihrer Begründung gespielt. Für LAGRANGE im besonderen dienten die Ideen EULERs als einer der fundamentalen Ausgangspunkte in seiner Theorie der analytischen Funktionen. Und hier, ebenso wie in der Variationsrechnung, der Zahlentheorie, der analytischen Mechanik und der Hydromechanik, bestand zwischen den Werken der beiden bedeutendsten Mathematiker des 18. Jh. ein innerer Zusammenhang.

Эйлер и Лагранж об основаниях анализа

А. П. ЮШКЕВИЧ, Москва

Резюме

В работе рассмотрены воззрения ЭЙЛЕРа на проблему обоснования математического анализа и на построение системы дифференциального исчисления, высказанные им в неопубликованной рукописи „Дифференциальное исчисление" (ок. 1730) и в „Основаниях дифференциального исчисления" (1755). На эволюцию взглядов ЭЙЛЕРа в этих вопросах несомненное влияние оказала полемика, вызванная критикой исчисления бесконечно-малых в „Аналисте" ДЖ. БЕРКЛИ (1734).

Так называемое „исчисление нулей" ЭЙЛЕРа, разработанное им для обоснования алгорифма дифференцирования аналитических функций, являлось только одним из элементов в его концепции обоснования математического анализа. Это исчисление нулей не оказало существенного влияния на дальнейшее развитие проблемы обоснования анализа, но, вместе с тем, не страдало теми логическими пороками, которые в нем нередко усматривают.

Совокупность понятий и предложений, положенных ЭЙЛЕРом, наряду с исчислением нулей, в основания дифференциального исчисления, сыграла эффективную роль в развитии математического анализа и его оснований. В частности, хотя ЛАГРАНЖ возражал против применения „исчезающих" бесконечно-малых величин, ряд основных принципов его „Теории аналитических функций" (1797) непосредственно восходит к „Основаниям дифференциального исчисления" ЭЙЛЕРа.

Über die Konvergenz von Mengen*)

Von K. KURATOWSKI, Warschau

Resümee

Der Vortrag betrifft eine Verschärfung der Hausdorfschen Bedingung der Konvergenz von Mengen. Solch eine Verschärfung ist für die Zwecke der Theorie des lokalen Zusammenhangs in höheren Dimensionen erwünscht.

Der Vortrag hat einen synthetischen Charakter und umfaßt die älteren Ergebnisse von MAZURKIEWICZ und WHYBURN (1935), sowie auch die neuesten von BEGLE, BORSUK, CURTIS, WHITE u. a.

Die eigenen Hauptresultate des Verfassers wurden in Fundamenta Mathematicae 43, 1956, S. 114—138, und in Bulletin de l'Académie Polonaise des Sciences 5, 1957, S. 967—974, veröffentlicht.

---

*) Vortrag, gehalten auf der Nachmittagssitzung am 21. 3. 1957.

О сходимости множеств

К. КУРАТОВСКИЙ, Варшава

Резюме

В докладе рассматривается усиление Хаусдорфова условия сходимости множеств. Такое усиление полезно для целей теории локальной связности высших размерностей.

Доклад имеет обзорный характер. В него включены как старые результаты МАЗУРКЕВИЧа и УАЙБОРНа (1935), так и новейшие результаты БИГЛя, БОРСУКа, КЭРТИСа, УАЙТа и др. Главные собственные результаты автора опубликованы в Fundamenta Mathematicae, 43, 1956, 114—138, и в Bulletin de l'Académie Polonaise des Sciences 5, 1957, 967—974.

Durch Produktdarstellungen erklärte Zetafunktionen*)

Von Erich LAMPRECHT, Würzburg

EINLEITUNG

Diese Ausführungen sind ein weiterer Beitrag zu dem in den letzten Jahren von zahlreichen Autoren[1]) bearbeiteten Programm: Endlich-erzeugbaren Körpern, d. h. Körpern, die aus ihrem Primkörper durch Adjunktion endlich vieler Elemente entstehen, sollen Zetafunktionen zugeordnet werden mit ähnlichen Eigenschaften, wie sie im Fall der Zahlkörper die Dedekindschen, im Fall der Funktionenkörper einer Veränderlichen über einem Galoisfeld die Kongruenzzetafunktionen besitzen. Für diese Zetafunktionen höherer Körper werden hier insbesondere die folgenden drei Fragen besprochen: 1. Existiert eine vollständige Eulersche Produktdarstellung mit entsprechenden Eigenschaften wie in den klassischen Fällen? 2. Sind diese Zetafunktionen dem betrachteten Körper invariant zugeordnet? 3. Welche Beziehungen bestehen zwischen den verschiedenen in der Literatur auftretenden Definitionen solcher Zetafunktionen?

Der hier gebotenen Kürze halber werde im wesentlichen nur der in diesem Zusammenhang einfachste nichttriviale Fall diskutiert, nämlich der eines Funktionenkörpers einer Veränderlichen über einem endlich-algebraischen Zahlkörper. Und zwar wird in § 1 eine Zusammenstellung der schon an anderer Stelle publizierten Ergebnisse zu den ersten beiden obigen Fragen angegeben. In § 2 werden in Beantwortung der dritten Frage die Zusammenhänge zwischen der in § 1 erklärten invarianten Zetafunktion und einer von E. KÄHLER erklärten Verallgemeinerung der Dedekindschen Zetafunktion entwickelt. — § 3 enthält eine kurze Zusammenstellung darüber, wie der entsprechende Sachverhalt bei allgemeineren Körpertypen aussieht.

§ 1. Produktdarstellungen und invariante Zetafunktionen

Es sei K ein endlich-algebraischer Zahlkörper und A ein endlich-algebraischer Funktionenkörper einer Veränderlichen mit dem genauen Konstantenkörper K; $g(A/K)$ bedeute das Geschlecht von A über K und M die Gesamtheit der endlichen Primdivisoren $\mathfrak{p}$ von K (zu den Klassen diskreter Bewertungen von K).

Ist $x \in A$, $x \notin K$, d. h. ist x eine Transzendente für A über K, so bedeute $M(x)$ die Gesamtheit der Funktionalfortsetzungen $\mathfrak{P}$ der $\mathfrak{p} \in M$ bzgl. x auf A; zu jedem $\mathfrak{p} \in M$ gibt es mindestens ein und höchstens endlich viele $\mathfrak{P} \in M(x)$

*) Vortrag, gehalten auf der Vormittagssitzung am 23. 3. 1957.

[1]) Vgl. z. B. [4a, b, d] und die dort zitierten Arbeiten.

(Schreibweise: $\mathfrak{P}|\mathfrak{p}$) und zu fast allen $\mathfrak{p} \in M$ gibt es auch höchstens ein $\mathfrak{P} \in M(x)$. Dann wird durch

$$\zeta_A(s; x) = \prod_{\mathfrak{p} \in M} \zeta_A(s; x, \mathfrak{p}) \quad \text{mit} \quad \zeta_A(s; x, \mathfrak{p}) = \prod_{\substack{\mathfrak{P}|\mathfrak{p} \\ \mathfrak{P} \in M(x)}} \zeta_{A\mathfrak{P}}(s), \tag{1.1}$$

wobei $\zeta_{A\mathfrak{P}}(s)$ die Kongruenzzetafunktion des Restklassenkörpers A modulo $\mathfrak{P}$ bedeutet (dieser ist ein algebraischer Funktionenkörper einer Veränderlichen über einem Galoisfeld), eine von x abhängige arithmetische Zetafunktion von A erklärt[2]). Die Art der Abhängigkeit von x wird durch die folgende Transformationsregel beschrieben:

$$\zeta_A(s; y) = \zeta_A(s, x) \prod_{\mathfrak{P} \in M(y, x)} \zeta_{A\mathfrak{P}}(s) \prod_{\mathfrak{P} \in M(x, y)} \zeta_{A\mathfrak{P}}^{-1}(s); \tag{1.2}$$

hierbei sind $M(y, x) = M(y) - (M(y) \cap M(x))$ und $M(x, y) = M(x) - (M(x) \cap M(y))$ jeweils Mengen von endlich vielen Primdivisoren.

Die Produktdarstellung (1.1) konvergiert für $\Re(s) > 2$ absolut gegen eine in dieser Halbebene pol- und nullstellenfreie Funktion von s. Der Störfaktor auf der rechten Seite von (1.2) ist (als Produkt endlich vieler Kongruenzzetafunktionen) eine in der ganzen Ebene meromorphe Funktion, die höchstens auf den Geraden $\Re(s) = 0, = \frac{1}{2}, = 1$ je endlich viele Scharen äquidistant liegender Pole bzw. Nullstellen hat. Somit ist das analytische Verhalten von $\zeta_A(s; x)$ bis auf die genannten Geraden dem Körper A birational invariant zugeordnet, d. h. unabhängig von der Auswahl von x. Da nun für $\zeta_A(s; x)$ in recht allgemeinen Fällen (rationale, elliptische und Fermatsche Körper) bekannt ist, daß es in der ganzen Ebene meromorph ist[3]), liegt es nach obigem nahe, eine invariante Zetafunktion von A zu bestimmen. Dies ist folgendermaßen möglich:

Eine Funktionalfortsetzung $\mathfrak{P}$ von $\mathfrak{p}$ auf A heiße *regulär*, falls: 1. $K\mathfrak{P}$ der genaue Konstantenkörper von $A\mathfrak{P}$ ist; 2. die zu $\mathfrak{P}$ gehörige Bewertung $v_{\mathfrak{P}}$ über K unverzweigt ist; 3. $g(A/K) = g(A\mathfrak{P}/K\mathfrak{P})$. — Nach DEURING gibt es zu fast allen $\mathfrak{p} \in M$ (reguläre $\mathfrak{p}$) eine reguläre Funktionalfortsetzung $\mathfrak{P}$. Ist $g(A/K) \geqq 1$, so gibt es zu jedem $\mathfrak{p}$ auch höchstens eine reguläre Fortsetzung $\mathfrak{P}$ (vgl. [1b], [4c], [4e]); für $g(A/K) = 0$ ist zu jedem regulären $\mathfrak{p}$ der Typus von $A\mathfrak{P}$ ($\mathfrak{P}$ reguläre Fortsetzung von $\mathfrak{p}$) eindeutig bestimmt. Hieraus folgt:

Die Funktion

$$\zeta'_A(s) = \prod_{\substack{\mathfrak{p} \in M \\ \mathfrak{p} \text{ regulär}}} \zeta_A(s; \mathfrak{p}) \qquad \text{mit} \qquad \zeta_A(s; \mathfrak{p}) = \zeta_{A\mathfrak{P}}(s), \tag{1.3}$$

wo $\mathfrak{P}$ jeweils eine reguläre Funktionalfortsetzung von $\mathfrak{p}$ bedeutet, ist eine Invariante des Körpers, die *invariante unvollständige Zetafunktion von A*[4]). $\zeta'_A(s)$

[2]) Betrachtet man an Stelle von A eine algebraische Kurve C über K, die A als Funktionenkörper hat, so entspricht der Begriff der von x abhängigen Zetafunktion etwa dem der Zetafunktion der Kurve, erklärt gemäß (1.1), wobei die lokalen Beiträge die Zetafunktionen von Kurven $C_{\mathfrak{p}}$ sind, die aus C durch Spezialisierung mod $\mathfrak{p}$ hervorgehen; vgl. hierzu auch DEURING, [1b].

[3]) Im allgemeinen Fall ist zumindest die Fortsetzbarkeit auf $\Re(s) > \frac{3}{2}$ gesichert.

[4]) Der Strich am Produktzeichen bzw. das Wort unvollständig deute darauf hin, daß eventuell für endlich viele $\mathfrak{p}$, nämlich die für A nichtregulären $\mathfrak{p} \in M$, kein Beitrag zu $\zeta'_A(s)$ erklärt ist.

unterscheidet sich von jeder der Zetafunktionen $\zeta_A(s;\,x)$ um einen Störfaktor der in (1.2) angegebenen Form. Ferner kann man $\zeta'_A(s)$ durch Hinzufügen geeigneter Beiträge der nicht für A regulären $\mathfrak{p}$ zu einer vollständigen invarianten Zetafunktion ergänzen; diese genügt in den oben erwähnten Spezialfällen gerade einer Funktionalgleichung vom üblichen Typus.

Für die Zetafunktion $\zeta'_A(s)$ bzw. $\zeta_A(s;\,x)$ kann nun sehr leicht eine Darstellung angegeben werden, die der Eulerschen Produktdarstellung in den klassischen Fällen völlig analog gebaut ist. Für $\zeta_A(s;\,x)$ sieht das folgendermaßen aus (für $\zeta'_A(s)$ verläuft das Schlußschema analog):

Jede der Funktionen $\zeta_{A\mathfrak{P}}(s)$ besitzt eine Eulerproduktdarstellung der Form

$$\zeta_{A\mathfrak{P}}(s) = \prod_{\mathfrak{q}\text{ von }A\mathfrak{P}} (1 - N(\mathfrak{q})^{-s})^{-1}, \tag{1.4}$$

wobei das Produkt über alle Primdivisoren $\mathfrak{q} = \mathfrak{q}(\mathfrak{P})$ von $A\mathfrak{P}$ läuft und $N(\mathfrak{q})$ jeweils die endliche Restklassenanzahl von $A\mathfrak{P}$ modulo $\mathfrak{q}$ bedeutet. Setzt man die Ausdrücke (1.4) in (1.1) ein, so entsteht eine Doppelproduktdarstellung von $\zeta_A(s;\,x)$, die man auch als einfaches Produkt über die geordneten Paare $(\mathfrak{P},\,\mathfrak{q})$ schreiben kann, wo $\mathfrak{P}$ alle Funktionalprimdivisoren aus $M(x)$ und $\mathfrak{q} = \mathfrak{q}(\mathfrak{P})$ jeweils alle Primdivisoren von $A\mathfrak{P}$ durchläuft:

$$\zeta_A(s;\,x) = \prod_{(\mathfrak{P},\,\mathfrak{q})} (1 - N(\mathfrak{P},\,\mathfrak{q})^{-s})^{-1}. \tag{1.5}$$

Hierbei ist $N(\mathfrak{P},\,\mathfrak{q}) = N[\mathfrak{q}(\mathfrak{P})]$ folgendermaßen zu deuten: Jedem Paar $(\mathfrak{P},\,\mathfrak{q})$ entspricht nach der allgemeinen Krullschen Bewertungstheorie (vgl. [3], § 5 bzw. [4b]) eine diskrete Bewertung $w_{\mathfrak{P},\mathfrak{q}}$ des Ranges 2 von A; bezeichnet $(\mathfrak{P},\,\mathfrak{q})$ zugleich die zugehörige „Primstelle" von A, so ist die Elementanzahl $N(\mathfrak{P},\,\mathfrak{q})$ des Restklassenkörpers A modulo $(\mathfrak{P},\,\mathfrak{q})$ gleich $N(\mathfrak{q}(\mathfrak{P}))$.

Die Produktdarstellung (1.5) konvergiert absolut für $\mathfrak{R}(s) > 2$, und zwar gegen die gleiche Funktion wie (1.1). — Außerdem sind die in (1.5) eingehenden 2-rangigen Bewertungen zueinander inäquivalent und ihre Gesamtheit ist so umfassend, daß ein $\xi \in A$ durch sie eindeutig bis auf einen Einheitsfaktor aus K festgelegt ist. Die Darstellung (1.5) von $\zeta_A(s;\,x)$ verallgemeinert also auch in dieser Hinsicht die Eulerproduktdarstellung der Dedekindschen Zetafunktion eines Zahlkörpers.

Hiermit sind die ersten beiden Fragen der Einleitung für den Fall algebraischer Funktionenkörper einer Veränderlichen über einem Zahlkörper beantwortet.

§ 2. Vergleich mit den Kählerschen Zetafunktionen

Sei wie bisher A ein algebraischer Funktionenkörper einer Veränderlichen, der den endlich-algebraischen Zahlkörper K als genauen Konstantenkörper hat. Es seien $R_1, \ldots, R_n$ endlich viele endlich-erzeugbare Teilringe von A, die A jeweils als Quotientenkörper besitzen. Mit V_i sei die Gesamtheit der Stellenringe $\mathfrak{O}$ mit Einselement von A bezeichnet, die (1) durch Quotientenringbildung aus R_i hervorgehen und für die (2) der Restklassenkörper $\mathfrak{O}$ modulo $\mathfrak{Q}$ ($\mathfrak{Q}$ = maximales Primideal in $\mathfrak{O}$) endlich ist. Ist schließlich $V = V_1 \cup \cdots \cup V_n$, so läßt sich, wie G. Lustig zeigte [5], die von E. Kähler erklärte Zetafunktion von A bzgl. V formal in der Form

$$\zeta_A(s;\,V) = \prod_{\mathfrak{O} \in V} \zeta_{\mathfrak{O}}(s)\,^{5)} \tag{2.1}$$

schreiben, wobei

$$\zeta_{\mathfrak{O}}(s) = \sum_{\mathfrak{g} \subseteqq \mathfrak{O}} N\,\mathfrak{g}^{-s} \tag{2.2}$$

($\mathfrak{g}$ durchläuft alle Ideale von $\mathfrak{O}$ mit endlicher[5]) Restklassenanzahl $N\,\mathfrak{g}$). Diese Zetafunktionen hängen nicht nur von A, sondern auch von der Auszeichnung von V, d.h. der Auswahl und Anzahl der Ringe R_i, ab[6]), sind also in keiner Weise invariant.

Ist speziell $\mathfrak{O}$ ein regulärer Stellenring, so gilt nach LUSTIG [5] die Darstellung

$$\zeta_{\mathfrak{O}}(s) = \prod_{\varrho=0}^{\infty} (1 - N\,\mathfrak{Q}^{\varrho-(\varrho+1)s})^{-1} \quad \text{für} \quad \Re(s) > 1\,, \tag{2.3}$$

wobei $N\,\mathfrak{Q}$ die Restklassenanzahl von $\mathfrak{O}$ modulo $\mathfrak{Q}$ bedeutet. Hieraus ergibt sich insbesondere, daß für solche V, die nur aus regulären Stellenringen bestehen, (2.1) für $\Re(s) > 2$ absolut konvergiert.

Es soll jetzt der Zusammenhang zwischen $\zeta_A(s;\,x)$ und $\zeta_A(s;\,V)$ in der Form (1.5) hergestellt werden, indem die Beziehungen zwischen den Stellenringen $\mathfrak{O} \in V$ und den Bewertungsringen $\mathfrak{O}_{\mathfrak{P},\mathfrak{q}}$ zu den $w_{\mathfrak{P},\mathfrak{q}}$ aus (1.5) untersucht werden. Der Einfachheit halber gehen wir von dem Fall aus, daß $V = V_1$ (durch R_1 bestimmt) ist und setzen voraus, daß R_1 den Ring $\mathfrak{o}$ der ganzalgebraischen Zahlen[7]) von K enthält.

Ist $\mathfrak{O} \in V$, so gilt $\mathfrak{O} \supset \mathfrak{o}$ und $\mathfrak{Q} \cap \mathfrak{o} = \mathfrak{p}$ ist ein Primideal von $\mathfrak{o}$. Falls $\xi \in \mathfrak{o}$, $\xi \notin \mathfrak{p}$, so ist $\xi \notin \mathfrak{Q}$, d. h. $\xi^{-1} \in \mathfrak{O}$ und $\xi^{-1} \in \mathfrak{O} \cap K$, d. h. $\mathfrak{o}_{\mathfrak{p}} \subseteq \mathfrak{O} \cap K$, wo $\mathfrak{o}_{\mathfrak{p}}$ der zu $\mathfrak{p}$ gehörige Bewertungsring von K ist. Da $K \nsubseteq \mathfrak{O}$ (sonst wäre der Restklassenkörper nicht endlich), folgt $K \cap \mathfrak{O} \neq K$, d. h. $\mathfrak{o}_{\mathfrak{p}} = \mathfrak{O} \cap K$, wegen der Maximalität von $\mathfrak{o}_{\mathfrak{p}}$ in K, d. h.: wenn $\xi \in K$, $\xi \notin \mathfrak{o}_{\mathfrak{p}}$, so ist $\xi \notin \mathfrak{O}$.

Lemma 1. *Falls $R_1 \supseteqq \mathfrak{o}$, so enthält jedes $\mathfrak{O} \in V_1$ einen eindeutig bestimmten Bewertungsring von K, nämlich $\mathfrak{o}_{\mathfrak{p}} = \mathfrak{O} \cap K$.*

Falls $\mathfrak{O} \cap K = \mathfrak{o}_{\mathfrak{p}}$, so gilt $\mathfrak{O} \supseteqq R_{\mathfrak{p}}$, wobei $R_{\mathfrak{p}}$ das Kompositum von R_1 und $\mathfrak{o}_{\mathfrak{p}}$ in A bedeutet. Bezeichnet $V_{\mathfrak{p}}$ die Gesamtheit der $\mathfrak{O} \in V$, mit $\mathfrak{O} \cap K = \mathfrak{o}_{\mathfrak{p}}$ ($\mathfrak{o}_{\mathfrak{p}}$ fest), so ist

$$V_1 = \bigcup_{\mathfrak{p} \text{ von } K} V_{\mathfrak{p}} \tag{2.4}$$

eine Einteilung von V in elementfremde Klassen $V_{\mathfrak{p}}$. Außerdem ist $V_{\mathfrak{p}}$ jeweils die Gesamtheit der $\mathfrak{O}$, die aus $R_{\mathfrak{p}}$ durch Quotientenringbildung hervorgehen.

---

5) In der ursprünglichen Kählerschen Definition gehen formal auch noch Stellenringe $\mathfrak{O}$ mit der Eigenschaft (1) aber ohne (2) ein, sowie in (2.2) noch weitere Ideale (mit $N\,\mathfrak{g} = \infty$), da dieselben aber keinen Beitrag zur Zetafunktion liefern (vgl. [5]), wurden sie hier schon in der Definition fortgelassen.

6) KÄHLER definiert noch weitere Zetafunktionen zu A, indem er die Vorschrift (2.2) modifiziert (Einschränkung des Summationsbereiches); diese Abarten, sinngemäß auf die Dedekindsche Zetafunktion eines Zahlkörpers übertragen, bedeuten, daß für einige oder alle Primdivisoren der Beitrag zur Zetafunktion abgeändert bzw. fortgelassen wird, was also der Invarianzbedingung widerspricht; deshalb werden sie hier vernachlässigt.

7) Ohne diese Voraussetzung oder eine ähnliche wäre es möglich, daß der Quotientenkörper von $R_1 \cap K$ nicht K ist, wie das folgende Beispiel zeigt: $K = P(\sqrt{2})$, $A = K(x)$; $R_1 = \Gamma[x, \sqrt{2}x] = [1, x, \sqrt{2}x]$; $R_1 \cap K = \Gamma$.

Die $\mathfrak{O} \in V_\mathfrak{p}$ entsprechen umkehrbar eindeutig den Primoberidealen $\mathfrak{O}'$ mit endlichem Restklassenkörper des durch $\mathfrak{p}$ in $R_\mathfrak{p}$ erzeugten Ideals $\mathfrak{p} \cdot R_\mathfrak{p}$. Hieraus folgt:

Lemma 2. *Die Stellenringe $\mathfrak{O} \in V_\mathfrak{p}$ entsprechen umkehrbar eindeutig den Primidealen $\overline{\mathfrak{O}}'$ von $\overline{R}_\mathfrak{p} = R_\mathfrak{p}$ modulo $(\mathfrak{p} \cdot R_\mathfrak{p})$ mit endlichem Restklassenkörper.*

Um die $\overline{\mathfrak{O}}'$ von $\overline{R}_\mathfrak{p}$ und damit die $\mathfrak{O} \in V_\mathfrak{p}$ genauer zu erfassen und mit einer durch $\mathfrak{p}$ bestimmten Gesamtheit von $(\mathfrak{P}, \mathfrak{q})$ (aus § 1) vergleichen zu können, machen wir einige speziellere Voraussetzungen über R_1, die die entsprechenden Untersuchungen vereinfachen.

Es sei x ein über K transzendentes Element aus A und $z_1, \ldots, z_n$ sei eine x-Ganzheitsbasis[8]) von A. *Unsere Annahme über R_1 lautet dann:*

$$R_1 = \mathfrak{o}[x, z_1, \ldots, z_n]. \tag{2.5}$$

Es existieren dann ein $z_0 \in R_1$ mit der Eigenschaft $A = K(x, z_0)$ [9]) und irreduzible Polynome

$$f^{(i)}(X, Y) = \sum_{\nu, \mu} a_{\nu\mu}^{(i)} X^\nu Y^\mu \in \mathfrak{o}[X, Y] \quad (i = 0, 1, \ldots, n) \tag{2.6}$$

(X, Y zwei Unbestimmte) mit Koeffizienten $a_{\nu\mu}^{(i)}$ aus $\mathfrak{o}$, so daß $f^{(i)}(x, z_i) = 0$ $(i = 0,1, \ldots, n)$ ist.

Nach Deuring (vgl. [1a]) gibt es dann eine Gesamtheit M_1, die aus fast allen $\mathfrak{p}$ besteht, so daß für jedes $\mathfrak{p} \in M_1$ gleichzeitig die folgenden Eigenschaften erfüllt sind: 1. Die durch Reduktion der Koeffizienten $a_{\nu\mu}^{(i)}$ der $f^{(i)}(X, Y)$ modulo $\mathfrak{p}$ entstehenden Polynome $f_\mathfrak{p}^{(i)}(X, Y) \in k_\mathfrak{p}[X, Y]$ ($k_\mathfrak{p}$ = Restklassenkörper von $\mathfrak{o}$ mod $\mathfrak{p}$) sind irreduzibel und vom gleichen Grad in X und Y wie die $f^{(i)}(X, Y)$ für $i = 0,1, \ldots, n$. 2. $\mathfrak{p} \cdot R_\mathfrak{p}$ ist Primideal von $R_\mathfrak{p}$ und der Quotientenkörper $\overline{A}_\mathfrak{p}$ von $\overline{R}_\mathfrak{p}$ ist ein algebraischer Funktionenkörper einer Veränderlichen mit dem genauen Konstantenkörper $k_\mathfrak{p}$. 3. Das Geschlecht $g(\overline{A}_\mathfrak{p}/k_\mathfrak{p})$ ist gleich $g(A/K)$ und $\overline{A}_\mathfrak{p}$ ist der Funktionenkörper der durch $f_\mathfrak{p}^{(0)}(X, Y) = 0$ über $k_\mathfrak{p}$ bestimmten Kurve.

Ist $\mathfrak{p} \in M_1$, so gibt es genau eine Funktionalfortsetzung $\mathfrak{P}$ von $\mathfrak{p}$ bzgl. x auf A und dieses $\mathfrak{P}$ ist *regulär*. Der Restklassenkörper $A\mathfrak{P}$ ist isomorph zu dem oben konstruierten Körper $\overline{A}_\mathfrak{p}$ und dieser Isomorphismus wird geliefert durch die natürliche Zuordnung von $k_\mathfrak{p}$ zu $K\mathfrak{p}$ und die Zuordnung von $x\mathfrak{P}$ und $z_0\mathfrak{P}$ zu den Restklassen $\overline{x}$ bzw. $\overline{z}_0$ von x und z_0 modulo $\mathfrak{p} \cdot R_\mathfrak{p}$. Somit entsprechen sich bei diesem Isomorphismus auch die Elemente $z_i\mathfrak{P}$ und $\overline{z}_i = z_i$ modulo $\mathfrak{p} \cdot R_\mathfrak{p}$ umkehrbar eindeutig $(i = 1, \ldots, n)$ und es gelten die Relationen

$$f_\mathfrak{p}^{(i)}(x\mathfrak{P}, z_i\mathfrak{P}) = f_\mathfrak{p}^{(i)}(\overline{x}, \overline{z}_i) = 0 \quad (i = 0, 1, \ldots, n). \tag{2.7}$$

[8]) z ist in x ganz bedeutet: die Pole von x sind die einzigen möglichen Pole von z; eine x-Ganzheitsbasis ist eine solche für den Ring der in x ganzen Elemente; vgl. Hasse [2], § 24.

[9]) Wegen der Charakteristik Null und der Rationalität von $K(x)$ existieren zu vorgegebenem x stets Elemente $z_0, z_1, \ldots, z_n$ mit der obengenannten Eigenschaft; falls $A = K(x)$, wähle man $z_0 = z_1 = \cdots = z_n = 0$.

Sei nun R_x der Ring der in x ganzen Elemente von A und $\mathfrak{n}$ der Nennerdivisor von x, so ist $R_x = \bigcup_{j=0}^{\infty} \mathfrak{L}(\mathfrak{n}^{-j})$, wobei $\mathfrak{L}(\mathfrak{n}^{-j})$ jeweils den Vektorraum der Vielfachen von $\mathfrak{n}^{-j}$ aus A bedeutet. Nun geht $\mathfrak{n}$ durch Restabbildung modulo $\mathfrak{P}$ in einen Divisor $\bar{\mathfrak{n}}$ von $A\mathfrak{P}$ des gleichen Grades über und $\bar{\mathfrak{n}}$ ist der genaue Nennerdivisor von $x\mathfrak{P}$ und weiter ist jeweils $\mathfrak{L}(\mathfrak{n}^{-j})\mathfrak{P} = \mathfrak{L}(\bar{\mathfrak{n}}^{-j})$ (vgl. DEURING [2a] und LAMPRECHT [4e]). Hieraus folgt: Das Bild $R_x\mathfrak{P}$ von R_x modulo $\mathfrak{P}$ ist gleich dem Ring $R_{x\mathfrak{P}}$ der in $x\mathfrak{P}$ ganzen Elemente von $A\mathfrak{P}$.

Andererseits besteht R_x aus allen Linearkombinationen der z_i $(i = 1, \ldots, n)$ mit Koeffizienten aus r_x, wo $r_x = K[x]$ den Ring der in x ganzen Elemente aus $K(x)$ bedeutet; $\mathfrak{o}_\mathfrak{p}[x]$ ist die Gesamtheit der Elemente von r_x, die modulo $\mathfrak{P}$ auf $K\mathfrak{p}[x\mathfrak{P}]$ abgebildet werden. Darüber hinaus zeigt einfache Rechnung, daß $\mathfrak{o}_\mathfrak{p}[x]z_1 + \cdots + \mathfrak{o}_\mathfrak{p}[x]z_n$ die Gesamtheit der Elemente von R_x ist, die auf $R_x\mathfrak{P} = R_{x\mathfrak{P}}$ abgebildet werden, d. h. $R_{x\mathfrak{P}} = K\mathfrak{p}[x\mathfrak{P}]z_1\mathfrak{P} + \cdots + K\mathfrak{p}[x\mathfrak{P}]z_n\mathfrak{P}$ und $z_1\mathfrak{P}, \ldots, z_n\mathfrak{P}$ ist eine $x\mathfrak{P}$-Ganzheitsbasis von $A\mathfrak{P}$. Wegen der Isomorphie von $A\mathfrak{P}$ und $\bar{A}\mathfrak{p}$ und $R_\mathfrak{p} = \mathfrak{o}_\mathfrak{p}[x, z_1, \ldots, z_n]$ gilt: *$\bar{R}_\mathfrak{p}$ ist der Ring der in $\bar{x}$ ganzen Elemente von $\bar{A}_\mathfrak{p}$.*

Daraus folgt, daß die Primideale $\bar{\mathfrak{Q}}'$ von $\bar{R}_\mathfrak{p}$ umkehrbar eindeutig den zu $\bar{\mathfrak{n}}$ primen Primdivisoren $\mathfrak{q}$ von $A\mathfrak{P}$ entsprechen und daß bei dieser Zuordnung $N(\bar{\mathfrak{Q}}') = N(\mathfrak{q})$ gilt. Zusammen besagt dies

Lemma 3. *Für $\mathfrak{p} \in M_1$ entsprechen die Stellenringe $\mathfrak{O} \in V_\mathfrak{p}$ umkehrbar eindeutig den $(\mathfrak{P}, \mathfrak{q})$, wobei $\mathfrak{P}$ die reguläre Funktionalfortsetzung von $\mathfrak{p}$ auf A bzgl. x ist und $\mathfrak{q}$ alle zum Nenner von $x\mathfrak{P}$ primen Primdivisoren durchläuft, und bei der Zuordnung $\mathfrak{O} \leftrightarrow (\mathfrak{P}, \mathfrak{q})$ gilt*

$$N(\mathfrak{Q}) = N(\mathfrak{P}, \mathfrak{q}) \quad (\mathfrak{Q} = \textit{maximales Primideal von } \mathfrak{O}). \tag{2.8}$$

Die Stellenringe $\mathfrak{O}$ aus Lemma 3 sind regulär, so daß für $\zeta_\mathfrak{O}(s)$ die Darstellung (2.3) gilt. —

Wir wiederholen das Ganze mit einem Ring R_2, der entsprechend zu R_1 nur mit $\frac{1}{x}$ an Stelle von x erklärt ist, und setzen $V_x = V_1 \cup V_2$. Sei M_2 entsprechend zu oben definiert; $M_x = M_1 \cap M_2$ besteht aus fast allen $\mathfrak{p}$; $V_{x,\mathfrak{p}} = V_{1,\mathfrak{p}} \cup V_{2,\mathfrak{p}}$ ist die Gesamtheit der $\mathfrak{O}$, die zu $\mathfrak{p}$ gehören. Für $\mathfrak{p} \in M_x$ entsprechen die $\mathfrak{O} \in V_{x,\mathfrak{p}}$ umkehrbar eindeutig den Primdivisoren $\mathfrak{q}$ von $A\mathfrak{P}$, wobei (2.8) gilt[10]).

Unter Beachtung von (1.5) und dem in diesem Paragraphen festgestellten folgt zusammen

Satz 1. *Ist $R_1 = \mathfrak{o}[x, z_1, \ldots, z_n]$, $R_2 = \mathfrak{o}[x^{-1}, z_1', \ldots, z_n']$, $V_x = V_1 \cup V_2$, $M_x = M_1 \cap M_2$, wobei die M_i wie oben bestimmt sind, so besteht zwischen der Kählerschen Zetafunktion $\zeta_A(s; v_x)$ und der arithmetischen Zetafunktion $\zeta_A(s; x)$ die (für $\Re(s) > 2$ absolut konvergente) Beziehung*

$$\zeta_A(s; V_x) \cdot R_A(s; M_x) = \prod_{\varrho=0}^{\infty} \zeta_A((\varrho + 1)s - \varrho; x) \cdot \tilde{R}_A(s; M_x); \tag{2.9}$$

---

[10]) In $V_{2,\mathfrak{p}}$ werden die endlich vielen Zählerprimdivisoren von $x\mathfrak{P}$ fortgelassen und dafür kommen die Nennerprimdivisoren von $x\mathfrak{P}$ hinzu; $V_{x,\mathfrak{p}}$ erfaßt also *alle* Primdivisoren von $A\mathfrak{P}$ (im Sinne von Lemma 3).

hierbei ist

$$R_A(s; M_x) = \prod_{\mathfrak{p} \in M_x} \prod_{\mathfrak{O} \in V_{\mathfrak{p}}} \zeta_{\mathfrak{O}}^{-1}(s), \tag{2.10}$$

$$\tilde{R}_A(s; M_x) = \prod_{\mathfrak{p} \notin M_x} \prod_{\varrho=0}^{\infty} \zeta_A((\varrho+1)s - \varrho; x, \mathfrak{p})^{-1}. \tag{2.11}$$

Diese beiden hier erwähnten Störfaktoren $R_A(s; M_x)$ und $\tilde{R}_A(s; M_x)$ brauchen nicht wirklich aufzutreten bzw. können gleich sein, d. h. heben sich gegeneinander fort. Zum Beispiel gilt im Spezialfall eines rationalen Funktionenkörpers $A = K(x)$ die genaue Formel

$$\begin{aligned} \zeta_{K(x)}(s; V_x) &= \prod_{\varrho=0}^{\infty} \zeta_{K(x)}((\varrho+1)s - \varrho; x) \\ &= \prod_{\varrho=0}^{\infty} \zeta_K((\varrho+1)s - \varrho) \cdot \prod_{\varrho=0}^{\infty} \zeta_K((\varrho+1)(s-1)). \end{aligned} \tag{2.12}$$

Während nun die invariante Zetafunktion $\zeta'_{K(x)}(s)$ in diesem einfachen Spezialfall eine in der ganzen Ebene meromorphe Funktion ist, kann man sich ohne Schwierigkeiten Häufungspunkte von Nullstellen und Polen von $\zeta_{K(x)}(s; V_x)$ auf der Geraden $\mathfrak{R}(s) = 1$ konstruieren, d. h. diese Kählersche Zetafunktion ist nicht mehr meromorph[11]); insbesondere läßt sich diese Funktion nicht mehr in die ganze Ebene fortsetzen. — Ein entsprechender Sachverhalt gilt auch in allgemeineren Fällen.

Diese unangenehmen analytischen Eigenschaften der Kählerschen Zetafunktionen finden ihre Erklärung in der Darstellung (2.3) der Beiträge $\zeta_{\mathfrak{O}}(s)$ der Stellenringe $\mathfrak{O}$ zur Zetafunktion. Von den speziellen Eigenschaften des Stellenringes $\mathfrak{O}$ geht in $\zeta_{\mathfrak{O}}(s)$ nur die Restklassenanzahl $N\mathfrak{O}$ ein. Diese wird aber schon mit dem ersten Faktor in (2.3) erfaßt ($\varrho = 0$), während die weiteren unendlich vielen Faktoren in (2.3) nur eine Wiederholung der gleichen Aussage enthalten (bis auf den von $\mathfrak{O}$ unabhängigen Parameterwert ϱ), also inhaltlich keine Bedeutung haben; von diesen Wiederholungen rühren die analytischen Eigenschaften von $\zeta_A(s; V)$ her.

Hieraus folgt insbesondere: Modifiziert man die Kählersche Definition, indem man statt (2.2) für $\zeta_{\mathfrak{O}}(s)$ definitionsgemäß den Wert

$$\tilde{\zeta}_{\mathfrak{O}}(s) = (1 - N\mathfrak{O}^{-s})^{-1} \tag{2.13}$$

setzt[12]), so erhält man eine Funktion $\tilde{\zeta}_A(s; V)$, deren Definitionsformel völlig analog zu (1.5) gebaut ist und sich gemäß den Ergebnissen dieses Paragraphen von $\zeta_A(s; x)$ nur um relativ einfache Störfaktoren unterscheidet, also im wesentlichen die gleichen analytischen Eigenschaften hat.

Legt man nun Wert darauf, bei der Definitionsmodifikation (2.2) auch eine Dirichletreihendarstellung von $\tilde{\zeta}_{\mathfrak{O}}(s)$ und von $\tilde{\zeta}_A(s; V)$ zu erhalten[13]), so hat

---

[11]) Vgl. auch die entsprechenden Bemerkungen in § 3.

[12]) Diese Definition erfaßt von $\mathfrak{O}$ genau das Gleiche wie die Kählersche.

[13]) Aus (2.1) und (2.2) folgt sehr einfach eine Summendarstellung von $\zeta_A(s; V)$; vgl. Lustig [5].

man folgendermaßen vorzugehen: Man erkläre V als Gesamtheit von Stellenringen $\mathfrak{O}$ wie früher; zu jedem $\mathfrak{O}$ wähle man einen 2-rangigen Bewertungsring $\tilde{\mathfrak{O}} \supset \mathfrak{O}$ mit gleichem Restklassenkörper[14]). Dann ist

$$\tilde{\zeta}_{\mathfrak{O}}(s) = \zeta_{\tilde{\mathfrak{O}}}(s) = (1 - N\mathfrak{Q}^{-s})^{-1} = \sum_{\mathfrak{g} \text{ von } \tilde{\mathfrak{O}}} N\mathfrak{g}^{-s}, \tag{2.14}$$

wobei $\mathfrak{g}$ alle Ideale von $\tilde{\mathfrak{O}}$ mit endlicher Norm durchläuft (Summenformel für die geometrische Reihe). Dies ergibt zusammen mit [5] die gewünschte Dirichletreihendarstellung.

§ 3. Bemerkungen zum allgemeinen Fall

Die Definitionen und Untersuchungen der vorigen Paragraphen lassen sich ohne weiteres auf beliebige endlich-erzeugbare Körper übertragen (vgl. [4a, b], [5]). Die Besonderheiten, die hierbei zu beachten sind, liegen am Auftreten höherer Transzendenzgrade und sollen kurz am Beispiel der algebraischen Funktionenkörper von zwei Veränderlichen über einem Galoisfeld k geschildert werden.

Zur Herleitung der dem § 1 entsprechenden Ergebnisse zeichnet man einen Körper K mit $k \subset K \subset A$ aus, der in A relativ-algebraisch-abgeschlossen und vom Transzendenzgrad 1 über k ist. Bedeutet M die Gesamtheit der Primdivisoren $\mathfrak{p}$ von K über k, so lassen sich alle Resultate von § 1 wörtlich übertragen, wobei natürlich die betrachteten Zetafunktionen zunächst zusätzlich von der Auszeichnung des Teilkörpers K noch abhängen. — Man kann jedoch eine Transformationsregel für die Ersetzung von K durch einen anderen Körper K' angeben, die besagt, daß das analytische Verhalten der Zetafunktion in der Halbebene $\Re(s) > 1$ zumindest birational invariant ist (dieser Nachweis benutzt wesentlich die in § 1 eingeführten 2-rangig diskreten Bewertungen $w_{\mathfrak{p},\mathfrak{q}}$). Die diesbezüglichen Ergebnisse sind ausführlich in [4b] dargestellt.

Auch die Kählerschen Zetafunktionen lassen sich in diesem Fall gemäß [5] ganz analog zu den Ausführungen des Beginns von § 2 einführen. Um den Vergleich von Kählerscher Zetafunktion und arithmetischer Zetafunktion wie in § 2 durchzuführen, hat man folgende Abweichungen zu beachten: In K werde eine separierende Variable x_1 ausgezeichnet und es bedeuten $\mathfrak{o}_1$ bzw. $\mathfrak{o}_2$ die Ringe der x_1- bzw. x_1^{-1}-ganzen Elemente von K. Sei x_2 separierende Variable für A über K, so bilde man wie in § 2 mit $\mathfrak{o}_1$ die Ringe R_{11} bzw. R_{12} und mit $\mathfrak{o}_2$ die Ringe R_{21} bzw. R_{22}; man setze dann $V_{x_1, x_2} = V_{11} \cup V_{12} \cup V_{21} \cup V_{22}$ und vergleiche $\zeta_A(s; K, x_2)$ mit $\zeta_A(s; V_{x_1, x_2})$. Es ergibt sich ein dem Satz 1 völlig analoger Sachverhalt. Ist speziell $A = k(x_1, x_2)$ ein rationaler Funktionenkörper von zwei Veränderlichen über dem Galoisfeld k von q Elementen, so gilt:

$$\zeta_A(s; k(x_1), x_2) = (1 - q^{-s})^{-1}(1 - q^{1-s})^{-2}(1 - q^{2-s})^{-1}, \tag{3.1}$$

$$\zeta_A(s; V_{x_1, x_2}) = \prod_{\varrho=0}^{\infty} \zeta_A((\varrho + 1)s - \varrho; k(x_1), x_2). \tag{3.2}$$

[14]) Vgl. das Schema zur Herleitung von Satz 1.

Da $(1-q^{2-s})^{-1}$ Pole bei $s = 2 - \frac{2\pi i}{\log q} \cdot n$ hat, liefert dieser Faktor im unendlichen Produkt (3.2) Pole bei

$$s = \frac{\varrho + 1}{\varrho} - \frac{2\pi i}{\log q} \cdot \frac{n}{\varrho} \quad (\varrho = 1, 2, \ldots; n = 0, \pm 1, \pm 2, \ldots). \tag{3.3}$$

Somit ist jeder Punkt der Geraden $\Re(s) = 1$ Häufungspunkt von Polen von $\zeta_A(s; V_{x_1, x_2})$, während $\zeta_A(s; k(x_1), x_2)$ in der ganzen Ebene meromorph ist. Dies ergänzt die Bemerkungen aus § 2.

Schließlich sei noch bemerkt, daß die am Schluß von § 2 vorgeschlagene Modifikation (2.13) der Definition der Kählerschen Zetafunktion die von A. Weil [6] auf algebraisch-geometrischem Wege eingeführte Zetafunktion von A ergibt. Eine ausführliche Darstellung der Untersuchungen dieses Paragraphen wird an anderer Stelle publiziert werden.

LITERATUR

[1a] Deuring, M.: Reduktion algebraischer Funktionenkörper nach Primdivisoren des Konstantenkörpers. Math. Z. **47**, 643—654 (1942).

[1b] Deuring, M.: Die Zetafunktion einer algebraischen Kurve vom Geschlecht Eins. II. Nachr. Akad. Wiss. Göttingen, math.-phys. Kl. **1955**, 13—42.

[2] Hasse, H.: Zahlentheorie. Berlin 1951.

[3] Krull, W.: Idealtheorie. Erg. Math. Grenzgeb. **4**, Berlin 1935.

[4a] Lamprecht, E.: Zetafunktionen symmetrisch-erzeugbarer algebraischer Funktionenkörper mehrerer Veränderlicher. Math. Z. **64**, 47—71 (1956).

[4b] Lamprecht, E.: Bewertungssysteme und Zetafunktionen algebraischer Funktionenkörper. I, II, III. Math. Ann. **131**, 313—335 (1956); Arch. Math. **7**, 225—234 (1956); Math. Ann. **132**, 373—403 (1957).

[4c] Lamprecht, E.: Zur Eindeutigkeit von Funktionalprimdivisoren. Arch. Math. **8**, 30—38 (1957).

[4d] Lamprecht, E.: Invariante Zetafunktionen arithmetischer Funktionenkörper. Abh. Math. Sem. Univ. Hamburg **22**, 71—83 (1958).

[4e] Lamprecht, E.: Restabbildungen von Divisoren. Arch. Math. **8**, 255—264 (1957).

[5] Lustig, G.: Über die Zetafunktion einer arithmetischen Mannigfaltigkeit. Math. Nachr. **14**, 309—330 (1956).

[6] Weil, A.: Numbers of solutions of equations in finite fields. Bull. Amer. Math. Soc. **55**, 497—508 (1949).

О дзета-функциях, заданных в виде произведения

Э. ЛАМПРЕХТ, Вюрцбург

Резюме

Данное исследование является дальнейшим вкладом в программу, разрабатывающуюся в последние годы многими авторами: конечно-производимым полям, то-есть полям, которые получаются из их простого поля путем присоединения конечного числа элементов, сопоставляются дзета-функции со свойствами подобными тем, которыми в случае числовых полей обладают дедекиндовы дзета-функции, а в случае поля функций одного переменного над конечным полем — так называемые дзета-функции над конечным полем. Для этих дзета-функций высших полей здесь рассматриваются, в частности, следующие три вопроса: 1. Существует ли полное представление посредством эйлеровских произведений с теми же свойствами, что и в классическом случае? 2. Являются ли эти дзета-функции инвариантно-связанными с рассматриваемыми полями? 3. Каковы соотношения между встречающимися в литературе различными определениями подобных дзета-функций?

Вследствие необходимой здесь краткости рассматривается в основном лишь простейший с данной точки зрения нетривиальный случай, а именно случай поля функций одной переменной над конечным алгебраическим числовыми полем. В § 1 дана сводка ранее опубликованных в других местах результатов, относящихся к первым двум вышеуказанным вопросам. В § 2 с целью отыскания ответа на третий вопрос исследовались соотношения между определенными в § 1 инвариантными дзета-функциями и одним обобщением дедекиндовой дзета-функции, данным Э. КЕЛЕРом. В § 3 содержится краткая сводка аналогичных фактов для полей более общих типов.

Notizen über die unveröffentlichten Manuskripte von Leonhard Euler*)

Von G. K. MIKHAĬLOV, Moskau

Das wissenschaftliche Erbe Leonhard EULERS ist gewaltig. Etwa 800 seiner veröffentlichten Arbeiten im Gesamtumfang von über 30000 Druckseiten werden 72 Bände der ersten drei Serien der Vollständigen Ausgabe der Werke — Leonhardi Euleri Opera omnia — bilden, die bereits seit einem halben Jahrhundert unter der Obhut der Schweizerischen Naturforschenden Gesellschaft herausgegeben wird. Diese ungeheure Menge der wissenschaftlichen Arbeiten EULERS setzt sich in runden Zahlen aus folgendem zusammen: 40 Bände einzelner Werke, 500 Artikel in den Zeitschriften der Petersburger Akademie der Wissenschaften, 100 weitere Artikel in den in Petersburg posthum veröffentlichten Sammelwerken, 130 Artikel in den Zeitschriften der Berliner Akademie der Wissenschaften und den in Berlin veröffentlichten Sammelwerken, 30 Artikel in anderen Zeitschriften verschiedener Länder und 15 Mémoires, die zur Erlangung von Preisen der Pariser Akademie der Wissenschaften eingereicht wurden. Der Feder Leonhard EULERS gehört auch ein Teil der Arbeiten seines ältesten Sohnes Johann Albrecht.

Daneben existieren noch, hauptsächlich im Archiv der Akademie der Wissenschaften der UdSSR in Leningrad, mehrere Tausend Seiten unveröffentlichter Manuskripte und Konzepte EULERS, über 3000 Seiten seiner wissenschaftlichen Notizbücher und ein Teil der nach Tausenden zählenden Briefe seiner wissenschaftlichen Korrespondenz (ein bedeutender Teil der erhalten gebliebenen Briefe von EULER selbst ist übrigens über verschiedene Archive und Bibliotheken Europas verstreut).

Ein großer Teil der Manuskripte EULERS aus dem Bestande der Petersburger Akademie der Wissenschaften wurde zu Beginn unseres Jahrhunderts von G. ENESTRÖM beschrieben (Bericht an die Eulerkommission der Schweizerischen Naturforschenden Gesellschaft über die Eulerschen Manuskripte der Petersburger Akademie. Jahresbericht der Deutschen Mathematiker-Vereinigung, 1913, B. 22, H. 11—12, 2. Abt., S. 191—205). Diese Manuskripte wurden zur selben Zeit der Redaktion der Opera omnia EULERS in der Schweiz zur Verfügung gestellt. Später jedoch wurden bei der Untersuchung anonymer Manuskripte in der Inkunabelsammlung der Akademie-Bibliothek in Leningrad daselbst das eigenhändige Exemplar von EULERS „Scientia navalis" und drei gebundene Konvolute mit einzelnen EULERschen Manuskripten, die zusammen etwa 4000 Seiten ausmachen, entdeckt. Diese Materialien, die für die Geschichte der exakten Wissenschaften im 18. Jh. und für die Biographie

*) Beitrag, eingereicht am 12. 7. 57.

EULERS ein großes Interesse bieten, werden erst gegenwärtig gesichtet. Sie sollen in der vom Archiv der Akademie der Wissenschaften der UdSSR vorbereiteten Übersicht aller im Archiv aufbewahrten, mit EULERS Leben und Wirken zusammenhängenden Materialien beschrieben werden.

Der vorliegende Artikel hat nicht die Aufgabe, alle unveröffentlichten Manuskripte EULERS zu beschreiben. Hier wird nur eine kurzgefaßte Auswahl solcher Fragmente archivalisch charakterisiert, die den Interessen des Verfassers näherstehen. Dabei konnte eine Analyse des wissenschaftlichen Inhalts der Schriften natürlich nicht in den Plan der dem Leser unterbreiteten Skizze eingehen.

Der erste Abschnitt des Artikels ist einigen Jugendwerken EULERS gewidmet, im zweiten wird eine summarische Übersicht der in den drei erwähnten Konvoluten enthaltenen Manuskripte gegeben, im dritten Abschnitt sind die Notizbücher EULERS kurz charakterisiert, und der vierte bringt einige historisch-biographische Materialien.

I. Die schöpferische Tätigkeit EULERS umfaßt beinahe sechzig Jahre. Sie setzte mit einer erstaunlichen Fruchtbarkeit mit dem zweiten Viertel des 18. Jh. ein und nahm ihre Entwicklung mit immer zunehmender Intensität bis zu seinem unerwarteten Ende, das ihn am 18. September 1783 ereilte. Weder der Verlust des rechten Auges im Herbst 1738[1]) noch die fast völlige Erblindung, die EULER in der zweiten Petersburger Periode seines Lebens befallen hatte, konnten sein Wirken aufhalten oder auch nur stören. Wenn EULER in den ersten 14 Jahren seines Aufenthalts in Petersburg (1727—1741) etwa 80 Arbeiten im Gesamtumfang von etwa 4000 Seiten zur Veröffentlichung vorgelegt hatte, so wurden im Laufe der letzten 14 Jahre seines Lebens (1769—1783) von ihm unter Mitwirkung seiner Schüler und Gehilfen über 350 Arbeiten im Gesamtumfang von etwa 8000 Seiten vorbereitet.

EULER war jedoch ein echter Sohn der Schweiz: ungeachtet der starken Erweiterung seiner Tätigkeit in der Periode seiner Reife blieben EULERS Weltanschauung und Interessenkreis, die sich in der Hauptsache während seiner

---

[1]) Im Artikel des Verfassers „Leonhard Euler" (Izvestija Akad. nauk SSSR, otd. techn. nauk, 1955, Nr. 1, S. 3—26) wurde darauf hingewiesen, daß das von N. FUSS genannte Jahr, in dem EULER das rechte Auge verloren hatte (1735) nicht der Wirklichkeit entspricht. Die genaue Feststellung dieses Jahres hat ein Brief D. BERNOULLIS an EULER vom 8. November 1738 gestattet. In ihm schrieb D. BERNOULLI: „Dero H. Vatter wird ihnen vielleicht gemeldet haben, wie starck mir Dero betrübter zufahl zu hertzen gegangen. Gott wolle Sie vor fernerem unglück behüten. Wir hätten gar gern eine genawere beschreibung ihrer kranckheit gehabt, ob der bulbus oculi gantz verderbt und die humores ausgerunnen, oder ob dem äußerlichen ansehen nach, der bulbus noch unversehrt seje" (Archiv der Akademie der Wissenschaften in Leningrad, 1. 3. 26). Der vorhergehende Brief D. BERNOULLIS an EULER war vom 9. August 1738. Dem kann man hinzufügen, daß nach den Akademie-Protokollen (Procès-verbaux des séances de l'Académie impériale des science depuis sa fondation jusqu'à 1803, T. 1, St. Pétersburg, 1897) EULER tatsächlich zumindestens im Laufe des gesamten September 1738 krank war (Auskunft über den August fehlt, da es ein Ferienmonat war).

Eine Bestätigung des neuen Datums ist auch das von J. G. BRUCKER 1737 gemalte Bildnis EULERS, das nach dem Stich in Schwarzkunst von W. SOKOLOW aus den sechziger Jahren des 18. Jh. bekannt ist (Beschreibung des Stichs vgl. Artikel von M. E. GLINKA im anderen Band dieser Festschrift).

Jugendjahre zusammengefügt hatten, im Laufe seines gesamten halbhundertjährigen wissenschaftlichen Schaffens in vielem unangetastet. „Euler ist kein Mensch“ – schrieb unter Betonung dieses Umstandes Prof. O. SPIESS – „der eines Tages die Ideen seiner Jugend widerrufen wird“ (Leonhard Euler, Frauenfeld, 1929, S. 51).

Von den frühen Jugendjahren an offenbarte sich das außergewöhnliche Talent Leonhard EULERs, seine Neigung und Fähigkeit zur Analyse und Verallgemeinerung, die originelle Inangriffnahme der Lösung der klassischen Aufgaben der damaligen Zeit. Es war kein Zufall, daß im Zusammenhang mit einer der ersten Arbeiten des neunzehnjährigen Jünglings sein bereits bejahrter Lehrer – Johann BERNOULLI – schrieb: „felicissimi ingenii Juvenis Leonhardus Eulerus, a cujus sagacitate et acumine maxima quaeque nobis pollicemur, postquam vidimus, quanta facilitate et solertia in adyta sublimioris Geometriae nostro auspicio penetravit“ (Opera omnia, t. 2, 1742, S. 616). Dabei sollte man sich erinnern, daß J. BERNOULLI nie dazu neigte, irgend jemandes Verdienste zu übertreiben und sich fremden Errungenschaften gegenüber recht eifersüchtig verhielt.

Das Hauptinteressengebiet EULERs in der ersten Frühe seiner wissenschaftlichen Tätigkeit war die Mechanik. Fragen der Analysis standen für ihn in der zweiten Reihe, und für die Zahlentheorie, der er später etwa 100 Artikel widmete, interessierte sich EULER zunächst gar nicht.

Die frühen Manuskripte und Notizen EULERs zeugen davon, daß ihm in seiner Jugend Experimente nicht fremd waren. Er spricht von ihnen in seinen Briefen, bezieht sich auf sie in Untersuchungen. So beschreibt er z. B. in der Dissertation über den Schall (1727) die von ihm durchgeführten Experimente über die Bestimmung der Schwingungsperiode von Saiten. Im Zusammenhang damit schreibt er im November 1726 an D. BERNOULLI: „Dein ... experimentis a me institutis inveni in instrumentis ad sonum quem volunt choralem moderatis, chordam sonum C seu *ut* edentem uno minuto secundo edere 139 vibrationes“ (Izvestija Akad. nauk SSSR, otd. techn. nauk, 1957, Nr. 3, S. 27).

Interessant für die Einschätzung der Formung der Anschauungen EULERs über das Verhältnis von Theorie und Experiment ist das Schicksal seines Werkes „Meditationes super problemate nautico“, das er im Jahre 1726 zur Erlangung eines Preises der Pariser Akademie der Wissenschaften eingereicht hatte und für das er beim Wettbewerb eine belobende Beurteilung erhielt (accessit). Die Handschrift der Urfassung dieses Werkes wird im Archiv der Akademie der Wissenschaften der UdSSR in Leningrad (im weiteren A. AdW. UdSSR abgekürzt) aufbewahrt. Ihr Text ist noch nicht in Paragraphen eingeteilt. Der Anfang des Manuskripts steht dem Inhalt nach dem veröffentlichten Text sehr nahe. An seinem Schluß jedoch werden zum Unterschied von der in Paris gedruckten Variante die von EULER mit einem teilweise selbst angefertigten Schiffsmodell durchgeführten Experimente beschrieben. Die Einleitung zu dieser Beschreibung bilden die Worte: „Sed istam meam theoriam, quamvis sit ex certissimis et de quibus neutiquam dubitari potest principiis recte quantum perspicere potui deducta, tamen eam experientia quoque confirmare aggressus sum, quo, si quis de certitudine principiorum aut legitima deductione meae theoriae ambigere velit, veritatem ipso facto videre possit confirmatum iri, et ita, ulli dubitationi aut haesitationi nullus locus relinquatur" (A. AdW. UdSSR, 136. 1. 213; vgl. Abb. 1—4).

Bei der endgültigen Redaktion dieses Werkes ließ EULER die Beschreibung der Experimente fallen und beschloß seine Arbeit mit den den angeführten direkt entgegengesetzten Worten: „Haud opus esse existimavi istam meam theoriam experientia confirmare, cum integra et ex certissimis et irrepugnabilibus principiis mechanicis deducta, atque adeo de illa dubitari, an vera sit ac an in praxi locum habere queat, minime possit."

Hier hat sich der (manchmal wohl übertriebene) Glaube EULERS an die Unfehlbarkeit der Analysis geäußert, der ihn unerschütterlich auf seinem gesamten Lebensweg begleitete und ihn bisweilen zu bedauerlichen Mißverständnissen führte. Das Schicksal einer unrichtigen jugendlichen Bemerkung, die als die dritte These in die Annexa zur Dissertation über den Schall einbezogen wurde, ist in dem bereits oben zitierten, lebendig geschriebenen Buch von Prof. O. SPIESS (Kapitel „Die Lehrjahre" und „Akademische Kämpfe") markant dargestellt.

Beim jungen EULER überrascht seine unbändige Kühnheit und Klarheit in der Inangriffnahme kolossaler Aufgaben. In seinem Baseler Notizbuch (A. AdW. UdSSR, 136. 1. 129) befinden sich umfassende Pläne von Abhandlungen über Punktmechanik, Musiktheorie, Hydrodynamik.

Auszüge aus diesem Notizbuch, die die Musik betreffen, wurden im Vorwort zum ersten Band der dritten Serie der Leonhardi Euleri Opera omnia ausgenutzt. Wir wollen hier die Entwürfe der Pläne der hydrodynamischen Forschungen EULERS anführen. Sie bestehen aus zwei Fragmenten. Das erste, umfangreichere, enthält 37 Punkte:

„De descensu aquae in tubis cylindricis
De descensu aquae in tubis ejusmodi cum annexis vel rectis vel curvis
De descensu aquae in tubis cujusvis formae
De descensu aquae in tubis cylindricis aquae infinitae infixis
De ascensu aquae in ejusmodi tubis
De descensu aquae in tubis alius formae aquae infinitae infixis
De ascensu simili
De descensu aquae in tubis cylindricis aquae finitae infixis
De ascensu
De descensu aquae in tubis alius formae
De ascensu
De effluxu aquae ex tubis cylindricis constanter plenis
De effluxu simili ex tubis cujusvis figurae
De motu aquarum in tubis cylindricis recurvis oscillatorio
De motu oscillatorio in vasis quibusvis recurvis
De effluxu fluidi compressi ex foramine tubi cylindrici
De effluxu fluidi compressi ex vase alius formae
De influxu fluidi elastici in vas vacuum
De effluxu fluidi magis compressi ex vase in fluidum minus compressum
De influxu fluidi magis compressi in vas repletum fluido minus compresso
De effluxu fluidi comprimibilis ex tubo cylindrico et vase quocunque
De effluxu aquae ex tubo cylindrico duobus foraminibus pertuso

De effluxu ex tubo alius figurae duobus foraminibus pertuso
De effluxu simili ex tubis cylindricis constanter plenis
De effluxu simili ex tubis alius formae
De effluxu per duo foramina ex tubis aquae immersis
De cursu fluminum horizontali et inclinato
De cursu fluminum contra obstaculum directe impingentium[2])
De cursu fluminum contra obstaculum oblique impingentium[2])
De cursu fluminum elasticorum[2])
De motu fluidorum circulari et vorticoso
De figura fluidorum circulantium
De effluxu aquae ex tubo in quo est vortex
De resistentia aquae motae in canali
Dein ista theoria resistentiae applicetur ad praecedentia
De vena aquae effluente cum verticali deorsum et sursum tum horizontali et aliter declinante
De undis aquarum".

Das zweite, mehr systematische Fragment enthält nur den Anfang eines Plans:

„Tractatus de motu fluidorum et solidorum in fluidis
A. De motu fluidorum
. a. De motu fluidorum rectilineo
. . α. De motu fluidorum horizontali
. . β. De motu fluidorum sursum et deorsum
. . . א. De descensu fluidorum in vasis perforatis constanter plenis
. . . ב. De descensu fluidorum in vasis perforatis evacuandis
. . . ג. De descensu fluidorum in vasis aquae infixis
. . . ד. De descensu fluidorum in vasis recurvis seu de oscillationibus fluidorum".

In seinen Plänen nimmt Euler sich einen großen Fragenkreis vor, einschließlich der sehr schwierigen und zu jener Zeit jedes theoretischen Ansatzes entbehrenden Aufgaben wie z. B. die Wellentheorie[3]).

Die aufgeführten Pläne wurden in der frühen Zeit der wissenschaftlichen Tätigkeit Eulers „ob insufficientiam principiorum" nicht vollständig realisiert. Erst nach einem Vierteljahrhundert fand Euler „un nouveau principe de mécanique"; dieses bestand in der Anwendung des zweiten Newtonschen Gesetzes auf ein Element des kontinuierlichen Körpers, wobei jenes auf die gegenwärtige Form gebracht und auf ein unbewegliches Koordinatensystem bezogen war. Dieses „neue Prinzip" lieferte Euler ein Mittel, die Grund-

[2]) Diese Punkte sind im Original durchgestrichen.

[3]) Von Interesse dürfte der Hinweis sein, daß etwa die Aufgabe über den Ausfluß einer Flüssigkeit aus einer Öffnung bei Vorhandensein eines Wirbels bis jetzt keine befriedigende Lösung besitzt. Erst in unseren Tagen erschließen sich erfolgreiche Wege zur Lösung dieser interessanten Aufgabe (vgl. O. F. Wassiljew, Anwendung der Theorie der Schraubenbewegung einer Flüssigkeit auf das Problem des Ausflusses durch eine Öffnung mit Bildung eines Lufttrichters. Izvestija Akad. nauk SSSR, otd. techn. nauk, 1957, Nr. 3).

lagen der gesamten modernen Hydrodynamik der idealen Flüssigkeiten zu schaffen.

EULER befaßte sich in seinen Jugendjahren viel mit der Hydraulik. Sein erster Bericht in der Petersburger Akademie der Wissenschaften (am 5. und 8. August 1727) war der Aufgabe „De quantitate aquae ex foramine effluentis" gewidmet. In dem Anfang September 1727 zusammengestellten Bericht der Akademie der Wissenschaften für den Obersten Geheimen Rat werden 13 Themata erwähnt, von denen EULER „einige bereits der Untersuchung der Professoren vorgeschlagen hat, die übrigen in Zukunft vorschlagen wird" (Materialien für die Geschichte der kaiserlichen Akademie der Wissenschaften, Bd. I, St. Petersburg, 1885). Vier dieser Themata sind dem Ausfluß des Wassers aus Gefäßen und seiner Schwingung in Rohren gewidmet, drei der Bewegung fester Körper in Flüssigkeiten und drei den Schwingungen und der Akustik.

Aus den zwanziger Jahren sind im Archiv der Akademie der Wissenschaften der UdSSR mehrere unveröffentlichte Manuskripte EULERs erhalten geblieben, die diesen Aufgaben gewidmet sind, insbesondere: „De effluxu aquae ex tubis cylindricis utcunque inclinatis et inflexis" (§§ 1—6, 19—81, 16 Blätter; vgl. Abb. 5—6), „Dissertatio de motu corporum super lineis curvis in medio resistente" (1 Blatt), „Dissertatio de motu corporum in fluidis abstrahendo ab omni gravitate" (8 Blätter), „Dissertatio de ascensu et descensu corporum rectilineo in fluidis" (1 Blatt). Es gibt auch das etwas spätere Manuskript „De natura fluidorum" (4 Blätter). Schließlich sind eine Reihe Notizen (etwa 10 Blätter; vgl. Abb. 7—8) die den Ausfluß des Wassers aus Gefäßen verschiedener Form betreffen, im erwähnten Baseler Notizbuch EULERs enthalten, wo sich auch das umfangreiche Fragment (etwa 40 Blätter) „De motu corporum in mediis resistentibus" befindet.

Dieser Artikel bietet keine Möglichkeit, sich mit den vorstehend genannten Untersuchungen EULERs ihrem Wesen nach zu befassen. Es wäre jedoch nicht uninteressant, folgendes Zitat aus dem Brief D. BERNOULLIs an G. POLENI vom 13. August 1727 anzuführen, in dem D. BERNOULLI die Arbeiten EULERs über Hydraulik hervorragend beurteilt. Er schreibt[4]):

„J'aurai cependent l'honneur de vous dire que je suis enfin heureusement tombé sur la véritable théorie du mouvement des eaux, qui est très générale et peut être appliquée à tous les cas possibles. Vous savez, avec quel soin elle a été recherchée par les plus habiles géomètres, mais en vain, car je puis dire que tous ceux, qui ont voulu pousser leurs recherches par dessus l'hypothèse du trou infiniment petit, s'y sont trompez. Mais ce qui est encore plus remarquable est que dans le même tems cette théorie a été trouvée par une méthode différente par Mr. Euler de Bâle, élève de mon père, qui lui fera bien de l'honneur. Voici le problème, dont notre solution a été confirmée par un grand nombre d'expériences.

Aquae effluentis ex vase cuiuscunque figurae per foramen cuiuscunque magnitudinis velocitates determinare singulis momentis.

Et voici la solution.

---

[4]) Das hier angeführte Exzerpt aus diesem interessanten Brief wurde dem Verfasser freundlicherweise von Herrn Prof. O. SPIESS in Basel zur Verfügung gestellt (das Original des Briefes befindet sich in der Biblioteca Marciana, Venezia). Zum Teil wurde es von Herrn Prof. C. TRUESDELL in seinem eingehenden Vorwort zum 12. Band der zweiten Serie der Leonhardi Euleri Opera omnia verwertet.

Sit aquae residuae altitudo verticalis $= t$, illius superficies $= s$, amplitudo foraminis $= c$, et altitudo (ex qua grave cadendo acquirat velocitatem aquae effluentis) $= v$, dico fore

$$[-cc]\, s\, dv \int \frac{dt}{s} - ccv\, dt + ssv\, dt = sst\, dt \text{ }^{5)}.$$

Sed s datur per t ob datam figuram vasis, ergo datur v in meris constantibus et t.

Au reste c'est ici une équation différentielle du second ordre, mais qui peut être réduite à une équation algébrique, lorsque le vaisseau est cylindrique. Je dis donc, que si l'on emplit un prisme quelconque d'eau à la hauteur, qui soit égale à a, et dans le fond du prisme il y ait un trou, qui est à la capacité du prisme, comme 1 à n, on aura

$$v = \frac{nn}{nn-2} \cdot \frac{a^{nn-2}\, t - t^{nn-1}}{a^{nn-2}}.$$

Pour connaître par le moyen de cette équation les loix de l'écoulement des eaux, j'en tirerais quelques corollaires . . .

Notre théorie n'a jamais été démentie par aucune expérience, mais comme il est difficile d'observer les vitesses à chaque moment, lorsque le trou n'est pas infiniment petit, nous avons calculé par le moyen de certaines séries les tems requis pour l'écoulement de toute la quantité d'eau; or il est impossible de determiner ces tems sans la connaissance des vitesses. Voici entre autres une expression fort approchante pour les tems de l'écoulement inventée par Mr. Euler. Peut être voudriez-vous faire des expériences; je vous prie dans ce cas de me marquer ce que vous aurez trouvé. Si a est exprimé par des $^1/_{1000}$ parties d'un pieds de Rhin, le tems de l'écoulement exprimé en secondes sera à peu près $= \frac{1}{125} \sqrt{nna - 2a} \cdot \sqrt[nn-1]{2}$. La valeur de $\sqrt[nn-1]{2}$ ou de $2^{\frac{1}{nn-1}}$ se trouve aisément par les logarithmes; ou on peut substituer au lieu de $2^{\frac{1}{nn-1}}$ cette autre quantité qui lui est presque égale savoir $\frac{6n^6 - 13n^4 + 8nn}{6(nn-1)^3}$. Nous avons poussé nos recherches bien plus loin sur cette matière."

D. Bernoulli spricht hier unter dem unmittelbaren Eindruck der Berichte Eulers von „unserer Theorie", wobei er neben sich selbst auch Euler meint. In den veröffentlichten Arbeiten D. Bernoullis fehlen Erwähnungen von Eulers Untersuchungen über Hydraulik. Nun hat Euler seine Jugendwerke über Hydraulik zur Veröffentlichung selbst nicht vorgelegt. Daher trägt das angeführte Zitat aus D. Bernoullis Brief dazu bei, die Rolle Eulers bei der Entwicklung der Hydraulik und Hydrodynamik deutlicher zu machen, ohne wesentlich auf die unveröffentlichten Manuskripte Eulers eingehen zu müssen.

---

5) In der mir zur Verfügung stehenden Kopie fehlt der Koeffizient $[-cc]$ in der angeführten Gleichung. Berücksichtigt man jedoch, daß die unten dargelegte spezielle Lösung der Gleichung korrekt erhalten ist, so kann man annehmen, daß das Fehlen dieses Koeffizienten in der Gleichung die Folge eines Schreibfehlers oder der Versehrtheit des Originals ist.

Es ist interessant, daß während des im Jahre 1729 ausgebrochenen grandiosen Streites in der Petersburger Akademie der Wissenschaften zwischen ihren Mitgliedern D. Bernoulli und G. B. Bülffinger letzterer Daniel Bernoulli u. a. beschuldigte, einzelne Resultate von Euler entnommen zu haben. In einem besonderen schriftlichen Bericht (vom 2. August 1729), der im Archiv unter den Kopien der Akten über den Streit der Professoren aufbewahrt wird, mußte Euler bezeugen: „Daß auch H. Prof. Bernoulli das geringste, was Er bisher in den Conferentzen vorgelesen, sollte von mir genommen haben, das sage ich nicht und werde es auch niemahlen sagen mit einigem Grund der Wahrheit“ (A. AdW. UdSSR, I. 64. 11).

Wir wollen jetzt kurz bei einigen frühen Notizen Eulers über die Punktmechanik verweilen. Im Vorwort zu seiner „Mechanica sive motus scientia analytice exposita“ (St. Petersburg, Bd. I, 1736) schrieb Euler, daß vor ihm alle Arbeiten „nach Art der Alten mittelst synthetisch geometrischer Beweise behandelt“ waren. Wenn Euler von seinem ersten Kennenlernen der Arbeiten über die Mechanik I. Newtons und J. Hermanns spricht, weist er darauf hin: „Schon zu jener Zeit versuchte ich, so weit ich es vermochte, aus der synthetischen Methode die Analysis herzustellen und zu meinem Nutzen dieselben Sätze analytisch zu behandeln, wodurch ich meine Einsicht bedeutend vermehrte. Auf ähnliche Weise habe ich hierauf auch andere zerstreuete und in diese Wissenschaft einschlagende Schriften behandelt, sie alle zu meinem Nutzen nach einer geebneten und gleichförmigen Methode dargestellt und in eine geschickte Ordnung gebracht“ (zitiert nach der Übersetzung J. Ph. Wolfers', Greifswald, 1848).

Das erste Notizbuch Eulers enthält einen von ihm noch in Basel entworfenen eingehenden Plan der analytischen Darlegung der Punktmechanik (der Anfang dieses Planes ist leider verloren). Ferner befinden sich in ihm die sieben ersten Teile des Manuskripts über die Mechanik. Sie sind folgendermaßen betitelt: De motu corporum a vi quacunque centrali agitatorum; De motu corporum vi nulla existente mutatrice; De motu corporum vi retardatrice existente ut corporis celeritas; De motu corporum vi retardatrice existente ut quadratum celeritatis corporis; De motu corporum vi retardatrice existente ut quadratum celeritatis applicatum ad quadratum distantiae a centro; De motu corporum vi retardatrice existente ut potentia celeritatis m; Methodus datis curva et vi centrali inveniendi vim mutatricem.

Alle diese Teile sind unter Anwendung der Analysis dargelegt. An den Rändern der Handschrift sind zahlreiche Verweise auf parallele Stellen der Newtonschen „Principia“ verstreut (vgl. Abb. 9—10).

Neben den Notizen über die Mechanik im ersten Notizbuch sind einzelne frühe Fragmente der Werke Eulers über die Punktmechanik in den oben erwähnten Konvoluten mit vereinzelten Manuskripten Eulers erhalten geblieben. Darunter ist im besonderen ein Bruchstück (A. AdW. UdSSR, 136. 1. 201), das seiner Struktur nach dem im Notizbuch angeführten Plan nahesteht. Der Anfang des Werkes fehlt. Erhalten geblieben sind 5 Blätter aus dem einleitenden Teil zu diesem („Fundamentalia“) und 17 Blätter des ersten Teiles „De motu corporis unius seu de symtomatibus corporis moti libere, absque respectu ad alia corpora“, der sich auf den ersten Teil des Werkes „De motu corporum libero“ bezieht. Hierin ist das I. Kapitel „De ascensu vel descensu rectilineo versus centrum“ enthalten.

Aus den Jugendmanuskripten EULERs kann man noch die kleine Notiz angeben: „De descensu corporum rotundorum super planis inclinatis" (2 Blätter), in der das Hinabrollen der homogenen Gebilde, Scheibe, Ring, Kugel und Sphäre, auf einer rauhen Ebene untersucht wird. Eines der Resultate dieser Notiz ist als fünfte These in die Annexa der bereits erwähnten Dissertation EULERs über den Schall einbezogen. Diese Notiz weist Bemerkungen Johann BERNOULLIs d. Ä., des Lehrers von EULER, auf, der an einer Stelle einen Fehler seines Schülers verbessert hat.

Zahlreiche Bemerkungen Johann BERNOULLIs finden sich auch in der Arbeit EULERs „De figuris, quas corpora flexibilia debent indicere a potentiis quibuscunque sollicitata" (12 Blätter: vgl. Abb. 11—12) und in seiner kurzen Schülernotiz mit der (fehlerhaft) berechneten Schwingungsperiode einer Saite, deren Masse in der Mitte ihrer Länge konzentriert ist.

Einige andere Manuskripte aus der Jugendzeit EULERs, die teilweise auch in die Baseler Periode seines Lebens fallen, sind im nächsten Abschnitt angegeben.

II. Im weiteren wird ein allgemeiner Überblick der unveröffentlichten Manuskripte EULERs aus den drei oben erwähnten Konvoluten angeführt, die jetzt im Archiv der Akademie der Wissenschaften der UdSSR in Leningrad (A. AdW. UdSSR, 136. 1. 178—266) aufbewahrt werden[6]).

Unter den in ihnen enthaltenen mathematischen Manuskripten EULERs wäre auf das offenbar auf die dreißiger Jahre zurückgehende kleine Werk „Calculus differentialis" (15 Blätter; vgl. Abb. 13) hinzuweisen, das der Differenzenrechnung und Differentiation elementarer Funktionen gewidmet ist. Ferner ist eine große Anzahl Fragmente (insgesamt 130 Blätter) der ersten Variante des Lehrgangs der Infinitesimalrechnung EULERs erhalten geblieben (vgl. Abb. 14). Der Plan dieses kolossalen Werkes ist auch, mit Ausnahme der ersten Seite, erhalten (A. AdW. UdSSR. 136. 1. 103). Daraus sieht man, daß der Traktat sechs Bücher enthalten sollte. Jedes Buch (Liber) ist im Plan in zwei Abschnitte (Sectiones) unterteilt, die 3 bis 11 Kapitel (Capita) umfassen. Das erste Buch ist der Differentialrechnung gewidmet. Darauf folgen: Liber Secundus, De integratione formularum differentialium unicam variabilem involventium (Sectio prima, De integratione formularum differentialium unicam variabilem involventium in se, sine applicatione ad geometriam; Sectio secunda, Applicatio eorum, quae in praecedente sectione tradita sunt ad geometriam sublimiorem); Liber tertius, De aequationibus differentialibus duas variabiles continentibus (Sectio prima, De constructione et integratione aequationum differentialium cujusvis gradus; Sectio secunda, De methodo tangentium inversa); Liber quartus, De aequationibus differentialibus tres variabiles involventibus (Sectio prima, De integratione et resolutione aequationum tres variabiles involventium; Sectio secunda, De trajectoriis cujusque generis); Liber quintus, continens aliquot methodos peculiares et ad plurima eximia problemata solvenda accomodatas (Sectio prima, De determinatione formularum et aequationum indeterminatarum, ut vel algebraice vel per datam quadraturam integrari queant; Sectio secunda, De

[6]) Eine etwas eingehendere Übersicht dieser Manuskripte EULERs ist im gemeinsamen Artikel Prof. W. I. SMIRNOWs und des Verfassers „Die unveröffentlichten Materialien L. EULERs im Archiv der Akademie der Wissenschaften der UdSSR", der im anderen Band der vorliegenden Festschrift veröffentlicht wird, angegeben.

inventione linearum curvarum maximi minimive proprietate gaudentium); Liber sextus, De usu praecedentium tum in doctrina serierum, tum in naturis curvarum ex generatione earum indagundis (Sectio prima; Sectio secunda, De investigatione naturae curvarum ex earum generatione).

Die ersten sechs Kapitel des ersten Abschnitts des zweiten Buches, das erste Kapitel des ersten Abschnitts des dritten Buches und die drei Kapitel des zweiten Abschnitts des fünften Buches sind im Plan mit Kreuzen versehen. Unter den erhaltenen Manuskripten befinden sich gerade die sieben vermerkten Kapitel (mit einigen Lücken) über Integralrechnung und Differentialgleichungen. Der erhalten gebliebene Teil des Manuskripts gehört offenbar in die fünfziger Jahre.

Zu den Manuskripten, die mit der Analysis zusammenhängen, gehört auch der unvollständige Text (12 Blätter) des Werkes „De logarithmis eorumque et quantitatum exponentialium differentiatione", über das der Petersburger Akademie der Wissenschaften im Sommer 1737 berichtet wurde.

Einige Manuskripte sind der elementaren Mathematik gewidmet. Unter ihnen befinden sich der Anfang des auf Deutsch geschriebenen Lehrbuchs der elementaren Geometrie (Planimetrie), der 24 Blätter mit 85 Zeichnungen auf dem Rand enthält. Ferner die Notizen „Elementa stereometriae" (4 Blätter), „Doctrina de angulis" (6 Blätter), „Doctrina de rationibus et proportionibus" (3 Blätter), „Solutio problematum Diophanti redivivi a P. Jacobo de Billy editi" (6 Blätter) sowie eine Reihe Konzepte und vereinzelter Fragmente aus anderen Werken.

Unter den erhalten gebliebenen Manuskripten bieten die über die Mechanik das größte Interesse. Abgesehen von den im vorhergehenden Abschnitt erwähnten Jugendarbeiten sei noch auf die Notizen hingewiesen: „De motu corporum viribus centripetes se mutuo petentium" (2 Blätter), „De motu corporum a pluribus viribus centralibus sollicitatorum" (3 Blätter), „De communicatione motus in collisione corporum tam elasticorum quam mollium et durorum" (3 Blätter), „Lectio prima — Statica" (7 Blätter), „Dissertatio de motu corporum oblique projectorum in fluidis" (4 Blätter), „Additamenta ad § XIII" (2 Blätter) der nach dem Tode veröffentlichten Arbeit „Vera vires existimandi ratio" (Opera postuma, t. 2, 1862).

Besonders erwähnt sei die aller Wahrscheinlichkeit nach ganz am Anfang der dreißiger Jahre entstandene erste Redaktion des Traktats L. EULERS über die Mechanik „Mechanica seu scientia motus" (99 Blätter). Das Manuskript ist nicht vollständig erhalten geblieben, über ein Drittel der mittleren Paragraphen fehlt, die Zeichnungen zum Text sind am Rande gegeben. Das Werk enthält die Einführung und Fragmente von drei Abteilungen des ersten Teiles (vgl. Abb. 15—16): Partis I sectio I, De motu a potentiis in punctum liberum agentibus producto (C. 1, De motu puncti a potentiis puris tracti rectilineo; C. 2, De motu puncti rectilineo accedenti potentia impura; . . .; C. 4, De motu puncti curvilineo a potentiis et puris et impuris sollicitati); Sectio II (. . .; C. 2, De motu puncti super linea data a potentiis puris et impuris simul sollicitati; C. 3, De motu puncti super data superficie a potentiis tam puris quam impuris sollicitati); Sectio III, De motu corporum rigidorum a potentiis utcunque sollicitatorum (C. 1, De motu corporum rigidorum a nullis potentiis sollicitatorum . . .). Der Titel der letzten Abteilung war im Manuskript ursprünglich anders angegeben, und zwar:

„De motu virgae rigidae a potentiis utcunque sollicitatae“. Später wurde dieser Titel umgeändert.

Der Inhalt des Manuskripts, insbesondere im Anfang, steht dem veröffentlichten Text der „Mechanik“ recht nahe. Jedoch unterscheidet sich die hier verwendete Terminologie noch von der im veröffentlichten Werk. Z. B. trennt Euler, wenn er am Beginn des Manuskripts von den Kräften redet, diese in potentiae purae und potentiae impurae, worauf er diese Ausdrücke später durch potentiae absolutae und potentiae relativae ersetzt. Im § 4 wird die entsprechende Definition gegeben: „Potentiae quarum actiones non pendent a celeritate corporis patientis, vocentur purae (durchgestrichen und durch absolutae verbessert. G. M.). Quae vero aliter agunt, si corpus alia feratur celeritate impurae (in relativae verbessert. G. M.) vocentur“. Interessant ist das Vorhandensein einer dritten Abteilung im Manuskript, die der Bewegung eines festen Körpers gewidmet ist. Es ist übrigens zu bemerken, daß der Inhalt dieser dritten Abteilung einstweilen noch sehr primitiv ist und sich in der Hauptsache auf Fragen der Rotation fester Körper um eine feste Achse beschränkt, die nicht immer klar und korrekt dargelegt werden.

Auf eine spätere Periode beziehen sich die Anfänge der Manuskripte über Statik (Caput 1, De statica et potentiis in genere; Caput 2, De aequilibrio potentiarum puncto libero applicatarum; insgesamt 31 Blätter) und „De motu corporum rigidorum a nullis potentiis sollicitatorum“ (4 Blätter).

Fast vollständig erhalten geblieben ist ein großes Manuskript ohne Titel über Mechanik der festen Körper (63 Blätter), das möglicherweise an das Ende der vierziger Jahre gehört. Es enthält 9 Kapitel: 1. De motu corporum in genere, 2. De legibus motus spontanei, 3. De perturbatione motus a viribus oriunda, 4. De mensura virium et massarum absoluta, 5. De motu corporum sibi parallelo, 6. De corporum rigidorum motu circa axem fixum, 7. De investigatione momenti inertiae, 8. De vi, quam axis gyrationis a potentiis sollicitantibus sustinet, 9. De motu oscillatorio corporum rigidorum.

Besondere Erwähnung verdient die Entdeckung der Fortsetzung seiner posthum veröffentlichten Abhandlung über die Bewegung von Körpern in beweglichen Röhren unter den Fragmenten der Manuskripte Eulers über Mechanik. Hier befinden sich Bruchstücke der Fortsetzung des veröffentlichten ersten Kapitels („De motu corporum in tubo rectilineo mobili circa axem fixum per ipsum tubum transeuntum“. Opera postuma, t. 2, 1862) sowie Bruchstücke des zweiten Kapitels („De motu corporum in tubo rectilineo mobili circa axem fixum extra tubum situm“), des dritten Kapitels, dessen Name nicht erhalten geblieben ist, und des vierten Kapitels („Alia methodus facilior haec problemata circa motum corporum in tubis resolvendi“). Die 32 Blätter der neu entdeckten Fragmente dieses Manuskripts ergänzen den früher veröffentlichten Teil (8 Blätter) wesentlich.

Unter den Manuskripten über Mechanik sei noch auf die Abhandlungen hingewiesen: „Comparaison entre le choc et la pression“ (8 Blätter) und „Détermination de l'effet qu'une machine proposée doit produire étant poussée par une force donnée“, versehen mit dem Zusatz „Application de ces formules à la machine hydraulique de Sans Soucy“ (8 Blätter).

Ein interessanter Fund waren ferner die Manuskripte der Urfassungen einer Reihe von Werken Eulers, die er zur Erlangung von Preisen der Pariser

Akademie der Wissenschaften eingereicht hatte. Neben dem im vorhergehenden Abschnitt bereits erwähnten Manuskript der ersten Wettbewerbs-Arbeit EULERS „Meditationes super problemate nautico“ befinden sich hier die Manuskripte seiner Werke „Dissertatio de igne“, „Dissertatio ad quaestionem de optimo modo anchoras attolendi“, „Methodus observandi inclinationem acus magneticae“, „De promotione navium sine vi venti“ (eine eigenhändige Abschrift J. A. EULERS, die er in seinem Namen der Berliner Akademie in den Jahren 1763—1764 eingereicht hatte), ein Teil des Manuskripts „Investigatio perturbationum quibus planetarum motus ob actionem eorum mutuam afficiuntur“. Hier sind auch eingebunden der zum Teil von EULER selbst geschriebene Text der Preisarbeit seines ältesten Sohnes „Recherches sur l'arrimage des vaisseaux et quelles bonnes qualités on en peut procurer à un vaisseau“ und der von J. A. EULER abgeschriebene Text des Werkes, das im Namen beider EULER der Pariser Akademie zur Frage der Vervollkommnung der Mondtheorie (1770) überreicht wurde.

Schließlich befindet sich daselbst das Bruchstück (6 Blätter großen Formats) eines Manuskripts, das seinem Inhalt nach der Preisabhandlung EULERS „Recherches sur l'inégalités de Jupiter et de Saturne“ nahe steht.

Es sind (mit Lücken) drei Manuskripte erhalten geblieben, die die lateinischen Originale der in französischer Übersetzung in den „Mémoires“ der Berliner Akademie veröffentlichten Arbeiten EULERS darstellen. Es sind dies die Manuskripte „De vi percussionis ejusque mensura vera“, „De effectu successivae propagationis lucis in apparitione tam planetarum quam cometarum“ und „Disquisitio physica de causa caudarum cometarum et luminis borealis itemque luminis zodiacalis“.

Unter den erhalten gebliebenen Manuskripten ist eine bedeutende Anzahl von Fragmenten verschiedenen Fragen der Himmelsmechanik gewidmet. Leider ist dieses Material am wenigsten für eine orientierende Sichtung geeignet, da die Bruchstücke verschiedenen Werken angehören, deren Anfänge in den meisten Fällen fehlen.

Unter den frühen Manuskripten sei auf vier kleine Notizen über die Theorie der Mondbewegung hingewiesen: „De motu lunae“ (4 Blätter), „De motu lunae in ellipsin“ (3 Blätter), „Dissertatio de motibus lunae“ (2 Blätter) und „Ex datis initio et fine eclipsis lunae invenire tempus maximae obscurationis“ (2 Blätter). Zu den kleinen Notizen zählen auch die Manuskripte „De trium corporum mutua attractione“ (2 Blätter) und „De attractione corporum finitae magnitudinis“ (4 Blätter).

Von den größeren Manuskripten seien genannt die beiden ersten Kapitel eines Werkes über Himmelsmechanik („De viribus, quibus Solis ac Lunae motus determinatur“ und „De motu Solis ejusque perturbatione a Luna“, 10 Blätter), die Handschrift „Determinatio orbitae cometae qui mense Martio potissimum hujus anni 1742 fuit observatus“ (32 Blätter, der Text ist mit dem veröffentlichten nicht identisch) sowie einzelne Kapitel („Constructio elementorum motus lunae“, „Applicatio theoriae ad observationes eclipsium lunarium“) und Fragmente (insgesamt bis zu 50 Blätter), die sich anscheinend auf dasselbe Werk beziehen, dem auch die drei im zweiten Band der „Opera postuma“ („Tria capita ex opere quodam majori inedito de theoria lunae“) veröffentlichten angehören.

Zur sphärischen Astronomie zählt der Entwurf „Emendatio tabularum astronomicarum per loca planetarum geocentrica" (4 Blätter).

Einige Manuskripte EULERS, die in die Konvolute eingebunden sind, sind der Physik, hauptsächlich der Optik, und teilweise der Musik gewidmet.

In die Theorie der Musik fallen zwei große frühe Manuskripte: „Tractatus de musica" (37 Blätter) und 7 Kapitel der „Theoriae musicae" (1. De musica et sonis in genere, 2. De principiis suavitatis, 3. De consonantiis, 4. De sequelis consonantiarum, 5. De seriebus consonantiarum, 6. De variis intervalli diapasoni divisionibus, 7. De intervallis, quae habentur in expositis generibus, insgesamt 35 Blätter).

Der geometrischen Optik ist das große Manuskript gewidmet „De instrumentis dioptricis ad visionem accomodatis pars secunda, continens constructionem telescopiorum ex quotcunque lentibus compositorum" (112 Blätter), das acht Kapitel enthält, in denen Fernrohre mit verschiedener Anzahl von Linsen, die ein aufrechtes und ein umgedrehtes Bild ergeben, untersucht werden. Außerdem gibt es drei erste Kapitel eines Werkes über die Theorie der Refraktion (1. Quo principia refractionis per experimenta ac ratiocinationem stabiliuntur, 2. De modo rationem refractionis pro corporibus diaphanis solidis per experimenta explorandi, 3. De modo rationem refractionis corporum diaphanorum fluidorum per experimenta explorandi, insgesamt 12 Blätter).

Es sind noch Fragmente von drei Kapiteln aus der Anleitung über die Theorie der optischen Geräte erhalten geblieben (1. De radiorum refractione per lentes opticas, 3. De tubis duabus lentibus instructis, 4. De telescopiis duabus lentibus instructis, insgesamt 12 Blätter).

Es sei auch auf das Manuskript hingewiesen „De la plus avantageuse construction des lunettes à trois verres qui représentent les objets debout", das seinem Inhalt nach der im Bd. 20 der „Mémoires" der Berliner Akademie, Jahrgang 1764, veröffentlichten Abhandlung nahesteht. Schließlich möchten wir auf die etwa 10 Blätter jugendlicher Fragmente über geometrische Optik, speziell über die Theorie der Instrumente mit drei Linsen, hinweisen.

Unter den Manuskripten über physikalische Optik wollen wir die Fragmente des veröffentlichten Werkes EULERS „Nova theoria lucis et colorum" und die Abhandlung „Pensées sur la lumière et les couleurs" anführen, deren Zusammenfassung im ersten Band der Berliner „Mémoires", Jahrgang 1745, veröffentlicht ist.

Eine Photokopie des in einem Konvolute enthaltenen lateinischen Manuskripts über die „letzten" Teilchen des Stoffs ist im Sammelwerk „Leonhard Euler" (Verlag der Akademie der Wissenschaften der UdSSR, Moskau-Leningrad, 1935) veröffentlicht.

Das ist eine kurze, auf Vollständigkeit keinesfalls Anspruch erhebende Liste der neugefundenen Manuskripte EULERS, deren Gesamtumfang, wie bereits oben erwähnt, an die 4000 Seiten reicht.

Bei dieser Gelegenheit sei darauf hingewiesen, daß das Archiv der Akademie der Wissenschaften der UdSSR über Reinschriften einiger Dutzend Arbeiten EULERS verfügt, die in den Zeitschriften der Petersburger Akademie der Wissenschaften veröffentlicht sind und über die im Bericht G. ENESTRÖMS keine Nachricht vorliegt.

III. Wir wollen uns jetzt etwas eingehender mit den sogenannten Notizbüchern EULERS befassen. Ihre erste Erwähnung in der Literatur liegt in dem bereits genannten Bericht G. ENESTRÖMS über die Handschriften der Petersburger Akademie der Wissenschaften vor. In der von ENESTRÖM zusammengestellten Liste sind sie unter den Nummern H. 1—H. 9 verzeichnet. Zur selben Kategorie der Handschriften kann man auch die von ENESTRÖM mit H. 11 bis H. 13 bezeichneten Hefte zählen. Demnach beträgt die Gesamtzahl der „Notizbücher" zwölf. Sie sind in derselben Reihenfolge unter Nr. 129—140 der ersten Liste des EULER-Bestandes (136. 1. 129—140) im Archiv der Akademie der Wissenschaften der UdSSR registriert. Im weiteren wollen wir sie nach den entsprechenden Ordnungsnummern — vom ersten bis zum zwölften — benennen.

Die Notizbücher stellen große Hefte dar, mit einem Umfang von mehreren hundert Seiten jedes, in die EULER die vorläufigen Resultate seiner wissenschaftlichen Untersuchungen eintrug und die zum Teil die Konzepte seiner zukünftigen Arbeiten waren. Nur in einigen Notizbüchern treten neben Aufzeichnungen wissenschaftlichen Inhalts auch verschiedene dienstliche und alltägliche Notizen EULERS auf.

Die erhalten gebliebenen Notizbücher EULERS erfassen eine Periode von etwa vierzig Jahren aus seiner wissenschaftlichen Tätigkeit und liefern für den Forscher eine unübersehbare Menge an Material. Sie gestatten eine Präzisierung der Chronologie der Arbeiten EULERS, beleuchten seinen Interessenkreis genauer, bringen Klarheit in viele dunkle Fragen der Geschichte des EULERschen Schaffens. Gleichzeitig geben einzelne Eintragungen in den Notizbüchern auch rein biographische Auskünfte über den großen Gelehrten.

Eine Datierung der Notizbücher in expliziter Form fehlt in der Regel. Nur einige von ihnen tragen Aufschriften über das Datum des Beginns der Eintragungen; jedoch ist die Datierung der Eintragungen oft auf Grund einer Analyse ihres Inhalts möglich. Das gilt insbesondere für solche Notizen, die mit dem Eingang dieser oder jener Briefe der Korrespondenten EULERS zusammenhängen. So gestatten z. B. die Aufzeichnungen über die Sätze, die EULER von Chr. GOLDBACH mitgeteilt wurden, recht gut (manchmal bis auf den Monat), einzelne Eintragungen im dritten, vierten und fünften Notizbuch (1736—1744, 1749—1753) zu datieren.

Bis zum Beginn des 20. Jh. wurden die Notizbücher im Archiv der Petersburger Akademie aufbewahrt, ein Studium ihres Inhalts betrieb man nicht. Vor dem ersten Weltkrieg schickte man sie in die Schweiz zur Verfügung der Redaktion der vollständigen Ausgabe der Werke L. EULERS. Dort wurden sie photokopiert und in geringem Maß in den Vorworten zu einzelnen Bänden der Opera omnia ausgewertet. Im Jahre 1949 wurden alle Petersburger Materialien aus der Schweiz nach Leningrad zurückgesandt.

Die Untersuchung des Inhalts der Notizbücher in einer kleinen Übersicht ist vollkommen unmöglich, da eine solche Aufgabe einer Untersuchung des gesamten wissenschaftlichen Erbes Leonhard EULERS gleichkäme. Hier sollen nur einige allgemeine Bemerkungen über den Inhalt der Notizbücher vorgebracht werden[7]).

[7]) Die Notizen EULERS über Mechanik aus den Notizbüchern sind kurz im Artikel des Verfassers „Die Notizbücher Leonhard Eulers im Archiv der Akademie der Wissenschaften der UdSSR" (Istoriko-matemat. issledovanija, 10, Moskau, 1957) aufgezählt.

Das erste Notizbuch enthält etwa 400 Seiten und gehört noch zur Baseler Periode von EULERS Leben, anscheinend in die Jahre 1725–1727. Einige Bemerkungen über seinen Inhalt wurden bereits im ersten Abschnitt gemacht. Neben den dort aufgezählten Fragmenten enthält das Notizbuch auch andere vereinzelte Bruchstücke, die der geradlinigen Bewegung der Körper, der Ermittlung von Isochronen und Brachistochronen, der Theorie des Schalls, der inneren und äußeren Ballistik, verschiedenen Aufgaben der Analysis usw. gewidmet sind.

Das zweite Notizbuch bezieht sich auf das Jahr 1727 und stellt ein kleines Heftchen im Umfang von 150 Seiten dar. Es beginnt mit 17 Seiten des Reisetagebuches (Diarium) EULERS, das er während seines Umzuges von Basel nach Petersburg führte. Der Inhalt des Tagebuches wird im nächsten Abschnitt dargelegt werden. Neben dem Tagebuch enthält dieses Notizbuch keine großen zusammenhängenden Fragmente. Ungeordnete mathematische Rechnungen wechseln ab mit geschäftlichen Eintragungen, Bemerkungen über die russische Sprache u. a. Unter den Rechnungen kommen Aufgaben über Differentialgleichungen, Reihenlehre, Geometrie, Algebra, Mechanik, Astronomie vor. Das Notizbuch enthält auch einzelne Bemerkungen über Musik, Geographie, Geschichte.

Das dritte Notizbuch umfaßt die Periode der Jahre 1736–1740 und enthält über 500 Seiten. Sein Titelblatt führt die Aufschrift: „Adversaria mathematica, scribi inçepta ad d. 12 Febr. A. 1736".

Der Inhalt des dritten Notizbuches ist fast ausschließlich rein mathematischen Aufgaben gewidmet. Fragen der Mechanik nehmen weniger als ein Zehntel seines Gesamtumfangs ein (wahrscheinlich hat sich hier eine Reaktion nach der Abfassung der beiden Bände der „Mechanik" ausgewirkt).

Augenfällig ist die große Menge von Rechnungen mit Reihen; viel Platz ist Fragen der Algebra und der Zahlentheorie eingeräumt (besonders im Winter der Jahre 1736–1737 und am Schluß des Jahres 1738). Ab Mitte 1736 kommen häufig Untersuchungen mit Kettenbrüchen vor. In der zweiten Hälfte von 1737 und im Jahre 1739 beschäftigte sich EULER viel mit Differentialgleichungen. Zur ersten Periode gehört insbesondere die Untersuchung der recht allgemeinen Gleichung vom Typus

$$(a + b x^n)\, x^2 d^2 v + (c + f x^n)\, x\, dv\, dx + (g + h x^n)\, v\, dx^2 = 0,$$

in die zweite fallen verschiedenartige Untersuchungen der linearen Differentialgleichungen mit konstanten Koeffizienten. EULER kehrte wiederholt zur Untersuchung binomischer Integrale zurück.

Von den zusammenhängenden Bruchstücken, die sich unmittelbar auf EULERS veröffentlichte Arbeiten nicht rein mathematischen Inhalts beziehen, sei auf die Entwürfe „De motu cymbarum remis propulsarum in fluvio", „Tentamen ad gradum caloris in quovis terrae loco et quovis tempore definiendum" hingewiesen.

Unter der kleinen Anzahl Fragmente mechanischen Inhalts wollen wir einige der Hydrostatik schwimmender Körper und der Hydraulik gewidmete anführen. Im besonderen trägt EULER einen der Sätze D. BERNOULLIS in das Notizbuch ein und untersucht später die Aufgabe „De motu fluidi per canalem cujuscunque figurae".

Im Frühjahr 1736 legt EULER im Zusammenhang mit der von P. BOUGUER in den „Mémoires" der Pariser Akademie veröffentlichten Notiz seine Lösung der Aufgabe über die Verfolgungskurve dar. „Cujus solutio autem" — fügt er hinzu — „a me jam plus quam decem ab hinc annis est reperta".

Das vierte Notizbuch stellt die unmittelbare Fortsetzung des dritten dar. Es hat annähernd denselben Umfang und umfaßt die darauffolgenden vier Jahre (1740—1744).

Der Charakter der mathematischen Fragen, mit denen sich EULER in ihm beschäftigt, unterscheidet sich naturgemäß in wenigem vom vorhergehenden. Im Jahre 1740 fährt EULER fort, sich mit Differentialgleichungen zu befassen. Vom Ende dieses Jahres an widmet er viele Monate hindurch seine Aufmerksamkeit fast ausschließlich algebraischen Gleichungen höheren Grades. Vom Winter 1741—1742 an kehrt EULER erneut zu Aufgaben der Analysis zurück.

In den Herbst 1740 fällt die Aufzeichnung des Satzes über homogene Funktionen. Auf den Herbst des darauffolgenden Jahres bezieht sich anscheinend die einzeln stehende Eintragung: „Si x est quantitas imaginaria erit

$$e^x = \cos A \cdot x\sqrt{-1} + \frac{\sin A \cdot x\sqrt{-1}}{\sqrt{-1}}.\text{“}$$

Im vierten Notizbuch ist etwa ein Viertel des Umfangs Fragen der Mechanik gewidmet. Unter den Aufgaben der Mechanik nehmen Untersuchungen der Gleichgewichtsformen elastischer Kurven (lamina elastica) einen verhältnismäßig großen Platz ein. Danach, als ihm im Herbst 1742 D. BERNOULLI vom Variationsprinzip der Lösung dieser Aufgabe Mitteilung gemacht hat, vertieft EULER sich in die Analyse der Formen elastischer Kurven. Die Resultate dieser Untersuchungen sind eingegangen in die berühmte Anlage „De curvis elasticis" zu EULERs Abhandlung „Methodus inveniendi lineas curvas maximi minimive proprietate gaudentes, sive solutio problematis isoperimetrici latissimo sensu accepti".

In den Januar 1743 fällt die Notiz über das Prinzip der kleinsten Wirkung in Anwendung auf die Bewegung eines geworfenen Körpers.

Das fünfte Notizbuch hat den Titel „Diarium mathematicum". Es hat einen Umfang von etwa 350 Seiten und fällt in die Jahre 1749—1753.

Der Inhalt des Notizbuches ist in bedeutendem Maß der Mechanik gewidmet, deren Aufgaben über ein Drittel seines Umfangs zugewiesen ist. Am Anfang werden Fragen der Himmelsmechanik, der Theorie der Reibung, der Hydraulik, der Theorie der Mechanismen und Maschinen usw. untersucht. Es sei speziell auf die Notizen „Inquisitio in motum fluminum" und „Vera aestimatio effectus, quem machinae cujusvis generis producunt" hingewiesen.

Ein besonderes Interesse bietet das fünfte Notizbuch für die Geschichte der Hydraulik und Hydrodynamik. In ihm befinden sich die ersten Untersuchungen EULERs über die Hydraulik bewegter Rohre, die mit der Ausarbeitung der Theorie des „Segnerschen Rades" zusammenhängen, und die Skizzen einer allgemeinen Bewegungstheorie der idealen Flüssigkeit.

Im Frühjahr 1752 untersucht EULER die ebene Flüssigkeitsströmung, analysiert den Druck, den die Strömung auf die Wandungen eines Kanals ausübt, und leitet die Kontinuitätsgleichung für die dreidimensionale Strömung ab. Daselbst befindet sich der anscheinend spätere Zusatz mit der Kontinuitätsgleichung in zwei Formen (in moderner Bezeichnungsweise für die partiellen Ableitungen)

$$\frac{\partial (Du)}{\partial x} + \frac{\partial (Dv)}{\partial y} + \frac{\partial (Dw)}{\partial z} = 0$$

und

$$\frac{1}{D}\frac{dD}{dt} + \frac{\partial u}{\partial x} + \frac{\partial v}{\partial y} + \frac{\partial w}{\partial z} = 0 .$$

Ferner betrachtet EULER die Potentialbewegungen der Flüssigkeit und schreibt die „Bernoullische Gleichung" in analytischer Form hin[8])

$$p = C + \Pi - uu - vv - ww,$$

wo Π das Potential der äußeren Kräfte ist.

Etwas später wendet sich EULER Fragen der Hydrostatik zu; im Jahre 1753 zieht er im Fragment „Theoria generalis hydrodynamicae" einige Schlußfolgerungen aus seinen Forschungen auf dem Gebiet der Hydromechanik. Hier tritt zum erstenmal ein Beispiel der Wirbelbewegung einer Flüssigkeit auf. Interessant ist auch die Verwendung der Methode zur Untersuchung der Flüssigkeitsbewegung „vom Standpunkte Lagranges", d. h. bei fixiertem Weg der Teilchen.

Das sechste Notizbuch hat einen Umfang von etwas über 500 Seiten. Es unterscheidet sich inhaltlich von den vorhergehenden, und seine Datierung ist schwieriger.

Das Notizbuch enthält viele geschäftliche Eintragungen, Rechnungen, nach denen es aus den Jahren 1749—1757 stammen könnte. Jedoch die mathematischen Notizen in ihm erfassen nicht eine so große Periode und sind anscheinend auf die Jahre 1754—1757 beschränkt, da sie eine Fortsetzung des fünften Notizbuches darstellen. Neben Aufgaben über Mathematik und Mechanik enthält es viele Notizen über Physik, Philosophie u. a. m. Von letzteren soll im nächsten Abschnitt des Artikels kurz die Rede sein.

Unter den mathematischen Eintragungen ist im Notizbuch den magischen Quadraten sowie Fragen der geometrischen Optik ein weiter Raum überlassen; wie immer gibt es zahlreiche Notizen aus den Anwendungen der Analysis auf die Geometrie, aus der Variationsrechnung und aus der Theorie der Differentialgleichungen.

Die Fragen der Mechanik sind im sechsten Notizbuch schwach vertreten. Mehr oder minder bedeutende Aufzeichnungen liegen lediglich über Sägen, die Himmelmechanik und über die Schwingung von Saiten vor. Unter den kleineren Notizen sei auf die Kritik einer Stelle aus dem „Traité de l'équilibre et du mouvement des fluides" von J. D'ALEMBERT sowie auf Notizen über die Versuche von COUPLET über den Ausfluß einer Flüssigkeit aus Öffnungen und über das PITOTsche Rohr hingewiesen.

---

[8]) Hinsichtlich des Systems der Einheiten in der Hydrodynamik EULERs vgl. das Vorwort C. TRUESDELLs zum 12. Band der zweiten Serie der Opera omnia. Hier ist speziell zu berücksichtigen, daß $g = \frac{1}{2}$.

Das siebente und das achte Notizbuch sind verhältnismäßig nicht groß. Jedes von ihnen hat etwas weniger als 200 Seiten. Die Datierung dieser Notizbücher liegt vorläufig noch nicht genau fest. Beide gehören wohl in die Jahre 1759—1763.

Ein bedeutender Raum ist in beiden Notizbüchern den gewöhnlichen und partiellen Differentialgleichungen gewidmet. EULER verweilt besonders beim Fall der Nichteindeutigkeit der Lösung von Differentialgleichungen. Z. B. untersucht er die Gleichung

$$dz - \frac{z(2+x)\,dx}{2x(1+x)} + \frac{a\,dx}{x(1+x)} = 0,$$

der für $x = 0$, $z = a$ die Kurvenschar

$$z = a - \frac{ax}{\sqrt{1+x}} \ln \frac{1+\sqrt{1+x}}{\sqrt{x}} + \frac{Cx}{\sqrt{1+x}}$$

genügt. EULER wendet sich wiederholt den Differentialgleichungen zu, deren Typus in der Beschreibung des dritten Notizbuches erwähnt wurde.

Am Anfang des achten Buches befindet sich das Fragment „Principia calculi variationum". Es sei auch auf eine Tafel mit über 100 Spezialfällen des Ausdrucks des unbestimmten Integrals

$$\int x^{m-1}\,(1-x^2)^{n+1/2}\,dx$$

für ganze (positive und negative) Werte von m und n hingewiesen.

Ein bedeutender Raum, insbesondere im achten Notizbuch, ist Fragen der Optik, im besonderen Fragen der Strahlenbrechung und der Theorie der achromatischen Systeme, zugewiesen, die entsprechenden Experimente DOLLONDs werden erörtert.

Unter den Fragen der Mechanik, die in den Notizbüchern durch große Fragmente vertreten sind, wollen wir auf Aufgaben der Mechanik der elastischen Körper („Principium pro aequilibrio et motu corporum elasticorum", „Pro motu corporum flexuris elasticis praeditorum", „De motu vibratorio annuli elastici", „De vibratione superficierum tensarum veluti tympani" u. a. m.) und Fragen der Theorie des Schalls („De propagatione pulsuum per aerem", „Tentamen theoriae pulsuum per aerem propagatorum" u. a.) hinweisen. In den Notizen über die Schallfortpflanzung leitet EULER die Wellengleichung ab und betrachtet verschiedene Spezialfälle ihrer Lösung.

Das neunte Notizbuch kann zu den eigentlichen Notizbüchern nur bedingt gerechnet werden. Es besteht aus etwa 750 Seiten und enthält in der Hauptsache die zusammengebundenen Manuskripte der zweiten Hälfte des 17. Jh. und sogar den gedruckten Text des Traktats von WALLIS „Arithmetica infinitorum". Unter den in ihm eingebundenen Manuskripten sei lediglich auf eine Kopie des Werkes von G. F. GOTTIGNIES „Dioptrica practica sive de microscopiorum ac telescopiorum utilitate, fabrica et usu" hingewiesen.

Die eigenhändigen Aufzeichnungen EULERs beanspruchen nur etwa 90 Seiten des Notizbuches und gehören anscheinend dem Beginn der 60er Jahre an. Unter ihnen sei auf die Notizen über die Luftbewegung in Rohren, über die Abhängigkeit des Drucks in der Flüssigkeit von der Dichte und der Temperatur, über einen in einem gewissen Punkte mit einer konzentrierten Kraft belasteten elastischen Faden und über den Zusammenstoß elastischer Körper hingewiesen.

Das zehnte, das elfte und das zwölfte Notizbuch fallen bereits in die zweite Petersburger Lebensperiode EULERs (wahrscheinlich in die Jahre 1770—1782). In diesen Jahren konnte EULER schon fast nicht mehr selbst auf dem Papier schreiben. Die Eintragungen in die Notizbücher wurden von seinen Schülern und Gehilfen vorgenommen.

Es sind dies die Notizbücher, die Johann III. BERNOULLI in seiner Reisebeschreibung erwähnt (Reisen durch Brandenburg, Pommern, Preußen, Curland, Russland und Pohlen, 4. Bd. Leipzig, 1780). Nach seinem Besuch bei EULER in dessen Hause im Sommer 1778 schrieb BERNOULLI über ihn:

„Mit seiner Gesundheit stehet es noch ganz gut, welches er einer sehr mäßigen und regulären Lebensart zu danken hat; und sein schon lange größtentheils und auf eine Zeit ganz und gar verlorenes Gesicht kann er doch jetzt noch besser gebrauchen, als viele sich einbilden: Personen kann er zwar nicht an ihrer Gesichtsbildung erkennen, auch weder Schwarz auf Weiß lesen, noch mit der Feder auf Papier schreiben; hingegen schreibt er mit Kreide sehr deutlich und ziemlich in gewöhnlicher Größe seine mathematischen Rechnungen auf eine schwarze Tafel; diese werden so fort von einem seiner Adjuncten, dem Herrn Fuß und Golowin (am öftesten von dem ersten) in ein großes Buch abgeschrieben und aus diesen Materialien hernach unter seiner Anleitung Abhandlungen aufgesetzt" (S. 12—13). Im besonderen muß Johann BERNOULLI gerade das elfte Notizbuch gesehen haben, das ein Format von 21 × 32 cm hat und im Frühjahr 1775 begonnen wurde.

Alle drei Notizbücher haben ein großes Format und ihr Umfang beträgt beziehungsweise 340, 260 und 180 Seiten. Das erste ist betitelt „Mathematica", die beiden anderen „Adversaria mathematica". Einige Auszüge aus diesen Notizbüchern wurden für die Opera postuma von EULERs Urenkeln P. H. und N. FUSS vorbereitet.

Mit dem Inhalt der drei letzten Notizbücher wollen wir uns nicht aufhalten. Es sei lediglich bemerkt, daß hier rein mathematische Aufgaben vorherrschen, die Mechanik ist in in den letzten Jahren schwächer vertreten.

IV. Die im Archiv der Akademie der Wissenschaften der UdSSR in Leningrad aufbewahrten Materialien stellen eine überaus reiche Quelle für den Biographen Leonhard EULERs dar. Besonders viel Unveröffentlichtes bezieht sich auf die Berliner Lebensperiode EULERs, aus der über 300 seiner eigenhändigen Briefe an Vertreter der Akademieverwaltung in Petersburg (J. D. SCHUMACHER, G. F. MÜLLER und in bedeutend geringerem Umfang G. N. TEPLOW, K. G. RASUMOWSKI, J. v. STÄHLIN) erhalten geblieben sind. Der Inhalt des Schriftverkehrs EULERs wird jedoch im vorliegenden Artikel nicht berührt[9]).

---

[9]) Die annotierte Liste des gesamten Schriftwechsels Leonhard EULERs wird gegenwärtig vom Institut für die Geschichte der Naturwissenschaft und der Technik der Akademie der Wissenschaften der UdSSR vorbereitet. Die Anzahl der im Archiv vorhandenen Briefe mit Angabe der Korrespondenten ist im oben erwähnten gemeinsamen Artikel von Prof. W. I. SMIRNOW und dem Verfasser im anderen Band der vorliegenden Festschrift angeführt.

Hier seien nur einige, den Notizbüchern EULERs entnommene Angaben gebracht.

Das zweite Notizbuch enthält vor allem, wie bereits gesagt, das Tagebuch von EULERs Umzug von Basel nach Petersburg. Es beträgt 17 mit Bleistift geschriebene Seiten (vgl. Abb. 17—18). Leider ist die Bleischrift stellenweise stark verwischt und Versuche der vollständigen Entzifferung des Textes stoßen auf unüberwindliche Hindernisse. Besondere Schwierigkeiten bereitet die Feststellung der Eigennamen unbekannter, von EULER im Tagebuch erwähnter Personen.

Bei der Arbeit am Studium des Tagebuchtextes hat der Verfasser von vielen Seiten Hilfe in Anspruch genommen; zu erwähnen sind Herr Oberinspektor Kayser (Staats- und Universitätsbibliothek Hamburg), Frau Kopelevitsch (Leningrad), Herr Prof. Dr. Schnath (Staatsarchiv Hannover), Herr Dr. Schröder (Niedersächsische Staats- und Universitätsbibliothek Göttingen), Herr Prof. Dr. Speiser (Basel), Herr Prof. Dr. Spiess (Basel) und Herr Dr. Wegener (Bibliothek der Hansestadt Lübeck). Allen Genannten öffentlich seinen Dank zu sagen, ist dem Verfasser eine angenehme Pflicht.

Im weiteren werden Auszüge aus dem Text des Tagebuches angeführt.

„DIARIUM

Als A° 1725 im Herbst die Herren Bernoulli von hier nach St. Petersburg verreiseten, hatte ich schon Hofnung mit ihnen zu gehen, ist aber verhindert worden.

A° 1726. Im Dec[ember][10]) erhielte ich brief von Petersburg, von H. Blumentrost und H. Bernoulli, darinnen mir eine Pension von 300 Rublen Jährlichen versprochen nebst 100 Rublen zur Reise, welche zu Hamburg zu empfangen.

A° 1727. Im Januario wurde die Professio Physica ausge . . . t, worfür ich mich habe einschreiben lassen, und den 18. Februar habe ich die Disputation gehalten, da mir opponiert haben

1. H. Cand. Wentz 2. H. Dr. Thelusson
3. H. Dr. Stehelin 4. H. Cand. Hess

Den 17. Mertzen hielt ich meine Lection De causa Gravitatis.

Im Martio bekam ich einen Brief von H. Bernoulli von St. Petersburg, darinnen ein Wechselbrief ahn seinen H. Vatter gerichtet, welchen ich mir bezahlen liesse für Reisekosten, er that 320 ℔ Baßler Valuta. Die 100 Rubl[en] wurden um 30 vermehrt.

Ibid. Verfertigte ich eine Piece in die Acta Lipsiensia de Trajectoriis Reciprocis Algebraicis.

AN. 1725. Schickte ich in die Acta Lips. eine Piece, de Isochronis in medio resistente.

AN. 1726, in Augusto, eine Solutio des Problematis Nautici nach Paris, darüber nach Ostern 1727 soll judiciert werden. Ich empfieng von Mons. de Fontenelle das Recepisse de N. 4.

---

[10]) Das Tagebuch wurde offenbar im April 1727 begonnen. Damit erklärt sich der Fehler im Datum. Die Antwort auf den hier erwähnten Brief L. BLUMENTROSTs wurde von EULER bereits am 9. November 1726 geschrieben (vgl. den Artikel des Verfassers „Zum Umzug Leonhard Eulers nach Petersburg“, Izvestija Akad. nauk SSSR, otd. techn. nauk, 1957, Nr. 3, S. 10—37).

A. 1727

April
d.

1. Wurde die Professio Physica bestelt, welche emportirte H. D. Stehelin, in der wahl waren 1. H. Hermann, 2. H. D. Stehelin, 3. H. Birr.

2. Schrieb ich mich bey H. Dr. Zwinger in Facultate Medica ein.

5. Morgens um halb 9 uhr reiseten wir auf dem Rhein von Basel weg .....

9. ..... auf den abend kamen wir auf Mainz, setzten da über den Rhein nach Casstel [Kastel][11]), da wir übernachteten.

10. Nahmen wir Schaisen und fuhren nach Frankfort, da ich bey H. Schwartz logierte. H. Euler zahlete mir den Wechselbrief von 200 Gulden. Ich liesse mich bey dem Postgutschner nach Cassel einschreiben ..... Des Nachts aber schickte H. Euler zu mir, ließ mir sagen, daß H. Raht von Neufville nach Hamburg verreisen wird in seiner Chaisen mit der Post, da ich kommlich mitreisen könte, worauf ich um 9 uhr mit H. Euler zu ihm gienge und beschloß.

11. Reiseten wir von Frankfort um 8 uhr weg, auf Friedberg, ... von dar nahmen wir die Post auf Buzbach, ... von dar weiter auf Wetzlar, ... da wir zu Nacht assen und übernachteten.

12. Um 9 uhr verreiseten wir nach Gießen, ... von dar nach Marburg, ... da ich bey H. Pr. Wolf meine aufwartung machte[12]), ... von dar nach Gosberg [Josbach?], $1\frac{1}{4}$ Posten weit, ... da wir übernachteten.

13. Morgens um 2 uhr fuhren wir fort auf Jeßberg, $\frac{3}{4}$ Posten davon, fuhren bey der Mainzischen statt Fritzlar vorbey und kamen nach Wergel [Werkel], ... von dar nach Cassel, ... von dar nach Minden [Münden] in dem Hanoverischen, einer schönen Statt ....., da wir übernachteten.

14. Morgens um 5 verreiseten wir nach Hasten [Harste], ... von dar nach Einbek, ... von dar wolten wir auf Bandel [Banteln], $3\frac{1}{2}$ Meilen, wurden aber von der nacht überfallen, daß wir zu Alfeld, $2\frac{1}{2}$ Meilen vor Einbek, übernachten musten.

15. Fuhren wir fort nach Bandel, da etwas an der Chaisen muste außgebessert werden, von dar nach Hanover, $1\frac{3}{4}$ Posten davon, da wir übernachteten.

---

[11]) Hier und im weiteren sind in eckigen Klammern die moderne Transkription der geographischen Namen, wenn sie von der EULERs wesentlich abweicht, und die nicht vollkommen genau gelesenen Wörter angegeben.

[12]) Nach EULERs Besuch sandte Chr. WOLFF ihm am 20. April einen Brief nach, in dem es u. a. hieß: „..... Ich bedauere gar sehr, daß Sie so eilfertig waren, und ich weder das Glücke gehabt mit Ihnen von verschiedenen Materien zu sprechen, als auch insonderheit zu bezeugung meiner Hochachtung für die Kays. Academie der Wissenschaften und der Freundschafft des Herrn Bernoulli mit einiger Höfflichkeit an die Hand zugehen. Sie reisen jetzt in das Paradieß der Gelehrten und ich wünsche dannhero nichts mehr, als daß Sie der Höchste auf ihrer Reise gesund erhalten und Sie lange Jahre in Petersburg ihr Vergnügen wolle finden laßen. Des Herrn Praesidis Excellence bitte mein unterthäniges Compliment zu machen und an Hn. Bülffinger, Hermann, Bernoulli, Martini, Leutmann meinen dienst. Gruß zu vermelden, auch mich in beständigem guten Andenken zu erhalten .....“ (A. AdW. UdSSR, 136. 2. 6).

Das Datum auf dem angeführten Brief Chr. WOLFFs wurde späterhin von irgend jemandem von 1727 in 1737 umgeändert. Frau KOPELEWITSCH hat diesen Umstand entdeckt und den Verfasser auf den Brief aufmerksam gemacht.

16. Fuhren wir nach Engensen, $1\frac{1}{4}$ Posten, von dar nach Zell [Celle], $1\frac{1}{4}$ Posten davon, von dar nach Witzendorf, 4 Meilen davon.

17. Nach Zarndorf [Sahrendorf], 4 Meilen davon, und weiter nach Bornsböckel [?], auch 4 Meilen, da wir über die Elbe fuhren. Von dar nach Barnsdorf [Bergedorf?], 2 Meilen davon, da wir übernachteten[13]).

18. Furen wir von dar nach Hamburg, 2 Meilen davon.....

19. Gieng ich nach Mittag auf Altona, da ich in die Kirchen gienge, hernach wieder auf Hamburg.

20. Fuhren wir, H. Oncle und ich mit H. [Schrotler] nach Altona.....

21. .....gieng ich zu H. Hübner, bey dem ich einen Atlas kaufte. Des Nachts aß ich mit H. [Schrotler].

den 22. ..... ich gieng zu H. Peterson, der auf Lubek schreiben wird,..... bestellte die Post auf den 23ten, sagten wieder ab auf den 24ten.

den 23ten. Gieng ich auf Altona, nahm abschied dorten.

den 24. Verreiseten wir auf dem Postwagen nach Lubek, assen zu Mittag zu Schöndorf [Schönberg], kamen auf den Abend nach Lubek und kehrten ein zu König von Engelland.....

den 26. .....Mons. [Boumenn] verproviantierte uns, und des Abends fuhren wir nach Travemunde und embarquierten uns in das Schiff auf Reval abgehend, des H. Orloff.....

den 29. Morgens um 6 uhr segelten wir mit Guten Wind ab, fahrten Wismar und Rostok vorbey.

den 30. Begunte der Sud-Wind zu wehen, fuhren . . . Bornenholm [Bornholm] und Erdholm [Ärtholme] vorbei. Alle wurden krank.

den 1. Maj. Wurde der wind gantz contrair und wir lavierten. Währete biß den 7ten May, Mitwoches, da ein sturm sich erhob.

den 8. Donnerstag, war der wind noch contrair, wir fuhren gantz Gogland [Gotland] herum.....

den 11. Fuhren wir die Insel Dagho [Dagö] vorbey.....

den 13. .....auf den abend stiegen wir aus und kamen gen Reval.....

den 18. Sonntags kam ein Stettinischer Schiffer Buß mit seinem Schiff, der Preußische Cronprintz genannt, an, um Loots zu nehmen, mit diesem giengen wir fort und fuhren mit ihm fort in seinem Schiff nach St. Petersburg.....

den 21. Mitwochs kamen wir zu Chronstatt [Kronstadt] an auf den Abend.....

den 24. Samstags führte uns der Schiffer an das Land auf seinem Boot, und giengen zu fuß nach Petersburg. Ich gienge allererst zu H. Mei[er], der mich zu H. Pr. Herman und Bulfinger führte, da ich zu mittag speisete, und auf den abend zu H. Bernoulli mit H. Meyer gienge in das Schafiroffsche haus[14]).

---

[13]) Die Namen Barnsdorf und Bornsböckel rufen große Zweifel hervor. Die allersorgfältigste Untersuchung, die unter Vermittlung von Herrn Kayser im Hannoverschen Staatsarchiv von Herrn Direktor Prof. Dr. Schnath und im Staatsarchiv der Stadt Hamburg freundlich durchgeführt wurde, hat zu keinem Erfolg geführt. Das Wahrscheinlichste ist, das Barnsdorf die Verfälschung von Bergedorf ist und Bornsböckel ein Personenname ist. Die Prüfung der letzten Vermutung ist durch das Fehlen der Geld- und Kornregister im Hannoverschen Staatsarchiv erschwert. Den von Euler angegebenen Entfernungen nach zu urteilen, kann „Bornsböckel" nur Zollenspieker sein.

[14]) Ursprünglich befand sich die Petersburger Akademie der Wissenschaften im ehemaligen Hause des Barons P. P. Schafirov.

den 25. Sontags. Fuhren wir über das Wasser und giengen nach der Kirchen .....ich wartete bey H. Gsell auf H. Bernoulli, da er denn mit H. Schumacher und H. Professor Bayer kame, auf den abend fuhren wir wieder nach Hause und gaben H. Pr. Bayer eine Visite.

den 27. [Morgens] war die Leihbegengnuß der seligen Kaiserin[15]), nachmittag kam H. Dr. Dyvernois zu uns, da giengen wir in die festung und Kirche, beschaueten die Kaiserin nochmal und küsseten ihr die Hand, von dar giengen wir zu Mr. de l'Isle und H. Leutman und auf den abend zu H. Leibmedicus, da wir H. Justitien-Raht Goldbach, H. Henninger und H. Schumacher antraffen.....

den 5. [Juni.] Machten wir unser Compliment bey ihrer Majestet, des abends um 5 uhr, H. Goldbach that vor dem Kaiser die Rede, H. Beckenstein vor der Großfürstin und der Kaiserlichen Braut ..."[16]).

Die angeführten Auszüge aus dem Tagebuch ergänzen die spärlichen Kenntnisse über EULERS Jugendjahre, die im „Adumbratio eruditorum Basiliensium meritis apud exteros olim hodieque celebrium" (1780) von J. W. HERZOG und in EULERS Autobiographie (Noten der kaiserlichen Akademie der Wissenschaften, Bd. 6, Buch I, 1864, S. 75—77) enthalten sind.

Neben dem Tagebuch gibt es in den Notizbüchern (vorzugsweise im sechsten) eine große Anzahl geschäftlicher Aufzeichnungen EULERS, Abrechnungen mit einzelnen Personen oder Institutionen, die sich auf die erste Hälfte der 50er Jahre beziehen. Diese Dokumente geben die Möglichkeit, einzelne Details seiner dienstlichen Biographie zu präzisieren. Im besonderen erhält man hier Auskunft über den Schriftverkehr EULERS mit der Petersburger Akademie der Wissenschaften für eine Reihe von Jahren.

Neben den Abrechnungen befindet sich im sechsten Notizbuch eine Liste der Bibliothek EULERS (Catalogus librorum meorum), die anscheinend zum Jahr 1749 gehört. Diese 539 Nummern enthaltende Liste gibt eine gute Vorstellung von den Interessen EULERS. Die überwiegende Zahl der Bücher in ihr gehört den exakten Wissenschaften an. Neben diesen enthielt EULERS Bibliothek viel religiöse Literatur sowie Werke antiker Autoren. Es gibt in ihr auch Belletristik aus der Zeit EULERS, philosophische Literatur, verschiedene Wörterbücher usw.

---

[15]) G. F. MÜLLER in seiner Geschichte der Petersburger Akademie der Wissenschaften (Materialien für die Geschichte der kaiserlichen Akademie der Wissenschaften, Bd. 6, St. Petersburg, 1890) bemerkte aus diesem Anlaß: „Die academie war nicht mit in der ceremonie, weil man nicht wußte, wo man ihr einen geziemenden platz anweisen sollte" (S. 142—143).

[16]) Im erwähnten Werk beschreibt G. F. MÜLLER dieses Ereignis folgendermaßen: „Den 25. Mai (5. Juni n. St. G. M.) des nachmittags war die solenne verlobung des kaisers mit der prinzessin Maria Alexandrowna, der ältesten tochter des fürsten Menschikow, der jetzt den höchsten gipfel seines glücks bestiegen hatte. Die einsegnung geschah durch den erzbischof Theophanes von Novgorod. Als diese vorbei war, wurde die academie in corpore vorgelassen, dem kaiser und der kaiserl. braut ihre unterthänigsten glückwünsche abzustatten. Herr justiz-rath hielt eine anrede an den kaiser in lateinischer sprache, und herr professor dr. Beckenstein an die kaiserl. braut in deutscher sprache. Nach deren endigung wurden auch gedruckte glückwünschungsgedichte, die im namen der academie in lateinischer und deutscher sprache von denen herren Bayer und Beckenstein verfasst waren, überreicht" (S. 143).

Viele Bücher der Bibliothek sind in russischer Sprache, die EULER leidlich gut kannte und in der er sogar Briefe an einige Vertreter der akademischen Verwaltung in Petersburg schrieb. Übrigens kamen die russischen Bücher z. T. aus Petersburg zwangsweise auf Kosten der akademischen Pension.

Aus der Zahl der Eintragungen EULERS, die seine eigene wissenschaftliche Arbeit nicht betreffen, sei auf die Notizen über die lateinische, deutsche und russische Sprache, über die Logik und die Philosophie hingewiesen. Das sechste Notizbuch enthält im besonderen „Dilucidationes antologicae ad Wincleri Institutiones Philosophiae Wolfianae“ (vgl. Abb. 19), „Theses logicae“, Thesen zur Frage „An materia possit cogitare“. Es sind Notizen über Fragen der Physik vorhanden (zum Beispiel die umfangreichen „Theses philosophicae“, die 91 Sätze aus der Theorie des Lichtes und der Farben enthalten; vgl. Abb. 20), darunter solche, die Aufgaben betreffen, mit denen EULER sich selbst nicht beschäftigte. Von Interesse ist unter ihnen eine beistimmende Aufzeichnung EULERS über einige physikalisch-chemische Auffassungen M. W. LOMONOSSOWS.

Schließlich sei auf einzelne wirtschaftliche, alltägliche und medizinische Rezepte in den Tagebüchern hingewiesen (zum Beispiel „Remedium contra hydropisin“, „Blonde Haare schwarz zu machen“, „Eau de la Reine zu machen“, A. AdW. UdSSR, 136. 1. 135, usw.).

Unter den unveröffentlichten Materialien biographischen Charakters wären auch eine Reihe Dokumente aus dem Bestand der Akademiekanzlei zu erwähnen, deren überwiegender Teil aus den Jahren 1726—1750 von M. I. SUCHOMLINOW in den „Materialien für die Geschichte der kaiserlichen Akademie der Wissenschaften“ (10 Bde., St. Petersburg, 1885—1900) veröffentlicht ist.

Wir wollen noch auf eine Abschrift der unveröffentlichten Rede J. STÄHLINS (A. AdW. UdSSR, 24. 1. 11), gehalten in deutscher Sprache auf der Sitzung der Akademie anläßlich des Todes Leonhard EULERS am 22. September 1783, hinweisen[17]). Diese Rede vermittelt übrigens keine neuen Kenntnisse für die Biographie EULERS.

---

[17]) Die russische Übersetzung der Rede ist von Frau KOPELEWITSCH in ihrem Artikel „Materialien zur Biographie von Leonhard Euler“ (Istoriko-matemat. issledovanija, 10, Moskau, 1957) veröffentlicht worden.

Заметки о неопубликованных рукописях Леонарда Эйлера

Г. К. МИХАЙЛОВ, Москва

Резюме

Первый параграф статьи посвящен некоторым юношеским работам Л. ЭЙЛЕРа. Подробнее говорится о его ранних исследованиях по гидравлике. Во втором параграфе дан суммарный обзор вновь обнаруженных неопубликованных рукописей Л. ЭЙЛЕРа, хранящихся в Архиве Академии наук СССР в Ленинграде. Значительная часть этих рукописей посвящена вопросам механики. В третьем параграфе кратко охарактеризовано содержание записных книжек Л. ЭЙЛЕРа, а в четвертом — приведены некоторые историко-биографические материалы из этих книжек.

При составлении настоящей статьи частично использованы предыдущие статьи автора „Леонард Эйлер" (Известия Академии наук СССР, Отделение технических наук, 1955, № 1), „К 250-летию со дня рождения Леонарда Эйлера" и „К переезду Леонарда Эйлера в Петербург" (в том же журнале, 1957, № 3), „Записные книжки Леонарда Эйлера в Архиве Академии наук СССР" (Историко-математические исследования, в. 10, Москва, 1957) и совместная статья автора с академиком В. И. СМИРНОВым „Неопубликованные материалы Леонарда Эйлера в Архиве Академии наук СССР", подготовленная для первого тома настоящего издания.

VERZEICHNIS DER REPRODUKTIONEN

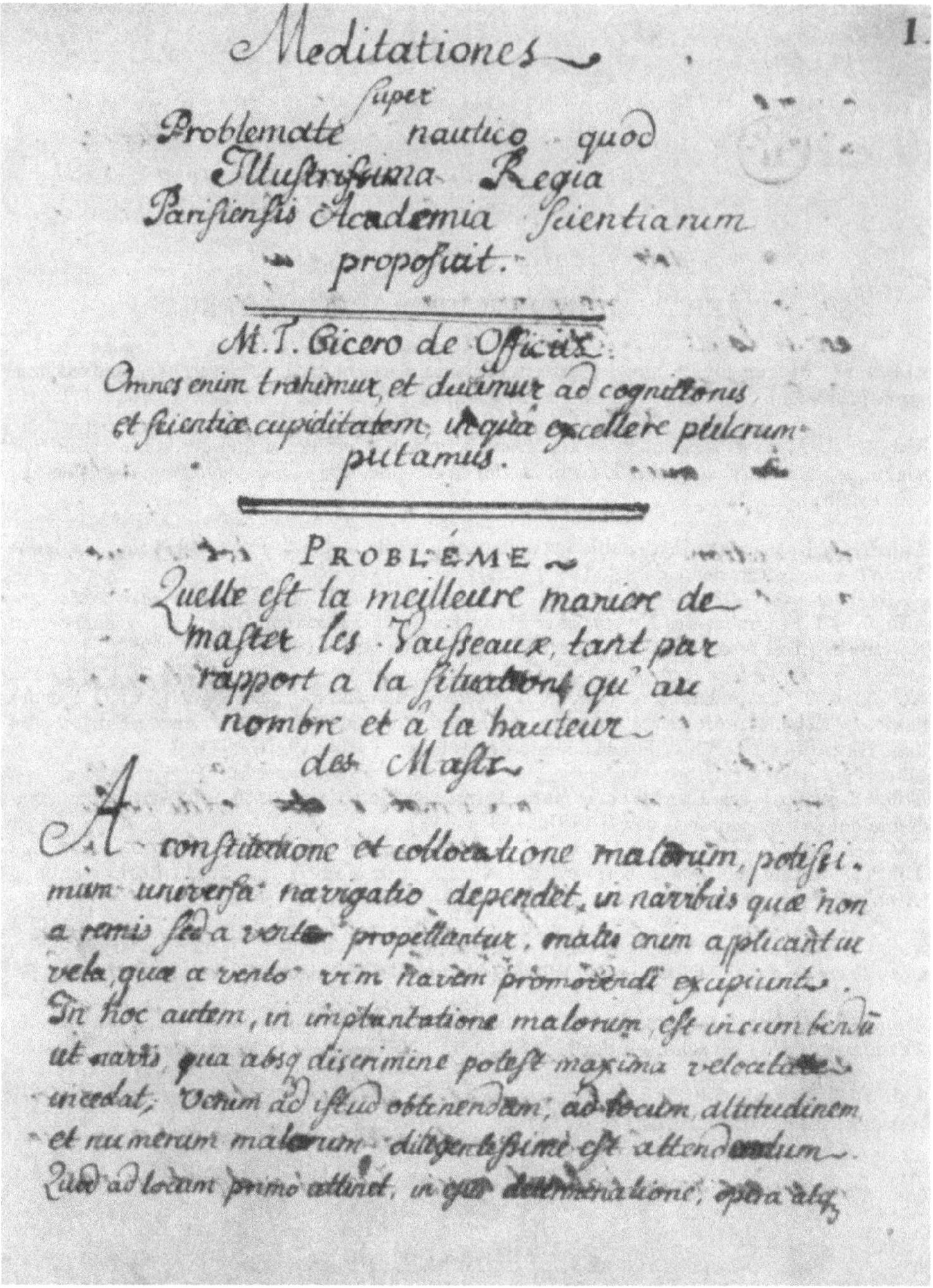
1.

Meditationes
super
Problemate nautico quod
Illustrissima Regia
Parisiensis Academia Scientiarum
proposuit.

M. T. Cicero de Officiis.

Omnes enim trahimur, et ducimur ad cognitionis
et scientiae cupiditatem, in qua excellere pulchrum
putamus.

PROBLÊME

Quelle est la meilleure maniere de
master les Vaisseaux, tant par
rapport a la situation qu'au
nombre et à la hauteur
des Masts.

A constitutione et collocatione malorum, potissimum universa navigatio dependet, in navibus quae non a remis sed a vento propellantur, malis enim applicantur vela quae a vento vim navem promovendi excipiunt. In hoc autem, in implantatione malorum, est incumbendum ut navis qua absq discrimine potest maxima velocitate incedat; Verum ad istud obtinendum, ad locum, altitudinem et numerum malorum diligentissime est attendendum. Quod ad locum primo attinet, in qua determinatione, opera atq

Abb. 1

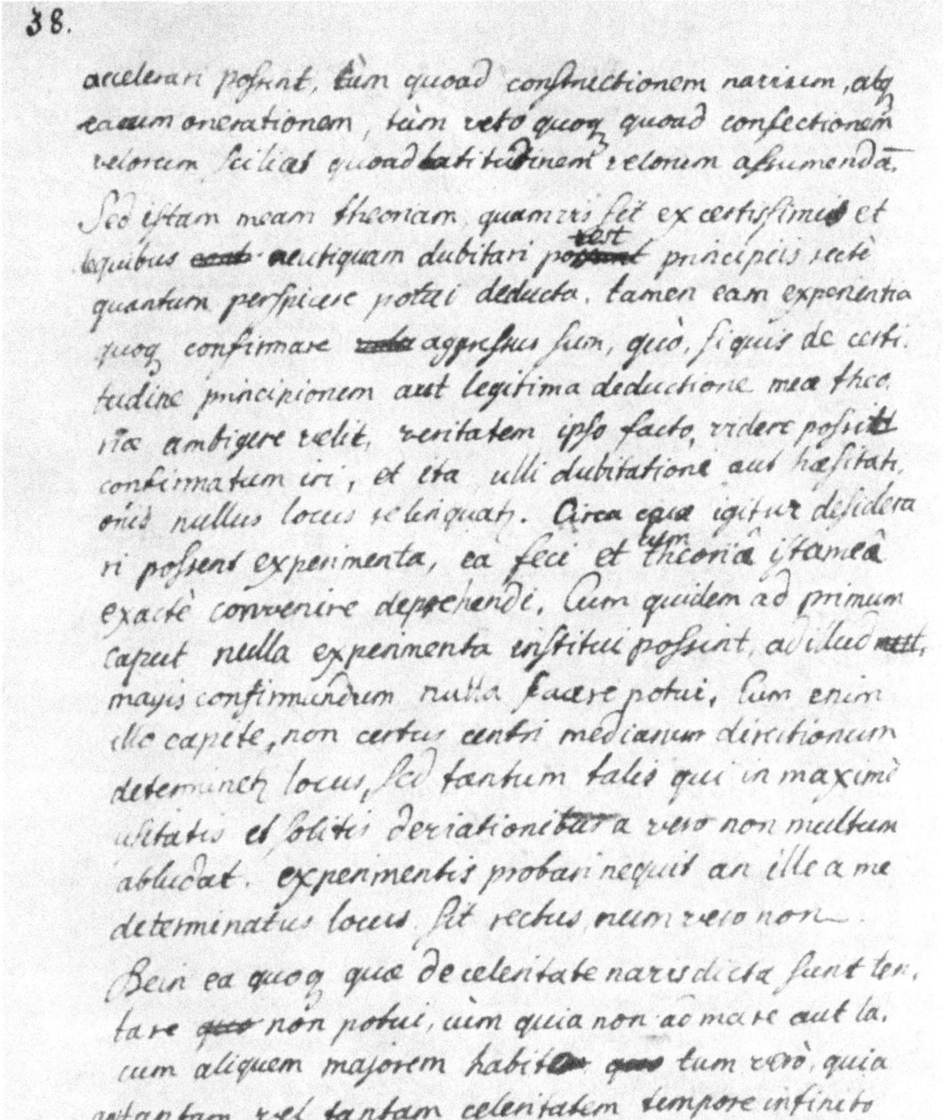
38.

accelerari possint, tum quoad constructionem navium, atque earum onerationem, tum vero quoque quoad confectionem velorum scilicet quoad latitudinem velorum assumenda. Sed istam meam theoriam, quamvis sit ex certissimis et quibus neutiquam dubitari potest principiis recte quantum perspicere potui deducta, tamen eam experientia quoque confirmare aggressus sum, quo, si quis de certitudine principiorum aut legitima deductione meae theoriae ambigere velit, veritatem ipso facto videre possit confirmatum iri, et ita ulli dubitationi aut haesitationi nullus locus relinquatur. Circa quae igitur desiderari possent experimenta, ea feci et cum theoria istam eam exacte convenire deprehendi. Cum quidem ad primum caput nulla experimenta institui possint, ad illud magis confirmandum nulla facere potui, cum enim illo capite, non certus centri medianum directionum determinetur locus, sed tantum talis qui in maxime usitatis et solitis deviationibus a vero non multum abludat. experimentis probari nequit an ille a me determinatus locus sit rectus, necne vero non.

Deinde ea quoque quae de celeritate navis dicta sunt tentare non potui, cum quia non ad mare aut lacum aliquem majorem habito tum vero, quia ut tantam vel tantam celeritatem tempore infinito fere elapso navis acquirat, investigandum esset quod difficile in aquis minoribus perfici potest. Et ad haec, quae de navis celeritate dixi, cum non in prob.

Abb. 2

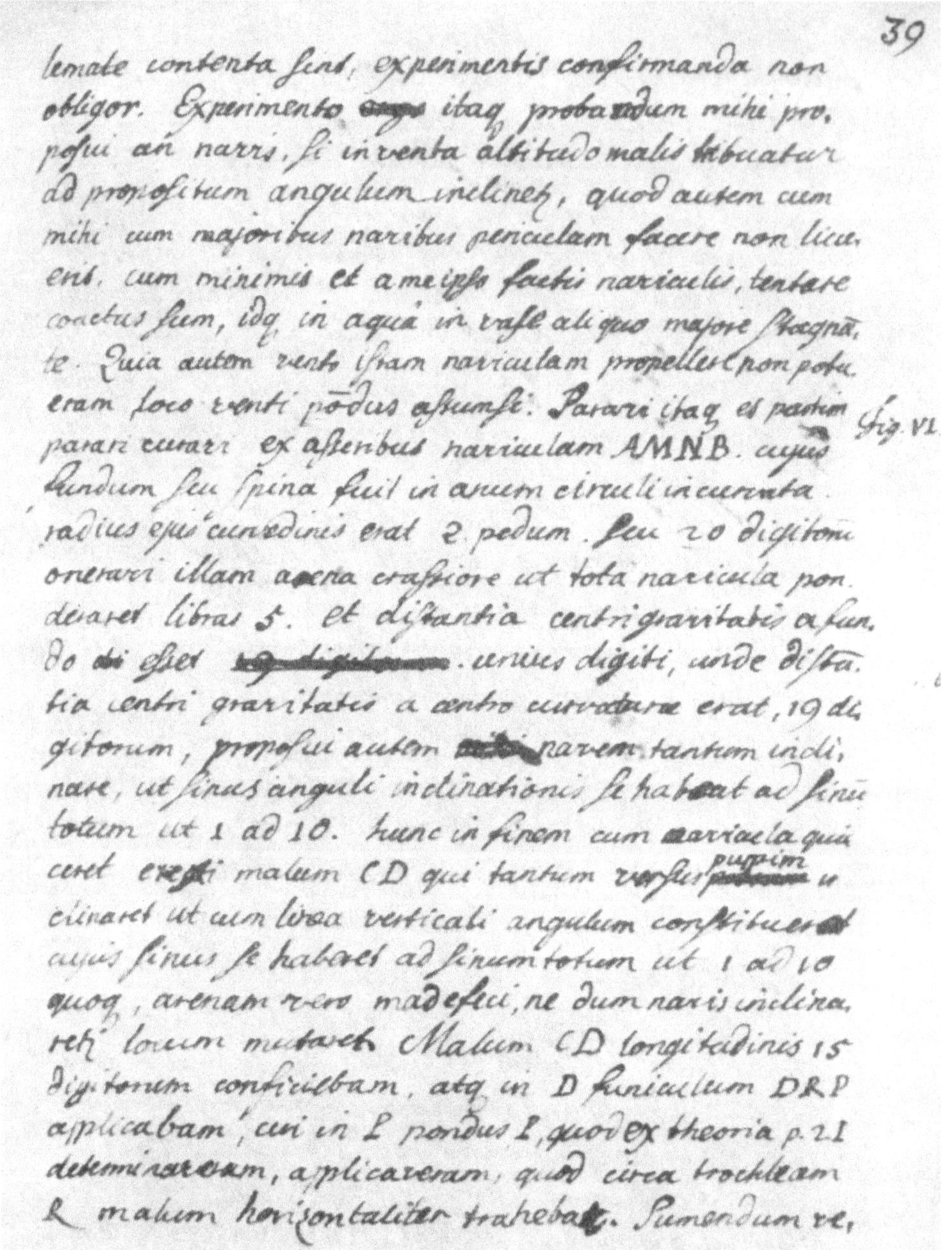
39

lemate contenta sint, experimentis confirmanda non
obligor. Experimento itaq probandum mihi pro-
posui an navis, si inventa altitudo mali tribuatur
ad propositum angulum inclinet, quod autem cum
mihi cum majoribus navibus periculum facere non lice-
ret, cum minimis et a me ipso factis naviculis, tentare
coactus sum, idq in aquâ in vase aliquo majore stagnan-
te. Quia autem venti ipsam naviculam propellere non potu-
eram loco venti pondus assumsi. Parari itaq et partim Fig. VI.
parari curavi ex asseribus naviculam AMNB. cujus
fundum seu spina fuit in arcum circuli incurvata
radius ejus curvedinis erat 2 pedum. seu 20 digitorum
onerari illam arena crassiore ut tota navicula pon-
deraret libras 5. et distantia centri gravitatis a fun-
do esset unius digiti, unde dista-
tia centri gravitatis a centro curvaturae erat, 19 di-
gitorum, proposui autem navem tantum incli-
nare, ut sinus anguli inclinationis se habeat ad sinu
totum ut 1 ad 10. hunc in finem cum navicula qui-
esceret erexi malum CD qui tantum versus puppim in-
clinaret ut cum linea verticali angulum constitueret
cujus sinus se haberet ad sinum totum ut 1 ad 10
quoq, arenam vero madefeci, ne dum navis inclina-
retur locum mutaret. Malum CD longitudinis 15
digitorum conficiebam, atq in D funiculum DRP
applicabam, cui in P pondus P, quod ex theoria p. 21
determinaveram, applicaveram, quod circa trochleam
R malum horizontaliter trahebat. Sumendum ve-

Abb. 3

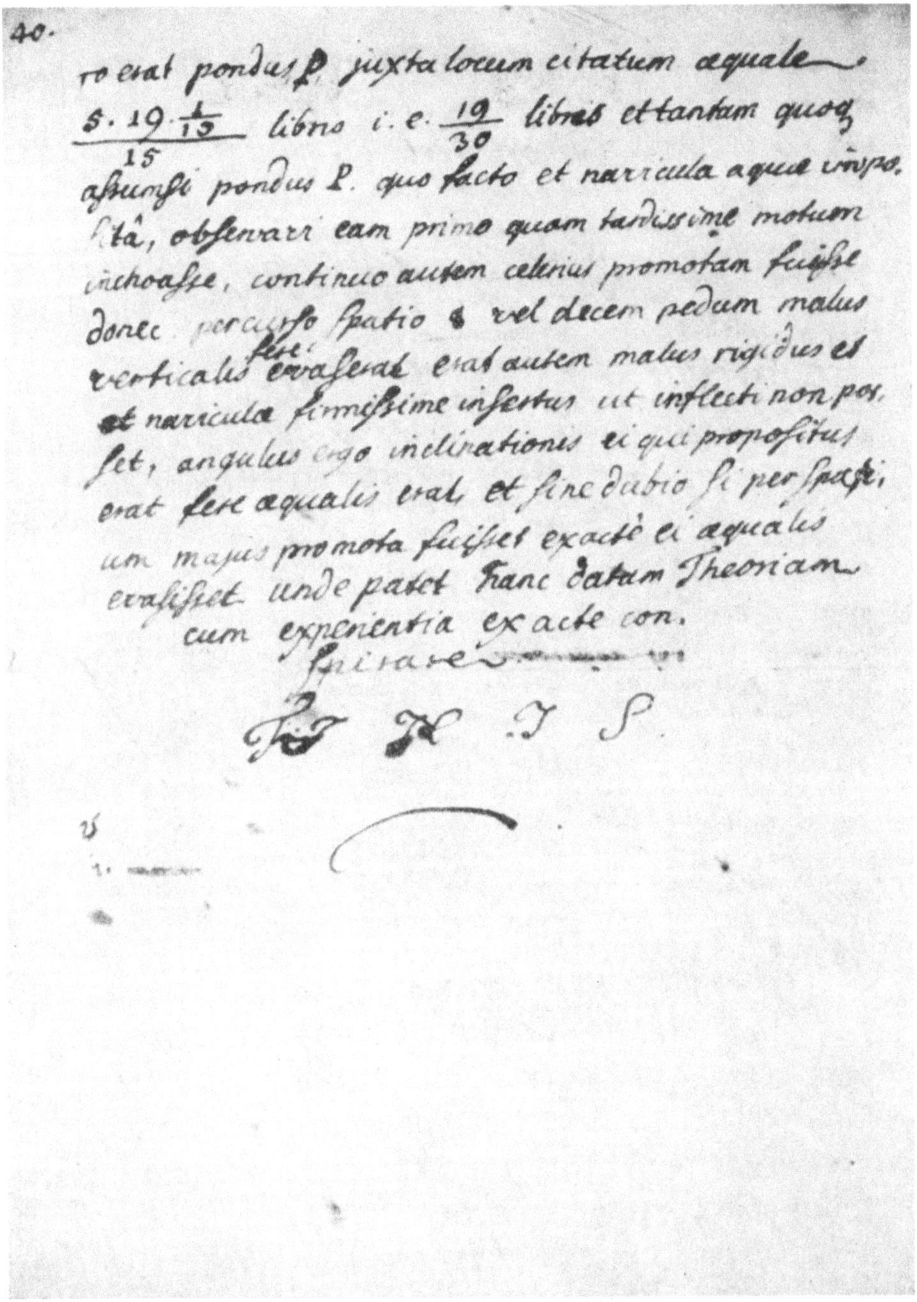

40.

ro erat pondus P. juxta locum citatum aequale $\frac{5 \cdot 19\frac{1}{15}}{15}$ libris i. e. $\frac{19}{30}$ libris et tantum quoq[ue]
assumpsi pondus P. quo facto et navicula aquae impo-
sitâ, observari eam primo quam tardissime motum
inchoasse, continuo autem celerius promotam fuisse
donec percurso spatio 8 vel decem pedum malus
verticalis fere evaserat. erat autem malus rigidus et
navicula firmissime insertus ut inflecti non pos-
set, angulus ergo inclinationis ei qui propositus
erat fere aequalis erat, et sine dubio si per spati-
um majus promota fuisset exactè ei aequalis
evasisset. unde patet hanc datam Theoriam
cum experientia exacte con-
spirare

Abb. 4

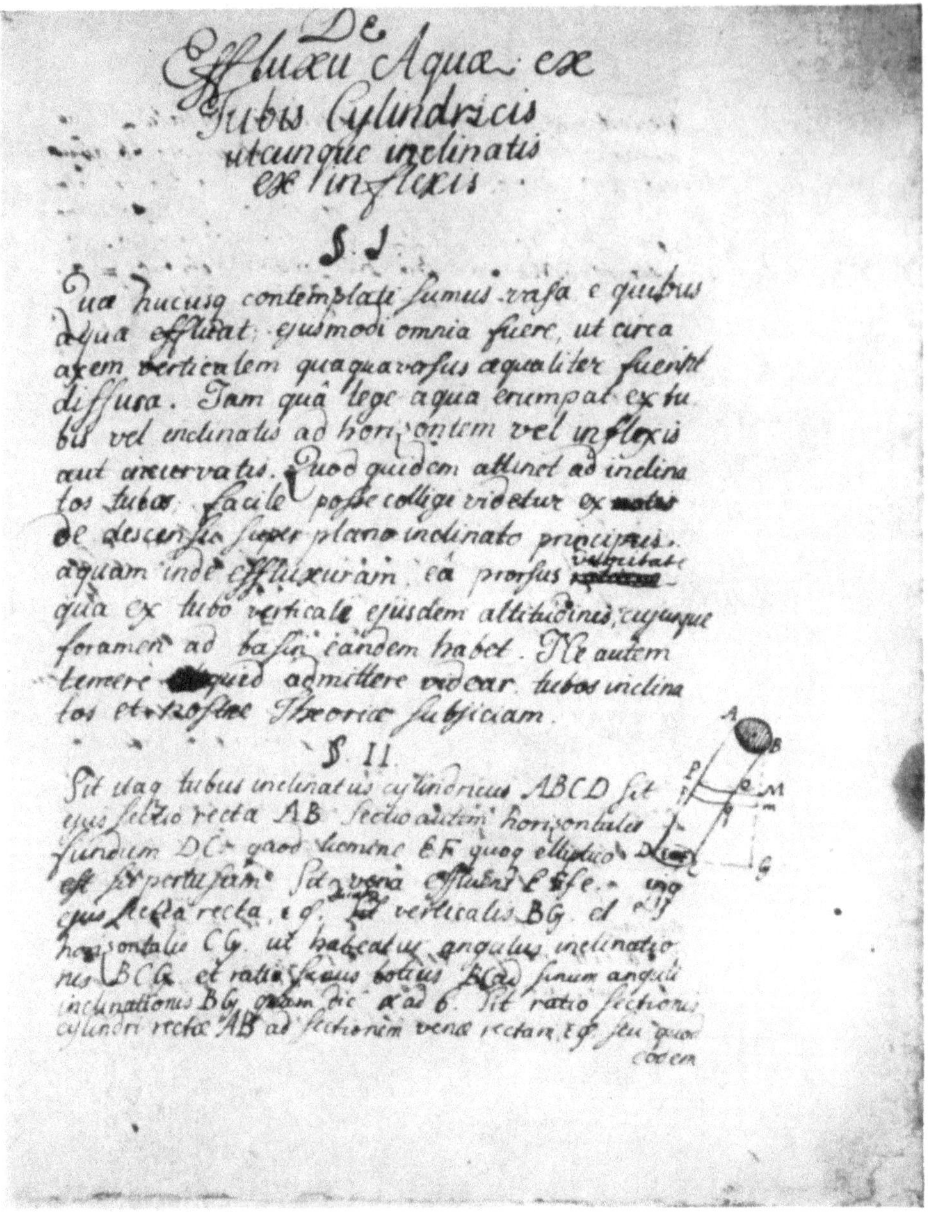
De Effluxu Aquae ex Tubis Cylindricis utcunque inclinatis et inflexis

§ I

Quae hucusque contemplati sumus vasa e quibus aqua effluat, ejusmodi omnia fuere, ut circa axem verticalem quaquaversus aequaliter fuerint diffusa. Jam quâ lege aqua erumpat ex tubis vel inclinatis ad horizontem vel inflexis aut incurvatis. Quod quidem attinet ad inclinatos tubos, facile posse colligi videtur ex motus de descensu super plano inclinato principiis, aquam inde effluxuram, ea prorsus velocitate, qua ex tubo verticali ejusdem altitudinis, cujusque foramen ad basin eandem habet. Ne autem temere aliquid admittere videar, tubos inclinatos etiam nostrae Theoriae subjiciam.

§ II

Sit itaque tubus inclinatus cylindricus ABCD, sit ejus sectio recta AB, sectio autem horizontalis fundum DC, quod lumine EF quoque elliptico est perforatum. Sit vena effluens EFfe, ejus sectio recta, eg. Sit verticalis BG et horizontalis CG, ut habeatur angulus inclinationis BCG, et ratio sinus totius BC ad sinum anguli inclinationis BG, quam dic α ad b. Sit ratio sectionis cylindri rectae AB ad sectionem venae rectam eg, seu quod eodem

Abb. 5

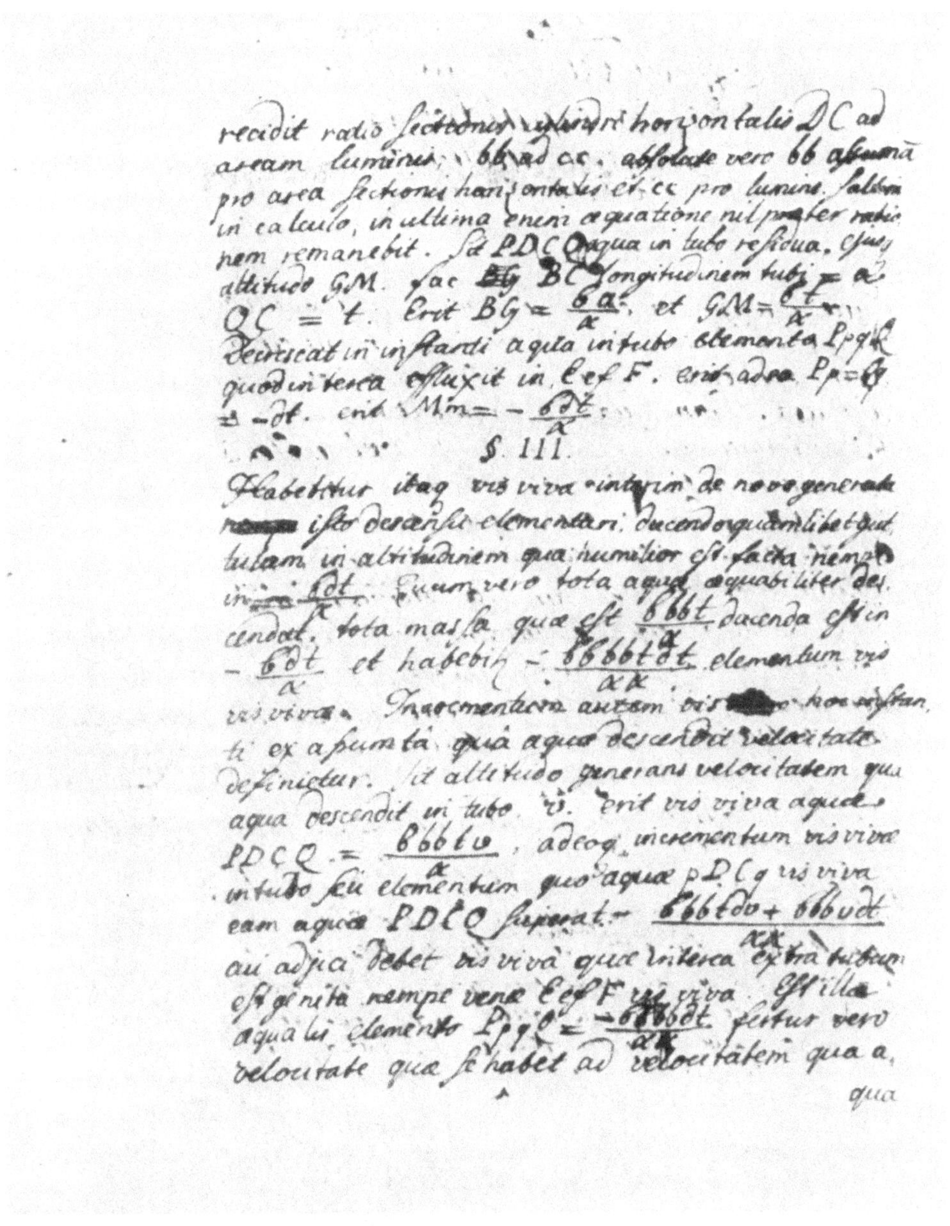

recidit ratio sectionis cylindri horizontalis DC ad
aream luminis, bb ad αα. absolute vero bb assumã
pro area sectionis horizontalis et αα pro lumine saltem
in calculo, in ultima enim aequatione nil praeter ratio-
nem remanebit. Sit PDCQ aqua in tubo residua, ejus
altitudo GM. fac BC longitudinem tubi = a
QC = t. Erit $BG = \frac{ba}{\alpha}$, et $GM = \frac{bt}{\alpha}$
Decrescat in instanti aqua in tubo elementa Ppq
quod interea effluxit in EefF. erit adeo Pp = Qq
= −dt. erit $Mm = -\frac{bdt}{\alpha}$.

§. 111.

Habebitur itaq vis viva interim de novo generata
[illegible] isto descensu elementari, ducendo quamlibet gut-
tulam in altitudinem qua humilior est facta, nempe
in $\frac{bdt}{\alpha}$. Quum vero tota aqua aequabiliter des-
cendat, tota massa quae est $\frac{bbbt}{\alpha}$ ducenda est in
$-\frac{bdt}{\alpha}$ et habebis $-\frac{bbbbtdt}{\alpha\alpha}$ elementum vis
vis vivae. Incrementum autem vis [illegible] hoc existen-
ti ex assumta qua aqua descendit velocitate
definietur. Sit altitudo generans velocitatem qua
aqua descendit in tubo v. erit vis viva aquae
$PDCQ = \frac{bbbtv}{\alpha}$, adeoq incrementum vis vivae
in tubo seu elementum quo aqua pDCq vis viva
eam aquae PDCQ superat $= \frac{bbbtdv + bbbvdt}{\alpha\alpha}$
cui adjici debet vis viva quae interea extra tubum
est genita nempe venae EefF vis viva. Est illa
aequalis elemento $Ppq = \frac{-bbbdt}{\alpha\alpha}$. fertur vero
velocitate quae se habet ad velocitatem qua a,

qua

Abb. 6

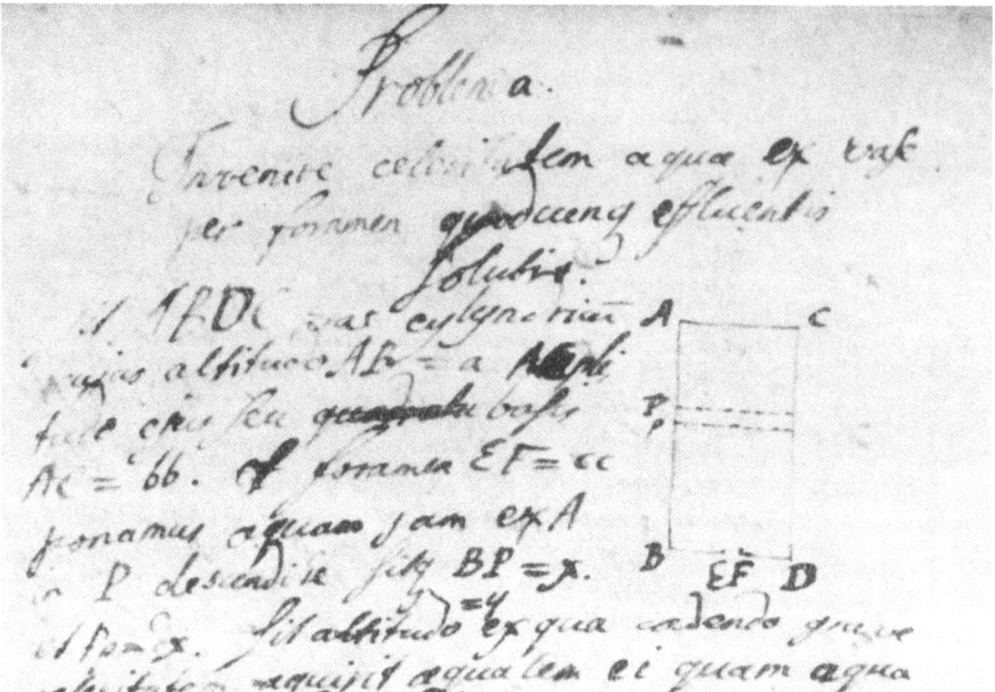

Problema.

Invenire celeritatem aquae ex vase per foramen quodcunque effluentis

Solutio.

Sit AfDC vas cylindricum cujus altitudo AB = a basis circulus seu ~~quadratum~~ basis AC = bb. et foramen EF = cc ponamus aquam jam ex A in P descendisse sitque BP = x. sit altitudo = y ex qua cadendo grave celeritatem acquirit aequalem ei quam aqua in P habet. sitque similis altitudo celeritati aquae effluentis respondens = z. Est autem celeritas aquae effluentis ad celeritatem aquae descendentis ... $\sqrt{z} : \sqrt{y} = bb : cc$. eritque $b^4 y = c^4 z$. Aqua vero ... dum ex P in p descendit acquirit celeritatem ... $y + dy$. respondentem. cum tamen esse deberet $y + dx$. perditque in aqua in tubo contenta vis viva $= bbx . dx - dy$ quae vis autem reducta in aquam effluentem ut ita aequalis esse debeat $bbz\,dx$. seu $\frac{b^6 y\,dx}{c^4}$

Abb. 7

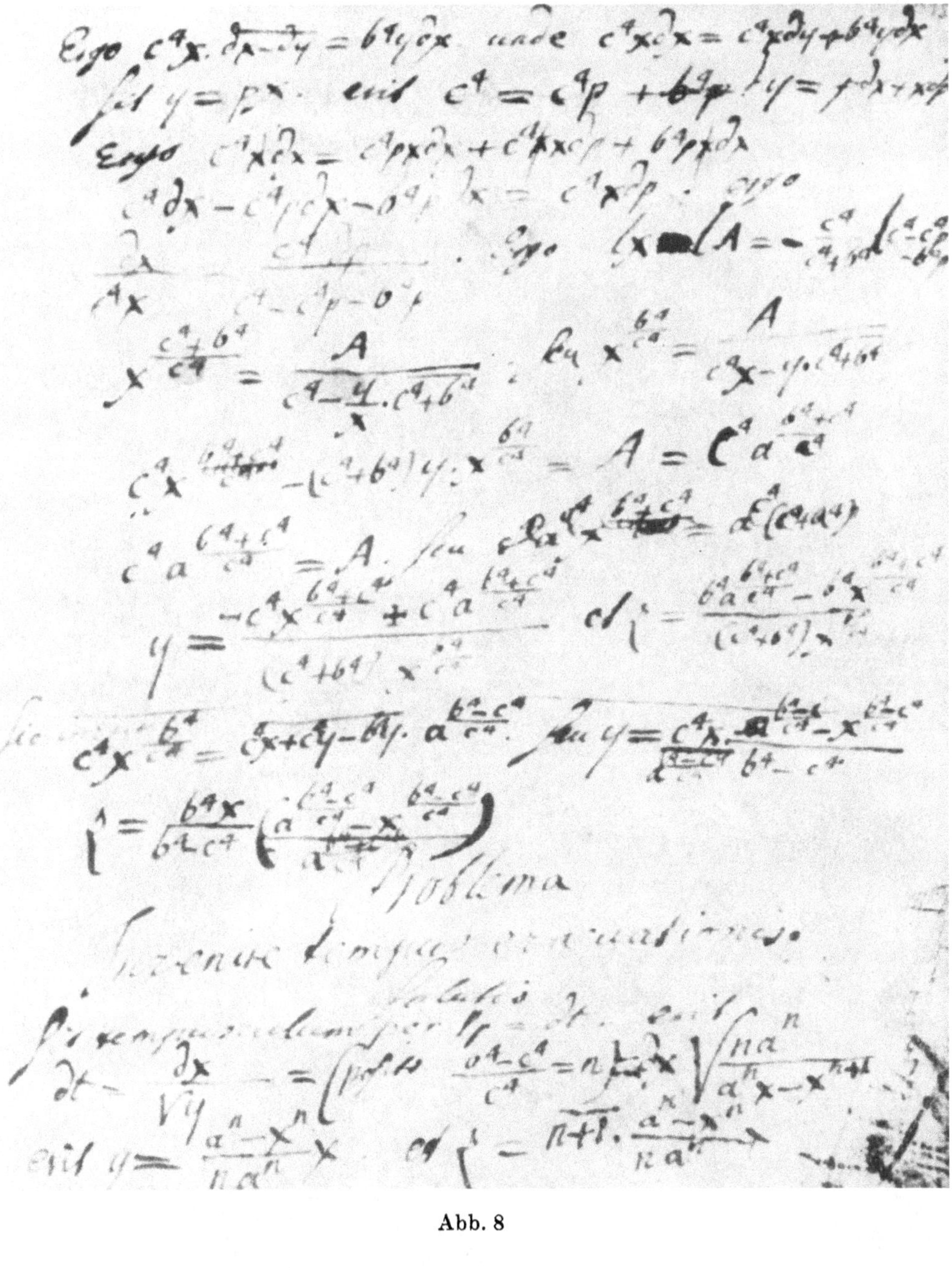

Abb. 8

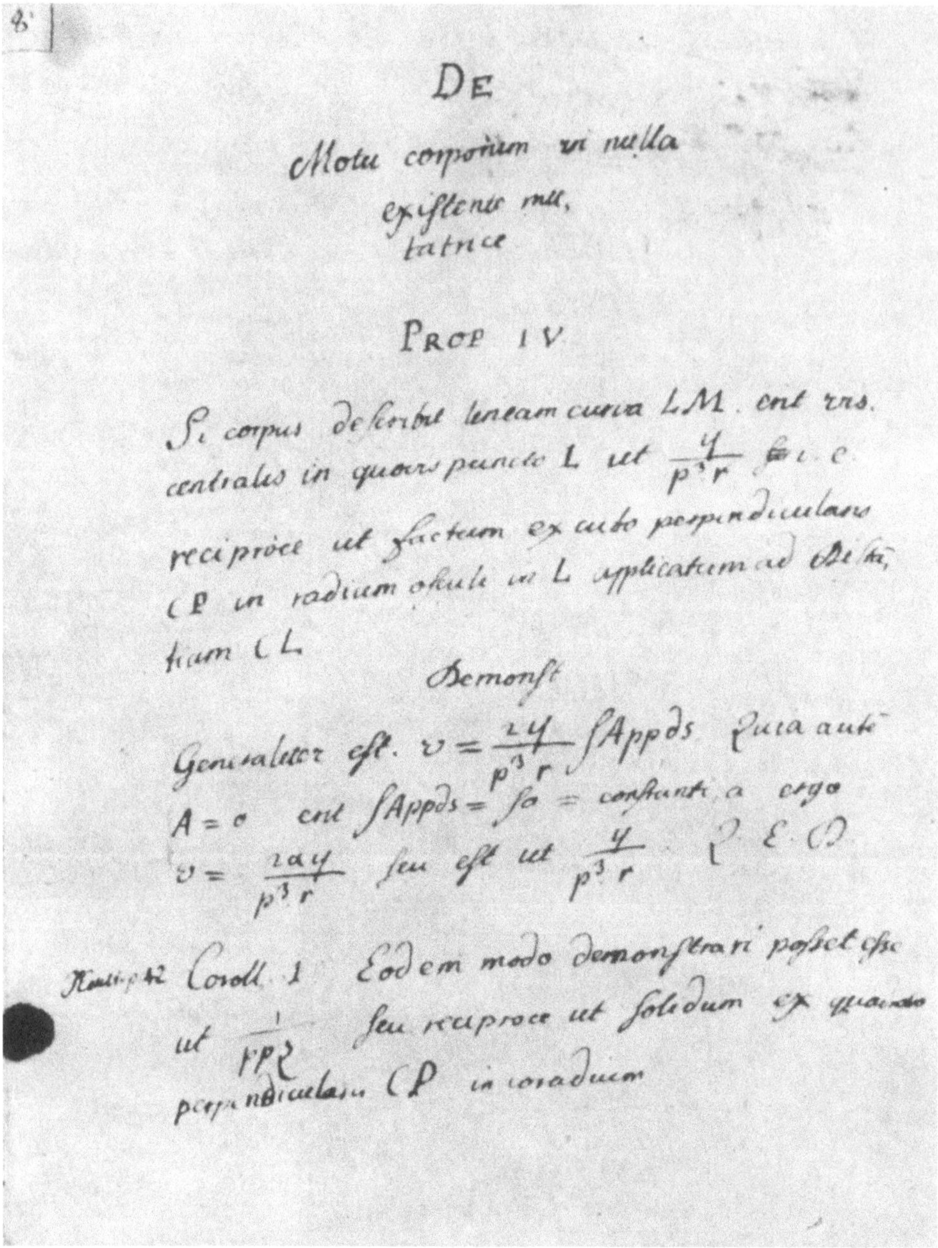

8'

De

Motu corporum vi nulla existente mutatrice

Prop IV

Si corpus describit lineam curvam LM. erit vis centralis in quovis puncto L ut $\frac{y}{p^3 r}$ h. e. reciproce ut factum ex cubo perpendicularis CP in radium osculi in L applicatum ad distantiam CL.

Demonst

Generaliter est. $v = \frac{2y}{p^3 r}\int App\,ds$. Quia autem $A = 0$ erit $\int App\,ds = \int a$ = constanti, a ergo $v = \frac{2ay}{p^3 r}$ seu est ut $\frac{y}{p^3 r}$ Q. E. D.

Newt. p 42 Coroll. 1 Eodem modo demonstrari posset esse ut $\frac{1}{rp^2}$ seu reciproce ut solidum ex quadrato perpendicularis CP in radium

Abb. 9

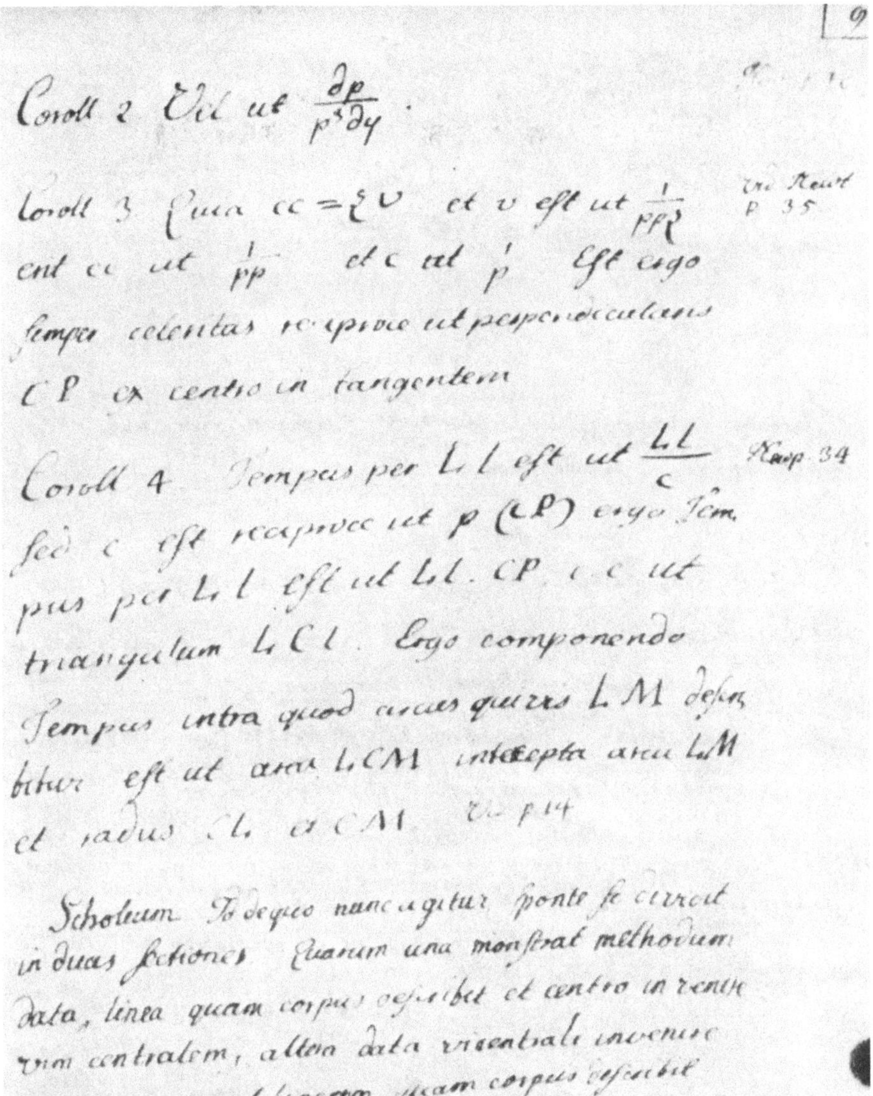

9

Coroll 2 Vel ut $\frac{dp}{p^3 dy}$.

Coroll 3 Quia $cc = 2v$ et v est ut $\frac{1}{pp}$ erit cc ut $\frac{1}{pp}$ et c ut $\frac{1}{p}$ Est ergo semper celeritas reciproce ut perpendicularis CP ex centro in tangentem — vi Newt p 35

Coroll 4 Tempus per Ll est ut $\frac{Ll}{c}$ sed c est reciproce ut p (CP) ergo Tempus per Ll est ut Ll . CP, i.e. ut triangulum LCl. Ergo componendo Tempus intra quod arcus quivis LM describitur est ut area LCM intercepta arcu LM et radiis CL et CM. vi p 14 — Newt p. 34

Scholium. Id de quo nunc agitur sponte se dividit in duas sectiones. Quarum una monstrat methodum data linea quam corpus describet et centro invenire vim centralem, altera data vi centrali invenire trajectoriam aut lineam quam corpus describit.

Abb. 10

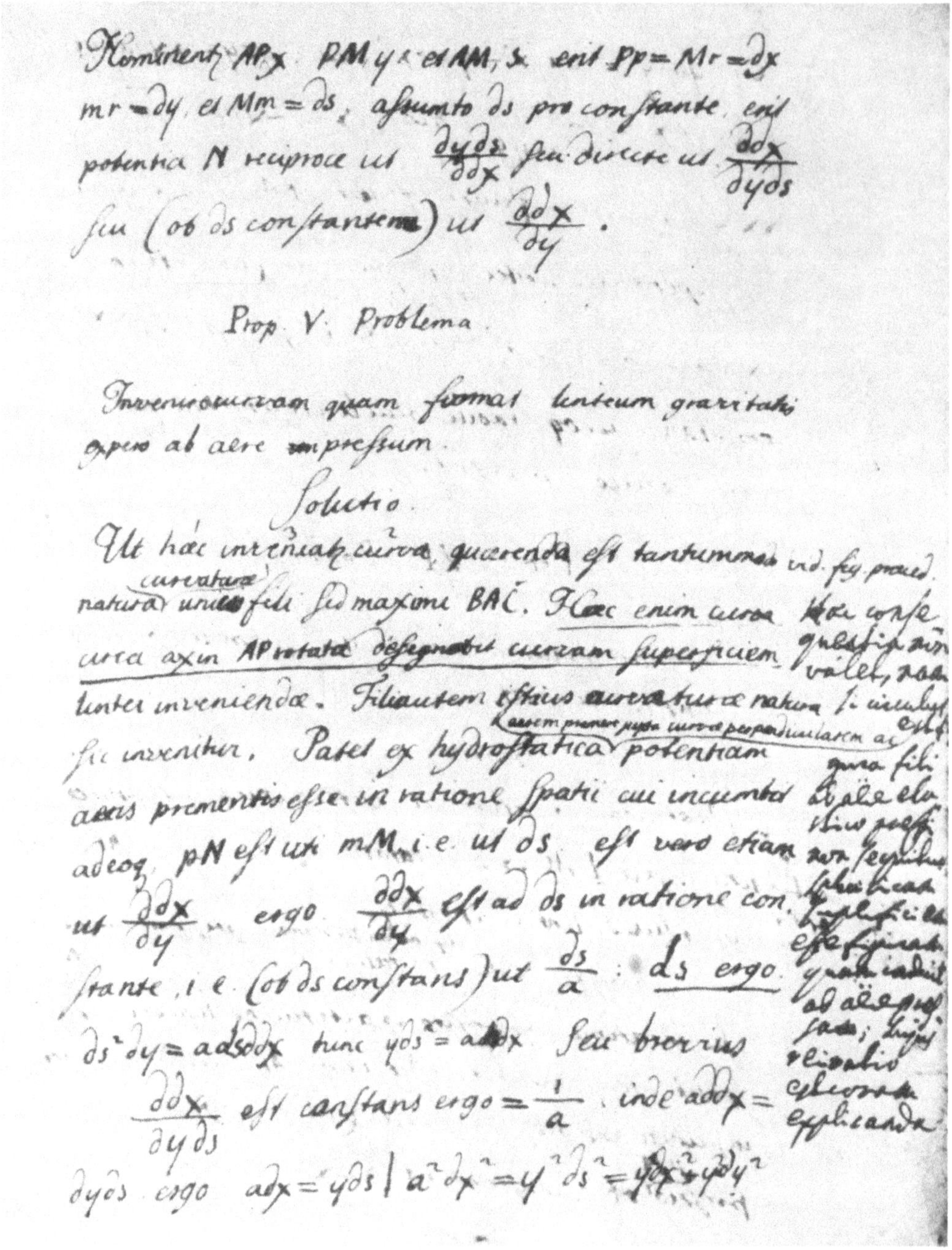

Nominentur AP x, PM y et AM s. erit Pp = Mr = dx, mr = dy, et Mm = ds, assumto ds pro constante, erit potentia N reciproce ut $\frac{dyds}{ddx}$ seu directe ut $\frac{ddx}{dyds}$ seu (ob ds constantem) ut $\frac{ddx}{dy}$.

Prop. V. Problema

Invenire curvam quam format linteum gravitatis expers ab aere impressum.

Solutio.

Ut haec inveniatur curva, quaerenda est tantummodo natura curvaturae unius fili sed maxime BAC. Haec enim curva circa axin AP rotata designabit curvam superficiem lintei inveniendae. Fili autem ejus curvaturae natura sic invenitur. Patet ex hydrostatica potentiam [illegible] perpendicularem aeris prementis esse in ratione spatii cui incumbit adeoque pN est ut mM, i.e. ut ds est vero etiam ut $\frac{ddx}{dy}$ ergo $\frac{ddx}{dy}$ est ad ds in ratione constante, i.e. (ob ds constans) ut $\frac{ds}{a}$: ds ergo $ds^2 dy = a\,ds\,ddx$ tunc $y\,ds^2 = a\,ddx$ seu brevius $\frac{ddx}{dyds}$ est constans ergo $= \frac{1}{a}$. inde $a\,ddx = dyds$ ergo $adx = yds \mid a^2dx^2 = y^2ds^2 = y^2dx^2 + y^2dy^2$

vid. fig. praec.

Hoc consequentia non valet, nam [illegible] si circulus esset [illegible] quia fili [illegible] aequale elastico [illegible] quam cadit ab aere pressa; hujus relatio [illegible] explicanda

Abb. 11

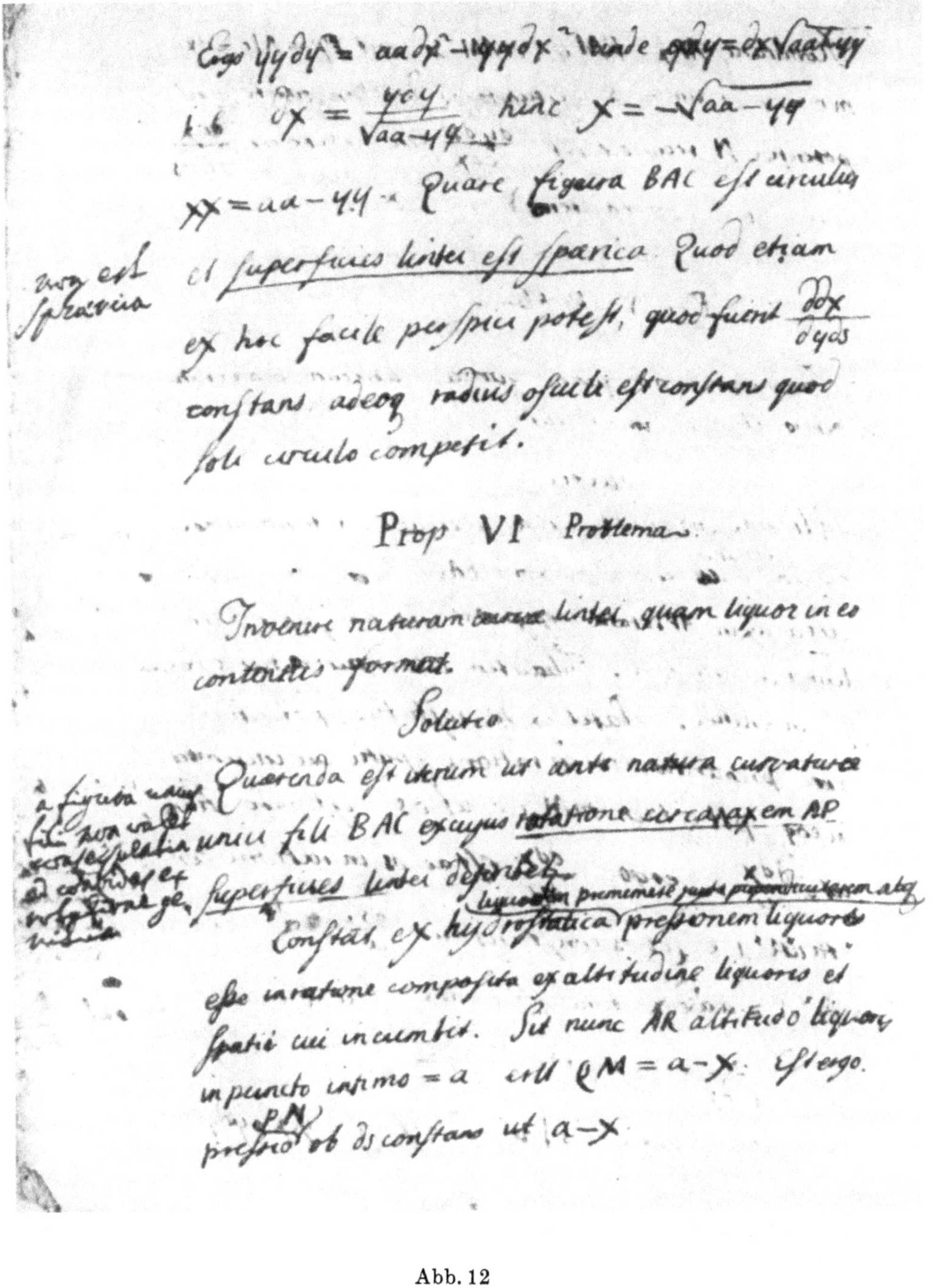

Ergo yydy² = aadx² − yydx² unde ydy = dx√aa−yy

i.e. $dx = \frac{ydy}{\sqrt{aa-yy}}$ hinc $x = -\sqrt{aa-yy}$

$xx = aa - yy$. Quare figura BAC est circulus

et superficies lintei est spherica. Quod etiam

ex hoc facile perspici potest, quod fuerit $\frac{ddx}{dyds}$

constans adeoq radius osculi est constans quod

soli circulo competit.

non est sphaerica

Prop VI Problema

Invenire naturam curvae lintei quam liquor in eo contentus format.

Solutio

Quaerenda est iterum ut ante natura curvaturae unius fili BAC ex cujus rotatione circa axem AP superficies lintei describitur.

liquoris premente juxta perpendicularem atq

Constat ex hydrostatica pressionem liquoris esse in ratione composita ex altitudine liquoris et spatii cui incumbit. Sit nunc AR altitudo liquoris in puncto infimo = a erit QM = a − x. est ergo pressio PN ob ds constans ut a − x

a figura unius fili non valet consequentia ad ...

Abb. 12

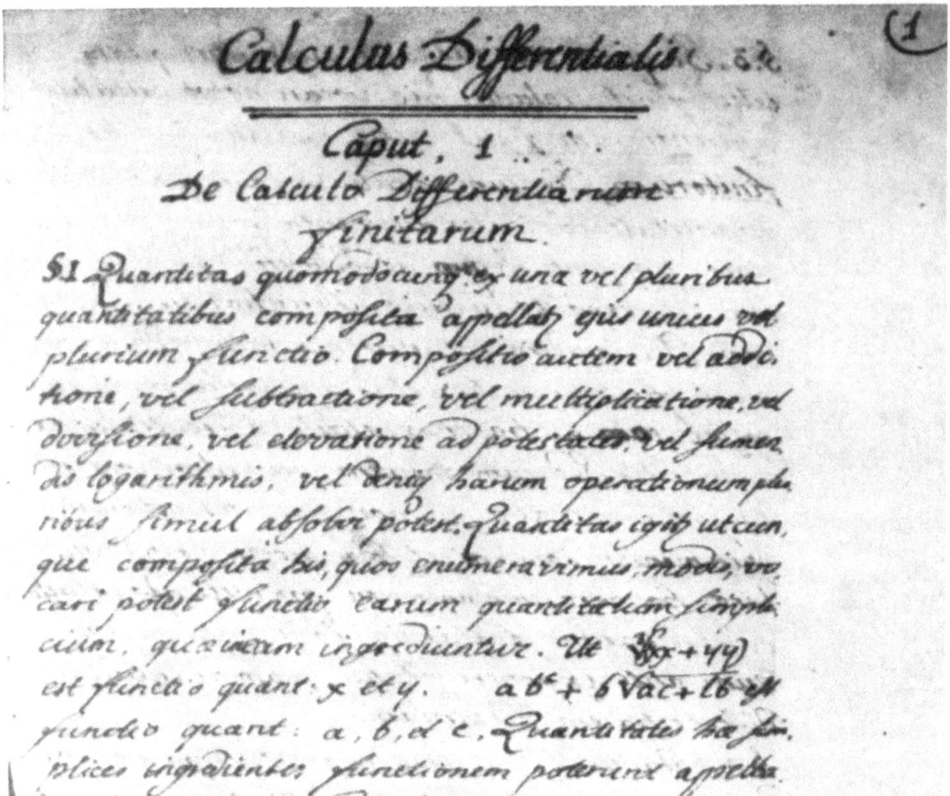

Calculus Differentialis

Caput 1.

De Calculo Differentiarum finitarum.

§1 Quantitas quomodocunque ex una vel pluribus quantitatibus composita appellatur earum unius vel plurium functio. Compositio autem vel additione, vel subtractione, vel multiplicatione, vel divisione, vel elevatione ad potestates, vel sumendis logarithmis, vel denique harum operationum pluribus simul absolvi potest. Quantitas igitur utcunque composita his, quos enumeravimus, modis, vocari potest functio earum quantitatum simplicium, quae in eam ingrediuntur. Ut $\sqrt[3]{(xx+yy)}$ est functio quant. x et y. $ab^c + b\sqrt{ac} + lb$ est functio quant. a, b, et c. Quantitates hae simplices ingredientes functionem poterunt appellari quantitates radicales.

§2. Si quantitates radicales vel omnes vel quaedam augeantur vel diminuantur datis quantitatibus, functio ex iis composita vel augmentabitur vel imminuetur vel immutata manebit. Quantum autem incrementum functio auctis vel minutis quantitatibus radicalibus accipiat, invenire docet Calculus differentiarum unde ita vocatur, quod differentiam monstret inter functionem primam et immutatam. Vocari quoque potest calculus incrementorum, quod incrementum functionis exhibeat, quantitatibus radicalibus vel auctis vel minutis

Abb. 13

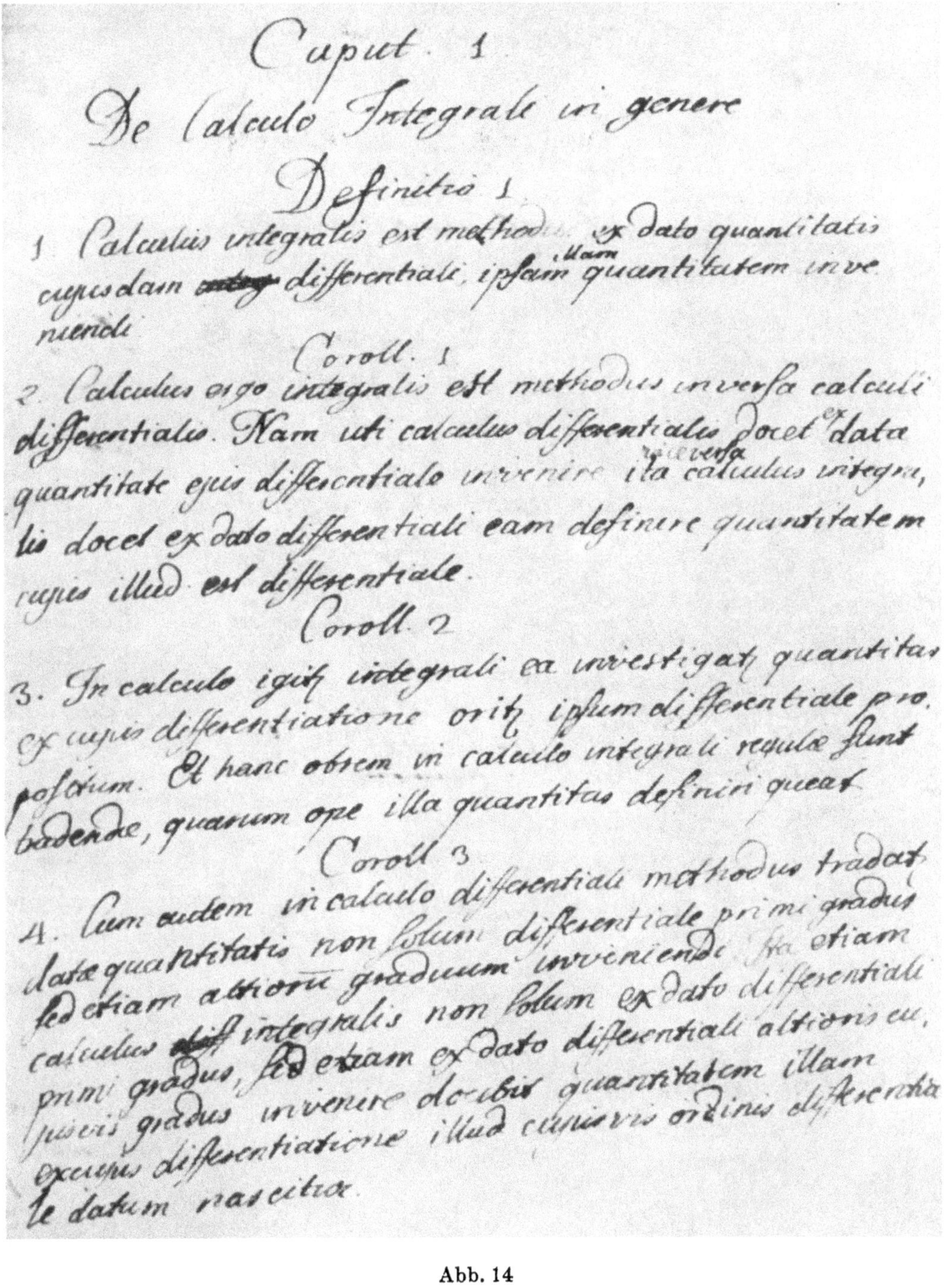

Caput 1

De Calculo Integrali in genere

Definitio 1

1. Calculus integralis est methodus ex dato quantitatis cujusdam ~~integ~~ differentiali, ipsam illam quantitatem inveniendi

Coroll. 1

2. Calculus ergo integralis est methodus inversa calculi differentialis. Nam uti calculus differentialis docet ex data quantitate ejus differentiale invenire ita vicev ersa calculus integralis docet ex dato differentiali eam definire quantitatem cujus illud est differentiale.

Coroll. 2

3. In calculo igitur integrali ea investigatur quantitas ex cujus differentiatione oritur ipsum differentiale propositum. Et hanc obrem in calculo integrali regulae sunt tradendae, quarum ope illa quantitas definiri queat.

Coroll 3

4. Cum autem in calculo differentiali methodus tradatur datae quantitatis non solum differentiale primi gradus sed etiam altiorum graduum inveniendi, ita etiam calculus ~~diff~~ integralis non solum ex dato differentiali primi gradus, sed etiam ex dato differentiali altioris cujusvis gradus invenire docebit quantitatem illam ex cujus differentiatione illud cujusvis ordinis differentiale datum nascitur.

Abb. 14

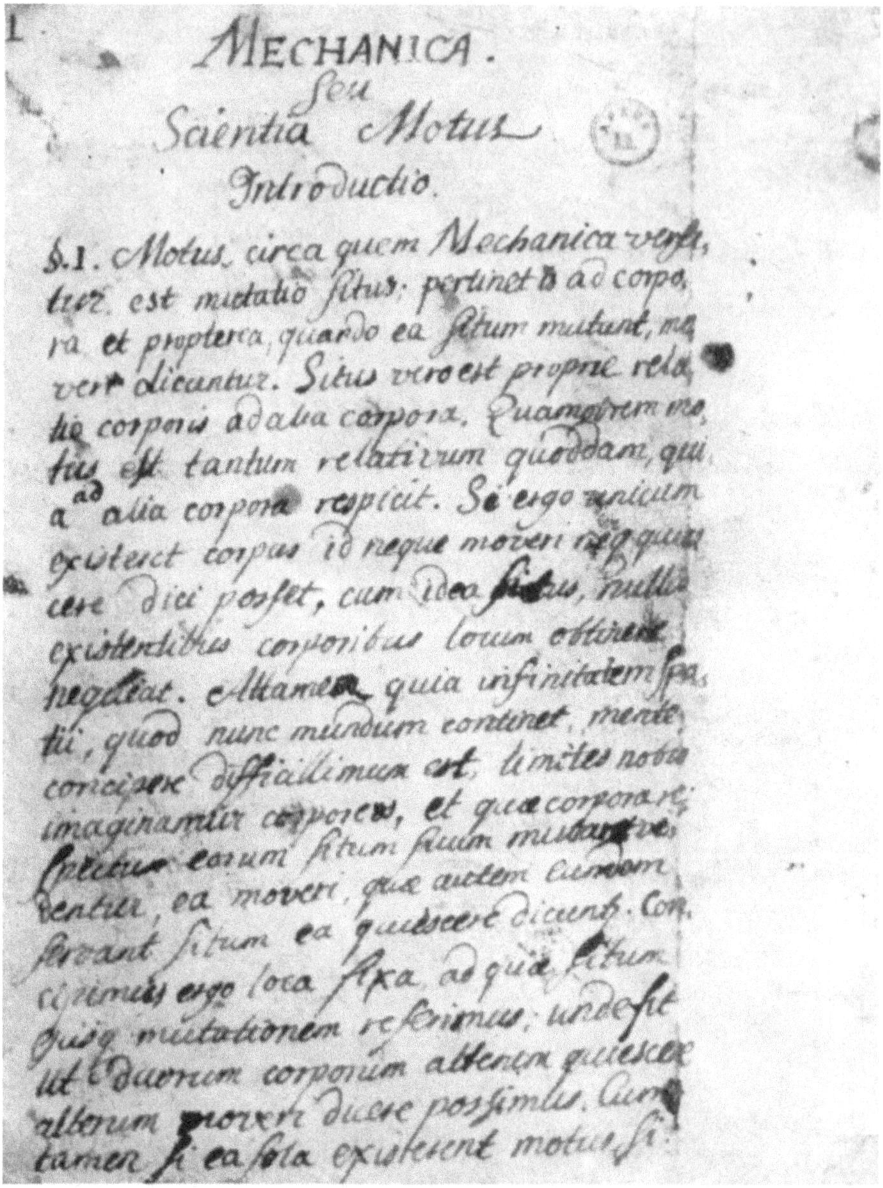

1

Mechanica.
seu
Scientia Motus
Introductio.

§.1. Motus, circa quem Mechanica versa-
tur, est mutatio situs; pertinet is ad corpo-
ra et propterea, quando ea situm mutant, mo-
veri dicuntur. Situs vero est proprie rela-
tio corporis ad alia corpora. Quamobrem mo-
tus est tantum relativum quoddam, qui
a ad alia corpora respicit. Si ergo unicum
existeret corpus id neque moveri neq quies-
cere dici posset, cum idea situs, nullis
existentibus corporibus locum obtinere,
negetat. Attamen quia infinitatem spa-
tii, quod nunc mundum continet, mente
concipere difficillimum est, limites nobis
imaginamur corporeos, et quae corpora re-
spectu eorum situm suum mutant vi-
dentur, ea moveri, quae autem eundem
servant situm ea quiescere dicuntur. Con-
cipimus ergo loca fixa, ad quae situm
cuiusq mutationem referimus; unde fit
ut duorum corporum alterum quiescere
alterum moveri dicere possimus. Cum
tamen si ea sola existerent motus si-

Abb. 15

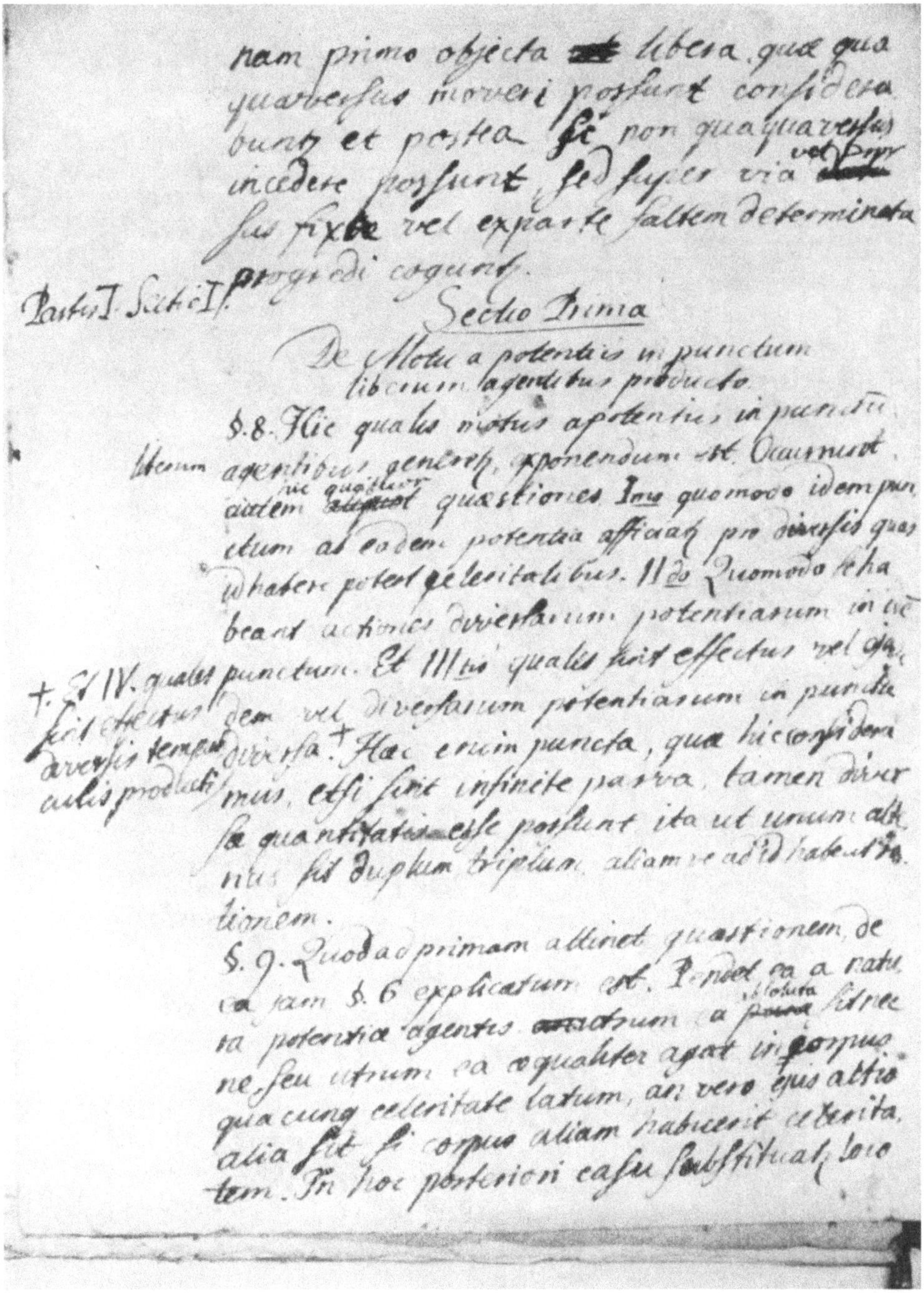

nam primo objecta ~~ut~~ libera, quae quaquaversus moveri possunt considerabuntur et postea [ea] non quaquaversus incedere possunt, sed super via vel prorsus fixa vel ex parte saltem determinata progredi coguntur.

Pars I. Sectio I.

Sectio Prima

De Motu a potentiis in punctum liberum agentibus producto.

§. 8. Hic qualis motus a potentiis in punctum liberum agentibus generetur, exponendum est. Occurrunt autem hic quatuor quaestiones. Imo quomodo idem punctum ab eadem potentia afficiatur pro diversis quas habere potest celeritatibus. IIdo Quomodo se habeant actiones diversarum potentiarum in idem punctum. Et IIItio qualis sit effectus vel ejusdem vel diversarum potentiarum in puncta diversa.+ Haec enim puncta, quae hic consideramus, etsi sint infinite parva, tamen diversae quantitatis esse possunt ita ut unum alterius sit duplum triplum aliamve ad id habeat rationem.

+ Et IV. qualis sit effectus diversis temporis [illegible] producti

§. 9. Quod ad primam attinet quaestionem, de ea jam §. 6 explicatum est. Pendet ea a natura potentiae agentis utrum ea absoluta sit, nec ne, seu utrum ea aequaliter agat in corpus quacunque celeritate latum, an vero ejus actio alia sit si corpus aliam habuerit celeritatem. In hoc posteriori casu substituatur loco

Abb. 16

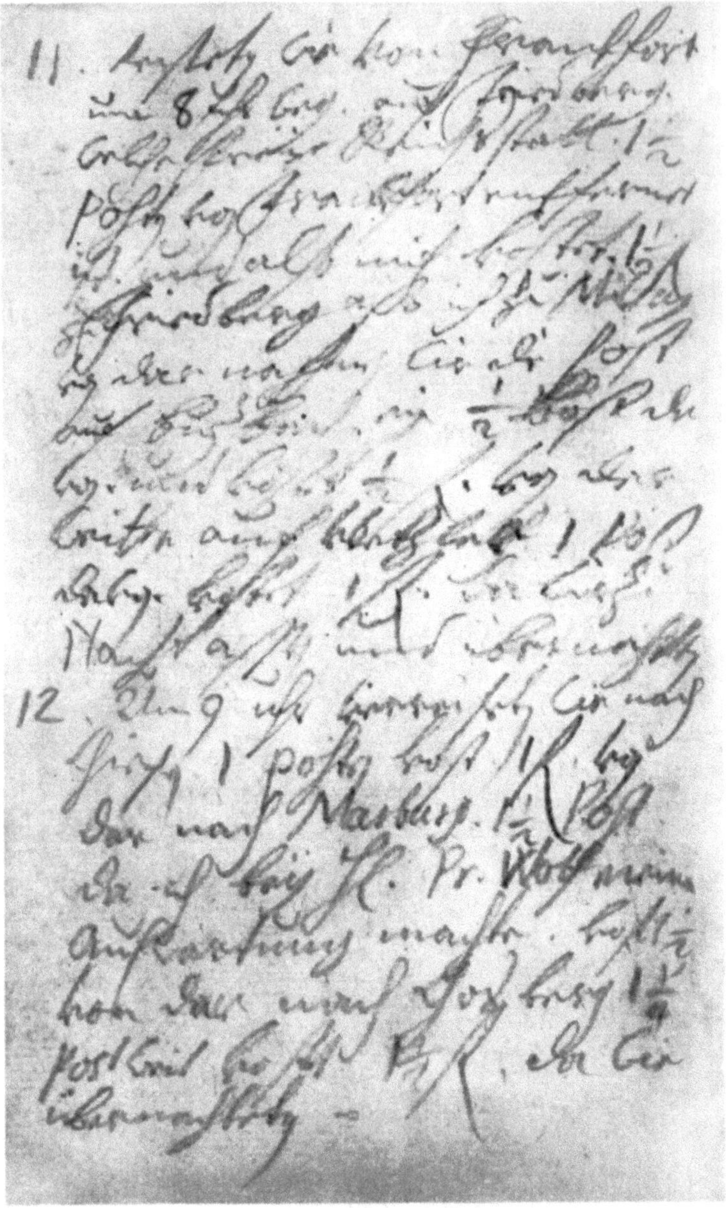

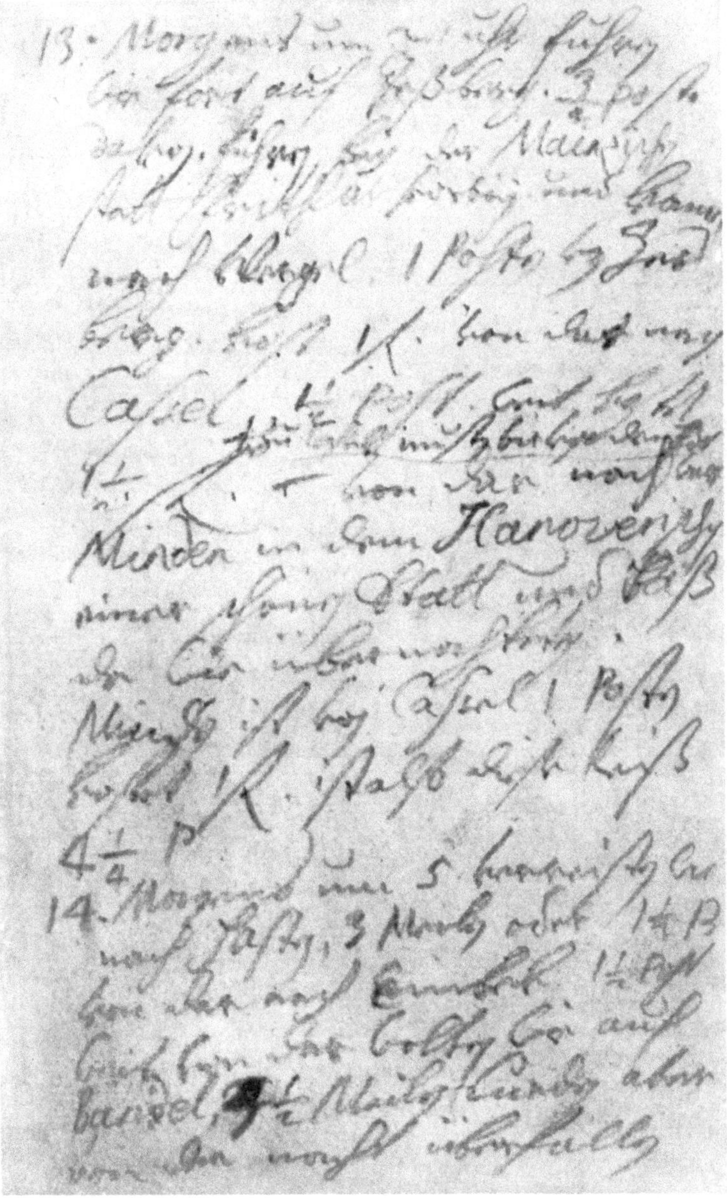

Abb. 18

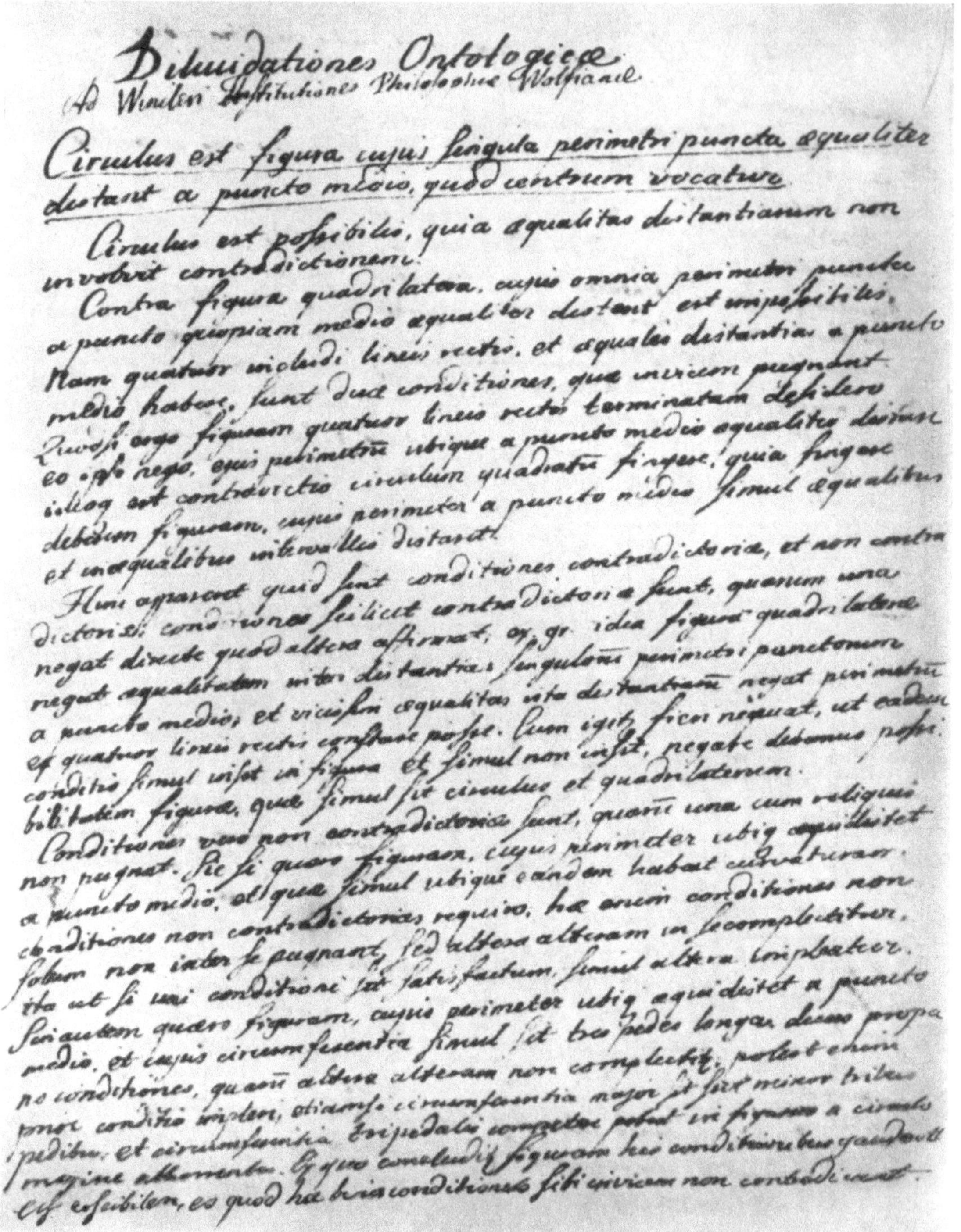

Dilucidationes Ontologicæ
Ad Winkleri Institutiones Philosophiae Wolfianae

Circulus est figura cujus singula perimetri puncta aequaliter distant a puncto medio, quod centrum vocatur.

Circulus est possibilis, quia aequalitas distantiarum non involvit contradictionem.

Contra figura quadrilatera, cujus omnia perimetri puncta a puncto quopiam medio aequaliter distant est impossibilis. Nam quatuor includi lineis rectis, et aequales distantias a puncto medio habere, sunt duae conditiones, quae invicem pugnant. Quodsi ergo figuram quatuor lineis rectis terminatam desidero eo ipso nego, ejus perimetrum ubique a puncto medio aequaliter distare, ideoque est contradictio circulum quadratum fingere, quia fingere deberem figuram, cujus perimeter a puncto medio simul aequalibus et inaequalibus intervallis distaret.

Hinc apparet quid sint conditiones contradictoriae, et non contradictoriae: conditiones scilicet contradictoriae sunt, quarum una negat directe quod altera affirmat, ex. gr. idea figurae quadrilaterae negat aequalitatem inter distantias singulorum perimetri punctorum a puncto medio, et vicissim aequalitas ista distantiarum negat perimetrum ex quatuor lineis rectis constare posse. Cum igitur fieri nequeat, ut eadem conditio simul insit in figura et simul non insit, negare debemus possibilitatem figurae, quae simul sit circulus et quadrilaterum.

Conditiones vero non contradictoriae sunt, quarum una cum reliquis non pugnat. Sic si quaero figuram, cujus perimeter ubique aequaliter distet a puncto medio, et quae simul ubique eandem habeat curvaturam, conditiones non contradictorias requiro, hae enim conditiones non solum non inter se pugnant, sed altera alteram in se complectitur, ita ut si uni conditioni sit satisfactum, simul altera impleatur.

Si autem quaero figuram, cujus perimeter ubique aequidistet a puncto medio, et cujus circumferentia simul sit tres pedes longa, dico propter conditiones, quarum altera alteram non complectitur, potest enim una conditio impleri, etiamsi circumferentia major sit sive minor tribus pedibus, et circumferentia tripedalis competere potest in figuram a circulo longe alienam. Ergo cum concludis figuram his conditionibus gaudentem esse possibilem, eo quod hae binae conditiones sibi invicem non contradicunt.

Abb. 19

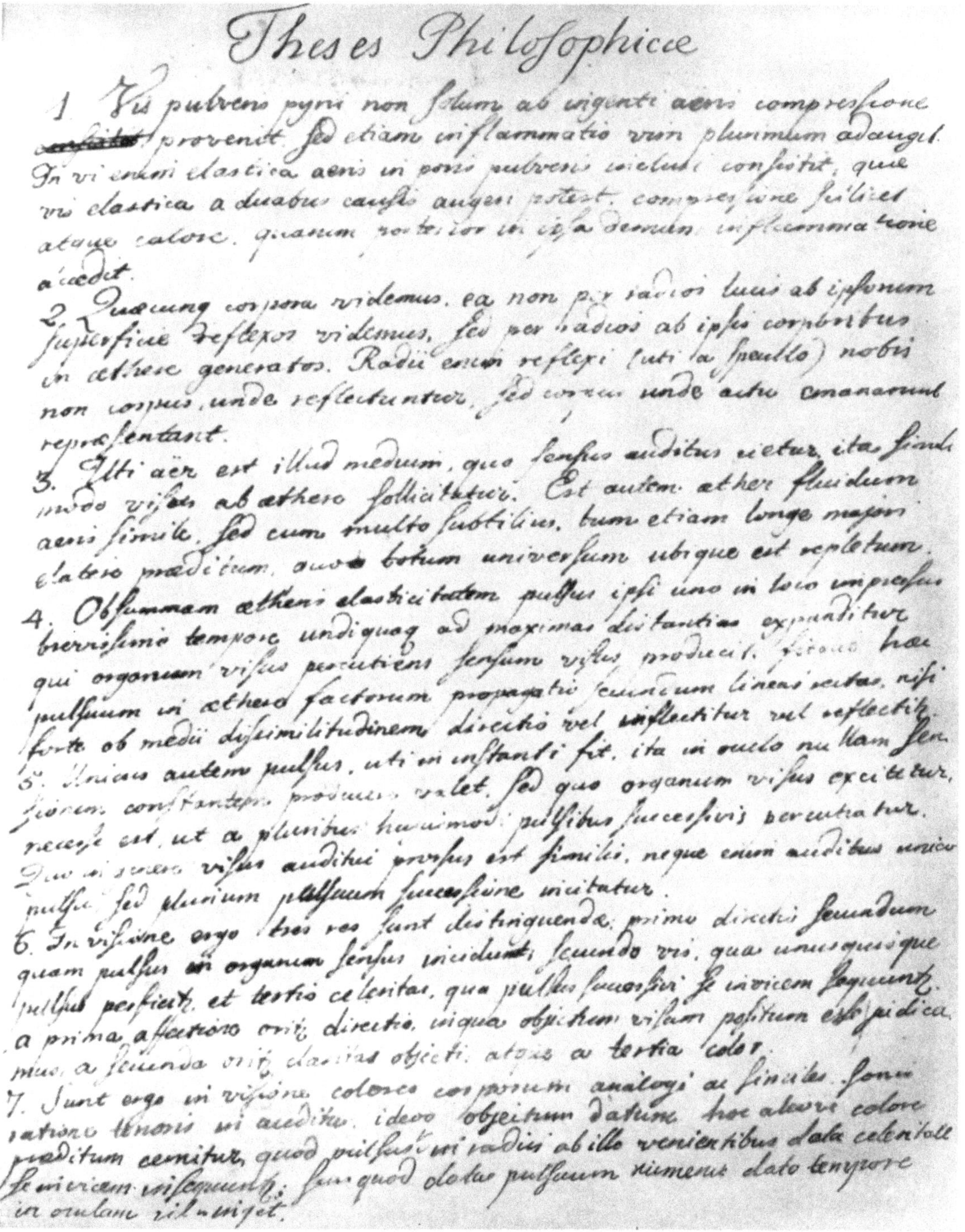
Theses Philosophicae

1. Vis pulveris pyrii non solum ab urgenti aeris compressione ~~[struck out]~~ provenit, sed etiam inflammatio vim plurimum adauget. In vi enim elastica aeris in poris pulveris inclusi consistit, quae vis elastica a duabus causis augeri potest, compressione scilicet atque calore, quarum posterior in ipsa demum inflammatione accedit.

2. Quaecunque corpora videmus, ea non per radios lucis ab ipsorum superficie reflexos videmus, sed per radios ab ipsis corporibus in aethere generatos. Radii enim reflexi (uti in speculo) nobis non corpus, unde reflectuntur, sed corpus unde actu emanarunt repraesentant.

3. Uti aër est illud medium, quo sensus auditus cietur, ita simili modo visus ab aethere sollicitatur. Est autem aether fluidum aeri simile, sed cum multo subtilius, tum etiam longe majori elaterio praeditum, quo totum universum ubique est repletum.

4. Ob summam aetheris elasticitatem pulsus ipsi uno in loco impressus brevissimo tempore undiquaque ad maximas distantias expanditur qui organum visus percutiens sensum visus producit. Porro haec pulsuum in aethere factorum propagatio secundum lineas rectas, nisi forte ob medii dissimilitudinem directio vel inflectitur vel reflectitur.

5. Unicus autem pulsus, uti in instanti fit, ita in oculo nullam sensionem constantem producere valet, sed quo organum visus excitetur, necesse est, ut a pluribus hujusmodi pulsibus successivis percutiatur. Quo in genere visus auditui prorsus est similis, neque enim auditus unico pulsu, sed plurium pulsuum successione incitatur.

6. In visione ergo tres res sunt distinguendae, primo directio secundum quam pulsus in organum sensus incidunt, secundo vis, qua unusquisque pulsus perficit, et tertio celeritas, qua pulsus successivi se invicem sequuntur. A prima affectione oritur directio, in qua objectum visum positum esse judicamus, a secunda oritur claritas objecti, atque a tertia color.

7. Sunt ergo in visione colores corporum analogi ac similes sonis ratione tenoris in auditu. ideo objectum datum hoc aliove colore praeditum cernitur, quod pulsus in radiis ab illo venientibus data celeritate se invicem insequuntur, seu quod datus pulsuum numerus dato tempore in oculum illiciat.

Abb. 20

Ein Analogon des Tarryschen Problems für die Exponentialfunktion*)

Von A. G. POSTNIKOV, Moskau

Sei g eine ganze Zahl ≥ 2, n eine ganze Zahl ≥ 1. In das Symbol O gehen Konstanten ein, die eventuell nur von g und n (aber nicht von N und P) abhängen.

Hilfssatz 1: Sei N eine natürliche Zahl. Die Anzahl der Lösungen der diophantischen Gleichung

$$N = g^{x_1} + \cdots + g^{x_n} \tag{1}$$

in nichtnegativen $x_1, \ldots, x_n$ wird wie $O(1)$ abgeschätzt.

Beweis: Die Anzahl der Lösungen der betrachteten Gleichung ist nicht größer als $n!$, multipliziert mit der Zahl der Darstellungen von N in der Form

$$N = \lambda_1 g^{z_1} + \lambda_2 g^{z_2} + \cdots,$$

wobei die positiven Unbekannten $\lambda_1, \lambda_2, \ldots$ durch die Beziehung $\lambda_1 + \lambda_2 + \cdots = n$ verbunden sind, die Unbekannten $z_1, z_2, \ldots$ die Anordnung $z_1 > z_2 > \cdots$ haben und ihrer nicht mehr als n sind.

1. Wenn $n \leq g - 1$ ist, so ist die Darstellung von N in der Form $\lambda_1 g^{z_1} + \lambda_2 g^{z_2} + \cdots$ die einzige g-adische Darstellung der Zahl N, und die Behauptung gilt.

2. Sei $n > g - 1$ und zwar $g^s(g-1) < n \leq g^{s+1}(g-1)$ (s ist unabhängig von N). Sei $g^f - g < N \leq g^{f+1} - g$. Als z_1 können wir nur Zahlen aus der Reihe $f, f-1, \ldots, f-1-s$ nehmen. Nehmen wir z_1 kleiner, so ist

$$N = \lambda_1 g^{z_1} + \lambda_2 g^{z_2} + \cdots \leq n(g^{z_1} + g^{z_1 - 1} + \cdots) \leq g^{s+1}(g-1)\frac{g^{z_1+1}-1}{g-1} \leq$$
$$\leq g^{s+1}(g^{f-1-s} - 1) = g^f - g^{s+1} \leq g^f - g < N \quad \text{(streng!)}.$$

Das ist ein Widerspruch. Nehmen wir $z_1 \geq f + 1$, so ist $\lambda_1 g^{z_1} + \ldots \geq g^{f+1} > N$. Somit sind für z_1 nicht mehr als $s + 2$ Werte möglich. Jedem Wert von z_1 kann man nicht mehr als n Werte von λ_1 gegenüberstellen. Wir betrachten $N - \lambda_1 g^{z_1}$. Eine Wiederholung obiger Überlegung ergibt, daß dieser Zahl nicht mehr als $s + 2$ Werte von z_2 entsprechen; deshalb überschreitet die Anzahl der Zahlen $\lambda_2 g^{z_2}$ nicht $n(s + 2)$ usw. Somit ist die Anzahl der Darstellungen von N in der Form $\lambda_1 g^{z_1} + \lambda_2 g^{z_2} + \cdots$ kleiner oder gleich $n^n(s+2)^n = O(1)$, was zu beweisen war.

---

*) Vortrag, gehalten auf der Nachmittagssitzung am 21. 3. 1957.

Sei P eine wachsende natürliche Zahl. Mit $A_n(P)$ bezeichnen wir die Anzahl der Lösungen der diophantischen Gleichung

$$g^{x_1} + \cdots + g^{x_n} = g^{y_1} + \cdots + g^{y_n} \tag{2}$$

in den Zahlen $0 \leq x_1, \ldots, x_n, y_1, \ldots, y_n \leq P - 1$.

Satz: Für $P \to \infty$ gilt

$$A_n(P) = n!\,P^n + O(P^{n-1}).$$

Hilfssatz 2: $A_n(P) \geq n!\,P^n + O(P^{n-1})$.

Mögen $y_1, \ldots, y_n$ jede Zahl von 0 bis $P - 1$ durchlaufen; wir betrachten die Systeme $y_1, \ldots, y_n$, in denen keine zwei gleichen y sind. Es gibt $P^n + O(P^{n-1})$ derartiger Systeme. Für jedes dieser Systeme setzen wir $x_1, \ldots, x_n$ denselben y gleich; ihre Numerierung führen wir auf alle $n!$ möglichen Arten durch. So erhalten wir $n![P^n + O(P^{n-1})]$ Lösungen der Gleichung (2). Zum Beweis des Satzes genügt es, die Gültigkeit der Ungleichung

$$A_n(P) \leq n!\,P^n + O(P^{n-1})$$

festzustellen.

Wir teilen alle Lösungen der Gleichung (2) $x_1, \ldots, x_n, y_1, \ldots, y_n$ in zwei Kategorien ein:

1. Lösungen, in denen nicht eine einzige Gleichung $x_i = x_j$ oder $y_i = y_j$ $(i \neq j)$ vorkommt. Wir schätzen jetzt die Anzahl dieser Lösungen ab. Dazu geben wir den $y_1, \ldots, y_n$ beliebige Werte von 0 bis $P - 1$, aber so, daß unter ihnen keine gleichen sind. Es existieren $P^n + O(P^{n-1})$ derartiger Systeme. Da wir die $x_1, \ldots, x_n$ als voneinander verschiedene Größen vorausgesetzt haben, so werden sie auf Grund der Eindeutigkeit der Darstellung einer Zahl im g-adischen System eindeutig (bis auf die Anordnung) bestimmt. Somit gibt es $n![P^n + O(P^{n-1})]$ derartige Lösungen.

2. Lösungen, in denen es wenigstens eine Gleichung $x_i = x_j$ oder $y_i = y_j$ $(i \neq j)$ gibt. Es kann $2\binom{n}{2} = O(1)$ verschiedene Varianten solcher Gleichungen geben. Wir betrachten die Gleichung (2), sagen wir, für $x_1 = x_2$; wir erhalten die Gleichung

$$2\,g^{x_2} + \cdots + g^{x_n} = g^{y_1} + \cdots + g^{y_n}.$$

Wir geben $x_2, \ldots, x_n$ alle möglichen Werte. Dabei erhält man P^{n-1} Systeme. Jedem System $x_2, \ldots, x_n$ entsprechen nach Hilfssatz 1 nicht mehr als $O(1)$ Systeme $y_1, \ldots, y_n$.

Wir erhalten die Ungleichung:

$$A_n(P) \leq n!\,(P^n + O(P^{n-1})) + 2\binom{n}{2} O(P^{n-1}).$$

Damit ist der Satz bewiesen.

Bemerkung: Das schwächere Resultat

$$A_n(P) = O(P^n)$$

folgt unmittelbar aus Hilfssatz 1. Wir geben $y_1, \ldots, y_n$ alle möglichen Werte (wir erhalten P^n Zahlen $g^{y_1} + \cdots + g^{y_n}$).
Jeder Zahl entsprechen nach Hilfssatz 1 $O(1)$ Werte $x_1, \ldots, x_n$.

Bemerkung: Dieser Satz drückt sich analytisch so aus:

$$\lim_{P\to\infty} \frac{1}{P^n} \int_0^1 \left| \sum_{x=0}^{P-1} e^{2\pi i \alpha g^x} \right|^{2n} d\alpha = n!$$

Man beachte, daß sich als Folgerung ergibt:

$$\lim_{P\to\infty} \frac{1}{P^n} \int_0^1 \left(\sum_{x=0}^{P-1} \cos 2\pi\alpha g^x \right)^{2n} d\alpha = \frac{(2n)!}{2^{2n}\, n!},$$

$$\lim_{P\to\infty} \frac{1}{P^n} \int_0^1 \left(\sum_{x=0}^{P-1} \sin 2\pi\alpha g^x \right)^{2n} d\alpha = \frac{(2n)!}{2^{2n}\, n!}.$$

Аналог проблемы Тэрри для показательной функции

А. Г. ПОСТНИКОВ, Москва

Резюме

Доказывается асимптотическая формула для величины $A_n(P)$ — количества решений диофантова уравнения:

$$g^{x_1} + \cdots + g^{x_n} = g^{y_1} + \cdots + g^{y_n}$$

в числах $0 \leq x_1, \ldots, x_n, y_1, \ldots, y_n \leq P - 1$ (g целое ≥ 2) — при $P \to \infty$

$$A_n(P) = n!\, P^n + O(P^{n-1}).$$

Über freie Erzeugendensysteme der Wegegruppe eines zusammenhängenden Graphen*)

Von Kurt REIDEMEISTER und Albrecht BRANDIS, Göttingen

In der vorliegenden Note wird ein geometrischer Sachverhalt eindimensionaler Komplexe aufgezeigt, der die Charakterisierung gewisser Erzeugendensysteme der Fundamentalgruppe durch Kürzungseigenschaften bewirkt.

In der Anwendung auf die Nebengruppenkomplexe der Untergruppen freier Gruppen ergibt sich der Satz, daß die NIELSENschen Basen im wesentlichen mit den von HUREWICZ ausgezeichneten freien Erzeugendensystemen übereinstimmen[1]).

Sei $\mathfrak{K}$ ein zusammenhängender eindimensionaler endlicher oder unendlicher Komplex. Die Kanten von $\mathfrak{K}$ seien in bestimmter Weise orientiert und mit $s_1, s_2, \ldots$ bezeichnet. Ein Weg w in $\mathfrak{K}$ ist gegeben durch das formale Produkt

$$w = s_{\alpha_1}^{\varepsilon_1} s_{\alpha_2}^{\varepsilon_2} \ldots s_{\alpha_r}^{\varepsilon_r}, \quad \varepsilon_i = \pm 1, \tag{1}$$

wobei der Endpunkt von $s_{\alpha_\nu}^{\varepsilon_\nu}$ mit dem Anfangspunkt von $s_{\alpha_{\nu+1}}^{\varepsilon_{\nu+1}}$ für $\nu = 1, \ldots, n-1$ übereinstimmen soll; dabei soll ein Weg w Kurzweg genannt werden, wenn in der Darstellung (1) keine zwei benachbarten Faktoren zueinander invers sind. Die natürliche Zahl r werde Länge $l(w)$ des Weges w genannt. w heißt geschlossen, wenn der Anfangspunkt von $s_{\alpha_1}^{\varepsilon_1}$ mit dem Endpunkt von $s_{\alpha_r}^{\varepsilon_r}$ übereinstimmt. Zwei Wege w und w' nennt man äquivalent, wenn sie durch wiederholtes Kürzen oder Einfügen zweier nebeneinander stehender und zueinander inverser Faktoren auseinander hervorgehen. Durch diese Äquivalenzbeziehung werden alle geschlossenen Wege, die von einer festen Ecke P_0 ausgehen, in Wegeklassen eingeteilt. Die w zugeordnete Klasse werde mit $\{w\}$ bezeichnet, wobei der Klasse der nullhomotopen Wege das Symbol 1 zugeordnet werden soll. Definiert man

$$\{w\}\{w'\} = \{ww'\}$$

als Produkt zweier Wegeklassen, dann erhält man bekanntlich eine Gruppe, die Wegegruppe $\mathfrak{F}$ von $\mathfrak{K}$. Beachtet man nun, daß jede Wegeklasse $\{w\}$ genau einen Kurzweg $\overline{w}$ enthält, dann ist es sinnvoll, als Elemente der Wegegruppe $\mathfrak{F}$ von $\mathfrak{K}$ die von P_0 ausgehenden geschlossenen Kurzwege zu nehmen. Das Produkt der Kurzwege erhält man dadurch, daß man ihre Darstellungen (1) hintereinander

---

*) Beitrag, eingereicht am 5. 11. 1957.

[1]) Zur Theorie der eindimensionalen Komplexe vgl. K. REIDEMEISTER, Einführung in die kombinatorische Topologie, Braunschweig 1932.

schreibt und anschließend so weit wie möglich kürzt. Diese geschlossenen Kurzwege sollen im folgenden kurz als *Wege der Fundamentalgruppe* bezeichnet werden. Nunmehr ist es auch sinnvoll, von der Länge $l(w)$ eines Elementes w der Fundamentalgruppe zu sprechen, die als die Länge des zugehörigen Kurzweges definiert wird. Dabei wird $l(1) = 0$ festgesetzt. Zur Vereinfachung der Darstellung des Folgenden wird der Begriff des Abstandes $|PP'|$ zweier Ecken P und P' eingeführt: Dazu setzt man $|PP| = 0$. Ist $P \neq P'$, dann betrachte man die Menge $\mathfrak{M}$ aller Wege, die P als Anfangs- und P' als Endpunkt haben und definiere

$$|PP'| = \min_{w \in \mathfrak{M}} l(w).$$

Da $\mathfrak{K}$ zusammenhängend ist, ist $\mathfrak{M}$ nicht leer, so daß dadurch $|PP'|$ wohldefiniert und sicher positiv ist, wenn $P \neq P'$ ist. Es ist $|PP'| = |P'P|$.

Mit Hilfe des Abstandes lassen sich jetzt in einfacher Weise Teilkomplexe von $\mathfrak{K}$, genannt *Kreise um den Ursprung* P_0 *der Fundamentalgruppe*, auszeichnen. Der Kreis $\mathfrak{K}_0$ bestehe aus der Ecke P_0. Der Kreis $\mathfrak{K}_L$ enthalte alle Ecken P mit $|PP_0| \leq L$, sowie alle Strecken, deren Anfangs- und Endpunkte in $\mathfrak{K}_L$ liegen. Der Einfachheit halber soll von dem Komplex $\mathfrak{K}$ im folgenden einschränkend gefordert werden, daß $\mathfrak{K}_L$ für jedes L nur endlich viele Ecken enthält. Ein Weg w, der P_0 als Anfangspunkt und die Ecke P als Endpunkt hat, soll *Zufahrtsweg* von P heißen, wenn $l(w) = |PP_0|$. Offensichtlich besitzt jede Ecke einen Zufahrtsweg. Sehr leicht ergibt sich der folgende

Hilfssatz 1: *Ein Weg w der Fundamentalgruppe, der ganz in $\mathfrak{K}_L$ verläuft, ist als Produkt von Wegen der Fundamentalgruppe darstellbar, deren Länge höchstens $2L + 1$ beträgt.*

Man denke sich nämlich jede Ecke $P \neq P_0$ aus $\mathfrak{K}_L$ mit P_0 durch einen Zufahrtsweg w_P verbunden. Ist nun

$$w = s_{\alpha_1}^{\varepsilon_1} \ldots s_{\alpha_r}^{\varepsilon_r}, \quad \varepsilon_i = \pm 1,$$

und hat $s_{\alpha_\nu}^{\varepsilon_\nu}$ den Endpunkt $P_\nu (P_r = P_0)$, dann ist

$$w = (s_{\alpha_1}^{\varepsilon_1} w_{P_1}) (w_{P_1}^{-1} s_{\alpha_2}^{\varepsilon_2} w_{P_2}) \ldots (w_{P_{r-1}}^{-1} s_{\alpha_r}^{\varepsilon_r}).$$

Wegen $l(w_{P_\nu}) \leq L$ folgt die Behauptung.

Umgekehrt erkennt man, daß aus $w \in \mathfrak{F}$ und $l(w) \leq 2L + 1$ folgt, daß w ganz in $\mathfrak{K}_L$ verläuft. Die Gesamtheit der Wege der Fundamentalgruppe $\mathfrak{F}$, die ganz in $\mathfrak{K}_L$ verlaufen, machen also eine Untergruppe $\mathfrak{F}_L$ aus, die sich erzeugen läßt von Wegen, deren Länge höchstens gleich $2L + 1$ ist.

Wie bekannt, ist $\mathfrak{F}$ eine freie Gruppe. Ein freies Erzeugendensystem von $\mathfrak{F}$ kann man auf folgende Weise erhalten: Man wähle in $\mathfrak{K}$ irgendeinen Baum $\mathfrak{B}$, der alle Ecken von $\mathfrak{K}$ enthält, und bilde die Gesamtheit aller Wege der Gestalt $h s^\varepsilon h'^{-1}$, $\varepsilon = \pm 1$, wobei h und h' in P_0 beginnende auf dem Baum $\mathfrak{B}$ verlaufende Wege sind, während die Kante s nicht dem Baum angehört. Jedes Teilsystem dieser Menge, das aus jedem Paar zueinander inverser Elemente genau einen Vertreter enthält, ist ein freies Erzeugendensystem von $\mathfrak{F}$. Die Existenz eines solchen Baumes läßt sich leicht nachweisen, kann aber auch dem Folgenden entnommen werden.

Es sollen jetzt spezielle freie Erzeugendensysteme untersucht werden, die in der eben angegebenen Weise aus sogenannten *Kurzbäumen* hervorgehen.

Ein Baum $\mathfrak{B}$, der alle Endpunkte von $\mathfrak{K}$ enthält, soll *Kurzbaum* genannt werden, wenn jeder Kurzweg h, der in P_0 beginnt und auf $\mathfrak{B}$ verläuft, gleichzeitig Zufahrtsweg zu seinem Endpunkt P ist:

$$l(h) = |P P_0|.$$

Die Existenz eines Kurzbaumes ersieht man etwa aus einem induktiven Konstruktionsverfahren: $\mathfrak{B}_0 = P_0$; sei $\mathfrak{B}_{L-1}$ $(L \geq 1)$ bereits konstruiert und Kurzbaum von $\mathfrak{K}_{L-1}$; dann erhält man $\mathfrak{B}_L$ folgendermaßen: Die endliche Menge aller Ecken, die von P_0 den Abstand $L - 1$ haben, sei durchnumeriert: $P^1_{L-1}, P^2_{L-1}, \ldots P^s_{L-1}$. Nach Voraussetzung liegen diese Ecken auf $\mathfrak{B}_{L-1}$. Man setzt nun $\mathfrak{B}_{L-1} = \mathfrak{B}^0_{L-1}$ und sucht alle Punkte aus $\mathfrak{K}$, die von P^1_{L-1} den Abstand 1 haben und nicht in $\mathfrak{B}^0_{L-1}$ liegen, verbindet jeden dieser Punkte mit P^1_{L-1} durch genau eine Kante und erweitert $\mathfrak{B}^0_{L-1}$ um diese Punkte und Kanten zu $\mathfrak{B}^1_{L-1}$; so fährt man fort, bis das Verfahren abbricht. Der so erhaltene Komplex ist $\mathfrak{B}_L$. Daß alle Ecken von $\mathfrak{K}_L$ auf $\mathfrak{B}_L$ liegen, ist klar, braucht man das doch nur für solche Punkte zu untersuchen, die von P_0 den Abstand L haben. Ist P_L ein solcher Punkt, dann liegt auf jedem zugehörigen Zufahrtsweg ein Punkt P^{ν}_{L-1}. Ist ν' der kleinste obere Index dieser Art, dann wird P_L mit $P^{\nu'}_{L-1}$ bei dem Konstruktionsverfahren durch eine Kante verbunden. Ebenso leicht folgt, daß $\mathfrak{B}_L$ ein Kurzbaum von $\mathfrak{K}_L$ ist. Die Vereinigung aller $\mathfrak{B}_L$ ist $\mathfrak{B}$, wodurch der Baum mit den gewünschten Eigenschaften gefunden ist.

Ein durch einen Kurzbaum geliefertes freies Erzeugendensystem soll K-System von $\mathfrak{F}$ genannt werden. Wir wollen nun zeigen, daß ein K-System K durch besondere Kürzungseigenschaften gekennzeichnet werden kann.

Ein Element $b \in K$ hat die Darstellung

$$b = h s^{\varepsilon} h'^{-1}, \qquad \varepsilon = \pm 1,$$

wobei h und h' in P_0 beginnen und auf $\mathfrak{B}$ verlaufen und damit Zufahrtswege zu ihren Endpunkten sind, während s nicht auf $\mathfrak{B}$ liegt. s^{ε} heißt *Kern* von b. Ist $l(h) = L$ und P bzw. P' der Anfangs- bzw. Endpunkt von s^{ε} (P nicht notwendig verschieden von P'), dann gilt

$$|P P_0| = L, \quad l(h') = |P' P_0| = L + 1 \text{ oder } L \text{ oder } L - 1,$$

wie aus der Abstandsdefinition sofort folgt. Umgekehrt: Ist $l(b) = 2L + 1$, dann ist $l(h) = l(h') = L$; ist $l(b) = 2L$, dann ist

$$l(h) = L,\ l(h') = L - 1 \quad \text{oder} \quad l(h') = L,\ l(h) = L - 1.$$

Die Kerne sind dabei diejenigen, jedem Element von K eineindeutig zugeordneten Teilstrecken, die nicht auf $\mathfrak{B}$ liegen, sich daher aus keinem Produkt der Gestalt

$$b_1^{\varepsilon_1} \ldots b_r^{\varepsilon_r}, \quad b_i \in K, \quad \varepsilon_i = \pm 1,$$

herauskürzen, wobei nebeneinanderstehende Faktoren nicht zueinander invers sein sollen. Daher kann sich in dem Produkt von zwei Elementen b und b' aus K

höchstens ein gemeinsamer Zufahrtsweg herauskürzen, was mit den eben hergeleiteten Längenbeziehungen die Ungleichung

$$l(b^{\varepsilon} b'^{\varepsilon'}) \geq \max (l(b), l(b')), \quad b^{\varepsilon} \neq b'^{-\varepsilon'}, \quad b, b' \in K, \qquad \text{I}$$

ergibt.

Trivial ist die Ungleichung

$$l(b_1^{\varepsilon_1} b_3 b_2^{\varepsilon_2}) > l(b_1) + l(b_2) - l(b_3), \quad b_1^{\varepsilon_1}, b_2^{\varepsilon_2} \neq b_3^{-1}, \quad b_i \in K; \qquad \text{II}$$

denn der mittlere Weg kürzt sich nicht vollkommen heraus.

Diese Ungleichung ist also insbesondere für alle freien Erzeugendensysteme, die aus Bäumen in der obengenannten Art gewonnen werden, erfüllt. Umgekehrt gilt nun der

Satz: *Erfüllt ein Erzeugendensystem Γ der Fundamentalgruppe $\mathfrak{F}$ die Kürzungsbedingungen* I *und* II, *dann ist dieses System ein K-System von $\mathfrak{F}$.*

Dem Beweis seien zunächst noch einige Hilfsmittel vorausgeschickt. Man bemerkt zunächst, daß aus I und II eine weitere Ungleichung folgt:

Sind $b_1, b_2, \ldots, b_r$ nicht notwendig verschiedene Wege aus Γ und

$$w = b_1^{\varepsilon_1} \ldots b_r^{\varepsilon_r}, \text{ wobei } \varepsilon_i = \pm 1 \qquad (2)$$

und keine benachbarten Faktoren zueinander invers sind, dann ist

$$l(w) \geq \max_i (l(b_i), r). \qquad \text{III}$$

Diese Ungleichung kann man induktiv herleiten unter Ausnutzung der Tatsache, daß die bei der Bildung des Produktes $(w b_r^{-\varepsilon_r}) b_r^{\varepsilon_r}$ auftretenden Kürzungen schon in dem Produkt $b_{r-1}^{\varepsilon_{r-1}} b_r^{\varepsilon_r}$ auftreten. Man erkennt bei der Durchführung dieses Schlusses, daß jedes Element von Γ eine Strecke als Faktor enthält, die sich aus keinem Produkt der Gestalt (2) herauskürzen läßt. Insbesondere folgt aus III oder der letzten Bemerkung die Freiheit von Γ.

Schreibt man einen Weg $b \in \Gamma$ in der Form

$$b = w_h w_g^{-1}, \qquad \text{falls } l(b) \equiv 0 \bmod 2,$$
$$b = w_h s w_g^{-1}, \qquad \text{falls } l(b) \equiv 1 \bmod 2,$$

wobei $l(w_h) = l(w_g)$ und s eine Strecke aus $\mathfrak{K}$ sein soll, dann erkennt man, daß w_h und w_r Zufahrtswege im oben definierten Sinne sind.

Wäre nämlich z. B. w_h kein Zufahrtsweg, dann wäre b, wie aus dem Beweis von Hilfssatz 1 hervorgeht, darstellbar als Produkt von Wegen der Fundamentalgruppe mit kleinerer Länge als $l(b)$:

$$b = w_1 \ldots w_r, \quad l(w_i) < l(b).$$

Dabei ist $w_i (i = 1, \ldots, r)$ darstellbar als Produkt von Wegen aus Γ:

$$w_i = b_{i_1}^{\varepsilon_1} \ldots b_{i_t}^{\varepsilon_t}, \quad \varepsilon_\nu = \pm 1,$$

wobei wegen III

$$l(b_{i_\nu}) \leq l(w_i), \quad \nu = 1, \ldots, t$$

ist, und das widerspricht der Freiheit des Systems Γ.

Hilfssatz 2: *Sind $b_1, b_2 \in \Gamma$ und haben sie eine Strecke s gemeinsam, d. h. ist*

$$b_1 = (h_1 s^{\varepsilon} q_1)^{\varepsilon'}, \quad l(h_1) < \tfrac{1}{2} l(b_1),$$

$$b_2 = (h_2 s^{\varepsilon} q_2)^{\varepsilon''},$$

dann ist $h_1 = h_2$.

Wir beschränken uns auf den Fall $l(h_2) < \frac{1}{2} l(b_2)$. Da h_1 und h_2 nach dem, was eben bewiesen wurde, Zufahrtswege zum Anfangspunkt von s^{ε} sind, ist zunächst

$$l(h_1) = l(h_2),$$

also

$$l(h_1 h_2^{-1}) < \min(l(b_1), l(b_2)) = \bar{L}.$$

Ist $h_1 h_2^{-1} \neq 1$, dann ist

$$h_1 h_2^{-1} = c_1^{\varepsilon_1} c_2^{\varepsilon_2} \ldots c_r^{\varepsilon_r}, \quad c_i \in \Gamma, \quad l(c_i) < \bar{L}, \quad \varepsilon_i = \pm 1.$$

Also folgt

$$c_i \neq b_k \quad \text{und} \quad b_1^{-\varepsilon'} c_1^{\varepsilon_1} \ldots c_r^{\varepsilon_r} b_2^{\varepsilon''} = q_1^{-1} q_2.$$

Das steht im Widerspruch zu der Tatsache, daß jedes Element aus Γ eine Strecke enthält, die sich bei keinem Produkt dieser Art herauskürzt; also ist $h_1 = h_2$.

Die eben bewiesenen Aussagen enthalten den Tatbestand, daß ein Element b aus Γ genau dann in $\mathfrak{K}_L$ liegt, wenn $l(b) \leq 2L + 1$ ist. Bezeichnet man also mit Γ_L die Teilmenge von Γ, deren Elemente höchstens die Länge $2L + 1$ haben, dann gilt: Γ_L erzeugt die Fundamentalgruppe $\mathfrak{F}_L$ von $\mathfrak{K}_L$.

Nunmehr folgt der eigentliche Beweis des Satzes, und zwar soll durch Induktion gezeigt werden, daß er für jeden „Kreis" $\mathfrak{K}_L$ richtig ist. Daraus folgt dann unmittelbar die Richtigkeit für $\mathfrak{K}$.

Für $\mathfrak{K}_0$ ist die Aussage trivial. Sei also angenommen, daß Γ_{L-1} ein K-System von $\mathfrak{F}_{L-1}$ ist, also in $\mathfrak{K}_{L-1}$ ein Baum $\mathfrak{B}'_{L-1}$ existiert, aus dem Γ_{L-1} nach dem oben beschriebenen Verfahren hervorgeht. Es wird zunächst gezeigt, daß sich dann $\mathfrak{B}'_{L-1}$ durch einen mit Γ_L verträglichen Baum $\mathfrak{B}_{L-1}$ von $\mathfrak{K}_{L-1}$ ersetzen läßt. Dabei werden folgende Abänderungen benutzt:

Ist $b \in \Gamma_{L-1}$ und von gerader Länge, dann kann man b in Faktoren zerlegt schreiben

$$b = h s^{\varepsilon} s'^{\varepsilon'} h'^{-1},$$

wobei h und h' in P_0 beginnen und auf $\mathfrak{B}'_{L-1}$ verlaufen. Ferner liegt entweder s^{ε} oder $s'^{\varepsilon'}$ auf $\mathfrak{B}'_{L-1}$. Es möge etwa s^{ε} zum Baum gehören. Dann tritt s' in keinem anderen Weg aus Γ_{L-1} als Teilstrecke auf. Hat nun s dieselbe Eigenschaft, dann kann $\mathfrak{B}'_{L-1}$ abgeändert werden in den Baum $\mathfrak{B}''_{L-1}$, indem die Strecke s gestrichen und die Strecke s' hinzugefügt wird. Es ist klar, daß $\mathfrak{B}''_{L-1}$ ein Kurzbaum ist und dasselbe freie Erzeugendensystem Γ_{L-1} von $\mathfrak{F}_{L-1}$ liefert. Man erkennt übrigens, daß hierdurch die einzigen zulässigen Abänderungen von $\mathfrak{B}'_{L-1}$ erzeugt werden.

Es gibt nun einen Kurzbaum $\mathfrak{B}_{L-1}$ in $\mathfrak{K}_{L-1}$, der durch die oben angegebenen Abänderungen aus $\mathfrak{B}'_{L-1}$ hervorgeht, so daß jeder Weg b_L, der in $\Gamma_L - \Gamma_{L-1}$ liegt, innerhalb $\mathfrak{K}_{L-1}$ auf $\mathfrak{B}_{L-1}$ verläuft, $l(b_L) = 2L$ oder $2L + 1$:

$$b_L = w_h v w_r^{-1}, \quad l(w_h) = l(w_r) = L - 1.$$

Sei s die erste Teilstrecke von w_h, die nicht auf $\mathfrak{B}'_{L-1}$ liegt.

$$w_h = h s^{\varepsilon} q_1, \quad h \in \mathfrak{B}'_{L-1}, \quad s \notin \mathfrak{B}'_{L-1}.$$

Dann gibt es nach Induktionsvoraussetzung ein Element $b \in \Gamma_{L-1}$, das die Zerlegung

$$b = h s^{\varepsilon} s'^{-\varepsilon'} h'^{-1} \quad \text{oder} \quad h' s'^{\varepsilon'} s^{-\varepsilon} h^{-1}, \qquad h' s'^{\varepsilon'} \text{ auf } \mathfrak{B}_{L-1},$$

hat. Dabei ist $l(b)$ sicher nicht ungerade, da sonst Zahlen $\varepsilon_1, \varepsilon_2 = \pm 1$ existierten, so daß $l(b^{\varepsilon_1} b_L^{\varepsilon_2}) < l(b_L)$ würde und das widerspricht I. Ist $l(b)$ gerade, dann kann s' oder s'^{-1} nicht auch Teilstrecke eines Weges $b' \neq b$ aus Γ_{L-1} sein, da b' dann die Zerlegung $b' = (h'' s'^{\varepsilon_3} q_2)^{\varepsilon_4}$ besäße und es dann Zahlen $\varepsilon_5, \varepsilon_6, \varepsilon_7 = \pm 1$ gäbe, so daß

$$l(b_L^{\varepsilon_5} b^{\varepsilon_6} b'^{\varepsilon_7}) \leq l(b_L) + l(b') - l(b)$$

würde, im Widerspruch zu II, denn wegen Hilfssatz 2 muß $h'' = h'$ sein. Es ist also erlaubt, $\mathfrak{B}'_{L-1}$ in $\mathfrak{B}''_{L-1}$ abzuändern dadurch, daß s' durch s ersetzt wird. Nach endlich vielen solchen Schritten kann man daher einen Kurzbaum $\mathfrak{B}^{\nu}_{L-1}$ finden, auf dem w_h liegt. Um einzusehen, daß diese Konstruktion dann für w_r oder irgendeinen Weg b'_L sinnvoll fortgeführt werden kann, genügt es zu zeigen, daß die eben aus $\mathfrak{B}'_{L-1}$ herausgestrichene Strecke s' weder auf w_r noch auf irgendeinem $b'_L \neq b_L$ liegen kann. Für w_r sei der Schluß hier durchgeführt. Angenommen:

$$w_r = h'' s'^{\varepsilon'} q.$$

Nun ist $h'' = h'$ nach Hilfssatz 2, denn b und b_L haben die Strecke s' gemeinsam. Also ist

$$w_r = h' s' q$$

und daraus folgt

$$l(b_L b^{\varepsilon} b_L^{-1}) \leq 2\, l(b_L) - l(b),$$

und das widerspricht II.

Damit ist nun gezeigt, daß sich das angegebene Verfahren widerspruchslos in endlich vielen Schritten durchführen läßt, und der erste Teil ist bewiesen.

Es muß jetzt gezeigt werden, daß sich $\mathfrak{B}_{L-1}$ zu einem Kurzbaum $\mathfrak{B}_L$ von $\mathfrak{K}_L$ mit den geforderten Eigenschaften erweitern läßt. Die Menge $\mathfrak{M}$ der Punkte, die den Abstand L von P_0 haben, zerfällt nun in die Klasse $\mathfrak{M}_1$ derjenigen Punkte, durch die ein Element $b_L \in \Gamma_L$ hindurchgeht, und die Klasse $\mathfrak{M}_2$, für die das nicht der Fall ist.

Ist $P_L \in \mathfrak{M}_2$, dann gibt es in $\mathfrak{K}_{L-1}$ genau einen Punkt P_{L-1}, so daß

$$|P_L P_{L-1}| = 1$$

ist. Gäbe es nämlich einen zweiten Punkt P'_{L-1} mit $|P_L P'_{L-1}| = 1$, dann auch einen Weg w_L der Fundamentalgruppe $\mathfrak{F}_L$, der durch P_L hindurchgeht, und damit auch ein Basiselement mit dieser Eigenschaft. Man kann nun $\mathfrak{B}_{L-1}$ durch eine Kante, die P_{L-1} mit P_L verbindet, verlängern und so entsprechend für alle Punkte von $\mathfrak{M}_2$ fortfahren. Dadurch erhält man einen Baum $\tilde{\mathfrak{B}}_L$.

Für den Fall, daß durch P_L Wege aus Γ_L hindurchgehen, wird nun zunächst folgender Sachverhalt gezeigt:

Jeder Weg gerader Länge $2L$ aus Γ_L zerfällt in einen Hin- und Rückweg der Länge L, die beide Zufahrtswege von P_L sind. Alle diese Wege haben nun genau einen dieser Zufahrtswege gemeinsam, während die nicht gemeinsamen Wege den Wegen der Länge $2L$ aus Γ_L, die durch P_L hindurchgehen, eineindeutig zugeordnet sind. Es kommen dabei alle Zufahrtswege von P_L vor.

Ist $P_L \in \mathfrak{M}_2$, dann gibt es eine Anzahl $k \geq 1$ von Kanten, die P_L mit $\mathfrak{K}_{L-1}$ verbinden: $s_1, \ldots, s_k$. Jede der Kanten s_i hat einen Endpunkt P_i aus $\mathfrak{K}_{L-1}$, dem wiederum eindeutig ein Zufahrtsweg h_i auf $\mathfrak{B}_{L-1}$ zugeordnet ist. Dabei ist für $i \neq j$ nicht notwendig $P_i \neq P_j$, doch stört das die folgenden Ausführungen nicht. Auf jeden Fall ist für $P_i = P_j$: $h_i = h_j$. Jeder Weg $h_i s_i^\varepsilon$ bzw. $s_i^{-\varepsilon} h_i^{-1}$ ist Teilweg eines Elementes von Γ_L, da es einen Weg w der Fundamentalgruppe $\mathfrak{F}_L$ der Gestalt

$$w = h_i s_i^\varepsilon q$$

gibt, so daß die Kante s_i und damit auch $h_i s_i^\varepsilon$ in einem Element von Γ_L vorkommt. Es gibt nun zu jedem Weg aus Γ_L, der die Länge $2L$ und damit die Gestalt

$$b_L = h_i s_i^\varepsilon s_j^{-\varepsilon'} h_j^{-1} \tag{3}$$

hat, eine Kante s_i oder s_j, die in keinem anderen Weg aus Γ_L vorkommt; wäre nämlich $b'_L = h_i s_i^\varepsilon q'$ und $b''_L = h_j s_j^{\varepsilon'} q''$, dann wäre

$$l(b'^{-1}_L b_L b''_L) \leq l(b'_L) + l(b''_L) - l(b_L)$$

im Widerspruch zu II.

Andererseits müssen je zwei verschiedene Wege der Länge $2L$ aus Γ_L, die durch P_L hindurchgehen, eine der beiden Kanten gemeinsam haben. Sei etwa

$$b_L = h_i s_i s_j^{-1} h_j^{-1}, \qquad b'_L = h'_i s'_i s'^{-1}_j h'^{-1}_j, \qquad s_i \neq s'_i.$$

Dabei seien s_i bzw. s'_i diejenigen Kanten, die den Wegen b_L bzw. b'_L eindeutig zugeordnet sind, d. h. die in keinem anderen Weg von Γ_L vorkommen. Der geschlossene Weg $h_i s_i s'^{-1}_i h'^{-1}_i$ muß nun Produkt von Wegen aus Γ_L sein, und zwar in der Form

$$h_i s_i s'^{-1}_i h'^{-1}_i = b_L b_1^{\varepsilon_1} \ldots b_r^{\varepsilon_r} b'^{-1}_L, \qquad b_i \in \Gamma_L,$$

und da jeder Weg aus Γ_L eine Teilstrecke enthält, die sich aus keinem Produkt dieser Art fortkürzt, folgt $r = 0$ und damit

$$s_j = s'_j.$$

Damit ist gezeigt: Jeder Weg gerader Länge aus Γ_L, der durch P_L hindurchgeht, enthält eine Teilstrecke, die P_L mit $\mathfrak{K}_{L-1}$ verbindet und in keinem anderen Element von Γ_L als Teilstrecke auftritt. Gibt es mehr als zwei Wege gerader Länge aus Γ_L, die durch P_L hindurchgehen, dann haben alle diese Wege genau eine Verbindungskante von P_L und $\mathfrak{K}_{L-1}$ und damit einen Teilweg der Gestalt $h_i s_i$ gemeinsam. Die Wege der Länge $2L + 1$ enthalten dann natürlich auch diesen Zufahrtsweg von P_L. Auch in dem Fall, daß nur ein Weg gerader Länge und mehrere Wege ungerader Länge durch P_L hindurchgehen, haben alle Wege ungerader Länge dieselbe Verbindungsstrecke von P_L und $\mathfrak{K}_{L-1}$ gemeinsam. Gehen nur Wege ungerader Länge durch P_L hindurch, dann gibt es überhaupt nur eine Verbindungskante von P_L mit $\mathfrak{K}_{L-1}$.

Nach dieser Überlegung ist jedem Punkt P_L eindeutig eine Kante s_i zugeordnet, die P_L mit $\mathfrak{K}_{L-1}$ verbindet, außer in dem Fall, daß nur ein Weg, und zwar ein Weg gerader Länge aus Γ_L durch P_L hindurchgeht. In diesem Fall ordne man P_L willkürlich eine der beiden Kanten zu, die P_L mit $\mathfrak{K}_{L-1}$ verbinden.

Erweitert man nun $\tilde{\mathfrak{B}}_L$ um die eben ausgezeichneten Kanten nebst ihren Endpunkten, dann erhält man $\mathfrak{B}_L$. $\mathfrak{B}_L$ ist sicher ein Kurzbaum. Aus der Konstruktion geht hervor, daß das von $\mathfrak{B}_L$ gelieferte freie Erzeugendensystem Γ_L umfaßt, daß es also notwendigerweise mit Γ_L übereinstimmt.

Es soll jetz noch kurz ausgeführt werden, welche Folgerungen man aus diesem Satz für freie Systeme von Erzeugenden von Untergruppen freier Gruppen ziehen kann.

Ist F eine freie Gruppe, erzeugt von den Elementen $x_1, \ldots, x_n$, und U eine Untergruppe in F, dann erhält man ein freies Erzeugendensystem nach HUREWICZ[2]) auf folgende Weise: Φ sei ein vollständiges System von Restklassenvertretern von U in F, φ die Funktion, die jedem Element $w \in F$ den Vertreter $\varphi(w) \in \Phi$ zuordnet, so daß $Uw = U\varphi(w)$ ist. Dabei soll φ folgende Bedingungen erfüllen:

1) $\varphi(1) = 1$.

2) Jeder linke Abschnitt von $\varphi(w)$ liegt in Φ.

3) $\varphi(w)$ ist kürzestes Wort in $U\varphi(w)$.

Ein freies Erzeugendensystem von U erhält man nun dadurch, daß man die Gesamtheit der Worte

$$\varphi(g)\, x_i\, (\varphi(g x_i))^{-1}, \qquad g \in F, \tag{4}$$

soweit sie vom Einselement verschieden sind, nimmt. Ein solches System heiße H-System.

Andererseits erhält man nach NIELSEN[3]) ein freies Erzeugendensystem, genannt Basis, wenn man an ein Erzeugendensystem B von U die Bedingungen stellt:

Für je drei Worte $u, v, w \in U$ mit $u^{\varepsilon_1}, w^{\varepsilon_2} \neq v^{-1}$ soll gelten

$$l(u^{\varepsilon_1} v) \geq \max\,(l(u), l(v)), \qquad \text{I.}$$

$$l(u^{\varepsilon_1} v w^{\varepsilon_2}) > l(u) + l(w) - l(v), \qquad \varepsilon_i = \pm 1, \qquad \text{II.}$$

wobei $l(w)$ die Länge des Wortes w angibt.

Stellt man nun die Restklassenvertreter des H-Systems als Wege im Nebengruppenkomplex der Untergruppe U dar, so machen diese, wie man sich leicht

---

[2]) Zu einer Arbeit von O. Schreier, Abh. math. Sem. Hamb., 8 (1931), S. 307–313.

[3]) A basis for subgroups of free groups, Math. Scand. 3 (1955), S. 31–43.

überlegt, gerade einen Kurzbaum aus. Ebenso gehört auch nach dem oben bewiesenen Satz zu jeder Basis ein Kurzbaum, d. h. jedes H-System ist eine Basis. Die Umkehrung gilt, wenn man in (4) die Einschränkung fallen läßt, daß der Kern x_i stets nur den Exponenten $+1$ hat.

Aus diesem Satz erkennt man, daß ein H-System von U in ein H-System einer Untergruppe übergeht, wenn man ein Element des Systems streicht. Für die Basis ist diese Aussage nämlich trivial.

О свободной системе образующих группы путей связного графа

К. РЕЙДЕМЕЙСТЕР и А. БРАНДИС, Гетинген

Резюме

Как известно, группа путей одномерного связного комплекса является свободной группой. Каждое дерево, содержащееся в этом комплексе, которое в свою очередь содержит все точки комплекса, порождает систему свободных образующих группы путей. Показывается, что существуют специальные деревья с кратчайшими допустимыми путями. Система свободных образующих, индуцированная ими, состоит из кратчайших путей. Если применить эту теорему к комплексу смежных классов свободной группы по её подгруппе, то образующие, соответствующие некоторому специальному дереву, образуют, с одной стороны, базис НИЛЬСЕНа подгруппы и, с другой стороны, — систему образующих ШРЕЙЕРа-ГУРВИЦа той же подгруппы.

Eulersche Zahlen *)

Von Hans SALIÉ, Leipzig

In fast allen Gebieten der Mathematik und ihrer Anwendungen tragen Formeln und Sätze den Namen Leonhard EULERS.

In der Elementargeometrie kennt man die *Eulersche Gerade* des Dreiecks, in der Topologie die *Eulersche Polyederformel*, in der kinematischen Geometrie die *Euler-Savarysche Formel*. Die allgemeine orthogonale Transformation des Raumes leitet man mit Hilfe der drei *Eulerschen Winkel* ab. Die *Eulersche Formel der Flächentheorie* gestattet, die Krümmung eines beliebigen Normalschnittes aus den Hauptkrümmungen zu berechnen.

Am Eingang zur komplexen *Funktionentheorie* steht die *Eulersche Formel* $e^{iz} = \cos z + i \sin z$. Die *homogenen Funktionen* beherrscht der *Eulersche Satz*. Zur Verbesserung der Konvergenz einer *Reihe* kann die *Eulersche Transformation* dienen. Das *Euler-Lagrangesche Additionstheorem* ist grundlegend für die Theorie der elliptischen Integrale. Die *Euler-Maclaurinsche Summenformel* spielt eine entscheidende Rolle in der Differenzenrechnung, der Analysis und besonders in der analytischen Zahlentheorie. Die *Eulersche Konstante* tritt zusammen mit der Kreiszahl π und der *Eulerschen Zahl* e in der Theorie spezieller ganzer Funktionen auf. Beta- und Gammafunktion heißen auch *Eulersche Integrale erster und zweiter Gattung*.

Die Zahlentheorie bezeichnet die Anzahl $\varphi(m)$ der primen Restklassen mod m als *Eulersche Funktion*. Sie verwendet das *Eulersche Kriterium* für den quadratischen Restcharakter einer ganzen Zahl. Die Riemannsche ζ-Funktion hat eine *Eulersche Produktdarstellung*.

In der Variationsrechnung wird man auf *Euler-Lagrangesche Differentialgleichungen* geführt, die in der mathematischen Physik grundlegend sind. Die Bewegungsgleichungen eines starren Körpers, Gleichungen für einen kräftefreien Kreisel und hydrodynamische Grundgleichungen sind nach EULER benannt.

Der folgende Beitrag wendet sich den *Eulerschen Zahlen* und *Eulerschen Polynomen* zu, die sich in der Differenzenrechnung und in der Zahlentheorie zwangsläufig einstellen. Er greift aus dem umfassenden Schaffen EULERS sehr spezielle Untersuchungen heraus. Es wird an einem eng begrenzten Beispiel verfolgt, wie das, was aus EULERS Werkstatt kam, über zwei Jahrhunderte fortwirkte. In 2 wird versucht, das erste Auftreten der Bezeichnung *Eulersche Zahlen* zu klären. Der Schluß (12) weist vor allem auf die Koeffizienten der Blasiusschen Reihe aus der Theorie der Grenzschicht-Differentialgleichungen

---

*) Beitrag, eingereicht am 12. 2. 1957.

hin, die als eine naturgemäße Verallgemeinerung der Eulerschen Zahlen angesehen werden können.

1. Die heute *Eulersche Zahlen* genannten Sekantenkoeffizienten treten bei EULER im 8. Kapitel des 2. Teils seiner 1755 erschienenen Differentialrechnung[1]) auf, das *de usu calculi differentialis in formandis seriebus* überschrieben ist. EULER setzt

$$\sec x = \alpha + \frac{\beta}{1\cdot 2} x^2 + \frac{\gamma}{1\cdot 2\cdot 3\cdot 4} x^4 + \frac{\delta}{1\cdot 2\cdot \ldots \cdot 6} x^6 + \frac{\varepsilon}{1\cdot 2\cdot \ldots \cdot 8} x^8 + \text{usw.} \quad (1)$$

und leitet aus

$$\cos x \cdot \sec x = 1 \quad (2)$$

durch Benutzung von (1) und der Reihe für $\cos x$ nach Koeffizientenvergleich Rekursionsformeln für $\alpha, \beta, \gamma, \delta, \varepsilon, \ldots$ her, die ihm zur numerischen Berechnung der ersten 10 Koeffizienten dienen[2]). In moderner Bezeichnung sei

$$\sec x = \sum_{\nu=0}^{\infty} (-1)^\nu E_{2\nu} \frac{x^{2\nu}}{(2\nu)!}, \quad |x| < \frac{\pi}{2}, \quad (3)$$

oder nach Übergang von x zu $i x$

$$\frac{2}{e^x + e^{-x}} = \sum_{\nu=0}^{\infty} E_\nu \frac{x^\nu}{\nu!}, \quad |x| < \frac{\pi}{2}, \quad (4)$$

worin die E_ν mit ungeradem ν Null gesetzt sind. Die von EULER aus (2) hergeleiteten Beziehungen lauten dann

$$\sum_{\nu=0}^{m} \binom{2m}{2\nu} E_{2\nu} = 0, \quad m \geq 1, \quad (5)$$

die man auch symbolisch

$$(1 + E)^{2m} + (1 - E)^{2m} = 0 \quad \text{für } m \geq 1 \quad (6)$$

schreiben kann, wenn man nach der Binomialentwicklung in (6) $E^\nu = E_\nu$ setzt. Es ergibt sich[3])

$$E_0 = 1, \; E_2 = -1, \; E_4 = 5, \; E_6 = -61, \; E_8 = 1385, \ldots, \quad (7)$$

eine Folge ganzer Zahlen mit alternierenden Vorzeichen. Aus der Partialbruchzerlegung von $\sec x$ findet EULER den Zusammenhang[4])

$$(-1)^n E_{2n} = \left(\frac{2}{\pi}\right)^{2n+1} \cdot 2 \cdot (2n)! \sum_{\nu=0}^{\infty} \frac{(-1)^\nu}{(2\nu+1)^{2n+1}}, \quad n \geq 0. \quad (8)$$

---

[1]) EULER [1], § 224—§ 226, S. 542—545 = Opera omnia (1) **10**, 418—421.
Die Zahlen in den eckigen Klammern verweisen im Literaturverzeichnis auf die entsprechende Arbeit des angegebenen Verfassers.

[2]) Der letzte ist fehlerhaft angegeben, wie SCHERK [1], S. 7, zuerst bemerkte.

[3]) Bis E_{28} bei SCHERK [1], S. 7, bis E_{54} bei GLAISHER [3], bis E_{100} bei JOFFE [1, 2].

[4]) EULER [1], S. 544 = Opera omnia (1) **10**, 420.

Ein zweites Mal wird EULER [2] auf die Zahlen (7) geführt in einer Arbeit, die er 1776 der Akademie in Petersburg vorlegt, die aber erst nach seinem Tode 1788 erschienen ist. Es handelt sich, in der Bezeichnung EULERS, um die Summation der Reihen, in denen die Glieder die Vorzeichen ändern:

$$S = X - X' + X'' - X''' + \text{usw.},$$

worin X eine Funktion von x ist und $X', X'', X''', \ldots$ die Werte dieser Funktion X sind, die entstehen, wenn man x durch $x+1$, $x+2$, $x+3$ usw. ersetzt. In einer „*alia solutio problematis propositi*"[5]) führt EULER in S $x + \frac{1}{2}$ statt x ein, wodurch S in T übergeht und findet

$$T = \frac{1}{2} X - \frac{a}{2^3 \cdot 1 \cdot 2} \frac{\partial\partial X}{\partial x^2} + \frac{b}{2^5 \cdot 1 \cdot \ldots \cdot 4} \frac{\partial^4 X}{\partial x^4} - \frac{c}{2^7 \cdot 1 \cdot \ldots \cdot 6} \frac{\partial^6 X}{\partial x^6} + \text{usw.} \tag{9}$$

Die Koeffizienten $a, b, c, \ldots$ stimmen mit $\beta, \gamma, \delta, \ldots$ in (1) überein. EULER berechnet sie auf Grund von (5), ohne aber ausdrücklich die Sekantenkoeffizienten zu erwähnen. In der Beziehung (9) ist die später nach George BOOLE (1815—1864) benannte Summenformel

$$f\left(x + \frac{1}{2}\right) = \sum_{\nu=0}^{\infty} \frac{E_\nu}{\nu!} \cdot \frac{1}{2^\nu} \nabla f^{(\nu)}(x), \quad \nabla g(x) = \frac{g(x) + g(x+1)}{2}$$

zu erkennen, wenn man formal $T = f(x + \frac{1}{2})$, also

$$\nabla f^{(\nu)}\left(x + \frac{1}{2}\right) = \frac{1}{2} \frac{\partial^\nu}{\partial x^\nu} f(x)$$

setzt.

2. Die Sekantenreihe tritt bereits 1671 bei James GREGORY (1638—1675) auf, allerdings ohne Herleitung, in der Form[6])

$$s = r + \frac{a^2}{2r} + \frac{5a^4}{24r^3} + \frac{61a^6}{720r^5} + \frac{277a^8}{8064r^7} + \cdots.$$

Hierin bedeutet s die zum Bogen a gehörige Sehne eines Kreises vom Radius r. Die ersten eingehenden Untersuchungen[7]) der Sekantenkoeffizienten führte seit 1825 Heinrich Ferdinand SCHERK (1798—1885) [1,2] durch. Sie wurden zunächst von Moritz STERN (1807—1894) [1, 2, 3] und Oskar SCHLÖMILCH (1823 bis 1901) [1, 2, 3] fortgesetzt. Der Züricher Mathematiker Joseph Ludwig RAABE (1801—1859) nannte[8]) 1851 vielleicht als erster die Sekantenkoeffizienten *Eulersche Zahlen*[9]). Zehn Jahre später schlug, wohl unabhängig von RAABE,

---

[5]) EULER [2] Opera omnia (1) **16**, **1**, 63.

[6]) CANTOR [1], S. 75.

[7]) Vorher sind zwei Arbeiten von J. F. W. HERSCHEL (1792—1871) [1, 2] zu nennen, die sich mit den Sekantenkoeffizienten beschäftigen.

[8]) RAABE [1], S. 365, „E_m der zuerst von Euler in die Analysis eingeführte allgemeine Secantencoefficient" ... „die m-te Eulersche Zahl genannt werden kann."

[9]) Die Bemerkung von SAALSCHÜTZ [1], S. 22, daß SCHERK die Benennung vorgeschlagen habe, konnte ich nicht bestätigt finden.

James Joseph SYLVESTER (1814—1897) [1][10]) dieselbe Benennung vor, die nun von Eugène CATALAN (1814—1894) [1, 2] sowie später von J. W. L. GLAISHER (1848—1928) [1, 2, 3] und Edouard LUCAS (1842—1891) [1, 2, 3] verwendet wurde. In Deutschland bürgerte sich der Name erst nach 1877 allgemein ein, also 100 Jahre nach EULERS Tode.

3. Die Eulerschen Zahlen sind eng verknüpft mit den *Bernoullischen Zahlen* B_ν:

$$B_0 = 1,\ B_1 = -\tfrac{1}{2},\ B_2 = \tfrac{1}{6},\ B_4 = -\tfrac{1}{30}, \ldots,\quad B_3 = B_5 = \cdots = 0,$$

die als Koeffizienten in der Cotangensreihe[11])

$$\frac{x}{2}\cot\frac{x}{2} = \sum_{\nu=0}^{\infty} (-1)^\nu B_{2\nu} \frac{x^{2\nu}}{(2\nu)!} \tag{10}$$

oder anders geschrieben (ix statt x) durch

$$\frac{x}{e^x - 1} = \sum_{\nu=0}^{\infty} \frac{x^\nu}{\nu!} B_\nu$$

eingeführt werden können, und mit den Tangentenkoeffizienten C_ν

$$C_0 = 1,\ C_1 = -1,\ C_3 = 2,\ C_5 = -16,\ C_7 = 272, \ldots,$$
$$C_2 = C_4 = C_6 = \cdots = 0,$$

in

$$\operatorname{tg} x = \sum_{\nu=0}^{\infty} (-1)^{\nu-1} \frac{x^{2\nu+1}}{(2\nu+1)!} C_{2\nu+1} \tag{11}$$

oder

$$\frac{2}{1+e^x} = \sum_{\nu=0}^{\infty} \frac{C_\nu}{2^\nu} \frac{x^\nu}{\nu!}. \tag{12}$$

Die zahlreichen Zusammenhänge zwischen den trigonometrischen Funktionen wurden auf Grund von (3), (10), (11) zur Aufstellung von Beziehungen zwischen E_m, B_m und C_m benutzt. Aus

$$x \cot x = \frac{x}{2}\cot\frac{x}{2} - \frac{x}{2}\operatorname{tg}\frac{x}{2}$$

folgt[11])

$$C_{m-1} = 2^m(1-2^m)\frac{B_m}{m};$$

aus

$$\operatorname{tg} x = \sin x \sec x$$

ergibt sich

$$C_m = \sum_{\nu=0}^{m} (-1)^\nu \binom{m}{\nu} E_\nu; \tag{13}$$

und durch

$$\sec x = \sin x \operatorname{tg} x + \cos x$$

---

10) SYLVESTER [1], p. 163: Quant aux nombres de la série pour la sécante qu'on peut nommer les nombres d'Euler qui le premier en a fait le calcul."

11) Bei EULER [1], S. 540 = Opera omnia (1) **10**, 417.

entsteht die Umkehrformel zu (13):

$$E_m = \sum_{\nu=0}^{m} \binom{m}{\nu} C_\nu .$$

L. SAALSCHÜTZ [1] hat einen großen Teil dieser Formeln aus älteren Arbeiten zusammengestellt.

Es ist bemerkenswert, daß zur Untersuchung der rationalen Zahlen B_m, C_m, E_m transzendente Methoden verwendet wurden. EULER war diesen Weg gegangen, und der Einfluß der großen Autorität EULERs mag sich in der späteren Entwicklung geltend gemacht haben[12]). Eine elementare Methode zum Aufbau der Theorie wird im Buch von Niels NIELSEN (1865—1931) [1] verwendet, nachdem besonders E. LUCAS [1] seit 1877 die symbolische Methode verwendet hat, die z. B. für die Bernoullischen Zahlen von der Beziehung

$$(B+1)^n = B^n, \quad n \geq 2, \tag{14}$$

ausgeht.

4. Um zu einer *geschlossenen* Darstellung der Eulerschen Zahlen zu kommen, führe man durch die Entwicklung[13])

$$x^k = \sum_{\nu=1}^{k} \alpha_{k,\nu} \binom{x+\nu-1}{k}, \quad k \geq 1, \tag{15}$$

die ganzzahligen Koeffizienten $\alpha_{k,m}$ ein. Es gilt nämlich

$$\alpha_{k,m} = 0, \quad m > k, \tag{16}$$

und für alle ganzen m und k, $m \geq 1$, $k \geq 1$,

$$\alpha_{k,m} = \sum_{\nu=0}^{m-1} \binom{k+1}{\nu} (-1)^\nu (m-\nu)^k, \tag{17}$$

woraus die Symmetrieeigenschaft

$$\alpha_{k,k+1-m} = \alpha_{k,m} \tag{18}$$

hervorgeht. Entwickelt man nun die Funktion $\dfrac{t-1}{t-e^u}$ für $t \neq 1$ nach Potenzen von u, so erhält man

$$\frac{t-1}{t-e^u} = \sum_{\nu=0}^{\infty} A_\nu(t) \frac{u^\nu}{\nu!}, \quad t \neq 1. \tag{19}$$

Bereits EULER [1][14]) führte diese Rechnung aus. Für hinreichend kleine reelle t findet man

$$\frac{t-1}{t-e^u} = (1-t) \sum_{\nu=1}^{\infty} t^{\nu-1} e^{-\nu u} = (1-t) \sum_{\nu=0}^{\infty} A_\nu^*(t)(-1)^\nu \frac{u^\nu}{\nu!}$$

mit

$$A_m^*(t) = \sum_{\nu=1}^{\infty} \nu^m t^{\nu-1} .$$

---

12) N. NIELSEN [1], p. VI.

13) J. WORPITZKY [1].

14) S. 488—489 = Opera omnia (1) **10**, 374—375; $A_m(t)$ ist von ihm für $m \leq 5$ berechnet worden.

Bildet man

$$(1-t)^{m+1} A_m^*(t) = \alpha_m(t),$$

so ergibt sich unter Berücksichtigung von

$$(1-t)^{m+1} = \sum_{\nu=0}^{m+1} \binom{m+1}{\nu} (-1)^\nu t^\nu$$

und (16), (17) das Polynom $(m-1)$-ten Grades mit ganzzahligen Koeffizienten

$$\alpha_m(t) = \sum_{\nu=1}^{m} \alpha_{m,\nu}\, t^{\nu-1}, \tag{20}$$

so daß

$$A_m(t) = \frac{\alpha_m(t)}{(t-1)^m} \tag{21}$$

wird. Für $t = -1$ geht (19) in (12) über, also

$$C_m = (-1)^m \alpha_m(-1)$$

oder wegen (18) und (20)

$$C_m = \sum_{\nu=1}^{m} (-1)^\nu \alpha_{m,\nu};$$

das ist eine geschlossene Darstellung der Tangentenkoeffizienten, da die $\alpha_{m,\nu}$ nach (17) zu berechnen sind.

Durch Einsetzen der Potenzreihe für e^u in (19) ergibt sich nach Koeffizientenvergleich

$$t A_m(t) = \sum_{\nu=0}^{m} \binom{m}{\nu} A_\nu(t)$$

oder symbolisch

$$t A^m = (1+A)^m, \quad m \geq 1.$$

Setzt man in (19) $t = i$, so wird

$$\frac{1-i}{2} \cdot \frac{2}{e^u + e^{-u}} + \frac{1+i}{2} \cdot \frac{2}{1+e^{2u}} = \sum_{\nu=0}^{\infty} A_\nu(i) \frac{u^\nu}{\nu!}$$

und wegen (4) und (12)

$$A_\nu(i) = \frac{1-i}{2} E_\nu + \frac{1+i}{2} C_\nu,$$

woraus

$$E_{2m} = (1+i) A_{2m}(i)$$

folgt und wegen (20), (21)

$$E_{2m} = \frac{1}{2^m} \sum_{\nu=1}^{2m} (-1)^{\left[\frac{m+\nu}{2}\right]} \alpha_{2m,\nu}.$$

Andere geschlossene Darstellungen für E_{2m} verwenden die Ausdrücke

$$a_{k,m} = \sum_{\nu=0}^{m-1} (-1)^\nu \binom{m}{\nu} (m-\nu)^k,$$

$$b_{k,m} = \sum_{\nu=0}^{\left[\frac{m-1}{2}\right]} (-1)^\nu \binom{m}{\nu} (m-2\nu)^k.$$

Es ergibt sich[15])

$$E_m = \sum_{\nu=1}^{m} (-1)^\nu \frac{\cos \frac{(\nu+1)\pi}{4}}{2^{\frac{n-1}{2}}} a_{m,\nu},$$

$$E_{2m} = \sum_{\nu=1}^{m} (-1)^\nu \binom{2\nu}{\nu} \frac{1}{2^{4\nu-1}} b_{2m,2\nu} = \sum_{\nu=0}^{m} (-1)^\nu \frac{1}{2\nu+1} \cdot \frac{1}{2^{2\nu}} b_{2m+1,2\nu+1}.$$

Die Polynome $\alpha_m(t)$ hat Georg FROBENIUS (1849—1917) [1] *Eulersche Polynome* genannt. Seine Untersuchungen zielen auf ihre arithmetischen Eigenschaften ab. Schließlich bestehen für die eingeführten Zahlen Determinantendarstellungen[16]).

5. Die Polynome $A_m(t)$ sind durch einen Parameter x erweitert worden[17]).

$$A_m(x, t) = \sum_{\nu=0}^{m} \binom{m}{\nu} x^{m-\nu} A_\nu(t) = (x + A(t))^m, \tag{22}$$

so daß also

$$A_m(0, t) = A_m(t)$$

ist. Die $A_m(x, t)$ sind daher, wie aus (19) hervorgeht, die Koeffizienten in der Entwicklung von

$$e^{xu} \frac{t-1}{t-e^u} = \sum_{\nu=0}^{\infty} A_\nu(x, t) \frac{u^\nu}{\nu!}, \quad t \neq 1. \tag{23}$$

Durch wiederholte Anwendung der Funktionalbeziehung

$$A_m(x+1, t) - t A_m(x, t) = (1-t) x^m \tag{24}$$

erhält man für jede ganze Zahl $g \geq 0$

$$A_m(x+g+1, t) - t^{g+1} A_m(x, t) = (1-t) \sum_{\nu=0}^{g} t^{g-\nu} (x+\nu)^m. \tag{25}$$

Durch Differentiation nach x und Vergleich der Koeffizienten von u^ν ergibt sich[18])

$$\frac{d}{dx} A_m(x, t) = m A_{m-1}(x, t). \tag{26}$$

Da (23) ungeändert bleibt, wenn gleichzeitig x durch $1-x$, t durch $\frac{1}{t}$ und u durch $-u$ ersetzt wird, gilt

$$A_\nu\left(1-x, \frac{1}{t}\right) = (-1)^\nu A_\nu(x, t). \tag{27}$$

Aus

$$e^{(x+1)u} \frac{t-1}{t-e^u} = \sum_{\nu=0}^{\infty} A_\nu(x, t) \frac{u^\nu}{\nu!} \cdot \sum_{\nu=0}^{\infty} \frac{u^\nu}{\nu!} = \sum_{\nu=0}^{\infty} A_\nu(x+1, t) \frac{u^\nu}{\nu!}$$

---

[15]) SCHERK [1], SCHLÖMILCH [3].
[16]) GLAISHER [1], HAMMOND [1], LUCAS [2].
[17]) Vgl. CARLITZ [11].
[18]) Die $A_m(x, t)$ sind also APPELLsche Polynome.

erhalten wir eine Rekursionsformel

$$A_m(x+1,t) = \sum_{\nu=0}^{m} \binom{m}{\nu} A_\nu(x,t) \tag{28}$$

oder wegen (24)

$$\sum_{\nu=0}^{m} \binom{m}{\nu} A_\nu(x,t) - t\,A_m(x,t) = (1-t)\,x^m. \tag{29}$$

Ferner ist für jedes a

$$A_m(x,t) = \sum_{\nu=0}^{m} \binom{m}{\nu} A_\nu(a,t)\,(x-a)^{m-\nu} \tag{30}$$

entsprechend der Identität

$$e^{xu}\frac{t-1}{t-e^u} = e^{au}\frac{t-1}{t-e^u}\,e^{u(x-a)}.$$

Das sich für $t = -1$ ergebende Polynom

$$A_m(x,-1) = E_m(x) \tag{31}$$

wird als m-tes Eulersches Polynom bezeichnet[19]). Es genügt nach (24)

$$E_m(x+1) + E_m(x) = 2\,x^m.$$

$E_m(x)$ ist die sich eindeutig ergebende Polynomlösung des Summationsproblems

$$\nabla f(x) = x^m. \tag{32}$$

Die Gleichungen (25) bis (30) setzen sich in Relationen zwischen den $E_\nu(x)$ um. Für $a = \frac{1}{2}$ und $t = -1$ geht (30) über in

$$E_m(x) = \sum_{\nu=0}^{m} \binom{m}{\nu} \frac{E_\nu}{2^\nu}\left(x-\frac{1}{2}\right)^{m-\nu}, \tag{33}$$

da nach (4) und (23)

$$A_\nu\left(\frac{1}{2},-1\right) = E_\nu\left(\frac{1}{2}\right) = \frac{E_\nu}{2^\nu}. \tag{33a}$$

Weiter lassen sich Fourierentwicklungen für die Eulerschen Polynome $E_{2m}(x)$ angeben[20]):

$$E_{2m}(x) = (-1)^m 4\,(2m)!\sum_{\nu=0}^{\infty}\frac{\sin(2\nu+1)\pi x}{[(2\nu+1)\pi]^{2m+1}} \quad (m=1,2,\ldots;\ 0 \leqq x \leqq 1) \tag{34}$$

und entsprechend für $E_{2m+1}(x)$, aus denen Integralformeln hervorgehen:

$$E_{2m}(x) = (-1)^m 4\int_0^\infty \frac{u^{2m}\sin\pi x\cosh\pi u}{\cosh 2\pi u - \cos 2\pi x}\,du \ (m=0,1,2,\ldots;\ 0 < \Re x < 1). \tag{35}$$

---

[19]) NÖRLUND [2], S. 23—29.
[20]) NÖRLUND [2].

Der Spezialfall $x = \frac{1}{2}$ führt wegen (33a) zur Integraldarstellung der Eulerschen Zahlen

$$(-1)^m E_{2m} = \left(\frac{2}{\pi}\right)^{2m+1} \int_0^\infty u^{2m} \operatorname{sech} u \, du, \quad m = 0, 1, 2, \ldots, \tag{36}$$

die auch aus der Eulerschen Gleichung (8) zu gewinnen ist.

6. NÖRLUND hat zur Behandlung der Gleichung[21])

$$\mathop{\nabla^n}_{\omega_1,\ldots,\omega_n} f(x) = \mathop{\nabla}_{\omega_n}\Bigl(\mathop{\nabla^{n-1}}_{\omega_1,\ldots,\omega_{n-1}} f(x)\Bigr) = \varphi(x), \quad \mathop{\nabla}_{\omega} f(x) = \frac{f(x+\omega)+f(x)}{2}$$

die Eulerschen Polynome $E_m^{(n)}(x) = E_m^{(n)}(x \mid \omega_1, \ldots, \omega_n)$ gebildet. $E_m^{(n)}(x)$ ist diejenige Polynomlösung, welche sich hieraus für $\varphi(x) = x^m$ ergibt. Dann ist allgemein, wenn $\varphi(x)$ ein beliebiges Polynom m-ten Grades ist,

$$f(x+y) = \sum_{\nu=0}^{m} \varphi^{(\nu)}(x) \frac{E_\nu^{(n)}(y)}{\nu!}.$$

Außerdem verallgemeinert er die Eulerschen Zahlen E_m durch Einführung der ganzen rationalen Funktionen $E_m^{(n)}(\omega_1, \ldots, \omega_n)$, definiert durch

$$(E^{(n)} + \omega_n)^m + (E^{(n)} - \omega_n)^m = 2 E_m^{(n-1)}, \qquad E_m^{(1)} = E_m.$$

Es ergibt sich dann

$$E_m^{(n)}(\omega_1, \ldots, \omega_n) = \sum_{\substack{\nu_k \geq m \\ k=1,2,\ldots,n}} \frac{m!}{\nu_1!\,\nu_2!\ldots\nu_n!} E_{\nu_1} E_{\nu_2} \ldots E_{\nu_n} \omega_1^{\nu_1} \omega_2^{\nu_2} \ldots \omega_n^{\nu_n},$$

ferner

$$E_m^{(n)}(x) = \sum_{\nu=0}^{m} \binom{m}{\nu} \frac{E_\nu^{(n)}}{2^\nu} \left(x - \frac{\omega_1 + \cdots + \omega_n}{2}\right)^{m-\nu},$$

und ihre erzeugenden Funktionen lauten[22]):

$$\frac{2^n e^{xt}}{(e^{\omega_1 t}+1)(e^{\omega_2 t}+1)\ldots(e^{\omega_n t}+1)} = \sum_{\nu=0}^{\infty} \frac{t^\nu}{\nu!} E_\nu^{(n)}(x \mid \omega_1, \ldots, \omega_n).$$

Die Theorie dieser Polynome und der darin auftretenden verallgemeinerten Eulerschen Zahlen ist in der Differenzenrechnung von NÖRLUND [2] ausführlich dargestellt worden.

7. Die bisher gegebenen Entwicklungen wurden nach verschiedenen Richtungen verallgemeinert. Statt (15) führte man ganze Zahlen $\alpha_{k,m}^{r}$ ein durch[23])

$$\binom{x}{r}^k = \sum_{\nu=1}^{rk-r+1} \alpha_{k,\nu}^{(r)} \binom{x+\nu-1}{rk}, \qquad r \geq 1, \text{ ganz}, \tag{37}$$

[21]) NÖRLUND [1].
[22]) Weiter bestehen Multiplikationstheoreme, vgl. NÖRLUND [2], CARLITZ [8].
[23]) SHANKS [1].

wobei also $\alpha_{k,m} = \alpha_{k,m}^{(1)}$ ist. Über (12) hinausgehend, untersuchte man[24]) die Koeffizienten $C_m^{(k)}$ in

$$\left(\frac{2}{e^x+1}\right)^k = \sum_{\nu=0}^{\infty} \frac{x^\nu}{\nu!} \frac{C_\nu^{(k)}}{2^\nu}. \tag{38}$$

Th. Busk [1] § 40, behandelt die Polynomlösungen ${}_rE_m^{(n)}(x)$ der Gleichung

$$\frac{1}{r^n} \sum_{\nu_1,\ldots,\nu_n}^{0,1,\ldots,r-1} f(x+\nu_1+\nu_2+\cdots+\nu_n) = x^m,$$

die also zur erzeugenden Funktion

$$\left(r\,\frac{e^u-1}{e^{ru}-1}\right)^n e^{xu} = \sum_{\nu=0}^{\infty} \frac{u^\nu}{\nu!}\,{}_rE_\nu^{(n)}(x), \qquad |u| < \frac{2\pi}{n},$$

gehören. Ferner stellte er [1], § 48 u. a. die Polynome $E_{m_1,m_2}(x,y)$ in zwei Unbestimmten x, y auf, die der Differenzengleichung

$$f(x+1, y+1) + f(x, y) = 2x^{m_1} y^{m_2}$$

genügen.

Eulersche Polynome in mehreren Unbestimmten von anderer Art betrachtet L. Carlitz [1]:

$$E_{n_1,\ldots,n_t}(x_1,\ldots,x_t) = \sum_{\nu=0}^{n_1+\cdots+n_t} \frac{1}{2^\nu} \sum_{\alpha=0}^{\nu} (-1)^\alpha \binom{\nu}{\alpha} (\alpha+x_1)^{n_1} \cdots (\alpha+x_t)^{n_t},$$

aus denen Eulersche Zahlen

$$e_n = e_{n_1,\ldots,n_t} = m_1^{n_1} \ldots m_t^{n_t} E_{n_1,\ldots,n_t}\left(\frac{k_1}{m_1}, \ldots, \frac{k_t}{m_t}\right) \tag{39}$$

hervorgehen. Weiter hat man (6) durch den beliebigen Parameter a erweitert und für die Zahlen E_ν

$$(1+E)^m + a(1-E)^m = 0, \qquad m \geq 1$$

gefordert. H. S. Vandiver [1] behandelt die durch

$$e_{n-1}(m, k, l) = \frac{1}{n}\left[(mB+k)^n - (mB+l)^n\right], \quad m \neq 0, \quad k \neq l,$$

definierten Eulerschen Zahlen. Ernesto Pascal (1865—1940) [1, 2] und Robert Haussner (1863—1948) [1] führen Eulersche Zahlen zum Parameter t ein durch

$$\frac{2t}{2(1+t) - \left(e^{x\sqrt{t}} + e^{-x\sqrt{t}}\right)} = \sum_{\nu=0}^{\infty} E_{2\nu}^*(t) \frac{x^{2\nu}}{(2\nu)!}.$$

8. Der umfangreiche im vorangehenden nur angedeutete Formelapparat der Eulerschen Zahlen findet vornehmlich in der Differenzenrechnung Verwendung. Am interessantesten ist das Auftreten der Eulerschen Zahlen in verschiedenen zahlentheoretischen Fragen.

---

24) Nörlund [2], S. 143; Nielsen [1], p. 292; Carlitz [5], p. 315.

Einen großen Raum nehmen Arbeiten ein, die die Teilbarkeit der Zahlen betreffen. H. F. SCHERK [1] bewies als erster, daß die letzte Ziffer von $|E_{2m}|$ abwechselnd 1 oder 5 ist. Genauer gilt[25])

$$E_{2m} \equiv 2 + (-1)^m \cdot 3 \quad \bmod 60.$$

Ferner ist[26])

$$E_{2m} \equiv 6m - 7 \quad \bmod 72$$

hervorzuheben. Entsprechende Kongruenzen wurden für die C_{2m-1} aufgestellt[27]):

$$C_{4m-1} \equiv 92 \quad \bmod 180; \qquad C_{4m-3} \equiv 2^{4m} \quad \bmod 240, \qquad m \geq 2.$$

Die höchste Potenz von 2, die in C_{2m-1} aufgeht, ist 2^{2m-2-r}, wenn 2^r die genaue in m aufgehende Potenz von 2 ist[28]).

Für jede ungerade Primzahl p ist[29])

$$E_0 + E_2 + \cdots + E_{p-1} \equiv 0 \quad \bmod p,$$

wie aus (5) bei $m = \frac{p-1}{2}$ unter Berücksichtigung von $\binom{p-1}{2\nu} \equiv 1 \bmod p$, $\nu \leq \frac{p-1}{2}$ abzulesen ist. Weiter folgert man leicht aus (5)

$$E_{2m+k(p-1)} \equiv E_{2m} \quad \bmod p, \qquad k = 0, 1, 2, \ldots,$$

d. h. daß die Reste der Eulerschen Zahlen sich mod p periodisch wiederholen[29]). J. J. SYLVESTER [1] gab ohne Beweis die Reste von E_{2m} nach einer Primzahlpotenz p^δ an, wenn

$$(p-1)\, p^{\delta-1} \,|\, 2m \tag{40}$$

ist:

$$E_{2m} \equiv 1 - (-1)^{\frac{p-1}{2}} \bmod p^\delta, \quad \delta \geq 1.$$

N. NIELSEN [1] und G. FROBENIUS [1] lieferten Beweise, L. CARLITZ [11] den folgenden besonders einfachen. Setzt man in (25) und (29) $2m$ statt m, in (25) überdies $x = 0$, $t = -1$, in (29) $x = g + 1$, so entsteht die Gleichung

$$2 \sum_{\nu=1}^{g} (-1)^{g-\nu} \nu^{2m} = \frac{1}{2^{2m}} \sum_{\nu=0}^{m} \binom{2m}{2\nu} (2g+1)^{2m-2\nu} E_{2\nu},$$

die die Kongruenz

$$2^{2m+1} \sum_{\nu=1}^{g} (-1)^{g-\nu} \nu^{2m} \equiv E_{2m} \bmod (2g+1)^2$$

nach sich zieht. Unter der Voraussetzung (40) ist

$$\nu^{2m} \equiv 1 \text{ oder } 0 \quad \bmod p^\delta, \quad \text{je nachdem} \quad p \nmid \nu \text{ oder } p \mid \nu.$$

---

25) Vgl. NIELSEN [1], p. 261; SCHERK [1], S. 11.
26) SYLVESTER [1].
27) Vgl. NIELSEN [1], p. 260.
28) Vgl. SAALSCHÜTZ [1], S. 118.
29) Vgl. LUCAS [3], S. 436.

Gilt weiter $p|(2g+1)^2$, so folgt

$$E_{2m} \equiv 2 \sum_{\nu=1,\, p \nmid \nu}^{g} (-1)^{g-\nu} \mod p^\delta.$$

Wegen $p|2g+1$ wird $g \equiv \frac{p-1}{2} \mod p$ und daher

$$E_{2m} \equiv 2 \sum_{\nu=0}^{\frac{p-3}{2}} (-1)^\nu \mod p^\delta.$$

Allgemeiner ergibt sich [30]), wenn

$$a \equiv c \mod p \qquad (0 \leqq c \leqq p-1)$$

gilt, für jede l-te Einheitswurzel ζ

$$A_m(a,\zeta) \equiv \begin{cases} 1 - \zeta^{c-1} \dfrac{1-\zeta}{1-\zeta^p} & c \neq 0 \\ & \mod p^\delta \\ \dfrac{1-\zeta^{p-1}}{1-\zeta^p} & c = 0. \end{cases}$$

Für die durch (37) eingeführten Koeffizienten gelten die Kongruenzen [31])

$$\alpha_{k,m}^{(r)} \equiv \alpha_{k+v,m}^{(r)} \mod p^\delta, \quad p^{j-1} < m \leqq p^j$$

mit $k \geq \delta$ und $v = p^{j+\delta-1}(p-1)$.

E. E. Kummer hatte 1851 bewiesen, daß die m Kongruenzen bestehen [32]):

$$\sum_{\nu=0}^{\delta} (-1)^{\delta-\nu} \binom{\delta}{\nu} E_{m+\nu(p-1)} \equiv 0 \mod p^\delta, \quad 1 \leqq \delta \leqq m.$$

L. Carlitz [1] zeigte, daß auch die Eulerschen Zahlen e_n in (39) Kongruenzen vom Kummerschen Typus genügen.

9. Adolf Hurwitz (1859—1918) [1] fand 1895, daß die Idealklassenzahl des quadratischen Zahlkörpers $R(\sqrt{-p})$ über dem Körper R der rationalen Zahlen gleich ist dem kleinsten positiven Rest nach dem Primzahlmodul p von

$$\frac{1}{2} E_{\frac{p-1}{2}} \quad \text{oder} \quad C_{\frac{p-1}{2}},$$

je nachdem $p \equiv 1 \mod 4$ oder $p \equiv 3 \mod 4$ ist. Er drückt zum Beweise die Summen Legendrescher Symbole in der Dirichletschen Klassenzahlformel durch die Reste der Koeffizienten einer Entwicklung elementarer trigonometrischer Funktionen aus.

---

[30]) Carlitz [11].

[31]) L. Carlitz u. J. Riordan [1].

[32]) Vgl. Nielsen [1], Chap. XIV, p. 262—282; Carlitz [6].

10. Bekanntlich bestehen für die Lösbarkeit der Fermatschen Gleichung

$$x^p + y^p = z^p \tag{41}$$

im Falle

$$p \nmid xyz, \qquad p > 2 \text{ Primzahl}, \tag{42}$$

von E. E. KUMMER herrührende Kriterien, die Kongruenzen für Bernoullische Zahlen enthalten. 1940 zeigte H. S. VANDIVER [3], daß, wenn (41) und (42) erfüllt ist,

$$E_{p-3} \equiv 0 \bmod p$$

gilt. Wenn

$$x^{2p} + y^{2p} = z^{2p}, \qquad p > 11 \text{ Primzahl},$$

in ganzen Zahlen lösbar sein soll, muß, wie M. GUT [1] bewies, gleichzeitig

$$E_{p-3} \equiv E_{p-5} \equiv E_{p-7} \equiv E_{p-9} \equiv E_{p-11} \equiv 0 \quad \bmod p$$

sein. Führt man auch in bezug auf Eulersche Zahlen sogenannte irreguläre Primzahlen ein, das sind Primzahlen p, die Teiler von wenigstens einer der Zahlen

$$E_2, E_4, \ldots, E_{p-3}$$

sind, so hat L. CARLITZ [9] bewiesen, daß es unendlich viele irreguläre Primzahlen gibt.

11. Richard DEDEKIND (1831—1916) wurde bei der Untersuchung des Verhaltens von $\log \eta(\omega)$ bei Modulsubstitutionen auf Summen[33])

$$s(h, k) = \sum_{\mu \bmod k} \left(\left(\frac{\mu}{k}\right)\right)\left(\left(\frac{h\mu}{k}\right)\right), \quad (h, k) = 1, \quad k > 0,$$

geführt, die heute nach ihm benannt sind, wo $((x)) = 0$ für ganzes x und $((x)) = x - [x] - \frac{1}{2}$ für reelle nicht ganze x gesetzt ist. Es gilt das Reziprozitätsgesetz

$$s(h, k) + s(k, h) = -\frac{1}{4} + \frac{1}{12}\left(\frac{h}{k} + \frac{k}{h} + \frac{1}{hk}\right),$$

das auch arithmetisch bewiesen werden konnte. Sehr einfache Beweise können mit Hilfe Eulerscher Zahlen geführt werden. L. CARLITZ [3] untersuchte die verallgemeinerten Dedekindschen Summen

$$s_{m,n}(h, k) = \sum_{\mu \bmod k} \overline{B}_m\left(\frac{\mu}{k}\right) \overline{B}_n\left(\frac{h\mu}{k}\right), \quad (h, k) = 1, m > 0, n > 0,$$

in der $\overline{B}_h(x)$ die h-te Bernoullische Funktion ist, die die von T. M. APOSTOL [1] eingeführten

$$s_m(h, k) = s_{p+1-m,\, m}(h, k)$$

als Spezialfall enthalten, und bewies die Darstellung

$$s_{m,n}(h, k) = \frac{B_m B_n}{k^{m+n-1}} + \frac{mn}{k^{m+n-1}} \sum_{\zeta \neq 1} \frac{A_{m-1}(\zeta^h)}{1 - \zeta^{-h}} \cdot \frac{A_{n-1}(\zeta^{-1})}{1 - \zeta},$$

---

[33]) B. RIEMANN, Gesammelte math. Werke, 2. Aufl. 1892, S. 466—478 = R. DEDEKIND, Gesammelte Werke, 1. Band 1930, 159—172.

in der über alle k-ten Einheitswurzeln $\zeta \neq 1$ summiert wird und die $A_m(t)$ die in (19) von EULER studierten Polynome sind.

12. Zum Schluß wollen wir auf die EULERsche Einführung der Zahlen E_m zurückgehen und eine Verallgemeinerung von (4) zeigen, die aus der Untersuchung der Grenzschicht-Differentialgleichungen

$$y^{(n)} = \lambda y y^{(n-1)}, \quad \lambda \neq 0 \text{ reell}, \quad n \geq 1, \quad y^{(n)} = \frac{d^n y}{d x^n}, \tag{43}$$

hervorgeht. Werden für $x = 0$ die Anfangswerte

$$y^{(r)} = a_r \lambda^r, \quad r = 0, 1, \ldots, n-1, \quad a_r \text{ reell}, \tag{44}$$

gegeben und wird die Potenzreihe

$$y = \sum_{\nu=0}^{\infty} c_\nu^{(n)} \lambda^\nu \frac{x^\nu}{\nu!} \tag{45}$$

als Lösung in (43) eingesetzt, so ergibt sich rekursiv für die Koeffizienten

$$c_k^{(n)} = \sum_{\nu=0}^{k-n} \binom{k-n}{\nu} c_\nu^{(n)} c_{k-1-\nu}^{(n)}, \tag{46}$$

wobei nach (44)

$$c_k^{(n)} = a_k, \qquad k = 0, 1, \ldots, n-1, \tag{47}$$

ist. Für $n = 1$ ist

$$y = \frac{a_0}{1 - \lambda a_0 x}, \quad a_0 \neq 0.$$

Die Reihe (45) ist dann für $|x| < 1/|\lambda a_0|$ konvergent, und es ist

$$c_k^{(1)} = k!\, a_0^{k+1}.$$

Im Falle $n = 2$ setze man (bei beliebigem Vorzeichen)

$$b = \sqrt{2a_1 - a_0^2}.$$

Wie man leicht feststellt, ist

$$y = \frac{a_0}{1 - \frac{1}{2} a_0 \lambda x}, \qquad b = 0;$$

$$y = b \operatorname{tg}(\tfrac{1}{2} b \lambda x), \qquad b \neq 0, \quad a_0 = 0;$$

$$y = a_0 \frac{1 + b a_0^{-1} \operatorname{tg}(\frac{1}{2} b \lambda x)}{1 - a_0 b^{-1} \operatorname{tg}(\frac{1}{2} b \lambda x)}, \qquad b \neq 0, \quad a_0 \neq 0.$$

Dann läßt sich stets

$$c_k^{(2)} = \frac{a_1}{2^{k-1}} \sum_{\nu=1}^{k} \alpha_{k,\nu} (a_0 + ib)^{\nu-1} (a_0 - ib)^{k-\nu}, \quad 2a_1 = (a_0 + ib)(a_0 - ib),$$

schreiben. Sind $a_0 = a_1 = 1$, also $b = 1$ gegeben, so ergibt sich[34])

$$y = \sec \lambda x + \operatorname{tg} \lambda x$$

und

$$c_{2k}^{(2)} = (-1)^k E_{2k}, \quad c_{2k-1}^{(2)} = (-1)^k C_{2k-1}, \quad k = 1, 2, \ldots.$$

Wenn $n \geqq 3$ ist, sind die $c_k^{(n)}$ also als naturgemäße Verallgemeinerungen der Eulerschen Zahlen E_{2k} und der Tangentenkoeffizienten C_{2k-1} anzusehen. Die Fälle $n = 3$ und $n = 4$ haben in der Theorie laminarer Flüssigkeiten Bedeutung erlangt. Die Entwicklung (45) für $n = 3$ wird als BLASIUSsche Reihe[35]) bezeichnet, wenn

$$a_0 = a_1 = 0, \qquad a_2 = 1$$

ist. Arithmetische Eigenschaften der $c_k^{(n)}$ im Falle

$$a_r = 0, \qquad r = 0, 1, \ldots, n-2; \qquad a_{n-1} = 1$$

sind kürzlich gegeben worden[36]). Auf die Notwendigkeit, die durch (45) definierten Funktionen einem genaueren Studium zu unterwerfen, hat Hermann WEYL (1885—1955) [1] hingewiesen.

LITERATUR*)

APOSTOL, T. M. [1] Theorems on generalized Dedekind sums. Pacific J. Math. 2 (1952), 1—9.

BACHMANN, P. [1] Niedere Zahlentheorie. Teil 2. Berlin-Leipzig 1910, 480 S.

BUSK, Th. [1] On some general types of polynomials in one, two or n variables. Copenhagen 1955. 228 S.

CANTOR, M. [1] Vorlesungen über die Geschichte der Mathematik. 3. Band, 2. Aufl., Leipzig 1901.

CARLITZ, L. [1] Generalized Bernoulli and Euler numbers. Duke math. J. 8 (1941), 585 bis 589. — [2] The coefficients of the reciprocal of a series, ebda. 689—700. — [3] Some theorems on generalized Dedekind sums. Pacific J. Math. 3 (1953), 513—522. — [4] The reciprocity theorem for Dedekind sums, ebda. 523—527. — [5] A theorem of Glaisher. Canadian J. Math. 5 (1953), 306—316. — [6] Some theorems on Kummer congruences. Duke math. J. 20 (1953), 423—431. — [7] The multiplication formulas for the Bernoulli and Euler polynomials. Math. Mag. 27 (1953), 59—64. — [8] A theorem of Ljunggren and Jacobsthal on Bernoulli numbers. Proc. Amer. math. Soc. 5 (1954), 34—37. — [9] Note on irregular primes, ebda. 329—331. — [10] Dedekind sums and Lambert series, ebda. 580—584. — [11] A note on Euler numbers and polynomials. Nagoya math. J. 7 (1954), 35—43.

CARLITZ, L., u. R. F. OLSON. [1] Some theorems on Bernoulli and Euler numbers of higher order. Duke math. J. 21 (1954), 405—421.

— u. J. RIORDAN. [1] Congruences for Eulerian numbers. Duke math. J. 20 (1953), 339—343.

---

[34]) Das ist die von SCHERK [2] untersuchte Funktion.

[35]) H. BLASIUS, Grenzschichten u. Flüssigkeiten mit kleiner Reibung. Z. Math. u. Physik 56 (1908), 1—37.

[36]) SALIÉ [1].

*) Auswahl von Arbeiten, die mit Eulerschen Zahlen in Verbindung stehen.

Catalan, E. [1] Sur les nombres de Bernoulli et sur quelques formules qui en dependent. C. R. Acad. Sci. Paris 54 (1862), 1030—1033, 1059. — [2] Sur les nombres d'Euler, ebda. **66** (1868), 415—416.

Cesaro, E. [1] Sur les nombres de Bernoulli et de Euler. Nouv. Ann. Math. (3) 5 (1886), 305—327.

Ely, G. S. [1] Bibliography of Bernoulli's numbers. Amer. J. Math. 5 (1882), 228—235. — [2] Some notes on the numbers of Bernoulli and Euler, ebda. 337—341.

von Ettingshausen, A. [1] Vorlesungen über höhere Mathematik. 1. Band, Wien 1827.

Euler, L. [1] Institutiones calculi differentialis. Petropol. 1755, 880 S. = Opera omnia (1) **10**, Leipzig-Berlin 1913, 676 S. — [2] De summatione serierum in quibus terminorum signa alternantur. Nova Acta Acad. Sci. Imp. Petropol. 2, 1784 (1788), (46)—(69) = Opera omnia (1) **16**, 1 (1933), 47—78.

Frobenius, G. [1] Über die Bernoullischen Zahlen und die Eulerschen Polynome. S.-Ber. Preuß. Akad. Wiss. **1910**, 809—847.

Glaisher, J. W. L. [1] Expressions for Laplace's coefficients, Bernoullian and Eulerian numbers etc. as determinants. Messenger Math. **6** (1876), 49—63. — [2] A congruence theorem relating to Eulerian numbers and other coefficients. Proc .London math. Soc. **32** (1901), 171—198. — [3] On Eulerian numbers with the values of the first twenty-seven. Quart. J. Math. **45** (1914), 1—51.

Gut, M. [1] Eulersche Zahlen und großer Fermatscher Satz. Comment. Math. Helvet. **24** (1950), 73—99 — [2] Eulersche Zahlen und Klassenzahl des Körpers der $4l$-ten Einheitswurzeln, ebda. **25** (1951), 43—63.

Hammond, J. [1] On the relation between Bernoulli's numbers and the binomial coefficients. Proc. London math. Soc. **7** (1876), 9—14.

Haussner, R. [1] Über verallgemeinerte Eulersche Zahlen und Tangentenkoeffizienten. Ber. Verh. Sächs. Akad. Wiss. **62** (1910), 386—418.

Herschel, J. F. W. [1] Considerations of various points of analysis. Philos. Trans. London **1814**, 440—468. — [2] On the development of exponential functions together with several new theorems relating to finite differences, ebda. **1816**, 25—45.

Hurwitz, A. [1] Über die Anzahl der Klassen binärer quadratischer Formen von negativer Determinante. Acta math. **19** (1895), 351—384 = Math. Werke **2**, Basel 1933, 208—235. — [2] Über die Entwicklungskoeffizienten der lemniskatischen Funktionen. Math. Ann. **51** (1899), 196—226 = Math. Werke **2**, 342—373.

Joffe, S. A. [1] Calculation of the first thirty-two Eulerian numbers from central differences of zero. Quart. J. **47** (1916), 103—126. — [2] Calculation of eighteen more, fifty in all, Eulerian numbers from central differences of zero, ebda. **48** (1919), 193—271.

Krause, M. [1] Zur Theorie der Eulerschen und Bernoullischen Zahlen. Mh. Math. Physik **14** (1903), 305—324.

Krishnamachary, C. u. Bhimasena Rao. [1] On a table for calculating Eulerian numbers based on a new method. Proc. London math. Soc. (2) **22** (1923), 73—80.

Kummer, E. E. [1] Über eine allgemeine Eigenschaft der rationalen Entwicklungscoeffizienten einer bestimmten Gattung analytischer Funktionen. J. reine u. angew. Math. **41** (1851), 368—372.

Lehmer, D. H. [1] Lacunary recurrence formulas for the numbers of Bernoulli and Euler. Ann. Math. (2) **36** (1935), 637—649.

Lehmer, E. [1] On congruences involving Bernoulli numbers and the quotients of Fermat and Wilson. Ann. Math. (2) **39** (1938), 350—360.

Lucas, E. [1] Théorie nouvelle des nombres de Bernoulli et d'Euler. Ann. mat. pure appl. (2) 8 (1877), 56—79. — [2] On Eulerian numbers. Messenger Math. (2) **7** (1878), 139—141. — [3] Théorie des nombres. Tome 1. Paris 1891. 520 p.

Meyer, G. F. [1] Einige Beiträge zur Theorie der Bernoullischen Zahlen und der Secanten-Coeffizienten. Arch. Math. Physik **35** (1860), 449—474.

Nielsen, N. [1] Traité élémentaire des nombres de Bernoulli. Paris 1923. X + 398 p.

NÖRLUND, N. E. [1] Mémoire sur les polynomes de Bernoulli. Acta math. **43** (1920), 121—196. — [2] Differenzenrechnung. Berlin 1924. VI + 551 S.

PASCAL, E. [1] I determinanti ricorrenti e i nuovi numeri pseudo-Euleriani. Rend. Ist. Lomb. (2) **40** (1907), 461—475. — [2] I nuovi numeri pseudo-tangenziali. Rend. Circ. mat. Palermo **23** (1907), 358—366.

RAABE, J. L. [1] Zurückführung einiger Summen und bestimmter Integrale auf die Jacob-Bernoullische Funktion. J. reine angew. Math. **42** (1851), 348—367. — [2] Zugaben zur Jacob-Bernoullischen Funktion und Einführung einer neuen, die „Eulersche Funktion" genannt. Math. Mitt. **2**, Zürich 1858, 117—138.

RADICKE, A. [1] Die Rekursionsformeln für die Berechnung der Bernoullischen und Eulerschen Zahlen. Halle/S. 1880, III + 35 S.

ROGEL, F. [1] Über den Zusammenhang der Fakultätenkoeffizienten mit den Bernoullischen und Eulerschen Zahlen. Arch. Math. Physik (2) **10** (1890), 318—332.

SAALSCHÜTZ, L. [1] Vorlesungen über die Bernoullischen Zahlen, ihren Zusammenhang mit den Secanten-Coefficienten und ihre wichtigeren Anwendungen. Berlin 1893. 208 S.

SALIÉ, H. [1] Über die Koeffizienten Blasiusscher Reihen. Math. Nachr. **14** (1955), 241—248.

SCHERK, H. F. [1] Mathematische Abhandlungen. Berlin 1825. VI + 114 S. 1. Abh.: Von den numerischen Coeffizienten, ihrem Zusammenhange und ihrer Analogie mit den Bernoullischen Zahlen 1—30. — [2] Über einen allgemein die Bernoullischen Zahlen und die Coeffizienten der Secantenreihe zugleich darstellenden Ausdruck. J. reine angew. Math. **4** (1829), 299—304.

SCHLÖMILCH, O. [1] Über die Bernoullischen Zahlen und die Coeffizienten der Sekantenreihe. Arch. Math. Physik **1** (1841), 360—363. — [2] Développement d'une formule qui donne en même temps les nombres de Bernoulli et les coefficients de la série qui exprime la sécante. J. reine angew. Math. **32** (1846), 360—364. — [3] Neue Formeln zur independenten Bestimmung der Sekanten- und Tangentenkoeffizienten. Arch. Math. Physik **16** (1851), 411—418.

SEIDEL, Ph. [1] Über eine einfache Entstehungsweise der Bernoullischen Zahlen und einiger verwandten Reihen. S.-Ber. Bayer. Akad. Wiss. **7** (1877), 157—187.

SHANKS, E. B. [1] Iterated sums of powers of the binomial coefficients. Amer. Math. monthly **58** (1951), 404—407.

STERN, M. [1] Über die Coeffizienten der Secantenreihe. J. reine angew. Math. **26** (1843), 88—91. — [2] Beiträge zur Theorie der Bernoullischen und Eulerschen Zahlen. Abh. Ges. Wiss. Göttingen **23** (1878), **26** (1880). — [3] Zur Theorie der Eulerschen Zahlen. J. reine angew. Math. **79** (1875), 67—98.

SYLVESTER, J. J. [1] Sur une propriété des nombres premiers qui se rattache au théorème de Fermat. C. R. Acad. Sci. Paris **52** (1861), 161—163, 212—214 = Collected math. papers, vol. **2** (1908), 229—233. — [2] Note on the numbers of Bernoulli and Euler and a new theorem concerning prime numbers. Phil. Mag. **21** (1861), 127—136 = Collected math. papers, vol. 2 (1908), 255—263.

VANDIVER, H. S. [1] On generalizations of the numbers of Bernoulli and Euler. Proc. Nat. Acad. Sci. **23** (1937), 555—559. — [2] On analogues of the Bernoulli and allied numbers, ebda. **25** (1939), 197—201. — [3] Note on Euler number criteria for the first case of Fermat's last theorem. Amer. J. Math. **62** (1940), 79—82. — [4] An arithmetical theory of the Bernoulli numbers. Trans. Amer. math. Soc. **51** (1942), 506.

WEYL, H. [1] On the differential equations of the simplest boundary-layer problems. Ann. Math. (2) **43** (1942), 381—407 = Selecta Hermann Weyl, Basel-Stuttgart 1956, 487—514.

WICKE, F. [1] Über ultra-Bernoullische und ultra-Eulersche Zahlen und Funktionen und deren Anwendung auf die Summation von unendlichen Reihen. Diss. Jena 1905. 68 S.

WORPITZKY, J. [1] Studien über die Bernoullischen und Eulerschen Zahlen. J. reine angew. Math. **94** (1883), 203—232.

Числа Эйлера

Г. САЛИЕ, Лейпциг

Резюме

В статье сообщается об эйлеровых числах и эйлеровых полиномах, а также о их значении для исчисления конечных разностей и различных вопросов теории чисел. В п. 2 мы пытались выяснить, когда впервые появляется обозначение *числа Эйлера*. Заключение статьи (п. **12**) указывает, прежде всего, на коэффициенты рядов Блазиуса из теории дифференциальных уравнений пограничного слоя, которые могут рассматриваться как естественное обобщение чисел Эйлера. В связи с этой частной темой рассматривается, как то, что исходило из мастерской ЭЙЛЕРа, продолжало действовать в течение двух столетий. Исследование основывается на подборке материалов из соответствующей литературы, включающей 78 номеров.

Über symmetrische algebraische Integralgleichungen*)

Von Werner SCHMEIDLER, Berlin-Frohnau

Eine der größten Leistungen Leonhard EULERS war die Formulierung der Aufgabe der Variationsrechnung und die Erkenntnis, daß für die Extremalfunktion die seitdem als „*Eulersche Gleichung*“ bezeichnete Gleichung gelten muß. Neuerdings wird diese Erkenntnis vielfach in dem Sinne verwertet, daß eine vorgelegte Gleichung als eine Eulersche Gleichung eines bestimmten Variationsproblems angesprochen und daraus auf die Existenz einer Lösung geschlossen wird, wenn man nämlich von dem zugehörigen Variationsproblem von vornherein aussagen kann, daß eine Extremalfunktion existieren muß.

Diese Methode ist insbesondere von R. COURANT auch auf Integralgleichungen angewandt worden, insofern sich z. B. eine *symmetrische lineare Integralgleichung mit stetigem Kern*

$$\mu y(s) - \int_0^1 K(s,t)\, y(t)\, dt = 0 \qquad (K(s,t) \equiv K(t,s) \not\equiv 0)$$

als Eulersche Gleichung desjenigen Variationsproblems ansprechen läßt, welches verlangt, das Funktional

$$z = \int_0^1\!\!\int_0^1 K(s,t)\, y(s)\, y(t)\, ds\, dt$$

unter der Nebenbedingung $\int_0^1 y^2(s)\, ds = 1$ zum Extremwert zu machen. Da sich die Existenz einer derartigen Extremalfunktion aus dem Variationsproblem direkt einsehen läßt, so kann man hiermit auf die Existenz eines Eigenwertes $\mu \neq 0$ und einer normierten Eigenfunktion für die Integralgleichung schließen. Diese Aufgabe und die Methode ihrer Lösung gestattet nun eine bisher nicht bemerkte Verallgemeinerung auf sogenannte „*algebraische Integralgleichungen*“, das sind Gleichungen, die durch Nullsetzen eines *Integralpolynoms*

$$\sum_{\alpha+\alpha_1+\cdots\alpha_\nu \le n} y^\alpha(s) \int_0^1 \cdots \int_0^1 K_{\alpha\alpha_1\ldots\alpha_\nu}(s, t_1, \ldots, t_\nu)\, y^{\alpha_1}(t_1) \ldots y^{\alpha_\nu}(t_\nu)\, dt_1 \ldots dt_\nu,$$

welches aus endlich vielen Gliedern der angegebenen Form aufgebaut ist, entstehen. Um die Analogie zum Falle $n = 1$ evident zu machen, wollen wir uns

*) Vortrag, gehalten auf der Vormittagssitzung am 23. 3. 1957; vgl. die gleichbetitelte Abhandlung in den Finnischen Akademieberichten Ser. A. I. Mathematica-Physica No. 220 (1956).

auf *homogene* Integralpolynome ($\alpha + \alpha_1 + \cdots + \alpha_\nu = n$) beschränken und den zu untersuchenden Typus in der Form

$$\mu^n y^n(s) - \sum_{\beta=0}^{n-1} \mu^\beta y^\beta(s) \sum_{\beta+\alpha_1+\cdots+\alpha_\nu=n} \int_0^1 \cdots \int_0^1 K_{\beta\alpha_1\ldots\alpha_\nu}(s, t_1, \ldots, t_\nu) \cdot$$
$$\cdot\, y^{\alpha_1}(t_1) \ldots y^{\alpha_\nu}(t_\nu)\, dt_1 \ldots dt_\nu = 0$$

ansetzen, der für $n = 1$ in den homogenen linearen Fall übergeht.

Genauso, wie man nun eine *symmetrische* lineare Integralgleichung entstanden denken kann als Eulersche Gleichung des oben formulierten Variationsproblems, wobei man die Integralform z durch eine *beliebige* stetige Kernfunktion $K(s, t) \not\equiv K(t, s)$ definieren kann, wenn man nur den Kern der Eulerschen Gleichung dann durch $\frac{1}{2}(K(s, t) + K(t, s))$ ersetzt, so kann man jetzt auch zur Definition einer *symmetrischen homogenen algebraischen Integralgleichung* gelangen, indem man ein entsprechend allgemeineres Variationsproblem ansetzt.

Wir setzen

$$f(z, y) = z^n - \sum_{\beta=0}^{n-1} a_\beta(y)\, z^\beta = 0,$$

$$a_\beta(y) = \sum_{\alpha+\alpha_1+\cdots+\alpha_\nu=n+1} \int_0^1 \cdots \int_0^1 K_{\alpha\alpha_1\ldots\alpha_\nu\beta}(s, t_1, \ldots, t_\nu)\, y^\alpha(s)\, y^{\alpha_1}(t_1) \ldots y^{\alpha_\nu}(t_\nu)\, ds\, dt_1 \ldots dt_\nu,$$

und wählen n als ungerade ganze Zahl. Diese Gleichung für z hat für jedes y mit $\int_0^1 y^{n+1}(s)\, ds = 1$ eine größte reelle Lösung $z_0(y)$, und für diese Zahl gibt es eine präzise obere Grenze μ. Eine Funktion $y(s)$, für die $z_0(y) = \mu$ ist, muß dann notwendig der Gleichung

$$J(y) = \int_0^1 \Bigg[\mu^n y^{n+1}(s) - \sum_{\beta=0}^{n-1} \mu^\beta \sum_{\alpha+\alpha_1+\cdots+\alpha_\nu=n+1} \int_0^1 \cdots \int_0^1 K_{\alpha\alpha_1\cdots\alpha_\nu\beta}(s, t_1, \ldots, t_\nu) \cdot$$
$$\cdot\, y^\alpha(s)\, y^{\alpha_1}(t_1) \ldots y^{\alpha_\nu}(t_\nu)\, dt_1 \ldots dt_\nu\Bigg] ds = 0$$

genügen, während für alle übrigen $y(s) \not\equiv 0$ notwendig $J(y) > 0$ ist. Die Eulersche Gleichung des damit gegebenen Variationsproblems läßt sich leicht aufstellen, sie wird aber nur dann von dem oben angegebenen Typus, wenn wir annehmen, daß

$$\alpha = \alpha_1 = \cdots = \alpha_\nu = \beta + 1$$

wird, so daß der Kern ohne Änderung seines Wertebereiches in $s, t_1, \ldots, t_\nu$ symmetrisch gewählt werden kann. Wegen der Homogenität wird dann notwendig $(\beta + 1)(\nu + 1) = n + 1$, und die Eulersche Gleichung wird von der Form

$$(*)\quad \mu^n y^n(s) - \sum_{\beta=0}^{n-1} \mu^\beta y^\beta(s) \int_0^1 \cdots \int_0^1 K_\beta(s, t_1, \ldots, t_\nu)\, y^{\beta+1}(t_1) \ldots y^{\beta+1}(t_\nu)\, dt_1 \ldots dt_\nu = 0,$$

wobei sich der in allen Variablen symmetrische Kern K_β aus den gegebenen Kernen in einfacher Weise zusammensetzt. Hiermit ist der Typus einer homogenen symmetrischen algebraischen Integralgleichung festgelegt. Als einfaches Beispiel sei etwa die Gleichung betrachtet

$$f(z, y) = z^3 - z\int_0^1\int_0^1 K_1(s, t)\, y^2(s)\, y^2(t)\, ds\, dt - \\ - \int_0^1\int_0^1\int_0^1\int_0^1 K_0(s, t_1, t_2, t_3)\, y(s)\, y(t_1)\, y(t_2)\, y(t_3)\, ds\, dt_1\, dt_2\, dt_3 = 0,$$

wo sich als Eulersche Gleichung des zugehörigen Extremalproblems die homogene algebraische symmetrische Integralgleichung ergibt:

$$\mu^3 y^3(s) - \mu\, y(s)\int_0^1 K_1(s, t)\, y^2(t)\, dt - \\ - \int_0^1\int_0^1\int_0^1 K_0(s, t_1, t_2, t_3)\, y(t_1)\, y(t_2)\, y(t_3)\, dt_1\, dt_2\, dt_3 = 0.$$

Die auftretenden Kerne sind symmetrisch in sämtlichen Variablen.

Um nun den Existenzbeweis für die Lösung einer solchen symmetrischen Integralgleichung zu erbringen, müssen wir wie bei $n = 1$ zunächst die Kerne approximieren, und zwar wählen wir dazu die Näherungsdarstellung durch ein vollständiges Orthogonalsystem $\omega_1, \omega_2, \ldots$, welches die zusätzliche Eigenschaft hat, daß die Produkte der Größen $\omega_1, \ldots, \omega_m$ untereinander wiederum linear durch $\omega_1, \ldots, \omega_m$ ausdrückbar sind. Ein solches System läßt sich nach A. HAAR angeben; es besteht aus Treppenfunktionen. Man kann nun auch die gesuchte Funktion $y(s)$ durch solche Treppenfunktionen approximieren und erhält für die zugehörigen m Koeffizienten der Approximationsfunktion aus der Extremalbedingung ein Gleichungssystem, das notwendigerweise ein Lösungssystem haben muß. Man beweist nun mit Hilfe dieser Folge von Näherungsfunktionen die Existenz einer gleichmäßig beschränkten und gleichgradig stetigen Folge von Funktionen, die gleichmäßig gegen eine stetige Grenzfunktion streben; diese Grenzfunktion erweist sich als Lösung der Integralgleichung. Dabei ist noch eine weitere Voraussetzung erforderlich, die für unsere gegebene Integralgleichung an die Spitze zu stellen ist, daß nämlich die Diskriminante unseres gegebenen Polynoms von (μy), dessen Koeffizienten in den Integralen ja selbst noch von y abhängen, für alle normierten y und alle s von Null verschieden sei. In dem oben angeführten Beispiel besagt dies, daß für alle s der Ausdruck

$$\frac{1}{4}\left(\int_0^1\int_0^1\int_0^1 K_0(s, t_1, t_2, t_3)\, y(t_1)\, y(t_2)\, y(t_3)\, dt_1\, dt_2\, dt_3\right)^2 - \frac{1}{27}\left(\int_0^1 K_1(s, t)\, y^2(t)\, dt\right)^3 > 0$$

sein soll, was z. B. erfüllt ist, wenn $K_1(s, t) < 0$ gilt für alle s, t. Die Lösung der Integralgleichung erweist sich dann als eine stetige Funktion von s. Wir haben damit den folgenden Satz bewiesen:

> Jede homogene symmetrische algebraische Integralgleichung ungerader Ordnung, deren Diskriminante in bezug auf (μy) für alle normierten y und alle s von Null verschieden ist, besitzt einen reellen Eigenwert und eine stetige Eigenfunktion.

О симметрических алгебраических интегральных уравнениях

В. ШМЕЙДЛЕР, Берлин-Фронау

Резюме

Линейное однородное интегральное уравнение можно рассматривать как уравнение Эйлера вариационной проблемы, в которой некоторая нормированная функция реализует максимум квадратичной интегральной формы с непрерывным ядром. Такая постановка задачи дает вместе с тем доказательство существования для одного собственного значения и одной нормированной собственной функции интегрального уравнения.

При дальнейшем развитии этих соображений наибольший действительный корень $z_0(y)$ уравнения нечетной степени:

$$z^n - \sum_{\beta=0}^{n-1} z^\beta \int_0^1 \cdots \int_0^1 K_\beta(s, t_1, \ldots, t_\nu)\, y^{\beta+1}(s)\, y^{\beta+1}(t_1) \ldots y^{\beta+1}(t_\nu)\, ds\, dt_1 \ldots dt_\nu = 0$$

$$[(\beta + 1)(\nu + 1) = n + 1]$$

превращается для нормированного $y \left(\int_0^1 y^{n+1}(s)\, ds = 1 \right)$ в максимум. Соответствующее $y(s)$ оказывается решением однородного симметрического алгебраического интегрального уравнения порядка n:

$$(*) \qquad \mu^n y^n(s) - \sum_{\beta=0}^{n-1} \mu^\beta y^\beta(s) \int_0^1 \cdots \int_0^1 K_\beta(s, t_1, \ldots, t_\nu) \cdot y^{\beta+1}(t_1) \ldots y^{\beta+1}(t_\nu)\, dt_1 \ldots dt_\nu = 0,$$

(K_β симметрично по всем переменным)

в то время как μ будет решением $z_0(y)$ для этого y. Данный таким образом тип симметрического алгебраического интегрального уравнения автоматически получается по намеченным соображениям при помощи формы уравнения, трактуемого как уравнение Эйлера соответствующей вариационной проблемы; существование одного собственного значения и одной нормированной собственной функции тем самым доказано. Вспомогательным средством служат некоторые особенные ортогональные системы, рассмотренные ХААРом; дальнейшей предпосылкой является неисчезновение дискриминанта многочлена (μy) в левой части (*) для каждого значения s и для каждого нормированного y в коэффициентных интегралах. Тогда получается и непрерывность решения.

Zur Vorgeschichte des Eulerschen Additionstheorems *)

Von Carl Ludwig SIEGEL, Göttingen

Von den Entdeckungen EULERS hat wohl das Additionstheorem der elliptischen Integrale den größten Einfluß auf die weitere Entwicklung der Analysis im 19. Jahrhundert ausgeübt. In seinen Untersuchungen tritt es zuerst für den lemniskatischen Fall im Jahre 1753 auf. Vorher hatte er in einer am 27. Januar 1752 vor der Berliner Akademie gelesenen Arbeit [1] die spezielle Aufgabe behandelt, zwei vom Doppelpunkt der Lemniskate aus gemessene Bögen zu addieren, wenn der eine das n-fache ($n = 1, 2, \ldots$) des anderen ist. EULER erwähnt dabei, daß FAGNANO die betreffende Formel für $n = 1$ gefunden habe, also für die Verdoppelung des Lemniskatenbogens.

FAGNANO hatte seine 1750 erschienenen Gesammelten Abhandlungen [2] an die Berliner Akademie gesandt, deren Mitglied er geworden war, und EULER bekam das Werk am 23. Dezember 1751 in die Hand. Dies geht aus einer Mitteilung von JACOBI [3] hervor, welcher während der vierziger Jahre des vorigen Jahrhunderts in Berlin Vorbereitungen für die bereits damals von der Petersburger Akademie geplante Gesamtausgabe von EULERS Werken traf. Er schrieb: „Bei dieser Gelegenheit habe ich auch einen für die Geschichte der Mathematik ungemein wichtigen Tag gefunden, an welchem unsere Akademie EULER auffordert, das von FAGNANO ihr übersandte Werk zu prüfen, ehe man dem Verfasser antwortet. Aus dieser Prüfung ist die Theorie der elliptischen Functionen entstanden."

FAGNANO war sich bewußt, daß er mit der Verdoppelung des Lemniskatenbogens eine Leistung von bleibendem Wert vollbracht hatte, denn er ließ auf dem Titelblatt seines Werkes eine Lemniskate als Verzierung anbringen. Allerdings lag seine Entdeckung schon über dreißig Jahre lang im Druck [4] vor, ohne daß die zeitgenössischen Mathematiker die Bedeutung erkannt hätten.

In der genannten Arbeit verifiziert EULER, daß aus

$$u = \frac{2z\sqrt{1-z^4}}{1+z^4}$$

die Differentialgleichung

$$\frac{du}{\sqrt{1-u^4}} = \frac{2\,dz}{\sqrt{1-z^4}}$$

folgt. Dies hatte er aus FAGNANOS Werk entnommen, wo sich diese Formeln mit Vertauschung von u und z finden. Bei FAGNANO sind sie aber das Ergebnis

*) Beitrag, eingereicht am 29. 9. 1956.

einer Elimination der Hilfsvariablen x aus den beiden Substitutionen

$$x = \frac{\sqrt{1 - \sqrt{1 - z^4}}}{z}, \qquad x = \frac{\sqrt{2}\, u}{\sqrt{1 - u^4}},$$

denen die Differentialgleichungen

$$\frac{dz}{\sqrt{1 - z^4}} = \frac{\sqrt{2}\, dx}{\sqrt{1 + x^4}}, \qquad \frac{dx}{\sqrt{1 + x^4}} = \frac{\sqrt{2}\, du}{\sqrt{1 - u^4}}$$

entsprechen. Die erste Substitution läßt sich einfacher in der Form

$$z = \frac{\sqrt{2}\, x}{\sqrt{1 + x^4}}$$

schreiben.

FAGNANO gibt nicht an, auf welchem Wege er zu diesen Substitutionen gekommen ist. Ich möchte die Vermutung aussprechen, daß er analog zur Uniformisierung von Quadratwurzeln aus Polynomen zweiten Grades versucht haben könnte, das lemniskatische Differential durch eine algebraische Substitution zur rationalisieren, und dabei etwa das Formelsystem

$$z = \frac{2x}{1 + x^2}, \qquad x = \frac{2u}{1 - u^2},$$

$$\frac{dz}{\sqrt{1 - z^2}} = \frac{2\, dx}{1 + x^2}, \qquad \frac{dx}{\sqrt{1 + x^2}} = \frac{2\, du}{1 - u^2}$$

vor Augen hatte. Die obigen Beziehungen entstehen dann einfach, indem z, x, u in diesen Formeln durch ihre Quadrate ersetzt werden. Doch läßt sich meine Vermutung nicht durch eine Textstelle bei FAGNANO belegen.

Es sei ferner darauf hingewiesen, daß FAGNANOs Ergebnis eigentlich der Theorie der komplexen Multiplikation angehört. Setzt man nämlich

$$1 + i = \mu, \qquad \sqrt{2}\, x = \mu t,$$

so gehen seine Formeln in

$$z = \frac{\mu t}{\sqrt{1 - t^4}}, \qquad t = \frac{\bar{\mu} u}{\sqrt{1 - u^4}},$$

$$\frac{dz}{\sqrt{1 - z^4}} = \frac{\mu\, dt}{\sqrt{1 - t^4}}, \qquad \frac{dt}{\sqrt{1 - t^4}} = \frac{\bar{\mu}\, du}{\sqrt{1 - u^4}}$$

über. Demnach handelt es sich um die Multiplikation des lemniskatischen Differentials erster Gattung mit den komplexen Faktoren $\mu = 1 + i$ und $\bar{\mu} = 1 - i$. Die Entdeckung von FAGNANO wurde also durch den Umstand ermöglicht, daß i der Modul der lemniskatischen Funktion und $\mu\bar{\mu} = 2$ ist. Die Transformationsformel für Multiplikation mit μ, $\bar{\mu}$ hat einfachere Gestalt als die durch Zusammensetzung entstehende Formel, und dieses war offenbar von Bedeutung für FAGNANOs Erfolg. Es bedurfte des überragenden algebraischen Geschicks von EULER, um das Additionstheorem des elliptischen Integrals erster Gattung aufzustellen, für das ja im allgemeinen nur rationale Multiplikatoren existieren. Andererseits fällt die explizite Entdeckung der komplexen Multiplikation bei singulärem Modul erst in den Anfang des neunzehnten Jahrhunderts, rund hundert Jahre nach FAGNANOs Verdoppelung des Lemniskatenbogens, und die Verallgemeinerung auf Abelsche Funktionen ist vom arithmetisch-analytischen Standpunkt bis heute noch nicht zum Abschluß gebracht.

LITERATUR

[1] L. EULER: Observationes de comparatione arcuum curvarum irrectificabilium. Novi comm. acad. sci. Petrop. **6**, p. 58—84 ([1756/7], 1761) = Mathematische Werke 20, p. 80—107 (Leipzig und Berlin 1912).

[2] Conte G. C. DI FAGNANO: Produzioni matematiche, 2 Bde. (Pesaro 1750) = Opere matematiche 1—2 (Milano-Roma-Napoli 1911).

[3] Der Briefwechsel zwischen C. G. J. JACOBI und P. H. VON FUSS über die Herausgabe der Werke Leonhard Eulers, hrsg. v. P. STÄCKEL u. W. AHRENS (Leipzig 1908), p. 23.

[4] Conte G. C. DI FAGNANO: Metodo per misurare la lemniscata. Giornale dei letterati d'Italia **30**, p. 87f. (1718) = Opere matematiche 2, p. 304—313.

К предистории эйлеровой теоремы сложения

К. Л. ЗИГЕЛЬ, Гёттинген

Резюме

Как известно ЭЙЛЕР пришел к теореме сложения эллиптических интегралов, ознакомившись с найденной ФАНЬЯНО (FAGNANO) формулой удвоения дуги лемнискаты. Он проверил, что из соотношения

$$u = \frac{2z\sqrt{1-z^4}}{1+z^4}$$

следует дифференциальное уравнение:

$$\frac{du}{\sqrt{1-z^4}} = \frac{2\,dz}{\sqrt{1-z^4}}.$$

Этот факт он почерпнул из работы ФАНЬЯНО, где имеются эти формулы с заменой ролей u и z. У ФАНЬЯНО они, однако, получаются как результат исключения вспомогательной переменной x из двух подстановок

$$x = \frac{\sqrt{1 - \sqrt{1 - z^4}}}{z}, \quad x = \frac{\sqrt{2}\, u}{\sqrt{1 - u^4}},$$

которым соответствуют дифференциальные уравнения

$$\frac{dz}{\sqrt{1 - z^4}} = \frac{\sqrt{2}\, dx}{\sqrt{1 + x^4}}, \quad \frac{dx}{\sqrt{1 + x^4}} = \frac{\sqrt{2}\, du}{\sqrt{1 - u^4}}.$$

Высказывается предположение, что ФАНЬЯНО пришел к этим подстановкам, когда он пытался преобразовать к рациональному виду дифференциал дуги лемнискаты посредством простых алгебраических подстановок, аналогично тому, как осуществляется униформизация квадратного корня из многочлена второй степени. Далее указывается на то, что приведенные формулы, собственно говоря, принадлежат теории комплексного умножения, что непосредственно явствует из подстановки

$$\sqrt{2}\, x = (1 + i)\, t.$$

Bemerkungen über die durch ganze Relationen definierten analytischen Funktionen*)

Von S. STOILOW, Bukarest

Obwohl diese Bemerkungen nicht direkt mit EULERS Werk in Verbindung stehen, ist es vielleicht doch im Geiste des großen Mathematikers des 18. Jahrhunderts — sowie mehrerer seiner Nachfolger —, die Funktionen oder die Klassen von Funktionen, die man untersucht, nicht so, wie es heute meist der Fall ist, durch gewisse *innere* Eigenschaften zu definieren, sondern direkt durch ihren *analytischen Ausdruck* zu kennzeichnen und zu charakterisieren.

Durch eine ganze Relation, das heißt durch eine Gleichung

$$G(x, y) = 0, \tag{1}$$

wo G eine ganze irreduzible Funktion der komplexen Veränderlichen x und y ist, wird eine analytische Funktion $y(x)$ sowie ihre inverse $x(y)$ bestimmt. Die algebraischen sowie auch die in der ganzen Ebene meromorphen Funktionen und, allgemeiner, die algebroiden Funktionen sind in (1) enthalten. Aber auch die sogenannten Automorphiefunktionen der in der ganzen Ebene meromorphen Funktionen, d. h. die durch

$$f(x) = f(y) \tag{2}$$

(f meromorph in $|x| < \infty$) definierten, die mit der trivialen Lösung $y = x$ eine besondere Gruppe von Funktionen bilden, sind auch durch Relationen (1) definierte Funktionen.

Was kann man über die Natur und die Lage der Singularitäten solcher Funktionen sagen?

Für die inversen der meromorphen Funktionen wurde schon Anfang dieses Jahrhunderts von HURWITZ und von IVERSEN festgestellt, daß sie nur gewöhnliche transzendente Singularitäten aufweisen, das heißt solche, für welche man sich immer mehr einem bestimmten Wert nähert, wenn man die analytische Fortsetzung in einem immer kleineren Kreise um den Punkt durchführt, und daß dieser Wert hier immer ∞ ist. Das bedeutet, daß die singulären Stellen mit den asymptotischen Werten der meromorphen Funktion zusammenfallen.

Wenn man von der Stelle ∞ absieht, bleibt alles dies gültig für die allgemeineren, durch (1) definierten Funktionen. Dies ist leicht einzusehen durch ein Verfahren, das dem für den Fall meromorpher Funktionen sehr analog ist.

---

*) Vortrag, gehalten auf der Vormittagssitzung am 22. 3. 1957.

Im Falle (2) sind diese Stellen Lösungen von

$$f(x) = \alpha, \tag{3}$$

wo α ein asymptotischer Wert der Funktion f ist. Zieht man einen bekannten Satz von SHIMIZU heran, nach dem es außer den linearen keine eindeutigen Automorphiefunktionen von $f(x)$ gibt, so kann man schließen: Wenn eine in $|x| < \infty$ meromorphe Funktion keine oder nur lakunäre asymptotische Werte besitzt, so hat sie nur lineare oder nur mit algebraischen Singularitäten versehene Automorphiefunktionen.

In einer älteren Arbeit [Mathematica 12, 123—138 (1936)] habe ich gezeigt, daß die durch (1) definierten Funktionen die sogenannte Eigenschaft (I) besitzen, d. h., jedes Element von $y(x)$ kann, wenn nicht längs eines beliebigen gegebenen Bogens σ, gewiß längs eines in jeder beliebigen Nachbarschaft von σ gelegenen Bogens bis zum Ende von σ fortgesetzt werden.

Vor zwei Jahren hat mein Schüler JURCHESCU [Acad. Rep. Pop. Romîne, Bul. Ști. Secț. Sti. mat. fiz. 7, 347—354 (1955)] bewiesen, daß diese Eigenschaft nicht nur im Falle (1), sondern auch für die Integrale der Differentialgleichungen

$$\frac{dy}{dx} = F(x, y) \tag{4}$$

gilt, wo F eine im ganzen Raum der komplexen Veränderlichen x, y meromorphe Funktion darstellt.

Der Beweis stützt sich auf einen Satz von ZORETTI-GROSS über mehrdeutige analytische Funktionen und folgt im wesentlichen aus der Tatsache, daß man beweisen kann, daß die durch (4) definierten Funktionen — außer einer abzählbaren Menge von Stellen — nur gewöhnliche transzendente Singularitäten aufweisen, in welchen sie nur eine gewisse abzählbare Menge von Werten annehmen können.

Was folgt nun aus der Eigenschaft (I)?

In einer früheren Arbeit habe ich bewiesen [Mathematica 19, 126—138 (1943)], daß eine analytische Funktion, die eine Riemannsche Überlagerungsfläche mit der Eigenschaft (I) erzeugt, so beschaffen ist, daß ihre Riemannsche Fläche (auf der sie eindeutig ist) nur solche Elemente ihres idealen Randes besitzt, die von einer der folgenden Arten sind:

a) In der Umgebung eines solchen Elementes ist die Funktion vollständig unbestimmt (Weierstraßscher klassischer Satz im Falle einer isolierten wesentlichen Singularität einer eindeutigen Funktion);

b) Elemente, zu denen nur gewöhnliche transzendente Singularitäten gehören.

Gibt es nur Elemente der Art b), so ist die Funktion $y(x)$ die inverse einer verallgemeinerten Algebroiden, d. h. einer Funktion $x(y)$, die einer Gleichung

$$\sum_{k=0}^{m} x^k \varphi_{m-k}(y) = 0 \tag{5}$$

genügt, in welcher die φ_{m-k} eindeutige Funktionen auf der y-Kugel sind, die höchstens eine total unzusammenhängende (totalement discontinu) Singularitätenmenge besitzen.

Im Falle (1) ist $x(y)$ eine gewöhnliche Algebroide, im Falle (2) eine algebraische Funktion.

Über die Ausnahmewerte im Picardschen Sinne kann man sagen, daß die Eigenschaft (I) zur Folge hat, daß die nicht mehr als n-mal angenommenen Werte immer eine total unzusammenhängende Menge auf der Kugel bilden.

In den letzten Jahren ist noch bewiesen worden, daß zu den Funktionen mit der Eigenschaft (I) alle diejenigen Funktionen gehören, die eindeutig und meromorph sind auf den Riemannschen Flächen der Klasse O_{HB} [A. MORI: Journ. Math. Soc. Japan 3, 285—289 (1951)] und sogar auf einer weiteren Klasse, die zwischen O_{HB} und O_{AB} liegt [T. KURODA: Nagoya Math. Journ. 10, 27—50 (1956)]. In meiner Arbeit von 1943 hatte ich dies für die engere Klasse O_G bewiesen.

Aber die oben betrachtete Klasse (1) ist auf ganz andere Art definiert. Wie steht es mit der Riemannschen Fläche dieser Klasse? Darüber ist noch sehr wenig bekannt.

Замечания о функциях, определяемых целыми соотношениями

С. СТОИЛОВ, Бухарест

Резюме

Работа состоит из некоторых замечаний, по большей части опирающихся на предыдущие работы автора, об аналитических функциях одного переменного, определяемых целыми соотношениями вида

$$G(x, y) = 0. \tag{1}$$

Частный случай

$$f(x) = f(y) \tag{2}$$

определяет так называемые функции автоморфии функций, мероморфных на всей конечной плоскости. Так как рассматриваемый здесь класс (1) обладает, согласно автору, так называемым свойством ИВЕРСЕНа, то эти функции, вообще говоря, в окрестности каждого элемента идеального края своей римановой поверхности или полностью неопределенны или стремятся к определенному пределу, который в общем случае равен ∞. В случае (2) особые точки решения могут быть легко определены по асимптотическим значениям функции f.

В заключение работы приводится несколько замечаний о римановых поверхностях функций, определяемых соотношением (1).

Zur Theorie der Dirichletschen Reihen *)

Von Paul TURÁN, Budapest

1. Vor einigen Jahren habe ich gefunden[1]), daß eine abgeschwächte Form der Riemannschen Vermutung mit gewissen Abschätzungen einiger Exponentialsummen völlig gleichwertig ist. Diese abgeschwächte Form, welche ich kürzehalber quasiriemannsche Vermutung nenne, behauptet die Existenz eines ϑ mit $\frac{1}{2} \leqq \vartheta < 1$, so daß $\zeta(s)$ in der Halbebene $\operatorname{Re} s = \sigma > \vartheta$ nur eine endliche Anzahl von Nullstellen besitzt. Eine typische Abschätzung der erwähnten Art ist[2])

$$\left| \sum_{N_1 \leqq p \leqq N_2} e^{-it \log p} \right| \leqq c_1 \frac{N \log^{100} N}{t^\beta}, \tag{1.1}$$

wo $t > c_2$ und

$$t^\alpha \leqq \tfrac{1}{2} N \leqq N_1 < N_2 \leqq N. \tag{1.2}$$

Hier sind α und β geeignete positive Konstanten und $c_1, c_2, \ldots$ positive Konstanten, auf deren numerische Werte es nicht ankommt; wenn sie von Parametern abhängen, werden diese *explizite* angegeben. Aus (1.1)—(1.2) folgt die Wahrheit der quasiriemannschen Vermutung mit einem

$$\vartheta = \vartheta_0(\alpha, \beta) < 1 \tag{1.3}$$

und umgekehrt, aus der Wahrheit der quasiriemannschen Vermutung für $\frac{1}{2} \leqq \vartheta_1 < 1$ folgt die Ungleichung (1.1)—(1.2) für *jedes* Paar (α, β) von positiven Zahlen, für welches $0 < \beta \leqq 1$ und

$$\frac{\beta}{\alpha} = 1 - \vartheta_1 \tag{1.4}$$

gilt. Die Bedeutung dieser und verwandter Sätze liegt darin, daß sie es gestatten, die Frage der quasiriemannschen Vermutung auf die Untersuchung von arithmetischen Exponentialsummen zurückzuführen, deren *arithmetische* Behandlung möglich ist und wo nichttriviale Resultate schon durch die Methoden von VINOGRADOFF vorliegen.

---

*) Vortrag, gehalten auf der Nachmittagssitzung am 22. 3. 1957.

[1]) „On Riemann's hypothesis". Izvestija Akad. Nauk SSSR, Ser. math. **11**, 197—262 (1947); eine englische Auflage ist in Vorbereitung.

[2]) Den Faktor $\log^{100} N$ konnte man durch N^ε ersetzen (ε beliebig klein positiv).

2. In der oben erwähnten Arbeit habe ich mich nur mit der Riemannschen Zetafunktion beschäftigt; dort steht nur in einem Nebensatz, daß mutatis mutandis alles auch für Dirichletsche L-Reihen gilt. Um Wiederholungen zu vermeiden, habe ich in meinem Buche[3]) eine Klasse $\mathfrak{A}$ von Dirichlet-Reihen angegeben, für welche ein Analogon der oben erwähnten Sätze gilt. Diese Klasse besteht aus den Funktionen $f(s)$ $(s = \sigma + it)$ mit den folgenden Eigenschaften (mit unwesentlicher Abänderung):

Eigenschaft (a): In der Halbebene $\sigma > 1$ sei

$$f(s) = 1 + \sum_{n=2}^{\infty} \frac{a_n}{n^s}, \tag{2.1}$$

und für jedes $\varepsilon > 0$ gelte in der Halbebene $\sigma \geqq 1 + \varepsilon$

$$|f(s)| \geqq c_3(\varepsilon). \tag{2.2}$$

Eigenschaft (b): $f(s)$ sei meromorph für $\sigma \geqq \frac{1}{2}$ und genüge im Gebiet $\sigma \geqq \frac{1}{2}$, $|t| \geqq 3$ der Ungleichung

$$|f(s)| \leqq c_4 (1 + |t|^{c_5(1-\sigma)}) \log^{10} |t|. \tag{2.3}$$

Eigenschaft (c): In der Halbebene $\sigma > 1$ sei

$$\frac{f'(s)}{f(s)} = \sum_{n=2}^{\infty} \frac{b_n}{n^s} \tag{2.4}$$

mit

$$|b_n| \leqq c_6 \log n. \tag{2.5}$$

Über die Funktionen der Klasse $\mathfrak{A}$ habe ich l. c. gezeigt, daß für die Existenz einer Halbebene $\sigma > \vartheta_2$ mit $\vartheta_2 < 1$, welche höchstens eine endliche Anzahl von Nullstellen von $f(s)$ enthält, eine Ungleichung[4])

$$\left| \sum_{N_1 \leqq n \leqq N_2} b_n e^{-it \log n} \right| \leqq c_7 \frac{N \log^{100} N}{t^\beta} \tag{2.6}$$

für $t > c_8$ und

$$t^\alpha \leqq \tfrac{1}{2} N \leqq N_1 < N_2 \leqq N \tag{2.7}$$

notwendig und hinreichend ist. [Natürlich ist $\vartheta_2 = \vartheta_2(\alpha, \beta)$.] Hier können selbstverständlich die Zahlen c_j noch von Parametern (z. B. im Falle der L-Funktionen von dem Modul k der Charaktere) abhängen.

3. Dieses Resultat ist in einer Hinsicht noch nicht befriedigend. Wir definieren die Halbebene

$$\sigma > \sigma_w = \sigma_w(f) \tag{3.1}$$

---

[3]) Eine neue Methode in der Analysis und deren Anwendungen, Akadémiai Kiadó Budapest 1953, insb. p. 133. Eine umgearbeitete und erweiterte Auflage ist 1956 in Peking erschienen.

[4]) Auch hier konnte man den Faktor $\log^{100} N$ durch N^ε mit beliebig kleinem $\varepsilon > 0$ ersetzen.

als eine solche, für welche $f(s)$ aus der Klasse $\mathfrak{A}$ in jeder Halbebene

$$\sigma > \sigma_w + \varepsilon, \qquad \varepsilon > 0,$$

nur höchstens eine endliche Anzahl von Nullstellen besitzt, aber in jeder Halbebene

$$\sigma > \sigma_w - \varepsilon, \qquad \varepsilon > 0,$$

unendlich viele Nullstellen. Die obigen Resultate geben keinen Aufschluß darüber, ob das Bestehen der Ungleichungen (2.6)—(2.7) überhaupt die Lage der Halbebene $\sigma > \sigma_w$ *bestimmt* und, wenn ja, wie. In meiner zitierten Abhandlung hatte ich die Meinung ausgesprochen, daß σ_w durch das Bestehen von (2.6)—(2.7) schon bestimmt ist, und zwar daß

$$\sigma_w = 1 - \overline{\lim_{\alpha,\beta}} \frac{\beta}{\alpha} \tag{3.2}$$

gilt, wo sich $\overline{\lim}$ auf diejenigen Paare (α, β) bezieht, für welche (2.6)—(2.7) mit den Nebenbedingungen

$$0 < \beta \leqq 1, \qquad \alpha > 2\beta, \tag{3.3}$$

gilt. In meinem Buche[5]) habe ich die Formel (3.2)—(3.3) wenigstens für diejenige Unterklasse $\mathfrak{B}$ von $\mathfrak{A}$ bewiesen, bei der die Eigenschaft (b) durch eine schärfere Eigenschaft (d) ersetzt ist. Die *Eigenschaft* (d) fordert, daß $f(s)$ in der Halbebene $\sigma \geqq \frac{1}{2}$ meromorph sei und daß mit einem $\eta = \eta(\varepsilon)$, welches mit ε gegen 0 strebt, im Bereiche

$$\sigma \geqq \tfrac{1}{2} + \varepsilon, \qquad t \geqq c_9(\varepsilon) \tag{3.4}$$

die Abschätzung

$$|f(s)| \leqq t^{\eta} \tag{3.5}$$

gelte. Daß die Klasse der Funktionen $f(s)$ mit den Eigenschaften (a), (c) und (d) nicht leer ist, zeigt, wie man leicht nachweisen kann, das Beispiel

$$f(s) = \prod_{\nu=1}^{\infty} \frac{1}{1 - \frac{(-1)^\nu}{p_\nu^s}},$$

wo p_ν die ν-te Primzahl bedeutet. Die Eigenschaft (d) ist im Falle der Riemannschen Zetafunktion die bisher unbewiesene Lindelöfsche Vermutung, deren *direkter* Beweis (d. h. *nicht* via Riemanns Vermutung) heute noch in unerreichbar weiter Ferne zu liegen scheint. Es ist daher wünschenswert, die Darstellungsformel (3.2)—(3.3) für die „Fastnullstellenfreiheitsabszisse" σ_w für eine größere Unterklasse von $\mathfrak{A}$ zu beweisen. Das wird der Gegenstand dieses Vortrags sein.

4. Es folgt leicht aus (3.4)—(3.5), daß die Anzahl der Nullstellen von $f(s)$ im Gebiete

$$\sigma \geqq \tfrac{1}{2} + 2\varepsilon, \qquad T \leqq t \leqq T + 1, \qquad T > c_{10}(\varepsilon), \tag{4.1}$$

[5]) Siehe p. 120.

kleiner ist als

$$\eta_1 \log T, \qquad \eta_1 = \eta_1(\varepsilon) \to 0 \quad \text{für} \quad \varepsilon \to 0. \tag{4.2}$$

Also schon die Abschätzung (4.1)—(4.2) anstatt (3.4)—(3.5) wäre eine nicht weniger strenge Forderung. Eine noch schwächere Eigenschaft statt der Eigenschaft (d) wäre, daß für beliebig kleine positive γ und δ die Anzahl $M_\delta(\tau)$ der Nullstellen von $f(s)$ in dem „kleinen" Quadrat

$$(\tfrac{1}{2} + \gamma \leqq) \quad \varkappa - \delta \leqq \sigma \leqq \varkappa \quad (\leqq 1), \qquad |t - \tau| \leqq \tfrac{1}{2}\delta \tag{4.3}$$

für $\tau > c_{11}(\gamma, \delta)$ kleiner als

$$g(\delta) \log \tau \tag{4.4}$$

ist, wo

$$\lim_{x \to 0} \frac{g(x)}{x} = 0. \tag{4.5}$$

Eine Verifizierung dieser Behauptung für die Funktion $\zeta(s)$ auch nur mit

$$\lim_{x \to 0} g(x) = 0 \tag{4.6}$$

ist heute hoffnungslos. Das ist aber nicht mehr der Fall mit der

Eigenschaft (e): Wir fordern die Abschätzung (4.4)—(4.5) nur für solche Quadrate (4.3), für welche gleichzeitig $f(s) \neq 0$ in dem „großen" Parallelogramm

$$\sigma \geqq \varkappa, \qquad |t - \tau| \leqq \log \tau \tag{4.7}$$

ist.

Ich sagte, daß es bei Annahme der Eigenschaft (e) nicht mehr hoffnungslos ist, da man die Abschätzung

$$M_\delta(\tau) < c_{12}(c_5)\, \delta \log \tau \tag{4.8}$$

sehr leicht aus den Eigenschaften (a) und (b) ableiten, ferner im Falle von $\zeta(s)$ und $\varkappa$ nahezu 1 die Eigenschaft (e) verifizieren kann. So formuliere ich den folgenden

Satz: *Für die Funktionen $f(s)$ mit den Eigenschaften* (a), (b), (c) *und* (e) *gilt die Formel*

$$\sigma_w = 1 - \overline{\lim_{\alpha, \beta}} \frac{\beta}{\alpha},$$

wo (α, β) diejenigen Paare durchläuft, für welche die Ungleichung (2.6)—(2.7) *mit den Nebenbedingungen* (3.3) *gilt.*

Um den Beweis von unangenehmen Konstanten frei und damit durchsichtiger zu machen, werden wir die Eigenschaft (e) mit

$$g(x) = \frac{x^4}{\sqrt{\log \frac{1}{x}}}, \qquad 0 < x \leqq \tfrac{1}{2}, \tag{4.9}$$

in (4.4) benutzen; der allgemeine Fall, wo also nur $g(x) = o(x)$ gefordert ist, folgt in analoger Weise.

Vor einem Jahr habe ich auf einem Kolloquium über Zetafunktionen in Bombay über den schärfsten heute bekannten Reduktionssatz über die sogenannte Dichtigkeitshypothese referiert. Die neuen Ideen dieses Beweises werden auch hier benützt, natürlich in einer für unsere jetzigen Zwecke passenden Form.

Unsere Fragestellung ist ein Spezialfall folgender allgemeineren: Für eine meromorphe Funktion $F(s)$, welche für $\sigma > 1$ durch die absolut konvergente Reihe

$$F(s) = 1 + \sum_{n=2}^{\infty} \frac{a_n}{n^s}$$

dargestellt ist, ist diejenige Halbebene $\sigma > \sigma_p$ zu bestimmen, für welche jede Halbebene

$$\sigma > \sigma_p + \varepsilon, \qquad \varepsilon > 0,$$

nur höchstens eine endliche Anzahl von Polen enthält, dagegen jede Halbebene

$$\sigma > \sigma_p - \varepsilon, \qquad \varepsilon > 0,$$

schon unendlich viele. In unserem Spezialfalle ist $F(s)$ logarithmische Derivierte einer anderen meromorphen Funktion $f(s)$, hat also nur Pole erster Ordnung mit den Residuen ± 1. Eine Erweiterung unseres Satzes zur Bestimmung dieser σ_p-Abszissen wäre besonders wichtig im Falle von $1/\zeta(s)$. Eine gewisse Verbesserung des zweiten Hauptsatzes meines Buches würde auch die Lösung dieser Aufgabe ermöglichen.

5. Nun gehe ich zu einer Skizze des Beweises über. Es sei $\mathfrak{C}$ die in unserem Satze erwähnte Unterklasse von $\mathfrak{A}$. Wir zerlegen die Behauptung des Satzes in zwei Teile.

Teil I: Wenn eine Funktion $f(s)$ aus der Klasse $\mathfrak{C}$ für $\frac{1}{2} \leqq \vartheta < 1$ in der Halbebene $\sigma > \vartheta$ nur eine endliche Anzahl von Nullstellen besitzt, so gilt die Ungleichung (2.6)—(2.7) für *jedes* Paar (α, β) mit

$$0 < \beta \leqq 1, \qquad \alpha > \frac{\beta}{1 - \vartheta}. \tag{5.1}$$

Das heißt, wenn ε eine beliebig kleine positive Zahl bedeutet, so ist (2.6)—(2.7) wahr auch für solche Paare (α, β), für welche

$$1 - \frac{\beta}{\alpha} < \vartheta + \varepsilon.$$

Da $\vartheta = \sigma_w + \varepsilon$ genommen werden kann, gilt für geeignete Paare (α, β) (für welche (2.6)—(2.7) erfüllt ist)

$$1 - \frac{\beta}{\alpha} < \sigma_w + 2\varepsilon,$$

d. h.

$$1 - \overline{\lim_{(\alpha,\beta)}} \frac{\beta}{\alpha} \leqq \sigma_w. \tag{5.2}$$

Teil II: Wenn für eine Funktion $f(s)$ aus der Klasse $\mathfrak{E}$ die Ungleichung (2.6) bis (2.7) mit

$$0 < \beta \leq 1, \qquad \alpha > 2\beta \tag{5.3}$$

erfüllt ist, so hat $f(s)$ für ein beliebig kleines positives ε in der Halbebene

$$\sigma > 1 - \frac{\beta}{\alpha} + \varepsilon \tag{5.4}$$

nur eine endliche Anzahl von Nullstellen; d. h. es ist

$$\sigma_w \leqq 1 - \overline{\lim_{(\alpha,\beta)}} \frac{\beta}{\alpha},$$

was zusammen mit (5.2) den Beweis unseres Satzes beenden wird.

6. Wir fangen mit dem tiefer liegenden zweiten Teil an. Wir setzen voraus, daß die Behauptung falsch sei, d. h. daß (2.6)—(2.7) mit einem

$$\alpha > 2\beta, \qquad 0 < \beta \leqq 1$$

erfüllt ist und doch ein positives ε_0 so existiert, daß die Halbebene

$$\sigma > 1 - \frac{\beta}{\alpha} + \varepsilon_0 \tag{6.1}$$

unendlich viele Nullstellen von $f(s)$ enthält. ε_0 kann man offenbar $< \frac{1}{2} \cdot \frac{\beta}{\alpha}$ wählen und beliebig verkleinern. Ohne Einschränkung der Allgemeinheit können wir voraussetzen, daß, wenn die Nullstellen in der Halbebene (6.1) mit

$$\varrho' = \sigma'_\varrho + i t'_\varrho \tag{6.2}$$

bezeichnet werden, es Nullstellen ϱ' mit beliebig großen *positiven* Imaginärteilen gibt. Wir bezeichnen mit E_n den Horizontalstreifen

$$e^n \leqq t < e^{n+1} \qquad (n \text{ positiv, ganz})$$

und ordnen jeder Nullstelle ϱ' als ihr „Gebiet $G(\varrho')$" das Gebiet

$$\sigma > \sigma'_\varrho + \frac{1}{n^4}, \qquad |t - t'_\varrho| \leqq n \tag{6.3}$$

zu. Wir wollen zeigen, daß Nullstellen ϱ' mit beliebig großen t'_ϱ und mit der Eigenschaft existieren, daß $f(s)$ im Gebiet $G(\varrho')$ nicht verschwindet. Es sei nämlich n so groß gewählt, daß

$$e^{n+1} + 2(n+1)^5 < e^{n+2}, \qquad e^n - 2(n+1)^5 > e^{n-1}, \tag{6.4}$$

und es sei $\varrho_0' = \sigma_{\varrho_0}' + i t_{\varrho_0}'$ eine Nullstelle aus E_n. Wenn sie das Gewünschte nicht leistet, so gibt es ein $\varrho_1' = \sigma_{\varrho_1}' + i t_{\varrho_1}'$ so, daß

$$\sigma_{\varrho_1}' > \sigma_{\varrho_0}' + \frac{1}{n^4}, \qquad |t_{\varrho_1}' - t_{\varrho_0}'| \leqq n,$$

also allerdings

$$e^n - n \leqq t_{\varrho_1}' \leqq e^{n+1} + n. \tag{6.5}$$

Wenn auch ϱ_1' noch nicht das Gewünschte leistet, so gibt es in seinem Gebiete $G(\varrho_1')$ eine Nullstelle $\varrho_2' = \sigma_{\varrho_2}' + i t_{\varrho_2}'$, für welche ersichtlich

$$\sigma_{\varrho_2}' > \sigma_{\varrho_0}' + \frac{2}{(n+1)^4}, \qquad |t_{\varrho_2}' - t_{\varrho_0}'| \leqq 2(n+1)$$

gilt. Wenn wir diese Konstruktion $(n+1)^4$-mal ausführen könnten, so garantieren (6.4) und (6.5), daß die Nullstellen ϱ_j' ständig in E_n, E_{n+1} oder E_{n-1} bleiben, und der Realteil des letzten ϱ_j' wäre > 2, was der Eigenschaft (a) widerspricht. Wir bezeichnen im folgenden mit $\varrho^* = \sigma^* + it^*$ *alle* diejenigen Nullstellen ϱ', welche zu E_n gehören und für welche $f(s) \neq 0$ im Gebiete

$$\sigma > \sigma^* + \frac{1}{n^4}, \qquad |t - t^*| \leqq n$$

ist. Wegen $e^n \leqq t^* < e^{n+1}$ haben diese Nullstellen ϱ^* die Eigenschaft, daß $f(s) \neq 0$ im Gebiete

$$\sigma > \sigma^* + \frac{1}{(\log t^* - 1)^4}, \qquad |t - t^*| \leqq \tfrac{1}{2} \log t^*,$$

i. e. a fortiori im Gebiete

$$\sigma > \sigma^* + \frac{2}{\log^4 t^*}, \qquad |t - t^*| \leqq \tfrac{1}{2} \log t^* \tag{6.6}$$

ist.

Um den Beweis des zweiten Teiles zu beendigen, genügt es offenbar zu zeigen, daß *für diese* ϱ^*

$$\sigma^* < 1 - \frac{\beta}{\alpha} + \varepsilon_0. \tag{6.7}$$

7. Es sei ε_0 vorläufig nur so klein gewählt, daß $0 < \varepsilon_0 < \frac{1}{10}$ und

$$\frac{1}{2} - \frac{\beta}{\alpha} > 2\sqrt{\varepsilon_0}, \qquad \frac{\alpha \varepsilon_0^2}{1 - \varepsilon_0} < \frac{1}{10} \tag{7.1}$$

(später werden noch weitere solche Forderungen hinzukommen), und es sei abkürzungsweise

$$\frac{1}{\varepsilon_0^2} = a, \qquad \frac{1}{\varepsilon_0} = b. \tag{7.2}$$

Es sei k eine positive ganze Zahl, von welcher wir vorläufig nur

$$(4 <) \quad \frac{\alpha}{a-b} \log t^* \leqq k \leqq \left(\frac{\alpha}{a-b} + 1\right) \log t^* \tag{7.3}$$

fordern. Wir gehen aus von dem Integral

$$J = -\frac{1}{2\pi i} \int\limits_{(2)} \left\{ e^{a w} \frac{e^{b w} - e^{-b w}}{2 b w} \right\}^k \frac{f'}{f} (\varrho^* + w)\, d w. \tag{7.4}$$

Wenn man die Reihe von $\frac{f'}{f}(w)$ aus (2.4) in J einsetzt, so folgt sofort

$$J = \sum_n \frac{b_n}{n^{\varrho^*}} \cdot \frac{1}{2\pi i} \int\limits_{(2)} \left(\frac{e^{b w} - e^{-b w}}{2 b w}\right)^k e^{(a k - \log n) w}\, d w.$$

Aus den Integralformeln

$$\frac{1}{2\pi i} \int\limits_{(2)} \frac{e^{c w}}{w^k}\, d w = 0 \quad \text{für} \quad c < 0, \qquad \frac{1}{2\pi i} \int\limits_{(-1)} \frac{e^{c w}}{w^k}\, d w = 0 \quad \text{für} \quad c > 0$$

folgt

$$J = \sum_{e^{k(a-b)} \leqq n \leqq e^{k(a+b)}} \frac{b_n}{n^{\varrho^*}} \cdot \frac{1}{2\pi i} \int\limits_{(0)} e^{(a k - \log n) w} \left(\frac{e^{b w} - e^{-b w}}{2 b w}\right)^k d w$$

$$= \sum_{e^{k(a-b)} \leqq n \leqq e^{k(a+b)}} R_k (\log n) \frac{b_n}{n^{\varrho^*}}, \tag{7.5}$$

wo

$$R_k(x) = \frac{1}{2\pi} \int\limits_{-\infty}^{\infty} \left(\frac{\sin b v}{b v}\right)^k e^{i(a k - x) v}\, d v. \tag{7.6}$$

8. Wir schätzen die Summe in (7.5) mittels (2.6)—(2.7) ab; das ist wegen

$$k > \frac{\alpha}{a-b} \log t^*$$

erlaubt. Wir zerteilen die Summe in

$$e^{k(a-b)} \leqq n < 2 e^{k(a-b)}, \quad 2 e^{k(a-b)} \leqq n < 2^2 e^{k(a-b)}, \ldots, 2^\nu e^{k(a-b)} \leqq n < 2^{\nu+1} e^{k(a-b)}$$

usw., die letzte Teilsumme kann kürzer sein. Es entstehen wegen (7.2), (7.3) und (7.1) höchstens

$$1 + \left[\frac{2}{\log 2} k b\right] < \frac{10}{\varepsilon_0} \log t^*$$

Teilsummen, also

$$|J| < \frac{10}{\varepsilon_0} \log t^* \cdot \max_{e^{k(a-b)} \leqq N_1 < N_2 \leqq e^{k(a+b)},\ N_2 \leqq 2 N_1} \left| \sum_{n=N_1}^{N_2} \frac{b_n}{n^{\varrho^*}} R_k (\log n) \right|. \tag{8.1}$$

Wenn wir bei fixierten N_1 und N_2

$$\sum_{N_1 \leqq n \leqq x} b_n \, e^{-it^* \log n} = U(x)$$

einführen, so ist die Summe in (8.1)

$$= \int_{N_1}^{N_2} \frac{R_k(\log x)}{x^{\sigma^*}} \, dU(x)$$

$$= \frac{R_k(\log N_2)}{N_2^{\sigma^*}} U(N_2) + \sigma^* \int_{N_1}^{N_2} U(x) \frac{R_k(\log x)}{x^{\sigma^*+1}} \, dx - \int_{N_1}^{N_2} \frac{U(x)}{x^{\sigma^*}} \frac{dR_k(\log x)}{dx} \, dx. \quad (8.2)$$

Da nach (7.6)

$$\frac{dR_k(\log x)}{dx} = -\frac{i}{2\pi} \int_{-\infty}^{\infty} \left(\frac{\sin bv}{bv}\right)^k v \, e^{iakv} \, x^{-iv-1} \, dv,$$

$$\left| \frac{dR_k(\log x)}{dx} \right| \leq \frac{1}{2\pi x} \int_{-\infty}^{\infty} \left(\frac{\sin bv}{bv}\right)^k |v| \, dv = \frac{1}{\pi b^2 x} \int_0^{\infty} \left(\frac{\sin v}{v}\right)^k v \, dv < \frac{10}{b^2 x}$$

und

$$|R_k(\log x)| \leq \frac{1}{2\pi} \int_{-\infty}^{\infty} \left(\frac{\sin bv}{bv}\right)^k dv = \frac{1}{\pi b} \int_0^{\infty} \left(\frac{\sin v}{v}\right)^k dv < \frac{10}{b},$$

ist, so folgt, daß die Summe in (8.1) wegen (8.2), (2.6) und (7.3) dem Absolutwerte nach

$$< \frac{10 c_7}{b} \cdot \frac{e^{k(a+b)(1-\sigma^*)} [k(a+b)]^{100}}{(t^*)^\beta} + \frac{10 c_7}{b} \cdot \frac{1}{(t^*)^\beta} \int_{N_1}^{N_2} x^{-\sigma^*} \log^{100} x \, dx +$$

$$+ \frac{10 c_7}{b^2} \cdot \frac{1}{(t^*)^\beta} \int_{N_1}^{N_2} x^{-\sigma^*} \log^{100} x \, dx < c_{13}(\varepsilon_0) \frac{e^{k(a+b)(1-\sigma^*)} \log^{100} t^*}{(t^*)^\beta}$$

ist. Es ist also

$$|J| \leqq c_{14}(\varepsilon_0) \frac{e^{k(a+b)(1-\sigma^*)} \log^{101} t^*}{(t^*)^\beta}. \quad (8.3)$$

9. Nun folgt aus den Eigenschaften (a) und (b) leicht, daß es eine gebrochene Linie L im Vertikalstreifen

$$\frac{1}{2} + \frac{\varepsilon_0}{4} \leq \operatorname{Re} w \leqq \frac{1}{2} + \frac{\varepsilon_0}{2} \left(< 1 - \frac{\beta}{\alpha} \right)$$

gibt, welche von $-\infty$ nach $+\infty$ verläuft und auf welcher die Abschätzung

$$\left| \frac{f'}{f}(w) \right| \leqq c_{15}(\varepsilon_0) \log^3(2 + |v|) \qquad (w = u + iv) \quad (9.1)$$

gilt[6]). Dann ist offenbar

$$J = -\frac{1}{2\pi i}\int\limits_{(2)}\left\{e^{a(w-\varrho^*)}\frac{e^{b(w-\varrho^*)}-e^{-b(w-\varrho^*)}}{2b(w-\varrho^*)}\right\}^k\frac{f'}{f}(w)\,dw$$

$$= -\sum_{\substack{\varrho \text{ rechts}\\ \text{von } L}}\left(e^{a(\varrho-\varrho^*)}\frac{e^{b(\varrho-\varrho^*)}-e^{-b(\varrho-\varrho^*)}}{2b(\varrho-\varrho^*)}\right)^k + \sum_{\substack{q \text{ rechts}\\ \text{von } L}}\left(e^{a(q-\varrho^*)}\frac{e^{b(q-\varrho^*)}-e^{-b(q-\varrho^*)}}{2b(q-\varrho^*)}\right)^k$$

$$-\frac{1}{2\pi i}\int\limits_{(L)}\left\{e^{a(w-\varrho^*)}\frac{e^{b(w-\varrho^*)}-e^{-b(w-\varrho^*)}}{2b(w-\varrho^*)}\right\}^k\frac{f'}{f}(w)\,dw, \tag{9.2}$$

wo q die etwaigen Pole von $f(s)$ bedeutet, der Multiplizität nach gezählt. Da die (endlich vielen) Pole in der Halbebene $u \geqq \frac{1}{2}$ im Gebiete

$$1 \geqq u \geqq \tfrac{1}{2}, \qquad |v| \leqq 3$$

liegen, so ist das zweite Glied ganz grob dem Absolutwerte nach

$$< c_{16}\frac{e^{(a+b)k(1-\sigma^*)}}{[b(t^*-3)]^k} < c_{16}\frac{e^{(a+b)k(1-\sigma^*)}}{(t^*)^\beta}. \tag{9.3}$$

Nach (9.1) und (6.1) folgt ferner, daß das Integral in (9.2) dem Absolutwerte nach

$$< c_{17}\frac{e^{(\frac{1}{2}+\frac{1}{2}\varepsilon_0-\sigma^*)k(a+b)}}{\left(\frac{1}{\varepsilon_0}\left(\sigma^*-\frac{1}{2}-\frac{\varepsilon_0}{2}\right)\right)^k} < c_{17}\frac{e^{(\frac{1}{2}+\frac{1}{2}\varepsilon_0-\sigma^*)k(a+b)}}{\left(\frac{1}{\varepsilon_0}\left(\frac{1}{2}-\frac{\beta}{\alpha}+\frac{\varepsilon_0}{2}\right)\right)^k} \tag{9.4}$$

$$< c_{17}\,e^{(\frac{1}{2}+\frac{1}{2}\varepsilon_0-\sigma^*)k(a+b)} \qquad < c_{17}\frac{e^{k(a+b)(1-\sigma^*)}}{(t^*)^\beta}$$

bleibt, wegen (7.1), (7.2) und wegen

$$k > \frac{\alpha}{a-b}\log t^* > \frac{2\beta}{(a+b)(1-\varepsilon_0)}\log t^*.$$

Es folgt also aus (9.3), (9.4), (9.2) und (8.3)

$$\left|\sum_{\substack{\varrho \text{ rechts}\\ \text{von } L}}\left(e^{a(\varrho-\varrho^*)}\frac{e^{b(\varrho-\varrho^*)}-e^{-b(\varrho-\varrho^*)}}{2b(\varrho-\varrho^*)}\right)^k\right| \leqq c_{18}(\varepsilon_0)\frac{e^{k(a+b)(1-\sigma^*)}}{(t^*)^\beta}\log^{101} t^*. \tag{9.5}$$

Aus den Eigenschaften (a) und (b) folgt mittels der Jensenschen Ungleichung leicht, daß im Gebiete

$$\sigma \geqq \tfrac{1}{2} + \tfrac{1}{4}\varepsilon_0, \qquad T \leqq t \leqq T + 1$$

[6]) Einen Beweis findet man in meinem Buche, Anhang III. p. 186.

die Anzahl der Nullstellen von $f(s)$

$$< c_{19}(\varepsilon_0) \log T \tag{9.6}$$

ist; damit ergibt (9.5) wegen (6.6), daß

$$\left| \sum_{\substack{\varrho \text{ rechts von } L \\ \sigma_\varrho \leqq \sigma^* + 2/\log^4 t^*, \\ |t_\varrho - t^*| \leqq 1/2 \log t^*}} \left(e^{a(\varrho-\varrho^*)} \frac{e^{b(\varrho-\varrho^*)} - e^{-b(\varrho-\varrho^*)}}{2b(\varrho-\varrho^*)} \right)^k \right| \leqq c_{20}(\varepsilon_0) \frac{e^{k(a+b)(1-\sigma^*)}}{(t^*)^\beta} \log^{101} t^*. \tag{9.7}$$

Nach (9.6) ist der Beitrag der Nullstellen mit

$$\sigma_\varrho = \operatorname{Re} \varrho \leqq \sigma^* - \sqrt{\varepsilon_0}$$

(man beachte, daß wegen (7.1) und (6.1) $\sigma^* - \sqrt{\varepsilon_0} > \frac{1}{2} + \frac{1}{2}\varepsilon_0$ ist) im Hinblick auf (7.3) höchstens gleich

$$c_{21}(\varepsilon_0) \log^2 t^* \frac{e^{-k(a-b)\sqrt{\varepsilon_0}}}{\left(\frac{1}{\varepsilon_0}\sqrt{\varepsilon_0}\right)^k} < c_{21}(\varepsilon_0)\, e^{-k(a-b)\sqrt{\varepsilon_0}} \log^2 t^* < \frac{c_{21}(\varepsilon_0)\log^2 t^*}{(t^*)^{\alpha\sqrt{\varepsilon_0}}}. \tag{9.8}$$

Ferner ist der Beitrag der Nullstellen mit

$$\frac{1}{2}\log t^* \geqq |t_\varrho - t^*| \geqq \frac{1}{2}\sqrt{\varepsilon_0} + \frac{1}{\log^4 t^*}$$

analogerweise höchstens gleich

$$c_{22}(\varepsilon_0) \log^2 t^* \frac{e^{k(a+b)\frac{1}{\log^4 t^*}}}{\left(\frac{1}{\varepsilon_0}\frac{\sqrt{\varepsilon_0}}{2}\right)^k} < \frac{c_{22}(\varepsilon_0)\log^2 t^*}{(t^*)^{\frac{\alpha}{a-b}\log\frac{1}{2\sqrt{\varepsilon_0}}}} < \frac{c_{22}(\varepsilon_0)\log^2 t^*}{(t^*)^{\alpha\varepsilon_0^2\log\frac{1}{2\sqrt{\varepsilon_0}}}}.$$

Aus diesem, (9.8) und (9.7), folgt

$$\left| \sum_{\substack{\sigma_\varrho \geqq \sigma^* - \sqrt{\varepsilon_0} \\ |t_\varrho - t^*| \leqq 1/2\sqrt{\varepsilon_0} + 1/\log^4 t^*}} \left(e^{a(\varrho-\varrho^*)} \frac{e^{b(\varrho-\varrho^*)} - e^{-b(\varrho-\varrho^*)}}{2b(\varrho-\varrho^*)} \right)^k \right| \leqq$$

$$\leqq c_{23}(\varepsilon_0) \log^{101} t^* \left\{ \frac{e^{k(a+b)(1-\sigma^*)}}{(t^*)^\beta} + (t^*)^{-\alpha\varepsilon_0^2 \log\frac{1}{2\sqrt{\varepsilon_0}}} \right\}. \tag{9.9}$$

10. Wir benötigen eine obere Abschätzung der Anzahl der Nullstellen in der letzteren Summe. Hier (und nur hier) benutzen wir die Eigenschaft (e) [in der Form (4.9)] mit

$$\varkappa = \sigma^* + \frac{2}{\log^4 t^*}, \quad \delta = \sqrt{\varepsilon_0} + \frac{2}{\log^4 t^*} \quad \tau = t^*, \quad \gamma = \varepsilon_0.$$

Dann ist für $t^* > c_{24}(\varepsilon_0)$ diese Anzahl

$$< \frac{\delta^4}{\sqrt{\log \frac{1}{\delta}}} \log t^* < \frac{2\,\varepsilon_0^2}{\sqrt{\log \frac{1}{\varepsilon_0}}} \log t^*. \tag{10.1}$$

Nun ersetzen wir die Bedingung (7.3) über die ganzzahligen k durch

$$\frac{\alpha}{a-b} \log t^* \leqq k \leqq \left(\frac{\alpha}{a-b} + \frac{2\,\varepsilon_0^2}{\sqrt{\log \frac{1}{\varepsilon_0}}} \right) \log t^*. \tag{10.2}$$

Bisher war k nur durch diese einzige Bedingung eingeschränkt. Nun wenden wir den zweiten Hauptsatz meines Buches[7]) in derjenigen schärferen Form an[8]), daß, wenn

$$\max_{j=1,2,\ldots,n} |z_j| \geqq 1, \tag{10.3}$$

$m > 0$ eine reelle Zahl und N eine obere Schranke von n bedeutet, es eine ganze Zahl ν_0 gibt, mit $m \leqq \nu_0 \leqq m + N$ und

$$|z_1^{\nu_0} + \cdots + z_n^{\nu_0}| \geqq \left(\frac{N}{2\,e^{1+\frac{4}{e}}\,(m+N)} \right)^N > \left(\frac{N}{e^{3,18}\,(m+N)} \right)^N. \tag{10.4}$$

Die Zahlen

$$e^{a(\varrho-\varrho^*)} \frac{e^{b(\varrho-\varrho^*)} - e^{-b(\varrho-\varrho^*)}}{2\,b\,(\varrho-\varrho^*)}$$

sowie der Summationsbereich sind von k unabhängig, also hat die Summe in (9.9) Potenzsummencharakter; da $\varrho = \varrho^*$ offenbar zum Summationsbereich gehört, ist die Bedingung (10.3) erfüllt, also kann man (10.4) mit

$$m = \frac{\alpha}{a-b} \log t^*, \qquad N = \frac{2\,\varepsilon_0^2}{\sqrt{\log \frac{1}{\varepsilon_0}}} \log t^*$$

---

[7]) Satz IX. auf Seite 52.

[8]) Siehe Vera T. Sós—P. Turán, On some new theorems in the theory of diophantine approximations, Acta Math. Ac. Sci. Hung. 6, 241—255 (1955). Die Verbesserung besteht in dem Faktor $2e^{1+\frac{4}{e}}$ anstatt des ursprünglichen $24e^2$. Das ist nicht wesentlich für unsere jetzigen Zwecke; es ist aber wesentlich, wenn man ohne irgendwelche Vermutungen z. B. die Abschätzung $N(\sigma_0, T) < T^{\frac{5}{2}(1-\sigma_0)}$ für ein möglichst großes σ_0-Intervall links von $\sigma_0 = 1$ beweisen will. Hier bedeutet, wie üblich, $N(\sigma_0, T)$ die Anzahl der Nullstellen von $\zeta(s)$ im Parallelogramm $\sigma \geqq \sigma_0$, $0 < t \leqq T$. Wie Herr S. Uchiyama brieflich mitgeteilt hat, kann man nach Abänderung einer technischen Einzelheit den Faktor $2e^{1+\frac{4}{e}}$ durch $8e$ ersetzen.

anwenden. Wir wählen k als ν_0 von (10.4); (10.2), die einzige bisherige Einschränkung über k, ist damit erfüllt. Dann folgt aus (9.9)

$$\left(\frac{\dfrac{2\varepsilon_0^2}{\sqrt{\log\dfrac{1}{\varepsilon_0}}}}{e^{3,18}\left(\dfrac{\alpha}{a-b}+\dfrac{2\varepsilon_0^2}{\sqrt{\log\dfrac{1}{\varepsilon_0}}}\right)}\right)^{\left(\frac{\alpha}{a-b}+\frac{2\varepsilon_0^2}{\sqrt{\log\frac{1}{\varepsilon_0}}}\right)\log t^*} <$$

$$< c_{23}(\varepsilon_0)\log^{101} t^*\left\{(t^*)^{-\alpha\varepsilon_0^2\log\frac{1}{2\sqrt{\varepsilon_0}}} + (t^*)^{\left(\alpha\frac{a+b}{a-b}+\frac{2(a+b)\varepsilon_0^2}{\sqrt{\log\frac{1}{\varepsilon_0}}}\right)(1-\sigma^*)-\beta}\right\}. \quad (10.5)$$

Nun ist die linke Seite

$$> (t^*)^{-\varepsilon_0^2\left(\frac{\alpha}{1-\varepsilon_0}+2\right)\left\{3,18+\log\left(1+\frac{\alpha\sqrt{\log\frac{1}{\varepsilon_0}}}{2(1-\varepsilon_0)}\right)\right\}},$$

also für genügend kleines ε_0

$$> (t^*)^{-4\varepsilon_0^2(\alpha+2)^2\sqrt{\log\frac{1}{\varepsilon_0}}}.$$

Dann folgt aber für jedes $t^* > c_{24}(\varepsilon_0)$

$$c_{23}(\varepsilon_0)\frac{\log^{101} t^*}{(t^*)^{\alpha\varepsilon_0^2\log\frac{1}{2\sqrt{\varepsilon_0}}}} < \frac{1}{2}(t^*)^{-4\varepsilon_0^2(\alpha+2)^2\sqrt{\log\frac{1}{\varepsilon_0}}},$$

also aus (10.5) und (7.2)

$$\frac{1}{2}(t^*)^{-4\varepsilon_0^2(\alpha+2)^2\sqrt{\log\frac{1}{\varepsilon_0}}} < c_{23}(\varepsilon_0)(t^*)^{\left(\alpha\frac{1+\varepsilon_0}{1-\varepsilon_0}+\frac{2(1+\varepsilon_0)}{\sqrt{\log\frac{1}{\varepsilon_0}}}\right)(1-\sigma^*)-\beta}\log^{101} t^*,$$

d. h. für $t^* > c_{25}(\varepsilon_0)$

$$(t^*)^{-5\varepsilon_0^2(\alpha+2)^2\sqrt{\log\frac{1}{\varepsilon_0}}} < (t^*)^{\left(\alpha\frac{1+\varepsilon_0}{1-\varepsilon_0}+2\frac{1+\varepsilon_0}{\sqrt{\log\frac{1}{\varepsilon_0}}}\right)(1-\sigma^*)-\beta}$$

und

$$\left(\alpha\frac{1+\varepsilon_0}{1-\varepsilon_0}+\frac{2(1+\varepsilon_0)}{\sqrt{\log\dfrac{1}{\varepsilon_0}}}\right)(1-\sigma^*)-\beta > -5(\alpha+2)^2\varepsilon_0^2\sqrt{\log\frac{1}{\varepsilon_0}}.$$

Dies bedeutet aber, daß

$$\sigma^* < 1 - \frac{\beta - 5(\alpha+2)^2 \varepsilon_0^2 \sqrt{\log \frac{1}{\varepsilon_0}}}{\alpha \frac{1+\varepsilon_0}{1-\varepsilon_0} + 2 \frac{1+\varepsilon_0}{\sqrt{\log \frac{1}{\varepsilon_0}}}}$$

ist, was nur eine andere Form der Behauptung darstellt.

11. Der Beweis des ersten Teiles folgt aus der Betrachtung des Integrals (n positiv, ganz)

$$J_1 = \frac{1}{2\pi i} \int\limits_{1+\frac{1}{\log n} - i\frac{t}{2}}^{1+\frac{1}{\log n} + i\frac{t}{2}} \frac{(n+\frac{1}{2})^w}{w} \frac{f'}{f}(w+it)\, dw$$

durch Konturintegration, ganz, wie in dem Anhang IV meines Buches. Daher kann ich auf dessen Reproduktion verzichten.

К теории рядов Дирихле

П. ТУРАН, Будапешт

Резюме

Для функции $f(s)$, регулярной в некоторой полуплоскости, величина σ_n „абсцисса конечности нулей“ („Abszisse der Fast-Nullstellenfreiheit“) определяется следующим условием: (если она вообще существует) при произвольно малом положительном ε полуплоскость $\sigma > \sigma_n + \varepsilon$ содержит лишь конечное число нулей функции $f(s)$, а полуплоскость $\sigma > \sigma_n - \varepsilon$ уже бесконечное число нулей $f(s)$. В моей книге „Новый метод в анализе и его применения“ я определил σ_n-абсциссу для следующего класса $\mathfrak{A}$ функций $f(s)$ (c_ν положительные числовые постоянные, $c_\nu(\varepsilon)$ постоянные, зависящие только от ε, $s = \sigma + it$):

a) пусть в полуплоскости $\sigma > 1$

$$f(s) = 1 + \sum_{n=2}^{\infty} \frac{a_n}{n^s}$$

и пусть при любом $\varepsilon > 0$ в полуплоскости $\sigma \geqq 1 + \varepsilon$ выполняется неравенство $|f(s)| \geqq c_1(\varepsilon)$.

b) пусть $f(s)$ мероморфна для $\sigma \geqq \frac{1}{2}$ и в области $\sigma \geqq \frac{1}{2} + \varepsilon$, $|t| \geqq c_2(\varepsilon)$ выполняется неравенство

$$|f(s)| \leqq |t|^{\eta(\sigma)},$$

причем $\lim\limits_{x \to 0} \eta(x) = 0$

c) пусть в полуплоскости $\sigma > 1$

$$\frac{f'(s)}{f(s)} = \sum_{n=2}^{\infty} \frac{b_n}{n^s},$$

причем

$$|b_n| \leqq c_3 \log n.$$

В классе $\mathfrak{A}$ имеет место формула

$$\sigma_n = 1 - \overline{\lim_{(\alpha,\beta)}} \frac{\beta}{\alpha}, \tag{1}$$

где (α, β) пробегает множество пар (α, β), $0 \leqq \beta \leqq 1$, $\alpha > 2\beta$, которые удовлетворяют неравенству

$$\left| \sum_{N_1 \leqq n \leqq N_2} b_n e^{-it \log n} \right| \leqq c_4 \frac{N \log^{100} N}{t^\beta}$$

при

$$t^\alpha \leqq \frac{N}{2} < N_1 < N_2 \leqq N, \qquad t \geqq c_5.$$

Если пытаться применить это предложение к дзета-функции Римана, то окажется, что утверждение b) совпадает с одной не доказанной гипотезой Линделефа. В предлагаемой работе формула (1) устанавливается для более широкого класса функций $f(s)$, именно условие b) заменяется следующим более слабым требованием:

d) для произвольно малых положительных γ и δ и $\tau > c_\sigma(\gamma, \delta)$ число $M_\delta(\tau)$ нулей функции $f(s)$ в „малом" квадрате

$$\left(\frac{1}{2} + \gamma \leqq\right) \quad \varkappa - \delta \leqq \sigma \leqq \varkappa \quad (\leqq 1), \quad |t - \tau| \leqq \frac{\delta}{2}$$

не превышает $g(\delta) \log \tau$, причем $g(x) = o(x)$ $(x \to 0)$, если только $f(s)$ не исчезает в „большом" параллелограмме

$$\sigma \geqq \varkappa, \qquad |t - \tau| \leqq \log \tau.$$

FSC
www.fsc.org
MIX
Papier | Fördert gute Waldnutzung
FSC® C083411

Kolibri 360 GmbH
Ferdinand-Jühlke-Straße 7
99095 Erfurt, Deutschland
produktsicherheit@kolibri360.de